节能建筑设计与施工

韩喜林 主编

中国建材工业出版社

图书在版编目（CIP）数据

节能建筑设计与施工/韩喜林主编. —北京：中国建材工业出版社，2008.5
ISBN 978-7-80227-397-9

Ⅰ.节… Ⅱ.韩… Ⅲ.①节能-建筑设计②节能-建筑工程-工程施工 Ⅳ.TU201.5 TU7

中国版本图书馆 CIP 数据核字（2008）第 059861 号

内 容 简 介

本书根据节能建筑的要求，以现行国家标准、规范为依据，结合具体工程内容，较系统地介绍了各种环保类新型节能建筑材料的性能，建筑节能的设计与施工。

主要内容包括轻体砖（砌块）、板材、泡沫塑料、橡胶泡沫、保温膏（浆）、塑料型材、玻璃、节能防水透气膜、地源热泵等节能建筑材料（设备）的技术参数，节能建筑构造系统中的墙体、屋面、门窗、隔墙、地面采（供）暖、保温管道的设计及施工，同时介绍了太阳能的利用及施工技术。

为了使读者能够更准确地掌握施工方法和查阅，本书还有针对性地编入一些施工技术的构造节点图。

全书贯穿节能主题思想，以建筑降耗和应用材料节能（节源）为主要内容，突出实用性、系统性、先进性和全面性。该书图文并茂，简明扼要，易于查阅，是一部内容丰富、使用方便和实用的工具书，也是生产、设计、施工和管理者必备的参考书。

节能建筑设计与施工

韩喜林　主编

出版发行：	中国建材工业出版社
地　　址：	北京市西城区车公庄大街 6 号
邮　　编：	100044
经　　销：	全国各地新华书店
印　　刷：	北京鑫正大印刷有限公司
开　　本：	787mm×1092mm　1/16
印　　张：	33.5
字　　数：	853 千字
版　　次：	2008 年 5 月第 1 版
印　　次：	2008 年 5 月第 1 次
书　　号：	ISBN 978-7-80227-397-9
定　　价：	**65.00 元**

本社网址：www.jccbs.com.cn
本书如出现印装质量问题，由我社发行部负责调换。联系电话：（010）88386906

《节能建筑设计与施工》编委会

主　　编：韩喜林

副 主 编：康玉范　赵亚明

编写人员：（排名不分先后）

　　　　　王　辛　王　博　包淑兰　康玉范　程宪军
　　　　　李长彦　李金辉　刘　非　郭晓飞　郭学成
　　　　　赵亚明　赵国令　陈德龙　韩喜林　魏毅新
　　　　　朱敬东　肖芳英

前 言

节能建筑工程是一个系统工程,它涉及结构设计、材料(设备)选用、施工(安装)技术与管理维护等方面因素。只要忽视其中任何一个方面,就会出现工程质量问题,而不能达到规定的节能效果,就不能称为合格的节能建筑。

建筑节能是执行国家节约能源、保护环境的基本国策,是实现可持续发展战略的重要组成部分,是世界建筑发展的大趋势,是改善人类居住环境的需要,也是今后建筑技术发展和产业升级的重点。

近年来,我国节能建筑工作在国家各项优惠政策鼓励和支持下,节能材料革新和推广节能建筑工作正在蓬勃开展,节能建筑的节能率也在逐步提高,国家已要求具备节能条件的一些城市及严寒地区、寒冷地区,在强制节能率50%的基础上把节能率提高到65%,个别城市已率先提出建筑节能率要向80%的目标努力。

《公共建筑节能设计标准》(GB 50189—2005)已在我国严寒地区、寒冷地区、夏热冬冷地区和夏热冬暖地区等各气候区普遍贯彻实施,建筑节能初步取得可喜效果。

在大力提倡节能减排、节约资源,加快建设资源节约型、环境友好型社会的今天,我们越来越深刻地认识到,保护环境、节约能源、节约资源与节能建筑工程的重要性。

建筑能耗包括采暖、空调、通风、热水供应、照明、炊事、家用电器、电梯等方面的能耗。节能建材的应用技术,是减少建筑能耗、提高建筑节能率的重要措施之一。

在节能建筑工程中,根据国情需要,新材料、新工艺和建筑新构造不断变化、更新,有些节能建筑系统新材料和新规程也正在不断制定、完善和发展之中,所以建筑节能工程在某种程度上说,仍然是一个新课题。

由于我国地域之广、温差较大,我们在编写本书的时候,并未按我国建筑热工设计分区节能建筑施工编写,而是在总结节能建筑设计与施工经验的同时,借鉴有关单位提供的科技成果资料,以近年来已取得明显节能效果的节能建筑的设计、材料、施工技术为主,结合现行国家、行业、地方的标准、规程、规范等,着重介绍具有先进性、代表性、适用地区广的节能建材及施工技术。

因各地区区域不同,要求建筑节能率达到的程度也不同,所以在编入建筑节能率达到65%以上施工方法的同时,仍保留部分节能建材只能达到建筑节能率50%且成熟的施工方法,其目的是方便读者按各地区节能率要求不同而选择应用。有的是同一种节能材料,但按应用部位不同而分别介绍;有的施工节点图分别用于不同部位,但为体现材料本身应用的连续性和系统性而未细分,其目的也是方便读者参考。

在编写本书过程中,我们邀请国内既有理论又有实际施工经验的专家共同编写,并得到辽宁省建设厅、沈阳市城乡建设委员会等有关部门,辽宁省建设科技发展促进中心、设计院、生产材料和施工(安装)单位以及相关行业专家的大力支持。在此,借该书出版机会,一并表示诚挚谢意。

由于我们技术水平有限，加之时间仓促，所涵盖的内容与深度还不够，还有些好材料、施工方法未能编入，还有待于补充和完善，已编入的内容错误和不足也在所难免，欢迎专家、同行不吝指教，提出宝贵意见，确保节能建筑工程技术健康、有序发展。

编委会

目 录

第一章 概述 ... 1

第一节 我国能源形势相当严峻、能源浪费惊人 ... 1
一、能源消费急剧增长，威胁国家经济安全 ... 1
二、必须大力发展循环经济，建设资源节约型和环境友好型社会 ... 1

第二节 建筑节能 ... 2
一、现状和问题 ... 4
二、加快实行建筑节能措施 ... 5

第三节 节能工程施工方案的编制 ... 7
一、编制节能工程施工方案的依据 ... 7
二、编制节能工程施工方案的内容 ... 7
三、节能工程质量验收 ... 8

第二章 节能建筑材料 ... 10

第一节 节能建筑材料的分类 ... 10
第二节 节能建筑材料的特点、技术性能和应用 ... 11
一、膨胀珍珠岩及其制品 ... 11
二、膨胀蛭石及其制品 ... 16
三、硅酸钙制品 ... 18
四、建筑玻璃 ... 20
五、矿棉、硅酸铝纤维及其制品 ... 29
六、泡沫塑料 ... 37
七、泡沫橡胶 ... 49
八、板状节能材料 ... 52
九、保温浆（膏）材料 ... 57
十、门窗型材 ... 59

第三章 建筑围护结构热工特性与热工计算 ... 60

第一节 建筑围护结构热工特性 ... 60
一、太阳辐射热 ... 60
二、建筑热过程特点 ... 60

第二节 建筑围护结构热工计算 ... 62
一、平壁稳定传热 ... 64
二、围护结构的热稳定性 ... 67

三、外墙的最小传热阻 …………………………………………………………… 69

第四章　砌体节能材料施工技术 …………………………………………… 71

第一节　节能墙体砖 …………………………………………………………… 71
　　一、烧结普通砖 …………………………………………………………………… 71
　　二、蒸压砖 ………………………………………………………………………… 72
　　三、多孔砖、空心砖 ……………………………………………………………… 73

第二节　节能轻质砌块 ………………………………………………………… 92
　　一、加气混凝土砌块 ……………………………………………………………… 92
　　二、普通混凝土与装饰混凝土小型空心砌块 …………………………………… 100
　　三、粉煤灰砌块砌体 ……………………………………………………………… 106
　　四、轻集料混凝土空心砌块砌体 ………………………………………………… 109

第五章　外墙外保温系统 ……………………………………………………… 111

第一节　外墙外保温系统的性能、构造及特点 ……………………………… 111
　　一、EPS 板与胶粉 EPS 颗粒保温浆料系统构造性能及特点 …………………… 111
　　二、聚氨酯硬泡外墙外保温系统整体性能及材料性能 ………………………… 115

第二节　薄抹灰聚苯板外墙外保温系统施工 ………………………………… 119
　　一、挤塑聚苯板外墙外保温系统施工 …………………………………………… 119
　　二、模塑聚苯板外墙外保温系统施工 …………………………………………… 135
　　三、干粉砂浆外保温饰面系统 …………………………………………………… 140
　　四、TS 粘结 EPS 板外墙外保温涂料饰面系统 ………………………………… 155

第三节　锚固保温板与胶粉聚苯颗粒复合保温层系统 ……………………… 160
　　一、锚固聚苯板复合胶粉聚苯颗粒涂料饰面系统 ……………………………… 160
　　二、锚固保温板与胶粉聚苯颗粒复合保温层构造 ……………………………… 165

第四节　聚氨酯硬泡外保温系统工程 ………………………………………… 181
　　一、聚氨酯硬泡特点、应用范围和一般术语 …………………………………… 182
　　二、喷涂聚氨酯硬泡外保温系统 ………………………………………………… 185
　　三、TS 模浇聚氨酯硬质泡沫外保温系统 ……………………………………… 199
　　四、外龙骨定位发泡粘结聚氨酯硬质复合板外保温系统 ……………………… 208
　　五、TS 干挂硬质聚氨酯防水装饰复合板外保温系统 ………………………… 213
　　六、现场浇注聚氨酯硬泡建筑外保温系统 ……………………………………… 220
　　七、粘贴锚固聚氨酯硬泡板建筑外保温系统 …………………………………… 233
　　八、ZT 复合保温板外墙外保温系统 …………………………………………… 236
　　九、喷涂聚氨酯复合 TS20 胶粉聚苯颗粒建筑外保温系统 …………………… 238
　　十、聚氨酯施工的质量缺陷及防治措施 ………………………………………… 240

第五节　膏（浆）状节能材料外墙外保温系统 ……………………………… 244
　　一、TS20 胶粉聚苯颗粒外墙外保温系统 ……………………………………… 244
　　二、硅酸盐复合保温膏外墙外保温系统 ………………………………………… 251

第六节　块状节能材料外墙外保温系统 ……………………………………… 254
　　一、聚苯颗粒复合板（块）系统 …………………………………………… 254
　　二、坚壳珍珠岩板（块）系统 ……………………………………………… 256
第七节　外墙外保温工程质量验收 ……………………………………………… 261
　　一、一般规定 ………………………………………………………………… 261
　　二、主控项目 ………………………………………………………………… 261
　　三、一般项目 ………………………………………………………………… 264
　　四、质量验收记录 …………………………………………………………… 265
第八节　外墙外保温工程常见质量缺陷及防治措施 …………………………… 267
　　一、保温抹灰层产生裂纹的原因及防治措施 ……………………………… 267
　　二、外保温粘贴 EPS 板脱落的原因及防治措施 ………………………… 268
　　三、外保温粘贴 EPS 板外表保护层形成空鼓的原因及防治措施 ……… 269
　　四、外保温粘贴 EPS 板与外保护层间形成空隙的原因及防治措施 …… 269
　　五、薄抹灰保温泡沫板与板之间开裂的原因及防治措施 ………………… 270
　　六、外墙饰面砖出现空鼓、脱落的原因及防治措施 ……………………… 270
　　七、渗漏水的原因及防治措施 ……………………………………………… 271

第六章　外墙复合墙体保温（中保温）系统 ……………………………… 274

第一节　砖砌体夹芯板复合墙体保温系统 ……………………………………… 274
　　一、砖砌体夹芯外保温墙体构造、性能 …………………………………… 274
　　二、砖砌体夹芯外保温墙体施工 …………………………………………… 281
第二节　混凝土空心砌块夹芯板复合墙体保温系统 …………………………… 284
　　一、砌块夹芯外保温墙体施工 ……………………………………………… 284
　　二、砌块夹芯外保温墙体热工性能 ………………………………………… 286
第三节　发泡填充复合墙体保温及喷涂保温密封系统 ………………………… 287
　　一、氨脲素泡沫填充复合墙体保温系统 …………………………………… 287
　　二、冷凝脂泡沫喷涂保温密封系统 ………………………………………… 292

第七章　外墙内保温系统 ……………………………………………………… 300

第一节　产生热桥的原因和避免措施 …………………………………………… 300
　　一、产生热桥的原因 ………………………………………………………… 300
　　二、避免产生热桥的基本措施 ……………………………………………… 301
第二节　外墙内保温系统施工 …………………………………………………… 302
　　一、胶粉聚苯颗粒外墙内保温系统 ………………………………………… 302
　　二、粉刷石膏聚苯板外墙内保温系统 ……………………………………… 306
　　三、外墙内贴保温复合板系统 ……………………………………………… 309
　　四、工程质量缺陷及防治措施 ……………………………………………… 316

第八章　屋面节能保温系统 ………………………………………… 318

第一节　一般规定、保温层及构造设计 …………………………… 318
一、一般规定 ………………………………………………………… 318
二、保温层及构造设计 ……………………………………………… 319

第二节　节能保温屋面 ……………………………………………… 323
一、屋面保温材料选择及质量要求 ………………………………… 324
二、松散状保温材料施工 …………………………………………… 326
三、整体现浇保温材料施工 ………………………………………… 329
四、板状保温材料施工 ……………………………………………… 348
五、节能防水透气膜施工 …………………………………………… 364

第三节　节能隔热屋面 ……………………………………………… 380
一、架空隔热屋面施工 ……………………………………………… 380
二、蓄水隔热屋面施工 ……………………………………………… 382
三、种植隔热屋面施工 ……………………………………………… 388

第四节　屋面节能工程施工验收 …………………………………… 397
一、一般规定 ………………………………………………………… 397
二、屋面保温层工程检验及验收 …………………………………… 397
三、蓄水屋面工程检验及验收 ……………………………………… 398
四、种植屋面工程检验及验收 ……………………………………… 400
五、架空屋面工程检验及验收 ……………………………………… 400
六、防水透气膜工程检验及验收 …………………………………… 400

第九章　节能门窗系统 …………………………………………… 405

第一节　常用门窗的基本性能 ……………………………………… 407
一、窗户的基本性能 ………………………………………………… 407
二、常用门窗的传热系数 …………………………………………… 409

第二节　节能门窗设计选用要点 …………………………………… 414
一、钢门窗 …………………………………………………………… 414
二、铝合金门窗 ……………………………………………………… 416
三、塑料门窗 ………………………………………………………… 419
四、采光天窗 ………………………………………………………… 422

第三节　节能门窗工程验收 ………………………………………… 424
一、门窗安装质量要求 ……………………………………………… 424
二、施工质量验收一般规定 ………………………………………… 426
三、主控项目 ………………………………………………………… 426
四、一般项目 ………………………………………………………… 427
五、木门窗工程验收 ………………………………………………… 427
六、塑料门窗工程验收 ……………………………………………… 430

七、涂色镀锌钢板门窗工程验收 431
八、特种门工程验收 433
九、门窗玻璃工程验收 436

第十章 地源热泵节能系统 439

第一节 地源热泵系统技术 439
一、热泵系统工作原理 439
二、热泵系统构成与热泵分类 440
三、应用热泵技术系统特点 442

第二节 地源热泵的设计 444
一、地源热泵设计的条件 444
二、地源热泵系统的形式与组成 445
三、机房的布置 456

第十一章 管道保温节能系统 460

第一节 橡塑（胶）泡沫管道保温施工 461
一、橡塑泡沫管道保温 461
二、橡胶泡沫管道保温 463

第二节 泡沫塑料、玻璃棉管道（风管）保温施工 464
一、聚氨酯硬质泡沫空调风管 464
二、挤出聚乙烯泡沫空调风管 465
三、玻璃棉复合板空调风管 468
四、聚氨酯硬泡热力供暖（热水）直埋管道安装 470

第三节 硅酸盐复合保温膏管道保温 474
一、施工准备 474
二、施工工艺 475
三、质量标准 476

第四节 质量验收 476
一、风管制作质量验收 476
二、聚氨酯泡沫保温管道安装质量检验与验收 479

第十二章 太阳能建筑应用技术 482

第一节 太阳能集热系统 482
一、太阳能集热系统的形式、特点与适用范围 482
二、太阳能集热器的分类及特点 483
三、太阳能集热器施工、调试和管理 483
四、集热系统故障及防治措施 485

第二节 家用太阳能热水器 495
一、太阳能热水器的构成 495

二、太阳能热水器的选择与安装 …………………………………………… 496
　　三、太阳能热水器的使用与维护 …………………………………………… 497
第三节　太阳能采暖 ………………………………………………………………… 498
　　一、主动式采暖系统 ………………………………………………………… 498
　　二、被动式采暖系统 ………………………………………………………… 500

第十三章　节能工程项目管理 …………………………………………………… 502

第一节　设计管理 …………………………………………………………………… 502
第二节　施工管理 …………………………………………………………………… 502
　　一、施工技术管理 …………………………………………………………… 502
　　二、工程质量验收记录管理 ………………………………………………… 504
第三节　材料与设备管理 …………………………………………………………… 511
　　一、节能设备管理 …………………………………………………………… 511
　　二、节能材料管理 …………………………………………………………… 511
第四节　安全技术管理 ……………………………………………………………… 512
　　一、安全管理 ………………………………………………………………… 513
　　二、安全与文明施工措施 …………………………………………………… 515
第五节　施工监理 …………………………………………………………………… 517
　　一、质量控制 ………………………………………………………………… 517
　　二、进度控制、投资控制 …………………………………………………… 518
　　三、合同管理、组织协调 …………………………………………………… 518

附录 ………………………………………………………………………………… 519
主要参考文献 ……………………………………………………………………… 523

第一章 概 述

第一节 我国能源形势相当严峻，能源浪费惊人

我国是能源资源严重短缺的国家。石油、天然气人均剩余可采储量仅有世界平均水平的7.7%和7.1%，储量比较丰富的煤炭也只有世界水平的58.6%。按目前探明储量和开采能力测算，我国煤炭、石油、天然气的可采年限分别只有80年、15年和30年，而世界平均水平分别是230年、45年和61年。此外，2007年5月我国在河北南堡虽然新发现10亿t石油储量，可缓解现有紧张局面，估计可用50年，即使可用100年，但终究还是有限的，因此，节能节源工作永远是我们长期坚定不移的任务。

2006年8月，全国人大常委会执法检查组在检查节约能源法实施情况的报告上指出：我国能源形势相当严峻，我国能源浪费惊人，节能工作远不适应我国能源短缺的基本国情，远不适应我国经济社会发展的基本要求。

一、能源消费急剧增长，威胁国家经济安全

近年来能源消费急剧增长，供需矛盾日益突出，已经成为我国经济社会持续发展的最大制约，直接威胁国家经济安全。2005年煤炭产量达21.9亿t，比2000年翻一番，仍不能满足需要。石油净进口量由2000年的0.76亿t，迅速增长到2005年的1.43亿t。

与能源短缺形成强烈反差的是，能源浪费惊人，例如：

我国能源利用效率只有33%，比国际先进水平低10个百分点左右；

2003年国内生产总值单位能耗是世界平均水平的3.1倍；

2004年我国国内生产总值约占全世界的4.4%，煤炭消费占35%以上，原油消耗占7.8%（按当年汇率计算）；

近年来国内生产总值单位能耗不降反升，按2000年价格计算，2002～2004年分别为1.30、1.36、1.43吨标准煤/万元，2005年与2004年持平，2006年上半年同比上升0.8%。"十五"期间，能源消费弹性系数（能源消费增长速度与经济增长速度之比）年均为1.04，是改革开放以来的最高值。

据测算，如果今后15年能源消费弹性系数年均控制在1.0，2020年我国一次能源消费将超过50亿吨标准煤，这是我国根本无法承受的，由此看出，我国能源形势相当严峻。

二、必须大力发展循环经济，建设资源节约型和环境友好型社会

国务院下发[2005]22号文件，关于加快发展循环经济的若干意见指出：我国推广资源节约和综合利用，推行清洁生产方面，取得了积极成效，但是，传统的高消耗、高排放、低效率的粗放型增长方式仍未根本改变，资源利用率低，环境污染严重。

21世纪头20年，我国将处于工业化和城镇化加速发展阶段，面临的资源和环境形势十分严峻。必须大力发展循环经济，按照"减量化、再利用、资源化"原则节能减排，采用各种有效措施，以尽可能少的资源消耗和尽可能小的环境代价，取得最大经济产出和最少的废物排放，实现经济、环境和社会效益相统一，建设资源节约型和环境友好型社会。

要利用能源节约和替代技术、能量梯级利用技术、废物综合利用技术、循环经济发展中延长产业链和相关产业链接技术、"零排放"技术、有毒有害原材料替代技术、可回收利用材料和回收处理技术、绿色再制造技术以及新能源和可再生能源开发利用技术等，提高循环经济技术支撑能力和创新能力，减少能源浪费。

党的十六届五中全会明确提出了"十一五"期末国内生产总值的单位能源消耗比"十五"期末降低20%左右的目标，坚持开发与节约并重，把节约放在首位的方针，以节能、节水、节材、节地、节资、综合利用和发展循环经济为重点，依靠体制改革和技术创新，全面推进能源资源节约。

在2007年十届人大五次会议上提出供热价格改革，是根据合理补偿成本、合理确定收益、促进节约用热、坚持公平负担的定价原则制定和调整供热价格，推动城市供热由按面积计费逐步过渡到按用量计费，以促进供热行业发展和节约用热，同时，将对居民采暖供热的补贴由暗补改为明补。

国家发展和改革委员会组织编制了《"十一五"十大重点节能工程实施方案》，包括节约和替代石油工程，燃煤工业锅炉（窑炉）改造工程，区域热电联产工程，余热余压利用工程，电机系统节能工程，能量系统优化工程（综合性的系统节能工程），建筑节能工程，绿色照明工程，政府机构节能工程，节能监测和技术服务体系建设工程。

能源的短缺已成为未来制约发展的重要因素，为适应我国的国情，《能源法》经过修订，已于2008年4月1正式实施。它不仅是一部局限性的专业法律，而且是一部纲领性和政策性的法律，是为国家能源的总体发展建立方向目标。

我国的能源效率和国外先进水平比有较大差距，有差距就有潜力，我国完全有能力依靠自己的力量解决能源需求问题。在我们充分肯定经济社会发展取得巨大成绩的同时，必须增强忧患意识和责任感，居安思危，未雨绸缪。

欧盟计划到2015年，可再生能源的利用率达到50%左右。而我国计划到2020年，可再生能源的利用率达到20%～30%左右。到2030年左右，这一比例可达40%，以充分利用水能、风能、太阳能、生物能（包括垃圾、沼气）、潮汐能、地热能等可再生能源。

所以，加快建设资源节约型、环境友好型社会，是党中央、国务院做出的重大战略部署，也是贯彻落实科学发展观的重要举措。

第二节 建筑节能

建筑能源消耗包括：建筑材料生产用能、建筑材料运输用能、房屋建造和维修过程中的用能以及建筑使用过程中的建筑运行能耗，这部分能耗完全取决于建筑业的发展。建筑运行的能耗是采暖、空调等使用的能耗，建筑运行能耗将一直伴随建筑的使用过程而发生，建筑运行能耗是建筑节能任务中最主要的关注点，在本书中凡提到的建筑能耗均为建筑运行的能耗。

节能，是指加强用能管理，采取技术上可行、经济上合理以及环境和社会可以承受的措施，减少从能源生产到消费各个环节中的损失和浪费，更加有效、合理地利用能源。这是《中华人民共和国节约能源法》对节能的法律规定，也是国际能源委员会的节能概念。

节能的核心是提高能源效率，能源效率是指为终端用户提供的能源服务与所消耗的能源量之比。即为居住者所提供卫生舒适的居住条件与所消耗的能源量之比。

建筑节能是指在建筑物的设计、建造和使用过程中，执行建筑节能的标准和政策，使用节能型的建筑材料，也包括采暖、通风、空调、照明、炊事、家用电器等器具和产品，通过提高建筑物的保温隔热和气密性能，提高采暖供热系统的运行效率，以减少能源的消耗。

因建筑耗能为能源消耗的重要部分，我国新建建筑的标准规范体系已经基本形成，建立了覆盖全国三个气候区的居住建筑和公共建筑的设计标准，包括：《民用建筑节能设计标准》、《夏热冬冷地区居住建筑节能设计标准》、《夏热冬暖地区居住建筑节能设计标准》和《公共建筑节能设计标准》，这些标准为全面开展建筑节能工作奠定了基础。特别是在国家发布和制定一系列节能经济鼓励政策、标准和管理措施后，国家和大部分地区编制了建筑节能的规划和计划，分别制定了节能设计标准和实施细则，开展有关建筑节能技术与产品开发，建设了大量节能建筑，已取得明显成效。

建筑使用过程中所消耗（建筑运行的能耗）的能量，（在 1 平方米的建筑面积，在 1 年时间能消耗多少公斤的标准煤，是世界衡量建筑节能所用的单位），在社会总能耗中占有很大的比例，而且，社会经济越发达，生活水平越高，这个比例就越大。

据有关资料介绍，在西方发达国家，建筑运行能耗占社会总能耗的 30%～45%。美国一次能源消耗量，2000 年达到 36.55 亿 t 标准煤，其中建筑能耗占 33.7%，工业能耗占 35.9%，交通能耗占 24.8%。法国建筑运行能耗占社会总能耗的 45%。我国尽管社会经济发展水平和生活水平都还不高，但建筑能耗已占社会总能耗的 20%～25%，正逐步上升到 30%。不论西方发达国家，还是我国，建筑运行能耗状况都是牵动社会经济发展全局的大问题。由于建筑运行能耗在社会总能耗中占有较大比例，建筑节能成为世界节能浪潮主流之一。国际建筑节能的基本目的，由缓解能源供应扩大为人类的可持续发展。

例如，在我国夏热冬冷地区，就涉及 16 个省、自治区、直辖市，面积大约为 180 万 km^2，居住 5.5 亿人口，是一个人口密集、经济相对发达地区，夏季气候炎热，冬季潮湿寒冷。这些地区在历史上，由于经济和社会的原因，建筑设计基本不考虑保温隔热要求，围护结构的热工性能普遍很差，冬季和夏季建筑室内热环境与居住条件十分恶劣。

随着这一地区经济发展和居民生活水平的提高，普遍安装采暖空调设备，致使该地区冬季采暖、夏季空调能耗急剧上升，由于建筑构造缺少科学设计，居民用于能源的支出大幅度增加，居住条件仍未得到改善，并造成大量能源严重浪费。

实行建筑节能，不但节省资源、能源，并且大大改善和提高居住环境质量，又能带动相关新型建筑墙体、节能门窗、采暖空调、太阳能新能源等方面产业的发展，为社会创造新的就业机会。

建筑运行能耗在社会总能耗中占有较大比例，实行建筑节能是经济与社会发展的必然趋势。通过缓解能源供应，扩大为人类的可持续发展，建筑节能是贯彻可持续发展战略的重要组成部分，是执行国家节约能源、保护环境基本国策的重要组成部分，又是世界建筑发展的大趋势，是改善人民居住环境的需要，也是今后建筑技术发展的重点。

一、现状和问题

据有关报道,截至 2003 年年底,全国城乡房屋建筑面积为 383 亿 m^2。城镇房屋建筑面积 141 亿 m^2,其中住宅建筑面积 89 亿 m^2。每年新竣工建筑面积 18~20 亿 m^2。建筑用能占我国能源消费量的比例逐年上升,且建筑能耗占总能耗较大的比例,分别见表 1-1、表 1-2。

表 1-1 1996~2005 年全国建筑能耗变化

项 目		单 位	1996	1997	1998	1999	2000	2001	2002	2003	2004	2005
农村能耗	煤耗	万 t 标煤	3000	3000	3000	3000	3000	3000	3000	3000	3000	3000
	电耗	亿 kW·h	710	730	720	730	750	800	860	880	940	1100
北方采暖煤耗		万 t 标煤	5500	5500	5550	5800	6100	6250	6650	10000	11000	13000
城镇住宅除采暖外能耗	燃气消耗	亿 kW·h	800	900	1000	1100	1250	1450	1600	1750	1900	2000
	电耗	亿 kW·h	400	500	600	700	950	1050	1200	1350	1500	1800
	总能耗	亿 kW·h	1200	1400	1600	1800	2200	2500	2800	3100	3400	3800
公共建筑能耗	一般公共建筑	亿 kW·h	680	740	860	940	1000	1100	1100	1200	1300	1400
	大型公共建筑	亿 kW·h	110	140	200	250	300	400	520	700	900	1100
	公建总能耗	亿 kW·h	790	880	1100	1200	1300	1400	1600	1900	2200	2500
建筑总能耗	煤耗	万 t 标煤	8500	8520	8550	8800	9100	9300	9650	13000	14000	16000
	电及燃气消耗	亿 kW·h	2700	3000	3400	3800	4200	4700	5200	5900	6600	7400

注:表中数据摘自《中国建筑节能年度发展研究报告(2007)》(中国建筑工业出版社,2007)。

表 1-2 1996~2005 年全国建筑能耗占全国总能耗的比例

项 目		单 位	1996	1997	1998	1999	2000	2001	2002	2003	2004	2005
社会总能耗		万 t 标煤	138948	137798	132214	133831	138553	143199	151797	174990	203227	223319
建筑总能耗	煤耗	万 t 标煤	8500	8500	8550	8800	9100	9300	9650	13000	14000	16000
	电及燃气消耗	亿 kW·h	2700	3000	3400	3800	4200	4700	5200	5900	6600	7400
	电耗折煤	万 t 标煤	9900	11000	12000	14000	15300	17000	19000	22000	24000	27000
	总能耗	万 t 标煤	19800	20800	22000	24000	25600	27600	30000	36000	39000	44000
比 例(%)			13.2	14.2	15.5	17.0	17.6	18.4	18.9	20.0	18.7	19.3

注:表中数据摘自《中国建筑节能年度发展研究报告(2007)》(中国建筑工业出版社,2007)。

中国是能耗大国,每年消耗的能源相当于 15 亿 t 标准煤,其中 30% 以上是建筑消耗的,而玻璃窗能量消耗高达 50% 以上,建筑节能已成为国内建设节约型社会和循环经济的重点领域之一。

建筑用能效率低,污染严重。单位建筑面积能耗比气候条件接近的发达国家高 2~3 倍,建筑供暖造成的空气污染比发达国家高 2~3 倍。

随着住宅产业的发展和取暖、降温、照明等舒适程度的不断提高,若不及早采取建筑节能措施,建筑耗能倍数会比发达国家更高。

我国墙体材料革新和推广节能建筑工作取得了积极进展,新型墙体材料应用范围逐步扩大，技术水平明显提高，节能建筑竣工面积不断增加。但是，全国以黏土砖和非节能建筑为主的格局尚未得到根本改变，毁田烧砖、破坏耕地的现象屡禁不止，特别是近年来城乡建设的快速发展，对建材产品的需求急剧增加，一些地区实心黏土砖生产呈增长态势。

我国耕地面积不到世界平均水平的一半。我国房屋建筑材料中70%是墙体材料，其中黏土砖占据主导地位，生产黏土砖每年耗用黏土资源达10亿m^3以上，相当毁田50万亩，同时，我国每年生产黏土砖的消耗超过7000万t标准煤。如果实心黏土砖产量继续增长，不仅增加墙体材料的生产能耗，而且导致新建建筑的采暖和空调能耗大幅度增加，将严重加剧能源供需矛盾。

节能建筑还存在一定的隐患，节能运行管理薄弱，供热体制改革尚未全面启动，既有建筑节能改造进展缓慢。

国内生产的建筑材料，有些产品性能和施工技术，不能满足节能建筑的要求，个别部门侧重选用低价材料，追求获取利润而忽视节能产品质量要求，这些不良现象会造成建筑能耗居高不下。有的选用符合要求的节能建材与系统施工技术，但施工者不能严格执行施工工艺标准，加之管理部门监管力度不够，交工后质量事故也曾有发生。

二、加快实行建筑节能措施

2005年12月在北京召开的中央经济会议上提出：节约资源、保护环境，我国的经济可持续发展将取得新成效。推进能源资源节约，既要缓解能源资源供求的矛盾，也要从源头上减少污染，改善生态环境。中央经济工作会议将节约能源作为2006年经济工作的主要任务之一，并提出"2006年务必取得明显成效"的明确要求。

《中华人民共和国节约能源法》第三十七条规定："建筑物的设计和建筑应当依照有关法律、行政法规的规定，采用节能型的建筑结构、材料、器具和产品，提高保温隔热性能，减少采暖、制冷、照明的能耗。"

建设部建筑节能"九五"计划和2010年规划，根据我国当前建筑能耗以采暖和空调能耗为主的实际情况，确定建筑节能的重点放在采暖和降温能耗上。

《国务院办公厅关于进一步推进墙体材料革新和推广节能建筑的通知》（国办发[2005]33号）文件指出：采用优质新型墙体材料建造房屋，我国每年产生各类工业固体废物超过1亿t，累计堆存量已达几十亿吨，不仅占用了大量土地，其中所含的有害物质严重污染着周围土壤、水质和大气环境。加快发展以煤矸石、粉煤灰、建筑渣土、冶金和化工废渣等固体废物为原料的新型墙体材料，是提高资源利用率、改善环境、促进循环经济发展的重要途径。

通知要求力争到2006年，新建建筑严格执行建筑节能设计标准，有条件的城市率先执行节能率65%的地方标准。到2010年，新型墙体材料产量占墙体材料总量的比例达到55%以上，建筑应用比例达到65%以上；严寒、寒冷地区应执行节能率65%的标准。

实行建筑节能，必须使用节能建材，何谓节能建材？节能建材是在生产过程和应用中具有节能性，此外，还应有节土、环保、利废、隔热、保温、防火、质轻、减少运输费用、施工便捷、成本低廉等特点。

当前发达国家充分利用工业废渣及其他非黏土资源甚至垃圾生产轻质、空心、高强、大块的新型建材的比例已达90%以上。

国内外的实践证明,用轻质、高强、大块、复合的新型建材建造的框架和内浇外挂式的房屋,至少可使其建筑的综合性能耗下降50%,有效使用面积增加10%,房屋基础费用及建材运输量降低一半,并可大大增强其抗震性;若在墙体、屋面及地面加入保温隔热材料和采用节能保温门窗,则又可使建筑物的热损失降低30%~50%。

目前经济发达国家不仅新型墙体材料已占整个墙体材料的90%以上,并大量采用保温隔热材料的节能保温门窗,使用可调的透明绝热材料作为整个建筑物的围护墙体和屋面,以充分、高效地利用太阳能,实现建筑系统能源自给。我国节能门窗及上下水管的普及率不及发达国家的1/10。

据有关资料介绍:国家出台相关建筑节能管理条例、民用建筑节能管理规定,规定民用建筑节能建筑在规划、设计、建造和使用过程中,通过采用新型墙体材料,执行建筑节能标准。相关部门对建筑设计图纸、施工过程及验收阶段全程跟踪,一旦发现不是节能建筑或是在建筑过程中偷工减料,开发商将被重罚。

政府仍将对节能省地建筑给予一定的经济激励政策,鼓励建设更多的绿色建筑、低能耗建筑、超低能耗建筑。建筑节能工作要先从新建建筑和既有的政府建筑、大型公共建筑上开始,然后向有条件改造的居民住宅铺开。

在我国有些城市沿袭多年的传统供暖方式将成为历史,在富水和次富水地区采用了地源热泵技术供热,有的主管部门正在酝酿利用地源热泵技术大面积推广供暖,全面推广地源热泵技术不仅适用我国南方地区,也适用北方地区。

在富水和次富水地区的新建建筑,只要符合条件,原则上都要推广这项技术,它是节能降耗工作的重点之一。原有公共建筑也要逐渐实施地源热泵技术改造,既有住宅则逐步改造、推广。该项技术由于利用地下水(或污水处理厂的污水资源,进行节能环保方式的供热)的冷热源,在提取能量实现供热和制冷的同时,还可提供生活热水,不仅清洁、环保、可再生,而且节能。

新建筑:新建筑全面执行50%节能标准,四个直辖市和北方严寒、寒冷地区实施新建建筑节能65%的标准。采用新技术、节能建材、节能设施,建设低能耗、超低能耗及绿色建筑。新建建筑的节能要实行从规划、设计、施工图审查及施工、监理、验收和销售等全过程的严格监管,使节能设计标准得以切实实施。

既有建筑:采用新技术对既有建筑的采暖、空调、热水供应、电气、炊事等方面进行改造。启动和实施供热体制改革,推行居住及公共建筑集中采暖按表计量收费制。

可再生能源城市级示范:开展再生能源技术城市级示范活动,探索推广机制和模式,包括太阳能利用、淡水源热泵、海水源热泵、浅层地能利用和可再生能源技术集成等,完善新建建筑设计规范,推行建筑物与可再生资源一体化进程。

新型建材和节能建材产业化:发展符合建筑节能标准和相关国家标准的新型建材,逐步使节能建材产业化。

建设部有关负责人指出:目前,我国鼓励发展八项节能技术和产品。分别是:新型节能墙体和屋面的保温、隔热技术与材料;节能门窗的保温隔热和密闭技术;集中供热和热、电、冷联产技术;供热采暖系统温度调控和分户热量计量技术与装置;太阳能、地热等可再生能源应用技术及设备;建筑照明节能技术与产品;空调制冷节能技术与产品;其他技术成熟、效果显著的节能技术和节能管理技术。

第三节 节能工程施工方案的编制

施工方案是单位工程施工组识设计的核心,它是某分部或分项工程或某项工序在施工过程中,根据工程难度、工艺复杂性以及质量与安全性等针对工程各方面原因,所采取施工技术的措施,以确保施工进度、质量、安全目标和技术经济效果。

施工方案是在节能工程施工之前制定,施工单位应根据专项节能工程设计的具体情况来制定,它是工程质量监控和安全施工的保障,也是节能施工的重要依据。

制定的施工方案必须根据节能工程具体情况严格制定,经项目单位和监理等有关部门批准后,应认真实施。

一、编制节能工程施工方案的依据

1. 有关节能材料及节能工程方面的国家标准、行业标准、地方标准、各地区的节能建筑构造标准图,以及参考节能材料生产单位的产品说明等内容。
2. 节能工程设计图纸、设计要求、所用节能材料的技术经济指标和特点。
3. 节能建筑物的重要程度和节能工程等级、耐用年限、特殊部位处理要求等。
4. 了解节能工程部位的构造、刚度,能否影响节能材料附着力、变形、开裂。
5. 现场的环境条件和工程预计施工的时间,气温、雨天、风天等对施工的影响。
6. 进场材料质量情况,出厂合格证和技术性能指标,检验部门的认证材料,材料进场抽样复检的结果。

二、编制节能工程施工方案的内容

编制节能工程施工方案时,一般应包括:工程概况、确定施工程序和顺序、施工始点流向、施工方法、施工机具、质量、安全、进度等。

1. 工程概况

(1) 整个工程简况:工程名称、所在地、施工单位、设计单位、结构形式、建筑面积、节能工程部位与面积、新建建筑或既有建筑、工期要求等。

(2) 节能建筑工程等级、节能层构造层次、材料选用、建筑类型和结构特点、节能系统耐用年限等。

(3) 节能材料的种类和技术指标要求。

(4) 需要规定或说明的其他问题。

2. 质量工作目标

(1) 节能工程施工的质量保证体系。

(2) 节能工程施工的具体质量目标。

(3) 节能工程各道工序施工的质量预控标准。

(4) 防水工程质量的检验方法与验收评定。

(5) 有关防水工程的施工记录和归档资料内容与要求。

3. 施工组织与管理

(1) 明确该项节能工程施工的组织者和负责人。

(2) 负责具体施工操作的班组及其资质。
(3) 节能工程分工序、分层次检查的规定和要求。
(4) 节能工程施工技术交底的要求。
(5) 现场平面布置图：节能材料堆放、运输道路等。
(6) 节能工程施工的分工序、分阶段的施工进度计划。

4. 节能材料及其使用

(1) 节能材料的名称、类型、品种、规格。
(2) 节能材料的特性和各项技术经济指标，施工注意事项。
(3) 节能材料的质量要求，抽样复试要求。
(4) 节能材料的运输、储存等有关规定。
(5) 节能材料的使用注意事项。

5. 施工操作技术

(1) 施工单位项目负责人应熟悉并掌握工程设计施工图纸内容。
(2) 施工前应由设计单位进行设计交底，监理单位和施工单位发现施工图有错误时，应及时向设计单位提出更改设计要求，取得设计单位同意后，应签署设计变更文件。
(3) 施工单位的操作人员应进行必要的岗位培训。
(4) 掌握各种施工设备和专用工具的使用方法。
(5) 节能构造的施工程序和针对性的技术措施。
(6) 确定节能工程施工工艺流程和做法。
(7) 施工技术要求。
(8) 施工要求的作业条件，如供水、供电、环境要求、基层要求。
(9) 节能施工与相关工序之间的交叉要求。
(10) 有关成品保护的规定。

6. 安全注意事项

(1) 操作时的人身安全、劳动保护和防护设施。
(2) 防水要求、现场焊接（点火）制度、消防设备的设置等。
(3) 设备使用、搬运、安装具体规定。
(4) 其他有关节能工程施工操作安全的规定。

三、节能工程质量验收

工程验收应根据各自不同工程所采用不同的节能施工方法、具体内容、工程质量要求、验收实施细则等相关规定有针对性地进行验收。

1. 施工验收

节能工程施工应经竣工验收合格后，方可投入正常使用。各阶段施工应经中间验收合格后，方可进行下一步工序施工。

2. 工程验收应提交的资料

(1) 工程竣工图和设计文件；
(2) 施工过程中形成的更改等与工程技术有关的文件；
(3) 施工过程中采用的节能材料质量证明书或试验、复验合格报告；

(4) 工厂预制产品出厂合格证和说明书；
(5) 施工过程中检查交接或验收记录文件；
(6) 施工现场对施工过程中抽查结果及整体完工后抽查结果等技术文件。

3. 安装验收应提交的文件

(1) 工厂预制产品出厂合格证和产品说明书；
(2) 安装位置、垂直度测量记录；
(3) 顶部、侧面、窗台等水平高程测量记录；
(4) 平整度、缺陷、拼接牢固程度检查记录；
(5) 各建筑节点构造配筋检查记录；
(6) 施工中事故处理记录；
(7) 施工工序准备情况检查记录。

第二章 节能建筑材料

第一节 节能建筑材料的分类

所谓节能建筑材料,是指在生产和制造时节源、环保,并通过各种技术措施将其应用到建筑结构后,能够提高或者达到规定建筑节能率的一切材料。

在节能建筑材料施工当中,有些节能材料可直接应用,有些节能材料是互相间复合使用,有时为使用方便或达到某种功能要求,节能材料需与其他非节能材料复合应用。如绝热保温材料,在节能建筑中应用时,一般都采用复合结构。因为仅用保温材料来建造建筑的外围护结构,难以同时满足其承重、保温、防水、隔汽、抗老化、装饰等要求,通过采用复合结构,把力学性能好的用于结构受力,把绝热性能好的材料用于保温隔热,防水、隔汽、抗老化、装饰等功能要求可根据具体工程、使用部位、所处环境等使用条件的需要来合理设置。

常用的节能建筑材料应该是以建筑绝热材料为主体,包括轻体砌块(砖)、复合板材和节能门窗等,共同构成建筑工程的节能作用。

节能建筑材料应该是对热流具有显著阻抗性,用于减少结构物与环境热交换的一种功能材料。其中绝热建筑材料一般是指导热系数小于 0.2W/(m·K) 的建筑材料。

一般来说,节能建筑材料的显著特点是轻质、多孔和导热系数相对较低。节能建筑材料品种较多,有多种分类方法,如按材料的材质分类、按材料的使用温度分类、按材料的结构分类、按材料的密度分类、按材料的压缩性能分类,或由基础材料制成各形状制品分类等。在本书中,便于习惯直观称呼,按节能建筑材料的形态分类,各种形态节能建筑材料大体分类如表2-1所示。

表 2-1 节能建筑材料类型

形 态	材 质		材 料
纤维状	无机	天然	石棉纤维
		人造	矿物纤维(矿渣棉、岩棉、玻璃棉、硅酸铝棉等)
	有机	天然	软质纤维板(木纤维板、草纤维板等)
微孔状	无机	天然	硅藻土
		人造	硅酸钙
气泡状	有机	天然	软木
		人造	聚苯乙烯树脂泡沫、聚氨酯树脂泡沫(冷凝脂泡沫)、酚醛树脂泡沫、氮尿素泡沫、橡胶(塑)泡沫、聚氯乙烯树脂泡沫、聚乙烯树脂泡沫、脲醛树脂泡沫
	无机	人造	膨胀珍珠岩、膨胀蛭石、加气混凝土、泡沫玻璃、泡沫硅玻璃、火山灰微珠、泡沫黏土、泡沫混凝土等

续表

形 态	材 质		材 料
板（块）状	复 合	人 造	钢丝网架夹芯板、金属面夹芯板、纤维增强水泥板、钙塑绝热板、颗粒胶结板、岩棉板等
膏（浆）状	复 合	人 造	胶粉聚苯颗粒复合材料、硅酸盐复合保温材料、现浇聚苯复合料等
层 状	无机、复合	人 造	金属（铝）箔、金属镀膜、绝热纸、反射膜等
砖、砌块	无 机	人 造	多孔砖、空心砖、轻体混凝土砌块等
片 状	无 机	人 造	中空玻璃、热反射膜玻璃、低辐射与吸热玻璃等
型 材	有 机	人 造	门窗塑料型材、管材
松散状	无 机	人 造	干铺膨胀珍珠岩、干铺膨胀蛭石等

第二节 节能建筑材料的特点、技术性能和应用

在本节中，只简介几种节能建材的特点、性能和应用，有些节能材料在施工章节中结合施工技术具体介绍。

一、膨胀珍珠岩及其制品

膨胀珍珠岩是以酸性火山玻璃质熔岩（即珍珠岩、松脂岩、黑曜岩）为原料，经过破碎、分级、预热、焙烧，在瞬时高温下使其急剧膨胀，然后冷却而成的一种白色、轻质、多功能绝热材料。

1. 特点

（1）膨胀珍珠岩具有轻质、较小的堆积密度和优良的绝热保温性能。

（2）使用温度范围广，价格便宜。

（3）化学性能稳定、抗冻、吸湿性小，但吸水很快。

（4）具有微孔、高比表面积和吸附性，可与多种胶结材料制成节能制品，易与水泥砂浆等保护层结合，施工方便。

（5）无毒、无味、不腐、不燃、吸声、耐酸和绝缘。

2. 性能

（1）膨胀珍珠岩

膨胀珍珠岩的技术要求见表2-2。

表2-2 膨胀珍珠岩技术要求

指标名称	产 品 分 类		
	Ⅰ	Ⅱ	Ⅲ
密度（kg/m³）	<80	80～150	150～250
粒度（质量%）	粒径>2.5mm的≤5% 粒径<0.15mm的≤8%	粒径<0.15mm的≤8%	粒径<0.15mm的≤8%
常温导热系数(25℃)[W/(m·K)]	<0.042	0.052～0.064	0.064～0.076
含水率（%）	<2	<2	<2

1) 密度与导热系数

一般规律来说,材料的密度越小,其导热系数也越小。

膨胀珍珠岩的密度一般在 50~200kg/m³ 范围,导热系数在 0.004~0.07W/(m·K)。

2) 安全使用温度

膨胀珍珠岩的安全使用温度一般为 800℃,当温度达到 900℃时,颗粒收缩率达 50%。

3) 吸水性、吸湿性和抗冻性

① 吸水性

膨胀珍珠岩具有很大的吸水性,且吸水速度非常快。在其吸水后,引起强度下降,导热系数增大,绝热性能下降。密度越小,吸水性越强,如表 2-3 所示。

表 2-3 不同密度膨胀珍珠岩的吸水率

密度(kg/m³)	58	100	148	227
质量吸水率(%)	921	481	278	211

② 吸湿性

吸湿性大的材料吸收空气中的水分使孔隙中的空气为水所代替,因为水的导热系数为空气的 24 倍,若在低温冻结时,冰的导热系数是水的 4 倍,尤其是保冷材料,吸湿性愈小愈好。膨胀珍珠岩吸湿率很小,不同密度膨胀珍珠岩的吸湿率如表 2-4 所示。

表 2-4 不同密度膨胀珍珠岩的吸湿率

密度(kg/m³)	湿度100%时24h的吸湿率(%)
80~120	0.006
120~160	0.03
160~300	0.08

③ 抗冻性

膨胀珍珠岩处于干燥状态时,具有很好的抗冻性,在 -20℃时,经过 15 次冻融,粒度组成不变。当膨胀珍珠岩处于自然状态含水时,抗冻性能也良好。

4) 其他性能

① 耐酸碱性

膨胀珍珠岩是以酸性玻璃质熔岩为原料制成的产品,其化学成分中含有 70% 左右的二氧化硅,因此,耐酸性很强,耐碱性差。

② 吸声性能

膨胀珍珠岩颗粒表面粗糙,内部结构多孔,当声波传至表面经微孔进入内部,激发了孔内空气分子振动,由于摩擦阻力和黏滞阻力的存在,使声能变为热能,从而达到吸声效果。

③ 电绝缘性能

膨胀珍珠岩属于绝缘材料。

(2) 膨胀珍珠岩制品

依照胶凝材料不同,膨胀珍珠岩可制成不同类型的制品,如水泥膨胀珍珠岩制品、水玻璃膨胀珍珠岩制品、乳化沥青膨胀珍珠岩制品。膨胀珍珠岩制品的物理性能指标列于表 2-5。

表 2-5 膨胀珍珠岩制品的物理性能指标

标 号	密度不大于(kg/m³)		导热系数不大于[W/(m·K)]	质量含水率不大于(%)
200	优等品	200	0.056	2
	合格品	200	0.060	5

续表

标号	密度不大于 (kg/m³)		导热系数不大于[W/(m·K)]	质量含水率不大于（%）
250	优等品	250	0.064	2
	合格品	250	0.068	5
300	优等品	300	0.072	3
	合格品	300	0.076	5
350	优等品	350	0.080	4
	合格品	350	0.087	6

注：表中数据摘自国家标准《膨胀珍珠岩绝热制品》（GB/T 10303—2001）。

1）水泥膨胀珍珠岩制品

水泥膨胀珍珠岩制品是以水泥为胶结材料，膨胀珍珠岩为骨料，按一定配比混合，经搅拌、成型、养护而成的板、管、瓦、砖等制品，水泥膨胀珍珠岩制品的技术性能列于表2-6。

表 2-6　水泥膨胀珍珠岩制品的技术性能

密度 (kg/m³)	导热系数 [W/(m·K)]	抗压强度 (MPa)	抗折强度 (MPa)	使用温度 (℃)	吸湿率(24h) (%)	15次干冻循环强度损失 (%)	软化系数
300～400	常温：0.058～0.087 低温：0.081～0.116	0.5～1.0	>0.3	≤600	0.087～1.55	10～24	0.7～0.74

2）水玻璃膨胀珍珠岩制品

水玻璃膨胀珍珠岩制品是以水玻璃为胶结料、膨胀珍珠岩为骨料，按一定比例配合，并加入赤泥，经搅拌、成型、干燥、焙烧而成的板、管、瓦、砖等制品。技术性能指标见表2-7。

表 2-7　水玻璃膨胀珍珠岩制品的技术性能指标

密度 (kg/m³)	常温导热系数 [W/(m·K)]	抗压强度 (MPa)	最高使用温度 (℃)	质量吸水率 (96h)(%)	吸湿率(相对湿度95%～100%，20d) (%)
200～300	0.056～0.065	0.50～1.2	650	120～180	17～23

3）水泥膨胀珍珠岩聚苯乙烯泡沫板

水泥膨胀珍珠岩聚苯乙烯泡沫板材的物理力学性能，如表2-8所示。

表 2-8　物理力学性能

项 目	不同标号板材的额定指标		
	300	350	400
表观密度（kg/m³）	295	340	390
25±5℃温度下干态导热系数[W/(m·K)]	0.078	0.087	0.098
极限强度（MPa）： 抗压	0.24	0.39	0.39
抗弯	0.59	0.98	1.18

续表

项 目	不同标号板材的额定指标		
	300	350	400
软化系数	0.75	0.78	0.76
空气湿度80%时的吸湿率（%）	4	3.5	3
抗冻融性（次）	25	35	35
48h质量吸湿率（%）	75	70	50

4）乳化沥青膨胀珍珠岩制品

乳化沥青膨胀珍珠岩制品是以乳化沥青与膨胀珍珠岩拌合、装模、压制成型而成的板、管、瓦、砖等，产品的品种、规格和性能指标如表2-9所示。

表2-9 品种、规格和性能指标

品 种	规 格 (mm)	性 能 指 标	
		项 目	指 标
板	400×250×100	密度（kg/m³）	≤350
		导热系数[W/(m·K)]	≤0.081
		抗压强度（MPa）	≥0.3
		吸湿率（湿度95%，96h）（%）	≤1
板、砖、管、瓦	按要求加工	密度（kg/m³）	250～400
		导热系数[W/(m·K)]	0.065～0.07
		抗压强度（MPa）	0.023～0.051
		使用温度（℃）	−50～60
		吸湿率（24h）（%）	0.2
		吸水率（24h）（%）	5
板、砖、管、瓦	按要求加工	密度（kg/m³）	260～320
		导热系数[W/(m·K)]	0.046～0.08
		抗压强度（MPa）	0.4～0.45
		使用温度（℃）	−40～130
		吸湿率（24h）（%）	0.1～0.2
		吸水率（24h）（%）	2～2.5

5）FSG高分子粘结膨胀珍珠岩制品

高分子粘结膨胀珍珠岩制品是将膨胀珍珠岩用高分子粘结剂压合烘烤而成，包括防水保温板和高强度保温板，技术性能指标分别列于表2-10和表2-11。

表2-10 防水保温板性能指标

项 目	指 标				
	200		250		350
	优等品	合格品	优等品	合格品	合格品
密度（kg/m³）	≤200		≤250		≤350
抗压强度（MPa）	≥0.40	≥0.30	≥0.50	≥0.40	≥0.40
抗折强度（MPa）	≥0.20	—	≥0.25	—	—
导热系数[W/(m·K)]	≤0.060	≤0.068	≤0.068	≤0.072	≤0.087
质量含水率（%）	≤2	≤5	≤2	≤5	≤10
憎水率（%）	≥98				

表 2-11 高强度保温板性能指标

项　　目	条　　件	指　　标
密度（kg/m³）	绝干状态	≤400
抗压强度（MPa）	100mm×100mm×100mm 绝干试件	≥1.0
抗折强度（MPa）	40mm×40mm×160mm 绝干试件	≥0.8
软化系数		≥0.6
导热系数[W/(m·K)]		≤0.10
耐火极限（h）		≥1

3. 应用

膨胀珍珠岩不仅轻质、绝热、无臭，且耐火、耐腐蚀，化学性能稳定，通过深加工后，可制成各类型制品，在建筑、动力、化工、铸造、采矿和农业等行业得到广泛应用。

膨胀珍珠岩应用范围很广，但在节能建筑上应用量相对较大。

（1）在建筑上主要作为墙体、屋面、吊顶等围护结构的散填保温隔热材料。

（2）配制轻骨料混凝土，预制各种轻质混凝土构件。

（3）以膨胀珍珠岩为骨料，用各种有机和无机胶结材料制成绝热吸声的膨胀珍珠岩制品，还可采用机械喷涂方法对建筑物围护结构进行节能保温，以上各类做法在建筑业中已普遍应用。

（4）在砖混与砌块建筑的墙体预留空腔中，填充一定厚度的憎水膨胀珍珠岩散料，可使墙体的热阻值增加一倍以上，不但成本很低，而且工艺简单。

（5）用膨胀珍珠岩为骨料，用胶粘剂和其他掺合料可制成喷涂型保温涂料，喷涂在墙体等围护结构上，当喷涂层固化成面层后，具有保温、隔热、防水和装饰等功能，且与基层的粘结强度、抗压强度、抗渗和冻融等各项技术指标均可达到使用要求。

（6）用大、小不同粒径的膨胀珍珠岩做粗、细骨料，可制成轻质混凝土，预制成质轻、绝热性能好的墙板或屋面板等建筑围护构件。并且比普通混凝土构件质量减少 25%，而热阻大大提高，甚至提高几十倍。

（7）采用水泥、石灰、石膏和水玻璃等材料为胶结剂的各种珍珠岩制品，可用作复合式墙板、屋面板保温层、底层建筑的保温地坪、楼梯间内墙的保温贴面层、输热管道及供热锅炉轻型炉墙的保温层等。只要厚度在 30～40mm 的保温层就可使建筑物和供、输热装置的围护层热阻值增加 40% 以上，而热损失则减少 10%～30%，节约了资源。

（8）膨胀珍珠岩制品还可用作电梯间、锅炉房的吸声板，可大幅度降低噪声的分贝值，减少噪声对人体的危害，是环保的一项重要技术措施。

（9）膨胀珍珠岩具有轻质、绝热、隔声、耐火和易加工等特性，在建筑上得到广泛应用，与其他类保温材料相比，其明显的优势是廉价、低成本，是一种经济型保温材料。

（10）膨胀珍珠岩及制品在建筑与绝热保温工程中的应用如表 2-12 所示。

表 2-12 膨胀珍珠岩及制品在建筑与绝热保温工程中的应用

类型	材料名称	其他原材料	基本工艺	主要用途	备注
散料	散料膨胀珍珠岩		粉碎、膨胀	保温填充材料、轻骨料	直接利用
	憎水型散料	憎水剂、助剂	热态时直接吸附或湿态时吸附改性	屋面防水或深加工	
	釉化膨胀珍珠岩	水玻璃、助剂	直接喷涂或煅烧改性	制作高强度制品	
	粒状（泡沫）膨胀珍珠岩	碱	细磨原料、碱处理、泡沫玻璃型膨胀	制作高强度制品	
胶结制品（板或砌块）	石膏珍珠岩制品（或纤维增强）	半水石膏、添加剂（纤维）	配料、成型、养护（常规）	内外墙、保温、装饰	1. 均指非承重墙；2. 可加聚合物改性；3. 可加防水剂
	水泥珍珠岩制品（纤维）	硅酸盐水泥、石灰、纤维	配料、成型、蒸压	内外墙、保温、装饰	
	水玻璃珍珠岩制品（纤维）	硅酸钠、黏土（赤泥）	配料、成型、焙烧	内外墙、保温、装饰	
	沥青珍珠岩制品	乳化沥青、助剂	配料、成型、低温干燥	保温、防水	
	屋面憎水珍珠岩板	PVA（聚合物）防水剂	配料、成型、干燥	保温、防水	
	纤维石膏珍珠岩吸声板	石膏、矿物纤维、防水剂、阻燃剂	搅拌、模压、固化、表面处理	内外墙、内外保温及装饰吸声	
	纤维增强聚合物珍珠岩制品	纤维、聚合物、改性助剂			
	膨润土珍珠岩胶结制品	膨润土、粘结剂、增强剂、防水剂、助剂	搅拌、成型	保温、装饰、墙体	
烧结制品	膨润土、沸石、珍珠岩烧结制品	膨润土、硅藻土、沸石、水玻璃	成型、煅烧	内墙材料	
	泡沫珍珠岩玻璃体	粘结剂	烧结、玻璃化处理	内墙材料	
涂料	石膏珍珠岩涂料（干粉）	半水石膏、调节剂	混合磨粉、使用时加水		喷涂或抹涂，小块粘结再表面装饰
	水泥珍珠岩涂料（干粉）	水泥、调节剂		内外墙保温、装饰	
	聚合物珍珠岩涂料（干粉或砂浆）	聚合物、胶乳、膨润土、助剂	制成糊状产品		

二、膨胀蛭石及其制品

蛭石是一种非金属矿物，蛭石在加热煅烧时，层间的自由水迅速汽化，迫使蛭石在垂直解理层方向产生急剧膨胀。膨胀后的蛭石，在间隔层间充满空气，且具有很小密度和热导率，成为良好的绝热、绝冷和吸声材料。

1. 特点

(1) 导热系数低，化学性能稳定，无毒、无味、阻燃、耐温、耐腐和抗冻。

(2) 工艺简单，可与多种胶结材料复合加工成多种类型制品，价格低。

2. 性能

(1) 膨胀蛭石的技术性能指标如表 2-13 所示。

第二章 节能建筑材料

表 2-13 膨胀蛭石的技术性能指标

项目	指标	项目	指标
表观密度（kg/m³）	80~120	耐腐蚀性	耐碱
导热系数[W/(m·K)]	0.047~0.07	吸湿率（相对湿度100%，24h）（%）	不大于2
最高使用温度（℃）	1000	吸水率（表观密度80kg/m³，浸水15min）（%）	质量吸水率246
耐火温度（℃）	1300~1350		体积吸水率37.6
安全使用温度（℃）	900	抗冻性（-20℃，15次冻融）	粒度不变
抗菌性	良好	吸声性（声频512Hz）	0.53~0.63

（2）膨胀蛭石各品级技术性能指标如表 2-14 所示。

表 2-14 各品级膨胀蛭石技术性能指标

性能	优等品	一等品	合格品
表观密度（kg/m³）	≤100	≤200	≤300
导热系数[W/(m·K)]	≤0.062	≤0.078	≤0.095
含水率（%）	≤3	≤3	≤3

（3）膨胀蛭石的常温导热系数与表观密度、粒度关系如表 2-15 所示。

表 2-15 导热系数与表观密度、粒度关系

表观密度（kg/m³）	粒径（mm）	导热系数[W/(m·K)]
110	5	0.053
120	3	0.052
150	2	0.048

（4）水泥膨胀蛭石制品的技术性能指标如表 2-16 所示。

表 2-16 物理性能指标

等级	密度（kg/m³）	导热系数[W/(m·K)]	抗压强度（MPa）	含水率（%）
优等品	≤350	≤0.090	≥0.4	≤4
一等品	≤480	≤0.112	≥0.4	≤5
合格品	≤550	≤0.142	≥0.4	≤6

（5）膨胀蛭石防火板的技术性能指标如表 2-17 所示。

表 2-17 技术性能指标

项目	指标	项目	指标
抗折强度（MPa）	0.8~5	表面pH值	7~8
导热系数[W/(m·K)]	0.10~0.20	吸声系数	0.25~0.65
耐火极限（min）	12	含水率（%）	4.5~6.5
防火级别	A	吸湿率（24h,%）	3.0~6.0

3. 应用

膨胀蛭石及制品的技术特点与膨胀珍珠岩及制品非常相似，它们共同特点是可用胶结材料加工成制品，适用范围相同，如工业与民用建筑的墙壁、楼板、顶棚和屋面部位保温、隔声，也可作为热工设施、工业窑炉和冷藏设施及绝缘材料。使用温度较高、吸湿率较低、抗冻、化学性能稳定，但膨胀蛭石耐酸性差，不宜用于有酸性侵蚀处。

应注意膨胀蛭石与膨胀珍珠岩的憎水制品都不易与普通水泥砂浆粘结，施工时应选择专用材料与之配合使用。当非憎水制品用于外露工程时，必须有可靠的外防护层。

三、硅酸钙制品

硅酸钙制品是以石英砂粉、硅藻土、氧化钙和增强纤维为主要原料，再加入适量水、助剂等材料，经搅拌、加热、凝胶、成型、蒸压硬化、干燥等工序制作而成。

硅酸钙制品的主体材料是活性高的硅藻土和石灰，在高温高压下发生水热反应，而制得的导热系数较低的一种保温材料。

1. 特点

（1）制品密度低、导热系数低，柔性好，强度高。
（2）耐温性和热稳定性好，耐腐蚀，应用范围广。
（3）软化系数为0.8左右。吸水性强，水中浸泡强度降低，干燥后可恢复原强度。
（4）隔声、不燃、防火、无腐蚀，高温使用时不排放有毒气体。
（5）制品外观好，并可锯、可刨、钻孔、拧螺丝、涂装，安装省力方便。

2. 性能及规格

（1）硅酸钙绝热制品的技术性能指标如表2-18所示。

表2-18 物理性能指标

产品类别		I			II			
		240	220	170	270	220	170	140
密度（kg/m³）		≤240	≤220	≤170	≤270	≤220	≤170	≤140
质量含湿率（%）		≤7.5			≤7.5			
抗压强度（MPa）	平均值	≥0.50		≥0.40	0.50		≥0.40	
	单块值	≥0.40		≥0.32	≥0.40		≥0.32	
抗折强度（MPa）	平均值	≥0.30		≥0.20	≥0.30		≥0.20	
	单块值	≥0.24		≥0.16	≥0.24		≥0.16	
导热系数[W/(m·K)]	373K(100℃)	≤0.065		≤0.058	≤0.065		≤0.058	
	473K(200℃)	≤0.075		≤0.069	≤0.075		≤0.069	
	573K(300℃)	≤0.087		≤0.081	≤0.087		≤0.081	
	673K(400℃)	≤0.100		≤0.095	≤0.100		≤0.095	
	773K(500℃)	≤0.115		≤0.112	≤0.115		≤0.112	
	873K(600℃)	≤0.130		≤0.130	≤0.130		≤0.130	
	973K(700℃)				≤0.150		≤0.150	
	1073K(800℃)				≤0.180		≤0.180	

续表

产品类别		I			II			
		240	220	170	270	220	170	140
最高使用温度	匀温灼烧试验温度 K	923(650℃)			1273(1000℃)			
	线收缩率(%)	≤2			≤2			
	裂缝	无贯穿裂缝			无			
	剩余抗压强度(MPa)	≥0.40		≥0.32	≥0.40		≥0.32	

注：1. 经供需双方商议，亦可提供其他密度硅酸钙绝热制品，其物理性能指标应满足表中相近密度硅酸钙绝热制品的要求。

2. 表中导热系数与温度的近似关系式如下(误差≤±1.5%)：
密度≤170kg/m³，$\lambda_t = 0.0479 + 0.00010185 \times t + 9.65015 \times 10^{-11} \times t^3$ ($t \leq 800℃$)；密度>170kg/m³，$\lambda_t = 0.0564 + 0.00007786 \times t + 7.8571 \times 10^{-8} \times t^2$ ($t \leq 500℃$)，$\lambda_t = 0.0937 + 1.67397 \times 10^{-10} \times t^3$ ($t = 500 \sim 800℃$)。

3. 表中产品类别 I 表示托贝莫来石硅酸钙制品，II 表示硬硅酸钙制品。

（2）微孔硅酸钙制品可分为平板、弧形板及管壳，其制品的产品规格尺寸及允许偏差如表 2-19、表 2-20 所示。

表 2-19　产品规格尺寸　　　　　　　　　(mm)

制品形状	长度	宽度	厚度
平板	400~600	200~300	40~90
弧形板	400~600	内径>219	40~90
管壳	400~600	内径57~219	40~90

表 2-20　规格允许偏差

制品形状	尺寸允许偏差				
	长度(mm)	宽度(mm)	内径	厚度(mm)	
				平均值	极差
平板	±4	±4	—	+3 / −1.5	3
弧形板	±4	—	+3% / +1%	+3 / −1.5	3
管壳	±4	—	+3% / +1% 或 +5mm / +2mm 取较宽值	+3 / −1.5	3

注：厚度的极差指厚度最大的制品与厚度最小的制品的厚度差。

（3）纤维增强硅酸钙板的性能与规格。纤维增强硅酸钙用作建筑物隔墙板、吊顶板和其他防火隔热工程的技术性能指标如表 2-21 所示。硅酸钙板的正表面应平整，边缘整齐，不得有裂纹、缺角等缺陷。板材的尺寸及允许偏差如表 2-22 所示。

表 2-21 纤维增强硅酸钙板的物理力学性能

项 目		类 型		
		D0.8	D1.0	D1.3
密 度（D）		$0.75<D\leqslant0.90$	$0.90<D\leqslant1.20$	$1.20<D\leqslant1.40$
抗折强度（MPa）	厚度（mm）：5，6，8	8	9	12
	厚度（mm）：10，12，14	6	7	9
	厚度（mm）：20	5	6	8
螺钉拔出力（N/mm）≥		60	70	80
导热系数[W/(m·K)]≤		0.25	0.29	0.30
含水率（%）≤		10		
湿胀率（%）≤		0.25		

表 2-22 纤维增强硅酸钙板材的尺寸及允许偏差

项 目	公称尺寸	允许偏差	项 目	允许偏差
长度(mm)	1800，2400，2440，3000	±5	平板边缘平直度(mm/m)	2
宽度(mm)	800，900，1000，1200，1220	±4	平板边缘垂直度(mm/m)	3
厚度(mm)	5，6，7	±0.3	平板表面平面度(mm/m)	3
	10，12，15	±0.5	厚度不均匀度(%)	8
	20，25，30，35	±0.6	—	—

注：厚度不均匀度系指同块板厚度的极差除以公称厚度。

3. 应用

耐热温度在 650℃以下的微孔硅酸钙，主要用于建筑、管道等保温。日本已生产密度为 $100\sim130kg/m^3$ 的超轻制品，且微孔硅酸钙在日本应用比率占绝热制品的 70%。

我国改用压制法成型工艺后，从材质上由有石棉微孔硅酸钙发展到无石棉微孔硅酸钙；由一般微孔硅酸钙发展到超轻微孔硅酸钙和高强硅酸钙，使制品的内在质量和外观质量都有较大改进和提高，且生产出低密度、高质量产品，密度在 $250kg/m^3$ 以下。

微孔硅酸钙适用范围如下：

（1）建筑构造的内墙、外墙、平顶的防火覆盖材料。

1）低表观密度的制品适宜作保温材料；

2）中表观密度的制品，主要用作墙壁材料和耐火覆盖材料；

3）高表观密度制品，主要用作墙壁材料、地面材料或绝缘材料。

（2）用于冶金、电力、化工等工业的热力管道、设备、窑炉绝热保温材料。

（3）轮船的隔仓、平顶、走道的防火隔热材料。

四、建筑玻璃

玻璃系由石英砂、纯碱、长石及石灰石等在 $1550\sim1600℃$ 高温下熔融后经拉制或压制而成。如在玻璃中加入某些金属氧化物、化合物或经过特殊工艺处理时，可制得具有各种不同特殊性能的特种玻璃。

随着现代建筑的发展，玻璃制品由过去单纯作为采光和装饰功能，逐渐向着控制光线、调节热量、节约能源、控制噪声、降低建筑物自重、改善建筑环境、提高建筑艺术性等多功能方面发展。在建筑工程中，玻璃已逐渐发展成为一种重要的节能、装饰材料。

玻璃的种类很多，按其化学成分，分别有钠钙玻璃、铝镁玻璃、钾玻璃、硼硅玻璃、铝玻璃和石英玻璃等。按应用功能细分，有铺装或砌筑施工的泡沫玻璃；有门窗、幕墙应用的普通平板玻璃（包括浮法玻璃）、中空玻璃、镀膜玻璃（低辐射玻璃、热反射玻璃）、吸热玻璃（彩色玻璃）、夹层玻璃、夹丝玻璃、磨砂玻璃、压花玻璃、异形玻璃、钢化玻璃、太阳能玻璃、离子交换增强玻璃、电热玻璃和新型光（电）致变色玻璃等。

1. 泡沫玻璃

泡沫玻璃是以碎玻璃为主要原料，在高温下掺入少量能产生大量气泡的发泡剂，混合后装模，通过在高温下熔融发泡，经冷却后形成具有闭孔或开孔的泡沫玻璃制品，最后再经切割等工序制成壳、砖、块、板等形状。按其不同工艺和基础原料，有普通泡沫玻璃、石英泡沫玻璃、熔岩泡沫玻璃等，通过调整配方和工艺，其产品可分别具有彩色、保温、吸声等特点，亦可按应用目的生产所需性能指标的泡沫玻璃。

（1）特点

1）施工方便，容易加工成适用的各种形状，可钉、钻、锯。
2）耐酸碱腐蚀，化学性能稳定，不变质，防霉，不受虫蛀、鼠啮。
3）耐高、低温，隔声、防震、不燃、隔热（冷）保温。
4）导热系数低，吸水率小，抗压强度高，尺寸稳定性好，水蒸气渗透系数小。
5）因其是脆性材料，有易碎、易破损缺点。

（2）性能

1）泡沫玻璃的导热系数如表 2-23 所示。

表 2-23 泡沫玻璃的导热系数

项目	分类	140		160		180	200
	等级	优等(A)	合格(B)	优等(A)	合格(B)	合格(B)	合格(B)
平均温度		导 热 系 数 ≤[W/(m·K)]					
380K(35℃)		0.048	0.052	0.054	0.064	0.066	0.070
298K(25℃)		0.046	0.050	0.052	0.062	0.064	0.068
233K(−40℃)		0.037	0.040	0.042	0.052	0.054	0.058

2）泡沫玻璃制品性能指标、规格如表 2-24、表 2-25 所示。

表 2-24 泡沫玻璃制品性能指标

项目	分类	140		160		180	200
	等级	优等(A)	合格(B)	优等(A)	合格(B)	合格(B)	合格(B)
体积密度（kg/m³）≤		140		160		180	200
抗压强度（MPa）≥		0.04	0.5	0.4	0.6	0.8	
抗折强度（MPa）≥		0.3	0.5	0.4	0.6	0.8	

续表

项目	分类	140		160		180	200
	等级	优等(A)	合格(B)	优等(A)	合格(B)	合格(B)	合格(B)
体积吸水率（%）≤		0.5	0.5	0.5	0.5	0.5	0.5
透湿系数 [ng/(Pa·s·m)] ≤		0.007	0.05	0.007	0.05	0.05	0.05

表 2-25　泡沫玻璃制品规格

产品品种	产品规格				适用范围
	长度（mm）	宽度（mm）	厚度（mm）	公称内径（mm）	
平板	300~600	200~450	30~120		屋面、墙体、地面
管壳			25~120	≤102	各类高、低温管道
			40~120	≥102	

（3）应用

泡沫玻璃为无机绝热材料，由于具有防潮、防火、防腐等特点，除应用在建筑构造的地下、屋面、墙体等隔热保温（冷）、吸声工程，也应用于石油、化工、造船、国防等地下、露天、易燃、易潮以及有化学侵蚀等苛刻环境的高低温工程。

泡沫玻璃几乎不吸水，不透水蒸气，因而长期在湿热环境下使用时，含水率不会增加，因而导热系数不受使用环境和使用年限的影响。

泡沫玻璃可用在屋面、地面、墙体，在泡沫玻璃外层可直接进行装饰层施工。

用在寒冷地区的外墙保温时，可防止热桥的产生，减少建筑热损失。

作为外保温材料时，泡沫玻璃的外层可以直接使用各种涂料、金属板等外墙装饰材料；作为外墙内保温时，可将电线、电缆和开关等置于泡沫玻璃内，即可在泡沫玻璃表面直接进行装修。

抗压和抗折强度高，可作为预制保温墙的保温材料，生产中的废料（泡沫粉）和碎料可作为装饰轻混凝土的填充料。

2. 中空玻璃

中空玻璃俗称密封隔热玻璃。中空玻璃可以根据要求选用各种不同性能的玻璃原片，如透明浮法玻璃、压花玻璃、彩色玻璃、反射玻璃、夹丝玻璃、钢化玻璃等，由两片或多片玻璃与边框周边密封而成。并可根据要求选择各种玻璃颜色、隔框厚度和玻璃厚度。

目前，隔热保温窗户应用中空玻璃比较普遍，中空玻璃比平板玻璃的传热系数低得多，因中空玻璃有一层静止空气或其他高热阻气体（如惰性气体）间层，空气的导热系数比玻璃的导热系数低 20 倍，因而极大地提高了中空玻璃的热阻，即隔热保温性能。且热阻随空气间层厚度加大而增加，空气间层的数量越多，保温性能越好。

据相关资料介绍，普通 12mm 厚双层中空玻璃在传热系数 $3.59[W/(m^2·K)]$ 的情况下，可节约能源费用 20%~30%；三层中空玻璃、填充特种气体或以吸热、热反射玻璃等制成的中空玻璃，节能可达 30%~70%。

当用 18mm（3+12+3）普通双层中空玻璃代替 3mm 普通透明玻璃，其空调能耗可降低 21%。如中空玻璃用吸热或热反射玻璃组成，则降低空调能耗更为显著。如果采用 3mm 蓝色吸热玻璃+6mm 空气层+3mm 普通透明玻璃组成的双层中空玻璃，代替 3mm 普通透明玻璃，其空调能耗可降低 31%。

(1) 特点
1) 具有优良的保温、隔热、隔声性能，能保持室内适宜温度和光线。
2) 在严寒、寒冷地区采用中空玻璃的门窗，可有效降低结露温度，门窗不结露。
3) 中空玻璃内的密封气体，成为隔热（冷）、隔声屏障。
4) 使用舒适、美观、卫生和节能。

(2) 性能
1) 中空玻璃与其他材料传热系数比较如表 2-26 所示。
2) 中空玻璃的性能如表 2-27 所示。

表 2-26 中空玻璃与其他材料传热系数比较

材料名称	构造、厚度（mm）	传热系数[W/(m²·K)]
平板玻璃	3	7.1
平板玻璃	5	6.0
双层中空玻璃	3+6+3	3.4
双层中空玻璃	3+12+3	3.1
双层中空玻璃	5+12+5	3.0
三层中空玻璃	3+6+3+6+3	2.3
三层中空玻璃	3+12+3+12+3	2.1
混凝土	100	3.26
木板	20	2.67
一面抹灰砖墙	240	2.00

表 2-27 不同玻璃原片构成的中空玻璃的性能

玻璃种类	构成	可见光（%）			太阳辐射热（%）			传热系数[W/(m²·K)]
		透射率	反射率	吸收率	直射透射率	总透射率	反射率	
浮法双层	$F_3+A_6+F_3$	83.3	14.8	8.8	77.2		14.0	3.4
中空玻璃	$F_6+A_6+F_6$	81.5	14.7	16.2	70.8		13.0	3.2
彩色双层	$H_3+A_6+F_3$	64.8~75.5	10.7~13.1	22.6~28.8	60.9~66.6		10.3~11.4	2.7~3.0
中空玻璃	$H_6+A_6+F_6$	49.7~67.7	8.7~11.4	39.8~46.9	45.3~51.4		7.3~8.8	2.7~3.0
镀膜双层	$R_6+A_{12}+F_6$	29.0	43.0	36.0	35.0	44.0	29.0	1.8
中空玻璃	$R_6+A_{12}+F_6$	23.0~47.0		47.0~51.0	15.0~25.0	22.0~33.0	24.0~38.0	1.6
低辐射玻璃	$L_a+A_{12}+F_6$	75	13		49		21	1.8
中空玻璃	$L_b+A_{12}+F_6$	56	14		33		18	1.7

注：F—浮法玻璃，浅色；A—空气层；H—彩色玻璃；R—镀膜玻璃；L—低辐射玻璃；下角标数字为玻璃或间层厚度，mm。

3) 普通中空玻璃与 Low-E 中空玻璃的能量传输（图 2-1）。

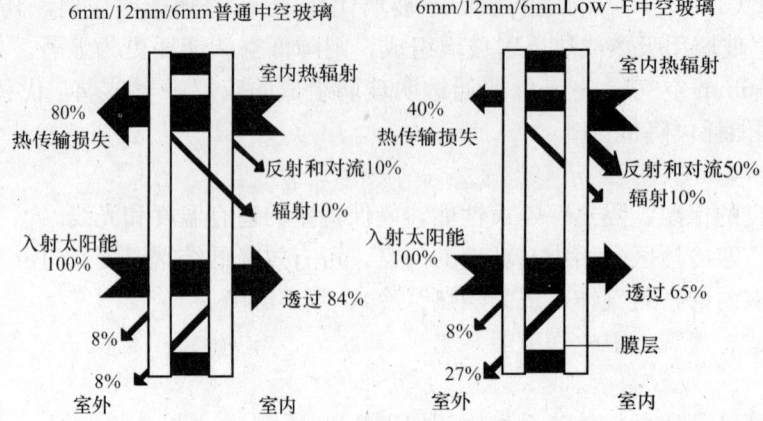

图 2-1 能量传输示意图

4) 常用中空玻璃的光学指标如图 2-2 所示。

(3) 应用

主要应用于需要采暖、空调、防止噪声、结露及需要无直射阳光和特殊光的各类工业建筑与民用建筑。如适用于住宅、饭店、宾馆、办公室、学校、医院、商场等需要室内室调的场合，也适用于火车、轮船、汽车，以及机场等隔热、隔声而又无须采光的门窗部位。

3. 低辐射玻璃与吸热玻璃

低辐射玻璃对可见光具有良好的透过性，同时能阻挠红外线辐射，即具有可见光透过率高，太阳能辐射低的特点，用低辐射镀膜玻璃制造中空玻璃能更有效地提高隔热能力。

能吸收大量红外线辐射能而又保持良好可见光透过率的平板玻璃称为吸热玻璃。它是在普通钠-钙硅酸盐玻璃中加入着色作用的氧化物，如氧化铁、氧化镍、氧化钴以及硒等，使玻璃着色而具有较高的吸热性能；或在玻璃表面喷涂氧化锡、氧化锑、氧化铁、氧化钴等着色氧化薄膜而制成。

低辐射玻璃与吸热玻璃有装饰效果，可根据不同地区日照条件选择使用不同颜色和厚度的玻璃。

(1) 特点

1) 吸收太阳的辐射热

吸热玻离的颜色和厚度不同，对太阳的辐射热吸收程度也不同。如 6mm 蓝色吸热玻璃能挡住 50% 左右的太阳辐射热。低辐射玻璃能有效阻挡红外线辐射，提高隔热能力。

2) 吸收太阳的可见光

吸热玻璃比普通玻璃吸收可见光要多得多。如 6mm 厚的普通玻璃能透过太阳的可见光 78%，同样厚度的古铜色镀膜玻璃仅能透过太阳的可见光的 26%。这一特点就能使刺目的阳光变得柔和，起到良好的反眩作用。

3) 吸收太阳的紫外线

吸热玻璃除了能吸收红外线外，还可以显著减少紫外线的透射而对人体与物体的损害。

4) 具有一定的透明度

能清晰地观察室外景物。

(2) 性能

第二章 节能建筑材料

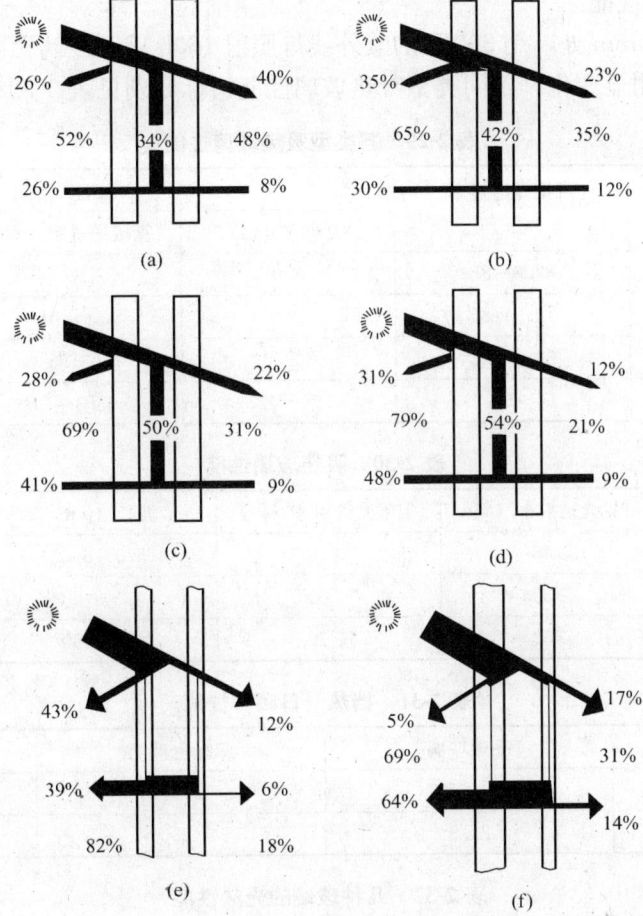

图 2-2 中空玻璃的光学指标
(a) 无色防阳光玻璃＋无色玻璃（6＋6mm），可见光透过率为 38%；
(b) 无色防阳光玻璃＋热反射玻璃（6＋6mm），可见光透过率为 29%；
(c) 茶色防阳光玻璃＋无色玻璃（6＋6mm），可见光透过率为 18%；
(d) 茶色防阳光玻璃＋热反射玻璃（6＋6mm），可见光透过率为 14%；
(e) 金色防阳光玻璃；(f) 灰色防阳光玻璃（6＋6mm）

1）低辐射玻璃的性能

低辐射玻璃的性能如表 2-28 所示。

表 2-28 低辐射玻璃的性能

产品编号	可见光（%）		太阳辐射热（%）		遮阳系数
	透射率	反射率	透射率	反射率	
1	74	11	48	16	0.66
2	61	9	31	7	0.46
3	54	8	23	6	0.38
4	44	7	29	9	0.44

2) 吸热玻璃的性能

距吸热玻璃 300mm 处，用 300W 的紫外线灯照射 160h 后，玻璃无褪色现象，照射前后对比，透光曲线无明显变化。不同类型吸热玻璃性能指标分别见表 2-29～表 2-32。

表 2-29 各类型吸热玻璃性能

品 种 (5mm 厚)	可见光透过率 （%）	太阳能辐射热		
		吸收率（%）	直接透过率（%）	色纯度（%）
普通平板玻璃	87.6～88	8.0	83.6～88	8.4
蓝色吸热玻璃	72.2～85	43.7	51～70	5.3
青铜色吸热玻璃	50～63.3	30.50	63.55	6.8～12
灰色吸热玻璃	50～58.4	30～42	63.3～74	5～6.3

表 2-30 吸热玻璃性能

颜 色	可见光透射率（%）	太阳光透射率（%）	波长（μm）	色纯度（%）
茶 色	≥45	≤60	575～590	5～20
灰 色	≥30	≤60	—	0～7
蓝 色	≥50	≤70	450～490	0～14

表 2-31 挡热（日晒）性能

项 目	平板玻璃	灰绿色玻璃	茶色玻璃
厚 度（mm）	4.66	4.96	4.63
挡掉热量（%）	22.9	42.0	47.5

表 2-32 几种玻璃的光热性能

玻璃种类	可见光（%）		遮阳系数	辐射系数（%）
	透过率	反射率		
透明玻璃	89	8	0.95	84
着色玻璃	44～45		0.69～0.72	
热反射玻璃	8～40	12～50	0.23～0.70	40～70
低辐射玻璃	77	14	0.66～0.73	8～15

（3）应用

吸热玻璃在建筑工程中应用广泛，凡既需采光又需隔热之处，均可采用，可减少太阳辐射热的影响。尤其是炎热地区需设置空调、避免眩光的建筑物门窗或外墙体等，可起到隔热、空调、防眩作用。采用各种不同颜色的吸热玻璃，不但能合理利用太阳光，调节室内温度，节约能源费用，而且能创造舒适优美的环境。

它还可以按不同用途进行加工，制成夹层、中空玻璃等制品，隔热效果显著。

4. 热反射玻璃

热反射玻璃的生产方法有热解法、真空法、化学镀膜法等多种，是在玻璃表面涂以金、银、铜、铝、铬、镍、铁等金属或金属氧化物薄膜或非金属氧化物薄膜；或采用电浮法、等离子交换法，向玻璃表面层渗入金属离子以置换玻璃表面层原有的离子而形成热反射膜。利用不同的镀膜工艺在玻璃表面镀制薄膜后,可改善玻璃对光和热辐射的透过性能以及对光的反射性能。

热反射玻璃与吸热玻璃(低辐射玻璃)的区分可用下式表示:

$$S=A/B$$

式中　A——玻璃整个光通量的吸收系数;

　　　B——玻璃整个光通量的反射系数;

　　　S——吸收与反射系数的比值。

当 $S>1$ 时称为吸热玻璃,当 $S<1$ 时称为热反射玻璃。

(1) 特点

热反射玻璃对太阳辐射热有较高的反射能力。普通平板玻璃的辐射热反射率为7%~8%,热反射玻璃则达30%左右。

镀金属膜的热反射玻璃,具有单向透像的特性。镀膜热反射玻璃的表面金属层极薄,使它在迎光面具有镜子的特性,而在背光面则又如窗玻璃那样透明,对建筑物内部起遮蔽及帷幕的作用。

该类膜玻璃不但具有较高的热反射性,而且又能保持良好的透光性。允许足够的太阳光射入室内,又能把太阳光热能反射掉。

能减少室内热量的积聚,降低空调费用。根据需要,玻璃的透光率可在较宽范围灵活选择调整。可单片选用,也可做成中空玻璃使用,并根据建筑风格选择不同颜色的热反射玻璃。

(2) 性能

热反射玻璃技术性能参数见表2-33。

表 2-33　热反射膜玻璃技术性能参数

颜色	厚度	编号	太阳能(%)			可见光(%)			K 值	遮阳系数	相对热增益 [W/(m^2·℃)]
			总透过率	直透过率	反射率	透过率	室内反射率	室外反射率			
银灰	6mm	STS-20	35.17	21.28	19.13	20.8	30.6	20.3	5.32	0.40	293.76
银灰	6mm	ST-30	41.396	27.69	11.53	31.0	31.6	17.9	5.15	0.48	342.64
银灰	6mm	ST-50	58.52	46.24	5.94	49.2	16.3	59.5	5.77	0.67	466.92
银蓝灰	6mm	Tb-35	41.54	27.06	16.28	34.5	21.0	15.2	5.75	0.48	347.44
法国绿	6mm	STFG-8	22.11	5.17	18.10	8.4	38.0	28.1	5.07	0.25	197.56
牡丹绿	6mm	STMG-15	29.06	10.82	13.96	15.1	33.1	12.6	5.5	0.33	251.24
金黄	6mm	YGT-8	19.87	7.72	33.05	8.3	47.1	21.4	4.76	0.23	182.52
海洋蓝	6mm	STB-8	21.63	4.96	15.44	7.8	36.5	10.6	4.84	0.25	195.72

(3) 应用

由于热反射玻璃具有良好的隔热性能,在建筑工程中应用于建筑玻璃幕墙、外门窗。热反射玻璃多用来制成中空玻璃或夹层玻璃窗,如用热反射玻璃与透明玻璃组成带空气层的隔热玻璃幕墙,其遮蔽系数仅为0.1左右。这种玻璃幕墙的导热系数约为1.7W/(m·K),比一砖厚两面抹灰的砖墙保暖性能还好。

(4) 热反射玻璃用作玻璃幕墙的设计要点

1) 玻璃幕墙的安装

安装方法可分为两大类。一是现场插装式：方法是先将承受风荷载和幕墙自重的支座固定在钢筋混凝土楼板上，然后安装水平或垂直轨槽（即边框），最后将玻璃插入轨槽内即成玻璃幕墙。这种方法的优点是节约金属型材，易于安装，运输与搬运费较低。其最大缺点是安装成败决定于现场施工质量，稍一疏忽就容易出现漏水漏气现象。另一类是预制组合式：这是一种工厂预制组合系统。铝型材加工、墙框组合、镶装玻璃嵌条密封等工序都在工厂内进行。可使玻璃幕墙的产品标准化、生产自动化，容易控制产品质量。在工地上只进行幕墙安装，可加速施工进度，节省现场人力。其缺点是铝型材用量约增加15%～20%。

2) 结构设计应注意问题

① 玻璃幕墙是非承重墙，其承受两种荷载：

幕墙自重：玻璃幕墙自重约为$50kg/m^2$，它对墙框的影响视支点位置而异。如支点在上端则墙框承受拉力，支点在下端则墙框承受压力。

风荷载：风荷载是玻璃幕墙承受的主要荷载，一般不仅做正风力计算，对高层建筑还应作负风力（吸力）计算。后者易被忽略，但却是最危险的。刮台风时，许多玻璃是被吸离建筑物而不是吹进建筑物。

风荷载的选取视地区、气候和建筑物的高度而定。

② 温度影响：由于玻璃幕墙是外围护构件，室内外温差对型材产生的温度应力是比较大的，甚至超过风荷载产生的应力值。在设计上应留有余量，允许型材在垂直和水平方向自由胀缩，或是采用其他措施使其温差控制在较小范围。另外，还应注意地震的影响，将幕墙设计成为四个水平方向均能移动，不致造成永久变形或玻璃破裂的情况。

3) 建筑功能

保温、隔热、防止噪声是设计玻璃幕墙建筑时应该特别注意的问题。选用优质保温隔热材料，采用吸热玻璃或热反射玻璃等，可使K值降至与混凝土墙板相当，使热工性能得以保证。

4) 防水、防气

设计时要注意采用压力均衡原理以防风雨，外墙要承受风力和风力驱动的雨冲击，无论缝隙多么小，如有压力差雨水就可能渗过。消除这种现象的根本措施是使两侧没有压力差，在玻璃幕墙外表面之后设一空气室，空气室中的空气压力必须在各个点上一直保持与墙外的压力一样，这种压力均衡可以通过不密封外表面接缝，有意留下某种缝口的方法来达到。这样，由阵风产生的急剧气流就在气室内变为均衡，防止水因毛细管作用渗进幕墙系统。设计幕墙时，应注意在墙框的适当位置留出排水孔，以便排除结露水。

防气渗问题主要是选择优良粘结材料，并规定严格的操作规程，以保证气密性。

5) 防止"热桥"

金属和玻璃均是低热阻材料，设计时应在玻璃内侧放热绝缘材料垫层防止出现热桥。在金属型材中也要放置热绝缘材料以阻止金属和金属的接触，避免热流通过玻璃幕墙系统，以减少热量的损失。

5. 夹层玻璃

两片或多片普通平板玻璃、吸热及热反射玻璃或钢化玻璃等之间嵌夹透明塑料薄片（如聚乙烯醇缩丁醛塑料薄膜），经加热、加压粘合成平形或弯形的复合玻璃制品。

(1) 特点

夹层玻璃透明性好,抗冲击机械强度比普通平板玻璃高出几倍。当玻璃被击碎后,由于中间有塑料衬片的粘合作用,所以仅能产生辐射状的裂纹,而不落碎片,不致伤人。具有耐光、耐热、耐湿、耐寒等特点。

(2) 外观质量

① 裂纹:不允许存在;

② 爆边:长度或宽度不得超过玻璃的厚度;

③ 划伤和磨伤:不得影响使用;

④ 脱胶:不允许存在;

⑤ 气泡、中间层杂质及其他可观察到的不透明物等点缺陷允许个数须符合表 2-34 的规定。

表 2-34 允许点缺陷数

缺陷尺寸 λ (mm)		0.5<λ≤1.0	1.0<λ≤3.0			
板面面积 S (m²)		S 不限	S≤1	1<S≤2	2<S≤8	S≥8
允许的缺陷数 (个)	玻璃层数					
	2 层	不得密集存在	1	2	1/m²	1.2/m²
	3 层		2	3	1.5/m²	1.8/m²
	4 层		3	4	2/m²	2.4/m²
	≥5 层		4	5	2.5/m²	3/m²

注:1. 小于 0.5mm 的缺陷不予以考虑,不允许出现大于 3mm 的缺陷;

2. 当出现下列之一时,视为缺陷密集存在:

   a. 二层玻璃时,出现 4 个或 4 个以上的缺陷,且彼此相距不到 200mm。

   b. 三层玻璃时,出现 4 个或 4 个以上的缺陷,且彼此相距不到 180mm。

   c. 四层玻璃时,出现 4 个或 4 个以上的缺陷,且彼此相距不到 150mm。

   d. 五层以上玻璃时,出现 4 个或 4 个以上的缺陷,且彼此相距不到 100mm。

(3) 应用

在建筑上,主要适用于建筑物的门窗、隔断和工业厂房的天窗。此外,还有汽车、飞机的风挡玻璃以及某些水下工程等。

五、矿棉、硅酸铝纤维及其制品

1. 岩棉

岩棉是以矿物岩石(玄武岩或辉绿岩)为主要原料,按一定的颗粒要求,掺入少量的白云石、矿渣,和燃料(焦炭)一同加入冲天熔化炉内,通入热风,在 1500℃ 高温下熔化,熔化后的熔融物从熔化炉流出,经高速离心机将熔流分散牵引,形成很细的纤维(纤维直径 $4\sim7\mu m$,长度为 $4\sim5mm$),借助高压风的压力将纤维吹入集棉室,在集棉室提供的负压状态下,使形成的纤维均匀分布在传送带上,沉积在传送带上的纤维状产品,即称为岩棉。

在上述成棉的同时加入粘结剂(如酚醛树脂),粘结剂含量为 $1\%\sim3\%$,以加强产品纤维间的粘结力,并能改善产品的防水性能和纤维的柔软性,防止粉尘的飞扬,在成棉过程中还加入防尘油和憎水剂等材料。成型后的岩棉,由传送带从集棉室输出后,进入固化炉,在固化温度约 200℃ 情况下,纤维间的粘结剂即进行固化,出固化炉冷却后,按产品要求的规格尺寸进行切割,即成为岩棉制品。粘结剂含量为3%的产品称岩棉板,粘结剂含量为1%的产品称为岩棉毡。岩棉板直接由主线经传送台运至包装机,用薄膜自动包装后运入成品库,半成品岩棉毡提起放在架子上运入成品库堆放待用或直接运至缝毡机深加工成岩棉玻璃布缝毡、岩棉铁丝网缝毡、岩棉保温带制品、岩棉管壳制品。

(1) 岩棉及岩棉制品的特点

1) 使用温度高、长期稳定性好

最高使用温度是允许它长期使用的最高温度,在长期最高温度使用情况下,不会出现材质下降或老化等情况。

岩棉纤维的耐温温度范围通常在-195~750℃,岩棉制品的耐温范围因制品的密度不同而异,耐温上限一般在400~600℃。

2) 防火不燃

产品为矿物纤维,具有不燃、耐腐、不蛀等优点,不仅绝热也是理想的防火材料。虽然在合成制品加入有机类的粘结剂,也视为不燃产品,当加入粘结剂高于3%含量时,设定最高使用温度宜为400℃。

当产品用无机物作为粘结剂时,如用水玻璃、磷酸铝、膨润土等无机粘结剂,使用温度可达到600℃,甚至更高使用温度。

3) 对金属设备隔热保温无腐蚀性

制品中不含氟、氯等腐蚀性离子或者甚微,因而对设备、管道无腐蚀。

4) 因产品是以天然石材为主要原料,产品的放射性符合 GB 6566—2001 标准的 A 类装修材料要求。

5) 吸声、隔声

由于矿、岩棉纤维之间具有许多细小空隙,其表面的孔隙可作为互相贯通面,近似无数的毛细管,可形成流阻,当声波通过此处时,使声能的一部分转化为热能而损失或被纤维吸收,因而对于各种工业噪声和房屋的吸声有较好效果。

(2) 岩棉及制品性能指标

1) 岩棉的技术性能

岩棉技术性能指标见表 2-35。

表 2-35 岩棉技术性能指标

项 目	指 标	项 目	指 标
密度（kg/m³）	27~200	酸度系数	>1.5
导热系数[W/(m·K)]	<0.035	吸湿率（%）	<1
不燃性（级）	A	憎水性（%）	>98
纤维平均直径（μm）	4~7	吸声系数	0.14~0.99
纤维软化温度（℃）	900~1000	耐腐蚀性	无腐蚀性
使用温度（℃）	-269~1000	压缩性（%）	毡50,板15
渣球含量（渣球直径>0.25mm,%）	<4		

2) 岩棉制品规格、性能指标

① 岩棉制品规格、性能指标见表 2-36、表 2-37。

表 2-36 岩棉制品的产品规格

制品名称	规 格（mm）				备 注
	长	宽	厚	内 径	
岩棉板	910、1000	500、630、700、800	30、40、50、60、70	—	如需其他规格尺寸，可由供需双方商定
岩棉带	2400	910	30、40、50、60	—	
岩棉毡	910	630、910	50、60、70	—	
岩棉管	600、910、1000	—	30、40、50、60、70	22、38、45、57、89、108、133、159、194、219、245、273、325	

表 2-37 岩棉制品的物理性能指标

制品名称	密度 (kg/m³)	密度的极限偏差（%）			导热系数（平均温度 70±5℃）[W/(m·K)]	有机物含量（%）	不燃性	最高使用温度 (℃)
		优等品	一等品	合格品				
岩棉板	80	±10	±15	±20	≤0.044	≤4.0	合格	400
	100				≤0.046			600
	120							
	150				≤0.048			
	160							
岩棉毡	60	±10	±15	±20	≤0.049	≤1.5	合格	400
	80							
	100							600
	120							
岩棉带	80	±10	±15	±20	≤0.054	≤4.0	合格	400
	100				≤0.052			600
	150							
岩棉管壳	<200	±10	±15	±20	≤0.044	≤5.0	合格	600

② 岩棉板、岩棉缝毡的导热系数随密度增大而增加，如图 2-3、图 2-4 所示。

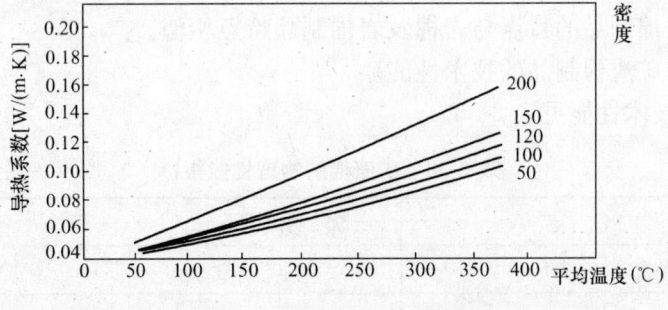

图 2-3 岩棉板导热系数变化

(3) 岩棉及制品应用

由于岩棉可根据不同保温体的温度和形状要求，可分别将各形状的板、毡、管等岩棉及岩棉绝热制品用于电力、石油、船舶、化工、冶金、轻工、水泥和建筑行业高温保温、隔热和吸声等工程。

我国岩棉及制品主要用于工业管道及设备的保温隔热，岩棉板一般应用在建筑业隔声保

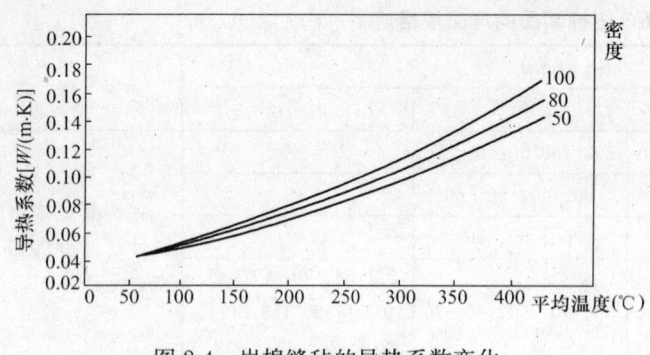

图 2-4 岩棉缝毡的导热系数变化

温工程以及工业的平面或大曲面圆桶设备的保温。岩棉缝毡多用于各种设备及大直径管道保温，小直径管道保温常用岩棉管。

尤其在近年，岩棉及制品已在建筑业扩大应用，并在许多国家得到验证，岩棉制品在建筑（特别是工业建筑）上可用于钢结构、混凝土和砖石结构的屋面、外墙、隔墙以及幕墙的绝热保温工程。

我国科技人员对建筑节能使用岩棉的设计、施工方法等进行了大量研究工作。如混凝土薄壁岩棉复合外墙板，是采用岩棉为芯材绝热层，用混凝土作外护结构的大型板材。有些地区根据当地气候条件和特点，推广应用红砖与岩棉复合的墙体结构，也有使用岩棉内贴或外挂方法。

由于矿物棉的多孔性及吸声功能，在体育场（馆）、舞台剧场等噪声治理方面发挥重要作用。

2. 矿渣棉及其制品

矿渣棉简称矿棉。矿渣棉以工业废渣为主要原料，经熔化后、采用高速离心法或喷吹法工艺制成棉丝状无机纤维，具有密度小、导热系数低、不燃、耐腐蚀、防蛀以及化学稳定性、吸声性能好等特点。

矿渣棉与岩棉在形态与性能上没有太大的差别，两者可互为替代。两者之间的差异主要表现在矿渣棉的纤维直径较岩棉粗，纤维长度短，熔化温度较低，因此在使用上岩棉比矿渣棉导热系数稍低，使用温度稍高些，手感也好些，物理化学稳定性也比矿渣棉略优。

(1) 矿渣棉和矿渣棉制品的特点

矿渣棉和矿渣棉制品的特点与岩棉及岩棉制品特点相似。

(2) 矿渣棉和矿渣棉制品的技术性能

1) 矿渣棉的技术性能见表 2-38。

表 2-38 矿渣棉的物理性能指标

项 目	优 等 品	一 等 品	合 格 品
渣球含量（%）（颗粒直径＞0.25mm）≤	12.0	15.0	18.0
纤维平均直径（μm）≤	7.0		8.0
密度（kg/m³）≤	150		
导热系数[W/(m·K)]（平均温度 70±5℃，试验密度 150kg/m³）≤	0.044		
最高使用温度（℃）	650		

2) 矿渣棉制品的技术性能见表 2-39。

表 2-39 矿渣棉制品的品种、规格和技术性能

品 种	规 格 (mm)	技 术 性 能					
		密 度 (kg/m³)	导热系数 [W/(m·K)]	吸湿率 (%)	使用温度 (℃)	沥青含量 (%)	胶含量 (%)
粒状棉	粒径：5～10、10～20	100～150	<0.041	2	<600	—	—
矿棉半硬板缝毡	100×750×50	80～120	<0.041	<2	<400	—	2.5～3.5
矿棉保温带	宽：25～100 长：任意	90～120	<0.041	<2	<400	—	2.5～3.5
矿棉沥青毡	1000×750×(30～50)	110～120	<0.041	<2	<250	3～5	—
矿棉半硬板	1000×700×(40～70)	80～120	<0.047	<2	<400	—	2.5～3.5
矿棉管壳	直径：12.5～254， 壁厚：30～70， 长：700	120～180	<0.047	—	<400	—	2.5～3.5
矿棉绝热板	按需加工	800～1000	<0.023	含水量<1	耐火度>1650		
矿棉保温板	330×630×40 400×600×50 450×450×50	250～330	<0.041	<2	600		
矿棉保温板		80～150	<0.041	<1	600		
矿棉缝毡		120～150	0.041～0.048		600		
矿棉保温管	直径：24～200， 壁厚：30～70， 长：900～1000	80～120	<0.041		600		

(3) 矿渣棉和矿渣棉制品的应用

矿渣棉主要制作矿棉板等，矿渣棉和矿渣棉制品的应用参考岩棉及岩棉制品的应用。

3. 玻璃棉及其制品

玻璃棉及制品是矿物棉的一种，采用天然矿石，如石英砂、白云石、蜡石等为主要原料，配比其他化工原料，如纯碱、硼酸等，在熔融状态下借助外力拉制、吹制或甩成极细的纤维状材料。按其化学成分可分为无碱、中碱和高碱玻璃棉。

按生产方法可分为三种：一是火焰喷吹成棉，即火焰法玻璃棉；二是离心喷吹法玻璃棉；三是蒸汽立吹法玻璃棉，目前这种生产方法已逐渐被淘汰。世界各国生产玻璃棉的厂家，绝大多数采用离心喷吹法，其次是火焰法。

玻璃棉制品品种较多，其基本产品有玻璃棉毡、玻璃棉板、玻璃棉带、玻璃棉毯和玻璃棉保温管。

(1) 玻璃棉及制品的特点

1) 在高温和低温条件下使用均有良好的隔热性能，导热系数低，高效节能。
2) 耐老化、耐腐蚀、不虫蛀。
3) 在潮湿条件下吸湿率小，线性膨胀系数小。
4) 施工方便，回弹性好，手感舒适。

(2) 玻璃棉和制品的种类、性能指标

1) 玻璃棉以纤维平均直径分为三个种类，如表 2-40 所示。
2) 玻璃棉的导热系数如表 2-41 所示。

表 2-40 玻璃棉板的纤维直径

玻璃棉的种类	纤维平均直径（μm）
1号	≤5.0
2号	≤8.0
3号	≤13.0

表 2-41 玻璃棉的导热系数

玻璃棉的种类	导热系数[W/(m·K)]（平均温度70±2℃）	热荷重收缩温度（℃）
1号	≤0.041	≥400
2号	≤0.042	
3号	≤0.049	

3) 玻璃棉板的尺寸及允许偏差如表 2-42 所示。

表 2-42 玻璃棉板的尺寸及允许偏差

种类	密度（kg/m³）	厚度（mm）	厚度允差（mm）	宽度（mm）	宽度允差（mm）	长度（mm）	长度允差（mm）
2号	24	25、24	+5 0	600	+10 -3	1200	+10 -3
	24	50、70	+8 0				
	24	100	+10 0				
	32、40、48	25、40、50、75、100	+3 -2				
	64	15、20、25、40、50					
	80、96、120	12、15、20、25、40	±2				
3号	80、96、120	50					

4) 建筑绝热用玻璃棉制品密度及热阻如表 2-43 所示。

玻璃棉具有反射面的外覆层，其反射率应不大于0.03。透湿阻应小于 3.5×10^{10} Pa·s·m²/kg。

表 2-43 建筑绝热用玻璃棉制品密度及热阻

产品名称	密度（kg/m³）	允许偏差（mm）	长×宽×厚（mm）	导热系数[W/(m·K)]（25±5℃）	热阻（m²·K/W）（25±5℃）
毡	10 12 14 16	不允许负偏差	(1000, 1200, 5000)×600×50 (1000, 1200, 5000)×600×75 (1000, 1200, 5000)×600×100	≤0.050	1.0 1.5 2.0
	20 24	不允许负偏差	(1000, 1200, 5000)×600×25 (1000, 1200, 5000)×600×40 (1000, 1200, 5000)×600×50	≤0.043	0.5 0.9 1.1
	32	±2	(1000, 1200, 5000)×600×25 (1000, 1200, 5000)×600×40 (1000, 1200, 5000)×600×50	≤0.040	0.6 1.0 1.2
	40	±4	(1000, 1200, 5000)×600×25 (1000, 1200, 5000)×600×40 (1000, 1200, 5000)×600×50	≤0.037	0.6 1.0 1.3
	48	±4	(1000, 1200, 5000)×600×25 (1000, 1200, 5000)×600×40 (1000, 1200, 5000)×600×50	≤0.034	0.7 1.1 1.4

续表

产品名称	密度 (kg/m³)	允许偏差 (mm)	长×宽×厚(mm)	导热系数[W/(m·K)] (25±5℃)	热阻（m²·K/W） (25±5℃)
板	24	±2	(1000，1200，5000)×600×25 (1000，1200，5000)×600×40 (1000，1200，5000)×600×50	≤0.043	0.5 0.9 1.1
	32	±2	(1000，1200，5000)×600×25 (1000，1200，5000)×600×40 (1000，1200，5000)×600×50	≤0.040	0.6 1.0 1.2
	40	±4	(1000，1200，5000)×600×25 (1000，1200，5000)×600×40 (1000，1200，5000)×600×50	≤0.037	0.6 1.0 1.3
	48	±4	(1000，1200，5000)×600×25 (1000，1200，5000)×600×40 (1000，1200，5000)×600×50	≤0.034	0.7 1.1 1.3
	64 80 96	±6	(1000，1200，5000)×600×25	≤0.033	0.7

5) 典型玻璃棉制品物理性能如表 2-44 所示。

表 2-44　玻璃棉制品物理性能

名称	纤维直径(μm)	渣球含量(%)	表观密度（kg/m³）			常温导热系数[W/(m·K)]	胶粘剂含量(%)	使用温度(℃)	吸湿率(%)	吸声系数（厚度 50mm）	
			产品表观密度	管道设备使用表观密度	建筑工程使用表观密度					100～1000Hz	1000Hz 以上
沥青玻璃棉毡	≤13	≤4	≤80	120	100	0.041	2～5	≤250	≤0.5	平均 0.60	0.90
沥青玻璃棉缝毡	≤13	≤4	≤85	120		0.041	2～5	≤250	≤0.5	平均 0.60	0.90
酚醛玻璃棉板	≤15	≤5	120，130，140，150			0.041	3～8	≤300	≤1	平均 0.65	0.90
酚醛玻璃棉管	≤15	≤5	120，130，140，150			0.041	3～8	≤300	≤1	平均 0.65	0.90
酚醛超细玻璃棉毡①	3～4	0.4	<20	50	30～40	0.035	≤2	≤400	≤1	平均 0.65	0.80
酚醛超细玻璃棉管	≤6	≤1	≤60	60	60	0.035	3～5	≤300	≤1	平均 0.65	0.80
酚醛超细玻璃棉板	≤6	≤1	≤60	60	60	0.035	3～5	≤300	≤1	平均 0.65	0.80
无碱超细玻璃棉毡	≤4	—	≤60	60	60	0.033		≤600		平均 0.65	0.80
高硅氧超细玻璃棉毡②	≤4	—	≤95	—	—	0.0754～0.1020③ (262～415℃)	≤5	≤1000		平均 0.65	0.80

① 酚醛超细玻璃棉毡系普通酚醛超细玻璃棉毡。
② 高硅氧超细玻璃棉制品具有耐高温、化学稳定性优异、耐酸（除氢氟酸外）碱侵蚀性好等特点。适于作高温保温绝热及耐腐蚀材料之用。
③ 该导热系数系高温导热系数，是根据表观密度为≤60kg/m³ 测定的。

(3) 玻璃棉及制品应用

玻璃棉及制品用于墙体、屋面、空调风管、顶棚、热力管道,其他应用可参考岩棉及岩棉制品应用。

4. 硅酸铝纤维及制品

硅酸铝纤维又名陶瓷纤维,俗称耐火纤维。硅酸铝纤维是采用天然焦宝石为主要原料,经高温熔化,用高速离心或喷吹等工艺方法而制成的棉丝状无机纤维。在其纤维中加入一定量的胶粘剂等辅料,可制成纤维毯、毡、板、管等各类型制品。

国内硅酸铝纤维主要有不同成纤方法的普通硅酸铝纤维的针刺毯、高纯硅酸铝纤维针刺毯、高铝硅酸铝纤维针刺毯、微晶硅酸铝纤维针刺毯、含锆纤维针刺毯、真空成型异形制品(如毡、板、硬板、保温冒口、护膛、管)等,以及不定型的高温表面喷涂料、浇注料等,无论从生产到应用,硅酸铝纤维及制品都已形成完整的系列。

(1) 硅酸铝纤维制品特点

理化性能稳定,轻质,高强,防火,耐高温,隔热,防腐蚀,耐急冷急热,施工方便。

毯:低导热系数,低蓄热;耐侵蚀,抗结晶性能好;甩丝针刺毯具有高弹性和高强度性;抗热冲击性;良好的吸声性能。

板:板面平整,密度大;有良好机械强度;收缩性小,导热系数低;抗气流冲刷,可直接接触火焰。

毡:低导热系数,低热容;密度范围可调;适于剪切加工、冲压;吸声性能好。

(2) 硅酸铝(耐火)纤维及制品性能

1) 硅酸铝(耐火)纤维针刺毯性能指标如表 2-45 所示。

表 2-45 硅酸铝(耐火)纤维针刺毯性能指标

指标 \ 品种	低温型毯(LT)	标准型毯(RT)	高纯型毯(HA)	高温型毯(HT)
外观颜色	白	白	白	白
纤维直径(μm)	2~4	2~4	2~4	2~4
抗拉强度(MPa)	0.06~0.07	0.07~0.1	0.07	0.06~0.07
热收缩率(24h)(%)	5.0 (1093℃)	3.5 (1232℃)	3.5 (1232℃)	3.5 (1399℃)
导热系数[W/(m·K)]	0.083 (316℃)	0.13 (538℃)	0.158 (760℃)	0.187 (871℃)
最高工作温度(℃)	980	1260	1260	1400
Al_2O_3(%)	40~44	46~48	47~49	52~55
Fe_2O_3(%)	0.7~1.5	0.7~1.2	0.1~0.2	0.1~0.2

2) 喷吹硅酸铝纤维棉及纤维板性能指标如表 2-46、表 2-47 所示。

表 2-46 硅酸铝纤维棉性能指标

项目	指标	
	普通型	高铝型
颜色	白	洁白
工作温度(℃)	1000	1260

续表

项目		指标	
		普通型	高铝型
纤维直径（μm）		2~3	2~3
化学组成(%)	Al_2O_3	44	52~54
	$Al_2O_3+SiO_2$	96	99
	Fe_2O_3	<1.2	0.2
	Na_2O+K_2O	≤0.5	0.2

表 2-47 硅酸铝纤维板性能指标

项目	指标		
	软板	半硬板	硬板
颜色	白	白	白
体积密度（kg/m³）	70~100	100~130	130~150
导热系数[W/(m·K)]	0.034(20℃) 0.098(400℃) 0.132(400℃) 0.167(800℃)	0.034(20℃) 0.09(400℃) 0.126(600℃) 0.161(800℃)	0.035(20℃) 0.09(400℃) 0.126(600℃) 0.159(800℃)
永久线收缩(%)(保温24h)	−4.0(900~1000℃)	−4.0(900~1000℃)	−4.0(900~1000℃)
渣球含量(%) $\phi>0.25mm$	10.5	9.8	10.2
纤维细度(μm)	2.0	2.2	2.2

（3）硅酸铝纤维制品应用

硅酸铝纤维制品生产成本较高，主要制作矿棉板用于工业领域，可参考岩棉制品应用。

六、泡沫塑料

泡沫塑料是以合成树脂为主体原料，经发泡成型后，形成内部具有无数气泡孔的材料，泡沫种类较多，并以所用树脂名称命名泡沫。

1. 脲醛树脂泡沫

脲醛树脂泡沫（简称UF）是以尿素与甲醛合成的脲醛树脂为主体材料，加入起泡剂、乳化剂、硬化剂等助剂构成起泡液，通过化学起泡或机械打泡法制成。

（1）脲醛树脂泡沫特点

优点：质轻、价廉、导热系数低、耐温、耐腐蚀、隔声和阻燃。

缺点：强度低、尺寸稳定性差、吸水，对水蒸气的作用不稳定。

（2）脲醛树脂泡沫性能

1）脲醛树脂泡沫对氯化铵、碳酸钠、氯化钠及醛、酮、醚、醇、酸，酯等多数有机溶剂稳定，对无机酸和碱有分解作用。

2）脲醛树脂泡沫主要物理性能和吸声系数如表 2-48、表 2-49 所示。

表 2-48 脲醛树脂泡沫主要物理性能

项 目	指 标	项 目	指 标
密度（kg/m³）	7~10	弹性（压缩20%）	不破碎，外力消除后复原
导热系数[W/(m·K)]	≤0.041	水分（%）	≤12
抗压强度（MPa）	0.015~0.025	使用温度（℃）	≥60
耐燃性（℃）	500±20，只焦化，无火焰		

表 2-49 脲醛树脂泡沫吸声系数

厚度(mm)	泡沫塑料吸声层构造情况	吸声系数（当频率为下列 Hz）					
		125	250	500	1000	2000	4000
25	贴实	0.08	0.12	0.26	0.43	0.60	0.41
25	后空 50mm	0.09	0.18	0.35	0.53	0.25	0.26
50	贴实	0.12	0.16	0.25	0.44	0.73	0.65
50	后空 50mm	0.15	0.17	0.34	0.32	0.44	0.61
100	贴实	0.19	0.29	0.34	0.80	0.83	0.84

注：表中吸声系数以驻波管法测定。

（3）脲醛树脂泡沫应用

1）脲醛树脂泡沫以现场浇注施工为主。在建筑工程中主要用于结构的空心墙体夹层中，作为保温、隔热。

2）用于影剧院、电台、电视台、文化宫等播音室隔声、吸声材料。

2. 酚醛树脂泡沫

酚醛树脂泡沫（简称 PF）是以苯酚与甲醛合成的酚醛树脂为主体材料，加入发泡剂、匀泡剂等助剂，在催化剂作用下，经混合、发泡、固化而成的保温材料。

酚醛树脂泡沫的生产技术发展较快，在发泡水平上，现已发展为室温发泡的关键技术，并在泡沫质量上克服原有泡沫脆性大、吸水率高、醛味浓、对金属有腐蚀性等缺点。在成型手段上，可使浇注机连续或间歇成型，可预制成各种复杂形状的保温材料制品或饰面复合板材，逐步扩大了泡沫制品在各个领域的应用范围。

（1）酚醛树脂泡沫特点

1）是优良的难燃、防火、隔声、绝热保温材料。

2）热稳定性好，低温收缩性小。

3）突出特点是氧指数高。在明火高温接触下，耐火焰穿透，泡体不燃烧、不熔化、不收缩、不变形、无浓烟，只在表面形成炭化层，且无融熔滴落物。

4）性能稳定，耐化学腐蚀，质轻、价廉。

（2）酚醛树脂泡沫性能指标

1）酚醛树脂泡沫管材、板材物理性如表 2-50 所示。

表 2-50 酚醛树脂泡沫性能指标

项 目	指 标	项 目	指 标
密度（kg/m³）	40～80（可调）	烟密度等级	2
导热系数[W/(m·K)]	0.025～0.035	吸水率（%）	3.2
尺寸稳定性（70℃，48h，%）	≤1.5	使用温度（℃）	−180～150
氧指数（%）	51		

2）酚醛树脂泡沫的强度随密度的增加而增大，但普通型酚醛树脂泡沫没有回弹性，其力学性能指标如表 2-51 所示。

表 2-51 酚醛树脂泡沫的力学性能指标

性 能	密 度（kg/m³）			
	32	64	160	320
抗压强度（kPa）	172	276～414	380～2070	7584
抗弯强度（kPa）	172	418	—	—
抗剪强度（kPa）	96	207	—	—
抗拉强度（kPa）	139	290	6343	—
冲击强度（kN·cm）	—	—	0.067	—
剪切模量（kPa）	2758	5171	—	—

3）酚醛树脂泡沫燃烧性能如表 2-52 所示，几种泡沫燃烧性能比较如表 2-53 所示。

表 2-52 酚醛树脂泡沫燃烧性能

项 目	指 标	项 目	指 标
点火性能	不易着火	燃烧性能	燃烧大小：12mm
			熄火时间：不燃烧
燃烧蔓延	离火自熄		燃烧速度：12mm/min
火焰表面传播	传播较慢	临界氧指数	45%
		发烟性	<5%

表 2-53 几种泡沫燃烧性能比较

项 目	指 标			
	酚醛泡沫	阻燃型聚苯泡沫	阻燃型聚氨酯泡沫	聚氯乙烯泡沫
密 度（kg/m³）	27.0	16.5	32.5	37.0
燃烧大小（mm）	0	34	39	49
燃烧速度（mm/s）	0	4.8	1.0	1.7
离火后	自 熄	自 熄	自 熄	自 熄
平均燃烧时间（s）	0	0	1	1
质量残留（%）	92	58	17	74
烧穿时间（s）	150	2	8	7
最大遮光率（%）	3	40	96	95
最大遮光时间（s）	165	6	17	31
质量损失（%）	73	100	95	94

4) 酚醛树脂泡沫是常用泡沫中使用温度最高的一种，即使不经改性的酚醛树脂泡沫，在150℃的条件下也可长期工作，短期工作温度在200℃条件下，热稳定性仍然稳定。

泡沫在超高温条件下，逐步变成炭化骨架，其变化历程如下：

①在250～400℃之间，酚醛泡沫进一步缩合放出水和甲醛。

②在400～600℃之间，逐步氧化放出CO、CO_2。

③在600～700℃之间，逐步炭化，形成的炭黑起隔热作用，阻止泡沫进一步燃烧。

酚醛泡沫与其他常用几种泡沫塑料使用温度如表2-54所示。

表 2-54 几种泡沫塑料使用温度比较

泡沫塑料种类	最高使用温度（℃）	极限情况
酚醛	150	在220℃泡体变色
脲醛	100	在130℃泡体变色
聚苯乙烯	70	在70℃泡体收缩
聚氨酯（普通硬质型）	120	在140℃泡体材质有变化
聚乙烯	60	在80℃泡体收缩

5) 酚醛树脂泡沫吸声性能如表2-55所示。

表 2-55 酚醛树脂泡沫吸声性能

表观密度 (kg/m^3)	厚度 (mm)	混响吸收系数（当频率是下列Hz时）					
		125	250	500	1000	2000	4000
37	25.4	0.05	0.25	0.65	1.00	0.80	0.80
64	25.5	0.15	0.20	0.70	0.90	0.80	0.85

(3) 酚醛树脂泡沫应用

酚醛树脂泡沫主要有管壳、板材等。传统发泡制品为开孔结构，且在制品中残余少量酸，在使用时注意吸水率高和对金属有腐蚀的问题。

1) 适用于工业建筑与民用建筑，如屋面、墙体、顶棚、地下室等保温。

2) 礼堂、扩音室隔音材料。

3) 高层建筑、医院、宾馆、公用建筑等中央暖风与空调风管内隔热保温材料。

4) 化工管道、管网、设备、储罐隔热保温。

酚醛树脂泡沫应用部位如表2-56所示。

表 2-56 酚醛树脂泡沫应用部位

酚醛泡沫类型	应用范围
酚醛泡沫轻便板	固定的办公室隔板
	可拆卸的办公室隔板
	非标准办公室隔声屏风
酚醛泡沫覆铝板	厂房墙体隔热衬里
	厂房房顶隔热天花板
酚醛泡沫-金属覆面复合板	冷冻库、硫化室、易燃品库、活动房屋、仪表房等外墙、内墙、吊顶等
酚醛泡沫管材，板材	中央空调系统风管、冷冻水管保温、热水管保温
酚醛泡沫消声板	厂房、设备的吸声、隔声等

3. 氮尿素泡沫

氮尿素泡沫主要成分是氮尿素、树脂和发泡乳液，各组分按一定比例充分水溶后，借助压缩空气冲击产生自由膨胀发泡。

（1）氮尿素泡沫特点

1）保温隔热性能优越，可减少保温层厚度，在达到同样保温效果的前提下，可提高建筑物的使用面积。

2）填充效果好，可充满任何不规则的空间，不留存任何缝隙。

3）保温，隔热、隔声、阻燃、无毒、无烟、无有害气体。

4）憎水，使用寿命长。

5）施工简便，工程造价低。

6）填充在预留结构的空间内，泡沫在硬化过程中产生潮气能自然干燥。

（2）氮尿素泡沫性能

氮尿素泡沫性能指标如表 2-57 所示。

表 2-57 氮尿素泡沫性能指标

项 目		指 标	项 目	指 标
外 观		白 色	热稳定性（%）	≤4
密度（kg/m³）	湿密度	45～60	冷稳定性（%）	≤2
	干密度	10～15	导热系数[W/(m·K)]	0.0298～0.034
憎水率（%）		≥95	阻燃性（级）	B1（难燃级）

（3）氮尿素泡沫应用

1）主要应用于不承受荷载建筑物的隔热保温。

2）应用在砌块或砌块与黏土砖等所组成的有预留夹芯层的复合墙、混凝土砌块空腔、承重混凝土空心砌块复合墙体，非承重混凝土空心砌块复合墙等构造的发泡保温。

4. 聚乙烯树脂泡沫

聚乙烯树脂泡沫（简称 PE）是以高压聚乙烯树脂为主体发泡原料，通过加入交联剂、发泡剂、稳定剂等助剂加工而成的泡沫。泡沫体可分为交联型和非交联型，目前主要以交联型为主。

（1）聚乙烯树脂泡沫特点

1）具有独立泡孔结构，质轻、柔软、弹性好、吸声好、隔热、吸水率低。

2）抗蠕变、耐应力开裂、耐油、耐热、耐老化、耐化学腐蚀、耐水。

3）产品泡孔均匀，表面光滑有装饰效果。

4）通过改性，可达到满意阻燃效果。

5）操作简单，施工快速、方便，不污染环境。

（2）聚乙烯树脂泡沫性能

聚乙烯树脂泡沫按其应用目的不同，可生产不同发泡倍率的泡沫，各发泡倍率不同，其性能指标也不同，通常有 45 倍、30 倍和 20 倍。

不同发泡倍率泡沫的物理性能、几种泡沫性能对比和耐化学性能分别如表 2-58、表 2-59 和表 2-60 所示。

表 2-58　不同发泡倍率泡沫的物理性能

项　目	指标		
	45 倍	30 倍	20 倍
密度（g/cm³）	0.022	0.030	0.045
抗拉强度（kPa）	196	362.6	558.6
延伸率（%）	170	190	230
撕裂强度（N/m）	600	900	1500
压缩强度（25%）(kPa)	33.32	54.88	78.4
压缩永久变形（25%）(%)	7.0	3.1	1.8
加热尺寸变化（70℃）(%)	−2.5	−1.9	−0.8
导热系数[W/(m·K)]	0.034	0.036	0.038
吸水率（g/cm³）	<0.002	<0.002	<0.002

表 2-59　几种泡沫主要性能对比

试验项目	指标		
	聚乙烯（45 倍）泡沫	聚苯乙烯泡沫	聚氨酯硬泡
密度（g/cm³）	0.022	0.03	0.025
抗拉强度（kPa）	196	686	137.2
延伸率（%）	170	10.0	4.0
抗压强度（25%）(kPa)	33.32	107.8	127.4
压缩永久变形（25%）(%)	7.0	16.0	19.0
导热系数[W/(m·K)]	0.002	0.2	0.03

表 2-60　耐化学性能

化学品名称	作用情况	化学品名称	作用情况
30%硫酸	无作用	丙酮	无作用
10%盐酸	无作用	醋酸乙酯	无作用
10%硝酸	无作用	二氯乙烷	稍胀
10%氢氧化钾	无作用	庚烷	轻微溶胀
3%过氧化氢	无作用	甲苯	轻微溶胀
95%乙醇	无作用	汽油	轻微溶胀

(3) 聚乙烯树脂泡沫应用

聚乙烯树脂泡沫不吸水、不透水蒸气，长期在潮湿环境下使用不会受潮，因而导热系数能保持不变。

聚乙烯树脂泡沫为软质材料，具有很好的柔韧性，因而压缩性能差，在受压状态使用时压缩蠕变。尤其适用低温管道和空调风管。

1) 保温绝热工程应用：

用于中央空调、冷库、冷冻冷藏箱夹层保温系统，采暖管道、冷水管道保温等。

2）建筑工程应用：

① 广泛用于建筑基础工程、节能建筑墙体、屋面保温、地铁、隧道涵洞、地下设施工程保温，地下室及地上回填时保护防水材料。

② 防结露应用：消防管道，给水管道，轻钢结构屋顶，墙体的防结露、隔热、降噪声用材料。

③ 收缩缝应用：工业与民用建筑、桥梁、堤岸混凝土工程、高速公路、水利工程、道路、地面、机场等建筑伸缩缝填充衬条。

④ 钢结构建筑工程的大块玻璃防震衬垫。

5. 聚氯乙烯树脂泡沫

聚氯乙烯树脂泡沫（简称 PVC）是以聚氯乙烯树脂为主体材料，添加适量的高分子改性剂、发泡剂、热稳定剂和增塑剂等辅料，经机械混合均匀后，预塑造料或压片，再采用模压发泡、挤出发泡或注射发泡而制成。

按用途不同，可制成各种类型泡沫。如按硬度可分为软质、半硬质和硬质泡沫；按泡孔结构分为闭孔泡沫和开孔泡沫；按密度分为高密度和低密度；按生产方式分为交联或未交联、机械发泡法或化学发泡法。

（1）聚氯乙烯树脂泡沫特点

具有质轻、导热系数低、不吸水、耐酸碱、耐油、隔热、保温、隔声、防震等优点。硬质泡沫具有水蒸气透过率低、强度高、阻燃性能优良等特点。

（2）聚氯乙烯树脂泡沫性能

聚氯乙烯树脂泡沫突出特点是阻燃性好，氧指数可达 50% 以上。聚氯乙烯树脂泡沫与聚苯乙烯泡沫、聚乙烯泡沫和聚氨酯泡沫相比，阻燃性好是其先天特性。

软质泡沫常加入邻苯二甲酸酯类增塑剂，降低了泡沫阻燃性，且降低数值与增塑剂的加入量成正比。

1）一般聚氯乙烯树脂泡沫性能和耐化学性能如表 2-61、表 2-62 所示。

表 2-61　聚氯乙烯树脂泡沫性能

项 目	指 标	项 目	指 标
密度（kg/m³）	≤45	导热系数[W/(m·K)]	≤0.043
抗拉强度（MPa）	≥0.4	吸水性（kg/m²）	<0.2
抗压强度（MPa）	≤0.18	耐热性（℃）(2h)	80，不发黏
线收缩率（%）	≤4	耐低温（℃）(15min)	−35，不龟裂
延伸率（%）	≥10		

表 2-62　聚氯乙烯树脂泡沫耐化学性能

项 目	指 标	项 目	指 标
耐碱性	45%苛性钠中浸 24h 无变化	耐油性	在 1 级汽油中浸 24h 无变化
耐酸性	20%盐酸中浸 24h 无变化		

2）模压硬质聚氯乙烯泡沫板的牌号、规格、性能如表 2-63 所示。

表 2-63 模压硬质聚氯乙烯泡沫板牌号、规格、性能指标

牌号	规格（mm）		性能指标			
	长度、宽度	厚度	抗压强度（MPa）	线收缩（%）	吸水性（kg/m²）	密度（kg/m³）
PLY-10	400~500	55	0.5	1.0	0.2	90~130
PLY-15	350~500	50	0.8	1.0	0.2	130~170
PLY-20	300~450	45	1.5	1.0	0.2	170~220

3) 一般软质聚氯乙烯泡沫板性能如表2-64所示。

表 2-64 软质聚氯乙烯泡沫板性能

项目	体积密度（kg/m³）	抗拉强度（MPa）	体积收缩率（%）	吸水性（kg/m²）	导热系数[W/(m·K)]
指标	10.0	≥0.1	≤15	≤1	0.054

(3) 聚氯乙烯树脂泡沫应用

1) 硬质聚氯乙烯树脂泡沫的表面有致密不发泡的表皮，其内部为泡沫。可代替木材用作房屋、车辆、船舶的内装饰材料，如窗框、构件、隔声板、组合式隔墙板和活动房的内装饰。用于建筑业保温、隔热和吸声材料。

2) 用于冷冻车、冷冻库、船舶和储罐的绝热。

3) 软质泡沫复合材料用于管道、储罐等绝热、保冷材料。

6. 聚苯乙烯树脂泡沫

聚苯乙烯泡沫是以聚苯乙烯树脂为主体原料，加入辅助材料，经加热膨胀后切割而成。目前主要有两类：一类为模塑法生产的泡沫（简称EPS），并分为普通型和自熄型；另一类是用聚苯乙烯树脂及其添加剂压模挤压成截面均匀的板块。挤压过程生产的泡沫（简称XPS）板，有连续均匀的表皮及闭孔式蜂窝结构，蜂窝结构的互联壁有一定厚度，不会出现空隙，因此泡沫板具有优越的保温隔热性能，良好的抗湿防潮性能和抗压性能。

(1) 聚苯乙烯泡沫特点

1) 模塑成型泡沫（EPS）特点

① 质轻、弹性好、隔热、保温、吸声、防震。

② 吸水性小、耐酸碱、耐低温，自熄型离火1~2秒自行熄火。

③ 价格低，易加工。

2) 挤塑成型泡沫（XPS）特点

① 质轻、抗压强度高。

② 拥有连续、均匀的表皮层及闭孔结构，吸水率极低。

③ 高热阻、低线性膨胀。

④ 耐老化、无毒、不霉变、耐腐蚀，不耐多数有机化学试剂。

(2) 聚苯乙烯树脂泡沫性能指标

挤塑成型泡沫各方面性能优于模塑成型泡沫，但在价格上偏高于模塑泡沫。

1) 模塑泡沫性能指标
① 耐化学腐蚀性能如表 2-65 所示。

表 2-65 泡沫耐化学腐蚀性能

耐无机化学介质性能			耐有机化学介质性能		
介质名称	介质浓度（%）	耐腐蚀性能	介质名称	耐腐蚀性能	
				室温	60℃
盐水	任意	耐	乙酸乙酯	不耐	—
盐酸	36	耐	乙醚	不耐	—
硫酸	48	耐	丙酮	不耐	—
硫酸	95	表面部分发黄	四氯化碳	不耐	—
硝酸	68	耐	松节油	不耐	—
磷酸	90	耐	苯	不耐	—
氨水	浓	耐	甲醇	耐	耐
氢氧化钠	40	耐	乙醇	耐	逐步能溶
氢氧化钾	5	耐	矿物油	耐	逐步能溶
			70%醋酸	耐	逐步能溶

② 隔热用 EPS 性能指标如表 2-66 所示。

表 2-66 泡沫性能指标

项 目		指 标		
		Ⅰ	Ⅱ	Ⅲ
表观密度（kg/m³）	≥	15.0	20.0	30.0
压缩强度（10%形变下的压缩应力）(kPa)	≥	60	100	150
导热系数 [W/(m·K)]	≤	0.041	0.041	0.041
70℃，48h 后尺寸变化率（%）	≤	5	5	5
水蒸气透湿系数 [ng/(m·s·Pa)]	≤	9.5	4.5	4.5
吸水率（%）	≤	6	4	2
断裂弯曲负荷（N）	≥	15	25	35
弯曲变形（mm）	≥	20	20	20
氧指数（%）	≥	30	30	30

注：断裂弯曲负荷或弯曲变形有一项能符合要求即为合格；普通型聚苯乙烯泡沫板材不要求。

③ 模塑泡沫板材性能指标如表 2-67 所示。

表 2-67 模塑泡沫板材性能指标

项 目		指 标	
		普通型（PT）	自熄型（ZX）
表观密度（g/cm³）	≤	0.03	0.035
吸水性（kg/m²）	≤	0.08	0.08

续表

项　目		指标	
		普通型（PT）	自熄型（ZX）
压缩强度（压缩50%）(MPa)	相对密度＜0.020　≥	0.15	0.15
	相对密度在0.020~0.035　≥	0.20	0.20
弯曲强度（MPa）	相对密度＜0.020　≥	0.18	0.18
	相对密度在0.020~0.035　≥	0.22	0.22
尺寸稳定性（%）	70℃	±0.5	±0.5
	−40℃	±0.5	±0.5
导热系数[W/(m·K)]　≤		0.035	0.035
自熄性		—	2s内自熄
耐低温性（℃）		−200	−200

④ 通用型泡沫物理机械性能如表2-68所示。

表2-68　性　能　指　标

项　目		密度（g/cm³）			
		0.21	0.31	0.41	0.51
		指　标			
抗压强度（MPa）	压缩10%	0.122	0.181	0.243	0.285
	压缩25%	0.144	0.216	0.296	0.358
	压缩50%	0.305	0.364	0.395	0.515
	压缩75%	0.331	—	—	—
抗拉强度（MPa）		0.13	0.25	0.29	0.34
抗弯强度（MPa）		0.302	0.38	0.517	0.527
冲击强度（J/cm）		4.6	4.9	5.6	8.2
冲击弹性（%）		28	30	29	30
耐热性（不变形）（℃）		75	75	75	75
耐寒性（不变形,不脆）（℃）		−80	−80	−80	−80
体积吸水率（24h,%）		0.016	0.004		
吸声系数（700~2000Hz,%）		50~80（使用前须具体测定）			

⑤ 板材规格及偏差如表2-69所示。

表2-69　长度、宽度、厚度及偏差

厚　度（mm）	偏　差（mm）	长度、宽度（mm）	偏　差（mm）
＜50	±2	1000	±5
50~75	±3	1000~2000	±8
≥75~100	±4	2000~4000	±10
＞100	买卖双方决定	＞4000	正偏差不限，−10

2) 挤塑泡沫性能指标

① 挤塑泡沫按制品压缩强度 P 和表皮分为 10 类。

a. X150-P≥150kPa，带表皮；

b. X200-P≥200kPa，带表皮；

c. X250-P≥250kPa，带表皮；

d. X300-P≥300kPa，带表皮；

e. X350-P≥350kPa，带表皮；

f. X400-P≥400kPa，带表皮；

g. X450-P≥450kPa，带表皮；

h. X500-P≥500kPa，带表皮；

i. W200-P≥200kPa，不带表皮；

j. W300-P≥300kPa，不带表皮。

② 挤塑泡沫按制品边缘结构分为四种。

SS 型表示四边平头（图 2-5）。

SL 型表示两长边搭接（图 2-6）。

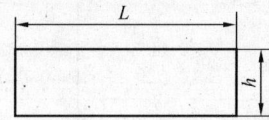

图 2-5 四边平头

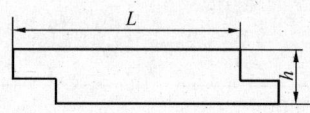

图 2-6 两长边搭接

TG 型表示两边为榫槽（图 2-7）。

RC 型表示两长边为雨槽（图 2-8）。

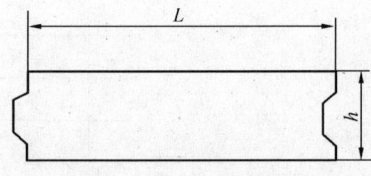

图 2-7 两边为榫槽

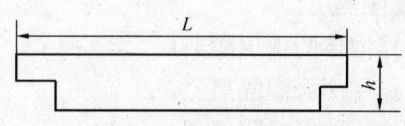

图 2-8 两长边为雨槽

③ 规格尺寸及允许偏差如表 2-70、表 2-71 所示。

表 2-70 规 格 尺 寸

长　度 L（mm）	宽　度（mm）	厚　度 h（mm）
1200，1250，2450，2500	600，900，1200	20，25，30，40，50，75，100

表 2-71 允 许 偏 差

长度和宽度（mm）		厚　度（mm）		对角线差（mm）	
尺寸 L	允许偏差	尺寸 h	允许偏差	尺寸 T	对角线差
$L<1000$	±5	$h<50$	±2	$T<1000$	5
$1000\leqslant L<2000$	±7.5	$h\geqslant 50$	±3	$1000\leqslant T<2000$	7
$L\geqslant 2000$	±10			$T\geqslant 2000$	13

④ 外观质量：产品表面平整，无夹杂物，颜色均匀。不应有明显影响使用的可见缺陷，如起泡、裂口、变形等。

⑤ 产品的物理机械性能如表 2-72 所示。

表 2-72 物理机械性能

项　目		单　位	性　能　指　标									
			带　表　皮							不带表皮		
			X150	X200	X250	X300	X350	X400	X450	X500	W200	W300
压缩强度		kPa	≥150	≥200	≥250	≥300	≥350	≥400	≥450	≥500	≥200	≥300
吸水率，浸水 96h		%（体积分数）	≤1.5		≤1.0						≤2.0	≤1.5
透湿系数，23±1℃，RH50%±5%		ng/（m·s·Pa）	≤3.5		≤3.0			≤2.0			≤3.5	≤3.0
绝热性能	热阻厚度 25mm 时平均温度 10℃ 25℃	（m²·K）/W	≥0.89 ≥0.83					≥0.93 ≥0.86			≥0.76 ≥0.71	≥0.83 ≥0.78
	导热系数 平均温度 10℃ 25℃	W/（m·K）	≤0.028 ≤0.030					≤0.027 ≤0.029			≤0.033 ≤0.035	≤0.030 ≤0.032
尺寸稳定性，70±2℃，48h		%	≤2.0		≤1.5			≤1.0			≤2.0	≤1.5

(3) 聚苯乙烯泡沫塑料应用

聚苯乙烯泡沫价格较低，是世界各国广泛应用的保温材料。

在房屋建筑中，聚苯乙烯泡沫塑料是一种理想的保温材料，它可以作为墙体、地面和屋面的保温隔热层。

1) 作墙体的保温隔热层。

2) 作屋面保温隔热层。

3) 地面的保温隔热层。

4) 制冷设备、低温储藏装备、制造夹芯板等设施的隔热等。

7. 聚氨酯硬质泡沫

聚氨酯硬质泡沫的全称为聚氨基甲酸酯泡沫塑料（简称 PUR 或 PUF）。聚氨酯硬质泡沫是以专用多元醇（聚醚或聚酯）和聚异氰酸酯为主体材料，在催化剂、稳定剂和发泡剂等助剂作用下，可通过机械分别在现场喷涂或浇注方式进行施工。

(1) 聚氨酯硬质泡沫特点

1) 在现场喷涂或浇注施工时，物料可在短时间内（几秒钟）固化成为一个连续泡沫整体，泡沫体密封性好，没有施工缝，节省了缝隙再密封处理过程。

2) 泡沫物料为化学极性很强的液体材料，当作用在基层形成泡体后，对多种材质都有极好粘结强度，并且相对密度小，比强度高，隔声防震性能好，独立闭孔，导热系数低，耐化学腐蚀，不发霉。

3) 聚氨酯硬质泡沫综合了其他类型泡沫的优点，应用广泛。

4) 配方调整方便，通过调整配方可制成所需各项技术性能的制品，如固化时间、密度、抗压强度、导热系数以及阻燃性均可调整。

5) 施工方法施工简便、快速、灵活。根据构造特点及各方面因素可任选浇（灌）注法或喷涂法。

(2) 聚氨酯硬质泡沫物理性能

1) 聚氨酯硬质泡沫喷涂型物理性能

现场喷涂聚氨酯硬质泡沫有普通保温型和集防水-保温隔热一体化的功能型。

防水-保温隔热一体化的功能型为现场喷涂施工，除保证达到保温隔热要求外，还要有防水功能，因此其各项技术性能指标要高于普通型。功能型和普通型聚氨酯硬质泡沫物理性能如表2-73、表2-74所示。

表 2-73　功能型物理性能指标

项目	指标	项目	指标
密度（kg/m³）	≥55	抗拉强度（kPa）	≥500
导热系数[W/(m·K)]	≤0.022	粘结强度（kPa）	≥40
吸水率（%）	≤1	尺寸稳定性（%）（70℃照射48h）	≤1
闭孔率（%）	≥95	适应环境温度（℃）	−50～150
抗压强度（MPa）	≥0.3	工程耐用年限（a）	≥25

表 2-74　普通喷涂阻燃型物理性能指标

项目	指标	项目	指标
密度（kg/m³）	≥35	延伸率（%）	10～14
导热系数[W/(m·K)]	≤0.024	适应环境温度（℃）	−50～100
表面吸水率（kg/m²）	≤1	尺寸稳定性（%）	≤1
闭孔率（%）	≥90	阻燃性	离火3秒自熄
抗压强度（MPa）	≥0.2	工程耐用年限（a）	≥25

2) 聚氨酯硬质泡沫浇注型物理性能

聚氨酯硬质泡沫浇注型物理性能指标可按应用方式、设计要求灵活调整配制。

(3) 聚氨酯硬泡应用

1) 广泛用于混凝土结构、金属结构和木质结构等各种复杂面层的屋面、墙体保温，也可用于地下室迎水面防水层的保护层。

2) 可与金属面复合成各类型装配大板、与其他多种装饰材料复合，用于建筑节能工程。

3) 可制作各种规格保温隔热（冷）管、通风管。

4) 防水-保温一体化功能型主要用于建筑屋面。

七、泡沫橡胶

泡沫橡胶是以天然橡胶、合成橡胶为主体原料，通过加入发泡剂、硫化剂、促进剂、填充剂、改性剂等辅料，经特定工艺加工而成。泡沫橡胶有多种分类方法，其中按橡胶原料形态可将产品分为胶乳海绵和干胶海绵。

泡沫橡胶的性能、应用与所用原料、胶种、配方、橡胶形态、泡沫结构、发泡倍率等因素有关。

1. 胶乳海绵

胶乳海绵是由天然胶乳或合成胶乳，经过机械法、化学发泡法、吹入发泡等方法制成。

(1) 胶乳海绵特点

胶乳海绵具有良好的隔热、隔声、缓冲和减震性能，耐疲劳、耐老化、相对密度小等特点，并可制成阻燃、耐油、耐化学品等性能制品。

胶乳海绵可用于工业设备管道保温隔热，建筑的密封材料，以及高空飞行器、汽车发动机的隔热保温等。

(2) 胶乳海绵性能

胶乳海绵性能如表2-75所示。

表 2-75 胶乳海绵性能

项 目	指 标	项 目	指 标
密度(kg/m^3)	50～220	压缩变形（-40℃）(%)	0～20
抗拉强度(kPa)	20～150	体积比热容[$kJ/(m^3 \cdot K)$]	670
老化系数（70℃×96h，按硬度变化）	1.1～1.4	导热系数（发泡3倍）[$W/(m \cdot K)$]	0.039
永久变形（25万次压缩50%）(%)	<7.5	回弹性(%)	75～95

2. 干胶海绵

干胶海绵是以固态胶或固态胶与树脂经共混为主体原料，再分别配以各种填料、助剂等辅料，经混炼或密炼、硫化连续式挤出、加热发泡、冷却分割而制成固定形状的泡沫材料。干胶海绵因生产所用主体材料不同，又将其分为两大类产品。通常以固态胶为主体原料生产的泡沫，俗称为橡胶泡沫；以固态胶与树脂经共混为主体原料生产的泡沫俗称橡塑泡沫。

橡胶泡沫是以三元乙丙橡胶为主体原料制成。制品具有很好的化学稳定性、极好的抗老化性和抗臭氧性，不含有对大气层有危害的化合物。在使用过程中，湿阻因子始终稳定，导热系数保持长期不变，保温效果优良、稳定。

(1) 橡胶泡沫特点

能最大限度地减少保温管道在使用过程中的振动和共振；具有挠性和光滑表面，安装在管道任何弯曲或不规则的管子上，都能快速、简易施工，并能体现匀整完美；使用安全，不刺激皮肤，不危害健康；材料内部为独立闭孔结构，具有优异的抗水气渗透能力；集隔热、防潮、防燃功能于一体；防霉菌增长，耐酸碱、耐老化、耐寒、耐热、吸声等优点。

(2) 橡胶泡沫应用

橡胶泡沫管材：广泛应用于中央空调、建筑、化工等行业的各类冷热介质管道、容器等；

橡胶泡沫板材：主要用于大型管道、箱柜、冷冻机、通风道及其他形状不规则的容器保温（冷）。

(3) 橡胶泡沫的性能及规格

橡胶泡沫物理性能指标和耐化学性能如表2-76、表2-77所示。

表 2-76 物理性能指标

项　目		指　标					测试方法
泡沫结构		闭泡结构					
密度(kg/m³)		48～80					ASTM D 1667
导热系数 K 值 [W/(m·K)]	平均温度(℃)	−20	0	24	32	40	ASTM C 177 JIS A 1412—1989 DIN 52613
	K 值	0.032	0.034	0.037	0.038	0.039	
使用温度限度(℃)		−57～125		在−57下逐渐变硬,但仍可使用直至−200。最高使用175,可间隔使用			
水蒸气渗透率		0.10(渗透英寸)					ASTM E 96
湿阻因子		>5000					DIN 52615
吸水率(%)		<5					ASTM D 1056
抗臭氧能力		优良					ASTM D 1171
热稳定性(收缩%)93℃下 7 日		6					ASTM C 534
易燃性及烟密度		VO					UL-94
		自灭火					ASTM D 635
		B1 级					
		5.3 级(低烟)					EMPA
		不燃					JIS K 911
亚硝胺含量		未检出					—
甲醛含量		未检出					GB 18584—2001
聚乙烯单体		未检出					GB 18584—2001
吸声		优良 27dB(20mm)					DIN 52218

表 2-77 对化学制品耐抗性能

化学制品	湿度(%)	温　度	耐抗性	化学制品	湿度(%)	温　度	耐抗性
丙　酮	100	室温	优	过氧化氢	10	室温	优
氨　水	30	室温	优	煤　油	100	室温	差
苯　胺	100	室温	优	亚麻油	100	室温	良
苯	100	室温	差	丁　酮	100	室温	尚好
沸　水	—	100℃	优	甲　醇	100	室温	优
醋酸丁酯	100	室温	差	二氯甲烷	100	室温	差
丁　醇	100	室温	良	硝基苯	100	室温	良
烧　碱	50	室温	优	磷　酸	85	室温	优
氯　酸	6	室温	良	蒸　汽	—	120℃	良
棉籽油	100	室温	良	硫　酸	10	室温	优
醋酸乙酯	100	室温	尚好	甲　醛	40	室温	良
乙二醇	100	室温	优	辛　烷	80	室温	差
冰醋酸	100	室温	良	甲　苯	100	室温	差
盐　酸	10	室温	优	水	—	(0～100℃)	优

注：由上表看出,橡胶泡沫对水、水蒸气、酸、碱等化学制品具有很高耐抗能力,但对石油及石油溶剂的耐抗能力较差。

八、板状节能材料

1. 保温隔热板质量

保温隔热板状节能材料适用于带有一定坡度的屋面及整体封闭式保温层。现场施工速度快,在保证板缝密封效果前提下,施工质量易得到保证。

板状保温材料质量要求如表 2-78 所示。

表 2-78 板状保温材料质量要求

项目	质量要求					
	聚苯乙烯泡沫塑料类		硬质聚氨酯泡沫塑料	泡沫玻璃	加气混凝土类	膨胀珍珠岩类
	挤压	模压				
表观密度(kg/m³)	—	15~30	≥30	≥150	400~600	200~350
压缩强度(kPa)	≥250	60~150	≥150			
抗压强度(MPa)				≥0.4	≥2.0	≥0.3
导热系数[W/(m·K)]	≤0.030	≤0.041	≤0.027	≤0.062	≤0.220	≤0.087
70℃,48h 后尺寸变化率(%)	≤2.0	≤4.0	≤5.0	—		
吸水率(V/V,%)	≤1.5	≤6.0	≤3.0	≤0.5		
外观	板的外形基本平整,无严重凹凸不平					

2. 建筑隔热用硬质聚氨酯泡沫塑料

硬质聚氨酯泡沫塑料平板或异型板的性能及规格如表 2-79、表 2-80 所示。

表 2-79 硬质聚氨酯泡沫板性能

项目			指标			
			I		II	
			A	B	A	B
表观密度(kg/m³)		≥	30	30	30	30
压缩性能(屈服点时或形变时的压缩应力,kPa)		≥	100	100	150	150
导热系数[W/(m·K)]		≤	0.022	0.027	0.022	0.027
尺寸稳定性(70℃,48h,%)		≤	5	5	5	5
水蒸气透湿系数[ng/(m·s·Pa)]		≤	6.5		6.5	
吸水率(%)		≤	4.0		3.0	
燃烧性	1级	垂直燃烧法 平均燃烧时间(s) ≤	30		30	
		平均燃烧高度(mm) ≤	250		250	
	2级	水平燃烧法 平均燃烧时间(s) ≤	90		90	
		平均燃烧高度(mm) ≤	50		50	
	3级	非阻燃性	无要求		无要求	
外观			板的外形基本平整,无严重凹凸不平			

表 2-80 硬质聚氨酯泡沫塑料规格

	基本尺寸	尺寸偏差	对角线差
板材长度规定 （mm）	<1000	±5	5
	1000～2000	±7	7
	2000～4000	±10	13
	>4000	+不限 -10	—
	厚　　度	偏　　差	
厚度规定 （mm）	<50	±2	
	50～75	±3	
	75～100	±3	
	>100	供需双方商定	

3. 金属面夹芯板

金属面夹芯板是指上、下两层为金属薄板，隔热保温材料为芯板，用粘接剂粘接，在专用自动化生产线上复合而成的一种既保温隔热又可防水并具有承载力的结构板材。

目前，我国金属面夹芯板按面层材料分为镀锌钢板夹芯板、热镀锌彩钢夹芯板、电镀锌彩钢夹芯板、镀铝锌彩钢夹芯板和各种合金铝夹芯板等。

按芯材材质可分为金属泡沫夹芯板，如金属面聚氨酯硬泡夹芯板、金属聚苯乙烯泡沫夹芯板等；

金属无机纤维夹芯板，如金属岩棉夹芯板、金属矿棉夹芯板、金属玻璃棉夹芯板等。

按建筑物的使用部位可分为屋面板、墙板、隔墙板、吊顶板等。

金属面采用彩色喷塑钢板，该类面材防腐、防锈，涂层附着力强，使用寿命长，面板色彩丰富，选择范围广，色彩搭配灵活，建筑物外观漂亮。

由于轻钢结构在民用、工业建筑中广泛应用，带动金属面夹芯板的应用。近几年金属面聚氨酯硬泡夹芯板、金属面聚苯乙烯泡沫夹芯板发展较快，其次是岩棉夹芯板等。岩棉夹芯板主要针对民用、工业建筑对防水性能要求较高的条件而发展起来的。

国家对金属面夹芯板相应制定了行业标准，如《金属面岩棉、矿渣棉夹芯板》（JC/T 869—2000）；《金属面硬质聚氨酯夹芯板》（JC/T 868—2000）；《金属面聚苯乙烯夹芯板》（JC 689—1998）。

我国生产的金属面硬质聚氨酯夹芯板和金属面聚苯乙烯夹芯板的质量，在技术性能与外观质量上都已达到或接近国外同类产品的水平。

(1) 金属面夹芯板特点

1) 模块化生产，预制性强，质量轻，强度高，具有高效绝热性。

2) 运输、操作和组装成本低，具有轻便、易施工、快捷等特点。

3) 可多次拆卸，可变换地点重复安装使用，有较高耐久性。

4) 带有防腐涂层的彩色金属面夹芯板色泽多样，有较高的耐久性，并具有安全功能。

(2) 金属面夹芯板性能

1) 密度

夹芯板的密度对导热系数、强度和原料的消耗有直接影响。密度愈大，强度愈高，承重能力愈强。但对导热系数而言，密度愈大，导热系数也随之增大，同时原材料消耗量增加。相反，密度愈小，原材料消耗量也变小，成本则降低，但生产泡沫孔径较大，强度也随之降低。几种芯材的密度，从技术和经济等因素综合考虑，其最佳值如表 2-81 所示。

表 2-81 几种绝热材料最佳密度

隔热芯材	密度（kg/m^3）	隔热芯材	密度（kg/m^3）
聚氨酯硬质泡沫材料	30～50	岩 棉	50～150
聚苯乙烯泡沫塑料	18～30		

2) 导热系数

在实际应用中，考虑到种种影响因素，为保证绝热效果，导热系数可取高值。但在冷库工程中由于夹芯板长期受到潮湿环境和水蒸气渗透的影响，含湿量将会增加，在低温环境中，其导热系数会有所提高，为确保冷库能够正常使用，对导热系数应加以修正。

聚氨酯硬质泡沫塑料的导热系数除受密度直接影响外，还与温度、吸湿、老化时间和闭孔率等因素有直接关系。

聚氨酯硬质泡沫塑料的导热系数随时间发生变化，刚生产的产品未经时效处理，导热系数不稳定。根据美国 ASTM 591—69 提供数据，聚氨酯硬质泡沫塑料经 300 天时效处理后，导热系数才基本趋于稳定。

聚苯乙烯泡沫塑料导热系数的变化因素与聚氨酯硬质泡沫塑料相似。除受其密度影响外，也与温度、含湿、吸湿和闭孔率等因素有直接关系。

在金属面聚苯乙烯泡沫夹芯板生产过程中，应严格控制聚苯乙烯泡沫塑料的含湿量。防止因含湿量高对其导热系数和产品质量产生不良影响。由于聚苯乙烯泡沫塑料块料脱模后，没有进行时效处理，即自然干燥或烘干时间不够，致使泡孔内部的水分没有充分蒸发，会造成泡沫含湿量较高现象，这样必然使其导热系数增大并给剖板带来麻烦。

因此，在生产过程中，应将其放置在通风干燥的场地进行时效处理，确定泡沫干燥后再用于夹芯板生产，含湿量较高的金属面聚苯乙烯泡沫夹芯板切忌在装配式冷库工程使用，以免造成不良后果。

为确保金属面岩棉夹芯板的绝热效果，对岩棉的导热系数可采取与金属面聚氨酯泡沫夹芯板相同的办法。

3) 隔热芯材的强度

金属面聚氨酯泡沫夹芯板、金属面聚苯乙烯泡沫夹芯板和金属面岩棉夹芯板的强度除与其金属面板的强度有直接关系外，更主要是受其芯材本身强度的影响。芯材的强度如表 2-82 所示。

表 2-82 隔热芯材的强度

强 度	聚氨酯硬质泡沫	聚苯乙烯泡沫	岩 棉
抗压强度（10%变形下的压缩应力）（MPa）	0.15～0.40	0.10～0.30	—
抗弯强度（MPa）	0.25～0.60	—	—
抗拉强度（MPa）	0.25～0.70	0.10～0.30	>0.05

4) 金属面夹芯板物理性能

对金属面夹芯板性能产生影响的因素有吸水性、尺寸稳定性、水蒸气透湿系数、蓄热系数和耐温性等，各种隔热芯材的物理性能如表2-83所示。

表2-83 隔热芯材的物理性能

性能指标	聚氨酯硬质泡沫塑料	聚苯乙烯泡沫塑料	岩　棉
吸水率（28d后）（%）	<0.05	<0.8	不吸水
尺寸稳定性（70℃ 48h）（%）	<4	<5	—
蓄热系数 [W/（m^2·℃）]	0.28	0.23	0.56
水蒸气透湿系数 [ng/（Pa·m·s）]	<6.5	<4.5	<13.6
长期工作温度（℃）	−50～110	<70	<600

（3）金属面夹芯板应用

金属面夹芯板用于钢筋混凝土或钢结构框架体系的民用建筑、公用建筑和中高档厂房的外围墙、屋面等。

金属面夹芯板可广泛用于冷库、仓库、工厂车间、仓储式超市、商场、办公楼、洁净室、旧楼房加层、活动房、战地医院、展览馆和体育场馆及候机楼等建造。

4. 水泥聚苯板

水泥聚苯板以水泥、聚苯颗粒为主体原料，用碱性胶结剂粘结，按照所需各种规格尺寸，经压制而成板状（或块状）保温制品，为达到防水效果，也加入适量防水剂。

（1）水泥聚苯板特点

水泥聚苯板具有阻燃、高强、轻质、粘贴牢固、施工极简便、工程造价低等特点。不但可用于屋面保温，也广泛用于外墙外保温、外墙内保温。

水泥聚苯板状规格：

（400～300）mm×300mm×（30～40）mm、600mm×400mm×80mm。

（2）水泥聚苯板的物理性能

水泥聚苯板的物理性能指标如表2-84所示。

表2-84 物理性能指标

项目	指标	项目	指标
密度（kg/m^3）	<265	抗压强度（kPa）	>230
导热系数 [W/（m·K）]	<0.055	冻融循环（−20℃，72h）	无开裂、掉角现象

5. ASA保温板

ASA保温板包括机制增强水泥复合保温板、机制聚合物砂浆聚苯保温板、机制增强石膏聚苯保温板。

（1）ASA保温板特点

1）产品特点：该类板材质轻、保温隔热。具有较好的隔声性能和耐火性能，不燃、不腐蚀、不老化、收缩值小、不空鼓、不开裂、环保无毒、造价低等。

2）施工特点：施工简便，可锯、钉、刨、钻，并可用钉子、螺栓、粘接剂等连接、粘贴，干施工作业，施工周期短。

（2）机制增强水泥复合保温板

机制增强水泥复合保温板的构造,是用低碱硫铝酸盐水泥、粉煤灰配以其他辅料做面层,以自熄型聚苯乙烯泡沫板为芯层,采用物理发泡新工艺,通过自动化生产线制成的一种超轻质墙体保温板。

板材规格:(2800~2540)mm×600mm×(60~50)mm,适用各种工业与民用建筑的外墙内保温或屋面保温。

机制增强水泥复合保温板技术性能参数如表2-85所示。

表2-85 技术性能参数

项 目	指 标	检测结果
面密度(kg/m²)	≤40	23
整板自然重G(N)		353
抗弯荷载(N)	≥1.8G	1743
抗冲击性	垂直冲击10次,板面无损	符合
热绝缘系数(m²·K/W)	≥0.85	0.85
含水率(%)	≤5	3
燃烧性能(级)	B1	B1

(3)机制聚合物砂浆聚苯保温板

机制聚合物砂浆聚苯保温板是用聚合物砂浆做面层,以自熄型聚苯乙烯泡沫板为芯层,通过自动化生产线制成的一种轻质墙体保温材料。

板材规格:(2700~2540)mm×600mm×50mm,适用各种工业与民用建筑的外墙内保温和外保温。机制聚合物砂浆聚苯保温板技术性能参数如表2-86所示。

表2-86 技术性能参数

项 目	指 标	检测结果
面密度(kg/m²)	≤25	16
整板自然重G(N)		245
抗弯荷载(N)	≥1.8G	1155
抗冲击性	垂直冲击10次,板面无损	符合
热绝缘系数(m²·K/W)	≥0.85	0.86
含水率(%)	≤5	5
燃烧性能(级)	B1	B1

(4)机制增强石膏聚苯保温板

机制增强石膏聚苯保温板是用优质脱硫石膏、水泥、珍珠岩、防水剂等制成浆料做面层,以涂塑中碱玻纤网为增强材料,以自熄型聚苯乙烯泡沫板为芯材,通过自动化生产线制成的一种轻质复合保温板材。

板材规格:900mm×600mm×60mm,适用各种工业与民用建筑的外墙内保温。

机制增强石膏聚苯保温板技术性能参数如表2-87所示。

表 2-87 技术性能参数

项 目	指 标	检测结果
面密度 (kg/m²)	≤30	28
整板自然重 G (N)		150
抗弯荷载 (N)	≥1.8G	1610
抗冲击性	垂直冲击 10 次,板面无损	符合
热绝缘系数 (m²·K/W)	≥0.85	0.85
含水率 (%)	≤5	2
燃烧性能 (级)	B1	B1

九、保温浆（膏）材料

1. 整体现浇聚苯复合保温材料

整体现浇保温材料适用于平屋顶或坡度较小的屋顶，该类材料施工时现场搅拌。常规现浇保温材料的防水层中含有一定水分，一般用于非封闭式保温层，如用于整体封闭保温层，应采取排汽屋面措施。

现浇聚苯复合材料是由聚苯乙烯发泡粒、轻烧镁、氯化镁、粉煤灰、添加剂及水按一定质量比例通过现场搅拌、浇筑而成的复合保温材料。

(1) 整体现浇聚苯复合保温材料特点

现浇聚苯复合材料是以氯化镁为调凝剂，在强度增长时可吸收周围环境中一定量的水分，参与材料的化学反应，在基层中含有少量水气不影响其保温效果。如用炉渣找坡时，炉渣的含水率只要不是饱和状态就可施工。当采用现浇聚苯复合材料时，可以取消屋面基底找平层和基底防潮层。

现浇聚苯复合材料吸水率很小，在有保护层的条件下，可视为一种较好的辅助性防水材料，采用该材料与防水层的复合效果将大大改善屋面的防水性能。

当采用卷材防水屋面时，可以取消防水层下面的水泥砂浆找平层。

现浇聚苯复合材料与楼板有很好的粘结强度，可不必采取钢丝网等附加措施，可以广泛适用于平屋面和坡度不大于 35 度坡屋面的保温。

(2) 整体现浇聚苯复合保温材料性能

其性能指标如表 2-88 所示。

表 2-88 性能指标

项 目			指 标
抗压强度设计值 (MPa)		≥	0.5
导热系数 [(W/m·K)]		≤	0.065
抗压强度设计值 (MPa)		≥	0.5
密度 (kg/m³)	用于计算重力荷载标准值		450
	正常环境下 (7 天)	≤	350

2. 聚苯颗粒保温浆料

(1) 聚苯颗粒保温浆料特点

聚苯颗粒保温浆料是采用胶粉预混合干拌技术和聚苯颗粒轻骨料分装方法，到现场按包装配合比加水搅拌成膏体材料，有效避免了施工现场称量不准确、费时等问题。

聚苯颗粒保温浆料由无机材料、有机材料和乳液等材料构成，既有保温又有耐水的功能，具有呼吸功能和透气性好等特点，能有效避免在水蒸汽迁移过程中产生内部结露、发霉现象。

聚苯颗粒保温浆料是施工现场成型，不受屋面外形限制，施工适应性好，使用方便，施工快速，在结构复杂或不规整的基层任意成型，并节约材料费用与人工费用。保温浆料固化后，保温层总体效果一致，无接缝，既避免了接缝热桥又防止出现开裂。

因该保温浆料现场搅拌成型，搅拌量视施工用量决定，用多少搅多少，不存在运输、储存过程中的破损问题。

(2) 聚苯颗粒保温浆料性能

其性能指标如表 2-89 所示。

表 2-89 性 能 指 标

项 目	指 标	项 目	指 标
湿密度（kg/m³）	350～420	抗拉强度（kPa）	≥100
干密度（kg/m³）	≤230	压剪粘结强度（kPa）	≥50
导热系数[W/(m·K)]	≤0.06	线性收缩率（%）	≤0.03
压缩强度（kPa）	≥250	难燃性	≥B1
软化系数	≥0.70		

(3) 聚苯颗粒保温浆料应用

聚苯颗粒保温浆料用于建筑外墙外保温系统已有成套、成熟的施工技术，也是用于建筑屋面的理想保温材料。

3. 硅酸盐类复合保温膏

硅酸盐复合保温膏是以天然纤维、填充料和粘结剂而制成的一种无机浆体状保温涂料。它综合了涂料和保温材料的双重特点，将其直接涂抹在要求保温的设备和管道表面，干燥后形成一定强度和弹性的微孔整体保温涂层，不须包扎。

(1) 典型硅酸盐复合保温膏性能

其性能指标如表 2-90 所示。

表 2-90 性 能 指 标

项 目	指 标	项 目	指 标
导热系数[W/(m·K)]	0.067～0.088	酸碱性（pH）	7～9
湿密度（kg/m³）	890～900	厚度收缩率（%）	20～30
干密度（kg/m³）≤	250	吸潮率（%）≤	2

(2) 海泡石复合硅酸盐保温隔热材料性能

其性能指标如表 2-91 所示。

表 2-91 性 能 指 标

项目		指标
外观		湿料呈灰白浆状，干燥后呈白色
浆体密度（kg/m³）		900~950
干密度（kg/m³）≤		190
总孔隙率（%）≥		92
导热系数[W/(m·K)]≤		0.054
粘结强度（MPa）≥		0.12
650℃焙烧3h收缩率（%）≤		1.1
pH值		7~7.5
可燃性（在酒精灯上灼烧）		不起火、不蔓延
抗冻（-18℃放置24h）		
耐水性		
耐腐蚀性	5%硫酸溶液中	无开裂、起泡、脱落
	5%氢氧化钠溶液中	在室温下浸24h
	煤油中	
抗压强度（kPa）≥		830

十、门窗型材

1. PVC塑料门窗型材

PVC塑料门窗型材通常是以优质聚氯乙烯（PVC）树脂为主体材料，加入一定比例的抗冲击改性剂、紫外线吸收剂、复合稳定剂、填充剂、着色剂等助剂，经专用机械挤压而制成表面高光洁度、耐老化的多种规格和颜色的型材，然后经过切割、焊接等方式制成门窗框、扇，配装上密封条、毛条等，同时为增强型材的刚性，超过一定长度的型材，再填加钢衬（型材空腔内填加加强筋），最后与玻璃和门窗五金件等材料组合成各种规格的节能门窗。

2. 玻璃钢节能门窗型材

玻璃钢节能门窗型材是以不饱和聚酯树脂为基体材料，以玻璃纤维及其织物为增强材料，采用拉挤成型工艺生产各种断面形式的中空型材。拉挤成型是在牵引装置牵引下，使纤维增强材料浸渍上热固型树脂，经预成型装置、热固化模、定长切割而成。拉挤成型特点是连续生产，产品质量好、强度高，而且原材料利用率可达到95%以上。

门窗用玻璃纤维增强塑料拉挤中空型材分为50型、60型、70型，经国家玻璃钢制品质量监督检测中心实测（依据JC/T 941—2004）物理性能指标如表2-92所示。

表 2-92 物理性能指标

序号	检测项目	单位	标准值	检测结果 50型	检测结果 60型	检测结果 70型
1	弯曲强度（纵向）	MPa	≥200	392	402	318
2	弯曲强度（横向）	MPa	≥30	85.4	72.5	52.4
3	弯曲弹性模量（纵向）	MPa	≥1.00×10⁴	1.00×10⁴	1.36×10⁴	1.20×10⁴
4	树脂含量	%	25~35	32.1	27.8	31.0
5	树脂不可溶份含量	%	≥85	87.8	87.4	89.1
6	巴氏硬度		≥35	42	51	43

第三章 建筑围护结构热工特性与热工计算

第一节 建筑围护结构热工特性

墙体保温的热工问题，实际上就是墙体中的传热问题在工程中的应用。传热有固体导热、辐射换热、对流换热三种基本方式。实际的传热往往都是三种传热方式结合在一起，还有一种由相变引起的传热，称为潜热传热。

我国各地区气候不同，建筑围护结构热工特性也不相同。北方采暖建筑重点考虑热过程的单向传递，甚至把围护结构的保温作为惟一的控制指标，如降低墙体、屋面、窗户的传热系数，增加隔热保温材料厚度来达到节约建筑能耗的目的。

在夏热冬冷地区的建筑涉及夏季隔热、冬季保温以及过渡季节的除湿和自然通风等因素。

一、太阳辐射热

在夏热冬冷地区，太阳辐射热是影响建筑热过程的主要热源，日照和遮阳、太阳辐射热能源使用是节能建筑设计者尤其关心的事。

当太阳射线照射到围护结构外表面时，一部分被反射，另一部分被吸收，二者比例决定表面粗糙度和颜色，表面愈粗糙，颜色愈深，则吸收的太阳辐射热也越多。同一种材料对于不同波长的热辐射的吸收率（或反射率）也不同。黑色表面对各种波长的辐射几乎都是全部吸收，而白色表面对不同波长则显著不同，对于可见光线几乎90%都反射回去，在建筑物围护结构涂刷白色涂料、安装浅色饰面板，在建筑物顶面施工浅色涂料、反光膜及其他隔热处理，都是为了减少进入室内的太阳辐射热。

二、建筑热过程特点

1. 围护结构的热作用

在夏热冬冷气候条件下，建筑热过程为室外综合温度作用下一种非稳定传热。如图3-1、图3-2所示，夏季白天外围护结构受到太阳辐射被加热升温，热量向室内传递，夜间围护结构散发热量，即存在建筑围护结构内、外表面日夜交替变化方向传热，以及在自然通风条件下，对围护结构双向温度波作用；冬季是通过外围护结构向室外传递热量为主的热过程，如图3-3所示。

在夏热冬冷地区，节能建筑围护结构设计重点是解决夏季建筑的隔热，兼顾冬季保温。围护结构设计除了

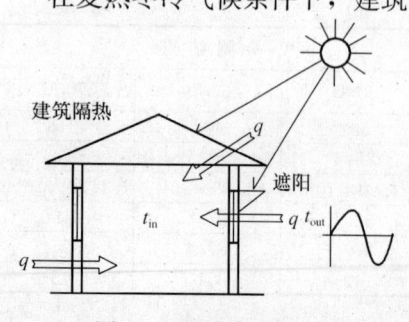

图3-1 夏季白天吸热

满足夏季白天具有良好的隔热性、夜间散热快之外，还要求冬季具有良好的保温功能，同时了解空调运行方式以及自然通风与室外热作用之间关系。

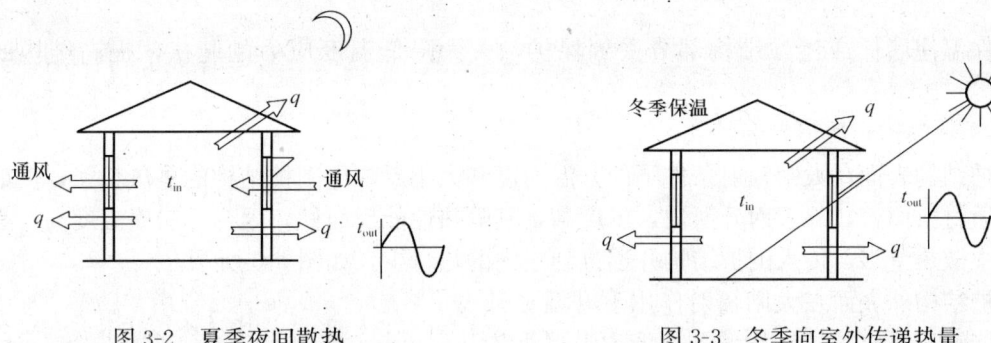

图 3-2　夏季夜间散热　　　　　　图 3-3　冬季向室外传递热量

在北方地区冬季，主要解决室内热量向外传递，防止冷气进入室内，即隔热保温。

2. 隔热保温原则

目前，无论在夏热冬冷地区还是北方地区，在条件允许情况下，原则上隔热保温主要采用外保温的方式。

当在夏热冬冷地区采用内保温隔热措施时，夏季在太阳强烈辐射下，围护结构主体部分普遍加热，会使建筑蓄存不需要的大量热量。因此，应将室外热作用尽可能地在围护结构表面与建筑外部环境之间转化。

现在节能建筑的保温水平，还远没达到最经济的保温水平，将来逐渐使用洁净能源，会有更重要的经济意义和节能效果。高节能率的节能建筑外墙，一定要采用高效保温材料，并设计成复合保温结构的外墙。

3. 冬季围护结构隔热保温的特性

在北方地区采用外保温方式，不但使建筑室内受室外温度波动影响小，有利于保护主体结构，而且避免产生"热桥"。

用图示比较内保温和外保温温差变化，图 3-4 是保温层设在内侧，其外侧的承重部分经常受冬夏很大温差的反复作用；图 3-5 是将保温层放在外侧，则承重结构所受温差作用大幅度下降，温度变形很小。

图 3-4　外墙内保温方式　　　　　　图 3-5　外墙外保温方式

外围护结构隔热保温层在内侧还是外侧对建筑热过程影响很大，它直接影响建筑能耗的大小和室内热环境条件。从建筑热过程来分析，外隔热保温对减轻室内热负荷，防止外围护结构龟裂和内部结露有利。

另外,由于一般保温材料的线性膨胀系数比钢筋混凝土小,所以外保温可减少防水层的破坏。

外保温使墙体或屋顶结构部分受到保护,大大降低温度应力的起伏,提高结构的耐久性。

4. 夏季隔热构造形式和特点

围护结构表面在太阳辐射条件下的升温速度和大小反映出围护结构的隔热功能,例如对采用轻质材料而言,外表面升温快,温度高,其隔热性能反而好,因为外表面温度高,必然向空气中散热量多,传入围护结构并透过到室内的热量少,如图 3-6 所示。

围护结构外表面在太阳辐射作用下升温和升温值,能够反映出围护结构的隔热能力。夏季传入外围护结构并通过其传入室内的热流量可用式(3-1)表示:

$$q_{es} = \rho_1 - \alpha_e(\theta_e - t_e) \quad (3-1)$$

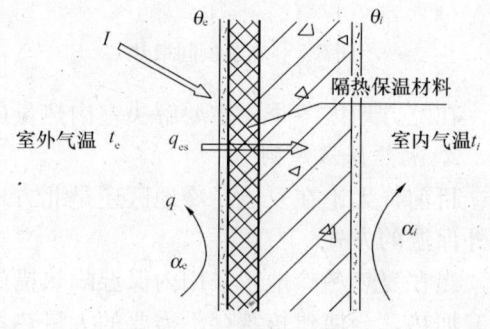

图 3-6 外墙表面热平衡

式中 q_{es}——进入外表面的热流量,W/m^2;

ρ_1——接受太阳辐射的热量,W/m^2;

θ_e——外表面温度,℃;

α_e——围护结构外表面换热系数,$W/(m^2 \cdot K)$;

t_e——室外气温,℃。

由式(3-1)对照图 4-6 可见,当 ρ_1 和 t_e 按照一定规律变化时,外围护结构的热阻值越大,外表面温度 θ_e 升的越高,由外表面向外通过辐射与对流散发的热量就越多,传入外表面的热流 q_{es} 就越小,也就是隔热性能越好。

隔热保温材料用在建筑外保温时一般都采用复合结构或适当加固技术措施。因为仅用保温材料来建造建筑的外围护结构,往往难以同时满足其承重、保温、防水、隔汽、抗老化、装饰等要求。在使用时采用复合结构后,把力学性能好的材料用于结构受力,把绝热性能好的材料用于保温隔热,防水、隔汽、抗老化、装饰等功能要求可根据具体工程、使用部位、所处环境等使用条件的需求来合理设置。

恰当地选择围护结构构造措施,来满足外围护结构节能要求和合理、经济的隔热效果,是节能建筑设计的主要问题。

第二节 建筑围护结构热工计算

建筑室内温度状态受室外气候状态和建筑围护结构的影响,改进建筑围护结构形式以改善建筑热性能,是建筑节能的重要途径。

采暖能耗与室内外空气温度差成正比,在我国北方的严寒地区室内外温差要比寒冷地区、夏热冬冷地区相差成倍,甚至达 3~4 倍。在南方地区外墙外窗的平均传热系数达到 $1W/(m^2 \cdot K)$ 后,进一步改善墙体保温,对降低采暖起到的作用并不大。

空调的作用是从室内排除热量,空调排出的热量绝大多数来自各种电器设备、照明等发出的热量及室内人体发出的热量，或太阳透过外窗进入室内的热量，而少量来自通过外墙的传热。

当室内外温度低于室内允许的舒适温度时，依靠室内外的温差，通过外墙、外窗的传热以及室内外通风换气，可以把室内热量排出到室外。围护结构平均传热系数越大（保温越不好），通过围护结构向外传出的热量就越多，室内发热导致室内温度的升高就越小。此时如果能够开窗通风，并且建筑造型与开窗位置具有较好的自然通风能力，则可通过室内外通风换气向室外排热。如果由于某些原因不能开窗通风，热量主要依靠围护结构排除，则围护结构保温越好，散热能力就差，导致室温升高，就需开启空调。例如大型公共建筑，由于内部发热量大，建筑体量大，又不能开窗通风，仅靠出入口通风换气，室内大量的热量不能通过围护结构排出，只好开启空调，靠制冷排热，消耗大量电能。

当室外空气日平均温度高于室内要求的舒适温度后，室外向室内传热，造成室内热量的增加，使空调需要排除的热量增大。围护结构保温越好，通过围护结构进入室内的热量就越少，但围护结构保温对夏季空调负荷的影响远不如对北方地区冬季采暖的影响大。由于累计温差与通过围护结构造成的冷负荷或热负荷成正比，所以南方地区围护结构造成的夏季冷负荷一般不到北方地区造成的冬季热负荷的 1/5。

如果将夏季冷负荷分为室内发热量和太阳透过外窗进入室内的热量、外温通过围护结构的传热以及由于通风室外热湿空气带入室内的热量，这三部分在炎热季大体各占 1/3，其中围护结构的传热所占比例最小。

南方夏季西向外墙和水平屋顶在太照射下，外表面温度可达 50℃以上，良好的保温可有效减少太阳通过围护结构辐射的传热，减少空调能耗。通过外遮阳措施或设法在外表面形成良好的通风，可降低外表面温度，降低空调负荷。所以，北方冬季影响采暖能耗的是外界低温空气，节能的关键是围护结构保温，南方夏季影响空调能耗的是太阳辐射，节能的关健途径为外遮阳和外表面的通风。

考虑建筑围护结构对建筑能耗的影响，要从冬季采暖、春秋过渡季的散热、夏季空调三个阶段的不同要求综合考虑。三个阶段对围护结构的需要各不相同，甚至矛盾，应各有侧重。从建筑能耗考虑，三个不同阶段对不同地区、不同类型建筑的影响程度，对围护结构要求也不同（表 3-1）。在采用节能围护结构时，应结合当地实际情况进行具体热工计算。

表 3-1 不同阶段对围护结构的不同要求

阶段	特点	围护结构保温的作用	通风换气的作用	外遮阳的作用
冬季采暖	补充通过围护结构和室内外通风换气所失去热量	决定 60%～70% 的负荷，温差越大保温要求越高	维持最低要求的通风换气量	打开外遮阳，尽可能多地得到太阳热量
春秋过渡季	通过围护结构和室外通风换气排除室内热量	保温起反面作用，通风越大保温的影响越小	通风越大越有利于排热	需要遮阳，减少太阳的热量
夏季空调	排除通过围护结构，通风换气和室内发热所产生的热量	决定 20%～30% 的负荷，室内外空气温差越大保温要求越高	维持最低要求的通风换气量	外遮阳是减少空调负荷的最主要措施

一、平壁稳定传热

在实际生活中,由于室内外空气温度的经常变化,标准的稳定状态下建筑围护结构的传热并不存在,但在实际建筑热过程中,由于不稳定传热计算比较复杂,考虑到室内外空气温度变化对围护结构热影响较小时,在工程上可以作为稳定传热处理,即相当围护结构受到恒定的热作用时,处于一种稳定传热状态。稳定传热是一种最简单、最基本的传热过程,在建筑热工计算和工程设计估算中是基本计算公式,这种计算方式常用于冬季采暖房屋的保温设计。

1. 围护结构传热过程

建筑围护结构受到室内外热作用,不断有热量通过围护结构传进或传出。在冬季室内温度高于室外温度,热量由室内传向室外;夏季热量主要由室外传向室内。建筑围护结构的传热过程主要有以下三种基本传热方式。

围护结构外表面或内表面与周围空气间的对流换热,冬季外表面向室外空间散热,内表面从室内吸热;夏季外表面从室外吸热,内表面向室内放热。围护结构表面与周围空气温差越大,对流换热量就越大,对流换热过程所交换热量与空气和围护结构表面温差成正比,对流换热可按式(3-2)计算。

$$q_c = \alpha_c(\theta - t) \tag{3-2}$$

式中 q_c——对流换热的热流密度,W/m^2;
α_c——对流换热系数,$W/(m^2 \cdot K)$;
θ——围护结构表面温度,℃;
t——围护结构周围空气温度,℃。

在围护结构内部传热过程简单地认为是一种固体的导热,固体导热遵守傅里叶导热基本定律,在单位时间内,通过单位截面积的导热量与温度梯度成正比,其比例系数 λ 称为材料的导热系数。对于单层匀质平壁在一维稳定传热时的传热量按式(3-3)计算。

$$q = \frac{\lambda}{d}(\theta_i - \theta_e) \tag{3-3}$$

式中 q——平壁导热的热流密度,W/m^2;
λ——材料的导热系数,$W/(m \cdot K)$;
d——材料层(平壁)的厚度,m;
θ_i、θ_e——平壁内、外表面温度,℃。

围护结构表面与周围其他表面之间的辐射换热,是建筑热工学中重要的内容之一。两表面间的辐射换热量主要取决于表面温度、围护结构或材料发射吸收辐射的能力以及两表面的相对位置。

2. 热流强度、传热阻、传热系数和热惰性指标计算

(1) 比热流的计算

根据傅里叶定律计算热流强度:

$$q = -\lambda \frac{dt}{dx} = \lambda \frac{t_1 - t_2}{d} \tag{3-4}$$

式中 q——通过平壁的热流强度,W/m^2;

λ——平壁材料（单一材料）的导热系数，W/(m·K)；

$\dfrac{dt}{dx}$——平壁中的温度梯度，K/m 或 ℃/m；

t_1——平壁热表面的温度，K 或 ℃；

t_2——平壁冷表面的温度，K 或 ℃；

d——平壁的厚度，m。

可见，在稳定情况下平壁上透过的热流强度保持一常数，其值与两表面上的温差（t_1-t_2）成正比，与平壁的厚度（d）成反比，与导热系数（λ）成正比。在建筑热工中，研究传热问题的目的是要决定围护结构的热阻，以便于设计、应用和进行热耗的计算。

（2）热阻

在建筑工程中，常见的围护结构材料层可分为单层材料、组合材料层和封闭空气间层三类。

1）单层材料平壁的热阻计算

单层材料是指整层由一种材料构成，如加气混凝土、膨胀珍珠岩及其制品、砖砌体、钢筋混凝土等，如图 3-7 所示。

如果取 R 为平壁的热阻，其热阻按下式计算：

$$R=\dfrac{d}{\lambda} \tag{3-5}$$

式中　R——平壁的热阻，$m^2 \cdot K/W$；

　　　d——材料层的厚度，m；

　　　λ——单层材料的导热系数，W/(m·K)。

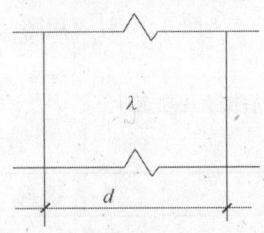　　　　　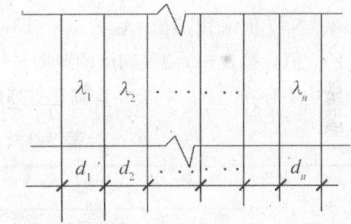

图 3-7　单层材料平壁　　　　图 3-8　多层材料平壁

2）多层材料平壁的热阻计算

在实际建筑中，围护结构内部材料层常由两种以上的材料组成的材料层，如图 3-8 所示，热阻计算方法可按下式计算：

$$R=R_1+R_2+\cdots+R_n=\dfrac{d_1}{\lambda_1}+\dfrac{d_2}{\lambda_2}+\cdots+\dfrac{d_n}{\lambda_n} \tag{3-6}$$

式中　$R_1,R_2,\cdots,R_n$——各层材料热阻，$m^2 \cdot K/W$；

　　　$d_1,d_2,\cdots,d_n$——各层材料的厚度，m；

　　　$\lambda_1,\lambda_2,\cdots,\lambda_n$——各层材料导热系数，W/(m·K)。

3）多种材料组成的制品或构件的平均热阻的计算

由两种以材料组成的、两种非均质围护结（包括各种形式的空心砌块，填充保温材料的墙体等，但不包括小圆孔和小方孔的多孔黏土空心砖），其平均热阻按下式计算：

$$\overline{R} = \left[\frac{F_0}{\frac{F_1}{R_1}+\frac{F_2}{R_2}+\cdots+\frac{F_n}{R_n}} - (R_i - R_e)\right]\phi \qquad (3\text{-}7)$$

式中 $\overline{R}$ ——平均热阻，$m^2 \cdot K/W$；

F_0——与热流方向垂直的总传热面积，m^2（图 3-9）；

$F_1, F_2, \cdots, F_n$——按平行于热流方向划分的各个传热面积，m^2；

$R_1, R_2, \cdots, R_n$——各个传热面部位的传热阻，$m^2 \cdot K/W$；

ϕ——修正系数，按表 3-2 采用；

R_i——内表面传热阻，$m^2 \cdot K/W$；

R_e——外表面传热阻，$m^2 \cdot K/W$。

表 3-2 修正系数

λ_2/λ_1 或 $(\lambda_2+\lambda_3)/(2\lambda_1)$	ϕ 值
0.09~0.19	0.86
0.20~0.39	0.93
0.40~0.69	0.96
0.70~0.99	0.98

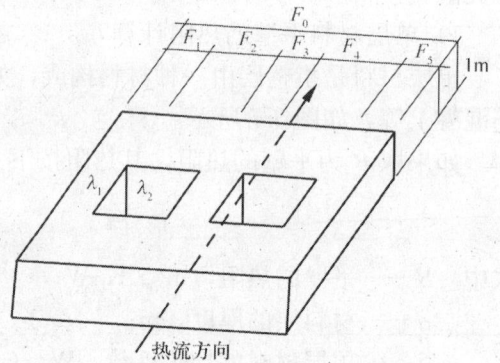

图 3-9 计算用图

注：1. 表中 λ 为材料的导热系数。当围护结构由两种材料组成时，λ_2 应取较小值，λ_1 应取较大，然后求两者的比值；
2. 当围护结构由三种材料组成，或有两种厚度不同的空气间层时，ϕ 值应按比值 $(\lambda_2+\lambda_3)/(2\lambda_1)$ 确定。空气层的 λ 值，按表 3-3 空气间层的厚度及热阻求得；
3. 当围护结构中存在圆孔时，应先将圆孔折算成同面积的方孔，然后按上述规定计算。

表 3-3 空气间层热阻值   ($m^2 \cdot K/W$)

位置、热流状况及材料特性	冬季状况							夏季状况						
	间层厚度（mm）							间层厚度（mm）						
	5	10	20	30	40	50	60以上	5	10	20	30	40	50	60以上
一般空气间层：热流向下（水平、倾斜）	0.10	0.14	0.17	0.18	0.19	0.20	0.20	0.09	0.12	0.15	0.15	0.16	0.16	0.15
热流向上（水平、倾斜）	0.10	0.14	0.15	0.16	0.17	0.17	0.17	0.09	0.11	0.13	0.13	0.13	0.13	0.13
垂直空气间层	0.10	0.14	0.16	0.17	0.18	0.18	0.18	0.09	0.12	0.14	0.14	0.15	0.15	0.15
单面铝箔空气间层：热流向下（水平、倾斜）	0.16	0.28	0.43	0.51	0.57	0.60	0.64	0.15	0.25	0.37	0.44	0.48	0.52	0.54
热流向上（水平、倾斜）	0.16	0.26	0.35	0.40	0.42	0.42	0.43	0.14	0.20	0.28	0.29	0.30	0.30	0.28
垂直空气间层	0.16	0.26	0.39	0.44	0.47	0.49	0.50	0.15	0.22	0.31	0.34	0.36	0.37	0.37
双面铝箔空气间层：热流向下（水平、倾斜）	0.18	0.34	0.56	0.71	0.84	0.94	1.01	0.16	0.30	0.49	0.63	0.73	0.81	0.86
热流向上（水平、倾斜）	0.17	0.29	0.45	0.52	0.55	0.56	0.57	0.15	0.25	0.34	0.37	0.38	0.38	0.35
垂直空气间层	0.18	0.31	0.49	0.59	0.65	0.69	0.71	0.15	0.27	0.39	0.46	0.49	0.50	0.50

4) 空气间层热阻的确定

不带铝箔、单面铝箔、双面铝箔封闭空气间层的热阻，按表 3-3 采用。通风良好的空气间层，其热阻可不予考虑。这种空气间层的间层温度可取进气温度，表面换热系数可取 12.0W/（m·K）。

(3) 围护结构的总传热阻

$$R_0 = R_i + R + R_e = \frac{1}{\alpha_i} + R + \frac{1}{\alpha_e} \qquad (3-8)$$

式中 R_i、α_i——内表面换热阻，$m^2·K/W$ 和换热系数，$W/(m^2·K)$，按表 3-4 采用；
R_e、α_e——外表面换热阻，$m^2·K/W$ 和换热系数，$W/(m^2·K)$，按表 3-5 采用；
R——围护结构热阻，$m^2·K/W$；
R_0——围护结构总传热阻，$m^2·K/W$。

表 3-4 内表面换热系数 α_i 及内表面换热阻 R_i 值

适用季节	表 面 特 征	α_i [W/(m²·K)]	R_i (m²·K/W)
冬季和夏季	墙面、地面、表面平整或有肋状突出物的顶棚，当 $h/s \leq 0.3$ 时	8.7	0.11
	有肋状突出物的顶棚，当 $h/s > 0.3$ 时	7.6	0.13

注：表中 h 为肋高，s 为肋间净距。

表 3-5 外表面换热阻 α_e 及内表面换热阻 R_e 值

适用季节	表 面 特 征	α_e [W/(m²·K)]	R_e (m²·K/W)
冬 季	外墙、屋顶与室外空气直接接触的表面	23.0	0.04
	与室外空气相通的不采暖地下室上面的楼板	17.0	0.06
	屋顶、外墙上有窗的不采暖地下室上面的楼板	12.0	0.08
	外墙上无窗的不采暖地下室上面的楼板	6.0	0.17
夏 季	外墙和屋顶	19.0	0.05

(4) 围护结构传热系数

$$K = \frac{1}{R_0} \qquad (3-9)$$

式中 R_0——围护结构传热阻（$m^2·K/W$）；
K——传热系数，$W/(m^2·K)$。

二、围护结构的热稳定性

建筑室内热环境不仅决定于通过围护结构进入的热量或所损失的热量、空调采暖和通风方式、生活和设备的散热量，而且也决定于围护结构的热物理性能，即围护结构的热稳定性。

1. 材料的蓄热系数计算

在建筑热工中，当某一匀质半无限厚材料一侧受到周期性热作用时，迎波面（即直接受到外界热作用的一侧表面）上接受的热流振幅 A_q 与该表面的温度振幅 A_0 之比，称为材料的蓄热系数 S。

材料蓄热系数 S 的物理意义：在一定周期的热作用下，当表面温度为 1℃时，消耗于加热半无限大材料的热流波的振幅，是材料对周期热作用反应的敏感程度的一个特性指标。材料蓄热系数计算式为：

$$S = \frac{A_q}{A_0} = \sqrt{\frac{2\pi\lambda C\gamma}{Z}} \tag{3-10}$$

式中　S——材料的蓄热系数，W/(m²·K)；
　　　λ——材料的导热系数，W/(m·K)；
　　　C——材料的比热，Wh/(kg·K)；
　　　γ——材料的干密度，kg/m³；
　　　Z——温度波动周期，h。

当温度波周期 Z 一定，材料的蓄热系数只取决于材料本身的热物性（λ、C 和 γ）。凡是密度、比热、导热系数大的材料，其蓄热系数 S 值也就越大，抵抗温度波动的蓄热能力越强，材料内部温度的波动就小，反之，抵抗温度波动的蓄热能力弱，引起材料内部波动也越大。

2. 围护结构热惰性指标计算

热阻只代表围护结构抵抗导热的能力，只能作为在稳定传热情况下，围护结构的评价指标。对于不稳定的传热，一般采用材料层的热惰性指标作为评价围护结构热工性能，它反映了材料层抵抗温度波动能力的特性。热惰性指标（D）越大，说明对温度波的衰减能力越大，穿透围护结构需要的时间越长。

(1) 单一材料围护结构或单一材料层 D 的计算

$$D_1 = R_1 \cdot S_1 \tag{3-11}$$

式中　D_1——单一材料围护结构热惰性指标，无量纲；
　　　R_1——单一材料的热阻，m²·K/W；
　　　S_1——材料的蓄热系数，W/(m²·K)。

(2) 多层围护结构 D 的计算

$$D = D_1 + D_2 + \cdots + D_n = R_1 S_1 + R_2 S_2 + \cdots + R_n S_n \tag{3-12}$$

式中　　　D——多层材料的热惰性指标，无量纲；
$R_1, R_2, \cdots, R_n$——各层材料的热阻，m²·K/W；
$S_1, S_2, \cdots, S_n$——各层材料的蓄热系数，W/(m²·K)，空气间层的蓄热系数取 $S=0$。

(3) 某层有两种以上材料组成（图 3-10），应先计算该层的平均导热系数和平均蓄热系数。

1) 某层有两种以上材料组成的平均导热系数计算：

$$\overline{\lambda_1} = \frac{\lambda_1 F_1 + \lambda_2 F_2 + \cdots + \lambda_n F_n}{F_1 + F_2 + \cdots + F_n} \tag{3-13}$$

式中　　　$\overline{\lambda}$——某层有两种以上材料组成的该层的平均导热系数，W/(m·K)；
$\lambda_1, \lambda_2, \cdots, \lambda_n$——在该层中各个传热面积上材料的导热系数，W/(m·K)；

$F_1, F_2, \cdots, F_n$——在该层中对应于导热系数的各个传热面积，m^2；

2) 按下式计算该层的平均热阻：

$$\overline{R} = d/\lambda \qquad (3\text{-}14)$$

式中 d——该层的厚度，m。

3) 某层有两种以上材料组成的平均蓄热系数计算：

$$\overline{S} = \frac{S_1 F_1 + S_2 F_2 + \cdots + S_n F_n}{F_1 + F_2 + \cdots + F_n} \qquad (3\text{-}15)$$

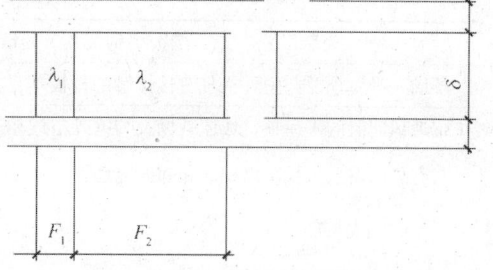

图 3-10 某层两种以上材料热工计算

式中 $\overline{S}$——某层有两种以上材料组成的该层的平均蓄热系数，W/($m^2 \cdot$ K)；
$S_1, S_2, \cdots, S_n$——各个传热面积上材料的蓄热系数，W/($m^2 \cdot$ K)；
$F_1, F_2, \cdots, F_n$——在该层中对应于导热系数的各个传热面积，m^2。

然后按下式计算该层的热惰性指标：

$$D = \overline{R} \cdot S$$

式中 $\overline{D}$——该层的平均热惰性指标，无量纲；
$\overline{R}$——该层的平均热阻，$m^2 \cdot$ K/W。

三、外墙的最小传热阻

外墙的最小传热阻是使外墙的内表面在冬季不结露的传热阻，是外墙保温必须达到的最低要求。一般来说，节能建筑外墙主体部位的保温都远高于这个要求，但不一定满足轻质外墙最小传热阻的附加之后的要求，特别是在墙体的局部范围内或墙体与梁、柱的交接处、混凝土悬挑板以及墙体的阴、阳角保温薄弱的墙体部位都易出现结露问题。

1. 外墙最小传热阻的计算

外墙最小传热阻与采暖期的冬季室外温度和围护结构特征有关。其最小热阻按下式计算：

$$R_{\min} = \frac{(t_i - t_e)n}{[\Delta t]} R_i \qquad (3\text{-}16)$$

式中 $R_{\min}$——围护结构的最小传热阻，$m^2 \cdot$ K/W；
t_i——冬季室内计算温度，℃。一般居住建筑，取 18℃ 或 20℃；
t_e——围护结构冬季室外计算温度，℃（按表 3-6 查取）；
n——温差修正系数（按表 3-7 查取）；
R_i——围护结构内表面换热阻，$m^2 \cdot$ K/W（按表 3-4 查取）；
$[\Delta t]$——室内空气与围护结构内表面之间的允许温差，℃（按表 3-8 查取）。

表 3-6 围护结构冬季室外计算温度 t_e （℃）

类别	热惰性指标 D 值	t_e 的 取 值
Ⅰ	>6.0	t_e 按计算出的具体外墙的热惰性指标，并判断其所属类型，再根据该类型和所在城市，查围护结构冬季室外计算参数及最冷最热月平均温度数据，得冬季室外计算温度
Ⅱ	4.1～6.0	
Ⅲ	1.6～4.0	
Ⅳ	≤1.5	

表 3-7　温差修正系数 n 值

围护结构及其所处情况	温差修正系数 n 值
外墙、平屋顶及与室外空气直接接触的楼板等	1.00
带通风间层的平屋顶、坡屋顶棚及与室外空气相通的不采暖地下室上面的楼板等	0.90
与有外门窗的不采暖楼梯间相邻的隔墙： 　1～6 层建筑 　7～30 层建筑	 0.60 0.50
不采暖地下室上面的楼板： 　外墙上有窗户时 　外墙上无窗户且位于室外地坪以上时 　外墙上无窗户且位于室外地坪以下时	 0.75 0.60 0.40
与有外门窗的不采暖房间相邻的隔墙 与无外门窗的不采暖房间相邻的隔墙	0.70 0.40
伸缩缝、沉降缝墙 抗震缝墙	0.30 0.70

表 3-8　室内空气与围护结构内表面之间的允许温差 $[\Delta t]$　　　　（℃）

建筑物和房间类型		外墙	平屋顶和坡屋顶顶棚
居住建筑、医院和幼儿园等		6.0	4.0
办公楼、学校和门诊部等		6.0	4.5
礼堂、食堂和体育馆等		7.0	5.5
室内空气潮湿的公共建筑	不允许外墙和顶棚内表面结露时	$t_i \sim t_d$	$0.8(t_i \sim t_d)$
	允许外墙内表面结露，但不允许顶棚内表面结露时	7.0	$0.9(t_i \sim t_d)$

注：1. 潮湿房间系指室内温度为 13～14℃，相对湿度大于 75%，或室内温度高于 24℃，相对湿度大于 60% 的房间；
　　2. 表中 t_i、t_d 分别为室内空气温度和露点温度（℃）；
　　3. 对于直接接触室外空气的楼板的不采暖地下室上面的楼板，当有人长期停留时，取允许温差 $[\Delta t]$ 等于 2.5℃；当无人长期停留时，取允许温差 $[\Delta t]$ 等于 5.0℃。

2. 最小传热阻的附加

当居住建筑、医院、幼儿园、办公楼、学校和门诊部等建筑物的外墙为轻质材料或内侧复合轻质材料时，外墙的最小传热阻应在按式（3-16）计算结果的基础上进行附加，其附加值按表 3-9 采用。

表 3-9　轻质外墙最小传热阻的附加值　　　　（%）

外墙材料与构造	当建筑物处在连续供热热网中时	当建筑物处在间歇供热热网中时
密度为 800～1200kg/m³ 的轻集料混凝土单一材料墙体	15～20	30～40
密度为 500～800kg/m³ 的轻集料混凝土单一材料墙体；外侧为砖或混凝土、内侧复合轻混凝土的墙体	20～30	40～60
平均密度小于 500kg/m³ 的轻质复合墙体；外侧为砖或混凝土、内侧复合轻质材料（如岩棉、矿棉、石膏板等）墙体	30～40	60～80

处在寒冷和夏热冬冷地区，且设置集中采暖的居住建筑和医院、幼儿园、办公楼、学校和门诊部等公共建筑，当采用Ⅲ型和Ⅳ型围护结构时，其屋顶和东、西外墙进行夏季隔热验算。如按夏季隔热要求的热阻大于按冬季保温要求的最小传热阻，按夏季隔热要求采用。

第四章 砌体节能材料施工技术

砌体材料包括砖和砌块。砖分为烧结普通砖、蒸压粉煤灰砖、蒸压灰砂砖、烧结空心砖和烧结多孔砖。

砌块分为普通混凝土与装饰混凝土小型空心砌块、轻集料混凝土小型空心砌块、粉煤灰小型空心砌块、蒸压加气混凝土砌块、石膏砌块等。

砖、砌块是节能墙体的基本材料，通过合理、有效地利用各种工业废渣，制造节能砖、砌块，达到节源、利废、保护环境的目的。

第一节 节能墙体砖

一、烧结普通砖

烧结普通砖是指各种烧结的实心砖。

1. 烧结普通砖分类

按烧结普通砖的主要原材料可分为烧结黏土砖、烧结粉煤灰砖、烧结煤矸石砖、烧结页岩砖。按功能可分为普通砖、装饰砖。

烧结黏土砖在我国应用的最早，无论在工业建筑还是民用建筑，都曾做出重大贡献，但在制作时，严重破坏土地资源，已是限用砖。国务院办公厅《关于进一步推进墙体材料革新和推广节能建筑的通知》国办下发［2005］33号文件要求，到2010年年底，所有城区禁止使用实心黏土砖，全国实心黏土砖产量要控制在4000亿块以下的任务目标。随着节源工作的强化深入，建筑材料生产技术提高，最终实心黏土砖会从限用过渡到禁用。

2. 烧结普通砖规格

烧结普通砖和装饰砖的标准规格单一。

主砖规格：240mm×115mm×53mm。

配砖规格：175mm×115mm×53mm。

为增强装饰效果，装饰砖可制成本色、一色或多色；装饰面可有砂面、光面、压花等起墙面装饰作用的图案。

3. 烧结普通砖适用范围

烧结砖适用于房屋建筑的内、外墙，也是围墙、地面以下或防潮层以下的基础、临时建筑等适用的建筑材料。

优等品适用于清水墙和墙体装饰；一等品、合格品可用于混水墙；中等泛霜的砖不能用于潮湿部位。

装饰砖应用时要注意勾缝材料色彩的匹配和施工质量。

4. 烧结普通砖执行标准和主要技术性能

烧结普通砖执行国家标准 GB 5101—2003。标准中将产品分为优等品、一等品和合格品三个等级，都应满足表4-1、表4-2中的性能指标。

表4-1 强　　度　　　　　　　　　　　　　　　　（MPa）

强度等级	抗压强度平均值 $\bar{f}$ ≥	变异系数 δ≤0.21 强度标准值 f_k≥	变异系数 δ>0.21 单块最小抗压强度 f_{min}≥
MU30	30.0	22.0	25.0
MU25	25.0	18.0	22.0
MU20	20.0	14.0	16.0
MU15	15.0	10.0	12.0
MU10	10.0	6.5	7.5

表4-2 抗风化能力

砖种类	严重风化区				非严重风化区			
	5h沸煮吸水率（%）≤		饱和系数≤		5h沸煮吸水率（%）≤		饱和系数≤	
	平均值	单块最大值	平均值	单块最大值	平均值	单块最大值	平均值	单块最大值
黏土砖	18	20	0.85	0.87	19	20	0.88	0.90
粉煤灰砖	21	23	0.85	0.87	23	25	0.88	0.90
页岩砖	16	18	0.74	0.77	18	20	0.78	0.80
煤矸石砖	16	18	0.74	0.77	18	20	0.78	0.80

二、蒸压砖

蒸压砖包括蒸压粉煤灰砖和蒸压灰砂砖。

1. 蒸压粉煤灰砖

蒸压粉煤灰砖是以粉煤灰、石灰、石膏和细集料为原料压制成型，经高压蒸汽养护制成的实心粉煤灰砖，强度高，性能较稳定。

（1）蒸压粉煤灰砖规格

240mm×115mm×53mm

（2）蒸压粉煤灰砖适用范围

蒸压粉煤灰砖可代替实心黏土砖，但用于基础或用于易受冻融和干湿交替作用的建筑部位，必须使用一等品与优等品，且不得用于长期受热（200℃以上）、受急冷急热和有酸性介质侵蚀的建筑部位。

（3）蒸压粉煤灰砖执行标准和主要技术性能

蒸压粉煤灰砖施工质量验收规范主要按照 GB 50003—2001《砌体结构设计规范》和 GB 50203—2002《砌体工程施工质量验收规范》的要求进行设计和施工，有抗震要求的建筑物还应符合 GB 50011—2001《建筑抗震设计规范》要求。

蒸压粉煤灰砖执行行业标准 JC 239—2001。标准将产品分为优等品、一等品和合格品三个等级，并对产品的外观质量提出了要求。

2. 蒸压灰砂砖

蒸压灰砂砖是以石灰和砂子为主要原料，成型后经蒸压养护制成，是一种承重砖。

（1）蒸压灰砂砖分类

按外形分有：实心砖、空心砖。

（2）蒸压灰砂砖规格

实心砖：240mm×115mm×53mm；

空心砖：240mm×115mm×（53、90、115、175）mm，孔洞率≥15%。

（3）蒸压灰砂砖适用范围

蒸压灰砂砖是一种承重砖，与烧结砖比较，它的质量大，因此隔声性能和蓄热能力较好，适用于多层混合结构建筑的承重墙体和其他构筑物。

MU15级及以上强度级别的实心砖可用于基础及其他建筑；MU10的实心砖仅可用于防潮湿层以上的建筑。

空心砖只可用于防潮层以上的建筑部位。

实心砖与空心砖均不得用于长期受热（200℃以上）部位、流水冲刷的建筑部位、以及受急冷、急热和有酸性介质侵蚀的建筑部位。

（4）蒸压灰砂砖执行标准和主要技术性能

蒸压灰砂砖设计和施工参照GB 50003—2001《砌体结构设计规范》和GB 50203—2002《砌体工程施工质量验收规范》要求进行。

蒸压灰砂砖执行国家标准GB 11945—1999；蒸压灰砂空心砖执行JC/T 637—1996标准。标准将产品分为优等品、一等品和合格品三个等级，主要力学性能和抗冻性能指标如表4-3所示。

表 4-3 力学、抗冻性能指标

强度级别	力 学 性 能		抗 冻 性 能	
	抗压强度平均值 （MPa）≥	抗折强度平均值 （MPa）≥	冻后抗压强度平均值 （MPa）≥	单块砖的干质量损失 （%）≤
MU25	25.0	5.0	20.0	2.0
MU20	20.0	4.0	16.0	2.0
MU15	15.0	3.3	12.0	2.0
MU10	10.0	2.5	8.0	2.0

三、多孔砖、空心砖

多孔砖、空心砖是以黏土、页岩、煤矸石等为主要原料，经过原料处理、成型、烧结而成的具有一定孔洞率的承重与非承重砌体材料。

多孔砖、空心砖与实心砖相比，由于孔洞率的缘故，生产时使空心砖省原料、质轻、烧结时间短，因此能大量节约能源，由于多孔砖、空心砖中空气热阻的作用，其导热系数比实心砖降低20%~35%，使其热工性能显著改善。

1. 多孔砖、空心砖的社会效益

（1）减轻结构自重

用实心砖砌筑的多层住宅，墙体质量约占建筑总质量一半以上，因多孔砖、空心砖表观密度小于实心砖，以孔洞率23%的空心砖和实心砖砌体比较，减轻自重17%，基础荷载减少，建筑造价相应降低。

（2）减少原料消耗

以4亿块标准实心砖和空心砖比较，可减少相当于42亩农田的取土量。

（3）节约能源

以年产4亿块孔洞率为23%的空心砖和实心砖相比，每年可节约标准煤11200～14480t。

多孔砖、空心砖孔洞内充满隔热性能的空气，空气在±20℃时的导热系数为0.026W/(m·K)，约为砖的1/30～1/35，因其热工性能好，在采暖地区冬季可节约用煤，按照年产4亿块标准空心砖所建成的住宅计算，每年可节约标准煤4800t，制砖和冬季采暖节约标准煤合计为16000～19280t。

（4）降低运输费用

运输量随砖的表观密度减小而减小，以运输4亿块实心砖和孔洞率23%的空心砖相比，每年可减少运输量23万t。

（5）提高砌筑效率

以240mm×115mm×90mm多孔砖代替实心砖，抓取次数比实心砖减少30%左右，多孔砖砌体比实心砖砌体提高工效8.4%。以4亿块实心砖和多孔砖砌体相比，每年可节约劳动工日8.4万个。

（6）节约砂浆用量

由于空心砖体积大，水平灰缝减少。空心砖砌体比实心砖砌体节约砂浆5.68%。以4亿块实心砖和空心砖相比，可节约砂浆9702m³。

2. 种类、规格和性能

多孔砖、空心砖按原料分类为：黏土空心砖，煤矸石空心砖，页岩空心砖，粉煤灰空心砖。

按用途分类为：承重空心砖（多孔砖）和非承重空心砖。承重空心砖一般可用于6层以下建筑的承重墙体，非承重空心砖用于框架结构建筑物的填充。

（1）多孔砖规格、性能

以黏土为原料的多孔砖产品规格、性能要求均执行GB 13544—2000《烧结多孔砖》国家标准。国家标准列出两种规格多孔砖。

1）多孔砖规格

按照烧结多孔砖国家标准，砖的外形为直角六面体，其长、宽、高规格尺寸（mm）应符合下列要求：290，240，190，180；175，140，115，90。

2）多孔砖孔洞

砖的孔洞率和孔洞尺寸应符合表4-4的规定。

表4-4 多孔砖孔洞尺寸要求 (mm)

圆孔直径	非圆孔内切圆直径	手抓孔	孔洞率（%）
≤22	≤15	(30～40)×(75～85)	≥25

目前生产的多孔砖品种繁多,强度不等,规格孔形也不一,但多为圆形、椭圆形、条形、方形、菱形孔。国内多孔砖规格如表4-5所示。

表4-5 多孔砖品种、规格

序号	名称	规格（mm）	孔数（个）	孔形	孔洞率（%）	单重（kg/块）
1	20孔承重砖	240×115×90	20	圆形	23	3.3
2	17孔承重砖	240×115×90	17	圆形	18	3.5
3	26孔承重砖	240×115×115	26	圆形	24	4.08
4	26孔承重砖	240×115×90	26	圆形	24	3.25
5	25孔承重砖	240×180×115	25	圆形、椭圆形	25	6.12
6	7孔承重砖	240×180×115	7	长方形、椭圆形	24	7.5
7	3孔承重砖	240×115×115	3	长方形、椭圆形	20	4.6
8	单孔承重砖	180×115×115	1	长方形、椭圆形		
9	21孔承重砖	240×115×90	21	条形	26	3.39
10	13孔承重砖	240×115×86	13	圆形	23.5	3.32
11	16孔承重砖	240×115×86	16	长方形	24.7	3.13
12	25孔承重砖	240×115×90	25	方形	25	3.23
13	10孔承重砖	240×115×90	10	圆形	20	3.50
14	7孔承重砖	240×115×86	7	条形	20	3.46
15	4孔承重砖	240×115×90	4	圆形	38	2.77
16	2孔承重砖	190×140×90	2	方形	29	3.3
17	11孔承重砖	190×90×90	11	圆形	24	2.1
18	62孔承重砖	290×190×90	62	圆形	40	6.54
19	43孔承重砖	190×90×90	43	圆形	24	3.93

3）多孔砖等级

根据抗压强度可分为MU30、MU25、MU20、MU15、MU10五个强度等级；根据尺寸偏差、外观质量、强度等级和物理性能分为优等品、一等品和合格品三个等级。

4）多孔砖技术要求

烧结多孔砖尺寸允许偏差应符合表4-6的规定。

表4-6 多孔砖尺寸允许偏差

尺寸	尺寸允许偏差（mm）		
	优等品	一等品	合格品
290、240	±2.0	±2.5	±8
190、180、175、140、115	±1.5	±2.0	±7
90	±1.5	±1.7	±6

5）多孔砖外观质量

外观质量应符合表 4-7 的规定。

表 4-7　多孔砖外观质量要求　　　　　　　　　　　　　　　（mm）

项　　　目	优等品	一等品	合格品
1. 颜色（一条面和一顶面）	一致	基本一致	—
2. 完整面不得少于	一条面和一顶面	一条面和一顶面	—
3. 缺棱掉角的三个破坏尺寸不得同时大于	15	20	30
4. 裂纹长度不大于			
a. 大面上深入孔壁 15mm 以上宽度方向及其延伸到条面的长度	60	80	100
b. 大面上深入孔壁 15mm 以上长度方向及其延伸到顶面的长度	60	100	120
c. 条、顶面上的水平裂纹	80	100	120
5. 杂质在砖面上造成的凸出高度不大于	3	4	5
6. 欠火砖和酥砖	不允许		

注：凡有下列缺陷之一者，不能称为完整面：
　　a. 缺损在条面或顶面上造成的破坏面尺寸同时大于 20mm×30mm；
　　b. 条面或顶面上裂纹宽度大于 1mm，其长度超过 70mm；
　　c. 压陷、焦花、粘底在条面或顶面上的凹陷或凸出超过 2mm，区域尺寸同时大于 20mm×30mm。

6）条孔砖强度

多孔砖强度指标直接影响砌体强度，强度指标如表 4-8 所示。

表 4-8　多孔砖强度指标

强度等级	抗压强度（MPa）	
	平均值不小于	单块最小值不小于
MU30	30.0	22.0
MU25	25.0	18.0
MU20	20.0	14.0
MU15	15.0	10.0
MU10	10.0	6.5

7）多孔砖物理性能

砖的成型、干燥焙烧的好坏，对产品的物理性能影响较大。其中冻融、泛霜、石灰爆裂和吸水率大小都是多孔砖的重要指标，也是保证墙体安全结构的重要耐久性指标。其物理性能如表 4-9 所示。

表 4-9　多孔砖物理性能

项　目	物理性能指标
冻融	冻融试验后，每块砖样不允许出现裂纹、分层、掉皮、缺棱掉角等冻坏现象
泛霜	优等品：不允许出现泛霜； 一等品：不允许出现中等泛霜； 合格品：不允许出现严重泛霜
石灰爆裂	优等品：不允许出现最大破坏尺寸大于 2mm 的爆裂区域； a. 最大破坏尺寸大于 2mm 且小于等于 10mm 的爆裂区域，每组砖样不得多于 15 处； b. 不允许出现最大破坏尺寸大于 10mm 的爆裂区域 合格品： a. 最大破坏尺寸大于 2mm 且小于等于 15mm 的爆裂区域，每组砖样不得多于 15 处，其中大于 10mm 的不得多于 7 处； b. 不允许出现最大破坏尺寸大于 15mm 的爆裂区域

8）孔形孔洞率及孔洞排列

孔形孔洞率及孔洞排列如表 4-10 所示。

表 4-10 孔形孔洞率及孔洞排列

产品等级	孔 形	孔洞率（%）≥	孔洞排列
优等品	矩形条孔或矩形孔	25	交错排列，有序
一等品	矩形条孔或矩形孔	25	交错排列，有序
合格品	矩形孔或其他孔形		—

（2）空心砖（非承重）

以黏土为主要原料生产的烧结空心砖，产品规格、技术性能等要求执行《烧结空心砖和空心砌块》GB 13545—2003 国家标准。

1）空心砖规格

烧结空心砖的外形为直角六面体，在与砂浆的结合面上应设有增加结合力的深度 1mm 的凹槽。

空心砖的长度、宽度、高度尺寸（mm）应符合下列要求：

390，290，240，190，180（175），140，115，90。

砖的壁厚应大于 10mm，肋厚应大于 7mm；孔洞采用矩形条孔或其他孔形，且平行于大面和条面。

另外，根据建筑节能效果、施工特性、建筑物耐用年限等因素，非承重空心砖品种有多样，规格不一，孔洞率不等，产品品种和规格如表 4-11 所示。

表 4-11 空心砖品种、规格

序号	名 称	规格(mm)	孔数(个)	孔 形	孔洞率(%)	单重(kg/块)
1	3孔非承重空心砖	300×200×115	3	方形	35	7.2
2	3孔非承重空心砖	300×200×150	3	方形	49	9
3	6孔非承重空心砖	300×200×115	6	方形	48～52	6.4
4	6孔非承重空心砖	300×240×150	6	方形	48～52	7.8
5	9孔非承重空心砖	190×190×190	9	方形	34	8.3
6	4孔非承重空心砖	190×190×19	4	方形	47	7.27
7	3孔非承重空心砖	240×240×115	3	方形	36	5.91
8	4孔非承重空心砖	460×235×115	4	方形	28	16.2
9	4孔非承重空心砖	300×200×115	4	方形	24	7.4
10	15、19孔非承重空心砖	240×240×115 240×240×180	15 19	方形		
11	3孔非承重空心砖	190×190×90	3	方形、圆形	—	—

① 拱壳空心砖

拱壳空心砖是一种适宜砌筑的薄壳空心砖即黏土拱壳空心砖。它一端有钩，另一端带有凹槽，施工时利用砖与砖之间的挂钩悬砌，砌筑砖拱砖壳不用模板支撑，而只用一个简单的样架控制曲线就行了。

用拱壳空心砖建造的屋顶或楼板，可节省木材、钢材和部分水泥，施工程序比较简便，不需大型施工吊装机具，工人凭一把瓦刀便能操作。

拱壳空心砖是一种结构材料，建筑物的防水、隔热还需采取另外解决措施。

拱壳空心砖比较适合建造小型工业厂房和城乡居住房屋，当在地震区和有强烈振动的建筑物采用时，必须采取其他有效措施。拱壳空心砖的品种、规格如表 4-12 所示。

表 4-12 拱壳空心砖品种、规格

名　称	规格（mm）	孔数（个）	孔形	孔洞率（%）	单重（kg/块）
拱壳空心砖	240×90（长×宽） 165×90（长×宽）	13 等 12 等	菱形等 圆形等		
12 孔拱壳空心砖	190×120×90	12	圆形	23	2.73
3 孔拱壳空心砖	—	3	三角形		
4 孔屋面挂钩砖	220×95×90	4	方形	40	1.99
6 孔楼板挂钩板	240×120×90	6	方形	35	2.98

② 楼板空心砖

楼板空心砖是黏土砖与钢筋混凝土的组合构件，在这种构件中，仍然由钢筋混凝土的肋承受弯曲力，而砖块在板中部分参与承压作用，主要是起填充和模板支撑作用，以节约水泥、木材。楼板空心砖品种、规格如表 4-13 所示。

表 4-13 楼板空心砖品种、规格

名　称	规格（mm）	孔形	孔洞率（%）	单重（kg/块）	密度（kg/m³）
4 孔空心楼板砖	270×240×140 270×220×120	方形	—		
5 孔空心楼板砖	260×180×160	方形	35	4.5	—
5 孔空心楼板砖	270×240×100	方形	50	6	900
6 孔空心楼板砖	270×240×120 270×220×120	方形	40	9	1080
6 孔空心楼板砖	270×240×140 270×220×140	方形	45	10	990

③ 檩条空心砖

檩条空心砖的规格、性能如表 4-14 所示。

表 4-14 檩条空心砖的规格、性能

名　称	规格（mm）	孔形	孔洞率（%）	单重（kg/块）	密度（kg/m³）
3 孔檩条空心砖	270×200×80	方形	40	1080	5.25

④ 墙板空心砖

墙板空心砖的规格、性能如表 4-15 所示。

表 4-15 墙板空心砖的规格、性能

名　称	规格（mm）	孔形	孔洞率（%）	单重（kg/块）	密度（kg/m³）
墙板空心砖	290×290×115 290×290×150	蜂窝形	33.38	—	1175 1085

⑤ 模数多孔砖

生产和使用模数多孔砖，不仅符合国家现行有关规范，也有良好经济效益和社会效益。

模数多孔砖的尺寸是根据建筑模数标准制定的，建筑设计按模数网格进行设计，室内基本为模数空间。

a. 模数多孔砖使用有如下优点：

模数多孔砖墙厚以 50mm 为级数，减薄了墙体厚度；

改善了多孔砖的孔形结构及设计更合理的孔形布置方案，提高了墙体隔热保温性能；

可以更灵活地根据当地建筑热工要求选用经济合理的墙厚；

隔声效果（在模数多孔砖两面各抹 15mm 灰浆，墙厚 190mm）超过《民用建筑隔声设计标准》GB 118—88 中住宅分户墙二级隔声量（R_w=48dB）标准。

b. 主要规格有：

DM1：190mm×240mm×90mm［当量导热系数小于 0.55W/（m·K）］；

DM2：190mm×190mm×90mm［当量导热系数小于 0.55W/（m·K）］；

DM3：190mm×140mm×90mm；

DM4：190mm×90mm×90mm。

为方便砌筑和保证墙体施工质量，在上述四种模数多孔砖生产时，可按照墙体施工设计实际情况，生产尺寸为 190mm×90mm×40mm 配砖，模数砖和配砖共同组成符合模数的各种墙体。

2）空心砖等级

根据密度分别为 800、900、1000、1100 四个密度等级，每个密度级根据孔洞及其排数、尺寸偏差、外观质量、强度等级和物理性能分为优等品、一等品和合格品三个等级。

3）空心砖技术要求

空心砖尺寸允许偏差应符合表 4-16 的规定。

表 4-16 空心砖尺寸允许偏差　　　　　　　　　　（mm）

尺　寸	尺寸允许偏差		
	优等品	一等品	合格品
>300	±2.5	±3.0	±3.5
200～300	±2.0	±2.5	±3.0
100～200	±1.5	±2.0	±2.5
<100	±1.5	±1.7	±2.0

4）空心砖外观质量

外观质量应符合表 4-17 的规定。

表 4-17 空心砖外观质量要求　　　　　　　　　　　　　　　　　　（mm）

项　目	优等品	一等品	合格品
1. 弯曲　不大于	3	4	5
2. 缺棱掉角的三个破坏尺寸　不得同时大于	15	30	40
3. 未贯穿裂纹长度　不大于 a. 大面上宽度方向及其延伸到条面的长度 b. 大面上长度方向或条面上水平方向长度	不允许 不允许	100 120	120 140
4. 贯穿裂纹长度　不大于 a. 大面上宽度方向及其延伸到条面的长度 b. 壁、肋沿长度方向、宽度方向及其水平方向的长度	不允许 不允许	40 40	60 60
5. 肋、壁内残缺长度　不大于	不允许	40	60
6. 完整面　不少于	一条面和一大面	一条面和一大面	—
7. 垂直度差　不大于	3	4	5
8. 欠火砖和酥砖	不允许	不允许	不允许

注：凡有下列缺陷之一者，不能称为完整面：
　　a. 缺损在大面、条面上造成的破坏面尺寸同时大于 20mm×30mm；
　　b. 大面、条面上裂纹宽度大于 1mm，其长度超过 70mm；
　　c. 压陷、粘底、焦花在大面、条面上的凹陷或凸出超过 2mm，区域尺寸同时大于 20mm×30mm。

5）空心砖强度

空心砖主要用于填充墙和隔断强，只需承受自身的质量而不用于建筑结构的承重。因此，大面抗压和条面抗压强度要比承重多孔砖要求低得多。空心砖强度要求应符合表 4-18 的规定。

表 4-18 空心砖强度指标

强度等级	抗压强度（MPa）		密度等级（kg/m³）
	平均值不小于	单块最小值不小于	
MU10.0	10.0	8.0	≤1100
MU7.5	7.5	5.8	
MU5.0	5.0	4.0	
MU3.5	3.5	2.8	≤800
MU2.5	2.5	1.8	

6）空心砖密度

密度对非承重空心制品非常重要，密度级别由 5 块平均值确定，并按表 4-19 规定进行划分。

表 4-19 空心砖密度级别

密度级别	5 块密度平均值（kg/m³）	密度级别	5 块密度平均值（kg/m³）
800	≤800	1000	901~1000
900	801~900	1100	1001~1100

7）空心砖孔洞及其结构

要求空心砖具有轻质保温功能，在保证强度的情况下，孔洞沿宽、高方向排数愈多愈好，尽量增大孔洞率，以增加热阻，提高砌体保温隔热效果。

烧结空心砖孔洞排列及其结构应符合表 4-20 的要求。

表 4-20 孔洞排列及其结构

等 级	孔洞排列	孔洞排数（排）		孔洞率（%）
		宽度方向	高度方向	
优等品	有序交错排列	$b \geq 200mm$ ≥7 $b < 200mm$ ≥5	≥2	≥40
一等品	有序排列	$b \geq 200mm$ ≥5 $b < 200mm$ ≥4	≥2	
合格品	有序排列	≥3	—	

注：b 为宽度尺寸。

8）空心砖物理性能

物理性能主要包括冻融、泛霜、石灰爆裂、吸水率等，它的好坏直接影响墙体结构的安全和耐久性。物理性能应符合表 4-21 的规定。

表 4-21 空心砖的物理性能

项 目	性 能 指 标
冻 融	1. 不允许出现分层、掉皮、缺棱掉角等冻坏现象； 2. 冻后裂纹长度不大于表 4-17 中 3、4 的合格品规定
泛 霜	1. 优等品：不允许出现轻微泛霜； 2. 一等品：不允许出现中等泛霜； 3. 合格品：不允许出现严重泛霜
石灰爆裂	每组试样必须符合下列要求： 1. 优等品 不允许出现最大破坏尺寸大于 2mm 的爆裂区域。 2. 一等品 a. 最大破坏尺寸大于 2mm 小于等于 10mm 的爆裂区域，每组砖不得多于 15 处； b. 不允许出现最大破坏尺寸大于 10mm 的爆裂区域。 3. 合格品 a. 最大破坏尺寸大于 2mm 且小于等于 15mm 的爆裂区域，每组砖不得多于 15 处，其中大于 10mm 的不得多于 7 处； b. 不允许出现最大破坏尺寸大于 15mm 的爆裂区域
吸水率 ≤	1. 优等品　16.0　粉煤灰砖　20.0 2. 一等品　18.0　粉煤灰砖　22.0 3. 合格品　20.0　粉煤灰砖　24.0

9）烧结黏土空心砖隔墙隔声量

烧结黏土空心砖隔墙隔声量如表 4-22 所示。

表 4-22 隔墙隔声量　　　　　　　　　　　　（dB）

空心砖墙	隔声量	空心砖墙	隔声量
180mm 厚双面抹灰	46～47	240mm 厚双面抹灰	46～51
190mm 厚双面抹灰	49～52		

3. 空心砖、多孔砖与墙体的热工性能

（1）空心砖、多孔砖的热工性能

空心砖与多孔砖从热工分析，属于二维传热问题。综合测试研究的结论说明，空心砖与多孔砖的孔形排列与热工性能紧密相关。

一般规律的情况下，随孔洞率增加保温性也提高，但即使在孔形与孔洞率相同的多孔砖，保温性能相差也较大，主要是孔洞排列数起重要作用，而单纯提高孔洞率并非有利。

错排孔空心砖导热系数要比齐排孔空心砖导热系数小，孔洞形状直接影响导热系数，在相同侧壁与孔壁厚度的条件下，矩形孔空心砖或多孔砖孔洞率最大，导热系数最低。另外，沿垂直方向孔洞排数越多，热工性能越好。各种空心砖、多孔砖的当量导热系数如表4-23所示。

表4-23 空心砖、多孔砖的当量导热系数

砖产品	尺寸（mm）	密度（kg/m³）	孔洞率（%）	当量导热系数[W/(m·K)]
36孔横式交错孔砖	240×115×115	1106	30.1	0.454
25孔人字形孔砖	240×115×115	1197	30	0.61
22孔长条孔砖	240×115×115	1296	25.3	0.682
20孔圆形孔砖	—	1367	26.2	0.58
3孔方形孔砖	240×240×115	824.3	52	0.672
13孔长形孔砖	240×240×115	1015	40.3	0.59
21孔横竖交错孔砖	190×90×90	1280	29	0.30
33孔横竖交错孔砖	190×140×90	1200	33	0.38
25孔横竖交错孔砖	190×190×90	1099	35.4	0.51

（2）空心砖和多孔砖砌体热工性能

常用的21种空心砖和多孔砖墙体的热工性能如表4-24所示。从表4-24中看出，36孔横竖交错长条形孔保温性能最好，孔洞率在30%以上，适合一顺一丁的墙体砌筑方法。圆形孔多孔砖保温效果较差。三孔空心砖保温性能不如13孔空心砖好。

表4-24 空心砖和多孔砖砌体热工性能

砖类	序号	砖形	尺寸(mm)	墙厚(mm)	抹灰厚度(mm)	热阻(m²·K/W)	传热系数[W/(m²·K)]	孔洞率(%)
多孔砖	1	36孔横竖交错	240×115×115	240	20	0.572	1.385	30.1
	2	36孔横竖交错	240×115×115	370	20	0.703	1.17	30.1
	3	25孔人字形	240×115×115	240	20	0.445	1.65	30
	4	25孔人字形	240×115×115	370	20	0.64	1.27	30
	5	22孔长条孔	240×115×115	370	20	0.51	1.52	25.3
	6	20孔圆形	240×240×115	370	20	0.499	1.54	26.2

续表

砖类	序号	砖形	尺寸（mm）	墙厚（mm）	抹灰厚度（mm）	热阻（m²·K/W）	传热系数[W/(m²·K)]	孔洞率（%）
空心砖	7	3孔方形	240×240×115	115	两面抹灰	0.301	2.22	52
	8	3孔方形	240×240×115	240	两面抹灰	0.517	1.50	52
	9	3孔方形	240×240×115	370	两面抹灰	0.635	1.274	52
		3孔方形	240×240×115	370	两面抹灰	0.530	1.47	52
		3孔方形	240×240×115	240	单面抹灰	0.428	2.34	52
		3孔方形	240×240×115	240	保温砂浆35	0.555	1.42	52
		13孔长形孔	240×240×115	370	两面抹灰	0.700	1.18	40.3
模数砖		21孔横竖交错	190×190×90	90	—	0.297	2.237	29
		33孔横竖交错	190×140×90	140		0.304	2.203	33
		33孔横竖交错	190×140×90	190		0.377	1.896	33
		25孔横竖交错	190×190×90	190		0.371	1.92	35.4
		21孔	190×90×90	190		0.411	1.783	29
		21孔+33孔	190×90×90 190×140×90	240		0.466	1.623	
		33孔3块组合	190×90×90	290		0.513	1.508	
		21孔2块与33孔1块组合	190×90×90 190×140×90	340		0.551	1.427	—

4. 多孔砖、空心砖墙体施工

(1) 施工准备

1) 技术准备

施工前会同有关技术人员认真熟悉设计图纸，掌握建筑墙体构造、构造节点施工的关键技术、施工步骤等技术要求，并针对具体工程制定完整施工方案，获批准后方可实施。

2) 材料准备

① 多孔砖、空心砖的质量应达到设计要求。多孔砖和空心砖进入施工现场后，按规定先抽取一定数量并经质量技术监督部门进行检测，达到规定标准后方可使用。

为了减少损失，在运输装卸时，应使用专用夹具，到场后分类整齐堆放在地势较平坦的地方，堆放高度不宜超过20皮砖。

多孔砖、空心砖砌筑时提前润湿砖体，如临时浇水，则砖体达不到规定湿度或在砖表面存有水膜而影响砌体强度，要求多孔砖或空心砖在常温下砌筑时，应在砌筑前1~1.5天浇水润湿，在砌筑时砖的含水率宜控制在10%~15%范围内。

② 砂浆的砂宜采用中砂，最好使用混合砂浆，以改善和易性和节约水泥。除水泥和砂子外，最好掺入石灰膏等无机掺合料，以保证多孔砖或空心砖砌体的抗压和抗剪强度。搅拌

砂浆应用洁净水,严禁使用生石灰即干石灰,以防止墙体严重泛霜或加重石灰爆裂而导致墙体破坏。

3) 墙体砌筑形式

①多孔砖砌筑形式

多孔砖的全顺砌筑形式:每皮均为顺砖,其抓孔平行于墙面,上下皮竖缝相互错开1/2砖长(图4-1)。

多孔砖一顺一丁及梅花丁两种砌筑形式:一顺一丁是一皮顺砖与一皮丁砖相隔砌成,上下皮竖缝相互错开1/4砖长;梅花丁是每皮中顺砖与丁砖相隔,丁砖坐中于顺砖,上下皮竖缝相互错开1/4砖长(图4-2)。

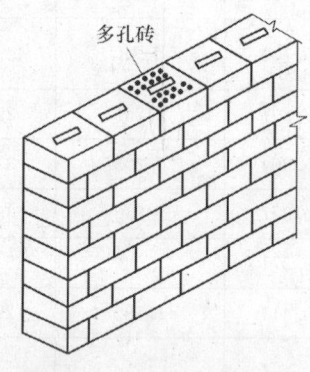

图4-1 M型多孔砖的砌筑形式

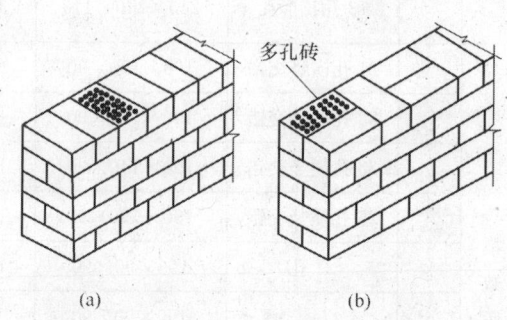

图4-2 P型多孔砖的砌筑形式
(a)一顺一丁;(b)梅花丁

②空心砖砌筑形式

空心砖一般侧立砌筑,孔洞方向与地面平行。特殊要求时,孔洞也可呈垂直方向。空心砖墙的厚度等于空心砖的厚度。采用全顺侧砌,上下皮竖缝相互错开1/2砖长(图4-3)。

(2) 施工要点

多孔砖和空心砖砌体工程的施工应符合 GB 50203—2002《砌体工程施工质量验收规范》的规定。

1) 多孔砖墙砌筑要点

① 砌筑时应先试摆,多孔砖的孔洞应垂直于受压面。

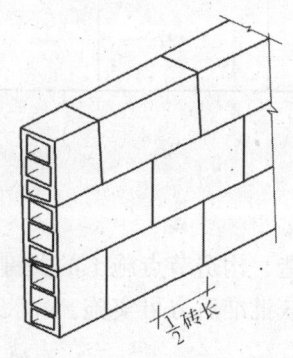

图4-3 空心砖砌筑形式

在砌筑中,多孔砖墙中不够整块多孔砖的部位,应用烧结普通砖来补砌,不得用砍过的多孔砖填补。

排砖要求上下错缝、内外搭接砌筑,这是砌筑多孔砖的基本原则,对保证砌体强度和稳定性至关重要。

② 砌筑前应弹好线,对于没有构造柱的墙体,一般从门窗口向两侧排列,将少量余差匀到竖缝上;对于设置芯柱的墙,首先要将芯柱大孔空心砖按轴线准确的放置好,然后由芯柱大孔砖处向其两侧按砌筑方法来进行排砖,也是通过调整多孔砖竖向缝宽度来消除少量的余差。

③ 砌多孔砖宜采用"三一"砌筑法,即一铲灰、一块砖、一挤揉的"三一"砌筑法。

竖缝宜采用刮浆法。

④ 砂浆要随拌随用，在正常情况下，水泥砂浆和水泥混合砂浆必须在分别拌后 3 小时和 4 小时内使用完毕。当气温超过 30℃ 时，必须分别在拌后 2 小时和 3 小时内使用完毕。

⑤ 灰缝应横平竖直，水平灰缝和竖向灰缝宽度应控制在 10mm 左右，但应不小于 8mm，也不应大于 12mm。

⑥ 水平灰缝的砂浆饱满度不得小于 80%，竖缝要刮浆适宜，并加浆灌缝，不得出现透明缝，严禁用水冲浆灌缝。

⑦ 多孔砖墙的转角处和交接处应同时砌筑，不能同时砌筑又必须留置的临时间断处应砌成斜槎。对于全顺砌筑多孔砖，斜槎长度应不小于斜槎高度；对于一顺一丁及梅花丁砌筑多孔砖，斜槎长度应不小于斜槎高度的 2/3（图 4-4）。

⑧ 多孔砖墙留脚手眼的规定同普通砖墙。

⑨ 多孔砖墙每天可砌高度应不超过 1.8m。

⑩ 门窗洞口的预埋木砖、铁件等应采用与多孔砖横截面一致的规格。

在雨天施工中，砂浆稠度应根据降雨量和砖的湿润程度适当降低，同时每日砌筑高度不宜超过 1.2m。为防止雨水冲刷掉砂浆而污染墙面，在收工时，应对砌体表面进行覆盖或根据现场具体情况在其顶部铺设一层干砖。

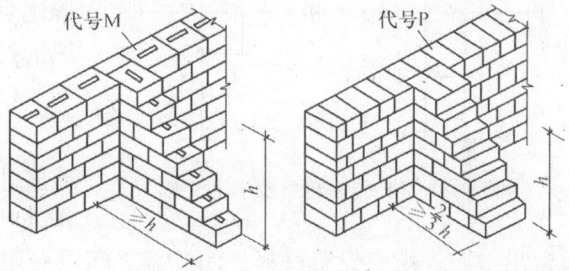

图 4-4 多孔砖墙转角处的斜槎长度

2）空心砖墙砌筑要点

① 在空心砖墙砌筑前，应先在砌筑位置上弹出墙边线，以后按边线逐皮砌筑，一道墙可先砌两头的砖，再拉准线砌中间部分。第一皮砌筑时应试摆。

② 砌空心砖宜采用刮浆法。竖缝应先批砂浆后再砌筑。当孔洞呈垂直方向时，水平铺砂浆，应用套板盖住孔洞，以免砂浆掉入孔洞内。

③ 灰缝应横平竖直。水平灰缝和竖向灰缝宽度应控制在 10mm 左右，但不应小于 8mm，也不应大于 12mm。

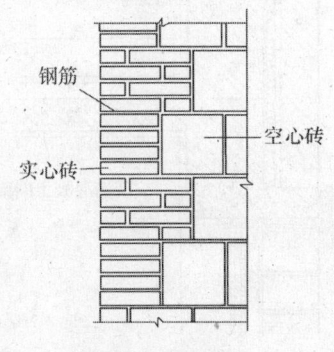

图 4-5 空心砖墙在端头处理

④ 灰缝应砂浆饱满。水平灰缝的砂浆饱满度不得低于 80%，竖向灰缝不得出现透明缝。

⑤ 空心砖墙中不够整砖部分，宜用无齿锯加工制作非整砖块，不得用砍凿方法将砖打断。补砌时应使灰缝砂浆饱满。

⑥ 管线槽留置时，可采用弹线定位后用凿子仔细凿槽或用开槽机开槽，不得采用斩砖预留槽的方法。

⑦ 空心砖墙应同时砌起，不得留斜槎。每天砌筑高度不应超过 1.8m。

⑧ 非承重空心砖墙，其底部至少应砌 3 皮普通砖。在

门窗洞口两侧一砖范围内，应用普通实心砖砌筑（图4-5）。

⑨ 空心砖墙的转角及丁字交接处，应加砌半砖，使灰缝错开。转角处半砖砌在外角上，丁字交接处半砖砌在横墙端头（图4-6），砌筑时不许孔洞与柱面直接接触，应加砌实心砖。

⑩ 窗台在空心砖上作刚性防水后再砌筑一皮实心砖，方准立窗口。

5. 烧结非黏土多孔砖夹心墙砌体结构

烧结非黏土夹心墙（简称夹心墙），是一种集承重、保温和装饰于一体的复合墙体，它由内叶墙、夹心保温层、拉结件、外叶墙复合而成。

烧结非黏土装饰多孔砖可用于建筑的清水墙面，仅用彩色勾缝剂勾缝，不需二次装修，具有装饰造型美观典雅、耐久性好、墙面维护费用低等优点。夹心墙体构造特别适合于寒冷和严寒地区的建筑外墙。

（1）夹心墙基本构造

1）砌体结构的夹心墙，一般以240mm厚普通多孔砖墙作内叶承重，以120mm厚装饰多孔砖

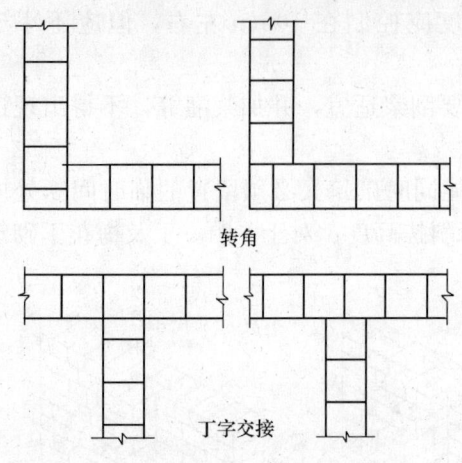

图4-6 空心砖墙转角及丁字交接

作外叶清水装饰面，两叶墙之间按保温层厚度要求留出空腔，填充保温材料。两叶墙之间以专用镀锌或镀铬普通小直径带肋钢筋或不锈钢件拉结。

外墙阴、阳角及丁字墙处夹心保温层应保持连续。

2）夹心墙不得用于室内地坪以下的墙体，设有地梁时应从地梁顶面始砌，并且做好墙身防潮，外墙的室外勒脚处应水泥砂浆抹面（图4-7）。

3）门窗洞口周边的构造处理，应尽量减少热桥，且热桥部位要尽可能做断桥或保温补救处理。图4-8为窗上口构造，图4-9为门窗侧口构造，图4-10为窗台构造。

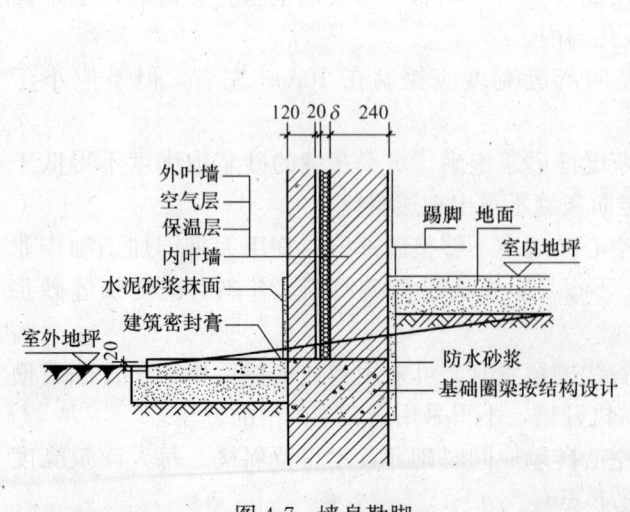

图4-7 墙身勒脚

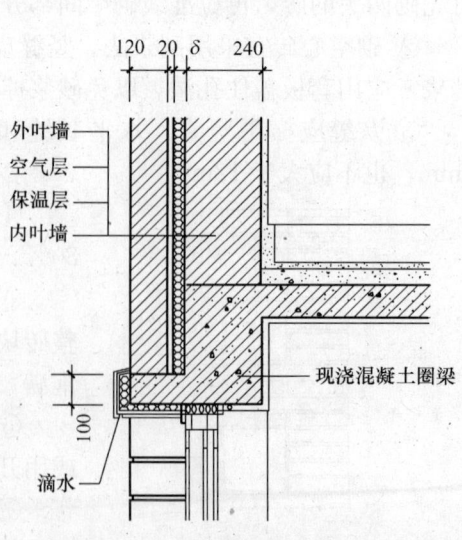

图4-8 窗上口构造

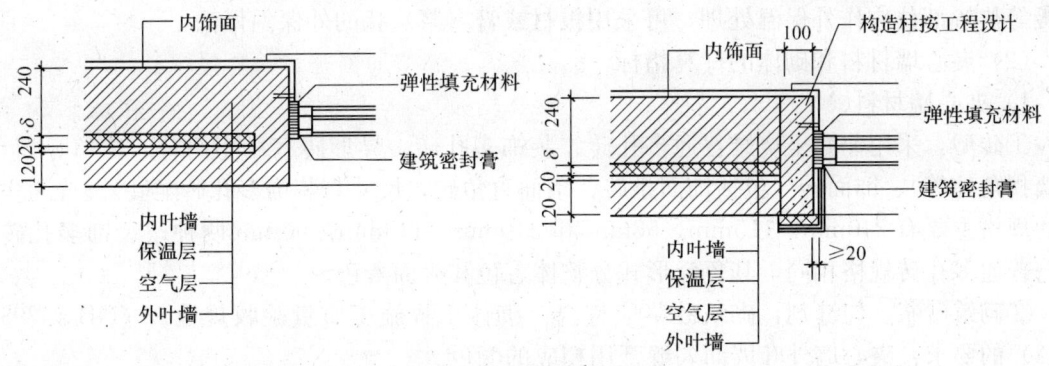

图 4-9 门窗侧口构造

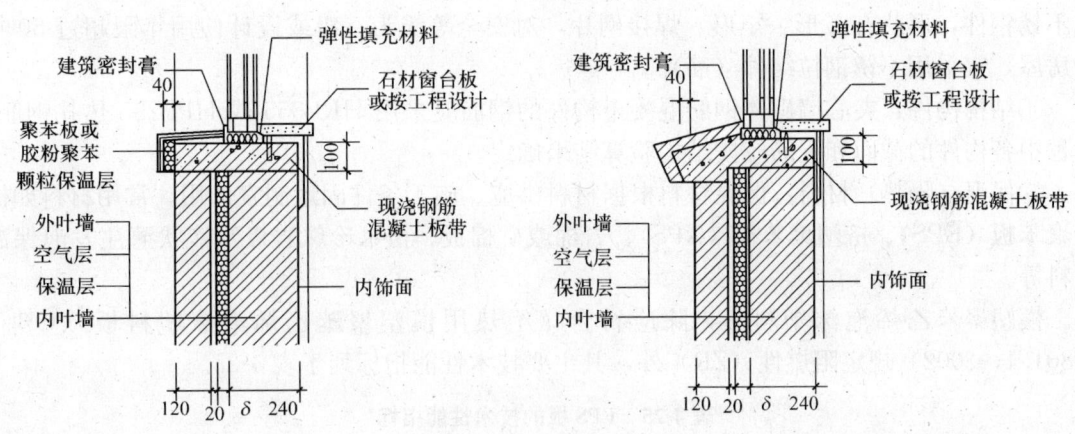

图 4-10 窗台构造

4) 夹心墙屋面宜做挑檐，屋面保温层应敷盖整个挑檐。当需要设置女儿墙时，夹心保温层应贯通女儿墙直至女儿墙压顶（图 4-11、图 4-12）。

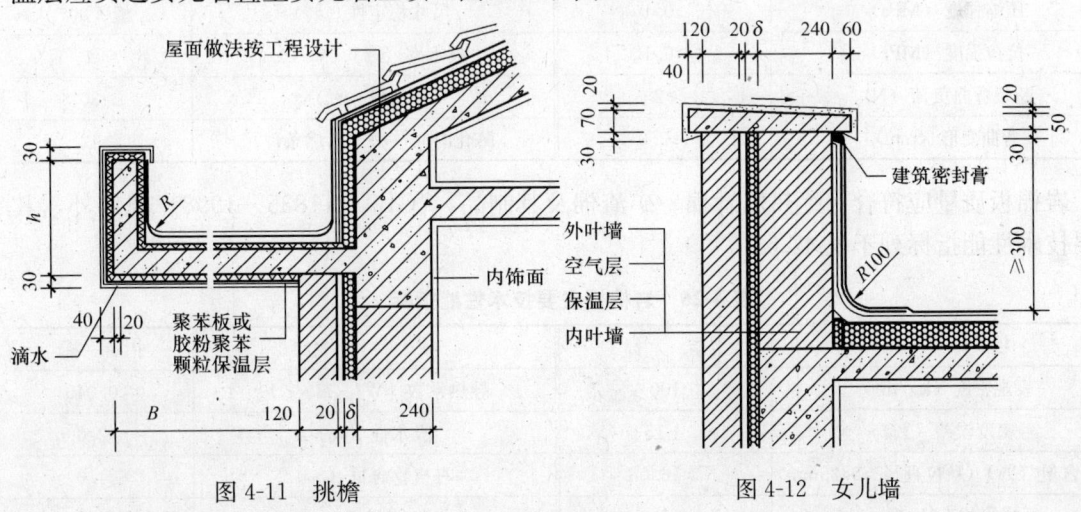

图 4-11 挑檐　　　　　　　　　图 4-12 女儿墙

5) 框架结构填充外墙作夹心墙时，内叶墙宜采用空心砖或其他轻质砌块砌筑，并宜与框架柱外皮齐平。外叶墙以 120mm 厚装饰多孔砖砌筑于框架梁的挑板上，两叶墙之间按保温层厚度留出空腔，填保温材料，两叶墙之间以拉结件或拉结钢筋拉结。各层承托外叶墙的挑板等热桥部位应作外保温处理，可采用板材或膏（浆）状的外保温做法。

（2）夹心墙材料和砌体的计算指标

1）夹心墙材料

①砖型：采用非黏土烧结普通多孔砖、装饰多孔砖、异形砖（用于门口、窗口、窗台、外墙拐角处等）、饰面砖（包括饰面条砖、条面直角砖，尺寸与装饰多孔砖配套）。普通多孔砖的规格主要有 240mm×115mm×53mm 和 240mm×115mm×90mm 两种；装饰多孔砖规格与普通多孔砖规格相同，其色泽形式分整体着色和表面着色。

②砌筑砂浆、勾缝剂：砌筑砂浆应符合《砌体工程施工质量验收规范》（GB 50203—2002）的要求；夹心墙外叶墙面勾缝膏用相应的颜色。

③拉结件（筋）、钢筋：灰缝内钢筋应采用镀锌或镀铬普通小直径热轧、冷扎带肋钢筋或不锈钢件，形状有 Z 形、矩形、焊接网片，对安全等级为一级或设计使用年限超过 50 年的房屋，宜采用不锈钢拉结件（筋）。

④结构构件：夹心墙砌体钢筋混凝土构件的钢筋应采用 HRB355 或 HPB235 热扎钢筋。工程中各构件的截面和配筋应按结构验算结果确定。

⑤保温（隔热）材料：保温材料根据材料供应、施工条件因地制宜选用。常用材料如模塑聚苯板（EPS）、挤塑聚苯板（XPS）、岩棉或矿棉板、憎水珍珠岩板及液状灌注发泡保温材料等。

模塑聚苯乙烯泡沫塑料板，除应符合《绝热用模塑聚苯乙烯泡沫塑料板》（GB/T 10801.1—2002）规定阻燃性（ZR）外，其主要技术性能指标列于表 4-25。

表 4-25　EPS 板的技术性能指标

项　目	指　标	项　目	指　标
表观密度（kg/m³）	18～22	水蒸气透湿系数 [ng/(Pa·m·s)]	≤4.5
导热系数 [W/(m·K)]	≤0.041	陈化时间（d）（蒸汽 60℃）	≥5
压缩强度（MPa）	≥0.10	尺寸稳定性（%）	≤0.30
抗拉强度（MPa）	≥0.10	吸水率（%）（V/V）	≤4
断裂弯曲负荷（N）	≥25	氧指数（%）	>30
弯曲变形（mm）	≥2.0	陈化时间（d）（自然条件）	≥42

岩棉板质量应符合《绝热用岩棉、矿渣棉及其制品》（GB/T 11835—1998）规定外，其主要技术性能指标列于表 4-26。

表 4-26　岩棉板主要技术性能指标

项　目	指　标	项　目	指　标
表观密度（kg/m³）	100	导热系数 [W/(m·K)]	≤0.045
密度误差（%）	±15	吸水性（%）	≤2.0
渣球含量（%）（颗粒直径>0.25mm）	≤6.0	有机物含量（%）	≤4.0
纤维平均直径（μm）	≤7.0	阻燃性	符合不燃性 A 级

憎水珍珠岩板的质量应符合《膨胀珍珠岩绝热制品》（GB/T 10303—2001）的要求，其主要技术性能指标列于表 4-27。

表 4-27 憎水珍珠岩保温板主要技术性能指标

序号	项目	指标	序号	项目	指标
1	干表观密度（kg/m³）	≤200	3	尺寸冷稳定性（%）	≤392
2	尺寸热稳定性（%）	≤0.058	4	阻燃性	≤2

挤塑聚苯乙烯泡沫塑料板，其主要技术性能指标列于表 4-28。

表 4-28 XPS 板的技术性能指标

项目	指标	项目		指标
表观密度（kg/m³）	≥23	抗拉强度(MPa)		≥0.15
导热系数[W/(m·K)]	≤0.030	陈化时间(d)	自然条件	≥42
水蒸气透湿系数[ng/(Pa·m·s)]	≤2		蒸汽(60℃)	≥5
蓄热系数[W/(m²·K)]	≥0.32	尺寸稳定性(%)		≤2
承受总压力(MPa)	<0.08	浸水 96h 吸水率(%)		≤1.5
承受长期静压力(MPa)	<0.05			
弯曲负荷(N)	>35	氧指数(%)		≥30
压缩强度(MPa)	≥0.15	使用温度范围(℃)		≤75

灌注后聚氨酯硬质泡沫塑料主要技术性能指标列于表 4-29。

表 4-29 聚氨酯硬质泡沫塑料的技术性能指标

项目	指标	项目	指标
表观密度(kg/m³)	40~50	导热系数[W/(m·K)]	≤0.25
使用温度范围(℃)	≤100	吸水率(%)(V/V)	≤1.5
蓄热系数[W/(m²·K)]	≥0.36	氧指数(%)	>26
水蒸气透湿系数[ng/(Pa·m·s)]	≤6.5	阻燃性	离火 2 秒内自熄

2）砌体的计算指标

①装饰多孔砖、普通多孔砖及其配砖和砌筑砂浆的强度等级，应按下列规定采用：

装饰多孔砖、普通多孔砖及其配砖的强度等级：MU30、MU25、MU20、MU15、MU10；

砂浆的强度等级：M15、M10、M7.5、M5。

②以毛截面积计算的多孔砖砌体抗压强度设计值，当施工质量控制等级为 B 级时，按表 4-30 采用。

表 4-30 多孔砖砌体抗压强度设计值　（MPa）

砖强度等级	砂浆强度等级				砂浆强度
	M15	M10	M7.5	M5	0
MU30	3.94	3.27	2.93	2.59	1.15
MU25	3.60	2.98	2.68	2.37	1.05
MU20	3.23	2.67	2.39	2.12	0.94

砖强度等级	砂浆强度等级				砂浆强度
	M15	M10	M7.5	M5	0
MU15	2.79	2.31	2.07	1.83	0.82
MU10	—	1.89	1.69	1.50	0.67

注：1. 表中砂浆强度为零时的砌体抗压强度设计值，仅适用于施工阶段新砌多孔砖砌体的强度验算。
2. 当多孔砖的孔洞率大于30%时，表中数值应乘以0.9。

以毛截面积计算的多孔砖砌体的弯曲抗拉强度设计值和抗剪强度设计值，当施工质量控制等级为B级时，应按表4-31采用。

表4-31　多孔砖砌体的弯曲抗拉强度设计值、抗剪强度设计值　　（MPa）

强度类别	破坏特征	砂浆强度等级		
		≥M10	M7.5	M5
弯曲抗拉	沿齿缝截面	0.33	0.29	0.23
	沿通缝截面	0.17	0.14	0.11
抗　剪	沿齿缝或阶梯形截面	0.17	0.14	0.11

注：当砌体中的块体搭接长度与块体高度的比值小于1时，其弯曲抗拉强度设计值应按表中数值乘以搭接长度与块体高度比值后采用。

在一般情况下，多孔砖砌体的强度设计值应乘以调整系数，如：跨度不小于7.2m的梁下砌体，系数为0.9；对无筋砌体构件，其毛截面面积小于0.3m^2时，系数为其毛截面面积加0.7，构件截面面积以m^2计；当砌体用水泥砂浆砌筑时，系数分别为0.9和0.8；当施工质量控制等级为C级时，系数为0.89；当验算施工中房屋的构件时，系数为1.1。

施工阶段砂浆尚未硬化的新砌体的强度和稳定性，可按砂浆强度为零进行验算。还应考虑砌体的弹性模量、线性膨胀系数、收缩率、摩擦系数和重力密度。

（3）节能、结构设计

1）节能设计

夹心墙建筑节能设计，应符合《居住建筑节能设计标准》和《公共建筑节能设计标准》（GB 50189—2005）的有关规定。

2）结构设计

夹心墙属非组合作用的复合墙体，在竖向荷载作用下，内叶墙为承重构件，外叶墙为自重构件。

基础或地下砌体应采用烧结非黏土实心砖、水泥砂浆砌筑，砖的质量等级应为优等品或一等品；防潮层以上的多孔砖砌体应用混合砂浆砌筑，用于潮湿房间的多孔砖质量等级应为优等品或一等品。

夹心墙砌体的局部承压计算时，应把局部承压强度计算面积范围内的孔洞，用砌筑砂浆填实，应按《砌体结构设计规范》（GB 50003—2001）进行。

五层及五层以上的房屋砌体材料：多孔砖不应低于MU10，砌筑砂浆不应小于M5；对于安全等级为一级或设计使用年限大于50年的房屋，墙、柱所用材料的最低强度等级应至少提高一级。

跨度大于6m的屋架和跨度大于4.8的梁，应在其支撑处砌体上设置混凝土或钢筋混凝土垫块；当墙中有圈梁时，垫块与圈梁应浇成整体；支撑于240mm厚墙的跨度大于或等于6m时，其支撑处宜加设壁柱，或采取其他加固措施。

预制钢筋混凝土板的支撑长度，在墙上不宜小于100mm；在钢筋混凝土圈梁上不宜小于80mm；当利用板端伸出钢筋拉结和混凝土灌浆时，其支撑长度可为40mm，但板端缝宽不小于80mm，灌缝混凝土不宜低于C20。

夹心墙外叶墙宜115mm厚，内叶墙宜240mm厚，内外叶墙间不宜大于100mm，内外叶墙宜取同一高度、同一成分的砖；交叉墙、壁柱可作为夹心墙沿纵向的横向支撑，楼盖、屋盖可作为夹心墙沿竖向的横向支撑。以梁为横向支撑时，梁的跨度不应大于其受压截面最小宽度的30倍。夹心墙的砌筑砂浆等级不应小于M7.5，门窗洞口夹心墙构造如图4-13所示。

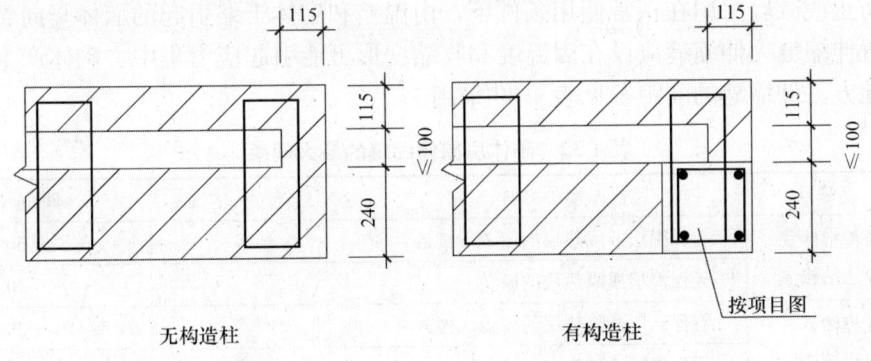

图 4-13　门窗洞口夹心墙构造

夹心墙拉结件的形状有焊接网片、矩形、Z形三种形式（图4-14）。Z形拉结件直径不应大于6mm，矩形、网片钢筋的直径不应小于4mm，拉结件应有防腐功能。

焊接网片拉结件中，钢筋直径不应小于4mm，横向钢筋间距不应大于400mm，网片的竖向间距不宜大于600mm，有振动或有抗震防设要求时，不宜大于400mm。网片中纵筋应弯折锚固，锚固长度不宜小于$50d$，且弯折的长度不应小于$20d$和150mm。

当采用矩形、Z形拉结件时，拉结件应沿墙体竖向呈梅花状布置，其水平向间距不宜大

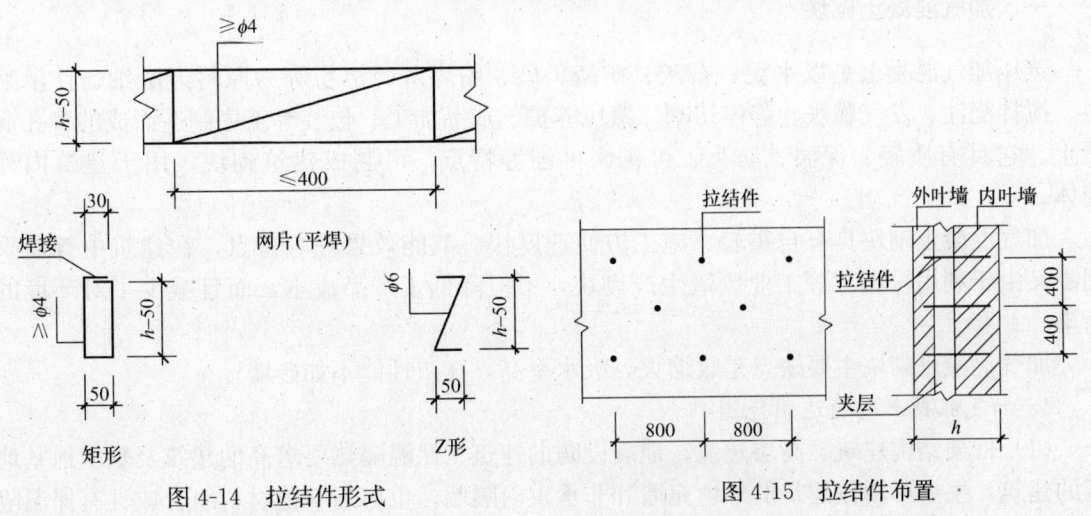

图 4-14　拉结件形式　　　　　图 4-15　拉结件布置

于800mm，竖向间距不宜大于400mm（图4-15）。在门窗洞口边处的竖向增设一个拉结件，使其竖距为200mm，并在水平向第一个拉结件间增设一个拉结件。

在多孔砖砌体中留槽、洞及埋设管道时，要预留槽洞位置，不得在已砌墙体上凿槽打洞；不应在墙面上留（凿）水平槽、斜槽或埋设水平暗管和斜暗管；无法避免时，应将暗管居中埋于局部现浇的混凝土水平构件中。墙体开槽后应按削弱后的截面验算墙体的承载力；墙体中的竖向暗管宜预留；无法预埋需留槽时，槽的深度及宽度不宜大于95mm×95mm。安装管道后，应用强度等级不低于C15的细石混凝土填塞。当槽的平面尺寸大于95mm×95mm时，应对墙身削弱部分补强并将槽两侧的墙体内预留钢筋相互拉结；在宽度小于500mm的承重小墙段及壁柱内不应埋设竖向管线；管道不宜横穿墙垛、壁柱，确实需要时，应采取带孔的混凝土块砌筑。

为了防止或减轻房屋在正常使用条件下，由温差和砌体干缩引起的墙体竖向裂缝，应在墙体中设置伸缩缝。伸缩缝应设在因温度和收缩变形可能引起应力集中、砌体产生裂缝可能性最大的地方。伸缩缝的间距参见表4-32采用。

表4-32 砌体房屋伸缩缝的最大间距

屋盖或楼盖类别		间距（m）
整体式或装配整体式钢筋混凝土结构	有保温层或隔热层的屋盖、楼盖	50
	无保温层或隔热层的屋盖	40
装配式无檩体系钢筋混凝土结构	有保温层或隔热层的屋盖、楼盖	60
	无保温层或隔热层的屋盖	50
装配式有檩体系钢筋混凝土结构	有保温层或隔热层的屋盖、楼盖	75
	无保温层或隔热层的屋盖	60
瓦材屋盖、木屋盖或楼盖、轻钢屋盖		100

第二节 节能轻质砌块

一、加气混凝土砌块

蒸压加气混凝土是以水泥、石灰、矿渣、砂、粉煤灰、铝粉等为原料经磨细、计量配料、搅拌浇注、发气膨胀、静停切割、蒸压养护、成品加工、包装等工序制造而成的多孔混凝土。它具有质轻、保温、防火、可锯、可刨等特点，可制成建筑砌块，用于建筑内外墙体。

加气混凝土砌块具有自重轻、施工方便速度快、节能效果好等特点，在建筑中普遍采用。又由于利用粉煤灰等工业废渣生产砌块，不但降低了产品成本，而且减少了对环境的污染。

加气混凝土砌块主要缺点是收缩大，吸水率高，抹灰性能不如砖墙。

1. 加气混凝土砌块适用范围

（1）框架结构建筑、高层建筑、地震设防的建筑、保温隔热要求高的建筑及软土地基地区的建筑，主要可用作建筑的外填充墙和非承重内隔墙，也可与其他材料组合成具有保温隔热功能的复合墙体，但不宜用于最外层。

（2）加气混凝土吸水率高，随着含水率的增加，加气混凝土热工性能迅速劣化，所以蒸压加气混凝土砌块如无有效措施，不得用于建筑物标高±0.000以下部位；长期浸水、经常受干湿交替或经常受冻融循环的部位；受酸碱化学物质侵蚀的部位以及制品表面温度高于80℃的部位。

（3）轻质墙体，可用作普通钢筋混凝土框架结构的填充材料和自承重轻质隔墙。

（4）作保温材料，可用作一些工业厂房和特殊建筑的保温材料。

2. 加气混凝土砌块规格与性能

（1）加气混凝土砌块产品规格

蒸压加气混凝土砌块执行 GB/T 11968—2006 标准。

蒸压加气混凝土砌块的规格尺寸如表4-33所示。

表4-33 砌块的规格尺寸

长度 L	宽度 B	高度 H	长度 L	宽度 B	高度 H
600	100		600	200	200
	120			240	240
	125			250	250
	150			300	300
	180				

（2）加气混凝土砌块尺寸偏差及外观要求

加气混凝土砌块按尺寸偏差与外观质量、体积密度和抗压强度分为优等品和合格品二个等级。加气混凝土砌块尺寸偏差与外观要求如表4-34所示。

表4-34 加气混凝土砌块尺寸偏差和外观

项目			指标	
			优等品（A）	合格品（C）
尺寸允许偏差（mm）	长度 L		±3	±4
	宽度 B		±1	±2
	高度 H		±1	±2
缺棱掉角	个数，不多于（个）		0	2
	最大尺寸不得大于（mm）		0	70
	最小尺寸不得大于（mm）		0	30
裂纹长度	条数，不多于		0	2
	任一面上的裂纹长度不得大于裂纹方向尺寸的		0	1/2
	贯穿一棱二面的裂纹长度不得大于裂纹所在面的裂纹方向尺寸总和的		0	1/3
爆裂、粘模和损坏深度不得大于（mm）			10	30
表面弯曲			不允许	
表面疏松、层裂			不允许	
表面油污			不允许	

(3) 加气混凝土砌块抗压强度

蒸压加气混凝土按抗压强度和体积密度分级,按强度分为七个级别,按体积密度分为六个级别。表 4-35 和表 4-36 列出了砌块的抗压强度和砌块的强度级别。

表 4-35 砌块的抗压强度

强度级别	立方体抗压强度(MPa)		强度级别	立方体抗压强度(MPa)	
	平均值不小于	单块最小值不小于		平均值不小于	单块最小值不小于
A1.0	1.0	0.8	A5.0	5.0	4.0
A2.0	2.0	1.6	A7.5	7.5	6.0
A2.5	2.5	2.0	A10.0	10.0	8.0
A3.5	3.5	2.8			

表 4-36 砌块的强度等级

体积密度级别		B03	B04	B05	B06	B07	B08
强度级别	优等品(A)	A1.0	A2.0	A3.5	A5.0	A7.5	A10.0
	合格品(B)			A2.5	A3.5	A5.0	A7.5

(4) 加气混凝土砌块密度

砌块的干密度应符合表 4-37 的规定。

表 4-37 砌块的干密度

体积密度级别		B03	B04	B05	B06	B07	B08
干密度 (kg/m³)	优等品(A)≤	300	400	500	600	700	800
	合格品(B)≤	325	425	525	625	725	825

(5) 加气混凝土砌块干燥收缩、抗冻性和导热系数

砌块的干燥收缩、抗冻性和导热系数(干态)应符合表 4-38 的规定。

表 4-38 干燥收缩、抗冻性和导热系数

体积密度级别				B03	B04	B05	B06	B07	B08
干燥收缩值	标准法≤	(mm/m)		0.50					
	快速法≤			0.80					
抗冻性	质量损失(%)			5.0					
	冻后强度(MPa)≥	优等品(A)		0.8	1.6	2.8	4.0	6.0	8.0
		合格品(B)				2.0	2.8	4.0	6.0
导热系数(干态)[W/(m·K)]≤				0.10	0.12	0.14	0.16	0.18	0.20

注:1. 规定采用标准法、快速法测定砌块干燥收缩值,若测定结果发生矛盾不能判定时,则以标准法测定的结果为准。
  2. 用于墙体的砌块,允许不测导热系数。

(6) 加气混凝土砌块热物理参数

加气混凝土的热物理参数如表 4-39 所示。

表 4-39 加气混凝土的热物理参数

热物理参数	密度与含水率											
	500kg/m³				600kg/m³				700kg/m³			
	0	6%	12%	18%	0	6%	12%	18%	0	6%	12%	18%
导热系数 [W/(m·K)]	0.14	0.19	0.23	0.28	0.16	0.20	0.25	0.30	0.17	0.22	0.27	0.31
比热 [kJ/(kg·K)]	0.92	1.09	1.26	1.42	1.92	1.09	1.26	1.42	0.92	1.09	1.26	1.42
导温系数 α (m²/h)	0.0010	0.0012	0.0013	0.001	0.0011	0.0011	0.0012	0.0013	0.0009	0.0010	0.0011	0.0011
蓄热系数 [W/(m²·K)]	2.06	2.73	3.24	3.79	2.41	3.12	3.69	4.28	2.76	3.49	4.12	4.76
蒸汽渗透系数 [g/(Pa·h·m)]	2.18×10⁴				1.73×10⁴				1.20×10⁴			

3. 加气混凝土砌块砌体施工

(1) 加气混凝土砌块砌体施工常用工具

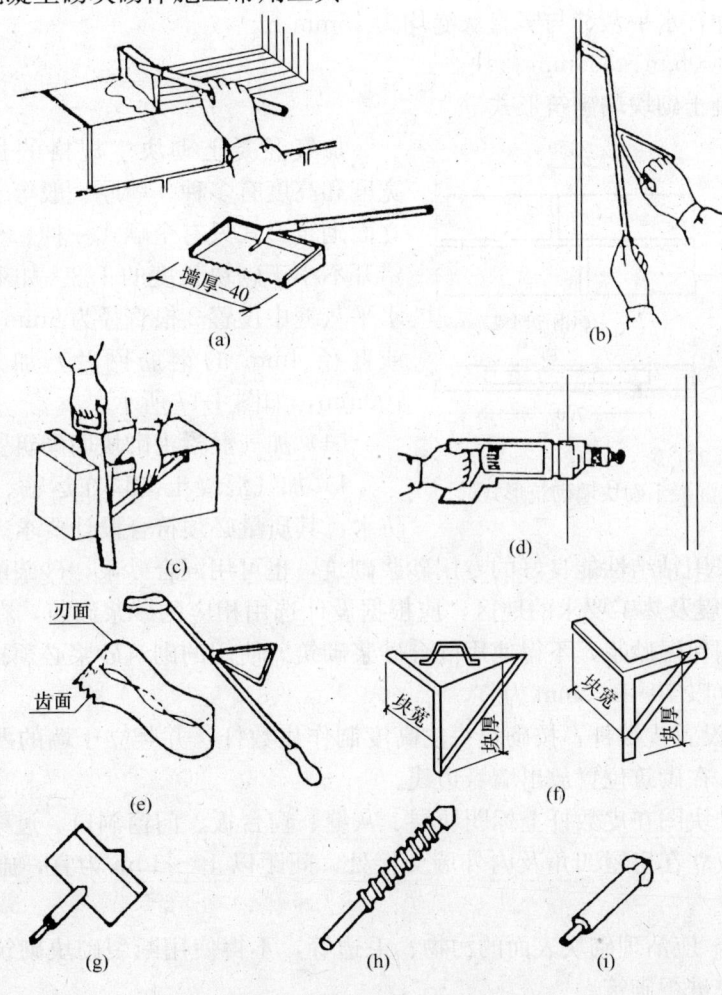

图 4-16 常用施工工具

(a)使用专用的砂浆砌筑工具;(b)在墙面上镂各种沟槽(先用齿面后用刃面);(c)锯块示意;(d)用电钻钻孔(埋设电线盒等);(e)镂槽工具:用薄钢片制成,一面带齿,一面带刃(埋附墙暗线);(f)锯块平直工具;(g)大孔钻;(h)直孔钻;(i)扩孔钻

1) 专用的砂浆砌筑工具；
2) 在墙面上镂各种沟槽的工具（用薄钢片制成，一面带齿，一面带刃，作埋附墙暗线用）；
3) 锯块平直工具；
4) 电钻（钻孔、埋设电线盒用，有大孔钻、直孔钻、扩孔钻等）。
常用施工工具如图 4-16 所示。

(2) 加气混凝土砌块排列原则

为了减少施工中的现场切锯工作量，避免浪费，便于备料，加气混凝土砌块砌筑前均应进行砌块排列设计，可以用整块砌块沿墙高排列。对于有窗口的外墙以圈梁与窗台板的高度调整；对于有门口的外墙以门过梁高度调整，以保证层高尺寸。

如以块高 250mm 砌块排到层高 2700mm；以块高 300mm 和 250mm 砌块排列层高 2800mm 和层高 3000mm、3300mm 等。

采暖房屋为防止室内结露，凡钢筋混凝土构件不得外露，如圈梁、过梁、柱等，在室外一侧贴大于或等于 10mm 厚加气混凝土砌块保温。保温块可由两块拼成，并应甩筋拉结。

排砌灰缝尺寸，水平灰缝与竖直灰缝均为 15mm。

外墙厚度按 300mm、360mm 排块。

(3) 加气混凝土砌块墙砌筑形式

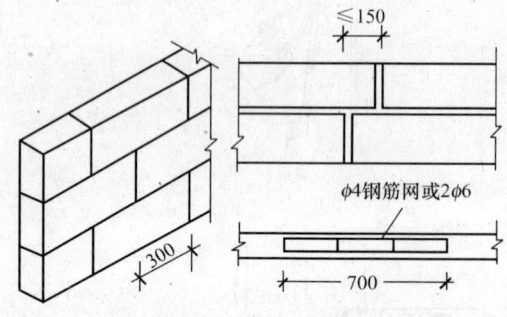

图 4-17 加气混凝土砌块墙砌筑形式

加气混凝土砌块主规格的长度为 600mm，宽度和高度有多种。墙厚一般等于砌块宽度，其立面砌筑形式只有全顺式一种。上下皮竖缝相互错开不小于砌块长度的 1/3。如不能满足时，在水平灰缝中设置 2 根直径为 6mm 的 HPB 级钢筋或直径 4mm 的钢筋网片，加筋长度不少于 700mm，如图 4-17 所示。

(4) 加气混凝土砌块墙砌筑要点

1) 加气混凝土砌块在运输、保管中应注意防水，其质量必须符合设计要求。

砌块墙体宜采用粘结性能良好的专用砂浆砌筑，也可用混合砂浆，砂浆的最低标号不宜低于 M2.5；有抗震及热工要求的地区，应根据设计选用相应的砂浆砌筑，在寒冷和严寒地区的外墙砂浆采用保温砂浆，不得使用混合砂浆砌筑。使用的砌筑砂浆必须拌合均匀，随拌随用，砂浆的稠度以 70～100mm 为宜。

2) 砌筑前先设置皮数杆，按砌块每皮高度制作皮数杆，并竖立于墙的两端，两相对皮数杆之间拉准线，在砌筑位置放出墙身边线。

按具体工程排块图在皮数杆上标明块层、灰缝、窗台板、门窗洞口、过梁、圈梁等高度和位置。皮数杆应立在房屋四角及内外墙交接处，间距以 10～15m 为宜，施工时必须随时检查其准确性。

3) 在砌筑前，应清理砌块表面的污物、毛边等，不得使用断裂砌块砌筑，不得使用龄期不足 28d 的砌块进行砌筑。

4) 在±0.00 以上砌筑时，应进行试摆及排块，上下皮砌块搭接长度不宜小于砌块长度的 1/3。当搭接的长度小于砌块长度的 1/3 时，应在水平缝中设置钢筋或网片加强。

5) 在加气混凝土砌块砌筑时,一般不需浇水湿润,应控制其含水率的增加,必须严格控制产品的干缩率,在气候特别干燥、炎热的情况下,可向砌筑面适量喷水湿润,避免出现墙体开裂。

当采用水泥混合砂浆砌筑时,砌块应适量浇水湿润。除大堆湿润外,还应在砌筑前对砌筑面再湿润,但含水率一般不超过15%。

如采用水玻璃粘结砂浆或其他粘结砂浆砌筑时,不得浇水湿润,还应采取防潮、防雨水措施。

6) 在砌块墙底、墙顶、门窗洞口处局部采用烧结普通砖或多孔砖砌筑,其高度不宜小于200mm。

7) 不同干密度和强度等级的加气混凝土砌块不应混砌,加气混凝土砌块也不得与其他砖和砌块混砌。但在墙底、墙顶及门窗洞口处局部采用烧结普通砖和多孔砖砌筑不视为混砌。

8) 加气混凝土砌块作外墙填充施工时,应采用抗裂砂浆抹灰。灰缝应横平竖直,砂浆饱满。水平灰缝厚度不得大于15mm,竖向灰缝宽度不得大于20mm。

墙体砌筑时,应在一块砌块长度上铺满砂浆,铺浆要厚薄均匀,浆面平整,铺浆后立即放置砌块,要求一次摆正找平,对准皮数杆,保证灰缝厚度。如铺浆后不立即放置砌块,砂浆凝固,须铲掉砂浆重新砌筑。

竖向布缝可采用挡板堵缝法或其他内外临时夹板夹住后灌浆、填满、捣实、刮平,也可采用其他能使竖缝砂浆饱满的操作方法。随砌随将灰缝勾成深0.5~0.8mm的凹槽。每皮砌块均须拉水准线,严禁用水冲浆灌缝。

砌块的内外墙应同时咬槎砌筑,临时间断处可留成斜槎,不得用缺棱掉角砌块,对局部破损砌块须用专用工具切锯整齐后再行砌筑。接槎时,应先清理基面、浇水润湿,然后铺浆接砌,并做到灰缝饱满。

外墙转角及内、外墙交接处也应咬砌,即砌块墙的转角处,应隔皮纵、横墙砌块相互搭砌,砌体的转角处和交接处的各方向砌体应同时砌筑。砌块墙的T字形交接处,应使横墙砌块隔皮端面露头,如图4-18所示。

砌到接近上层梁、板底时,宜用烧结普通砖斜砌挤紧,砖倾斜度为60°左右,砂浆应饱满。

并在沿墙高1m左右的灰缝内配制钢筋或网片,每边深入墙内1m,山墙沿墙高1m左右的灰缝内另加通长钢筋增强以防开裂。

墙体洞口上部应放置2根直径为6mm的HPB级钢筋,伸过洞口两边长度每边不小于500mm。

9) 后砌的非承重墙、填充墙或隔墙与外承重墙相交处,即砌块墙与承重墙或柱交接处,应在承重墙或柱的水平灰缝内预埋拉结钢筋,拉结钢筋应沿墙高或柱高1m左右设一道,每道为2根直径6mm的HPB级带弯钩钢筋,伸出墙或柱与外墙拉接,且每边伸出墙或柱面的长度不得小于700mm。

水平拉接筋设置应准确、平直,在砌筑砌块时,将此拉接钢筋伸出部分埋置于砌块墙的水平灰缝中,如图4-19所示。

10) 加气混凝土外墙墙面的突出部分,如线脚、出檐、窗台等,应做泛水和滴水,避免

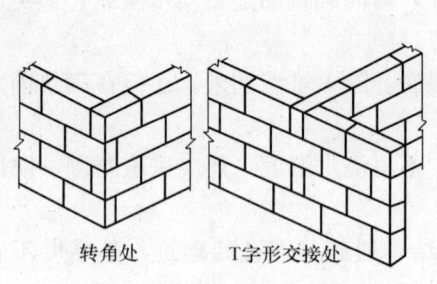

图 4-18 加气混凝土墙转角处及交接处砌法

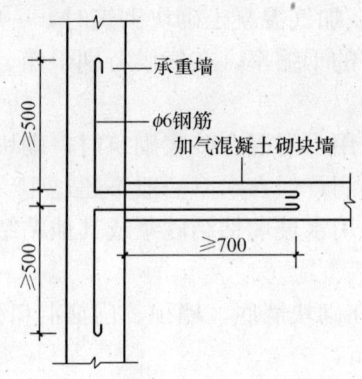

图 4-19 砌块墙与承重墙拉结钢筋

流入墙中的水经多次冻融循环后,破坏外墙面。

11) 浇筑钢筋混凝土圈梁前应清理基面,扫除灰渣,浇水润湿,圈梁外侧的保温块应同时润湿,然后浇筑。

对于外墙圈梁应将加气混凝土保温块立在室外一侧的圈梁模板内,与圈梁浇成整体。对现浇混凝土养护浇水时,不能长时间流淌,避免发生砌体浸泡现象。

12) 钢筋混凝土预制窗台板应在砌墙时先安装好,不应在立框后再塞放窗台板。

13) 当加气混凝土砌块用于有保温要求的墙体时,外墙的门窗洞口或其他洞口应用相配套的加气钢筋混凝土过梁;也可采用节能外墙钢筋混凝土过梁,对于宽度小于1.5m的非承重砌体洞口,可采用加气混凝土砌块配筋平砌过梁的做法,伸入墙内应大于500mm,钢筋保护层厚度不小于20mm,如图4-20所示。

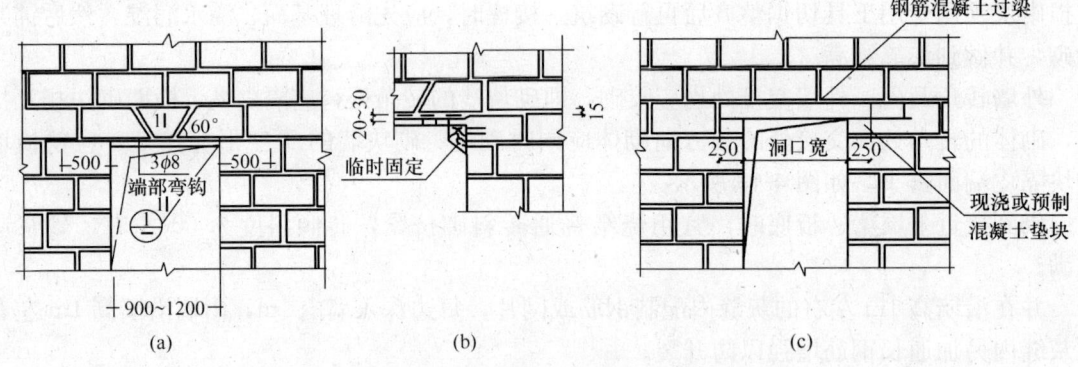

图 4-20 非承重加气混凝土墙的过梁设置

14) 加气混凝土砌块墙上不得留脚手眼。

15) 加气混凝土砌块墙每天砌筑高度不宜超过1.8m。

16) 穿过墙体的水管严防渗漏。穿墙、附墙或埋入墙内的铁件应做防腐处理。

(5) 砌筑注意事项

1) 切锯砌块应使用专用工具,不得用斧或瓦刀任意砍劈。

2) 不得有集中荷载直接作用在加气混凝土墙上,否则应设置垫块或采用其他防护措施。

3) 墙上埋设电线管时,只能垂直埋设,应使用专用镂槽工具。不得水平镂槽,不得用锤斧剔凿。电线管直径不宜大于25mm，埋好后用水冲掉粉末，再用水泥砂浆填实。管线埋设应在抹灰前完成。

4) 加气混凝土墙体宜三皮实心砖底，用斜实心砖封顶。

5) 设备附墙固定须在抹灰前进行，不得用锤凿等冲击墙体，应使用电钻钻孔。铁件在钻孔内用水玻璃或聚合物胶结砂浆灌入与墙粘结。

6) 墙上设置配电箱或消火栓等，如孔深大于180mm，孔高度大于500mm时，需在孔周围设钢筋混凝土框。

7) 设备附墙固定后的局部凹缺（孔洞）需堵塞时，必须用经切锯而成的异型砌块和加气混凝土修补砂浆填堵，不得用其他材料填塞。加气混凝土修补砂浆配合比：水泥：石膏粉：加气混凝土碎末＝1∶1∶3。

(6) 工程质量检验

1) 主控项目

①工程质量的评定，除应执行本地规程规定外，尚应按国家标准《建筑安装工程质量检验评定标准》规定执行。

②进场的材料必须经试验合格后方可使用。

③每楼层（基础工程按一个楼层计）至少应检查一次。并将检查结果认真填入分项工程质量检验评定表内。

检查时应先检查与砌体结构工程有关的技术资料：材料出厂合格证和试验报告、砌筑砂浆抗压强度试验报告及配比通知单，基础工程或主体结构工程技术、质量、安全交底记录，分项、分部工程质量检验评定表等。

2) 一般项目

①上下两皮砌块错缝符合技术要求。

②非承重空心墙，窗间墙面无通缝。

③接槎处灰浆密实，灰缝平直，水平灰缝厚度、垂直灰缝宽度符合设计要求。

④拉接钢筋数量、规格、长度符合设计要求。

3) 加气混凝土砌块砌体允许偏差

加气混凝土砌块砌体结构尺寸和位置的允许偏差应符合表4-40的要求。

表4-40 加气混凝土砌块砌体结构尺寸和位置的允许偏差

项次	项目	允许偏差（mm）	检验方法
1	砌体厚度	±4	用尺量
2	基础顶面和楼面标高	±15	用水平仪、经纬仪复查或检查施工记录
3	轴线位移	5	
4	墙体垂直度： 每层 全高	 5 10	 用吊线法检查 用经纬仪或吊线尺量检查
5	表面平整	6	用2m长直尺和塞尺检查
6	水平灰缝平直	7	灰缝上口处用10m长的线拉直并用尺检查

二、普通混凝土与装饰混凝土小型空心砌块

普通混凝土与装饰混凝土小型空心砌块(简称普通砌块、装饰砌块)是以水泥为胶结料,河砂、碎石(卵石)为骨料,加适量的掺合料、外加剂,混合、搅拌,经机械成型机挤压、振动成型,蒸汽养护后制成的新型节能墙体材料。

1. 砌块模数、规格尺寸

(1) 普通与装饰混凝土砌块,包括承重、非承重的普通混凝土小型空心砌块和装饰混凝土小型空心砌块。砌块规格按《住宅建筑模数协调标准》GB/T 50100—2001 的规定设计,基本数列采用 100mm 进级。

普通与装饰混凝土砌块具有相同的规格系列。常用的规格系列按宽度分为 190、90 两个系列,每个系列按高度分为两组,如表 4-41 所示。

表 4-41 普通与装饰混凝土砌块基本规格

190 宽度系列		90 宽度系列		
编号	外形尺寸(长×宽×高)(mm)	编号	外形尺寸(长×宽×高)(mm)	用途
K422	390×190×190	K412	390×90×190	主砌块
K322	290×190×190	K312	290×90×190	辅助块
K222	190×190×190	K212	190×90×190	辅助块
K421	390×190×90	K411	390×90×90	主砌块
K321	290×190×90	K311	290×90×90	辅助块
K221	190×190×90	K211	190×90×90	辅助块

(2) 为了提高砌块的抗剪、抗渗能力及施工质量,在以上基本规格基础上,砌块又按顶面形式和使用功能要求确定一端有槽、两端有槽和配套规格,如芯柱块、配筋带块等规格。

(3) 普通与装饰砌块的最小构造尺寸应符合表 4-42 的要求。

表 4-42 普通与装饰砌块的构造尺寸限值 (mm)

部位 \ 类别	承重砌块	承重装饰砌块、装饰砌块	非承重砌块
壁	30	32	25
边肋	25	25	20
中肋	50	50	40
空心率	≥25%		

2. 砌块质量要求

(1) 砌块的原材料、技术要求、试验方法及检验则应符合 GB 8239—1997、GB/T 4111—1997 的规定。

(2) 砌块、宽、高的允许偏差≤±2mm,外观质量达到一等品要求。

(3) 普通砌块的强度等级:MU20、MU15、MU10、MU7.5、MU5。

装饰砌块的强度等级:MU20、MU15、MU10。

(4) 砌块主要物理性能应符合表 4-43 的要求。

表 4-43 砌块主要物理性能

含水率（%）	抗渗性（水面下降高度，mm）	抗冻性		碳化系数	软化系数
		一般环境	干湿交替		
7~10	≤10	15d	25d	≥0.8	≥0.75

3. 混凝土空心砌块砌体施工

(1) 砌体工艺流程

工艺流程如图 4-21 所示。

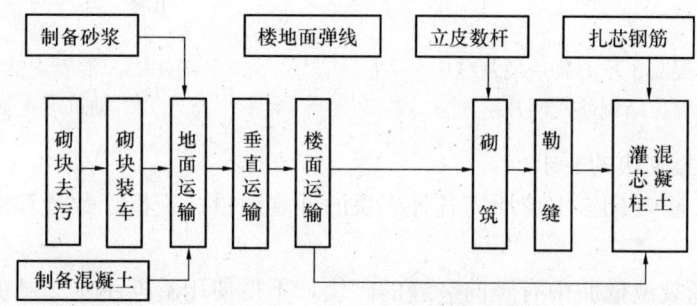

图 4-21 工艺流程

(2) 砌块排列方法和要求

1) 砌块排列时，必须根据砌块尺寸、垂直灰缝的宽度和水平灰缝的厚度计算，以保证砌体的尺寸；砌体排列应按设计要求，从基础面开始排列，或从室内±0.00 开始排列。

2) 砌块排列时，尽可能采用主规格和大规格砌块。

3) 外墙转角处和纵横墙交接处，砌块应分皮咬槎，交错搭砌。

4) 砌块砌体应对孔砌筑，上下皮砌块应孔对孔、肋对肋错缝搭砌；个别情况下无法对孔砌筑时，可错孔砌筑，但其搭接长度不应小于 90mm。如不能满足上述要求时，应在砌块的水平灰缝中设置拉结钢筋或钢筋网片。拉结钢筋可用 2 根直径为 6mm 的 HPB 级钢筋。

钢筋网片可用直径 4mm 的点焊接而成（不宜用搭焊网片）。拉结钢筋或钢筋网片的长度不应小于 700mm（图 4-22）。但竖向通缝不得超过两皮砌块，网片两端延伸长度距垂直灰缝的距离不得小于 300mm。

5) 承重墙不得采用砌块与黏土砖混合砌筑。

6) 对设计规定或施工所需要的孔洞口、管道、沟槽和预埋件等，应在砌筑时预留或预埋，不得在砌筑好的墙体上打洞、凿槽式用冲击钻钻孔。

在楼地面砌筑第一皮砌块时，应在芯柱位置侧面预留孔洞，预留孔洞的开口一般应朝向室内。

(3) 混凝土空心砌块墙砌筑形式

混凝土空心砌块的主要规格为 390mm×190mm×190mm，墙厚等于砌块的宽度，其立面砌筑形式只有全顺一种，即各皮层砌块均为顺砌，上下皮竖缝相互错开 1/2 砌块长，上下及砌块孔洞相互对准（图 4-23）。

(4) 混凝土空心砌块、砂浆的要求

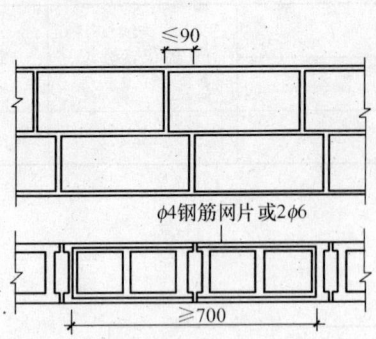
图 4-22 混凝土空心砌块墙灰缝中
设置拉结钢筋或网片

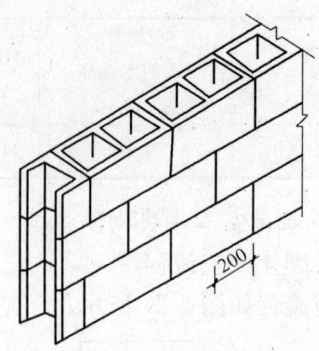
图 4-23 混凝土空心砌块墙
砌筑形式图

1) 混凝土空心砌块的要求

①仔细检查、核对砌筑工位所需各种砌块的外观质量、规格、数量和出厂日期，各种砌块块型应配齐。

②不得使用断裂或壁肋中有竖向裂缝的砌块，不得使用龄期不足 28d 的砌块。

③砌块砌筑前，应清理砌块表面的污物和芯柱所用砌块孔洞四周的底部毛边。

④砌块一般不需浇水湿润，不得使用潮湿或含水率超标的砌块砌筑。当气候特别干燥炎热的情况下，可在砌筑时稍喷水湿润。

特别注意在雨期施工时，砌块运到现场后，不宜贴地堆放；堆垛应有防雨、排水措施。

2) 砌筑砂浆的要求

砌筑砂浆与灌孔混凝土的技术性能应满足《混凝土小型空心砌块砌筑砂浆》JC/T 860—2000 及《混凝土小型空心砌块灌孔混凝土》JC/T 861—2000 的规定。

(5) 混凝土空心砌块砌筑要点

1) 砌块砌筑前，应根据砌块高度和灰缝厚度计算皮数，制作皮数杆，并将皮数立于墙的转角处和交接处。皮数杆间距宜小于 15m。

2) 砌筑应从外墙转角处或定位处开始砌筑，内外墙同时砌筑，纵横墙应交错搭接。外墙转角处严禁留直槎，墙体的临时间断处必须砌成斜槎，斜槎的长度不应小于一步脚手架的 2/3 高度。墙体的日砌筑高度宜控制在 1.8m 以内，砌体相邻工作段的高差不得大于一个楼层和 4m。

3) 砌块应底面朝上砌筑，即砌块孔洞上小下大的"反砌"。若使用一端有凹槽的砌块时，应将有凹槽的一端接着平头的一端砌筑。

4) 在空心砌块墙的转角处，应隔皮纵、横墙砌块相互搭砌，即隔皮纵、横墙砌块面露头（图 4-24）。

5) 在空心砌块墙的 T 字形交接处，应隔皮使横墙砌块端面露头。当该处无芯柱时，应在纵墙上交接处砌两块一孔半的辅助规格砌块，隔皮砌在横墙露头砌块下，其半孔应位于中间（图 4-25）。当该处有芯柱时，应在纵墙上交接处砌一块三孔大规格砌块，砌块的中间孔正对横墙露头砌块靠外的孔洞（图 4-26）。

在 T 字形交接处，为防止在纵墙面上有连续三皮通缝，在纵墙不得用主规格砌块。

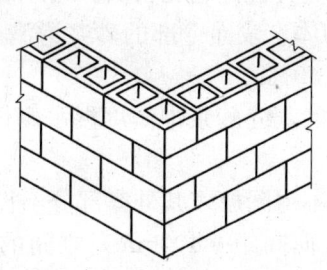
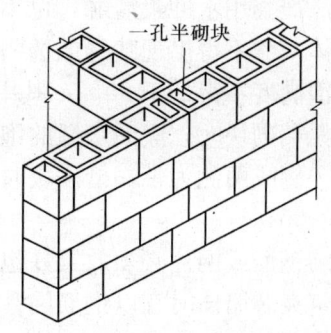

图 4-24 空心砌块墙的转角砌法　　图 4-25 空心砌块墙的 T 字形交接处砌法

6）在空心砌块墙的十字形交接处，当该处无芯柱时，在交接处应砌一孔半砌块，隔皮相互垂直相交，其半孔应在中间。当该处有芯柱时，在交接处应砌三孔砌块，隔皮相互垂直相交，中间孔相互对正。

7）空心砌块墙的转角处和交接处应同时砌起，如不能同时砌起，应留置斜槎，斜槎的长度应等于或大于斜槎高度（图 4-27）。

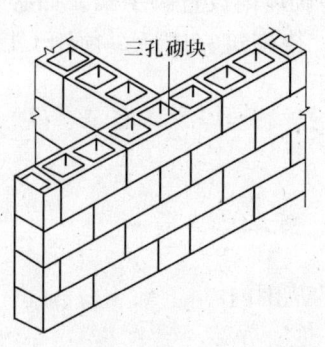
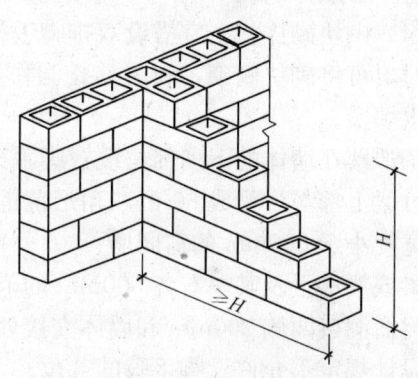

图 4-26 空心砌块墙的 T 字形交接处砌法　　图 4-27 空心砌块墙的斜槎

8）在非抗震设防地区，除外墙转角处，空心砌块墙的临时间断处可从墙面伸出 200mm 砌成直角，并每隔三皮砌块高在水平灰缝设 2 根直径为 6mm 的 HPB 级钢筋。

拉结筋埋入长度，从留槎处算起，每边均不应小于 600mm，钢筋外露部分不得任意弯折（图 4-28）。

9）水平灰缝宜用专用灰铲铺灰，铺灰长度不得超过 800mm。

竖向灰缝宜采用把砌块竖立后平铺端面砂浆的方法，应注意相邻砌块的灰口应同时挂灰碰头砌筑。

砌体灰缝应横平竖直，水平灰缝厚度和竖向灰缝宽度应控制在 8～12mm 范围内，以 10mm 为宜。单排孔砌体位于不同层但排块规则相同的砌块的竖向灰缝

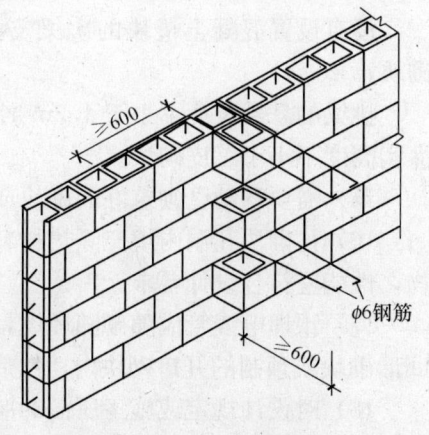

图 4-28 空心砌块墙的直槎

应各自对齐。严禁用水冲浆灌缝,也不得采用以石子、木楔等物体垫塞灰缝。

10) 砌体灰缝不得出现瞎缝或透明缝,应横平、竖直、饱满、密实。按净面积计算水平灰缝的砂浆饱满度不得低于90%,其中单排孔清水砌体坐浆面壁部的砂浆饱满度应≥95%。竖缝两侧为无端砌块时,竖向灰缝的饱满度不应低于80%。

竖缝的一侧或两侧为带端槽砌块时,砌块灰口部的灰缝砂浆饱满度混水砌体应为90%,清水砌体应≥95%。

11) 拉结钢筋或网片必须放置并包裹于灰缝中,不得漏放,其外露部分不得随意弯折。

12) 砌筑夹芯墙体时宜以钢筋网片或拉结件的竖向间距(400mm)之间的墙体为一施工高度段,每段的施工顺序为:

先砌筑内叶墙至段高,清理落灰并刮平灰舌,然后设置保温板材,如有防渗要求应同时作隔气层,之后再砌外叶墙并按设计要求设置拉结件。

在不设隔气层时,可先在夹芯位置放置条形刮灰板,分别砌筑内、外叶墙至段高后,提起刮灰板清理掉落的砂浆并刮平灰舌,按设计要求设置保温材料和夹芯墙的拉结件。

13) 砌筑砂浆必须搅拌均匀,随拌随用,在砌筑前砂浆如出现泌水现象时,应重新拌合。水泥砂浆和水泥混合砂浆应分别在拌合后3h和4h内用完,施工期间最高气温超过30℃时,必须分别在2h和3h内用完。

14) 砌块砌体施工宜搭设双排脚手架,不宜在砌体内设置脚手架。如必须在混水砌体内设置时,可将砌块侧砌,利用其孔洞作为脚手架,待砌筑完成后,须用C15细石混凝土将脚手眼填实。

①严禁在墙体的下列部位设置脚手架:

过梁上部与过梁成60°的三角形范围内;

宽度小于800mm的窗间墙;

梁或梁垫下及其左右各500mm的范围内;

门窗洞口两侧200mm和墙体交接处400mm的范围内;

设计规定不允许设脚手眼的部位。

②在墙体的下列部位,应用C15混凝土灌实砌块的孔洞(先灌后砌):

底层室内地面以下或防潮层以下的砌体;

无圈梁的楼板支撑面下的一皮砌块;

没有设置混凝土垫块的次梁支撑处,灌实宽度不应小于600mm,高度不应小于一皮砌块;

挑梁的悬挑长度不小于1.2m时,其支撑部位的内外墙交接处,纵横各灌实3个孔洞,灌实高度不小于三皮砌块。

15) 需要移动已砌筑好的砌块或砌块被撞动移位时,应清除原有砂浆,重新铺浆砌筑。

16) 往砌块孔洞内填充隔热材料时,应砌一皮填一皮,所填材料须干燥、洁净,不含杂物,性能应符合设计要求。

17) 预埋电线管应随砌随埋设,电线管从单排孔砌块孔内穿过,接线盒和开关可嵌埋于U形砌块或预制的开口砌块内,然后用水泥砂浆填实。

18) 对设计规定或施工所需的洞口、管道、沟槽和预埋件等,应在砌筑时预留或预埋。严禁在已经砌好的砌体上剔凿或用冲击钻打孔。

如需在已砌筑的墙体上安电线开关盒等开洞或打孔时，其砂浆强度应超过设计值的70%，并应用便携无齿锯、高速旋转钻等小型机具施工，防止冲击和振动。

19）对墙体表面的平整度和垂直度、灰缝的厚度和饱满度应随时检查，校正偏差。在砌完每一楼层后，应校核墙体的轴线尺寸和标高，允许范围内的轴线及标高的偏差，可在楼板面上予以校正。

20）施工中需要在砌体中设置临时施工洞口时，其侧边距离纵横墙交接处不应小于600mm，并在顶部设置过梁。填砌临时洞口的砌筑砂浆强度等级宜提高一级。

21）如作为后砌隔墙或填充墙时，沿墙高每隔600mm应与承重墙或柱内预留的钢筋网片或2根直径为6mm的HPB级钢筋拉结，钢筋伸入墙内的长度不应小于600mm。

22）空心砌块墙的每天砌筑高度，宜控制在1.5m（或一步脚手架高度）内。

(6) 芯柱与系梁施工要点

1）芯柱部位最下端采用清扫口砌块。在砌筑芯柱部位时，应随时刮平芯柱孔洞突出的灰舌。

浇灌混凝土前，应将芯柱孔洞内的垃圾、砂浆和杂物从清扫口清除干净，然后封闭清扫口。

2）每个楼层的芯柱宜采用整根钢筋。上下楼层间的钢筋可在圈梁上部搭接，搭接长度不应小于40mm。钢筋位置应校正居中，并绑扎或焊接牢固。

3）芯柱位置处的楼板应留缺口或浇注成现浇带，以保证芯柱贯通。芯柱与圈梁、系梁或现浇混凝土带应浇筑成整体。

4）芯柱混凝土应在砌体砌筑砂浆强度平均值≥1.0MPa时方可浇筑。注芯混凝土应按层分段、定量浇注。每层楼每根芯柱可分2~3段连续浇筑，每次连续浇注混凝土的高度宜为半个楼层，但不应大于1.5m。

5）浇筑混凝土前，可先浇入适量的水泥浆以加强结合能力。每次浇入芯孔后的混凝土应用小直径（$D \leqslant 30mm$）振捣棒逐孔略加捣实，振捣棒应轻轻插入底部，禁止通过钢筋振动。振捣时间宜控制在几秒钟之内，防止振捣力过强导致砌块崩裂。初次振捣后经过3~5min后，当多余的水被墙体吸收后再进行二次复振，以保证芯柱密实。

如果下段芯柱混凝土尚未达到初凝时连续浇筑上段芯柱，宜在两段混凝土的界面以下200mm范围内搭振。

6）芯柱施工应实行混凝土定量浇筑，测算单根芯柱的混凝土用量，并以此为依据检查混凝土的实际灌入量，以保证不出现虚灌现象。

7）每次浇注时间间隔≥1h或浇至楼层圈梁底标高后暂停施工时，应使浇筑后的芯柱顶面低于最上一皮砌块表面30~50mm，并保持自然的粗糙面。

8）系梁或现浇混凝土带宜采用灌孔混凝土与芯柱一起整灌。如单独浇筑可采用坍落度为80mm的细石混凝土，但在与芯柱交接的端头部位应缩进30~50mm，全部混凝土应用小直径振捣棒振捣密实，端头模板拆除后应将断面混凝土细心剔出毛面。除特殊部位外，现浇混凝土的上表面应抹平。

(7) 混凝土空心砌块砌体允许偏差

混凝土空心砌块砌体允许偏差如表4-44所示。

表 4-44 混凝土空心砌块砌体允许偏差

项次	项 目		允许偏差（mm）	检查方法
1	轴线位移		10	用经纬仪、水平仪复查或检查施工记录
2	基础或楼面标高		±15	
3	垂直度	每层	5	用吊线法检查
		全高 10m 以下	10	用经纬仪或吊线和尺检查
		10m 以上	20	
4	表面平整	清水墙、柱	5	用 2m 靠尺检查
		混水墙、柱	8	
5	水平灰缝平直度	清水墙 10m 以内	7	用拉线和尺检查
		混水墙 10m 以内	10	
6	水平灰缝厚度（连续五皮砌块累计数）		±10	
7	垂直灰缝宽度（连续五皮砌块累计数，包括凹面深度）		±15	用尺量检查
8	门窗洞口宽度（后塞框）		±5	用尺量检查

三、粉煤灰砌块砌体

1. 粉煤灰砌块砌筑工艺流程

其工艺流程如图 4-29 所示。

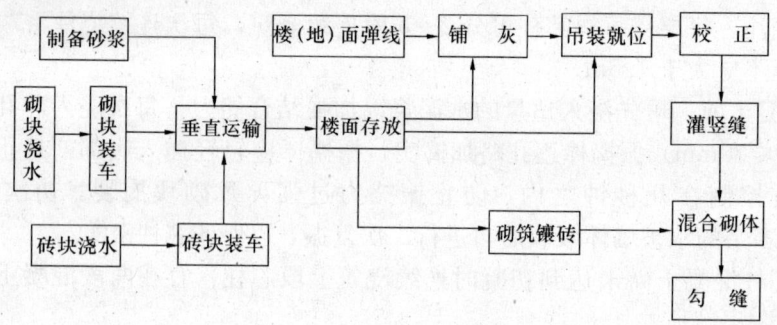

图 4-29 砌筑工艺流程

2. 粉煤灰砌块墙砌筑形式

（1）应按设计要求，从基础面开始或从±0.00 开始排列。

（2）粉煤灰砌块的主规格长度为 880mm，宽度有 380mm、430mm 两种。墙厚等于砌块宽度，其立面砌筑形式只有全顺一种，即每皮砌块均为顺砌，上下竖缝相互错开砌块长度的 1/3 以上，并不小于 150mm，如不能满足时，在水平灰缝中应设置 2 根直径为 6mm 的 HPB 级钢筋或直径 4mm 钢筋网片加强，加强筋长度不小于 700mm（图 4-30）。

3. 粉煤灰砌块砌筑要点

（1）粉煤灰砌块在砌筑前，应检查生产日期，砌块自生产之日算起，应放置 30d 后才可使用。并要清除砌块表面的脱模剂、浮灰及污物，做好外观检查。

（2）砌块砌筑前应提前 2d 浇水润湿，直到砌块表面充分润湿，砌块含水率宜在 8%～

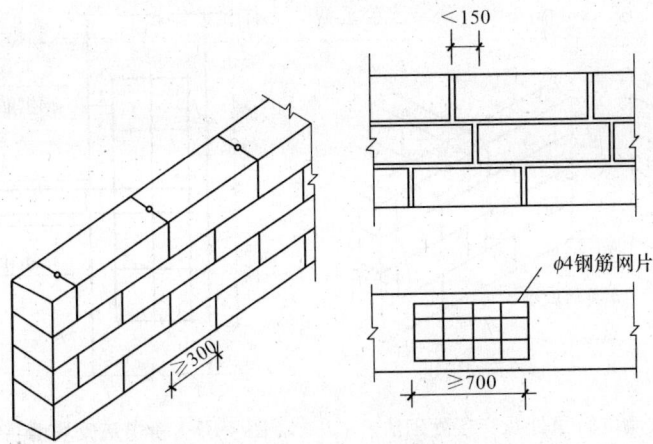

图 4-30 粉煤灰砌块墙砌筑形式

12%范围，原则上不得随砌随浇水，用时是否再次喷水应视气温而定。砌筑时严禁使用干的粉煤灰砌块上墙。

（3）一般砌筑时应采用水泥混合砂浆，且稠度在 50~70mm 为宜。

（4）灰缝应砂浆饱灌，横平竖直。水平灰缝厚度不得大于 15mm，也不应小于 10mm，若水平缝超过限度时，应用 C20 细石混凝土找平；砌体标高误差，应在灰缝允许偏差内逐皮调整。

竖向灰缝宜用内外临时夹板灌缝，在灌浆槽中的灌浆高度应小于砌块高度，个别竖缝宽度大于 30mm 时，应用细石混凝土灌缝，竖缝灌浆时，应振捣密实。

（5）砌块砌筑应先远后近，先下后上，先外后内；在每层开始时，应从砖角处或定位处开始；应吊一皮，校正一皮，皮皮挂线控制砌块标高和墙面平整度。

砌块应直接安放在平铺的砂浆上。砌筑应做到横平竖直，砌体表面清洁，砂浆饱满，灌浆密实。

（6）内外墙应同时砌筑，相邻施工段之间或临时间断处的高度差不应超过一个楼层，并应留踏步槎（斜槎）。附墙垛应与墙体同时交错砌筑。

（7）粉煤灰砌块墙的转角处，应隔皮纵、横墙砌块相互搭砌，隔皮纵、横砌块端面露头。在 T 字形交接处，隔皮使横墙砌块端面露头。凡露头砌块应用粉煤灰砂浆将其填补抹平（图 4-31）。

（8）粉煤灰砌块墙与普通砖承重墙或柱交接处，应沿墙高 1m 左右设置 3 根直径 4mm 的拉结钢筋，拉结钢筋伸入砌块墙内长度不小于 700mm。

（9）粉煤灰砌块墙与半砖厚普通砖墙的交接处，因无法镶砌搭接，应在沿墙高每隔 800mm 左右水平缝内设置直径 4mm 钢筋网片，钢筋网片形状依照两种墙交接情况而定。置于半砖墙水平灰缝中的钢筋为 2 根，伸入长度不小于 360mm；置于砌块墙水平灰缝中的钢筋为 3 根，伸入长度不小于 360mm（图 4-32）。

（10）墙体洞口上部应放置 2 根直径 6mm 的 HPB 级钢筋，伸过洞口两边长度每边不小于 500mm。

（11）洞口两侧的粉煤灰砌块应锯掉灌浆槽。锯割砌块应用专用手锯，不得用斧或瓦刀

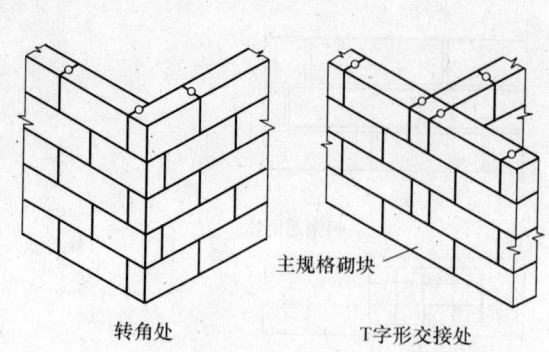

图 4-31　粉煤灰砌块墙的转角处及交接处砌法

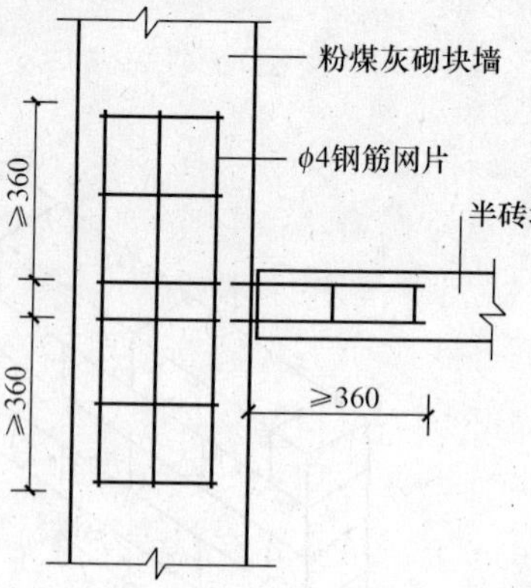

图 4-32　粉煤灰砌块墙与半砖墙交接

任意砍劈。

（12）在粉煤灰砌块墙上不得留脚手眼。

（13）粉煤灰砌块墙每天砌筑高度不应超过 1.5m 或一步脚手架高度。

（14）砌块安装时，起吊砌块应避免偏心，使砌块的底面能水平下落；就位时，可用手扶着砌块，对准位置，缓慢下落，避免冲击；用托线板吊直时，可用力推砌块，也可用瓦刀或小撬棍轻撬动砌块；当砌块就位后略有偏差时，可用木槌敲击砌块顶面偏高处，直至校正为止。

（15）校正时，不得在灰缝内塞进石子、碎片，也不得强烈振动砌块；砌块就位并经校正平直、灌垂直缝后，应随即进行水平灰缝和竖缝的勾缝。

灌竖缝后的砌块不得碰撞或撬动，如发生移动应重新铺砌。

（16）门窗框的固定必须牢固，每边固定点不少于三处。

4. 粉煤灰砌块砌体允许偏差

粉煤灰砌块砌体的允许偏差如表 4-45 所示。

表 4-45　粉煤灰砌块砌体的允许偏差

项次	项　目			允许偏差（mm）	检　验　方　法
1	轴线位置			10	用经纬仪、水平仪复查或检查施工记录
2	基础或楼面标高			±15	用经纬仪、水平仪复查或检查施工记录
3	垂直度	每楼层		5	用吊线法检查
		全高	10m 以下	10	用经纬仪或吊线尺检查
			10m 以上	20	用经纬仪或吊线尺检查
4	表面平整			10	用 2m 长直尺和塞尺检查
5	水平灰缝平直度	清水墙		7	灰缝上口处用 10m 长的线拉直并用尺检查
		混水墙		10	
6	水平灰缝厚度			+10、-5	与线杆比较，用尺检查
7	垂直灰缝宽度			+10、-5 ＞30 用细石混凝土	用尺检查
8	门窗洞口宽度（后塞框）			+10、-5	用尺检查
9	清水墙游丁走缝			2.0	用吊线和尺检查

四、轻集料混凝土空心砌块砌体

轻集料混凝土空心砌块是由拌制的轻集料混凝土拌合物，经砌块成型机成型、养护制成的一种轻质墙体材料，空心率等于或大于25%，表观密度一段为700~1000kg/m³。

轻集料包括黏土陶粒和陶砂、页岩陶粒和陶砂、粉煤灰陶粒和陶砂、浮石、火山渣、煤渣、煤矸石、膨胀矿渣珠、膨胀珍珠岩等。

轻集料混凝土空心砌块以其轻质、高强、保温隔热性能好、吸水率低、收缩率小、面层规整，保温、隔声、耐火性好，可切割、钻孔、打胀钉及抗震性好等特点，以各种建筑墙体中得到广泛应用，特别是在保温隔热要求的外围护墙、内墙、框架以及防火墙结构中应用。

1. 轻集料混凝土空心砌块性能

砌块应符合 GB/T 15229—2002《轻集料混凝土小型空心砌块》的要求。其放射性核素限量应满足 GB 6566《建筑材料放射性核素限量》的要求。

(1) 轻集料混凝土小型空心砌块的强度等级如表 4-46 所示。

表 4-46 强 度 等 级

强 度 等 级	砌块抗压强度（MPa）		密度等级范围（kg/m³）
	平均值	最小值	
1.5	≥1.5	1.2	≤600
2.5	≥2.5	2.0	≤800
3.5	≥3.5	2.8	≤1200
5.0	≥5.0	4.0	
7.5	≥7.5	6.0	≤1400
10.0	≥10.0	8.0	

(2) 吸水率不应大于 20%。

(3) 碳化系数和软化系数：加入粉煤灰等火山灰质掺合料的小砌块，其碳化系数不应小于 0.8；软化系数不应小于 0.75。

(4) 抗冻性能如表 4-47 所示。

表 4-47 抗 冻 性 能

使 用 条 件	抗冻标号	质量损失/%	强度损失/%
非采暖地区	F15	≤5	≤25
采暖地区： 相对湿度≤60% 相对湿度>60%	F25 F35		
水位变化、干湿循环或粉煤灰掺量≥取代水泥量50%时	≥F50		

注：1. 非采暖地区指最冷月份平均气温高于-5℃的地区；采暖地区系指最冷月份平均气温低于或等于-5℃的地区。
  2. 抗冻性合格的砌块的外观质量也应符合相应的要求。

2. 轻集料混凝土空心砌块应用

(1) 不同质量的砌块可分别用于一般、中档或高档的建筑内隔墙和框架填充墙。

一般档次建筑选用一等品，强度等级宜≥2.5；中档或较高档建筑应选用优等品，且用于中档建筑时强度等级宜≥3.5；用于较高档建筑时强度等级宜≥5.0。

(2) 轻集料混凝土空心砌块墙体的厚度比可参照《砌体结构设计规范》GB 50003—2001进行验算。

3. 轻集料混凝土空心砌块砌筑形式

轻集料混凝土空心砌块的主规格为390mm×190mm×190mm，常用全顺砌筑形式，墙厚等于砌块宽度。上下皮竖向灰缝相互错开1/2砌块长，并不应小于120mm，如不能保证时，应在水平灰缝中设置2根直径6mm的HPB级拉结钢筋或直径4mm的钢筋网片(图4-33)。

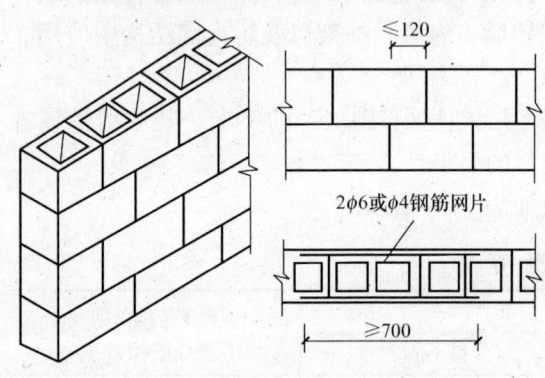

图 4-33 轻集料混凝土空心砌块墙

4. 轻集料混凝土空心砌块墙砌筑要点

(1) 砌块应保证有28d以上的龄期。

(2) 轻集料混凝土空心砌块在使用时，应提前2d进行浇水润湿。但严禁在雨天或砌块表面有浮水时进行砌筑。

(3) 砌筑前应根据砌块皮数作皮数杆，并在墙体转角处及交接处竖立，皮数杆间距不得超过15m。

(4) 砌筑时，必须遵守"反砌"原则，即使砌块底面向上砌筑，上下皮应对孔错缝搭砌。

(5) 水平灰缝应平直，砂浆饱满，按净面积计算的砂浆饱满度不应低于90%。竖向灰缝应采用加浆方法，使其砂浆饱满，严禁用水冲浆灌缝，不得出现瞎缝、透明缝，其砂浆饱满度不宜低于80%。

(6) 需要移动已砌筑好的砌块或对被撞动的砌块进行修整时，应清除原有砂浆后，再重新铺浆砌筑。

(7) 墙体转角处及交接处应同时砌起，如不能同时砌起需留槎时，留槎的方法及要求同混凝土空心砌块墙中所述的规定。

(8) 砌筑砂浆在终凝前后，应将灰缝刮平。

5. 轻集料混凝土空心砌块墙的允许偏差

同混凝土空心砌块墙的允许偏差。

第五章 外墙外保温系统

我国外墙外保温技术正在迅速发展，已出现多种材料外墙外保温体系施工工法，大大促进建筑墙体的技术进步和建筑节能效率的提高。

目前在外墙外保温系统节能施工技术中，常用的绝热保温材料主要有轻体膏（浆）状材料（如胶粉聚苯颗粒浆料、硅酸盐保温膏）、板（块）状材料（如聚苯乙烯泡沫板、聚氨酯硬质泡沫板、岩棉板、玻璃棉毡、复合材料板、珍珠岩块泡沫玻璃）和现场外墙喷涂（浇注）泡沫材料等。

外墙外保温是集节能、保温、隔热、隔声、防水与装饰功能于一体的轻质环保型非承重外围护建筑墙体系统。外墙外保温系统既可用于民用建筑，又可用于工业建筑、公共建筑，既适用于新建和扩建建筑，又适用于既有建筑外墙的改造。

随着建筑节能率的提高，节能建材选用标准和施工技术水平都在相应提高，在执行国家或省级地方标准的相关施工技术中，有成功的施工经验，也有失败的教训。尤其在墙体的外保温工程中暴露出的问题尤其突出。如在个别工程有出现钢丝网架夹芯板保护层大面积脱落、薄抹灰聚苯板外墙外保护层大面积裂纹、松动、瓷砖饰面脱层脱落等质量事故等。出现这些不良现象不但达不到节能要求，缩短使用寿命，严重者还会危及人身安全。

外墙外保温系统，有些是成熟施工技术，有些是正在发展中的技术，成熟技术在施工中不一定没问题，发展中技术不一定有问题。最重要的是不论什么结构的节能体系，在施工时必须严格执行施工技术规程。结论是：材料是基础，设计是关键，施工是保证，维护是保障。

外墙外保温系统是作用在垂直的外墙体，必然经受来自自然界的雨水、风压、温湿度和振动等各方面不利因素的考验，所以要求节能工程不仅必须达到节能率的要求，而且还应必须达到规定的基本使用年限。

第一节 外墙外保温系统的性能、构造及特点

一、EPS板与胶粉EPS颗粒保温浆料系统构造性能及特点

该系统中包括EPS板薄抹灰外墙外保温系统、胶粉EPS颗粒保温浆料外墙外保温系统、EPS板现浇混凝土外墙外保温系统、EPS钢丝网架板现浇混凝土外墙外保温系统。

（一）系统性能要求

1. 耐候性

外墙外保温系统经耐候性试验后，不得出现饰面层起泡或剥落、保护层空鼓或脱落等破坏，不得产生渗水裂缝。具有薄抹面层的外保温系统，抹面层与保温层的拉伸粘结强度不得

小于 0.1MPa，并且破坏部位应位于保温层内。

2. 粘结强度

（1）EPS 板现浇混凝土外墙外保温系统现场粘结强度不得小于 0.1MPa，并且破坏界面应位于 EPS 板内。

（2）胶粘剂与水泥砂浆的拉伸粘结强度在干燥状态下不得小于 0.6MPa，浸水 48h 后不得小于 0.4MPa；与 EPS 板的拉伸粘结强度在干燥状态和浸水 48h 后均不得小于 0.1MPa，并且破坏部位应位于 EPS 板内。

3. 玻纤网的性能

所用玻纤网经向和纬向耐碱拉伸断裂强度均不得小于 750N/50mm，耐碱拉伸断裂强度保留率均不得小于 50%。

4. 使用年限

在正确使用和正常维护的条件下，外墙外保温系统的使用年限应不少于 25 年。

正常维护包括局部修补和饰面涂层维修两部分，对局部破坏应及时修补，对于不可触及的墙面，饰面层正常维修周期应不小于 5 年。

5. 系统的性能

外墙外保温系统性能要求（JGJ 144—2004）如表 5-1 所示。

表 5-1 外墙外保温系统性能要求

检测项目	性 能 要 求
抗风荷载性能	系统抗风压值 R_d 不小于风荷载设计值。 EPS 板薄抹灰系统、胶粉 EPS 颗粒保温浆料外墙外保温系统、EPS 板现浇混凝土外墙外保温系统和 EPS 钢丝网架板现浇混凝土外墙外保温系统安全系数 K 应不小于 1.5，机械固定 EPS 钢丝网架板外墙外保温系统安全系数 K 应不小于 2
抗冲击性	建筑物首层墙面以及门窗口等易受碰撞部位：10J 级；建筑物二层以上墙面等不易受碰撞部位：3J 级
吸水量	水中浸泡 1h，只带有抹面层和带有全部保护层系统的吸水量均不得大于或等于 $1.0kg/m^2$
耐冻融性能	30 次冻融循环后，保护层无空鼓、脱落，无渗水裂缝；保护层与保温层的拉伸粘结强度不小于 0.1MPa，破坏部位应位于保温层
热 阻	复合墙体热阻符合设计要求
抹面层不透水性	2h 不透水
保护层水蒸气渗透阻	符合设计要求

注：水中浸泡 24h，只带有抹面和带有全部保护层系统的吸水量均小于 $0.5kg/m^2$ 时，不检验耐冻融性能。

（二）外保温系统组成材料的性能

外保温系统主要组成材料的性能（JGJ 144—2004）如表 5-2 所示。

表 5-2　外墙外保温系统组成材料的性能

检验项目			性能要求		试验方法
			EPS 板	胶粉 EPS 颗粒保温浆料	
保温材料	密度（kg/m³）		18～22	—	GB/T 6343—1995
	干密度（kg/m³）		—	180～250	GB/T 6343—1995（70℃恒重）
	导热系数[W/(m·K)]		≤0.041	≤0.060	GB 10294—88
	水蒸气渗透系数[ng/(Pa·m·s)]		符合设计要求	符合设计要求	JGJ 144—2004
	压缩性能(MPa)（形变10%）		≥0.10	≥0.25(养护 28d)	GB 8813—88
	抗拉强度（MPa）	干燥状态	≥0.10	≥0.10	JGJ 144—2004
		浸水 48h,取出后干燥 7d			
	线性收缩率(%)		—	≤0.3	GBJ 82—85
	尺寸稳定性(%)		≤0.3		GB 8811—88
	软化系数		—	≥0.5(养护 28d)	JGJ 51—2002
	烧烧性能		阻燃型		GB/T 10801.1—2002
	燃烧性能级别		B1		GB 8624—1997
EPS 钢丝网架板	热阻（m²·K/W）	腹丝穿透型	≥0.73（50mm 厚 EPS 板）≥1.5（100mm 厚 EPS 板）		JGJ 144—2004
		腹丝非穿透型	≥1.0（50mm 厚 EPS 板）≥1.6（80mm 厚 EPS 板）		
	腹丝镀锌层		符合 QB/T 3879—1999 规定		
抹面胶浆、抗裂砂浆、界面砂浆	与 EPS 板或胶粉 EPS 颗粒保温浆料拉伸粘结强度（MPa）		干燥状态和浸水 48h 后≥0.10，破坏界面应位于 EPS 板或胶粉 EPS 颗粒保温浆料		JGJ 144—2004
饰面材料			必须与其他系统组成材料相容，应符合设计要求和相关标准规定		
锚栓			符合设计要求和相关标准规定		

外墙外保温系统各组成部分应具有物理、化学稳定性，所有组成材料应彼此相容并应具有防腐性。在可能受到生物侵害（鼠害、虫害等）的地区，外墙外保温系统还应具有防生物侵害性能。

（三）外墙外保温系统构造、特点

1. 外墙外保温系统的基本构造

（1）基层墙体

外墙基层可以是钢筋混凝土墙、砖石、木材、板材、各种砌块及多孔砌体墙等构成牢固的轻质复合墙体。建筑物的主体墙即外保温层的基底必须满足建筑物力学稳定性的要求，能承受垂直荷载和风荷载，经受撞击，从而保证安全使用性，并能使覆盖的保温层和装修层牢牢固定在其表面。

（2）保温材料

采用热阻值高即导热系数小、吸湿率低、粘结性能好、收缩率小、外形尺寸稳定性好和高抗压强度的保温材料。

（3）专用液体胶浆（胶粘剂）

粘结剂应承受该系统全部负载。目前用于 EPS 粘结胶有两种，一种是胶液（胶浆）制成胶泥，可分别配制成粘结胶泥和抹面胶泥。另一种是胶粉（干粉）配制的胶泥，可分别配制成粘结胶泥和抹面胶泥。

1）液体状胶浆：100％丙烯酸产品或胶乳，与普通硅酸盐水泥和水按一定比例在现场配制，用于 EPS 板与基层的粘结。

2）干粉状聚合物砂浆：在现场与水按一定比例配制使用。

产品既可用作粘结胶浆来粘贴保温板，具有极强的粘结强度，又可用作抹面胶浆来铺设网格布，形成干膜后具有良好的弹性，可防止开裂渗水，作为系统的防护层能确保系统的机械强度、抗开裂性和耐久性。

（4）锚栓

锚栓应承受该系统负载的辅助作用。

锚栓（固定件）与聚苯乙烯泡沫板的膨胀系数相差不大，不仅有固定作用，并能避免"热桥"产生。在使用时可根据实心墙体、空心墙体或加气块墙体结构，选择不同规格和类型的锚栓，不能一律照搬使用。

（5）普通型抗碱玻璃纤维网布、增强型抗碱玻璃纤维网布

采用插编式并经特殊耐碱涂敷的玻璃纤维网布，插编网能缓冲由于墙体位移、开裂等原因引起的保温板的轻微位移，经耐碱涂敷后，网布能抵抗水泥的碱性腐蚀。将网布完全埋入抹面胶浆内，能提高系统防护层的机械强度和抗裂性。

（6）饰面层

饰面层为系统的最外层，对防护层起到防止风化、提高抗裂性的作用，并以其各种凹凸纹理与不同色彩使墙面有艺术造型的效果。

（7）罩面层

通常用100％丙烯酸产品或具有类似功能的产品，干燥后形成透明的外表，可减少饰面层灰尘等污垢的附着，具有自洁性能。粘贴装饰彩砖（用于低层建筑）、粉刷各种颜色的外墙涂料，可根据工程的具体情况灵活选择使用。

2. 外墙外保温系统的基本特点

（1）有利于建筑物冬暖夏凉，节能效果显著

使用外保温系统后，能够避免产生"热桥"，在寒冷的冬天极大减少额外的热量损失，节约了热能。无需设置隔气层，可确保保温材料不会受潮而降低其保温效果，包括结构层或旧墙体在内整个墙身温度会提高，降低其含湿量，同时解决了由于"热桥"可能引起的外墙内表面潮湿、结露、甚至发霉和淌水。在炎热夏季，外保温层能够极大减少太阳辐射热量的进入和室外高气温的综合影响，使外墙内表面温度和室内温度得以降低。

（2）墙体气密性、热容量得到提高

在加气混凝土、轻骨料混凝土、空心砌块等结构层采用外保温后，可明显提高其气密性，进一步达到节能效果。

墙体外保温后结构层墙体部分的温度与室内温度相接近。当室内空气温度上升或下降时，墙体能够吸收或释放能量，有利于室温保持稳定。墙体的热容量高且不降低热损失，还能充分利用从室外通过窗户投射进室内的太阳能，能够保证室内温度的恒定和均一性，从而改善了居住环境。

(3) 保护建筑物主体结构

因室外气候不断变化而引起的墙体内部较大的温度变化发生在外保温层内，使内部的主体墙冬季温度提高，湿度降低，温度变化较为平缓，热应力减少，混凝土墙体的温度变化大为减弱，因此主体墙产生裂缝、变形或破损的可能性大为减轻，避免龟裂现象的产生，延长了建筑物主体结构的寿命。

(4) 防水抗裂性能优异

外墙外保温系统采用柔性抹面胶浆，同时玻纤网起到"软钢筋"的作用，有效地解决了传统墙体由于多种原因而产生的龟裂渗水问题。

(5) 优异的耐候性能及耐久性能

采用抗水渗透、高抗压强度保温板，配以高质量胶浆或粘结砂浆、玻纤网，最大程度上保证了系统的耐候性及耐久性能。

(6) 新建和既有房屋节能改造方便

对新建房屋节能和对既有房屋节能改造都非常方便，有利于改善室内热环境质量，可增加房屋 3%～5% 的有效使用面积，自重轻并减少保温材料用量，施工简便快捷。

对既有旧房进行外保温时，不影响居民的正常生活，不影响室内原有装修。

(7) 美观性

外表体现完美的拐角和样式，可达到古典效果。有多种面层材质、色泽用于外层。

二、聚氨酯硬泡外墙外保温系统整体性能及材料性能

(一) 聚氨酯硬泡外墙外保温系统整体性能

聚氨酯硬泡外墙外保温系统整体性能如表 5-3 所示。

表 5-3 聚氨酯硬泡外墙外保温系统整体性能

序号	项目		指标要求	测试方法
1	抗风荷载性能		系统抗风压值 R_d 不小于风荷载设计值，对于饰面层粘结于保温层的外保温系统，系统的安全系数 K 应不小于 1.5；对于饰面层干挂的外保温系统，系统的安全系数 K 应不小于 2	JGJ 144—2004
2	抗冲击性	普通型	3J 级，适用于建筑物二层及以上墙面等不易碰撞部位	JGJ 144—2004
		加强型	10J 级，适用于建筑物首层墙面以及门窗口等易受碰撞部位	
3	吸水量		水中浸泡 1h，系统的吸水量小于 $1.0kg/m^2$	JGJ 144—2004
4	耐冻融性能		对于饰面层粘结于保温层的外保温系统，30 次冻融循环后，保护层无空鼓、脱落；无渗水裂缝；保护层与保温层的拉伸粘结强度不小于 0.1MPa，破坏部位应位于保温层。对于饰面层干挂的外保温系统，30 次冻融循环后，系统各部分外观无明显变化	JGJ 144—2004

续表

序号	项目	指标要求	测试方法
5	热阻	系统的热阻应符合设计要求	GB/T 13475
6	抹面层不透水性	2h 不透水	JGJ 144—2004
7	水蒸气渗透阻	水蒸气湿流密度≥0.85g/(m²·h)	JGJ 144—2004
8	燃烧性能	热释放速率峰值≤10kW/m²，总放热量≤5MJ/m²	GB/T 16172
9	系统耐候性	对于饰面层粘结于保温层表面的外保温系统，经过耐候性试验后，系统不得出现饰面层起泡或剥落、保护层空鼓或脱落等破坏，不得产生渗水裂缝；具有抹面层的系统，抹面层与保温层的拉伸粘结强度不得小于 0.1MPa，且破坏部位应位于保温层，对于饰面层干挂的外保温系统，经过耐候试验后，系统外观不得出现明显变化	JGJ 144—2004

注：水中浸泡 24h，若只带有抹面层和带有全部保护层的系统的吸水量均小于 0.5kg/m² 时，可不检验耐冻融性能。

（二）聚氨酯硬泡外墙外保温系统的材料性能指标及复合板允许尺寸偏差

（1）聚氨酯硬泡材料性能指标如表 5-4 所示。

表 5-4 聚氨酯硬泡材料性能指标

| 序号 | 项目 | 指标要求 ||| 测试方法 |
		喷涂法	浇注法	粘贴法或干挂法	
1	密度（kg/m³）	≥35	≥38	≥40	《导则》[6] 附录 A1、B1、C1
2	导热系数（23±2℃）[W/(m·K)]	≤0.023			《导则》附录 A2、B2、C2
3	拉伸粘结强度（kPa）	≥150[1]	≥100[2]	≥150[3]	《导则》附录 A3、B3、C3
4	拉伸强度（kPa）	≥200[4]	≥200[5]	≥200	《导则》附录 A4、B4、C4
5	断裂延伸率（%）	≥7	≥5	≥5	
6	吸水率（%）	≤4			《导则》附录 A5、B5、C5
7	尺寸稳定性（48h）（%）	80℃≤2.0；−30℃≤1.0			《导则》附录 A6、B6、C6
8 阻燃性能	平均燃烧时间（s）	≤70			《导则》附录 A7.1、B7.1、C7.1
	平均燃烧范围（mm）	≤40			
	烟密度等级（SDR）	≤75			《导则》附录 A7.2、B7.2、C7.2

注：[1] 是指与水泥基材料之间的拉伸粘结强度。
[2] 是指与水泥基材料之间的拉伸粘结强度。
[3] 是指聚氨酯硬泡材料与其表面的面层材料之间的拉伸粘结强度。
[4] 拉伸方向为平行于喷涂基层表面（即拉伸受力面为垂直于喷涂基层表面）。
[5] 拉伸方向为垂直于浇注模腔厚度方向（即拉伸受力面为平行于浇注模腔厚度方向）。
[6] 聚氨酯硬泡外墙外保温工程技术导则。

（2）聚氨酯硬泡保温复合板允许尺寸偏差如表 5-5 所示。

第五章 外墙外保温系统

表 5-5 聚氨酯硬泡保温复合板允许尺寸偏差

项 目	允 许 偏 差（mm）
厚 度	厚度≥50mm时：0～+2.0；厚度≤50mm时：0～+1.5
长 度	长度≥1.2m时：±4.0；长度<1.2m时：±3.0
宽 度	宽度≥600mm时：±2.0；宽度<600mm时：±15
对角线差	长度≥1.2m时：±3.0；长度<1.2m时：±2.0
板边平直	±2.0
板面平整度[①]	1.0

[①] 只针对于板材长度≤1.5m。

（三）聚氨酯硬泡外墙外保温系统配套材料的性能指标

1. 抹面胶浆性能指标（表 5-6）

表 5-6 抹面胶浆性能指标

序号	项 目		指 标 要 求	测试方法
1	可操作时间（h）		1.5～4.0	
2	拉伸粘结强度（与聚氨酯硬泡）（kPa）	原强度	≥150，且破坏界面在聚氨酯硬泡上	JGJ 149—2003 JG/T 3049—1998
		耐水性	≥100，且破坏界面在聚氨酯硬泡上	
		耐冻融性能	≥100，且破坏界面在聚氨酯硬泡上	
3	抗折强度（MPa）		≥7.5	GB/T 17671
4	压折比		≤3.0	JG 149—2003 GB/T 17671

2. 耐碱网布性能指标（表 5-7）

表 5-7 耐碱网布性能指标

序号	项 目	指标要求	测试方法
1	单位面积质量（g/m²）	≥130	GB/T 9914.3
2	耐碱断裂强度（经，纬向）（N/50mm）	≥750	GB/T 7689.5, JG 149—2003
3	耐碱断裂强度保留率（经，纬向）（%）	≥50	JG 149—2003
4	断裂应变（经，纬向）（%）	≥5.0	GB/T 7689.5, JG 149—2003

3. 挂件材料性能指标

干挂装饰板材和干挂聚氯酯硬泡保温复合板的挂件，其挂件材料性能指标要求，参考《金属与石材幕墙工程技术规范》JGJ 133—2001 中的相关规定。

4. 免拆模浇注法施工专用模板性能指标

免拆模浇注法施工宜采用水泥基模板，技术性能指标如表 5-8 所示。

表 5-8 免拆模浇注法施工专用模板性能指标

序号	项目	指标要求	测试方法
1	厚度① (mm)	≥8	GB/T 7019
2	表观密度 (kg/m³)	<1600	GB/T 7019
3	抗折强度 (MPa)	≥12	GB/T 7019
4	抗冻融性能 (25次)	无起层和龟裂现象	GB/T 7019
5	湿胀率 (%)	<0.20	GB/T 7019
6	干缩率	<0.1	GB/T 7019
7	拉伸粘结强度（与浇注聚氨酯硬泡）(kPa)	≥100	《导则》附录 A3、B3、C3
8	防火性能	a) 热释放速率峰值≤150kW/m² b) FV-0级 c) 烟密度等级 (SDR) ≤75	a) GB/T 16172 b) GB/T 2408 c) GB/T 8627

注：① 如果能够满足其他性能指标要求，则厚度可以降低。

5. 粘贴法施工胶粘剂性能指标（表 5-9）

表 5-9 粘贴法施工胶粘剂性能指标

序号	项目		指标要求	测试方法
1	可操作时间 (h)		1.5~4.0	
2	拉伸粘结强度（与水泥砂浆）(kPa)	原强度	≥600	JG 149—2003 JG/T 3049—1998
		耐水性	≥400	
3	拉伸粘结强度（与聚氨酯硬泡）(kPa)	原强度	≥150，且破坏界面在聚氨酯硬泡上	
		耐水性	≥100，且破坏界面在聚氨酯硬泡上	
		耐冻融性能	≥100，且破坏界面在聚氨酯硬泡上	

注：采用生产厂家提供的在工程中实际使用的聚氨酯硬泡保温板材（即如果实际使用时板材粘结面带有面层，则测试时不得去掉面层材料）。

6. 粘贴法施工粘结胶浆性能指标（表 5-10）

表 5-10 粘贴法施工粘结胶浆性能指标

序号	项目		指标要求		测试方法
			掺合32.5级水泥	掺合42.5级水泥	
1	抗拉粘结强度 (kPa)	常温常态14d	≥1000		GB/T 12954
		常态14d，浸碱14d	≥600		
		常态14d，浸水14d	≥600		
2	压剪粘结强度 (kPa)	常温常态7d	≥1500	≥2500	GB/T 12954
		常态7d，浸水24h	≥900	≥1800	JC/T 547—2005
		常温常态28d	≥1700	≥3000	GB/T 12954
		常态28d，浸水24h	≥1700	≥3000	JC/T 547—2005

第二节　薄抹灰聚苯板外墙外保温系统施工

本节介绍聚苯乙烯泡沫板为模塑型聚苯乙烯泡沫板（简称模塑板或 EPS 板）、挤塑型聚苯乙烯泡沫板（简称挤塑板或 XPS 板）薄抹灰外墙外保温系统施工。该系统中使用的保温板不必与钢丝等进行结构加工，施工时也不必采用模具，控制施工质量重点在操作技术水平，施工方法相对简化，因而在市场上应用比较普遍。

使用保温板多数为平面，也有将聚苯板与外墙面结合的一侧加工成锯齿状，板周边设企口槽，企口用聚苯胶相互粘结以加强板之间的整体性。另一种是在板材两侧（或单侧）加工成锯齿状，施工时锯齿垂直于墙体上下方向，其目的是为了保证板材与墙体或板材与外层饰面的结合力，且直接用 1：2 水泥砂浆粘板和抹面，板与板之间平头用单组分聚氨酯发泡密封粘接，作锯齿的保温板宜采用强度较好的 XPS 板。

一、挤塑聚苯板外墙外保温系统施工

挤塑聚苯板外墙外保温系统是采用粘钉方式将挤塑板固定在墙体的外表面上（后装法），或将挤塑板作为外模板内衬一次浇注在墙体上（整浇法），聚合物砂浆作保护层，以耐碱玻纤网格布为增强层，外饰面为涂料、彩色砂浆或面砖的外墙外保温系统。

（一）系统构造及特点

1. 系统构造组成

（1）基层：钢筋混凝土墙、各类实心砖墙、混凝土砌块墙、空心砖墙等新建或旧房改造的外墙外保温工程。

（2）找平层：1：3 水泥砂浆找平，平均厚度 20mm。

（3）粘结层：聚合物砂浆 3mm 厚。

（4）保温层：挤塑板按建筑热工计算确定厚度。适用的产品牌号为 FM150 或 FM200，既有一定强度，又具备墙体应用所必需的韧性，不得选用高强度的挤塑板。

（5）固定件：工程塑料膨胀钉及自攻螺丝。

（6）保护层：为干混聚合物砂浆，以耐碱玻纤网布增强，厚度为 2.5±0.5mm。

（7）饰面层：涂料、彩色砂浆、面砖或其他质量小于 35kg/m^2 的建筑外饰面构造。

2. 系统构造特点

（1）具有优良的保温性能

挤塑板为高效保温材料，其保温性能高于普通聚苯乙烯半硬质泡沫板 30%～40%。

（2）具有良好的安全耐久性

挤塑板具有良好的材料强度，其压缩强度为 150～250kPa，采用机械固定方式与基层墙体连结，同时辅以胶结固定，更具有安全性和耐久性。

（3）具有优良的防水性能

挤塑板在长期高温或浸水环境下仍能保持其优良的保温性能，在 1000 次冻融循环后，其压缩强度无显著变化，在保温墙体上应用，对主体墙身具有优良的防水保护功能。

（4）提供较广泛的外墙饰面条件

挤塑板具有良好的材料强度以及与主体墙身基层采用粘钉结合的固定方式，使外墙饰面除可采用涂料以外，亦可采用建筑面砖等质量小于 35kg/m² 的装饰材料。

(5) 具有广泛的适用性并易于施工

保温墙体构造可适用于各种墙体的外保温、内保温、屋面内保温、楼板外保温、阳台内外保温及原有建筑节能改造，其保温材料轻质高效，可任意切割，且边角整齐，施工快捷方便。

(二) 系统适用范围

(1) 按国家规范规定需要冬季保温的建筑围护结构，包括严寒地区、寒冷地区及夏季隔热新建、扩建、改建及对原有建筑进行节能改造的居住建筑。

(2) 建筑物抗震设防烈度≤9 度的地区。

(3) 建筑物主体墙身在正负风压作用下其层间位移小于 1/360。

(4) 正、负风压设计值应小于表 5-11 的规定。

表 5-11　正、负风压设计值

挤塑板厚度 (mm)	正、负压设计值 (kN/m²)	挤塑板厚度 (mm)	正、负压设计值 (kN/m²)
25	1.90	50	2.40
30	2.00	60	2.60
40	2.20		

(三) 施工准备

1. 技术准备

对设计图纸认真熟悉，根据工程特殊部位的节点处理方法重点考虑。将整体工程的所有用料及配套材料、进场计划、存放位置确定，相应制定包括施工安全等方面的施工方案。

2. 材料准备

(1) 挤塑板

宜选用压缩强度在 150～250kPa 之间的挤塑板，特别是建筑物以面砖为装饰层时，但不得选用脆性大的挤塑板。挤塑板规格及性能见表 5-12。

表 5-12　挤塑板规格及性能

测试项目	单位	FWB 挤塑板	测试项目	单位	FWB 挤塑板
压缩强度	kPa	150～250	氧指数	%	≤26
表观密度	kg/m³	≤35	尺寸规格		
导热系数	W/(m·K)	≤0.0289	厚度	mm	25, 30, 40, 50, 60
		≤0.026	宽度	mm	600
水蒸气透湿系数	ng/(Pa·m·s)	≤3	长度	mm	1200
吸水率	%	≤2	边沿接口形式		平头

(2) 聚合物水泥砂浆

1) 专用聚合物粘结砂浆（采用预搅拌干混砂浆）性能指标如表 5-13 所示。

表 5-13　专用粘结砂浆性能指标

试验项目		性能指标
压剪胶结强度 MPa（与基准水泥砂浆）	原强度 ≥	0.80
	耐水 ≥	0.60

续表

试 验 项 目		性 能 指 标
拉伸胶结强度 MPa（与基准水泥砂浆）	原强度 ≥	0.70
	耐水 ≥	0.50
拉伸胶结强度 MPa（与挤塑板）	原强度 ≥	0.15
	耐水 ≥	0.12

2）聚合物面层砂浆（采用预搅拌干混砂浆），其性能指标如表 5-14 所示。

表 5-14 聚合物面层砂浆性能指标

试 验 项 目		性 能 指 标
拉伸胶结强度（MPa）（FWB板）	原强度 ≥	0.15
	耐水 ≥	0.12
含水量（g/m³）	浸水 8h ≤	600
	浸水 24h ≤	1000
抗冲击强度（J）	二层以上 ≥	3.00
	首层 ≥	10.00

（3）耐碱玻纤网布

用于增加保护层的抗拉、抗冲击能力和防止面龟裂，由耐碱玻璃纤维网布涂覆抗碱高分子化合物制成，作为扩张力很强的网，按用途的不同可分为标准网布、抗冲击网布和抗冲击加强网布，其典型技术要求见表 5-15。

表 5-15 耐碱玻纤网布技术要求

项 目		单 位	指 标
孔 径		mm	4×4、4×5 网眼、不松动、不错位
幅 宽		mm	1000
抗拉强度	经 向	N/50mm	≥1000
	纬 向	N/50mm	≥1000
	经向耐碱保留率	%	≥80
	纬向耐碱保留率	%	≥80

（4）嵌缝材料

1）建筑密封胶应符合《聚氨酯建筑密封胶》（JC/T 482—2003）标准要求。

2）发泡聚苯乙烯圆棒，用于填塞膨胀缝，作为密封胶的隔离背衬材料，其直径按缝宽的 1.3 倍选用。

（5）饰面材料

1）涂料：选用水溶性高弹涂料，材料性能应符合施工的标准和要求。

2）面砖：面砖及结合层材料总质量应小于 35kg/m²；面砖饰面的材料及施工应符合《外墙饰面砖工程施工及验收规程》（JGJ 126—2000）标准的规定。

面砖结合层及勾缝材料应采用专用面砖粘结剂及专用勾缝材料，并应符合《建筑工程饰面砖粘结强度检验标准》(JGJ 110—1997) 的规定。

(6) 固定件

1) 工程塑料膨胀钉：采用超韧尼龙制作，尾部设有回拧锚固机构，适用温度范围 $-40\sim 80$℃。

2) 自攻螺丝：采用高强度结构钢，灰磷镀层防锈。

3) 固定件在不同基层墙体中的拉拔力、拉拔力设计值如表 5-16 所示，安全系数 K 取 2.0。

表 5-16 固定件在不同基层墙体中的拉拔力、拉拔力设计值

基层墙体	拉拔力 (kN)	拉拔力设计值 (kN)
C25 钢筋混凝土墙体 ≥	0.8	0.6
MU10 实心黏土砖墙体 ≥	0.6	0.5
MU10 空心黏土砖墙体 ≥	0.64	0.4
MU10 混凝土砌块墙体 ≥	0.64	0.4

3. 工具准备

电热丝切割器、开槽器、壁纸刀、剪刀、钢锯条、墨斗、棕刷、粗砂纸、电动搅拌器、塑料搅拌桶、冲击钻、电锤、抹子、压子、阴阳角抿子、托线板、2m 靠尺等。

4. 施工基本条件

基层墙面及找平层应干燥并已验收合格，门窗框、各种管线预埋件、支架已安装到位。

施工现场环境温度和基层墙体表面温度在施工及施工后 24 小时内均不得低于 5℃，风力不大于 5 级。

为保证施工质量，施工基面应避免阳光直射，必要时，应在脚手架上搭设临时遮阳设施遮挡墙面。雨天施工时，应采取有效措施，防止雨水冲刷墙面。墙体系统施工过程中所采取的保护措施应待泛水、密封胶等永久保护构造按设计要求施工完毕后，方可拆除。

(四) 施工工艺

1. 工艺流程

施工工艺流程如图 5-1 所示。

2. 操作工艺要点

(1) 基层处理

彻底清除基层表面浮灰、油污、涂料、脱模剂、空鼓及风化物等，以免影响粘结强度。

对新建工程的结构墙体，用 2m 靠尺检查，最大偏差应小于 4mm，超差部分应剔凿或用 1:3 水泥砂浆修补平整。

若局部找平层厚度较薄而普通砂浆施工困难时，可根据用户的要求提供专用薄型砂浆进行找平施工。

对于旧房改造工程，若基层不具备粘结条件，可建议全部采用机械连接的方式固定挤塑板，每平方米设固定件约 6～9 套，层数大于 15 层的建筑，固定件数量须经计算确定。

(2) 调制聚合物砂浆

使用干净的塑料桶倒入 5 份干混砂浆，再加约一份净水，控制水量尽可能少一些，不得过多。注意应边加水边搅拌，然后用手持式电动搅拌器搅拌约 5 分钟，直到搅拌均匀，稠度

第五章 外墙外保温系统

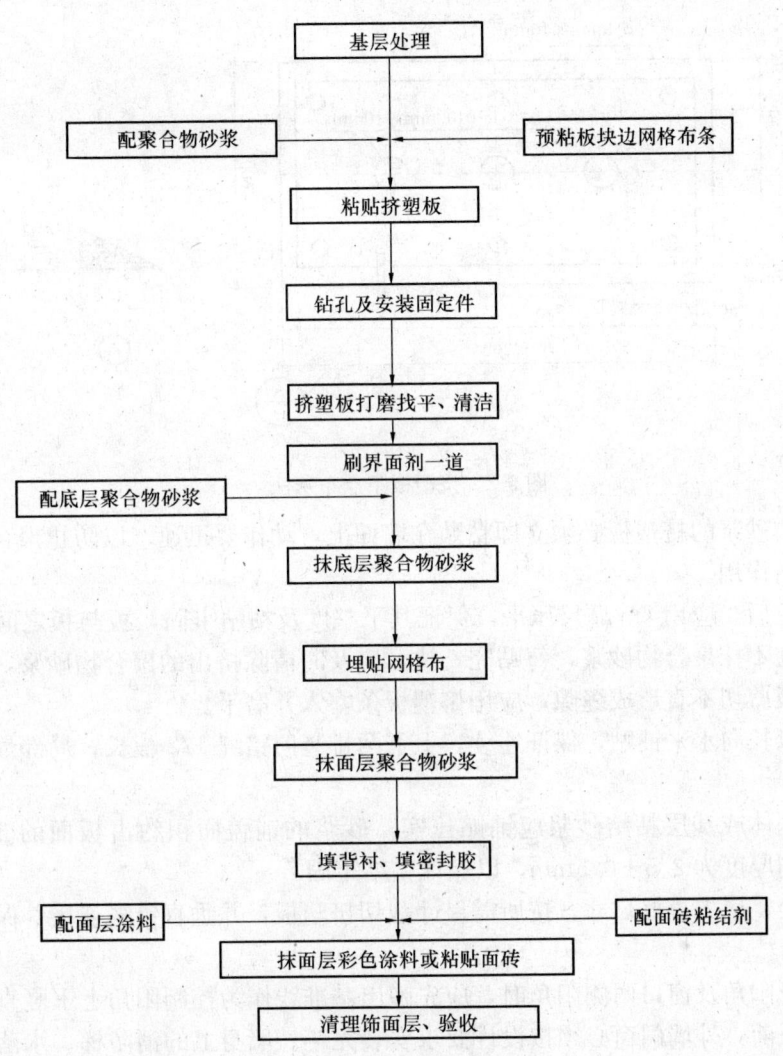

图 5-1 施工流程图

适当，并有一定黏度，以维持刚粘上墙的挤塑板不滑落。

聚合物砂浆调制完毕后，应静止 5 分钟，再适当搅拌即可使用，调制好的砂浆宜在 1 小时内用完。在聚合物砂浆调制时，只能加入净水，而不能加其他添加剂，如水泥、砂、防冻剂及其他聚合物等。

（3）安装挤塑板

标准板面尺寸为 1200mm×600mm，对角线误差 1.5mm，非标准板按实际需要尺寸加工，挤塑板切割用电热丝切割器或工具刀切割，尺寸允许误差为±1.5mm，长短边垂直。

网布翻包：变形缝两侧、门窗孔洞边等处的挤塑板上预贴窄幅网布，翻包部分宽度为 80mm。

条点布灰法：用抹子在每块挤塑板周边涂专用粘结砂浆，宽 50mm，从边缘向中间逐渐加厚，最厚处达 10mm，然后再在挤塑板上，如图 5-2 所示抹 3 个厚 10mm 直径 100mm 的圆形专用粘结砂浆和 6 个厚 10mm 直径 80mm 的圆形专用粘结砂浆。

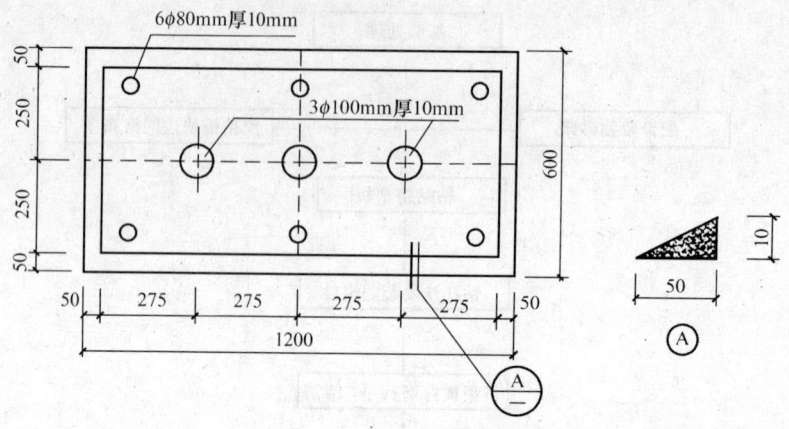

图 5-2 挤塑板条点布灰法

涂好聚合物砂浆的挤塑板必须立即粘贴在墙面上，动作要迅速，以防止聚合物砂浆表面结皮而失去粘结作用。

挤塑板贴上后，应用 2m 靠尺压平，保证其平整度及粘贴牢固，板与板之间要挤紧，不得有缝，碰头处不抹聚合物砂浆，每贴完一块，应及时清除挤出的聚合物砂浆，板间不留空隙，若因挤塑板剪切不直形成缝隙，应用挤塑板条塞入并磨平。

挤塑板应以长向水平铺贴，保证连续，上下两排竖向错缝 1/2 板长，局部最小错缝不得小于 20mm。

挤塑板与基体或基层粘结砂浆应铺贴压实，砂浆的铺盖面积约占板面的 30%～50%，粘结层砂浆控制厚度为 2.5±0.5mm，以保证粘结牢固。

墙身拐角处，应先排好尺寸，按所需尺寸裁切挤塑板，并垂直错缝连接，保证墙身拐角处垂直完整。

在粘贴墙身阳角及窗口两侧阳角时，应先弹出基准线作为控制阳角上下竖直的依据。

粘贴挤塑板前，外墙门窗必须按设计要求安装完毕。墙身上的消防梯、水落管支架、各种进户管线、外墙预埋件及支托架，必须按设计图纸及施工验收规程的要求安装完毕。当遇到有突出墙面的建筑配件托架时，应用整幅板套割吻合，不应用零板拼凑，其切割边缘必须顺直、平整。

(4) 安装固定件

挤塑板粘结牢固后，一般在 8～24 小时内安装固定件，按设计要求的位置用冲击钻钻孔，钻孔深度为基层墙体内 60mm，以保证锚固深度为基层墙体内 50mm。

固定件安装个数：7 层以下建筑：每平方米 5 个；8～18 层（包括 18 层）建筑，每平方米约 6 个；19～28 层（包括 28 层）建筑，每平方米约 9 个；29 层以上建筑，每平方米约 11 个。

任何面积大于 0.1m² 的单块板必须加固定件，数量视现状及现场情况确定，对于面积小于 0.1m² 的单块板应根据现场情况决定是否加固定件，对面砖工程，固定件数量需提高一个等级。

固定件加密：阳角、孔洞边缘在水平、垂直方向应加密，其间距不大于 300mm，距基层边缘不小于 60mm；自攻螺丝应拧紧并将工程塑料膨胀钉的钉帽与挤塑板秀面取平或略拧入一些，确保膨胀钉尾部回拧使之与基层充分锚固。

(5) 打底

挤塑板接缝不平处应用粗砂纸打底，打磨动作宜为轻柔的圆周方向，不要沿着与挤塑板接缝平行方向打磨。打磨后应用刷子或压缩空气清除干净表面的碎屑及浮灰。

(6) 划分格凹线条

根据设计分格用墨斗弹出分格线的位置，并进行水平或竖向校正。

按照弹好的分格线在挤塑板上安好定位靠尺，使用开槽机将挤塑板切成凹口，开槽后的挤塑板厚度不能小于 15mm。对不顺直的凹口要进行修整。

(7) 抹聚合物砂浆底层

将聚合物砂浆均匀地抹在挤塑板上，厚度约 2mm。

(8) 埋贴网布

门窗洞口内侧周边以及洞口四角均加一层网布进行加强，洞口四角网布尺寸为 300mm×200mm，大墙面的网布搭接在门窗洞口周边的加强网布之上。对于门窗洞口及其他洞口四周的挤塑板端头应用网布和粘结砂浆将其包住，也只在此时，允许挤塑板端边处抹粘结砂浆。

将大面积网布沿长度、水平方向绷直绷平，注意将网布弯曲的一面朝里，用抹子由中间向上、下两边将网布抹平，使其紧贴底层聚合物砂浆。网布左右搭接宽度不小于 100mm，上下搭接宽度不小于 80mm，局部搭接处可用聚合物砂浆补充原底层砂浆的不足处，不得使网布皱褶、空鼓、翘边。

在装饰凹缝处，应沿凹槽将网布埋入底层聚合物砂浆内，若网布在此处断开，必须搭接，搭接宽度不小于 65mm。对于外架子与墙体连接处（脚手眼），洞口四周留出 100mm 范围内抹粘结砂浆及埋贴网布后不抹面层砂浆，待大面积施工完成后修补。在墙体阳角处须从两边墙体埋贴的网布双向绕角且相互搭接，各面搭接宽度不小于 200mm。

(9) 抹面层聚合物砂浆

抹完底层聚合物砂浆并压入网布后，待砂浆凝固至表面不粘手时，开始抹面层聚合物砂浆，抹面厚度以盖住网布为准，约 1mm 左右，使保护层总厚度约为 3mm。位于建筑物首层时，为提高面层抗冲压能力，应外加一层网布，即第(7)、(8)项工序进行两遍，保护层总厚度约为 4mm。如室外装饰采用面砖材料，镶贴面砖及勾缝砂浆应采用专用面砖粘结剂。

(10) 补洞及修理

对墙面由于使用外架子所留孔洞及损坏处应进行修补，修补方法如下：

当外架子与墙体的连接拆除后，应立即对连接点的孔洞用相同的基层墙体材料进行填补，并用 1∶3 水泥砂浆压平；按孔洞的面积尺寸预切一块尺寸相同的挤塑板并打磨其边缘部分，使之能严密封填于孔洞处；待孔洞处找平水泥砂浆凝固后，将上述预截好的挤塑板块背面涂上厚 10mm 的粘结砂浆，注意不要在其四周边沿涂粘结砂浆；将挤塑板镶入孔内，粘贴在找平层砂浆表面上；用胶带将孔洞周边已做好的面层盖住，以防修补过程中污染。切一块网布，其面积应能覆盖整个修补区域，并能与周边已施工好的网布重叠至少 65mm；将挤塑板表面涂抹底层粘结砂浆，埋入修补用的加强网布，并涂抹面层粘结砂浆，总厚度与周边一致；用小号湿毛刷将表面不规则处整平，并将边沿处刷平；对墙面损坏处的处理方法与上述各项相同。

(11) 沉降缝、伸缩缝、抗震缝等变形缝的做法

在变形缝处，金属调节件两侧填塞发泡聚乙烯圆棒，其直径应为变形缝宽的1.3倍。分两次勾填嵌缝膏，深度为缝宽的50%～70%。

3. 注意事项

(1) 施工中各专业工种应紧密配合，合理安排工序，严禁颠倒工序作业。

(2) 对抹完聚合物砂浆的保温墙体不宜随意开凿孔洞，如确实需要，应在墙体保护层达到设计强度后方可进行，安装物件后注意其周围应立即进行修补恢复原状。

(3) 各种材料应分类存放并挂牌标明材料名称避免错用。

(4) 夏季施工时，应适当安排作业时间，尽量避开日光暴晒时段。

(5) 不得在挤塑板上部放置易燃及溶剂性化学物品。严禁在挤塑板上面进行电焊工作业。

(6) 裁剪网布应尽量顺经纬线进行。

(7) 拌制聚合物砂浆宜用电动搅拌器，用毕清理干净。

(8) 应严格遵守有关安全操作规程，实现安全生产及文明施工。

(9) 施工完成后应防止重物撞击墙面。

(五) 质量标准

1. 保证项目

(1) 挤塑板、网布的规格和各项技术措施，聚合物砂浆配制原料的质量必须符合标准要求。

1) 检查方法：检查出厂合格证或进行复检。

2) 检查数量：按楼层每20m抽查一处，每处3延长米，但每层不应少于3处。

3) 检查方法：观察和用手推拉检查。

(2) 聚合物砂浆与挤塑板必须粘结紧密，无脱层、空鼓、面层无爆灰和裂缝。

1) 检查数量：按楼层每20m抽查一处，每处3延长米，但每层不应少于3处。

2) 检查方法：用小锤轻击和观察检查。

2. 基本项目

(1) 每块挤塑板与基层面的总粘结面积不小于30%～50%。

1) 检查数量：按楼层每20m抽查一处，但不少于3处，每处检查不少于2块。

2) 检查方法：尺量检查取其平均值。

3) 检验应在粘结砂浆凝结前进行。

(2) 固定件胀塞部分进入结构墙体且不小于50mm。

1) 检查数量：按楼层每20m抽查一处，每处3延长米，每米抽查5个固定点，不应少于3处。

2) 检验方法：退出自攻螺丝观察检查。

(3) 挤塑板碰头缝不抹粘结剂

1) 检查数量：按楼层每20m检查一处，不少于3处，每处不少于2块。

2) 检验方法：观察检查。

(4) 网布应横向铺设，压贴密实，不能有空鼓、皱褶、翘边、外露等现象，搭接宽度左右不得小于100mm，上下不小于80mm。

1）检查数量：按楼层每20m抽查一处，每处3延长米，每层不小于3处。
2）检验方法：观察及质量检查。
(5) 聚合物砂浆保护层厚度不宜大于4mm，首层不宜大于5mm。
1）检查数量：按楼层每20m抽查一处，每处3延长米，每层不小于3处。
2）检验方法：尺量检查。
3）检验应在砂浆凝结前进行。
3．允许偏差项目
(1) 挤塑板安装的允许偏差应符合表5-17的规定。

表 5-17 挤塑板安装的允许偏差

项次	项目		允许偏差（mm）	检验方法
1	表面平整		3	用2m靠尺和楔形塞尺检查
2	垂直度	每层	5	用2m托线板检查
		全高	$H/1000$且不大于20	用经纬仪或吊线和尺量检查
3	阴阳角垂		2	用2m托线板检查
4	阴阳角方正		2	用200mm方尺和楔形塞尺检查
5	接缝高差		1	用直尺和楔形塞尺检查

检查数量：按楼层每20m抽查一处，每处3延米，每层不小于3处。
(2) 保温墙面面层的质量检验执行国家标准《建筑工程施工质量验收统一标准》（GB 50300—2001）的规定。
（六）挤塑板外保温常用墙体热工计算值和细部构造
挤塑聚苯板外保温常用墙体热工计算值如表5-18所示。
挤塑聚苯板外保温细部构造见图5-3～图5-14。

表 5-18 挤塑聚苯乙烯泡沫板外保温常用墙体热工计算值

类别	简图	层次	材料	厚度 d (m)	导热系数 λ_c [W/(m·K)]	热阻值 R (m²·K/W)	总热阻值 R_0 (m²·K/W)	传热系数 K [W/(m²·K)]	备注
混凝土空心砌块墙	190厚混凝土空心砌块墙	1	聚合物砂浆	0.003	0.930	0.0032			
		2	挤塑聚苯乙烯泡沫板	0.020	0.0289	0.670	1.060	0.940	
				0.025		0.830	1.220	0.820	
				0.030		1.000	1.390	0.720	
				0.040		1.330	1.720	0.580	
				0.050		1.670	2.060	0.490	
				0.060		2.000	2.390	0.420	
		3	聚合物砂浆	0.003	0.930	0.0032			
		4	砂浆找平层	0.020	0.930	0.022			
		5	混凝土空心砌块墙	0.190	1.000	0.190			
		6	白灰砂浆	0.020	0.810	0.025			

续表

类别	简图	层次	材料	厚度 d (m)	导热系数 λ_c [W/(m·K)]	热阻值 R (m²·K/W)	总热阻值 R_0 (m²·K/W)	传热系数 K [W/(m²·K)]	备注
钢筋混凝土剪力墙	200厚钢筋混凝土墙	1	聚合物砂浆	0.003	0.930	0.0032			
		2	挤塑聚苯乙烯泡沫板	0.020 0.025 0.030 0.040 0.050 0.060	0.0289	0.670 0.830 1.000 1.330 1.670 2.000	0.980 1.140 1.310 1.640 1.980 2.310	1.020 0.880 0.760 0.610 0.510 0.430	
		3	聚合物砂浆	0.003	0.930	0.0032			
		4	砂浆找平层	0.020	0.930	0.022			
		5	钢筋混凝土墙	0.200	1.740	0.110			
		6	白灰砂浆	0.020	0.810	0.025			
承重空心砖墙	240空心砖	1	聚合物砂浆	0.003	0.930	0.0032			
		2	挤塑聚苯乙烯泡沫板	0.020 0.025 0.030 0.040 0.050 0.060	0.0289	0.670 0.830 1.000 1.330 1.670 2.000	1.280 1.440 1.610 1.940 2.280 2.610	0.780 0.690 0.620 0.520 0.440 0.380	
		3	聚合物砂浆	0.003	0.930	0.0032			
		4	砂浆找平层	0.020	0.930	0.022			
		5	承重空心砖	0.240	0.580	0.410			
		6	白灰砂浆	0.020	0.810	0.025			
	370空心砖	1	聚合物砂浆	0.003	0.930	0.0032			
		2	挤塑聚苯乙烯泡沫板	0.020 0.025 0.030 0.040 0.050 0.060	0.0289	0.670 0.830 1.000 1.330 1.670 2.000	1.510 1.670 1.840 2.170 2.510 2.840	0.660 0.600 0.540 0.460 0.400 0.350	
		3	聚合物砂浆	0.003	0.930	0.0032			
		4	砂浆找平层	0.020	0.930	0.022			
		5	承重空心砖	0.370	0.580	0.640			
		6	白灰砂浆	0.020	0.810	0.025			
承重实心砖墙	240实心砖	1	聚合物砂浆	0.004	0.930	0.0043			
		2	挤塑聚苯乙烯泡沫板	0.020 0.025 0.030 0.040 0.050 0.060	0.0289	0.670 0.830 1.000 1.330 1.670 2.000	1.170 1.330 1.500 1.830 2.170 2.500	0.850 0.750 0.670 0.550 0.460 0.400	
		3	聚合物砂浆	0.003	0.930	0.0032			
		4	砂浆找平层	0.020	0.930	0.022			
		5	实心砖	0.240	0.810	0.300			
		6	白灰砂浆	0.020	0.810	0.025			

续表

类别	简图	层次	材料	厚度 d (m)	导热系数 λ_c [W/(m·K)]	热阻值 R (m²·K/W)	总热阻值 R_0 (m²·K/W)	传热系数 K [W/(m²·K)]	备注
承重实心砖墙	1 2 3 4 5 6 R_e R_j 370空心砖	1	聚合物砂浆	0.003	0.930	0.0032	1.330 1.490 1.660 1.990 2.330 2.660	0.750 0.670 0.600 0.500 0.430 0.380	
		2	挤塑聚苯乙烯泡沫板	0.020 0.025 0.030 0.040 0.050 0.060	0.0289	0.670 0.830 1.000 1.330 1.670 2.000			
		3	聚合物砂浆	0.003	0.930	0.0032			
		4	砂浆找平层	0.020	0.930	0.022			
		5	实心砖	0.370	0.810	0.460			
		6	白灰砂浆	0.020	0.810	0.025			

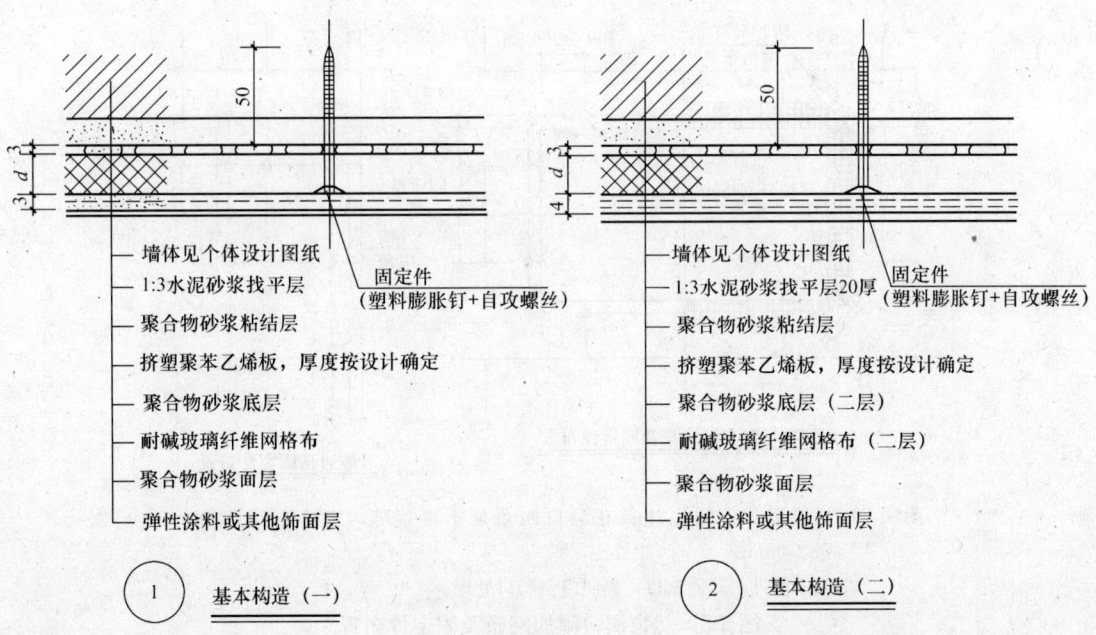

① 基本构造（一）

― 墙体见个体设计图纸
― 1:3水泥砂浆找平层
― 聚合物砂浆粘结层
― 挤塑聚苯乙烯板，厚度按设计确定
― 聚合物砂浆底层
― 耐碱玻璃纤维网格布
― 聚合物砂浆面层
― 弹性涂料或其他饰面层

固定件（塑料膨胀钉+自攻螺丝）

② 基本构造（二）

― 墙体见个体设计图纸
― 1:3水泥砂浆找平层20厚
― 聚合物砂浆粘结层
― 挤塑聚苯乙烯板，厚度按设计确定
― 聚合物砂浆底层（二层）
― 耐碱玻璃纤维网格布（二层）
― 聚合物砂浆面层
― 弹性涂料或其他饰面层

固定件（塑料膨胀钉+自攻螺丝）

附注：本图基本构造适用于建筑物第二层及二层以上各层墙面。 附注：本图基本构造适用于建筑物的底层墙面。

图 5-3 墙体基本构造

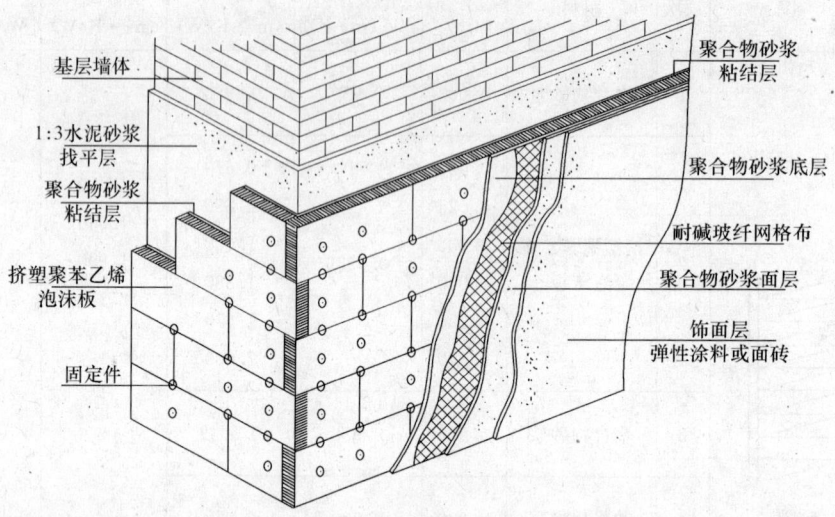

附注：1. 挤塑聚苯乙烯板位于墙体转角处应错接，交叉铺板。
2. 挤塑聚苯乙烯板上下两行错缝粘贴，错缝宜为板长1/2。

图 5-4 墙体构造示意

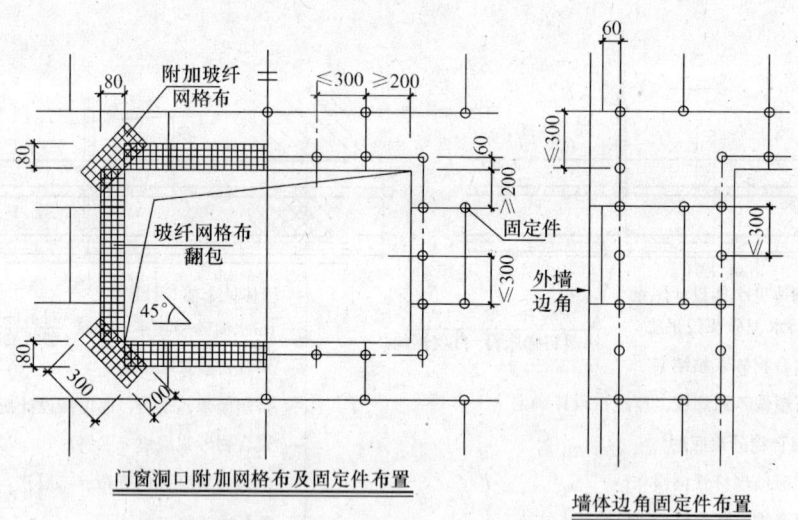

门窗洞口附加网格布及固定件布置　　墙体边角固定件布置

附注：1. 挤塑聚苯乙烯泡沫板在洞口四角处不得接缝，接缝距四角应大于200mm。
2. 除门窗外的其他洞口，参照门窗洞口处理。

图 5-5 门窗洞口附加网布及固定件布置

第五章 外墙外保温系统

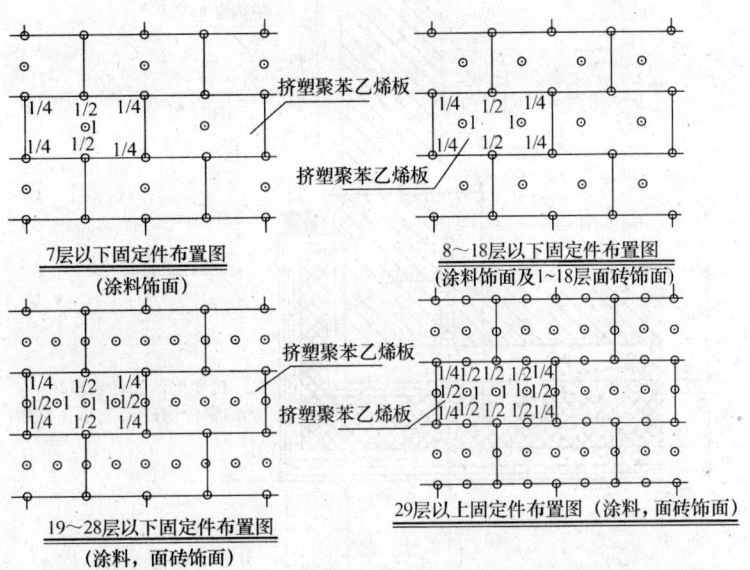

图 5-6 固定件布置图

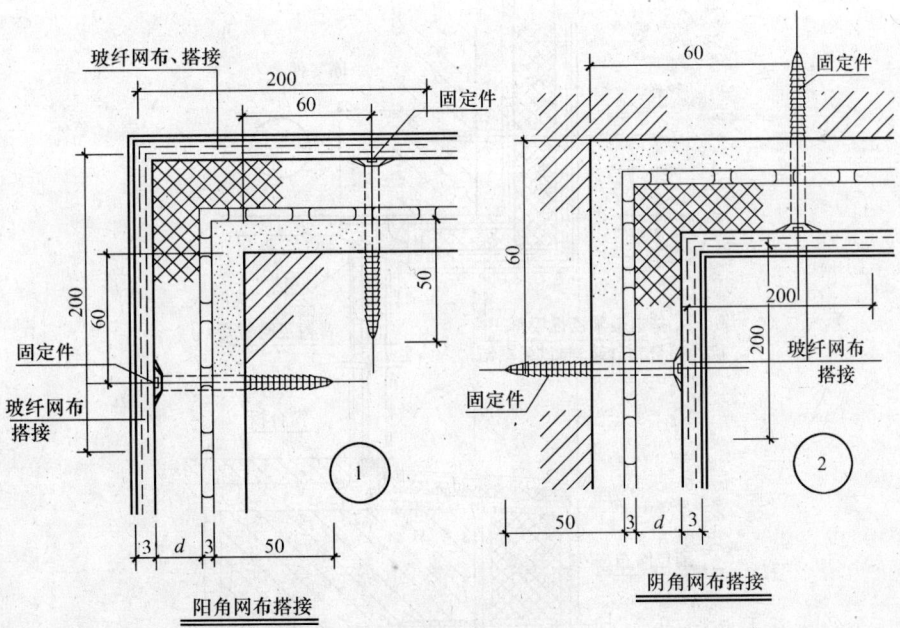

图 5-7 墙体转角网布搭接构造

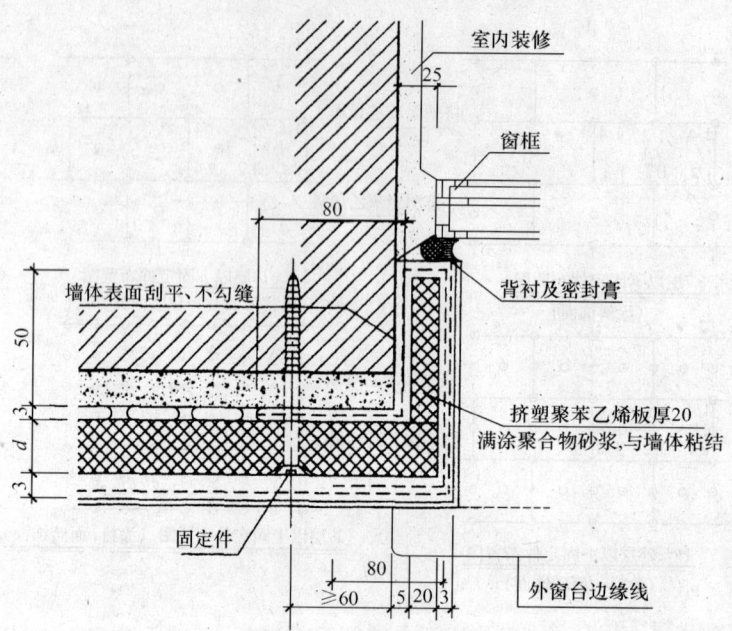

图 5-8 窗侧口构造

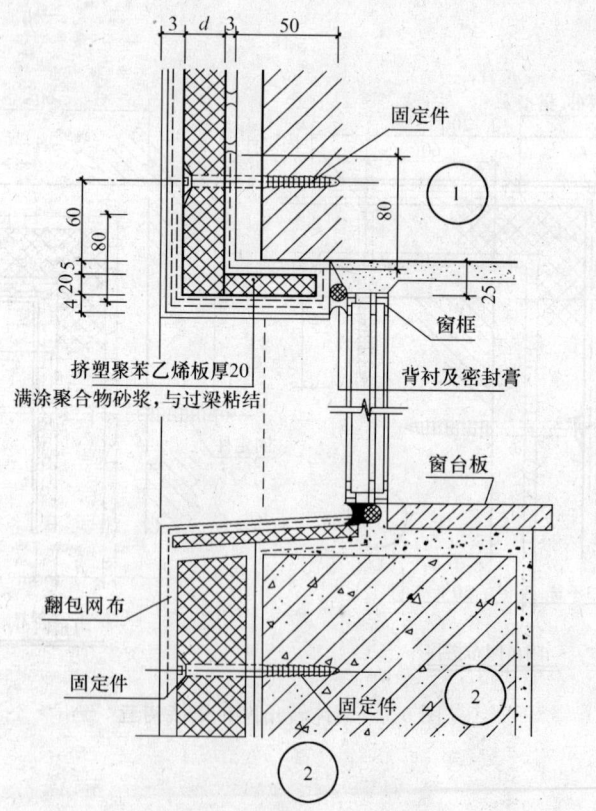

图 5-9 窗上、下口构造

第五章 外墙外保温系统

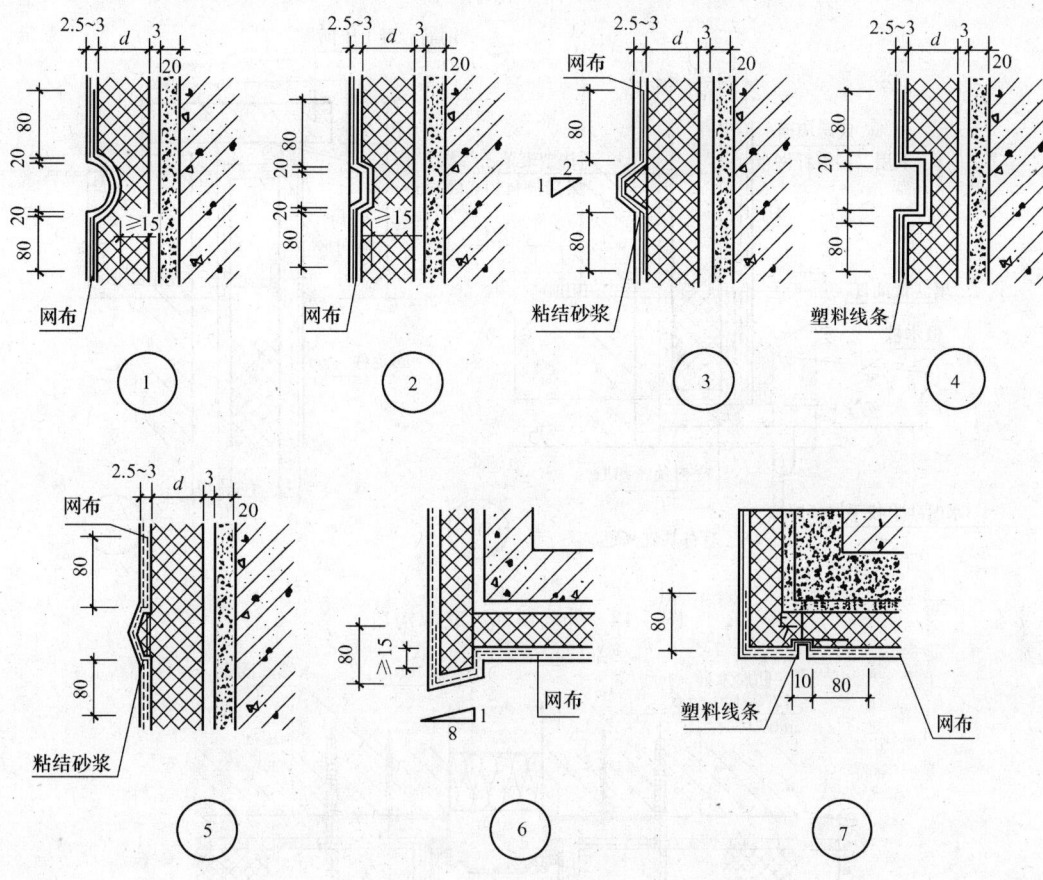

图 5-10 装饰线角，滴水构造

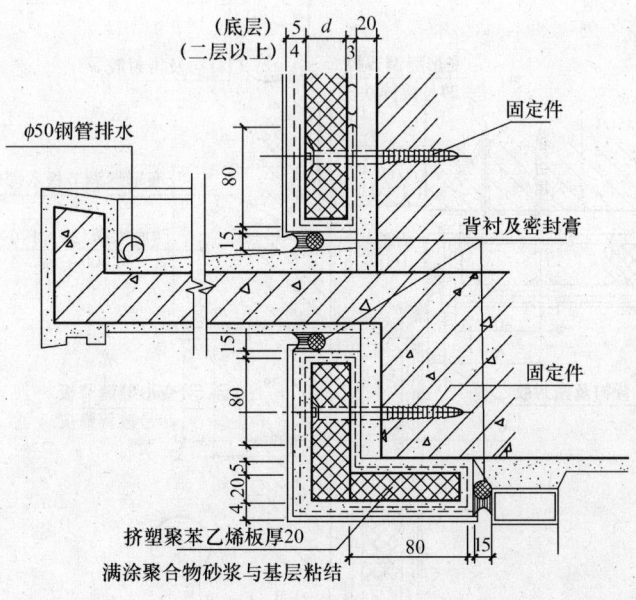

图 5-11 雨篷构造

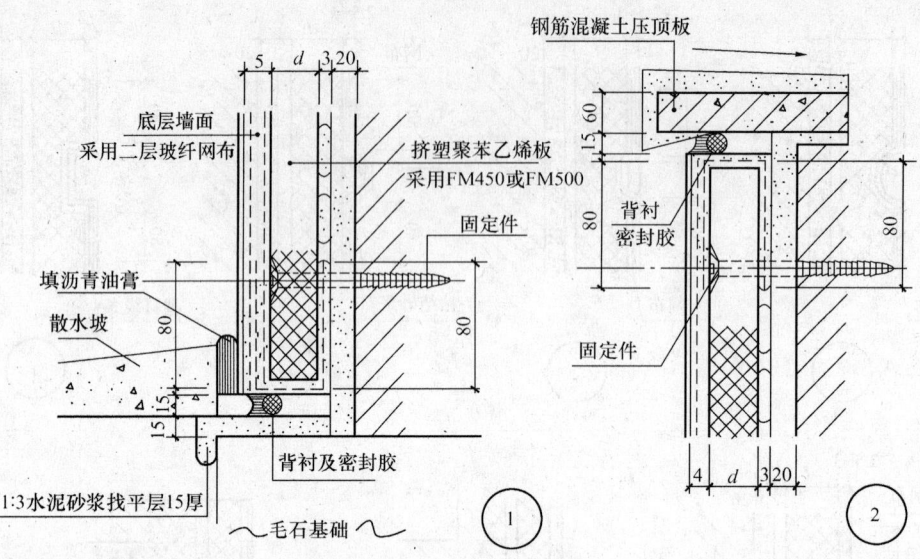

图 5-12 外墙顶部、底部构造

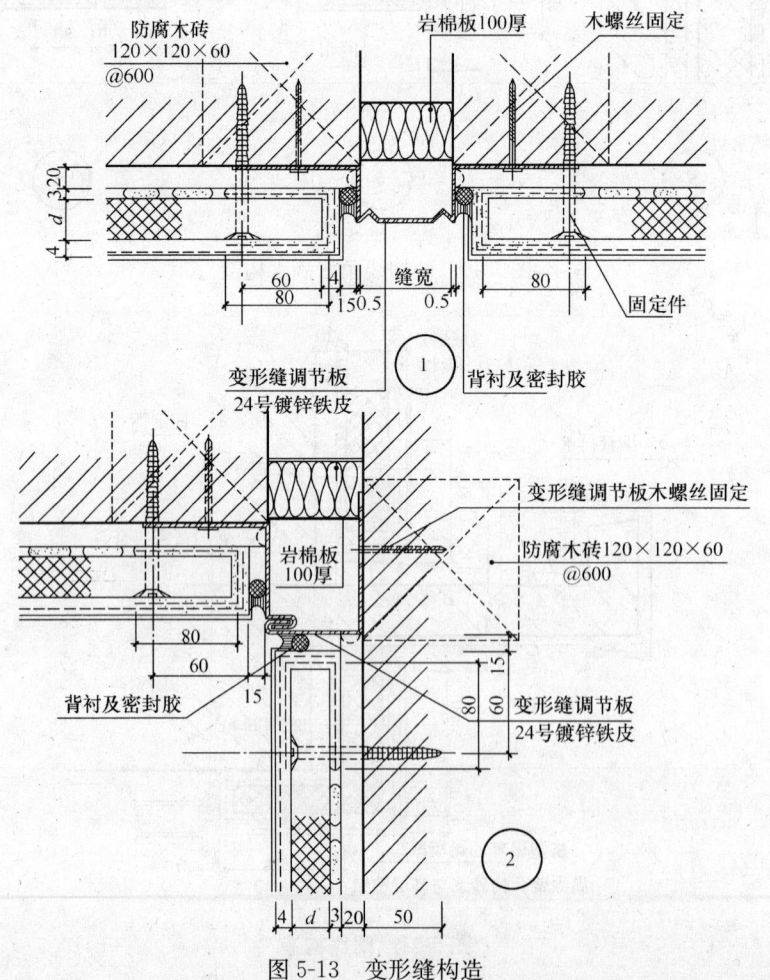

图 5-13 变形缝构造

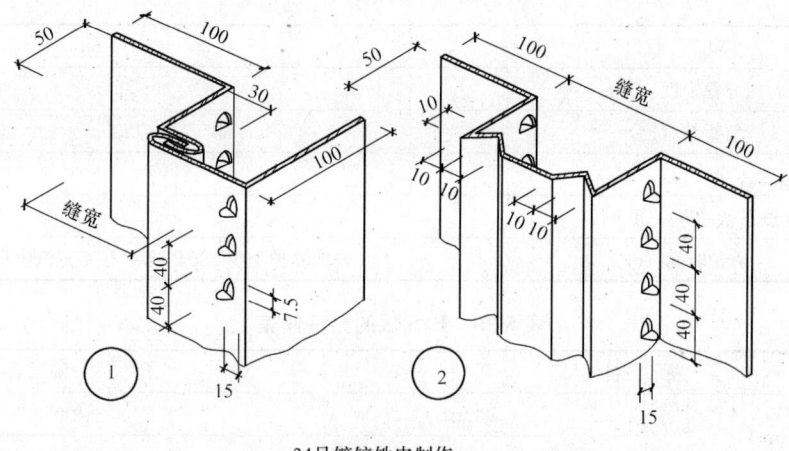

24号镀锌铁皮制作

图 5-14 金属调节板详图

二、模塑聚苯板外墙外保温系统施工

外墙外保温系统是薄抹灰外粘保温板和装饰系统,由干粉粘结胶、抹面增强胶、阻燃型聚苯乙烯泡沫隔热板(EPS)、耐碱玻纤网布及提高系统安全性和耐久性的配件组成。

(一)施工准备

1. 技术准备

(1) 熟悉和会审设计图纸,掌握和了解设计意图。根据建筑结构特点掌握节点细部构造的具体技术要求。

(2) 向操作人员进行技术交底或培训。

(3) 确定质量目标和检验要求。

(4) 提出施工记录的内容要求。

(5) 掌握天气预报资料。

(6) 编制完整施工方案。

2. 材料准备

进场的 EPS 板应储存于阴冷处,避免日光直射,大风天防止板材被风吹散,应用重物压好。

玻纤网布不得过长时间多层叠压。

桶装产品应注意防冻、袋袋产品储存于干燥处。

(1) EPS 板技术性能指标和允许偏差如表 5-19、表 5-20 所示。

表 5-19 EPS 板技术性能指标

项 目	指 标
表观密度(kg/m³)	≥18
水蒸气透湿系数[ng/(Pa·m·s)]	≤4.5
抗拉强度(MPa)	≥0.1
压缩强度(kPa)	≥60

续表

项目	指标
尺寸稳定性（%）	≤0.2
氧指数（%）	≥30
吸水率（%，V/V）	≤4
导热系数 [W/(m·K)]	≤0.041
养护时间（d）	自然养护至少28d，或者60℃蒸汽中存放5d以上

表 5-20　EPS 板的允许偏差

项目		允许偏差
厚度（mm）	≤50mm	±1.0
	>50mm	±1.5
长度、宽度（mm）		±2.0
对角线差（mm）		±3.0
板边平直（mm）		±2.0
板面平整度（mm）		±1.0

(2) 干粉粘结胶泥和抹面增强胶技术性能指标如表5-21、表5-22所示。

表 5-21　干粉粘结胶泥技术指标

项目		指标
压剪胶结强度（MPa）（与基准水泥砂浆）	原强度≥（常温常态14d）	0.80
	耐水≥（常态14d，浸水7d）	0.60
拉伸胶结强度（MPa）（与基准水泥砂浆）	原强度≥（常温常态14d）	0.70
	耐水≥（常态14d，浸水7d）	0.50
拉伸胶结强度（MPa）（与聚苯板）	原强度≥（常温常态14d）	0.10
	耐水≥（常态14d，浸水7d）	0.08
可操作时间（h）≥		2.0

表 5-22　干粉抹面增强胶技术指标

项目		指标
拉伸胶结强度（MPa）（与聚苯板）	原强度≥（常温常态14d）	0.10
	耐水≥（常态14d，浸水7d）	0.09
	耐冻融≥（常温常态置14d后。50℃空气中8h，浸25℃水8h，−25℃冻16h，循环10次）	0.068
吸水量（g/m²）	浸水8h≤	600
	浸水24h≤	1000
柔韧性，（水泥基），抗压强度/抗折强度 ≤		3.0
抗裂性，厚度5mm以下		无裂纹
可操作时间（h）≥		2.0

（3）耐碱玻纤网布技术性能指标如表 5-23 所示。

表 5-23　玻纤网布技术性能指标

项　　目		指　　标	
		标准网布	加强网布
单位面积质量（g/m²）	≥	150	300
断裂应变（%）	≤	3.5	3.5
耐碱断裂强度保留率（经纬向）（%）	≥	80	80
耐碱断裂强度（经纬向）（N/50mm）	≥	1000	1800
标准网孔尺寸（mm）	≥	4～6	5～10

3．工具准备

（1）手提式搅拌器：转速 450r/min，搅拌胶泥。

（2）EPS 板切割器：用 0～250V 调压变压器，并配备小型工作台。

（3）壁纸刀：用于切割 EPS 板或玻璃纤维网布。

（4）胶皮桶：用于盛装粘结胶泥。

（5）铁砂皮：用于 EPS 板打毛处理，把砂皮钉在木块上使用上方便、耐用。

（6）常用瓦工工具：靠尺、卷尺、铁抹子、水平尺等。

（7）排笔刷子：用于 EPS 外保温墙体面层的处理。

（8）其他工具：冲击钻、棕刷、扫帚、手刷、钢丝刷等。

4．施工基本条件

（1）施工气候条件

环境和基层墙体表面连续 24 小时最低温度不得低于 4℃，风力不大于 5 级，雨天施工应采取有效防雨措施，冬季施工应采取防冻措施，夏季施工避免阳光暴晒。

（2）采用 EPS 外保温墙体必须在基层墙体外表面做完砂浆找平层的基础上，并经基层验收和基底附着力检验合格后方可施工。如墙体面达不到相关标准的要求时，应用水泥砂浆找平，墙面平整度≤2mm、垂直≤3mm，阴阳角方正。

（3）基层表面应平整、坚固、无污染或其他有害的杂质。

（4）外墙的消防梯、落水管、各种进户管线，一层防盗门窗预埋件及其他预埋件、预留洞口，应按设计图纸或施工验收规范要求提前施工。

（5）下雨时停止施工，并做好施工面的防潮工作。施工及养护温度不得低于 5℃。

（6）对既有建筑墙体进行保温节能改造时，当外墙原有饰面不能被彻底清除时，必须采用机械锚固方式和粘结方式共同固定 EPS 板。

外墙原有饰面是涂料层的，在单位面积上必须清除 60% 以上，并采用机械锚固方式和粘贴方式固定，且机械锚固点每平方米不少于 4 个，每块板不少于 2 个。

（二）施工工艺

1．工艺流程

基层处理→固定铝合金托架→粘贴 EPS 板→表面打磨→锚固 EPS 板→对窗、门四周以及墙角、墙脚进行增强处理→表面增强处理→饰面处理。

2. 操作工艺

（1）基层表面处理及要求

施工墙面必须结实、清洁干燥，无油污、浮灰等。对于新的建筑，必须在墙体内的水分充分干燥后方可施工；对于室内湿度较高的房间（如：浴室、卫生间等）宜设置隔汽层，以避免由于室内向室外透过潮气对保温层造成破坏；建筑物的装饰线条、阳台盖板、窗、门等部位设计时必须预留足够的位置以安装隔热层；墙面上大于±10mm/m 的不平整部位必须预先找平。

（2）保温层施工

1）弹线和挂线

根据设计图纸要求，首先视墙面洞口分布进行保温板排板，并沿着基层墙体散水标高弹好散水水平线，确定 EPS 板粘贴模数，并由下而上，自左至右来确定。粘贴 EPS 板前，应按平整度和垂直度要求挂线。

需设置膨胀缝、变形缝处则应在墙面弹出膨胀缝、变形缝及其宽度线。

2）配制粘结胶泥

粘结胶泥随拌随用，胶泥必须在规定时间内用完，超时胶泥不得继续使用。

3）按规格准备保温板

将符合施工规格和质量合格的 EPS 板运到指定施工现场。

4）粘贴 EPS 板

框点布胶法粘贴：在 EPS 板被粘贴平面的四周涂抹一圈拌制好的粘结胶泥，其宽度为 50mm，厚度为 8mm 左右，板心还应均匀布置 6 个厚度为 8mm 左右的涂胶点（其个数按实际板面大小而确定），经揉压后的粘结胶泥的平均厚度应在 3 ± 0.5mm 左右，EPS 板与墙体基层的粘贴（胶的）面积应不少于 EPS 板的 30%。

EPS 板涂胶后应立即粘贴，粘贴时应轻轻揉压滑动就位，不得局部用力按压。EPS 板对接缝处应挤紧并与相邻板齐平，粘好后应立即刮除板缝和板侧面残留的粘结胶泥。EPS 板板间缝隙应不大于 2mm，板间高差应不大于 0.5mm。粘贴 EPS 板时，按 EPS 板的长边与水平线平行，短边为竖向粘贴，竖缝应逐行错缝。EPS 板在墙角处应交错互锁，并应保证墙面垂直度。EPS 板粘贴后，应表面平整、阴阳角垂直、立面垂直和阴阳角方正。

门窗洞口粘贴：外墙门窗必须按设计安装完毕，并符合相关规范要求，门窗洞口边粘贴 EPS 板应满涂粘结胶泥。

门窗洞口四角的 EPS 板应采用整块 EPS 板割成形，不得拼接。接缝距四角的距离应大于 200mm。

管线部位处理：粘贴 EPS 板之前，外墙上的消防梯、水落管、各种进户管线，一层防盗门窗及其他预埋件必须按设计安装完毕，并符合相关规范要求。

粘贴 EPS 板时，应按同类规格整幅板面使用。当遇有突出管线、埋件时，应用整幅板套割吻合，不得应用非整幅板拼接。整幅板切割时，其切割必须顺直平整。

阳台等个别部位粘贴 EPS 板：阳台、雨篷、女儿墙、屋挑檐下等部位及散水处粘贴 EPS 板时，应预留 5mm 缝隙，以利于耐碱玻纤网布嵌入。

EPS 板与墙面粘贴时，应稍微用力压，使粘结胶泥与墙面紧密结合，并与粘贴完的 EPS 板齐平（用水平尺检查平整度），拼缝紧密，接缝处不抹粘结胶泥。每粘贴完一块板，应及时清除挤出的粘结胶泥，板间如出现间隙，采用相同宽度的 EPS 板填塞。EPS 板与墙体粘贴施工完毕后，一般至少需静停 24 小时，若环境温度偏低还应适当延长静停时间，其目的是使 EPS 板与基层粘贴达到确实牢固，然后再在 EPS 板上进行打磨找平，防止 EPS 板移动，保证其与基层墙体的粘结强度。

EPS 板接缝不平处应用 24 目粗砂纸或专用工具对整个墙面打磨一遍，将不平处抹平，打磨时不要沿板缝平行方向，而是做轻柔圆周运动，随磨随用 2m 靠尺检查平整度。

5）保护层施工

做保护层施工必须在 EPS 板达到粘结牢固、缝隙填塞完毕、表面平整，并清扫 EPS 板上碎屑、灰尘等附着物之后，进行保护层施工。

按抹面胶的使用方法配制抹面胶泥，首先在 EPS 板的表面上均匀地涂抹 1.5～2.0mm 厚的胶泥（除有包边要求外，胶泥小允许涂抹在 EPS 板的侧边上）。

铺设耐碱玻纤加强网布时，在外墙阳角和门窗洞口的拐角部位及室外地面以上高 2000mm 以内均应铺设加强玻纤网布。外墙阳角两侧加强网宽度不应小于 200mm。

在门窗洞口处粘贴玻纤网布时，应卷入门窗口四周，并粘贴在门窗框为止；若门窗框外皮与基层墙体表面距离大于或等于 50mm，网布与基层墙体粘贴，若小于 50mm 须做包边处理；门窗洞口四角处应沿 45°方向加一层 300mm×200mm 玻纤网布进行加强。耐碱加强网布铺设完成后，再铺设标准网布（普通型耐碱网布），加强网布应位于大面积标准网布的下一层。

铺设标准网布时，粘贴大面积玻纤网布的顺序是按先上后下，先左后右顺序施工。

事先抹在 EPS 板表面上的底层粘结胶泥，宽度应比玻纤网布的幅宽大 200mm，长度略大于一块网布的长度，将大面积网布沿水平方向绷平，用抹子由中间向上、下及两边将网布抹平，使其紧贴或略嵌入粘结胶泥，网布左右搭接宽度不小于 70mm，上下搭接宽度下小于 100mm，绝不可以干搭，在搭接处可多涂抹一些粘结胶泥找平。

粘贴玻纤网布时，严禁出现松弛不紧、错位、倾斜、外鼓、皱褶、翘边等不良现象。

抹面层胶泥时，当耐碱玻纤网布上面的粘结胶泥稍干硬至可以碰触时，再立即涂抹面层胶泥，以提高抗冲击能力。涂抹抗裂性面层胶泥的厚度为 1.5～2.0mm（一布二胶），保护层总厚度在 2.5～3.0mm 之间。铺设两层玻纤网布（二布二涂）的保护层厚度在 3.5～4.0mm 之间。

在最外层抹面胶泥抹完后，严禁出现玻纤网布外露，不应有明显的玻纤网布显影、砂影、抹纹、接槎等痕迹。

施工时，任何部位严禁使用干水泥，面层胶泥严禁阳光暴晒。保护层胶泥在养护期间，严禁撞击振动，在终凝前严禁用水冲洗。

（三）质量要求

1. 布胶质量

框点法布胶的周边及其中间的点状布胶面积和涂胶点分布、数量应符合要求，粘结强度应大于 0.1MPa。

2. 保温层粘结质量

EPS 板与基层墙体粘贴不应有空鼓；板间对缝应紧密平整。

3. 玻纤网布铺设质量

保护层中的耐碱玻纤网布，经纬向纤维不应倾斜，搭接长度应符合要求。

4. 变形缝质量

变形缝的宽度和深度应均匀一致，表面平整，不应有错缝、缺棱掉角现象。

5. 保护层抗冲击强度质量

保护层在普通部位（离室外地面2m以上，人员和机械一般不能触及的部位）抗冲击强度，其抽样检验报告的结果应达到3J，无裂纹；在距地面以上的2m范围内的部位（人员和机械可能触及的部位）的抗冲击强度，其抽样检验报告结果应达到10J而不损坏。

6. 保温层和保护层尺寸偏差

保温层尺寸偏差应符合表5-24的要求，保护层的尺寸偏差应符合表5-25的要求。

表 5-24 保温层的允许偏差

项 目	允许偏差（mm）	检 验 方 法
表面平整	3.0	用2m靠尺和塞尺检查
阴阳角垂直	3.0	用2m托线尺检查
阴阳角方正	3.0	用方尺和靠尺检查
立面垂直	4.0	用2m托线尺检查
分格条平直	2.0	拉5m线和尺量检查
EPS板相邻板面高差	1.0	用2m靠尺和塞尺检查

表 5-25 保护层的允许偏差

项 目	允许偏差（mm）	检 验 方 法
表面平整	3.0	用2m靠尺和塞尺检查
阴阳角垂直	3.0	用2m托线尺检查
阴阳角方正	3.0	用方尺和靠尺检查
立面垂直	4.0	用2m托线尺检查
分格条平直	3.0	拉5m线和尺量检查

三、干粉砂浆外保温饰面系统

干粉砂浆外保温（饰面）系统是由干粉、保温板（EPS板、XPS板）、耐碱玻纤网布和饰面涂层组成的集墙体保温和装饰功能于一体的墙体外保温构造体系。

（一）施工准备

1. 技术准备

(1) 熟悉和会审设计图纸，掌握节点细部构造的技术要求。

(2) 向操作人员进行技术交底或培训。

(3) 确定质量目标及检验要求，提出施工记录的内容。

(4) 掌握天气预报资料，制备完整的施工方案。

2. 材料准备

使用的保温材料及配套材料应有产品合格证书和性能检测报告，材料的品种、规格、性能等应符合现行国家产品标准和设计要求。材料进场后，应进行复检，不合格的材料，不得在外墙外保温工程中使用。

（1）外墙外保温粘结干粉主要技术性能指标如表 5-26 所示。

表 5-26 技术性能指标

项　目		指　标
拉伸胶结强度达到 0.17MPa 的时间间隔（min）	晾置时间	>10
	调整时间	>5
收缩性（%）		<0.50
剪切粘结强度（MPa）	原强度	>0.70
	耐水	>0.50
	耐温	>0.50
	耐冻融	>0.50
抗拉粘结强度（MPa）	对水泥板	>0.50
	对聚苯板	>0.10

（2）聚苯板的技术性能指标

聚苯板的技术性能指标如表 5-27 所示。

表 5-27 技术性能指标

项　目	指　标	项　目	指　标
表观密度（kg/m³）	18.0～20.0	烟密度指数	<450
导热系数（<10℃）[W/(m·K)]	<0.036	自然养护时间（d）	<42
火焰扩散指数	<25	蒸汽（60℃恒温）养护时间（d）	>5

（3）锚钉

锚钉应为耐腐蚀、耐老化高分子材质，钉长 65～165mm（聚苯板厚度变化时，锚钉长度相应调整），钉头直径 8mm。单个锚钉破坏拉力最小值为：混凝土 0.2kN，实心砖 0.22kN，多孔砖 0.12kN，加气混凝土砌块 0.13kN。当聚苯板厚度为 50mm 时，选用钉长为 85mm，钉帽直径为 90mm 的锚钉，锚钉最小锚固深度为 20～30mm。

（4）玻纤网的主要技术性能指标

玻纤网的主要技术性能指标应符合标准《耐碱玻璃纤维网布》（JC/T 841—2007）的要求。加强网布主要技术性能指标应满足表 5-28 要求。

表 5-28 主要技术性能指标

项目	经纬密度	单位面积质量	抗拉强度		耐碱抗拉强度		耐碱抗拉强度保持率	
			经向	纬向	经向	纬向	经向	纬向
	（根/25mm）	（g/m²）	（N/5.0cm）		（N/5.0cm）		（%）	
指标	5	>400	2300	2300	920	920	>40	

（5）施工用水

凡符合国家标准的混凝土用水，均可直接用于拌制干粉；当采用其他来源水时，必须按

《混凝土用水标准》（JGJ 63—2006）的规定进行检验，合格后方可使用。

(6) 系统涂层（涂料）

系统涂层应选用柔性较好的水性涂料，主要技术性能，如耐水性、耐碱性、耐洗刷性、耐冻融性，人工加速老化性及粘结强度应符合有关标准的规定。

3. 工具准备

(1) 转速450r/min手提钻式搅拌器、钻孔用冲击钻。

(2) 切割玻纤网和聚苯板工具。

(3) 齿形镘刀与铁抹子等瓦工工具。

4. 施工基本条件

(1) 外墙和外门窗口施工及验收完毕，基层墙面应达到《建筑工程施工质量验收统一标准》（GB 50300—2001》中对清水墙的要求。修复墙面的砂浆找平层与墙面必须粘结牢固，无脱落、空鼓和裂缝等缺陷。基面应干燥、平整。

(2) 施工现场环境温度和基层表面不应低于5℃，风力不大于5级；雨天施工时，应采取严格有效的措施，防止雨水淋湿聚苯板和尚未干燥的各层；干粉砂浆干燥前应避免高温暴晒，防止薄层砂浆在短时间内迅速失水。高温时在施工脚手架上搭设防晒布遮挡施工墙面；施工脚手架距墙面不应小于300mm。

(3) 使用锚钉时，用冲击钻钻孔，钻孔深度不能超过基层墙体内埋入的钢筋深度，严禁钻伤钢筋。

(4) 要安装保温层外墙上的消防梯、水落管、各种进户管线、一层防盗窗预埋件及其他预埋件等，必须按设计图纸和施工验收规范的要求安装完毕。

5. 施工注意事项

(1) 基层墙体的挠度不应超过$L/240$（L为建筑层高）。

(2) 在新建、扩建建筑外保温系统中，风力常年超过6级以上的地区（如山口地区）从最底层开始就必须使用锚钉。既有建筑做外保温系统时，必须使用锚钉。

(3) 在墙体系统的某些部位，如2.4m以下，有抗冲击要求时，需采用加强网布加强系统的抗冲击性能。

(4) 标准网布在系统下列终端部位进行翻包：门窗洞口、管道或其他设备需穿墙的洞口处；勒脚、阳台、雨篷等系统的尽端部位，变形缝等需要终止系统的部位；女儿墙顶部。

(5) 如果基层墙体设有变形缝，则系统在相应位置也应设置变形缝；如果基层墙体没有变形缝，系统是否设变形缝应根据建筑行业的有关标准和要求具体处理。

(6) 为有利于水蒸气在墙体中的扩散运动，若系统外防护层表面采用有机涂料作为终饰层，此时应保证水蒸气渗透阻不大于$300m^2 \cdot h \cdot Pa/g$。

(二) 施工工艺

1. 工艺流程

基层墙体处理──→切割聚苯板──→配制干粉砂浆──→粘贴聚苯板──→苯板表面涂抹防护层砂浆（含玻纤网）──→涂刷柔性面层涂料

2. 操作工艺

(1) 基层墙体处理

基层墙体清理干净，表面不得有油、浮尘、污垢、脱模剂、涂料、蜡、防水剂、泥土等污染物或其他妨碍粘结的材料,并剔除墙表面的凸出物,使之清洁平整,必要时用水冲洗墙面。经冲洗的墙面晾干后,方可进行下道工序施工。剔除基层松动或风化的部分并用水泥砂浆填充后找平。

(2) 切割聚苯板

根据建筑物外墙尺寸选定聚苯板的主、副规格下料尺寸,主规格板的长宽比宜为2:1。用加热电阻丝切割,确保板材尺寸精确。

(3) 配制干粉砂浆

在容器中加入水和外保温干粉,用专用工具搅拌成均匀的膏状,静止5min,再搅拌一下即可使用。投料顺序:先加水后加干粉。干粉应随用随搅,搅拌好的砂浆须在2h内用完。不得掺入水泥、砂子、防冻剂等其他材料。

(4) 粘贴聚苯板

铺贴顺序:根据工程情况可采用从下至上或从上至下沿水平方向铺设,相邻聚苯板错缝搭接,错缝长度为1/2板长,转角部位应咬槎搭接,无论采用哪种方法都应选好起始线(端)或定界挡板。

用点框法铺摊已拌好的干粉砂浆:粘贴聚苯板时,将搅拌好的砂浆均匀地涂抹于聚苯板的四周,然后在聚苯板空白处均匀地布上砂浆,保证压平后的聚苯板四周砂浆宽约60mm,厚约3.5~5mm,在板的中间部分均匀布上6个点,点的直径约104mm。聚苯板上涂抹砂浆的粘结面积不得小于该板总面积的35%。在施工过程中,干粉砂浆如渐渐发干黏稠,经再搅拌后仍可使用,严禁二次加水,也不得用镘刀沾水施工。

贴聚苯板前,有包边要求的部位,如散水处、门窗洞口、空调洞口、伸缩缝、女儿墙和墙尽端等部位,应事先贴好网片。

将刮好干粉砂浆的聚苯在立即在规定的墙面就位,用手或橡皮锤在整个板面上略用力按压,保证粘结牢固,并用水平尺检查,随时调整,确保其表面平整度、垂直度良好。需要翻包时,应事先在这些部位的基层粘贴附加的翻包玻纤网条后再粘聚苯板。

铺设时应保证板与板相接紧密,不得有明显的缝隙,铺贴时挤入板侧的砂浆应清除干净;对下料尺寸偏差或切割造成板间缝隙大于2mm的,应将板裁成合适尺寸的小片塞入缝中。

按设计需要加锚钉锚固,用冲击钻在粘贴聚苯板的基层墙体上钻孔,若钉长85mm,钉头直径8mm,最小钻孔深度95mm。锚钉插入聚苯板,钉实,直至锚钉钉头紧密地挤压在聚苯板上。

(5) 铺粘玻纤网

贴好的聚苯板表面刮上一层砂浆,所刮面积应略大于网片的长和宽,厚度一致,且不宜小于2mm,除有包边要求外,砂浆不得涂在聚苯板的侧边。

将网铺于新抹的砂浆表面,用抹刀将网压入砂浆中,然后将砂浆表面抹平。不得使网出现皱褶,也不得使网暴露在砂浆层表面,在1m处目测不应有明显网格(通常聚苯板外砂浆和玻纤网的整个厚度为2.5~4mm,玻纤网应位于整个防护层砂浆表面约三分之一处)。包边网应压入砂浆下。装饰部位表面贴网时,应保证与相邻网有足够的搭接。

玻纤网下料时,按预先需要长度从整卷材料上切下网片,留出必要的搭接长度、重叠部分及转弯处的长度。边网包在聚苯板两侧的长度,不小于100mm;大墙转角处网(包括加强网和标准网）应连续，由转角一侧包至另一侧的长度不得小于100mm。玻纤网之间必须相互搭接，在接缝处切断的部位应采用补网搭接，网间的搭接长度不应小于100mm。

贴聚苯板前，先在有包边要求的基层上铺设网片，如散水处、门窗洞口、空调洞口、伸缩缝、女儿墙和墙尽端等部位。苯板贴好后，在苯板表面上铺网，从下至上一圈一圈往上铺。标准网在大墙转角处应连续。一般情况下标准网为单层。包边网压入标准网下；需要加强的部位，如底层的墙体，可在标准网砂浆层施工24h后，铺设加强网。加强网在转角处应连续。最终，加强的部位为标准网和加强网双层。

网铺完成后，对墙面进行检查，确保铺网无裸露、表面平整、无抹刀刻痕及其他不规整处，当发现有铺网裸露应用干粉砂浆补涂。

(6) 涂刷柔性面层涂料

全部墙面铺网完成24h后经检查合后方可进行面涂施工。聚苯板保温系统表面使用配套的柔性腻子。

用专用搅拌器仔细搅拌涂料至均匀稳定状态，不能过度搅拌。利用拐角、伸缩缝或装饰缝进行分区，一个分区内的墙面或一个独立的墙体应一次涂刷完毕。

在炎热刮风天气，用干净的饮用水冷却要涂的墙面；应在建筑物阴面施工，否则遮盖防晒布；操作应使用相同的工具，涂抹的纹路要左右前后相同；施涂层的墙面应有防雨措施，不得有污染；可用刷涂或滚涂，滚涂至少两遍。

(三) 质量标准

干粉砂浆外保温饰面系统的质量应符合表5-29和表5-30要求。

表5-29 施工质量检验表

项次	检 验 内 容	检验方法（方格处理法）
1	聚苯板错缝布置，转角部位咬槎搭接，板缝相接紧密；板底铺干粉均匀，粘结牢固	现场检查或施工记录
2	标准网（包括加强网）的铺设部位，包边位置及长度、搭接长度符号要求	现场观测检查
3	干粉涂层厚度一致，玻纤网全埋在板面的砂浆中，无裸露，表面平整，无抹刀痕迹	现场观测检查
4	墙面的平整度（2mm/m）和墙角的垂直度（<3mm/m）	尺和经纬仪测量
5	面层涂料均匀色彩一致	现场观测检查

表5-30 干粉砂浆外保温饰面系统性能技术指标

序号	项 目		技术指标
1	外墙外保温粘结干粉正拉粘结强度（MPa）	对水泥板	>0.50
		对水泥板（浸水48h，干燥2h）	>0.10
		对水泥板（浸水48h，干燥7d）	>0.30
		对聚苯板	>0.10
2	外墙外保温粘结干粉与聚苯板相容性		聚苯板厚度降低不大于1mm

续表

序号	项目		技术指标
3	耐碱玻璃纤维网	标准网抗拉强度和耐碱性	5%NaOH溶液浸泡30d,抗拉强度损失<60%,剩余抗拉强度>150N/cm
		加强网抗拉强度和耐碱性	
4	标准网、标准网+加强网底涂层吸水率(无饰面层)		<20%(质量比)
5	标准网、标准网+加强网底涂层不透水性(不带饰面层)		表面全部湿透的时间(h)>2
6	标准网、标准网+加强网水蒸气渗透阻(带饰面层)		<300m²·h·Pa/g
7	干粉外墙外保温系统(含饰面)抗冲击	标准网	3J钢球冲击无破坏
		标准网+加强网	10J钢球冲击无破坏
8	干粉外墙外保温系统(含饰面)抗冻融性		系统无裂纹、起泡、剥落现象;各粘结层无变化;饰面层颜色无明显变化

(四) 细部节点构造与保温层厚度

细部节点构造如图5-15至图5-30所示。

保温层厚度如表5-31和表5-32所示。

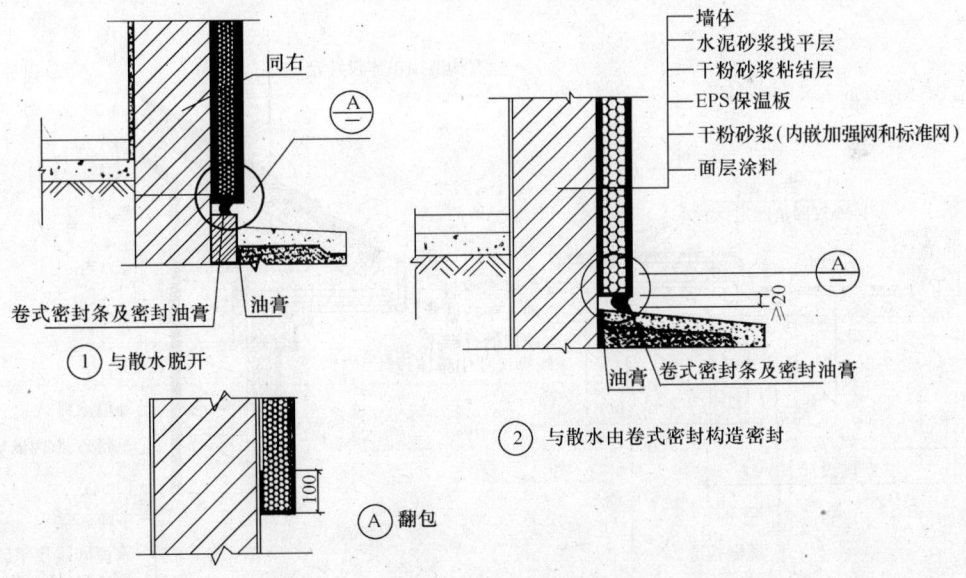

图 5-15 外墙散水部位

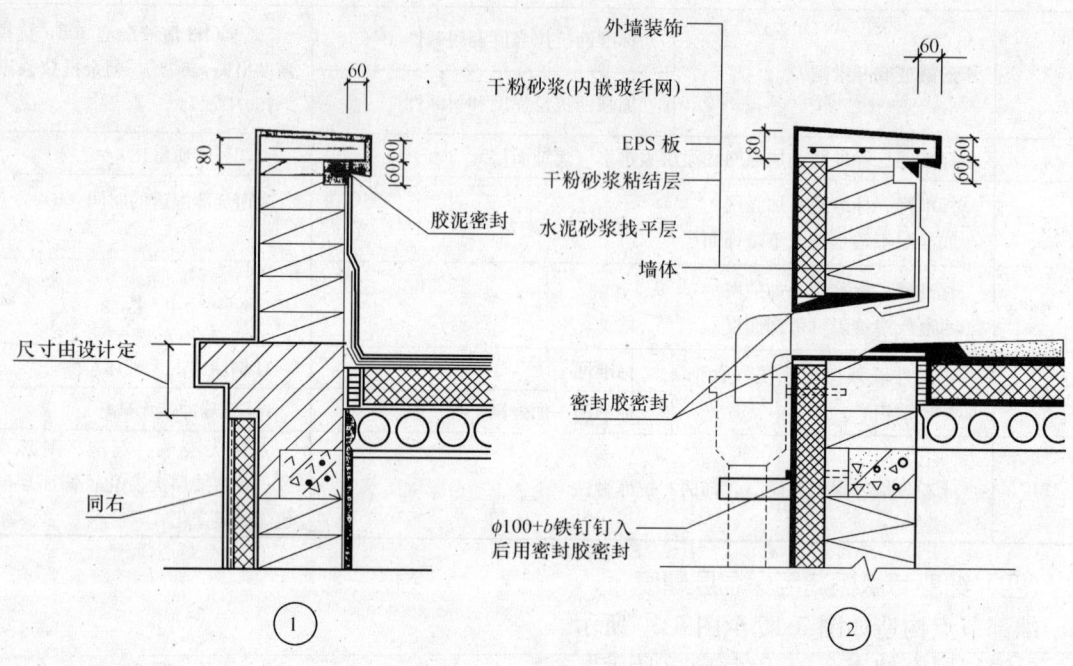

图 5-16 女儿墙保温构造

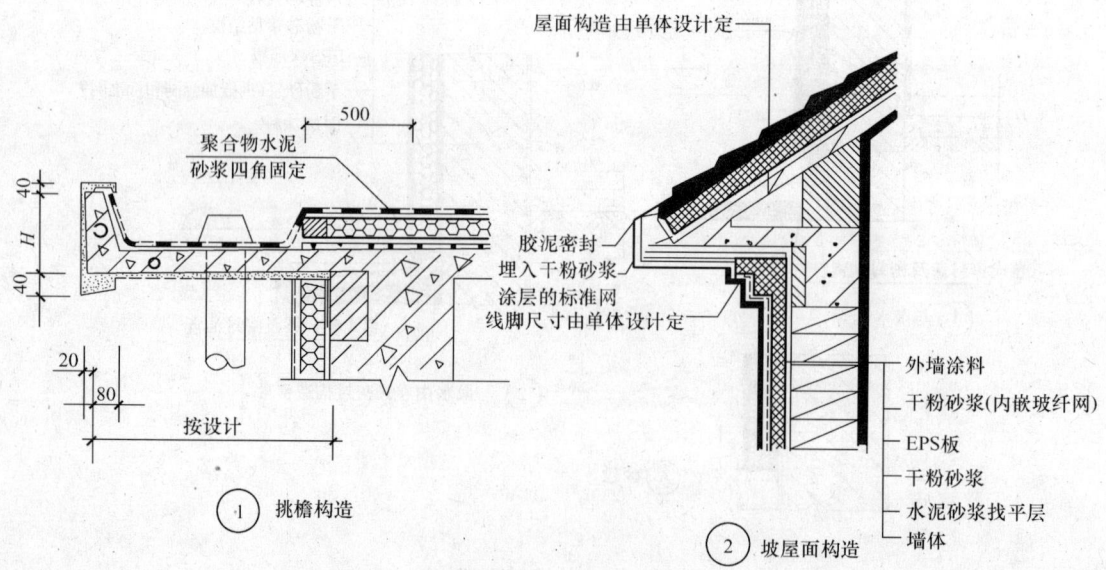

图 5-17 挑檐构造

第五章 外墙外保温系统

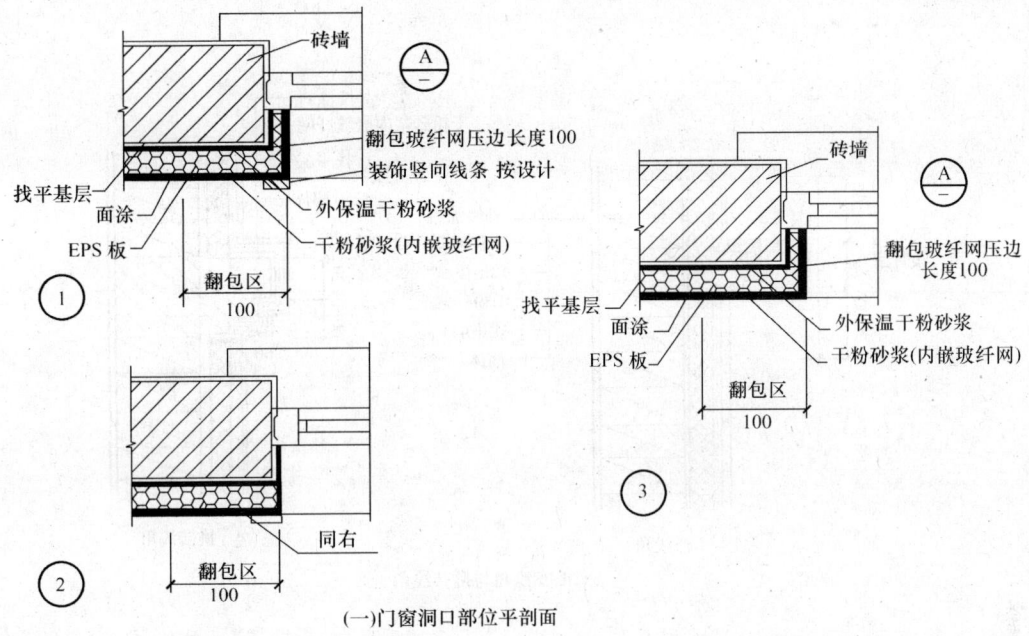

(一) 门窗洞口部位平剖面

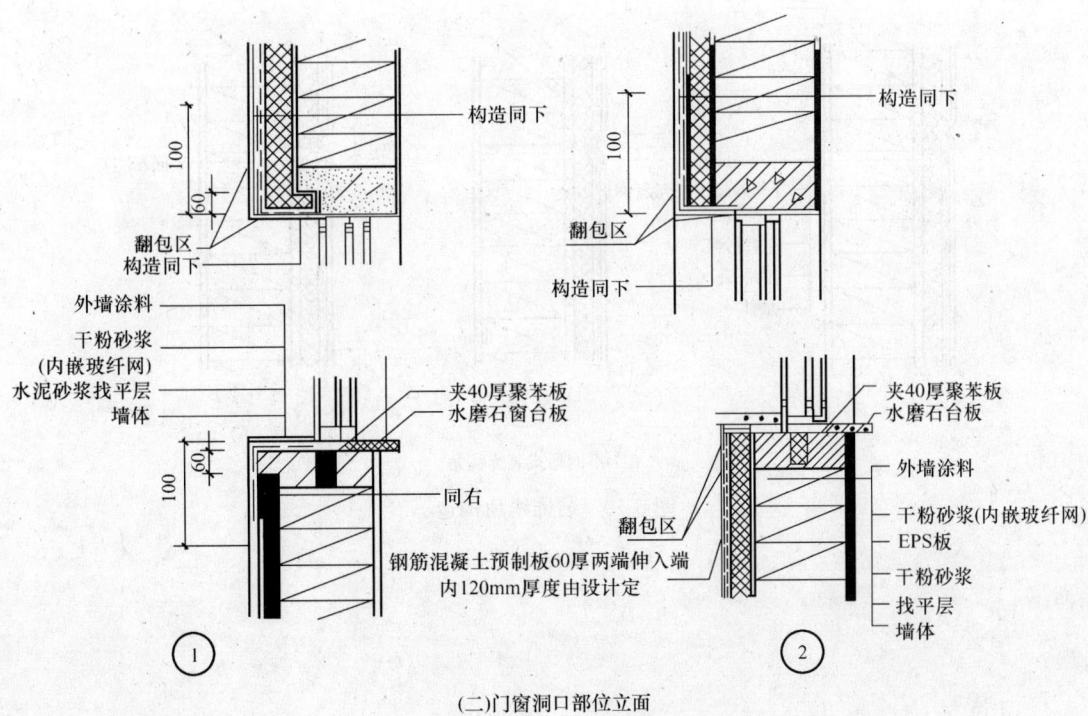

(二) 门窗洞口部位立面

图 5-18 门窗洞口保温构造

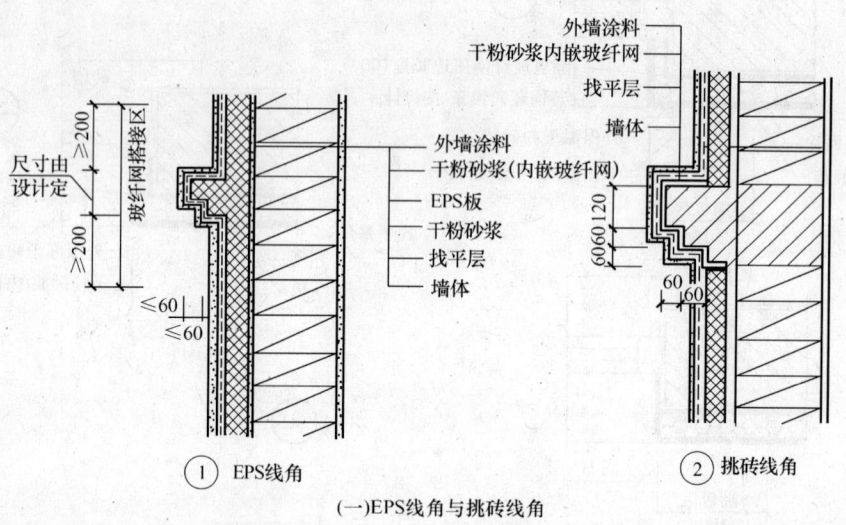

(一) EPS线角与挑砖线角

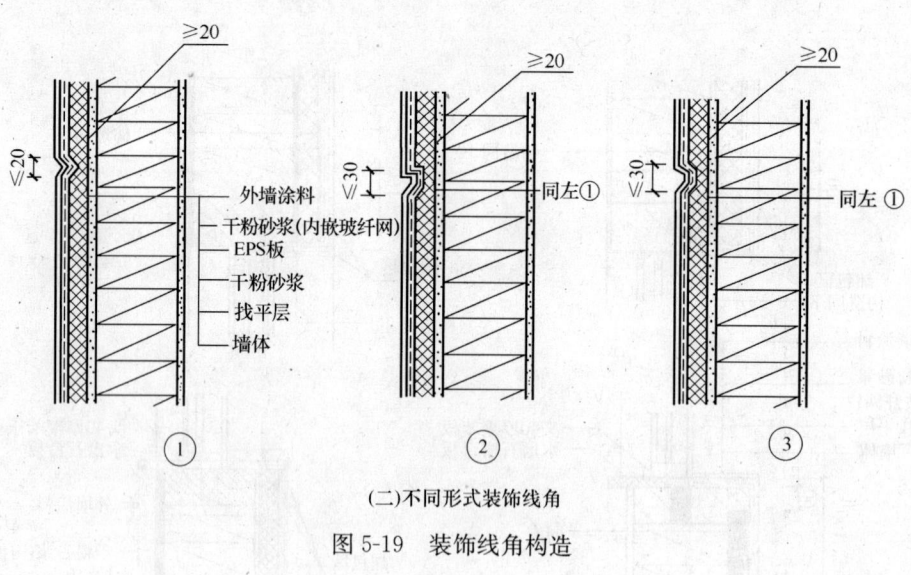

(二) 不同形式装饰线角

图 5-19 装饰线角构造

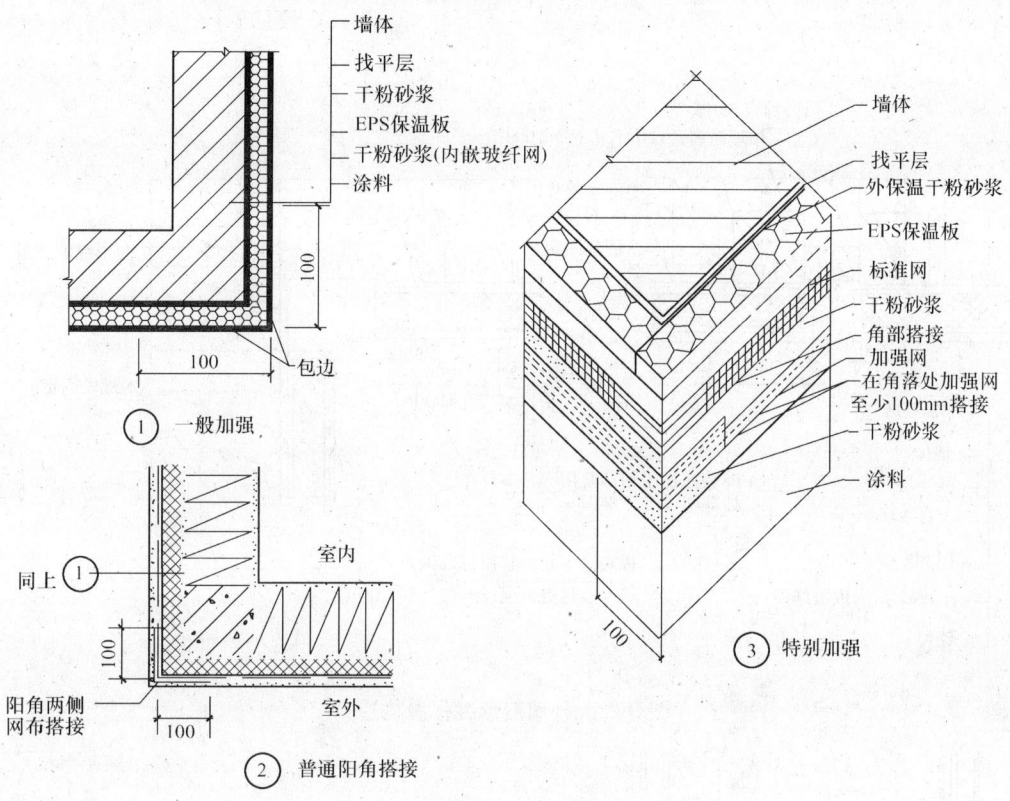

图 5-20 墙外角保温构造

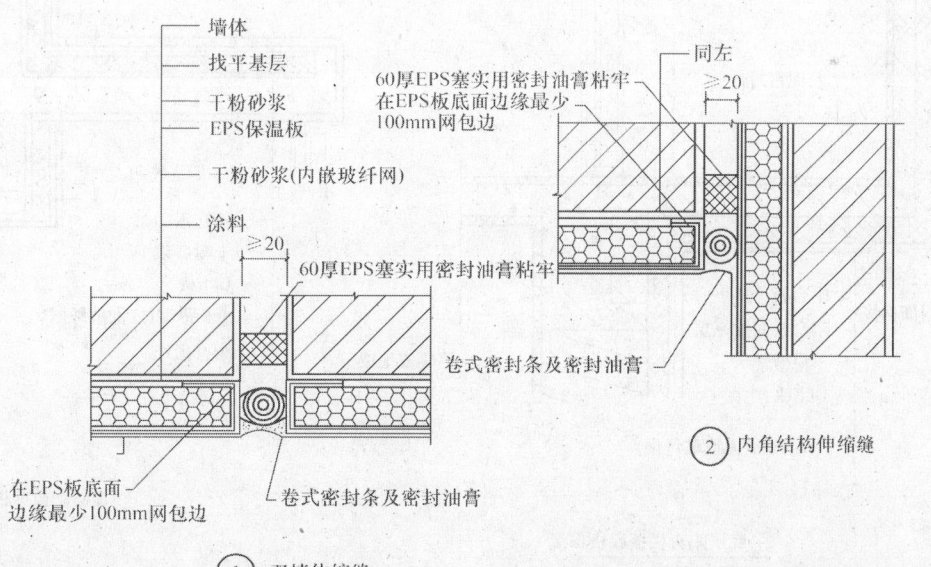

图 5-21 外墙伸缩缝保温构造

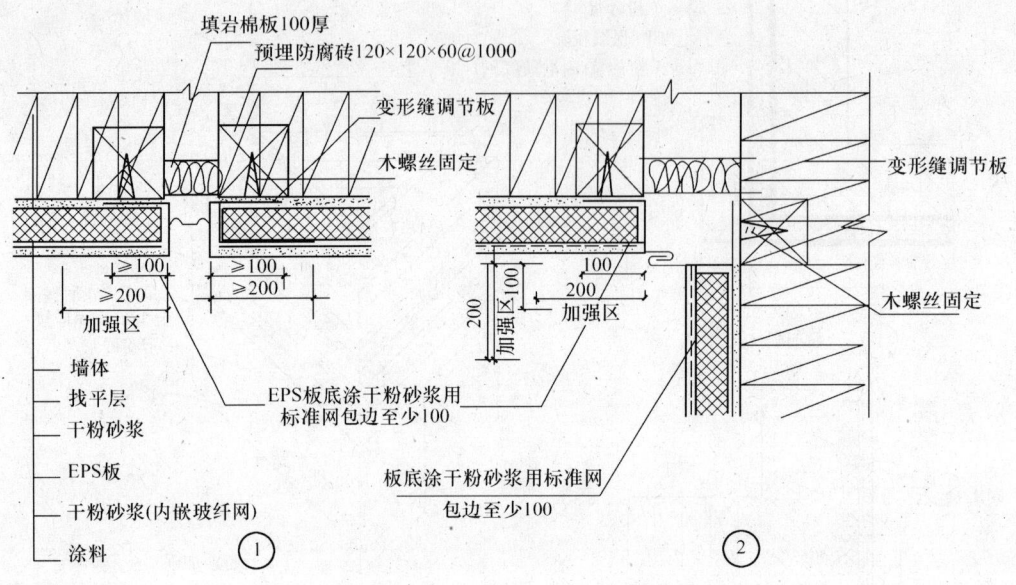

图 5-22 外墙变形缝保温构造

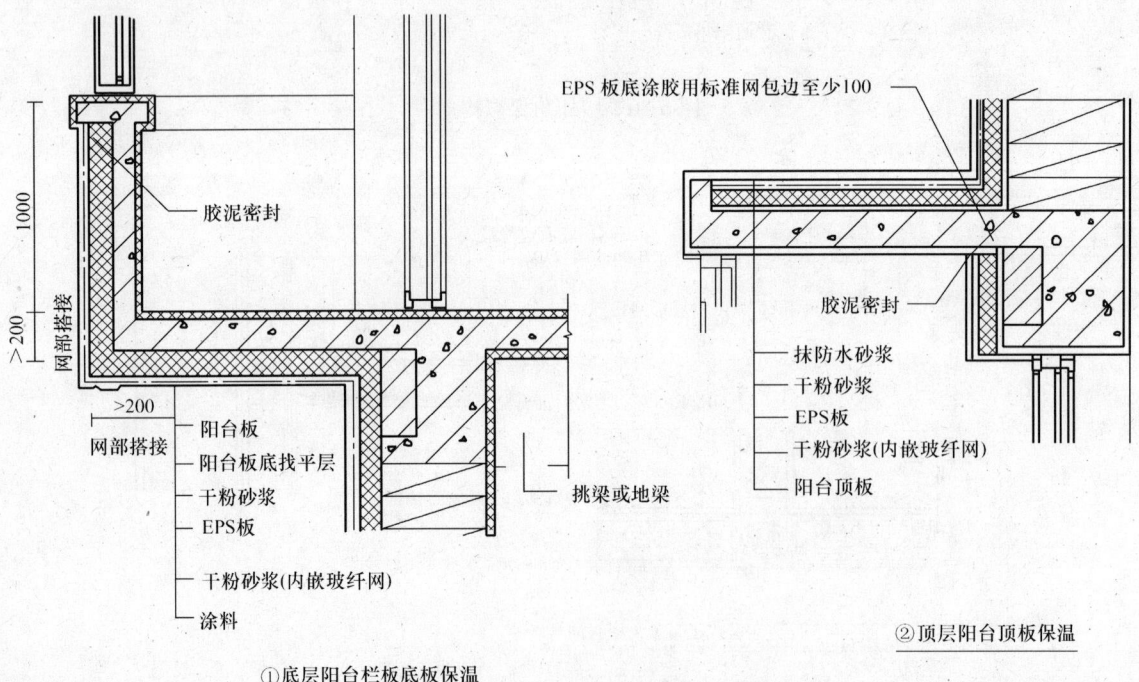

图 5-23 阳台保温构造

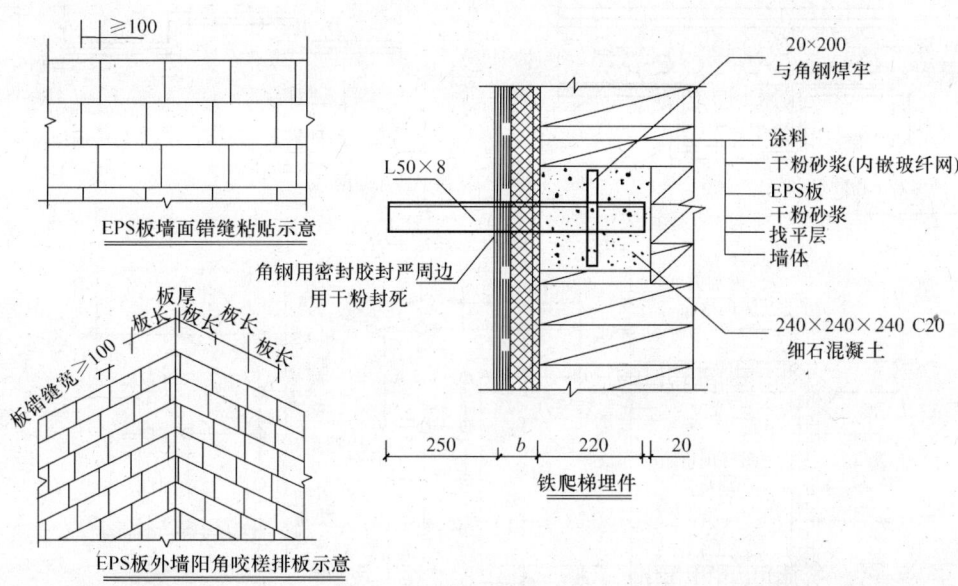

图 5-24 板缝、爬梯、咬槎构造

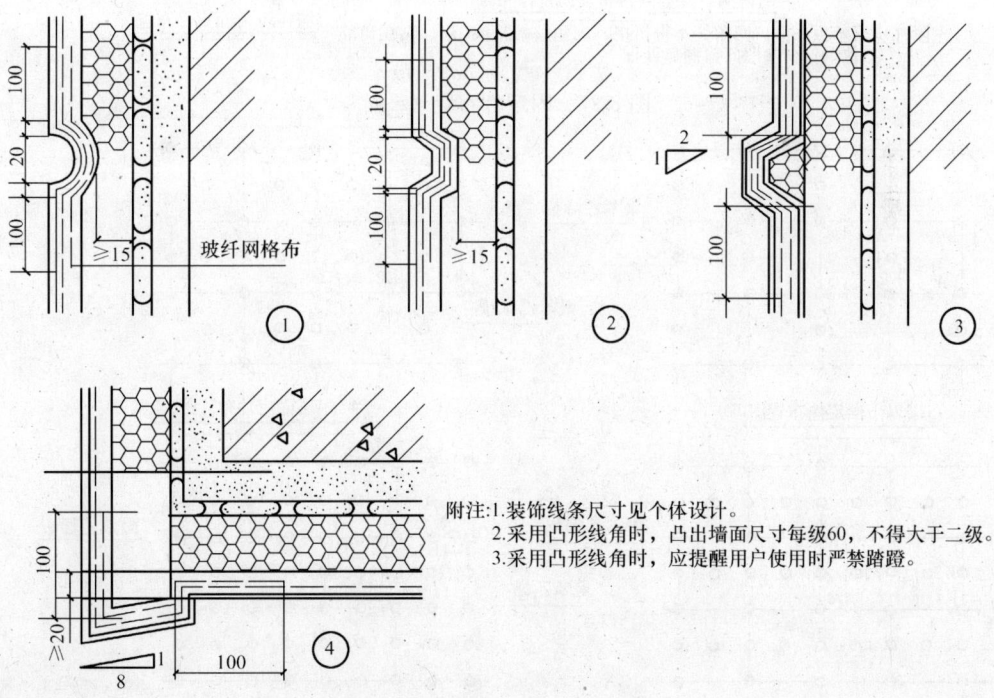

图 5-25 装饰线角、滴水构造

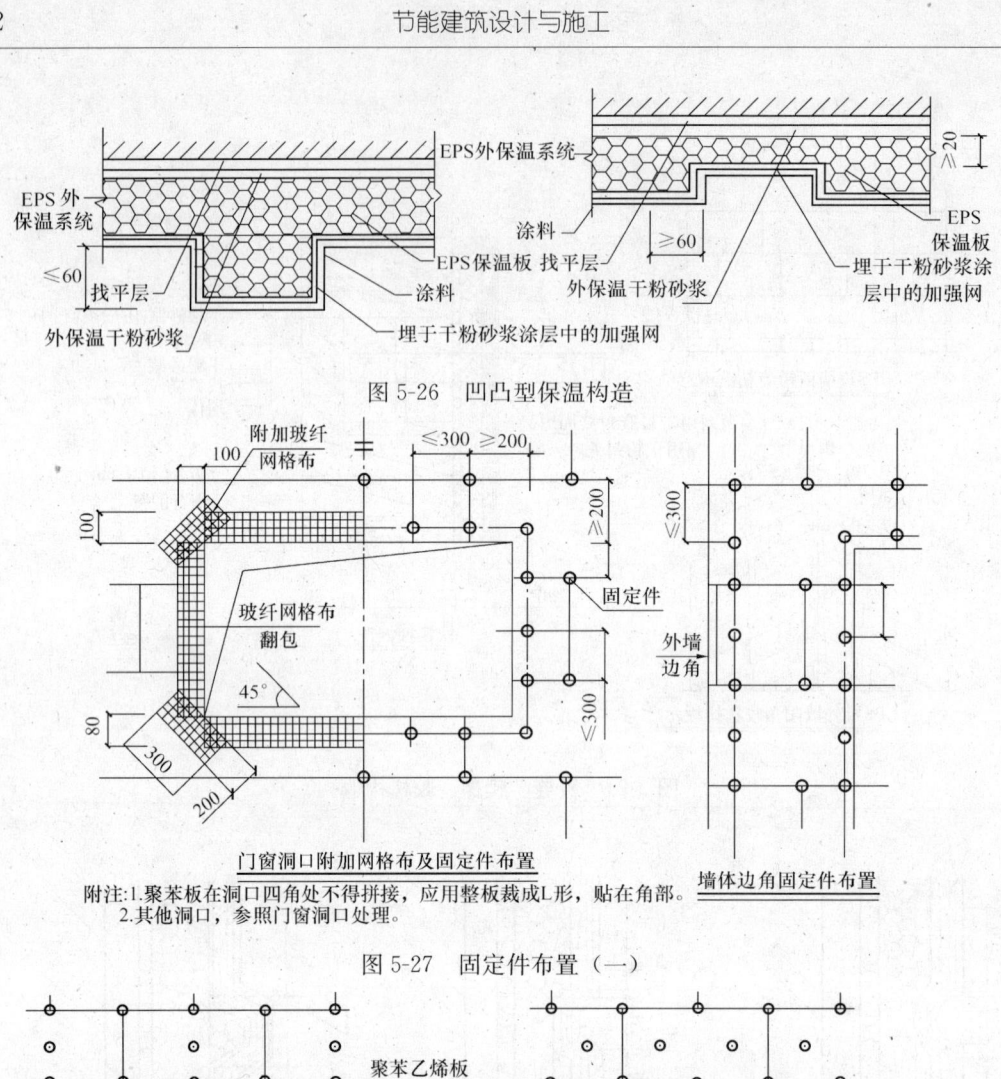

图 5-26 凹凸型保温构造

图 5-27 固定件布置（一）

附注：1. 聚苯板在洞口四角处不得拼接，应用整板裁成L形，贴在角部。
2. 其他洞口，参照门窗洞口处理。

图 5-27 固定件布置（二）

第五章 外墙外保温系统

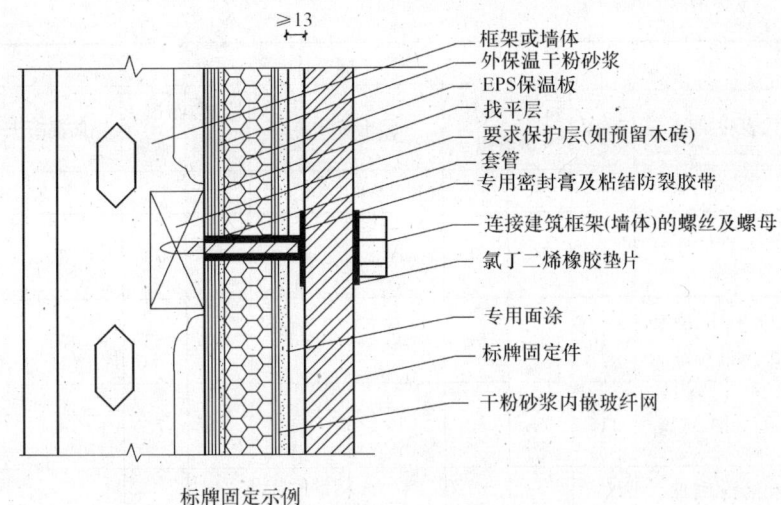

图 5-28 标牌固定

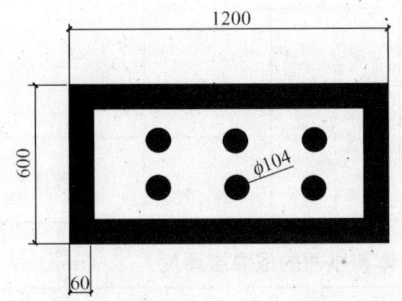

图 5-29 点框法施工平面图

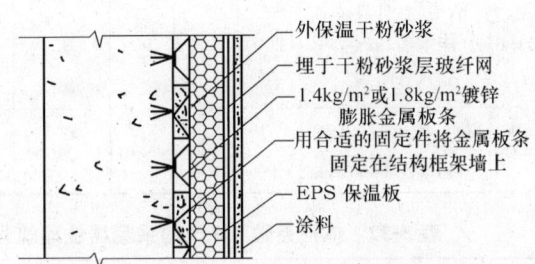

图 5-30 砖石或混凝土保温结构

表 5-31 体形系数≤0.3 的采暖居住建筑外保温墙体和屋面的保温层厚度　　（mm）

采暖期室外平均温度（℃）	代表性城市	屋面	墙体类型						窗户类型
			黏土实心砖、炉渣砖	黏土多孔砖		灰砂砖	混凝土砌块	钢筋混凝土	
			240	370	190(DM)	240(KPI)	240	190	180、200、250	
2.0～1.0	郑州、洛阳、宝鸡、徐州	75	35 25	30 20	35 30	60 20	40 30	40 30	40 30	
0.9～0.0	西安、拉萨、济南、青岛、安阳	75	35 25	30 20	35 30	60 20	40 30	40 30	40 30	
-0.1～1.0	石家庄、德州、晋城、天水	75	45 25	35 20	45 30	40 25	50 30	50 30	55 35	单层塑料窗单框双玻金属窗
-1.1～2.0	北京、天津、大连、阳泉、平凉	75	45 30	35 25	45 30	40 25	50 35	50 35	55 40	
-2.1～3.0	兰州、太原、唐山、阿坝、喀什	90	50 35	40 25	50 30	45 30	55 40	55 40	60 45	

续表

采暖期室外平均温度(℃)	代表性城市	屋面	墙体类型							窗户类型
			黏土实心砖、炉渣砖		黏土多孔砖		灰砂砖	混凝土砌块	钢筋混凝土	
			240	370	190(DM)	240(KPI)	240	190	180、200、250	
−3.1～4.0	西宁、银川、丹东	90	70	60	70	65	75	75	80	单框双玻金属窗
−4.1～5.0	张家口、鞍山、酒泉、伊宁、吐鲁番	115	60	50	65	60	65	65	70	
−5.1～6.0	沈阳、大同、本溪	115	70	60	70	65	75	75	80	单框双玻塑料窗或双层金属窗
−6.1～8.0	呼和浩特、抚顺、延吉、通辽、四平	150	75	60	75	70	80	80	85	
−8.1～9.0	长春、乌鲁木齐	150	90	80	85	80	95	95	100	
−9.1～11.0	哈尔滨、牡丹江、佳木斯、安达、齐齐哈尔	200	100	90	95	90				
−11.1～4.50	海伦、博克图、伊春、海拉尔、满洲里		100	90	95	90				三玻窗

表 5-32 体形系数＞0.3 的采暖居住建筑外保温墙体和屋面的保温层厚度 (mm)

采暖期室外平均温度(℃)	代表性城市	屋面	墙体类型							窗户类型
			黏土实心砖、炉渣砖		黏土多孔砖		灰砂砖	混凝土砌块	钢筋混凝土	
			240	370	190(DM)	240(KPI)	240	190	180、200、250	
2.0～1.0	郑州、洛阳、宝鸡、徐州	115	55 35	45 30	55 35	50 30	60 40	60 40	65 45	
0.9～0.0	西安、拉萨、济南、青岛、安阳	115	65 40	60 25	65 35	60 30	70 45	70 45	75 50	
−0.1～1.0	石家庄、德州、晋城、天水	115	80 50	70 40	80 50	75 45	85 55	85 55	90 60	单层塑料窗单框双玻金属窗
−1.1～2.0	北京、天津、大连、阳泉、平凉	115	90 50	80 45	90 45	85 55	95 55	95 55	100 65	
−2.1～3.0	兰州、太原、唐山、阿坝、喀什	150	80 55	70 50	80 55	75 50	85 60	85 60	90 70	
−3.1～4.0	西宁、银川、丹东	150	75	65	75	70	80	80	80	单框双玻金属窗
−4.1～5.0	张家口、鞍山、酒泉、伊宁、吐鲁番	150	80	70	80	75	85	85	90	单框双玻塑料窗或双层金属窗
−5.1～6.0	沈阳、大同、本溪	200	90	80	90	85	95	95	100	

续表

采暖期室外平均温度(℃)	代表性城市	屋面	墙体类型							窗户类型
			黏土实心砖、炉渣砖		黏土多孔砖		灰砂砖	混凝土砌块	钢筋混凝土	
			240	370	190(DM)	240(KPI)	240	190	180、200、250	
−6.1~8.0	呼和浩特、抚顺、延吉、通辽、四平	200	100	90	100	95	100	100		单框双玻塑料窗或双层金属窗
−8.1~9.0	长春、乌鲁木齐									
−9.1~11.0	哈尔滨、牡丹江、佳木斯、安达、齐齐哈尔									
−11.1~4.50	海伦、博克图、伊春、海拉尔、满洲里									三玻窗

四、TS粘结EPS板外墙外保温涂料饰面系统

该系统保温隔热层采用锚栓锚固聚苯板与TS胶浆粘结相结合成型的施工工艺,基层找平后,抹粘结砂浆构成粘结层,然后用锚栓锚固聚苯板;采用聚合物砂浆夹玻纤网布,刮柔性腻子施工构成抗裂保护层;采用弹性防水涂料构成涂料饰面层。

(一)系统技术特点、适用范围

1. 技术特点

系统采用表观密度在18~22kg/m³范围的阻燃型的EPS板,满足了抗压强度、弯曲强度和拉伸强度的要求,经过时效处理,化学稳定必好,耐老化;对冷缩热胀应力消化吸收能力强,线性收缩率小,尺寸稳定性好,从而保证了保护层的稳定性。

保温层厚度>40mm时采取L形错缝拼接。抹面胶浆夹玻纤网布的构造,解决干缩变形、应力变化、沉降变化引起的保护层裂缝问题,能有效克服应力产生的变形破坏;采用薄抹面构造,不但减轻了保温层的外荷载质量,从而克服荷载过重引起的变形变化,而且因为保护层越薄,它的横向拉应力越小,保证了网布抗拉强度的有效性,不使保护层产生裂纹。基本构造如表5-33所示。

表5-33 粘结EPS板外保温涂料饰面系统基本构造

外墙	基层	保温层	保护层	饰面层	构造图
实心黏土砖、混凝土、小型混凝土空心砌块、黏土多孔砖,各种空心砌块等①	墙面用1:3水泥砂浆找平②	TS209-I粘结胶浆③ + TOX钉锚固苯板⑦	TS209-II抹面胶浆④ + 耐碱玻纤网布⑤ + 柔性腻子⑥	高弹涂料	①②③④⑤⑥⑦

2. 适用范围

适用于新建、扩建、改建、既有工业和民用建筑的承重或非承重墙。既可用于北方采暖省区，也可用于南方各地。

适用于有节能要求的钢筋混凝土、混凝土空心砌块、烧结普通砖、烧结多孔砖、灰砂砖和炉渣砖等材料构成的砌体结构的外墙保温工程。

（二）材料主要技术性能指标

1. 聚苯板的主要技术性能指标如表 5-34 所示。

表 5-34　聚苯板主要性能指标

项 目	指 标	项 目	指 标
导热系数[W/(m·K)]	≤0.041	尺寸稳定性(%)	≤0.30
表观密度(kg/m³)	≥18.0	阻燃性(氧指数%)	≥30
垂直于板面方向的抗拉强度(MPa)	≥0.10		

2. TS209 胶粘剂性能指标

TS209-Ⅰ粘结胶浆专用于把聚苯板粘结到基层墙体上，在施工现场按一定比例的水泥、中砂，搅拌均匀即可使用。

TS209-Ⅱ抹面胶浆由水泥或其他无机胶凝材料、高分子聚合物和填料等材料组成，薄抹在粘贴好的聚苯板外表面，用以保证薄抹灰外保温系统的机械强度和耐久性。胶粘剂性能指标如表 5-35 所示。

表 5-35　TS209 胶粘剂性能指标

项 目		指 标	
		粘结用 (TS209-Ⅰ)	抹面用 (TS209-Ⅱ)
不挥发物含量（%）		≥50	≥40
黏度（MPa·s）		≤1000	≤1000
酸碱性（pH 值）		4.5～7.5	4.5～7.5
断裂伸长率（%）		—	≥300
低温柔性（-15℃）			无裂纹
拉伸粘结强度（与水泥砂浆）(MPa)	常态 14d	≥1.0	
	浸水 7d 干燥 2h	≥0.5	
拉伸粘结强度（与苯板）(MPa)	常态 14d	≥0.1	≥0.1
	浸水 7d 干燥 2h	≥0.8	≥0.8
	冻融循环 20 次干燥 7d	—	≥0.08
压折强度比			≤3
可操作时间（h）		2±0.2	2±0.2

3. 耐碱玻纤网布性能指标

耐碱玻纤网布性能指标如表 5-36 所示。

第五章 外墙外保温系统

表 5-36 耐碱玻纤网布性能指标

项目		指标
孔径（mm）	标准网	4×4
	加强网	6×6
单位质量（g/m²）	标准网	≥130
	加强网	≥300
断裂强度 （N/50mm）	标准网 经向	≥750
	标准网 纬向	≥750
	加强网 经向	≥1200
	加强网 纬向	≥1200
耐碱保留率 28d （%）	经向	≥50
	纬向	≥50
涂塑量 （g/m²）	标准网	≥20
	加强网	≥20

4．防水抗裂柔性腻子性能指标

防水抗裂柔性腻子性能指标如表 5-37 所示。

表 5-37 防水抗裂柔性腻子性能指标

项目	指标	项目	指标
拉伸粘结强度（MPa）	≥0.5	柔韧性（直径 50mm）	卷曲无裂纹
浸水后粘结强度（MPa）	≥0.4		

（三）施工准备

1．材料准备

水泥：强度等级为 32.5 的普通硅酸盐水泥。

中细砂：应符合《普通混凝土用砂、石质量及检验方法标准》（JGJ 52—2006）的要求，含泥量小于 2%。

TS209-Ⅰ粘结胶浆；TS209-Ⅱ抹面胶浆；柔性腻子。

2．工具准备

手提电动搅拌器（200～450r/min）、手提电动钻（中低速）或冲击钻、锯齿抹子、压光抹子、壁纸刀、钢丝钳、砂纸（80～120 号），圆桶 25～50L。

3．施工条件

（1）基层墙体应符合《混凝土结构工程施工质量验收规范》（GB 50204—2001）和《砌体工程施工质量验收规范》（GB 50203—2002）的要求。

（2）门窗框及墙身上各种进户线、落水管支架、预埋件等按设计安装完毕。

（3）外墙脚手架或吊篮搭设安装牢固、安全检查合格、外架离墙距离适当。

（4）施工环境温度应不低于 5℃，风力应不大于 5 级，风速不宜大于 5m/s。严禁雨天施工，雨期施工应做好防雨措施。

（四）施工工艺

1．施工程序

基层抹水泥砂浆找平（平整度 3～5mm）——→抹 TS209-Ⅰ粘结胶浆——→粘结聚苯板，板缝间不用砂浆，相邻苯板高度应小于 1mm——→锚栓锚固聚苯板——→打磨聚苯板，去掉聚苯板老化层及附着物──→TS209-Ⅱ抹面胶浆夹玻纤网布（3mm）──→刮涂柔性腻子──→涂弹性防水涂料──→验收（聚苯板无虚粘、外凸，保护层无裂纹、鼓泡，平整度 2~3mm，阳角处无缺陷）。

2. 施工要点

（1）基层处理

基层表面应坚实平整、清洁，无油污、脱模剂、涂料、风化物等妨碍粘结的材料。基层表面的凸起、空鼓和疏松部位应剔除，并用 1：3 的水泥砂浆找平。

基层过于干燥时，应在贴 EPS 板前根据不同的基层材料适当喷水湿润，宜使用喷浆泵或喷雾器喷水，不可喷水过量，也不得向墙上泼水。

（2）保温层施工

1）材料配制

粘结胶浆配制：按 TS209-Ⅰ胶粘剂：水：砂＝1：1：2.5 的比例混合，先将水泥与砂干混后再加入 TS209-Ⅰ，用改装的手提电钻或其他搅拌工具将其搅拌均匀。每次配制胶浆量不得过多，视环境温度而定，要求拌好后的胶浆应在 1h 内用完，使用中途禁止加水使用。

柔性腻子配制：按腻子液：腻子料＝1：1.0~1.4（辊涂）质量比，搅拌均匀。

2）切割保温板

切割 EPS 板应采用电热丝切割器切割成 600mm×600mm 的标准板尺寸，或根据现场确定板材尺寸，切割大小面应垂直，允许偏差在合格范围内。

3）粘贴保温板

粘贴保温板前，在平整的外墙面上用墨线弹出距散水标高 20mm 的水下线；按平整度和垂直度要求挂线，首先进行系统的起端和终端翻包或包边施工。

保温板采用点粘法粘贴，当采用标准板尺时，应在板面均匀布置 8 个粘结点，每点直径为 80~100mm，胶厚为 10mm，涂抹面积与保温板面积之比不得小于 30%，首层比值不得小于 40%。粘结胶浆应涂在保温板平面上，不得涂在基层和保温板的侧面。

保温板涂胶后立即粘贴，粘贴时应轻揉滑动就位，不得局部用力按压，板材对头缝应挤紧，并与相邻板齐平，板与板间隙应不大于 1.6mm，且板的高度差应不大于 1mm。贴好后应立即刮除板缝和板侧面残留的胶浆。

粘贴保温板由勒脚部位开始，自下而上，沿水平方向铺设粘贴，竖缝应逐行错缝 1/2 板长，在墙角处应交错互锁，并应保证墙角垂直度。保温板粘牢 24h 后，用专用砂纸将板边不平处打磨搓平。在门窗口内壁面贴保温板时，其厚度视门窗框与洞口间隙大小定，一般不宜小于 30mm（门窗口内壁建议使用 TS20 保温浆料，但厚度不应小于 20mm）。

保温板粘牢且合格 24h 后，可安装固定 TOX 钉，按每平方米 1~2 套钉设置，或每块保温板一颗钉，钻孔、压入尼龙塞后再拧入 TOX 钉，达到紧固牢靠、不松动，但钢钉勿拧过紧。

（3）保护层施工

1）抹面胶浆配制

按 TS209-Ⅱ胶粘剂：水：砂＝1：1：2.5 的比例混合，先将水泥与砂干混后再加入 TS209-Ⅱ，用改装的手提电钻或其他搅拌工具将其搅拌均匀。每次配制胶浆量不得过多，视环境温度而定，要求拌好后的胶浆应在 1h 内用完，使用中途禁止加水使用。

2) 铺设玻纤网布

用不锈钢抹子在 EPS 保温板表面均匀涂抹一道面积略大于一块网布、且厚度为 1.6～2mm 的抹面胶浆，立即将标准玻纤网布压入抹面胶浆中，再抹第二道厚度为 1mm 的抹面胶浆，直到全部覆盖玻纤网布，但最终保护层抹面胶浆厚度不应超过 3mm；加强网布铺设方法及具体要求与标准网布相同。

裁剪玻纤网布时，长度由需翻包的墙体部位尺寸而定。标准网相互搭接≥50mm，分段施工时应预留搭接长度，加强网间须对接，其对接处应紧密。玻纤网的铺设应自上而下，沿外墙一圈一圈铺设。当铺设到门窗洞时，应在洞口四角处沿 45°方向补贴一块 400mm×400mm 标准网以防止开裂。

翻包部位的 EPS 板的正面和侧面，均涂抹上胶浆，将预先甩出的网布沿板厚翻包，并压入抹面胶浆内，当需要铺设加强网时，则应先铺设加强网，再将翻包的标准玻纤网压在加强网之上。

铺设玻纤网布时，将弯曲面朝向墙面铺，且必须竖向使用，从中央向四周用抹子抹平，将网布完全嵌入抹面胶浆内，全部抹面胶浆和玻纤网布铺设完成后，至少在常温静止 24h，在寒冷或潮湿气候条件下，还应适当延长养护时间才能进行下道施工。

3) 分格条处理

用壁纸刀将苯板保温层划深为分格条厚度+2mm，宽为分格条宽度+6mm 的凹槽。分格格缝部位的网布先压入下边后再压入上边，将背面涂满保护层胶浆的分格条压入找平、粘牢，并达到平齐、顺直一致。分格条嵌入后不得用水泥干粉或水泥砂浆等对分格条边角压光。

4) 脚手架洞口处理

在洞口周边预留 150～200mm，此处保护层施工时网布四边均比预留洞口边多留 50mm，并不抹保护层胶浆，裁好与洞口尺寸一致的苯板块，周边及底面涂满保护层胶浆塞入洞内，并应比施工保护层表面低 2～3mm 左右。表面涂保护层砂浆，先将预留网布贴牢，提浆，再粘牢另一块与洞口尺寸一致的网布，压光。

5) 涂柔性腻子

采用辊涂或刷涂方式，纵横各一遍，厚度均匀一致，各阴阳角处认真涂满，完成施工 24h 后施工饰面层。

(4) 饰面层施工

面层涂料应采用高弹性涂料，严禁采用油溶性涂料施工。将面层涂料用搅拌器搅拌均匀后，从墙顶端开始向下进行，操作时不得干滚或用力过度。在施工时避开阳光暴晒和大风雨天施工，适宜施工条件：5～35℃范围内，相对湿度 50%左右。

(五) 质量标准

1. 主控项目

(1) 体系所使用的所有材料质量和技术性能指标应满足有关国家标准或行业标准，进入现场材料应检查出厂合格证或进行复检。

(2) 保温层的厚度及构造做法应符合设计要求，保温层厚度不许有负偏差。

(3) 保护层与基层墙体以及各构造层之间必须粘结牢固，无脱层、空鼓、裂缝、面层粉化、起皮爆灰等现象。

2. 一般项目

(1) 表面应平整、洁净、接槎平整，无明显抹纹，线角应顺直、清晰。
(2) 首层外墙各层阴角、阳角以及门窗洞口四角等部位均需用网布加强。
(3) 墙面埋设暗线、管道后，墙面用网布和抗裂砂浆加强，表面抹灰平整。
(4) 滴水线（槽）流水坡向正确、顺直。
(5) 分格缝宽度、深度均匀一致、平整光滑、棱角整齐、顺直。

3. 允许偏差

保温系统允许偏差如表 5-38 所示。

表 5-38 允 许 偏 差

项 目	允许偏差（mm）	检 查 方 法
立面垂直度	4	用 2m 托线板检查
表面平整度	4	用 2m 靠尺及塞尺检查
阴阳角垂直	4	用 2m 托线板检查
阴阳角方正	4	用 2m 靠尺及塞尺检查
立面总高度垂直	H/1000 不大于 20	用经纬仪、吊线检查
上下窗口左右偏移	不大于 20	用经纬仪、吊线检查
上下窗口偏移	不大于 20	用经纬仪、吊线检查
保温层厚度	不允许有负偏差	用针、钢尺检查
分格条（缝）平直	3	用 5m 小线和尺量检查

（六）注意事项

1. 施工时应严格遵守国家和地方相关作业安全要求，保证操作者人身安全。
2. 其他工种施工作业时不得污染或损坏已完成的保温层或保护层，严禁踩踏窗口保护层。
3. 拆除脚手架等施工辅助设施时，应防止破坏已抹好的墙面。门窗框口、管道、槽盒等残存砂浆应及时清理干净。
4. 阳角等特殊部位应有相应保护措施防止施工中破坏。
5. 保温层或保护层等表面层未干前严禁水冲、撞击、振动。

第三节 锚固保温板与胶粉聚苯颗粒复合保温层系统

一、锚固聚苯板复合胶粉聚苯颗粒涂料饰面系统

该系统采用锚固聚苯板与胶粉聚苯颗粒浆料复合保温层的施工工艺。采用锚栓锚固钢丝网固定苯板，经界面处理后再用 TS20 保温浆料施工，共同达到设计厚度。采用聚合物砂浆夹玻璃纤维网布刮柔性腻子施工构成抗裂保护层，采用弹性防水涂料构成饰面层。

（一）技术特点、适用范围

1. 技术特点

该保温系统采用苯板锚固省略粘结层，且锚栓固定镀锌钢丝网，刚性强制约束，无风压破坏，无冻胀影响。消除苯板拼缝热效应，表面不平及保护层裂纹。门、窗洞口用胶粉聚苯颗粒浆料施工，施工速度快，综合突出苯板和浆体材料各自优点，且克服各自缺点，适应严

寒和寒冷地区厚度大的保温工程。解决了板类保温窗口等特殊部位及造型复杂建筑物大厚度保温工程施工难度。基本构造见表5-39。

表5-39 锚固聚苯板复合TS20胶粉聚苯颗粒外墙外保温涂料饰面构造

外墙	找平层	聚苯板保温层	界面层	TS20保温层	保护层	饰面层	构造示意图
实心黏土砖、混凝土、小型混凝土空心砌块、陶粒砌块、黏土多孔砖等①	水泥砂浆找平（基面平整度较好时不用）①	聚苯板②＋镀锌平面钢网⑤＋TOX钉③	界面砂浆④	TS20胶粉聚苯颗粒⑥	聚合物砂浆乳液⑦＋耐碱玻纤网布⑧＋柔性腻子⑨	高弹涂料	

2. 适用范围

适用于新建、扩建、改建、既有工业和民用建筑。尤其适应严寒和寒冷地区大厚度保温工程，对于现有建筑可以在旧墙面不做任何处理的条件下施工。

适用于有节能要求的钢筋混凝土、混凝土空心砌块、烧结普通砖、烧结多孔砖、灰砂砖和炉渣砖等材料构成的砌体结构的外墙保温工程。

(二) 材料主要技术性能指标

1. 聚苯板技术性能指标

聚苯板的技术性能指标参见表5-34。

2. 镀锌钢丝网技术性能指标

镀锌钢丝网的技术性能指标如表5-40所示。

3. 界面砂浆技术性能指标

界面砂浆技术性能指标如表5-41所示。

表5-40 镀锌钢丝网技术性能指标

项 目	指 标	项 目	指 标
钢丝直径（mm）	≥1.50	焊点抗拉力（N）	≥70
网孔（mm）	≤40×40	防腐	热镀锌（100g/m²）

表5-41 界面砂浆技术性能指标

项 目		指 标
界面砂浆压剪粘结强度	原强度（MPa）	≥0.7
	耐水（MPa）	≥0.5
	耐冻融（MPa）	≥0.5

4. TS20胶粉料技术性能指标

TS20胶粉技术性能指标如表5-42所示。

表 5-42　TS20 胶粉料技术性能指标

项　目	指　标	项　目	指　标
初凝时间（h）	≥4	浸水拉伸粘结强度（MPa）	≥0.4
终凝时间（h）	≤12	安定性	合格
拉伸粘结强度（MPa）	≥0.6		

5. TS20 胶粉聚苯颗粒保温浆料技术性能指标

TS20 胶粉聚苯颗粒保温料浆技术性能指标如表 5-43 所示。

表 5-43　TS20 胶粉聚苯颗粒保温浆料技术性能指标

项　目	指　标	项　目	指　标
湿表观密度（kg/m³）	＜420	压剪粘结强度（kPa）	≥50
干表观密度（kg/m³）	≤230	线性收缩率（%）	≤0.30
导热系数［W/(m·K)］	≤0.06	软化系数	≥0.50
蓄热系数［W/(m²·K)］	≥0.95	难燃性	B1
抗压强度（kPa）	≥100		

6. 聚合物砂浆技术性能指标

聚合物砂浆技术性能指标如表 5-44 所示。

表 5-44　聚合物砂浆技术性能指标

项　目		指　标
可用时间及强度	可操作时间（h）	≥1.5
	可操作时间内拉伸粘结强度（MPa）	≥0.7
拉伸粘结强度（常温 28d）（MPa）		≥0.7
浸水拉伸粘结强度（常温 28d，浸水 7d）（MPa）		≥0.5
压折比		≤0.3

注：水泥应采用强度等级 42.5 级的普通硅酸盐水泥；砂应筛除大于 2.5mm 的颗粒，含泥量小于 3%。

7. 耐碱玻纤网布技术性能指标

耐碱玻纤网布技术性能指标如表 5-45 所示。

表 5-45　耐碱玻纤网布性能指标

项　目			指　标
孔径（mm）		标准网	4×4
		加强网	6×6
单位质量（g/m²）		标准网	≥130
		加强网	≥500
断裂强力（N/50mm）	标准网	经向	≥850
		纬向	≥1000
	加强网	经向	≥3000
		纬向	≥3000
耐碱保留率 28d（%）		经向	≥70
		纬向	≥70
涂塑量（g/m²）		标准网	≥20
		加强网	

8. 抗裂柔性腻子技术性能指标

抗裂柔性腻子技术性能指标如表 5-46 所示。

表 5-46　抗裂柔性腻子技术性能指标

项　目	指　标	项　目	指　标
拉伸粘结强度（MPa）	≥0.5	柔韧性（直径 30mm）	卷曲无裂纹
浸水粘结强度（MPa）	≥0.4		

（三）施工准备

1. 材料准备

水泥：选用强度等级为 32.5 级的普通硅酸盐水泥，并应符合《硅酸盐水、普通硅酸盐水泥》（GB 175—1999）的要求。

中细砂：应符合《普通混凝土用砂量标准及检验方法》（JGJ 52—2006）的要求，含泥量小于 2%。

TS201 界面砂浆，TS20 聚苯颗粒浆料，TS20R 聚合物砂浆，柔性腻子。

2. 工具准备

强制式砂浆搅拌机、手推车、手提电动搅拌器（或喷浆机），常用抹灰工具及抹布专用检测工具、经纬仪、放线工具、剪刀、滚刷、铁锹、手锤、錾子、壁纸刀、靠尺、塞尺、钢尺。

3. 施工条件

（1）基层墙体应符合《混凝土结构工程施工质量验收规范》（GB 50204—2002）和《砌体工程施工质量验收规范》（GB 50203—2002）的要求。

（2）门窗框及墙身上各种进户线、落水管支架、预埋件等按设计安装完毕。

（3）外墙脚手架或吊篮搭设安装牢固，安全检查合格，外架离墙距离适当。

（4）施工环境温度应不低于 5℃，风力应不大于 5 级，风速不宜大于 5m/s。严禁雨天施工，雨期施工应做好防雨措施。

（四）施工工艺

1. 施工程序

基层墙体清理──涂界面砂浆于苯板表面──用锚栓镀锌钢丝网固定聚苯板──冲筋打饼（筋宽 70mm，间距 1000mm，高 30mm；饼直径＞70mm，间距 400mm，高 300mm）──抹 TS20 保温层──先舔抹并找平，表面大杠搓平，阴角部位自外向内抹──抹保护层（3～5mm），压入网布（禁止干搭）──嵌分格条──刮涂柔性腻子──嵌密封胶，涂弹性防水涂料──验收

2. 施工要点

（1）基层处理

墙体处理：基层表面应坚实平整、清洁、无油污、脱模剂、涂料、风化物等。表面大于 5mm 的凸出物、空鼓和疏松部位应剔除，严重不平应用 1∶3 的水泥砂浆找平。基层墙体检查处理，应达到国家现行《建筑工程施工质量验收统一标准》的要求。

锚固聚苯板：聚苯板横放厚度按保温层厚度减 30mm。用 TOX 钉或其他等效锚钉在苯板中心位置固定，铺好镀锌钢网在苯板交角处用 TOX 钉固定压紧，钉头直径 8mm，主体墙内深度不小于 55mm。各钉压紧力应均匀。钢网对接处用双股 22 号镀锌绑线捆扎牢固，间距 200～250mm；阳角处钢网对接按间距 100～150mm 用双股 22 号镀锌绑线捆扎；钢网与保温层局部间隙≤2mm。

阳角边部必须用 TOX 钉压紧。锚固网施工质量合格后方可进入下道工序。

（2）界面层施工

界面砂浆按 TS201 界面剂：水泥：中砂＝1∶1～1.2∶1～1.2 质量比配制，搅拌均匀后，采用辊涂或喷涂施工，每批次的配料应在 2h 内用完。涂后 2h 可进行 TS20 保温层施工。

（3）保温层施工

1）配制 TS20 保温浆料：先将 34～39kg 清水倒入 300L 砂浆搅拌机内，再倒入一袋 TS20 胶料粉，搅拌 3～5min，使聚苯颗粒完全被胶液包住，不显白色，配制中不得加水，配好后每批次的浆料应在 3h 内用完。

2）冲筋、打饼：沿水平和垂直方向用 TS20 保温浆料或苯板分别做保温墙体厚度控制层（苯板允许留在保温层中不拆除），水平方向筋的厚度就是保温层厚度，间距 1m。垂直方向可以打饼，厚度也是保温厚度，间距 400mm。

3）抹保温层：抹聚苯颗粒保温浆料时应分两遍进行，两遍间隔时间为 24h。当施工温度偏低时间隔时间适当延长，施工自上而下进行。

第一遍施工厚度可厚些，一般可在 20mm 左右，施工方式以舔抹式保持鱼鳞表面，这样有利于第一遍保温层干燥。当第一遍涂层达到表面用手按不动时，再进行第二遍施工并达到设计的最终厚度即冲筋厚度，并用大杠搓平，平整度达到设计要求。在阴角处施工宜从外向内压抹。整体保温层约在 3～7d 达到干燥后，可进行下道工序施工。

（4）保护层施工

配制聚合物砂浆：按 TS20R∶32.5 级水泥∶中砂＝1.0～1.2∶1∶3 质量比例搅拌均匀，拌好浆料应在 2h 内用完。

抹保护层厚度为 3～5mm 并用大杠搓平，压入网布，网布搭边为 50mm，不许干搭，要求砂浆饱满度达到 100%，并不许用水泥干粉或喷水压光，平整度误差≤4mm。网布垂直竖向使用，必须平整，无皱褶或偏斜。抹平后网布呈暗格为佳。

在春季干燥时，如在迎风迎光面施工，应在聚合物砂浆初凝 3～4h 左右，满涂刷一遍 TS202 柔性养护液。

分格条处理时，用壁纸刀将 TS 保温层划深为分格条厚度＋2mm，宽为分格条宽度＋6mm 的凹槽。将剪好的网布搭接于凹槽处，先压入下层的网布，再将上层的网布搭接其上，将涂满聚合物砂浆的分格条压入找平、粘牢，并达到平齐、顺直一致。分格条嵌入后不得用水泥干粉或喷水、水泥砂浆等对分格条边角压光。

门窗阳角用双层网布处理，窗口部位应用 200mm×400mm 网布斜 45°加强处理；首层楼双层网布，加强网布对边缝与标准网布对边缝应错开；墙面装饰造型边角处保护层和网布顶齐压实，必须划出嵌密封胶槽。

脚手架洞口处理时，在洞口周边预留 150～200mm，此处保护层施工时网布四边均比预留洞口边多留 50mm，并不抹保护层胶浆，裁好与洞口尺寸一致的苯板块，周边及底面涂满保护层胶浆塞入洞内，并应比施工保护层表面低 2～5mm。表面涂保护层砂浆，先将预留网布贴牢，提浆，再粘牢另一块与洞口尺寸一致的网布，压光。

上窗口顶应设置滴水槽。在接缝处、下窗口、侧窗口等各节点处应嵌密封胶。保护层施工约 48h 后涂柔性腻子。

（5）涂柔性腻子

按腻子液：腻子粉＝1∶1.0～1.4 质量比搅拌均匀，采用辊涂或刷涂方式，纵横各一遍，厚度为 1mm 左右，均匀一致，各阴阳角处认真涂满，禁止使用其他刚性腻子做找平处理。需再刮平处理时，应使用符合相应标准的专用柔性防水找平腻子。柔性腻子完成施工 24h 后，用高弹涂料或弹性防水涂料施工饰面层，涂料饰面层施工时，清除表面浮尘或其他附着物，纵横各一遍辊涂或喷涂。

（五）质量标准

1. 主控项目

（1）体系所使用的所有材料质量和技术性能指标应满足有关国家标准或行业标准，进入现场材料应检查出厂合格证或进行复检。

（2）保温层的厚度及构造做法应符合设计要求，保温层厚度不许有负偏差。

（3）苯板保温层与基层墙体以及各构造层之间必须连接牢固，TS20 保温浆料与苯板间无脱层、空鼓等缺陷。

2. 一般项目

（1）表面应平整、洁净，接槎平整、无明显抹纹，线角应顺直、清晰。

（2）首层外墙各层阴角、阳角以及门窗洞口四角等部位均需用网布加强。

（3）墙面埋设暗线、管道后，墙面用网布和抗裂砂浆加强，表面抹灰平整。

（4）滴水线（槽）流水坡向正确且顺直。

（5）分格缝宽度、深度均匀一致，平整光滑，棱角整齐、顺直。

3. 允许偏差

允许偏差如表 5-47 所示。

表 5-47 允 许 偏 差

项 目	允许偏差（mm）	检 查 方 法
立面垂直度	4	用 2m 托线板检查
表面平整度	4	用 2m 靠尺及塞尺检查
阴阳角垂直	4	用 2m 托线板检查
阴阳角方正	4	用 2m 靠尺及塞尺检查
立面总高度垂直	$H/1000$ 不大于 20	用经纬仪、吊线检查
上下窗口左右偏移	不大于 20	用经纬仪、吊线检查
上下窗口偏移	不大于 20	用经纬仪、吊线检查
保温层厚度	不允许有负偏差	用针、钢尺检查
分格条（缝）平直	3	用 5m 小线和尺量检查

（六）注意事项

1. 施工时严格遵守国家和地方相关作业安全要求，保证操作者人身安全。

2. 其他工种施工作业时不得污染或损坏已完成的保温层或保护层，严禁踩踏窗口保护层。

3. 拆除脚手架等施工辅助设施时，应防止破坏已抹好的墙面。门窗框口、管道、槽盒等处残存砂浆应及时清理干净。

4. 阳角等特殊部位应有相应保护措施防止施工中破坏。

5. 保温层或保护层等表面层未干前严禁水冲、撞击、振动。

二、锚固保温板与胶粉聚苯颗粒复合保温层构造

其构造如图 5-31 至图 5-45 所示。

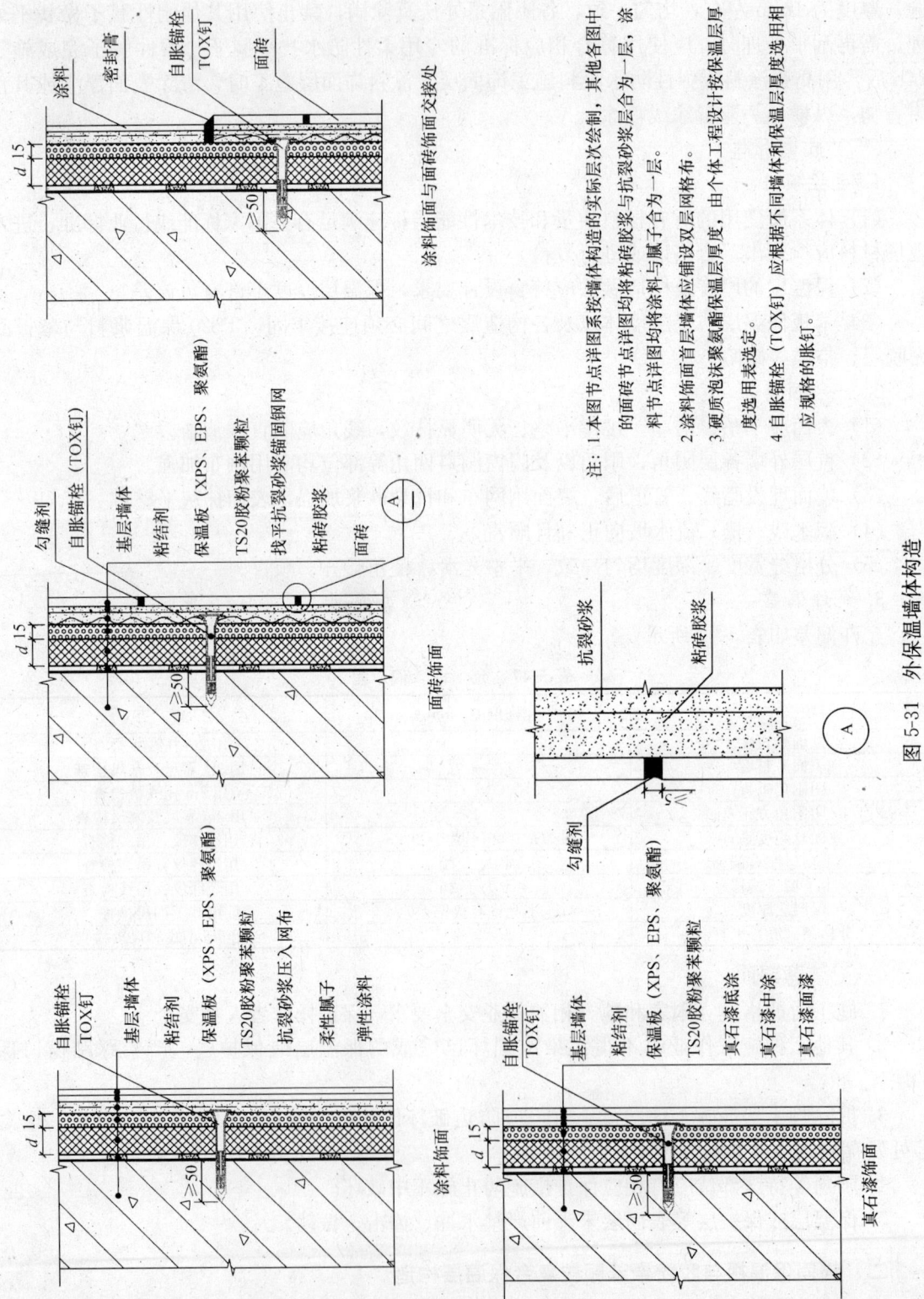

图 5-31 外保温墙体构造

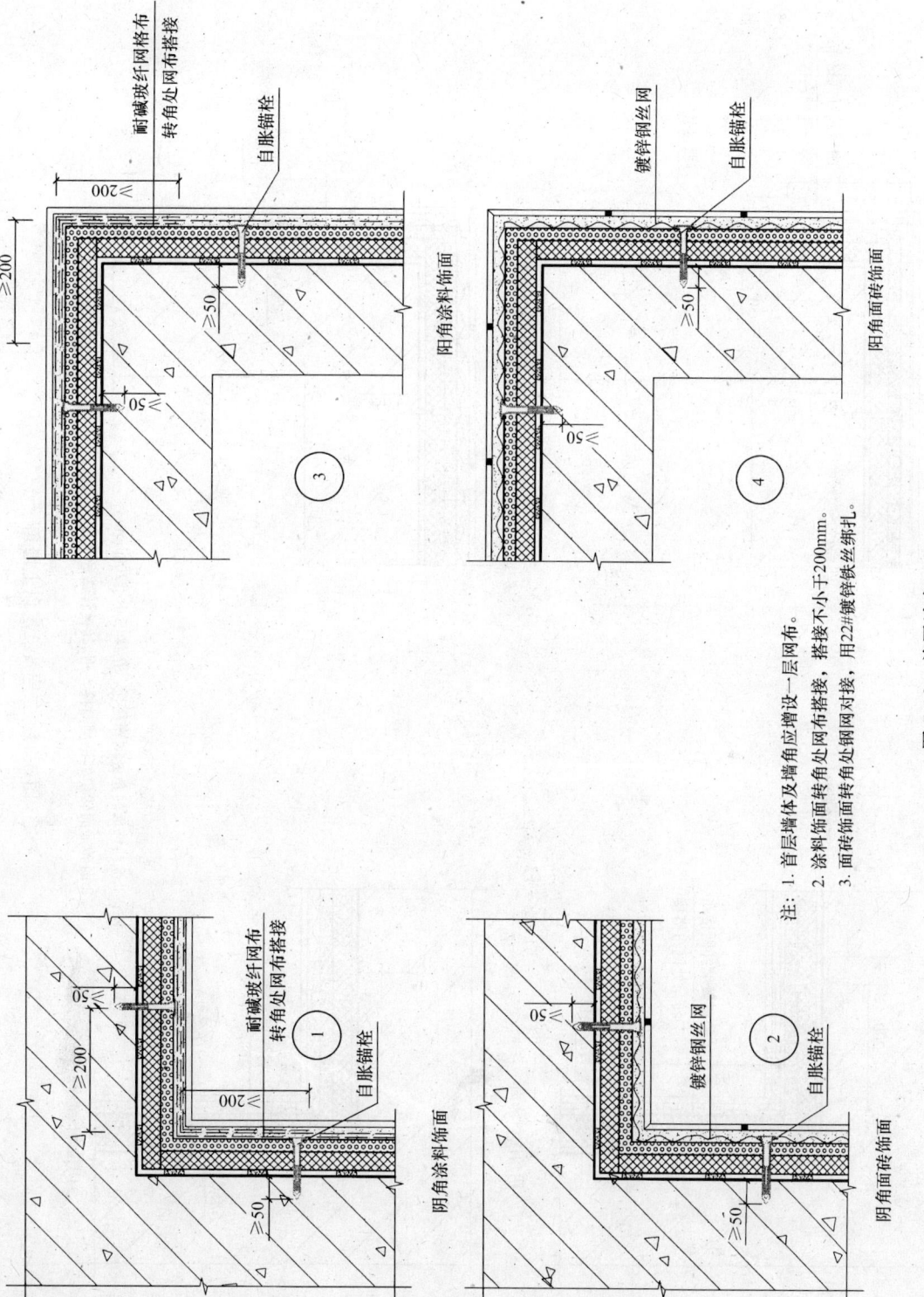

图 5-32 首层墙角

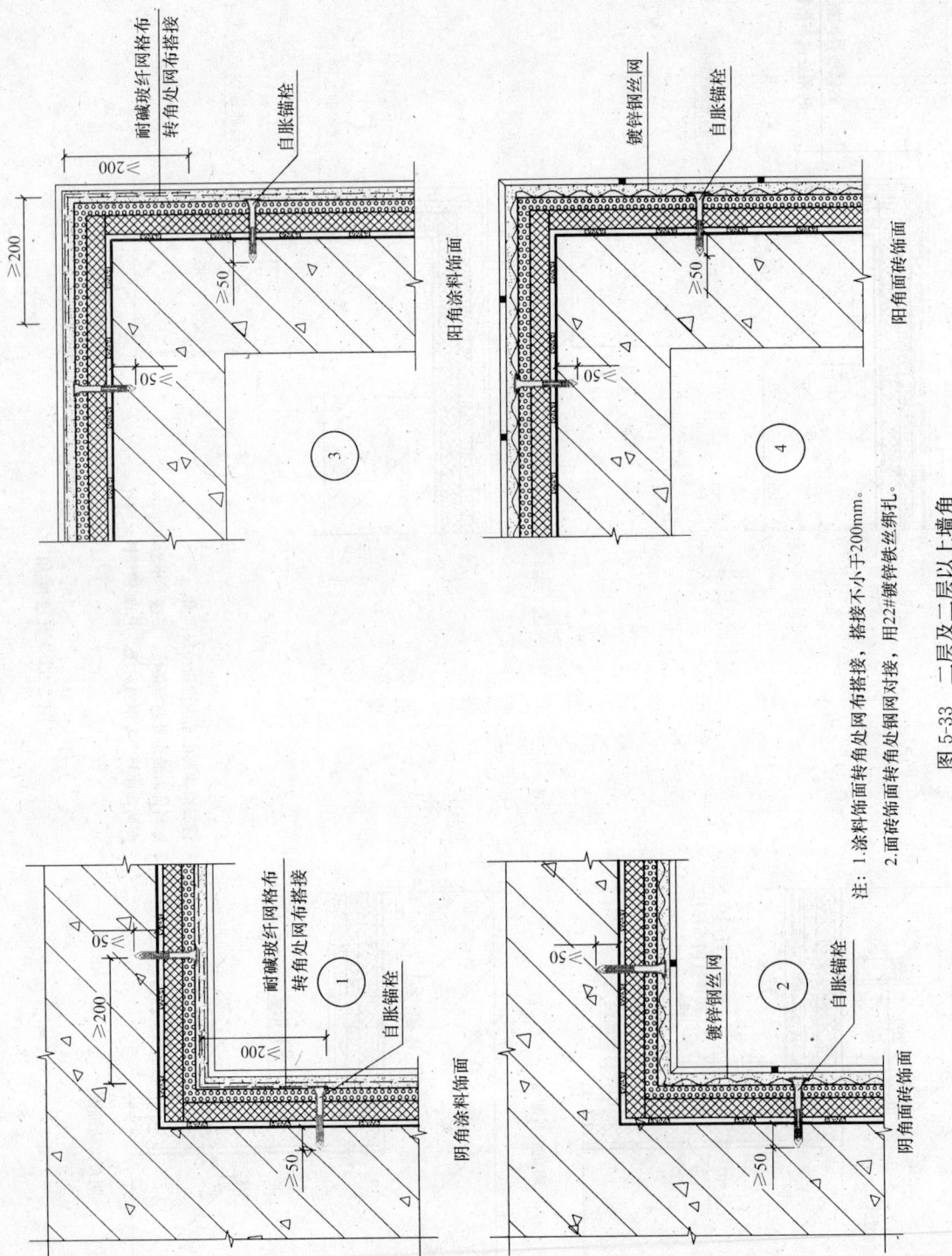

图 5-33 二层及二层以上墙角

注：1. 涂料饰面转角处网布搭接，搭接不小于200mm。
2. 面砖饰面转角处钢网对接，用22#镀锌铁丝绑扎。

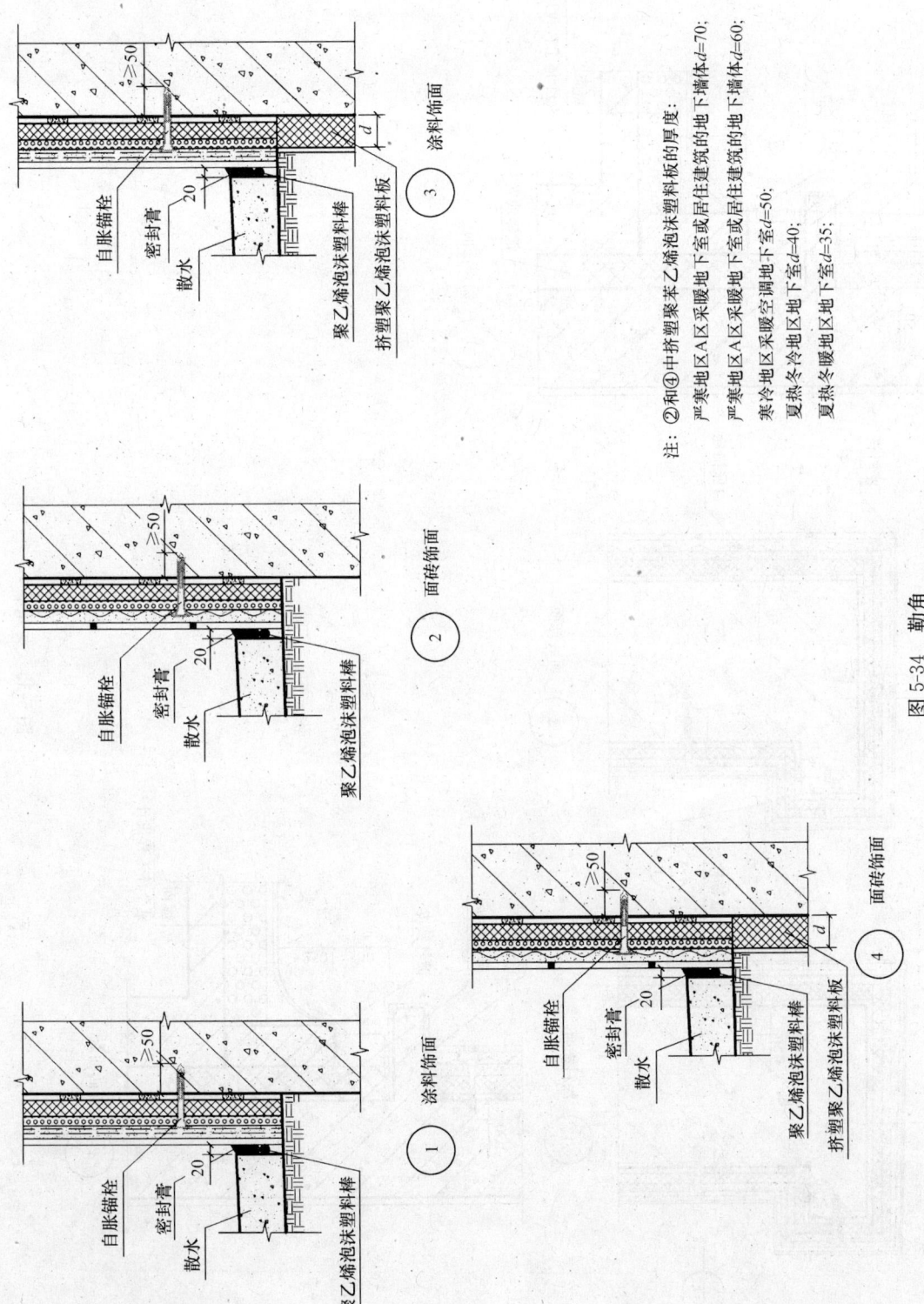

图 5-34 勒角

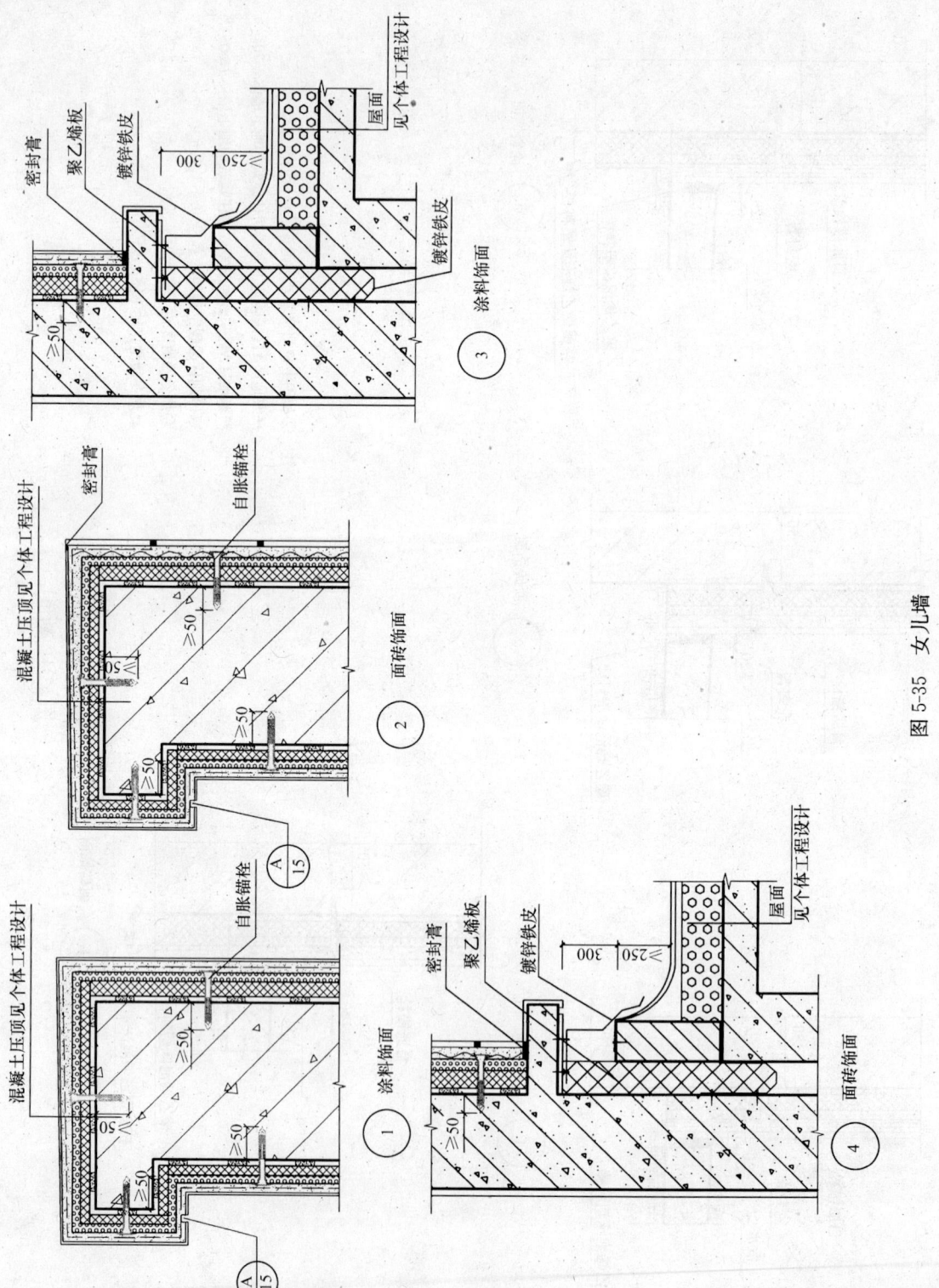

图 5-35 女儿墙

图 5-36　窗口

注：1.窗框的立框位置见个体工程设计，窗框与基层墙体边的距离不应大于60，严寒地区窗框宜与基层齐平。

2.外窗台排水坡顶应高出附框顶10,用于推拉窗时尚应低于窗框泄水孔。

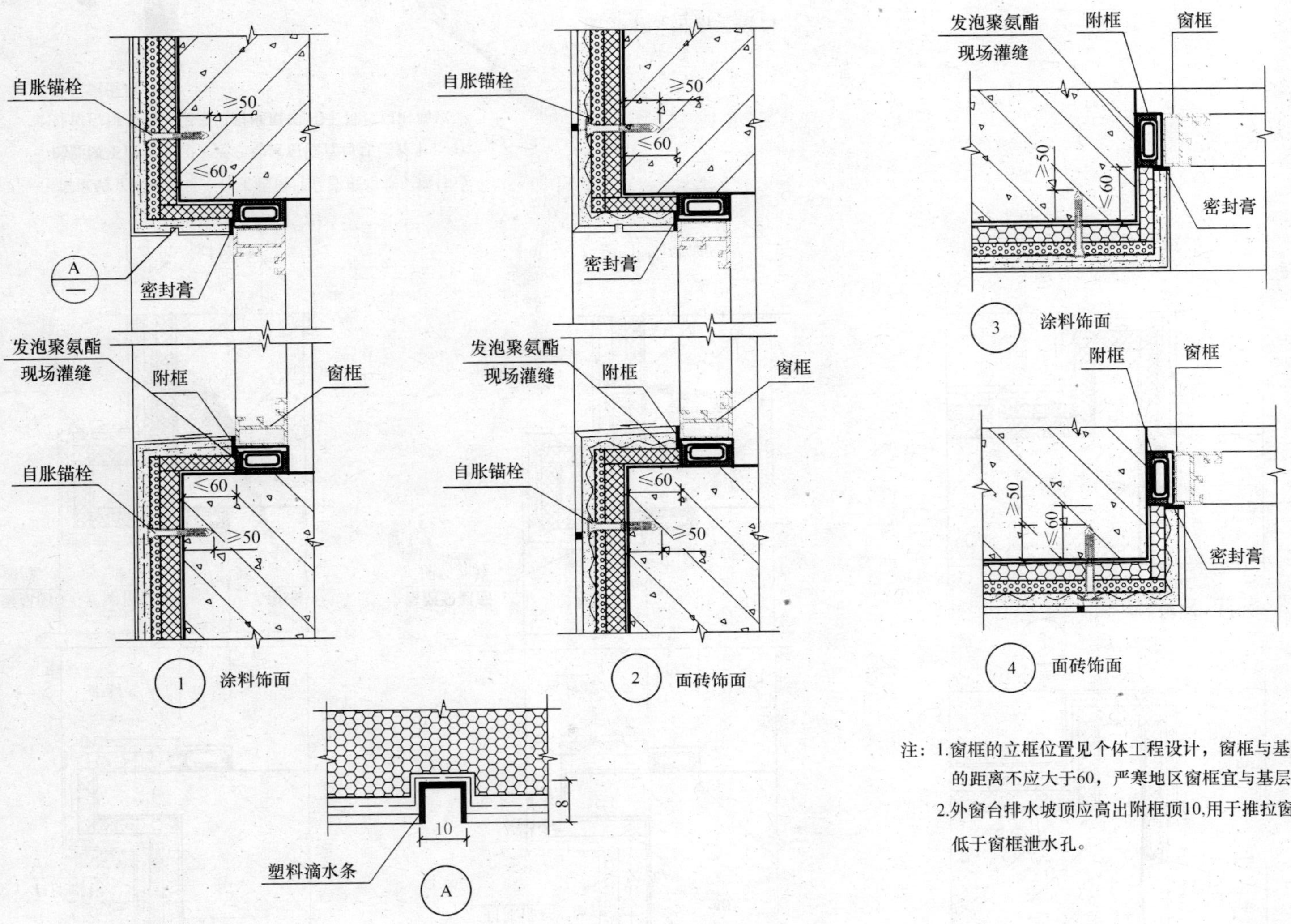

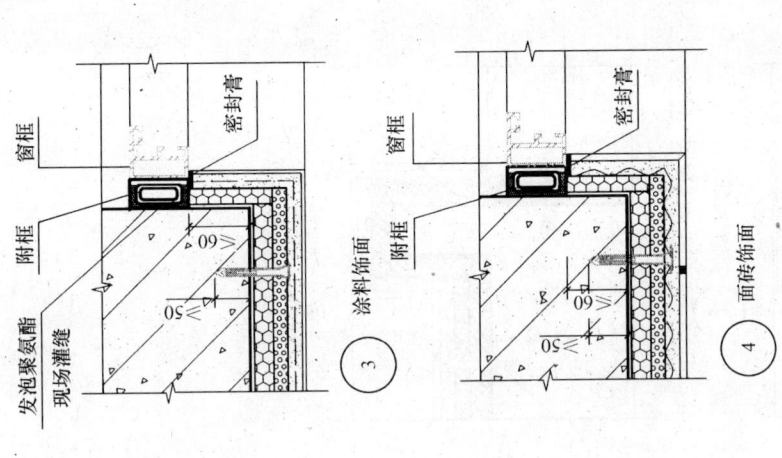

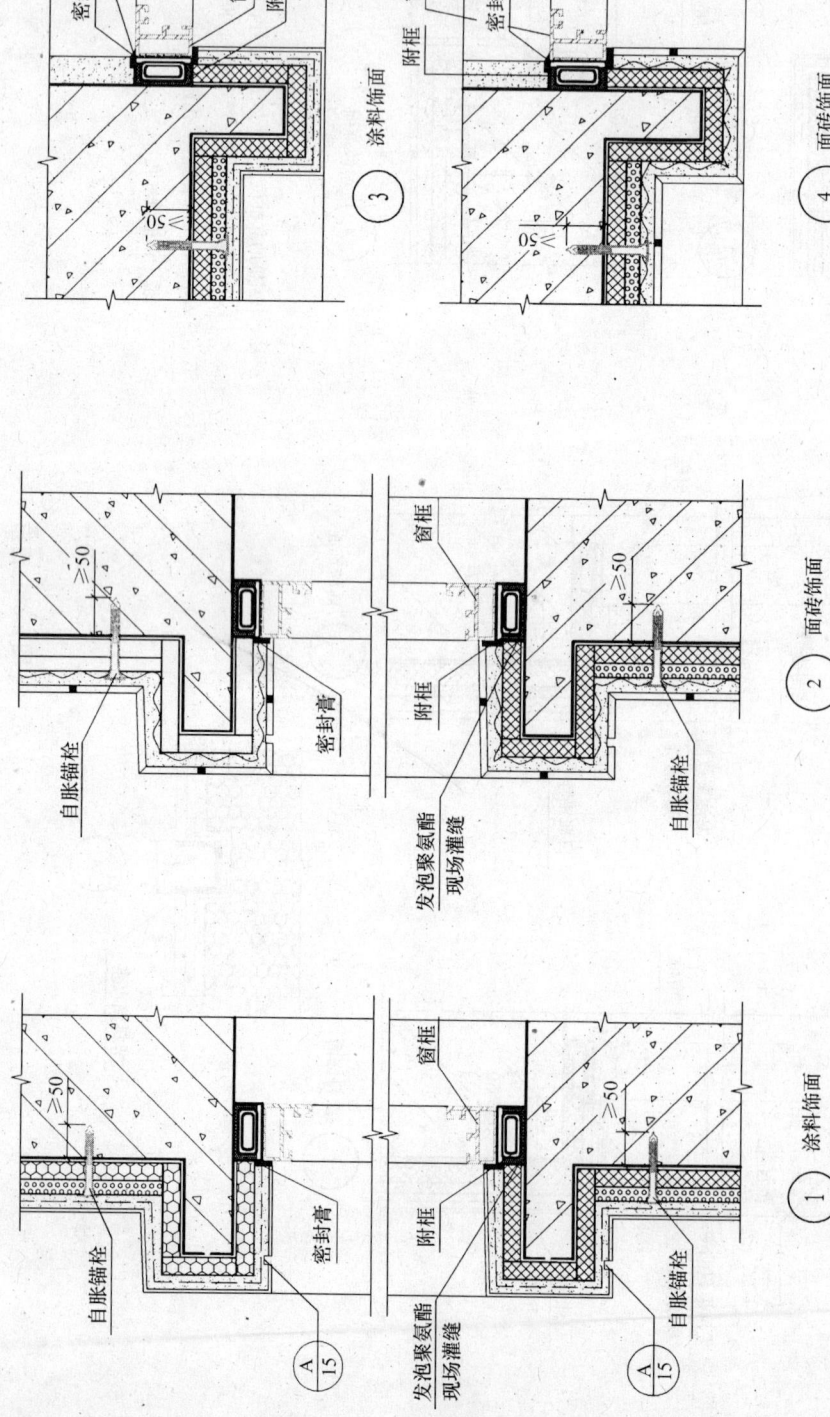

图 5-37 带窗套窗口

第五章 外墙外保温系统

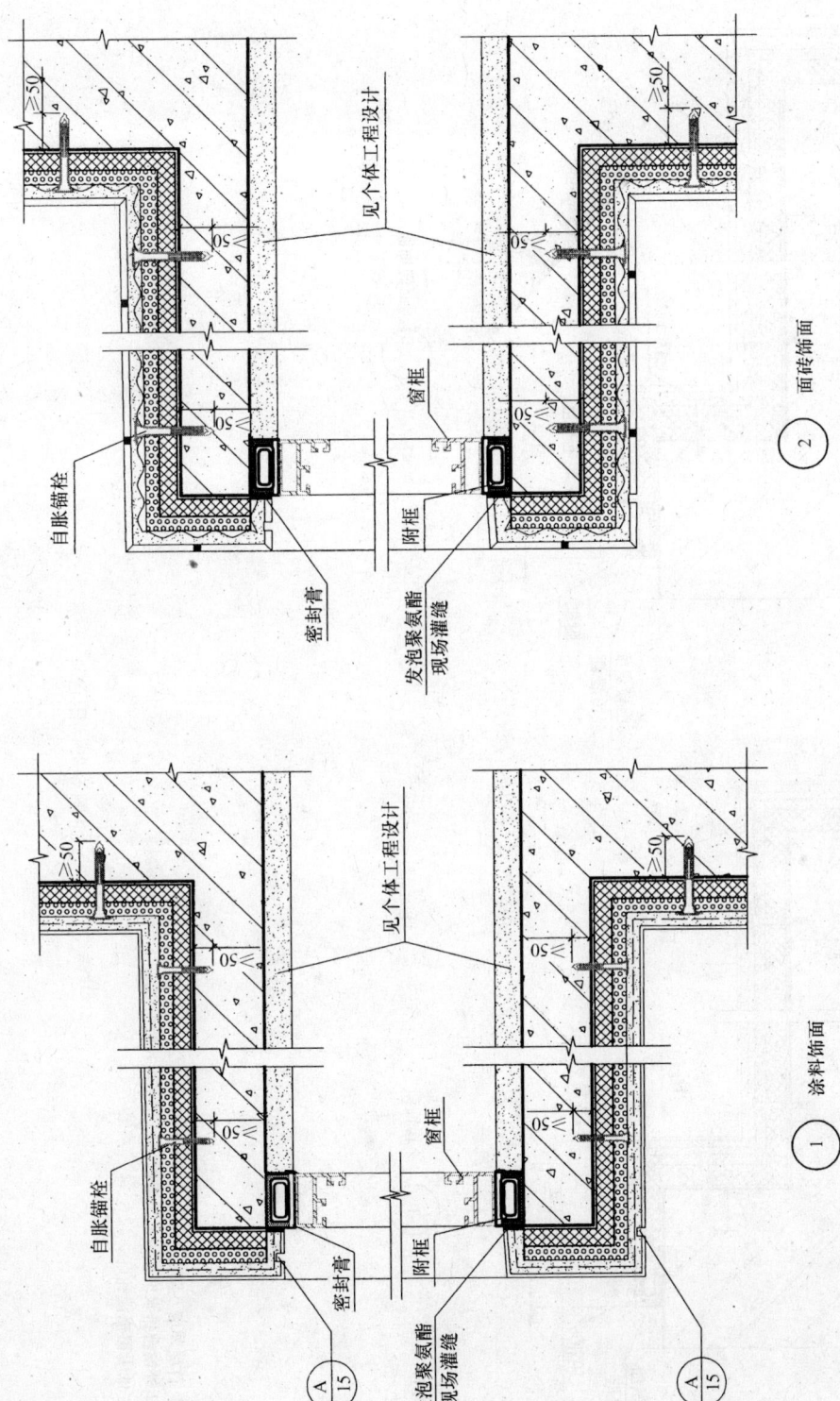

图 5-38 挑窗窗口

注：外窗合排水坡顶应高出附框顶10，用于推拉窗时尚应低于窗框泄水孔。

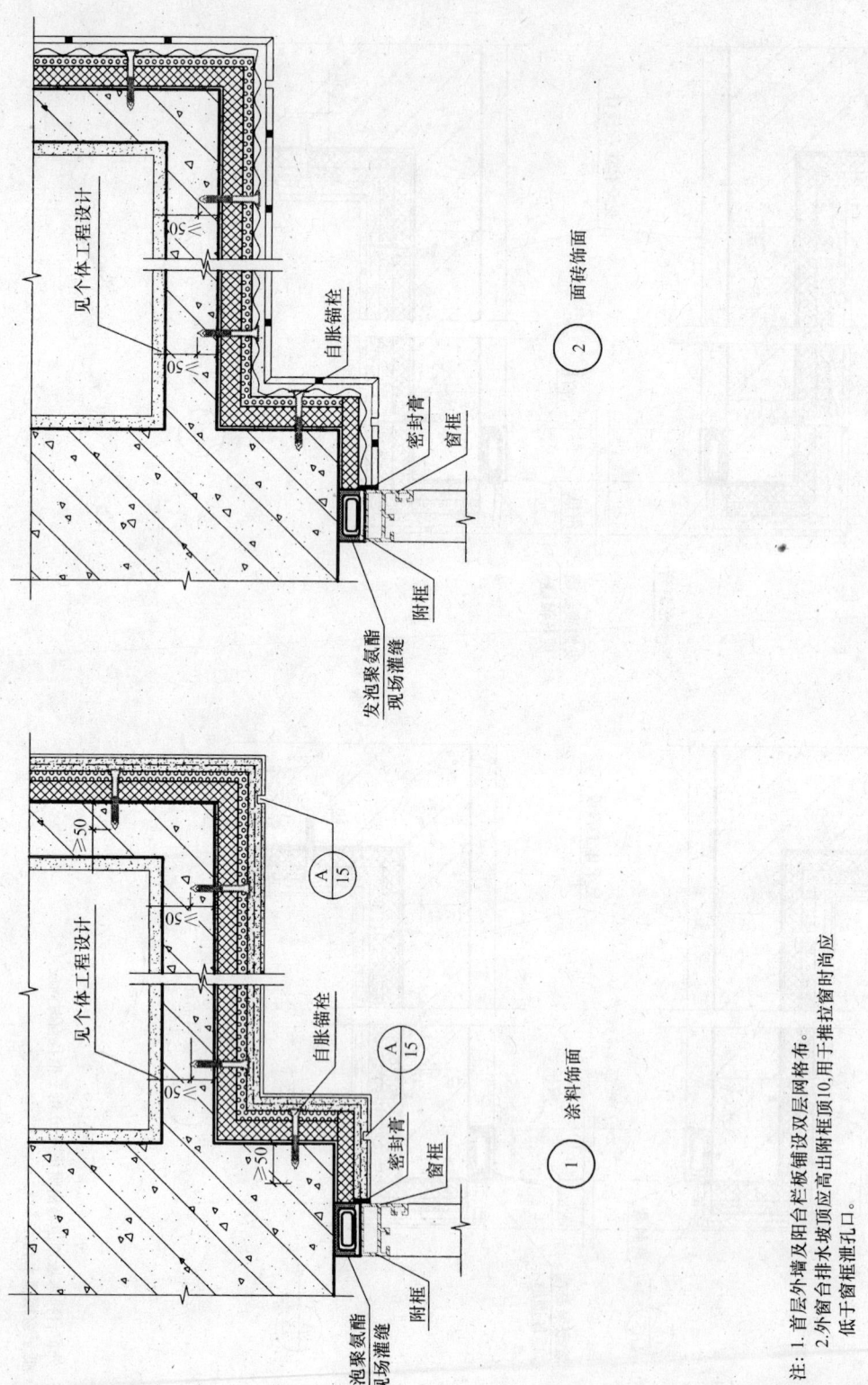

注：1. 首层外墙及阳台阳台栏板铺设双层网格布。
2. 外窗台排水坡顶应附框顶出10,用于推拉窗时尚应低于窗框泄孔口。

图 5-39 阳台

第五章 外墙外保温系统

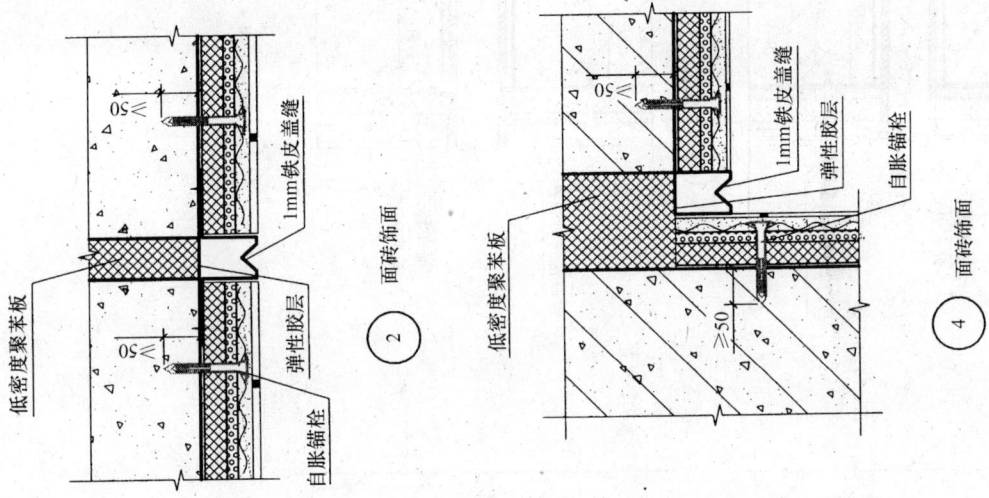

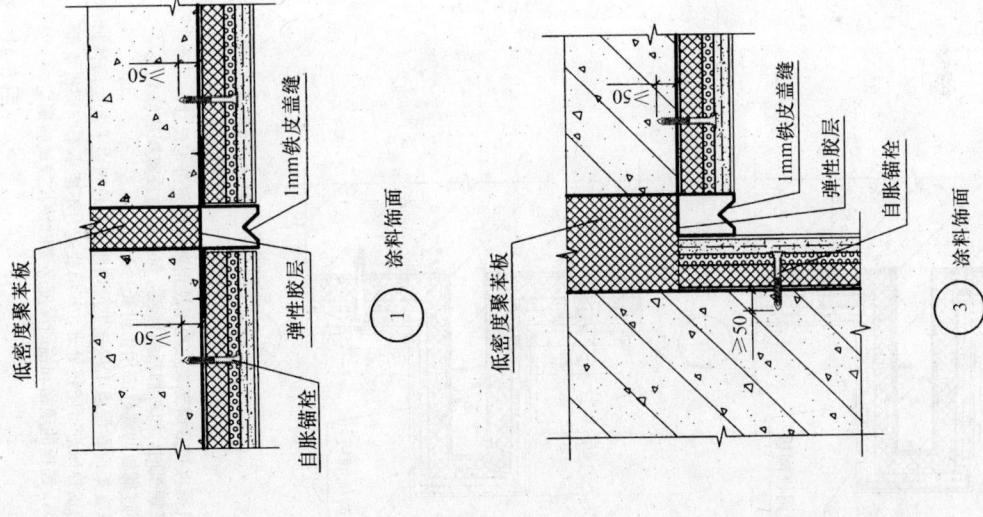

图 5-40 变形缝

注：1. 变形缝构造见个体工程设计。
2. 变形缝内均用低密度聚苯板。

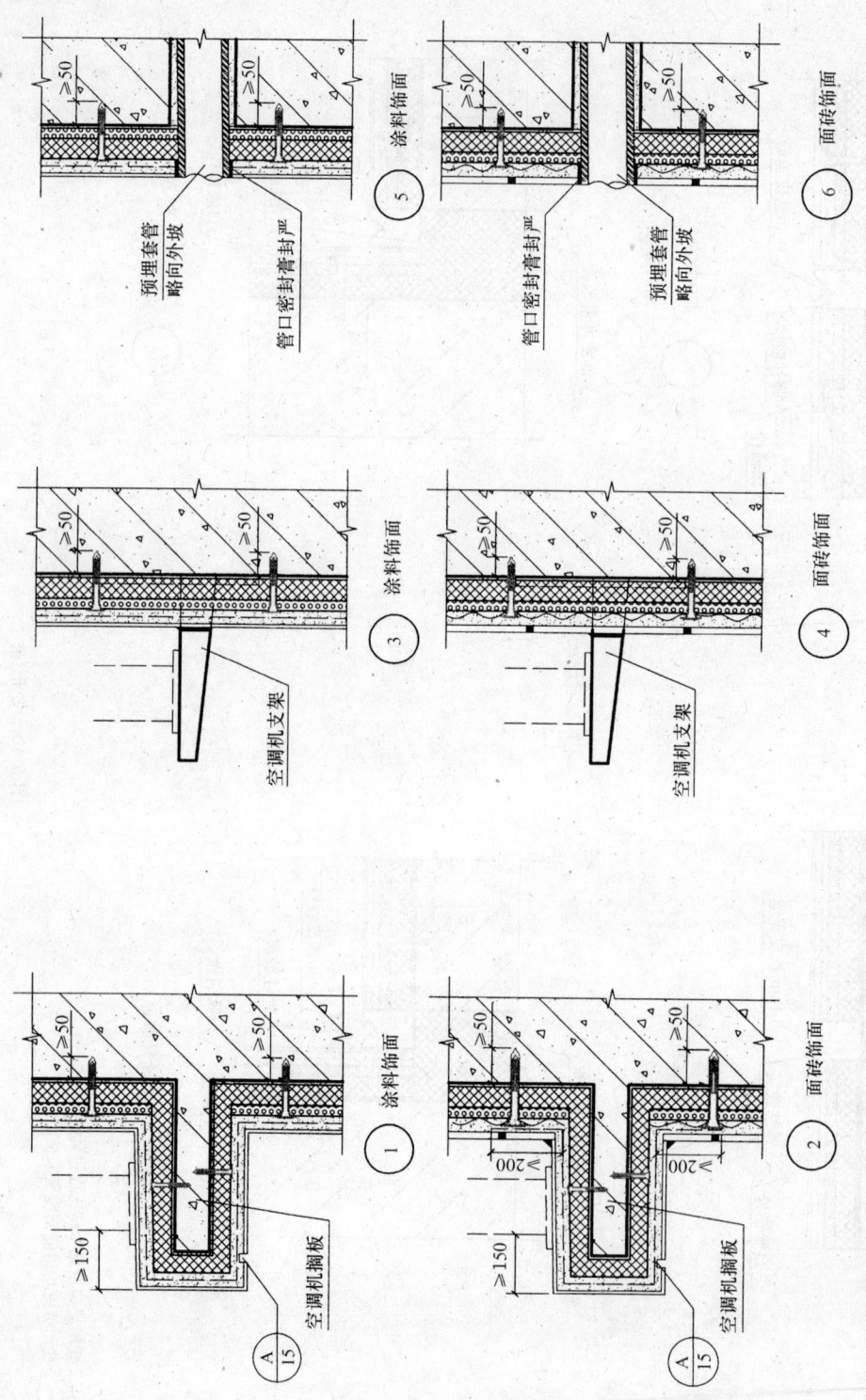

注:1.空调机搁板和空调支架应根据使用要求确定外形尺寸。
2.安装空调机时,如对搁板的保温、保护层造成破损应修复完整,穿过搁板的螺栓应用密封膏封严。
3.空调机支架应在保温工程施工前用膨胀锚栓固定于基层墙体。支架和锚栓应进行防锈处理,其承载能力不应小于空调机重量的300%,锚栓的规格和锚固深度必要时做拉拔试验确定。

图 5-41 空调机搁板、支架、穿墙管道

第五章 外墙外保温系统

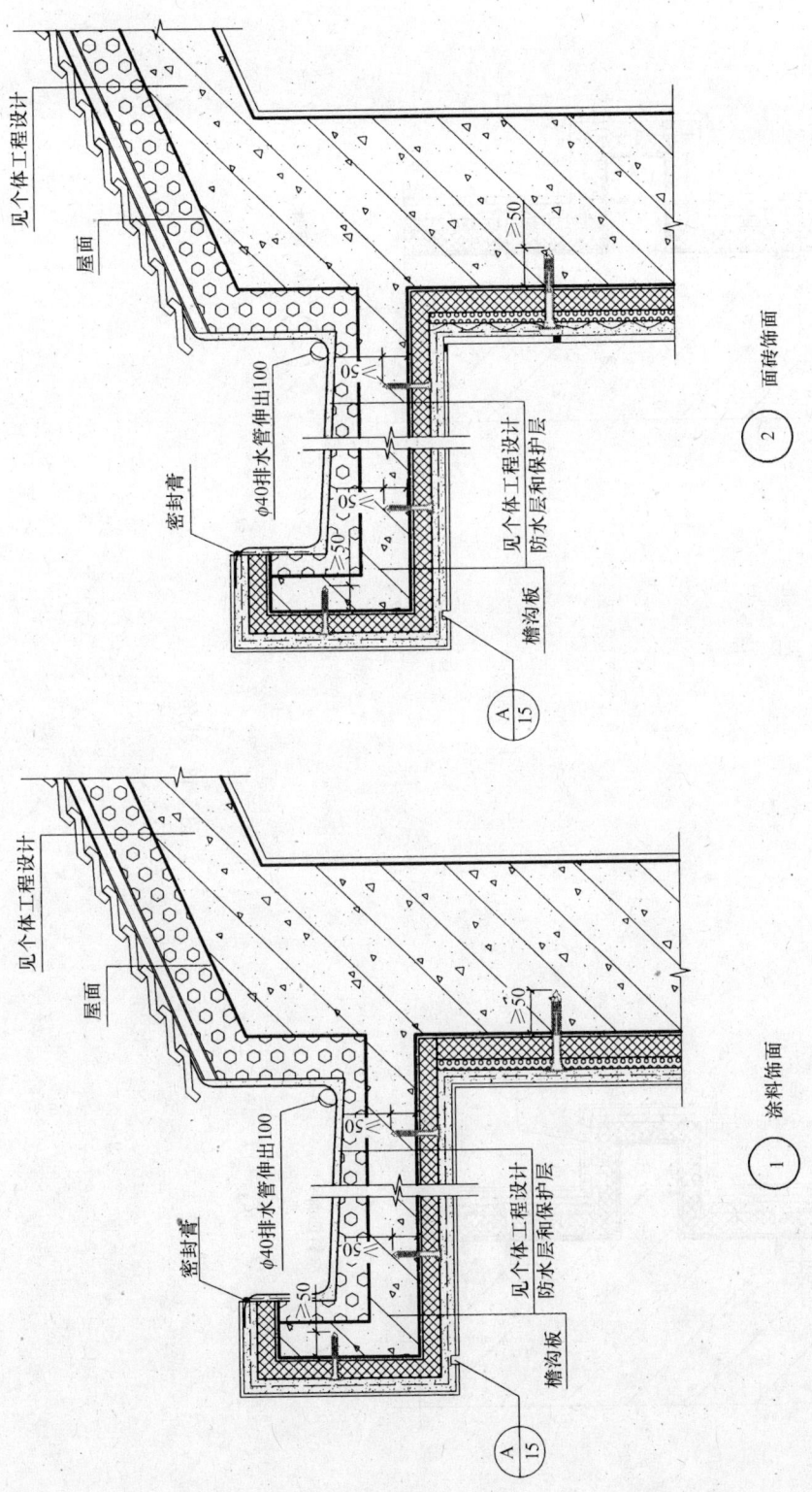

图 5-42 檐沟、屋面

注：1. 檐沟防水层和保护层见个体工程设计。
2. 屋面见个体工程设计。

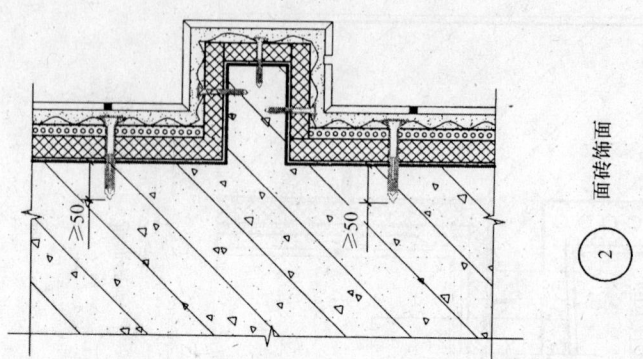

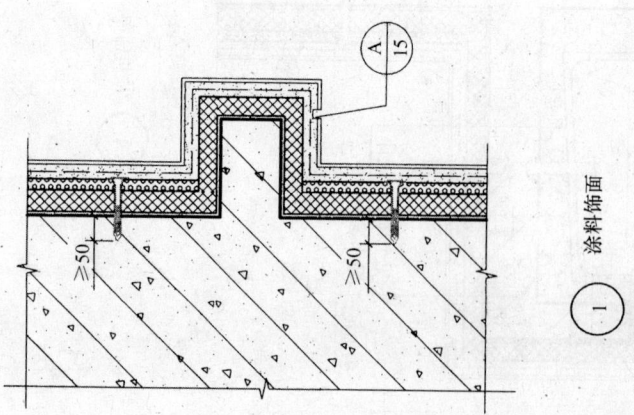

图 5-43 线角

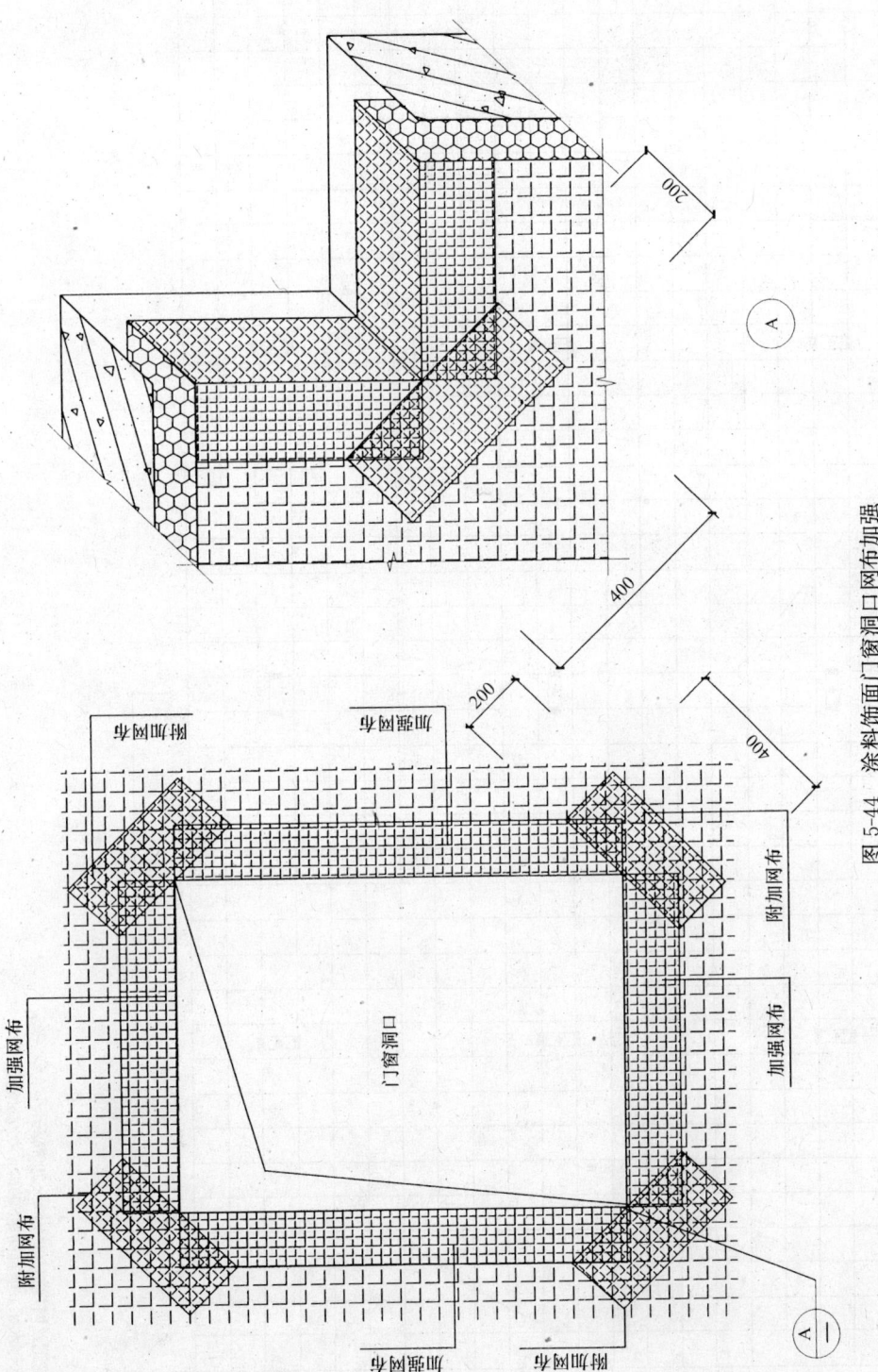

图 5-44 涂料饰面门窗洞口网布加强

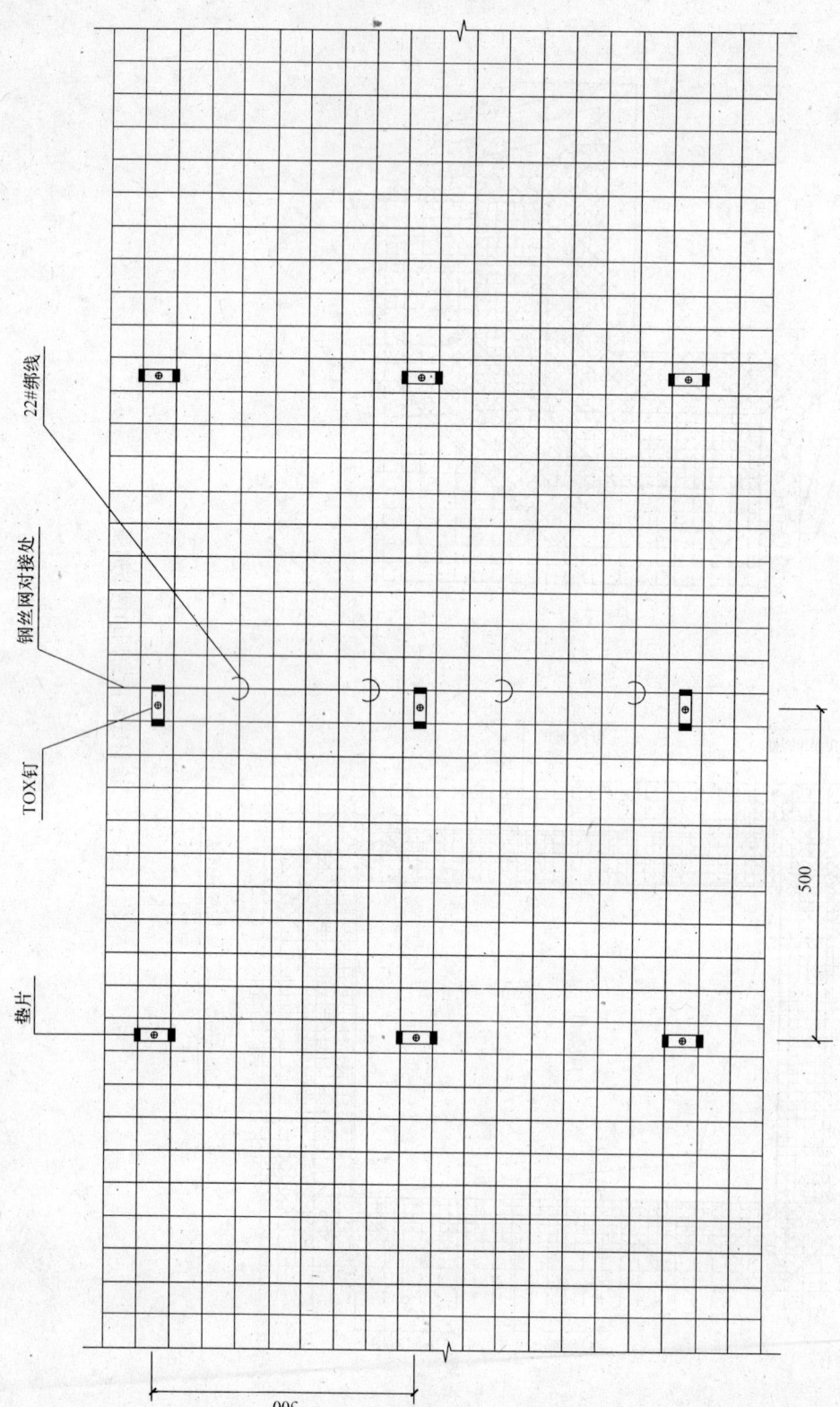

图 5-45 面砖饰面 TOX 钉、垫片、绑线位置

注：1. 镀锌钢丝网规格 1000mm×2000mm。
2. TOX 钉水平、垂直间距 500mm×500mm。
3. 镀锌钢丝网对接，对接处用 22#绑线固定。

第四节 聚氨酯硬泡外保温系统工程

聚氨酯硬泡是由组合料（或称组合聚醚，由聚酯、聚醚或它们的混合物与发泡剂、泡沫稳定剂、催化剂等助剂经物理混合配成）（简称 A 料）与聚异氰酸酯（简称 B 料）按化学当量比（或质量比）充分混合后，经过十分复杂化学反应，膨胀发泡，固化成型。在设计配方时，可根据工艺要求，调整泡沫的固化时间和表观密度。

我国聚氨酯硬泡的配套原料比较充足，尤其 A 料供应非常充足。聚氨酯硬泡系列产品调配技术成熟，加之聚氨酯硬泡在施工上方便、灵活，且具有绝热效果好、与多种材质粘结力强、导热系数低、比强度大、隔声效果优越等显著特点，在热力、轻工、化工、车辆等行业广泛应用。

随着建筑业节能率的提高，已将聚氨酯硬泡常规应用的机械喷涂法和浇注法拓展到工业建筑和民用建筑围护结构的外保温工程。聚氨酯硬质泡沫塑料的建筑节能施工技术已发展成熟，已经在我国寒冷地区、严寒地区和夏热冬冷地区大面积推广应用，已取得可喜的节能效果。

目前，通过科技人员在节能建筑施工工艺的积极研制，聚氨酯硬质泡沫塑料外保温系统的施工方法，已分别形成用于屋面或外墙的喷涂聚氨酯硬泡外保温系统、模浇聚氨酯硬泡外墙外保温系统等施工工艺；用于外墙的外龙骨定位聚氨酯硬泡发泡粘结聚氨酯硬泡复合板保温系统、干挂聚氨酯硬质泡沫塑料防水装饰复合板外保温系统等施工工艺，以及聚氨酯硬泡板的粘贴锚固工法和聚氨酯硬泡与其他保温材料复合应用的施工方法等。各类施工方法都分别形成完整的节能建筑保温施工体系，在各个保温系统中，分别有不同施工工艺，根据各自工艺特点，又构成具体不同的操作方法。

在聚氨酯硬泡外保温系统中，包括外墙保温系统和屋面保温系统，本节主要介绍聚氨酯硬泡墙体外保温系统的施工工艺及其方法。

聚氨酯硬泡在节能建筑系统中应用的几种工法，可用图 5-46 表示。

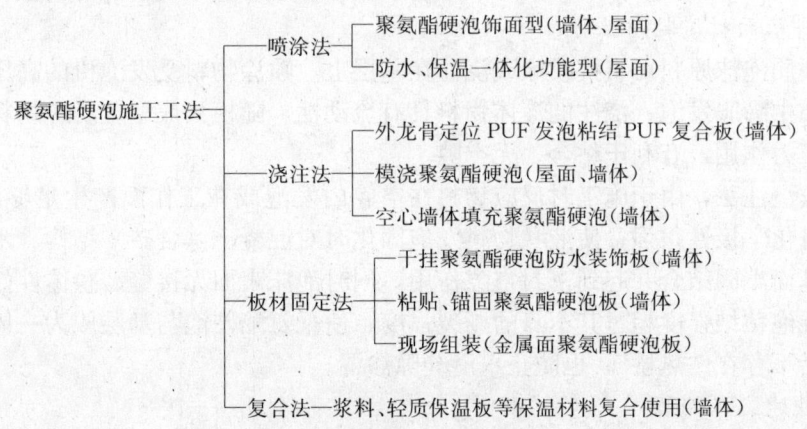

图 5-46 聚氨酯硬质泡沫外保温施工工法

因合成聚氨酯硬泡的原料、助剂化学性质非常活泼并伴有"协同效应"，因此，在接受工程任务时，必须根据施工环境温度、要求泡体固化速度、采用喷涂法还是浇注法等多方面综合因素，在试验室首先重点调配好组合聚醚的基础配方（A 料），然后通过 A 料与 B 料混合的反复试验，最终模拟出在施工时能够克服各方面外来不利因素，并经测试达到设计所要求的各项物理性能指标后，再批量配制与B料（市场采购）经模拟规定配比所用的A料。在调制聚氨酯硬泡配方当中，重点调配A料，无论采用喷涂法施工还是浇注法施工中，A料是决定聚氨酯硬泡质量最重要的因素。

施工前，将预先准备好的A料和采购的B料，按配比量分别包装共同运到施工现场，施工时将两种原料分别加入发泡机械各自的料箱内，通过发泡机的混合头方式将两组分混合（喷涂是雾化混合），当作用在工作的表面后，混合物随着聚合反应的进行和分子量的不断增长，同时液相中不断产生乳白、气泡，使物料从液态交联、凝胶等系列反应而成为固态泡沫。

一、聚氨酯硬泡特点、应用范围和一般术语

（一）聚氨酯硬泡特点

1. **配方调整灵活**

根据施工环境温度、泡体固化速度、施工方式任意调整配方，适用性强、范围广。

2. **施工方式灵活**

根据节能建筑的设计要求，可灵活选择机械喷涂法或浇注法，通过配方调整，在施工条件允许的情况下，可满足施工条件。

3. **相对密度小，比强度高，减轻屋面荷载**

与传统材料的屋面荷载相比，仅相当传统材料质量的 $1/3\sim1/2$，对于改善房屋整体结构、降低房屋造价，具有十分重要意义。

4. **独立封闭结构，导热系数低，绝热保温效果优良。**

设计厚度比传统材料薄，热阻却比传统材料高。

5. **耐腐蚀，寿命长**

耐化学腐蚀，不发霉，覆盖、封闭泡体表面后，耐老化性好，使用寿命长，减少维修费用。

6. **与多种基面材质粘结性好**

聚氨酯硬质泡沫原料可直接喷涂或浇注在基层上，喷涂物料受发泡机的高压作用，可进入到基层空隙中膨胀发泡；浇注的液体物料具有流动性，随模具成型。反应物料在空腔内发泡产生一定压力作用，有利于粘合、无空隙。

喷涂法或浇注法，由于施工时反应物料在空腔内发泡或在工作面产生足够的压力作用，加之物料本身化学极性很强，使液状物料发泡固化时对混凝土（含砖）结构、木材、金属等多种材质的基面牢固结合并起到密封空隙作用，同时泡沫表面无接缝、整体性好。

聚氨酯硬泡粘结强度超过其本身的撕裂强度，使聚氨酯硬泡与基层成为一体，不易发生脱层，施工后不存在"热桥"，也防止水沿缝隙渗漏。

7. **施工快速、工期短**

泡沫固化速度快，有利于工程进度。尤其喷涂工法，能够在任何复杂的施工面进行作业，大大减轻劳动强度。

8. **不透水性好**

聚氨酯硬泡均为闭孔结构，吸水率低，抗水蒸气渗透性好，泡孔呈独立状态，互不

联通。

功能型喷涂聚氨酯硬泡,因其结构致密,加之在配方设计与常规技术性能有一定区别,具有保温和防水功能。

普通型喷涂聚氨酯硬泡在施工中采用多遍次喷涂,每遍喷涂都形成光滑表皮,从而构成一个无层整体,虽不代替功能型,但也有一定防水性,从根本上杜绝水分渗入的可能性。

9. 基面要求低

用于既有建筑保温层维修时,只需清除表面灰尘、砂土、杂物、油渍,基面牢固即可喷涂。

10. 减少运输费用

运到现场为两组分液料,现场施工时才发泡成型,减少了运输量及其费用。

11. 单组分罐装聚氨酯硬泡的优点

(1) 携带和使用方便:发泡成型时,不需发泡机,也不需电源等条件。使用时,打开容器旋塞,原料从喷嘴射出,固化后即得到泡沫塑料;

(2) 环境温度较低时,如0℃,发泡不受影响;

(3) 射出泡沫量易控制,最小量可控制为1mL。用于小型修补时,不浪费原料;

(4) 发泡压力小。从喷嘴射出时是沫状未固化的物质,泡体固化后,体积膨胀在20%~30%之间,由于它的发泡倍数较小,故发泡压力也较小。

(二) 聚氨酯硬泡在建筑业应用范围

(1) 工业建筑、民用建筑的新建工程和既有建筑改造的外墙体节能建筑工程。

(2) 用于工业与民用建筑的平屋面(上人、非上人平屋面)、坡屋面(上人屋面、非上人屋面)及大跨度的金属网架结构屋面、异型屋面(拱形、圆形)。

(3) 适用于混凝土结构(砌体结构、砖结构)、金属结构、木质等多种材质的结构。

(4) 用在防水层之下,承受轻型或重型交通或来自屋顶花园或蓄水的荷载,如屋顶停车场、种植屋面、蓄水屋面。

用在架空屋面,设在防水层之下,仅承受架空层荷载。

(5) 用在出现缝隙及"热桥"部位密封。

(6) 功能型聚氨酯硬泡用于屋面防水-保温隔热一体化工程。

(三) 一般术语

1. 聚氨酯硬质泡沫塑料

简称聚氨酯硬质泡沫或聚氨酯硬泡。以聚合物多元醇及发泡剂等助剂构成的组合料(俗称:A组分料或白料)和聚异氰酸酯(俗称:B组分料或黑料),经两组分充分混合反应而形成的具有保温隔热功能的闭孔泡沫体。

2. 喷涂聚氨酯硬质泡沫塑料

采用专用的喷涂设备,使A组分料和B组分料按一定比例从喷枪口喷出后瞬间均匀混合,喷涂在外围护结构外表面上形成的泡体保温层和饰面层构成的外保温体系,在外墙基层上形成无接缝的聚氨酯硬泡体。聚氨酯硬泡的该种施工方法称为喷涂法。

3. 模浇聚氨酯硬质泡沫塑料外保温系统

采用专用的浇注设备,将A组分料和B组分料按一定比例从浇注枪口喷出后形成的混合料注入已安装于外墙的模板空腔中,之后混合料以一定速度发泡,在模板空腔中形成饱满连续的聚氨酯硬泡体。聚氨酯硬泡的该种施工方法称为浇注法。

4. 外龙骨定位发泡粘结聚氨酯硬质泡沫塑料复合板外保温系统

用外龙骨定位,用聚氨酯硬质泡沫塑料发泡粘结防水装饰聚氨酯硬质泡沫复合板所构成的外保温体系。

5. 干挂聚氨酯硬质泡沫塑料防水装饰复合板外保温系统

用镀锌金属组合挂件将防水装饰聚氨酯硬质泡沫复合板锚固于建筑外围护结构上构成的外保温体系。

6. 基层

保温层所依附的外墙、屋面的结构层或其他抹灰的表面层。

7. 保温层

起保温作用的聚氨酯硬质泡沫塑料保温层。

8. 聚氨酯界面剂

用于墙体基层和聚氨酯硬质泡沫保温层间或聚氨酯硬质泡沫保温层和面层间的以改善不同材料层间的粘结性能的处理剂。

9. 抗裂砂浆保护层

在保温层外设置一层防止外力损伤的耐碱纤维网布或热镀锌钢丝网增强的聚合物防水胶砂浆防护层。

10. 饰面层

聚氨酯硬质泡沫的外装饰层,包括涂料饰面层、真石漆饰面层、装饰板饰面层和面砖饰面层。

11. 模浇聚氨酯硬质泡沫专用模板

用于现场模浇聚氨酯硬质泡沫定型发泡的特制模具。

12. 防水装饰聚氨酯硬质泡沫塑料复合板

同时具有保温、防水、装饰功能的复合板。

13. 镀锌金属组合挂件

用于干挂防水装饰聚氨酯硬质泡沫复合保温板的镀锌金属龙骨及连接件。

14. 背筋胶粘剂

用于饰面板与背筋间粘结的专用胶粘剂。

15. 保温装饰板粘结剂

用于饰面板与保温板间粘结的专用粘结剂。

16. 脱层或起鼓

当施工作业基面的表面有浮灰或油污时,聚氨酯硬质泡体保温层会从作业基面上拱起或脱离,即为脱层或起鼓。

17. 防护层

在保温层表面设置的一层防紫外线防护层。

18. 聚氨酯防潮底漆

由高分子乳液及各种助剂、粉料配制而成。

19. 高分子乳液防水弹性底层涂料(简称高弹底涂)

采用高分子弹性乳液配制而成,具有良好防水性能。

20. 耐碱涂塑玻纤网布（简称耐碱网布）

采用耐碱玻璃纤维纺织，面层涂以耐碱防水高分子材料制成。分普通型和加强型。

21. 塑料膨胀锚栓

由螺钉（塑料钉或具有防腐性能的金属钉）和带圆盘的塑料膨胀套管两部分组成的用于将热镀锌电焊网固定于基层墙体的专用连接件。

22. 柔性耐水腻子

由弹性乳液、助剂和粉料等制成的具有一定柔韧性和耐水性的腻子。

23. 硬质聚氨酯泡沫预制块（简称聚氨酯预制块）

与现场喷涂同类型的无溶剂聚氨酯硬泡在工厂预制成型的各种形状的聚氨酯保温块。

24. 保温墙面砖专用粘结砂浆（简称面砖粘结砂浆）

由聚合物乳液和外加剂制得的面砖专用胶液同强度等级42.5级的普通硅酸盐水泥和建筑硅质砂（一级中砂）按一定质量比混合搅拌均匀制成的粘结砂浆。

25. 面砖勾缝胶粉

由高分子材料、水泥、各种填料、助剂复配而成的干粉状面砖勾缝料。

26. 胶粉颗粒保温浆料

由胶粉和聚苯颗粒组成，聚苯颗粒体积比不小于80%的保温灰浆。

27. 聚合物水泥抗裂砂浆

在聚合物乳液中掺加多种外加剂和抗裂物质制得的抗裂剂与普通硅酸盐水泥、中砂按一定比例拌合均匀制成的具有一定柔韧性的砂浆。

28. 粘贴法施工聚氨酯硬泡

采用专用的粘结材料将聚氨酯硬泡保温板或保温装饰复合板粘贴于外墙基层表面形成保温层或保温装饰复合层。聚氨酯硬泡的该种施工方法称为粘贴法。

29. 干挂法施工聚氨酯硬泡

采用专用的挂件将聚氨酯硬泡保温板或保温装饰复合板固定于外墙基层表面形成保温层或保温装饰复合层。聚氨酯硬泡的该种施工方法称为干挂法。

30. 压折比

同一种材料的抗压强度与抗折强度之比，称为压折比。

二、喷涂聚氨酯硬泡外保温系统

在喷涂聚氨酯硬质泡沫外保温系统中，根据喷涂部位可细分为喷涂外墙外保温和喷涂屋面保温两个系统。

喷涂聚氨酯硬泡外保温系统，是用喷涂机在现场将聚氨酯硬泡的液态原料喷涂在墙体（屋面）外表面上，经固化交联后形成硬质闭孔泡沫状的保温层。但在同类系统中，因墙体与屋面系统外保温的围护构造分别在直面（墙体）和平面（屋面），在直面相对主要涉及风载、荷载、各层间结合等整体性能因素，为了达到规定的系统性能要求，施工工艺复杂些，要求操作工艺也严格，而平面涉及因素少些，施工容易完成。

(一) ZL 无溶剂聚氨酯硬泡喷涂外墙外保温系统

无溶剂聚氨酯硬泡喷涂外墙外保温系统，是由聚氨酯防潮底漆层、无溶剂聚氨酯硬泡保温层、聚氨酯界面层、胶粉聚苯颗粒保温浆料找平层、保护层和饰面层涂料饰面、面砖饰面）组成。

该系统充分考虑了影响高层建筑外墙外保温热应力、水、风压及地震等自然界影响因素，满足我国不同气候区对建筑墙体保温、隔热、饰面多样化要求，广泛适用于新建采暖居住建筑及既有建筑节能改造的各种基层墙体外墙保温工程，其基本构造如图 5-47 和图 5-48 所示。

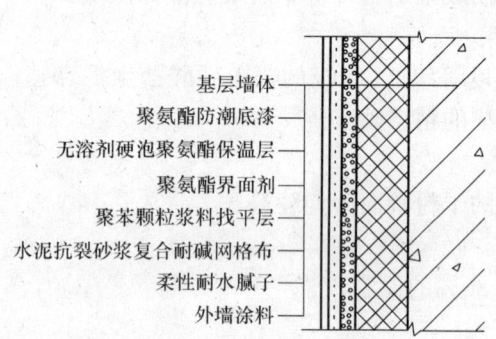 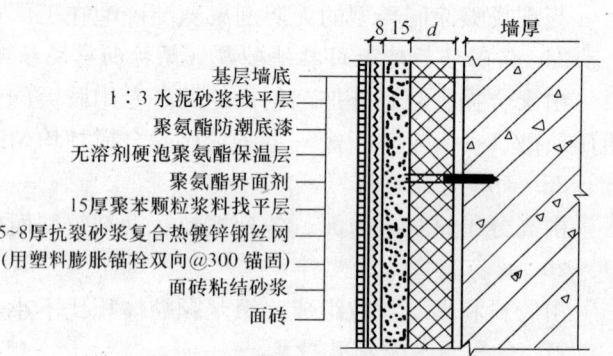

图 5-47 无溶剂聚氨酯硬泡喷涂外墙外保温涂料饰面系统　　图 5-48 无溶剂聚氨酯硬泡喷涂外墙外保温面砖饰面系统

1. 施工准备

（1）技术准备

熟悉和审查施工图，收集有关技术资料，编制施工预算、编制施工组织设计等。

（2）材料准备

防潮底漆、聚氨酯界面剂、聚氨酯硬泡、聚苯颗粒浆料、弹性底涂、抗裂砂浆、抗裂柔性耐水腻子、面砖粘结砂浆、瓷砖勾缝胶等材料按性能要求，将原料配备齐全，并按规定质量比例在现场配制。配套有耐碱玻纤网布、热镀锌钢丝网等。

（3）工具准备

强制式砂浆搅拌机、手提搅拌器、垂直运输机械、手推车、射钉枪、喷涂发泡机、瓦工施工工具和专用检测工具等。

（4）施工条件

基层墙体应符合《混凝土结构工程施工质量验收规范》（GB 50204—2002）和《砌体工程施工质量验收规范》（GB 50203—2002）的要求。

门窗框及墙身各种进户管线、落水管支架、预埋管件等按设计安装完毕。

施工环境温度不应低于 5℃，风力不应大于 5 级。严禁雨天施工。

2. 施工程序

（1）涂料饰面施工程序

基层墙体清理→吊大墙垂直线→垂直偏差大于 10mm 时用 1∶3 水泥砂浆找平→拉水平线（墙面宽度≥2m 时，水平线间距 1~1.5m）→涂刷聚氨酯防潮底漆→由下向上支阳角、阴角模或窗口模，浇注阳角、阴角或窗口──→遮挡保护门、窗、脚手架等非涂物──→墙面喷涂聚氨酯硬泡 5～10mm──→按 500mm 间距、梅花状分布垂直插入厚度控制标杆──→聚氨酯硬泡喷涂至刚好覆盖厚度控制标杆──→20min 后开始清理、修整遮挡、保护部位以及超过规定厚度 10mm 突出部分──→1h 后涂聚氨酯界面砂浆──→吊垂直、套方、弹控制线──→抹胶粉聚苯颗粒保温浆料──→划分格线，开分格槽及门、窗口滴水槽──→抹抗裂砂浆，铺压网布──→首层墙角安装钢护角，抹第二遍抗裂砂浆，压入第二层玻纤网布──→涂刷高分子乳液弹性底层涂料──→刮柔性耐水腻子──→外墙涂料施工。

(2) 面砖饰面施工程序

基层墙体清理──→吊大墙垂直线──→垂直偏差大于 10m 时用 1：3 水泥砂浆找平──→拉水平线（墙面宽度≥2m 时，水平线间距 1～1.5m）──→按 500mm 间距、梅花状分布锚固带尾孔射钉，绑扎预留铅丝──→涂刷聚氨酯防潮底漆──→由下向上支阳角、阴角模或窗口模，浇注阳角、阴角或窗口──→遮挡保护门、窗、脚手架等非涂物──→墙面喷涂聚氨酯硬泡 5～10mm──→按 500mm 间距、梅花状分布垂直插入厚度控制标杆──→聚氨酯硬泡喷涂至刚好覆盖厚度控制标杆──→20min 后开始清理、修整遮挡、保护部位以及超过规定厚度 10mm 突出部分──→1h 后涂聚氨酯界面砂浆──→吊垂直、套方、弹控线──→抹轻质抗裂砂浆──→用射钉尾孔上预留的镀锌铅丝绑扎热镀锌钢丝网──→抹第二遍轻质抗裂砂浆──→用面砖粘结砂浆粘贴面砖──→用面砖勾缝胶勾缝。

3. 操作要点

(1) 涂料饰面施工操作要点

1) 基层处理

喷涂前，首先吊大墙垂直线，若墙体垂直偏差大于 10mm，则应用 1：3 水泥砂浆进行找平，干燥 7d 后，涂刷聚氨酯防潮底漆，厚度约为 15μm 左右。墙体垂直偏差小于 10mm 时，直接涂刷聚氨酯防潮底漆。

2) 聚氨酯硬泡施工

①喷涂施工前做好施工准备

在阳角、阴角处吊垂直厚度控制线，对于墙面宽度≥2m 处，拉水平厚度控制线，水平线间距为 1～1.5m。标线一般选用尼龙渔线等材料；

由下向上支阳角、阴角模或窗口模，用聚氨酯发泡液浇注阳角、阴角或窗口；

用塑料薄膜、废报纸、板等将窗、门、脚手架等非涂物遮挡、保护起来。

②喷涂施工

喷涂施工时，在墙面上均匀喷涂 5～10mm 厚泡沫层，按双向 500mm 间距、梅花状分布垂直插入聚氨酯硬泡厚度控制标杆。继续多遍喷涂完成最终厚度，每遍喷涂厚度控制在 10mm 以内。喷涂聚氨酯硬泡施工时注意防风，并减少泡体在墙体出现流挂现象。

完成喷涂聚氨酯硬泡 20min 后用裁纸刀、手锯等工具开始清理修整遮挡部位以及超过 10mm 厚的突出部位。

3) 界面处理

在完成喷涂聚氨酯硬泡 4h 之内做界面砂浆处理，界面砂浆可用辊子均匀地涂于聚氨酯硬泡保温层上。

4) 找平层施工

找平层施工时，在墙体顶部和墙体底部预埋膨胀螺栓，作为大墙面挂钢垂线的垂挂点，用经纬仪打点，用紧线器安装钢垂线，贴厚度控制灰饼；抹聚苯颗粒浆料进行找平处理，其平整度偏差不应大于 4mm，每遍厚度 8～10mm 为宜，抹灰厚度以略高于厚度控制灰饼为宜，用大杠刮平，用抹子将局部修补平整并达到验收要求；划分格线，开分格槽及门、窗滴水槽，槽深 15mm 左右。

5) 抹抗裂砂浆压入网布

门窗洞口四角应提前沿 45°方向用抗裂砂浆贴 300mm×400mm 的网布加强。将 3～4mm 厚抗裂砂浆均匀地抹在找平层表面，立即将裁好的网布用铁抹子压入抗裂砂浆内，保证网布之间的搭接不应小于 50mm，并防止网布出现皱褶、空鼓或翘边等不良现象。

首层应铺贴双层网布，第一层铺贴加强网布，加强网布应对接，然后进行第二层普通网布的铺贴，两层网布之间抗裂砂浆必须饱满。

在首层墙面阳角处设 2m 高的专用金属护角，护角应夹在两层网布之间。其楼层阳角处两侧网布双向绕角相互搭接，各侧搭接宽度不小于 200mm。

6) 涂刷弹性底层涂料

在抗裂层施工完成 24h 后即可涂刷弹性底层涂料。

7) 刮柔性腻子

当饰面为凹凸型涂料时，待基层干燥后，对一些重点部位刮柔性耐水腻子找补，如平整度不够的墙面、阴角、阳角以及需要做平涂的部位；饰面为平涂时，墙面满刮柔性耐水腻子。

8) 外墙涂料施工

浮雕涂料可直接在抗裂砂浆上进行喷涂；平涂则应在满刮腻子的表面进行刷涂或喷涂。

(2) 面砖饰面操作要点

1) 基层处理

同涂料饰面施工中的 3.（1）1）基层处理。

2) 聚氨酯硬泡施工

①喷涂施工前做好施工准备

在墙体上用射钉枪固定带尾孔射钉，双向间距 500mm，并在射钉尾孔穿双股 22#镀锌铅丝，铅丝外露 40～50mm 长以备绑扎钢丝网。射钉锚固深度应大于 22mm，若局部锚固深度小于 22mm（但必须大于 15mm）时可将锚固密度提高一倍；其他同涂料饰面施工中 3.（1）2）①施工准备。

②喷涂施工

同涂料饰面施工中的（1）1）②喷涂施工。

3) 界面处理

同涂料饰面施工中的（1）3）界面处理。

4) 找平层、抗裂层施工

抹第一遍轻质抗裂砂浆，要求平整，注意不要把预留绑扎铅丝覆盖住。绑扎热镀锌钢丝网，局部不平部位用 U 形卡子压平。钢丝网铺贴完毕经检查合格后抹第二遍轻质抗裂砂浆，厚度控制在 3～4mm，以钢丝网埋入抗裂砂浆中似露非露为宜。抗裂砂浆面层必须平整。

5) 面砖饰面

用面砖专用粘结砂浆粘贴面砖。用面砖勾缝胶进行面砖勾缝。

4. 质量标准

(1) 涂料饰面

1) 主控项目

①所有材料品种、质量、性能应符合设计要求。

②保温层与墙体以及各构造层之间必须粘接牢固，无脱层、空鼓及裂缝，面层无粉化、起皮、爆灰。

③涂层严禁脱皮、漏刷、透底。

2) 一般项目

①表面平整、洁净，接槎平整，线角顺直、清晰，毛面纹路均匀一致。

②护角符合施工规定，表面光滑、平顺，门窗框与墙体间缝隙填塞密实，表面平整。

③孔洞、槽、盒位置和尺寸正确，表面整齐、洁净，管道后面平整。

3) 允许偏差

允许偏差如表 5-48 所示。

表 5-48 允 许 偏 差

项　　目	允许偏差（mm）	检验方法
立面垂直	4	用 2m 托线板检查
表面平整	4	用 2m 靠尺和楔尺检查
阴阳角垂直	4	用 2m 托线板检查
阴阳角方正	4	用 20cm 方尺和楔尺检查
分格条（缝）平直	3	拉 5m 小线和尺量检查
立面总高垂直度	$H/1000$ 且 $\not> 20$	用经纬仪、吊线检查
上下窗口左右偏移	$\not> 20$	用经纬仪、吊线检查
同层窗口上、下	$\not> 20$	用经纬仪、吊线检查
保温层厚度	不允许有负偏差	探针、钢尺检查
保温层平整度	15	用 2m 靠尺和楔尺检查

(2) 面砖饰面

1) 主控项目

①面砖的品种、规格、颜色、性能应符合设计要求。

②面砖粘贴工程的找平、防水、粘结和勾缝及施工方法应符合设计要求及国家现行技术和产品标准的规定。

③面砖粘贴必须牢固，粘结强度应符合《建筑工程饰面砖粘结强度检验标准》JGJ 110—1997 标准要求。

④面砖粘贴不得有空鼓、裂缝。

2) 一般项目

①面砖表面应平整、洁净，勾缝材料色泽一致，无裂痕和缺损。

②阴阳角处搭接方式、非整砖使用部位应符合设计要求。

③墙面突出物周围的面砖应套割吻合，边缘应整齐。墙裙、贴脸突出墙面的厚度一致。

④面砖接缝应平整、光滑,填嵌应连续、密实;宽度和深度应符合设计要求。

⑤有排水要求的部位应做滴水线(槽)。滴水线(槽)应顺直,流水坡向应正确,坡度应符合设计要求。

3) 允许偏差

允许偏差如表5-49所示。

表5-49 允 许 偏 差

项 目	允许偏差(mm)	检验方法
立面垂直	3	用2m托线板检查
表面平整	4	用2m靠尺及塞尺检查
阴阳角垂直	3	用2m托线板检查
阴阳角方正	4	用20cm方尺和楔尺检查
接缝直线度	3	用钢尺检查
接缝高低差	1	用钢尺和塞尺检查
接缝宽度	1	用钢尺检查

5. 聚氨酯外保温厚度选用和施工节点图

(1) 聚氨酯外保温厚度按表5-50选用。

表5-50 聚氨酯外保温厚度选用表

d	墙体1		墙体2		墙体3		墙体4		墙体5		墙体6		墙体7		墙体8		墙体9		墙体10		墙体11	
	R	K_m	R	K_m	R	K_m	R	K_m	R	K_m	R	K_m	R	K_m	R	K_m	R	K_m	R	K_m	R	K_m
20	1.06	0.83	1.38	0.69	1.17	0.77	1.55	0.62	1.60	0.60	1.81	0.58	2.02	0.54	1.18	0.76	1.28	0.72	1.24	0.74	1.42	0.68
25	1.26	0.71	1.58	0.61	1.37	0.67	1.75	0.55	1.80	0.54	2.01	0.52	2.22	0.49	1.38	0.66	1.48	0.63	1.44	0.64	1.62	0.60
30	1.46	0.62	1.78	0.54	1.57	0.59	1.95	0.50	2.00	0.48	2.21	0.47	2.42	0.44	1.58	0.58	1.68	0.56	1.64	0.57	1.82	0.53
35	1.66	0.55	1.98	0.49	1.77	0.53	2.15	0.45	2.20	0.44	2.41	0.43	2.62	0.40	1.78	0.52	1.88	0.50	1.84	0.51	2.02	0.48
40	1.86	0.50	2.18	0.44	1.97	0.48	2.35	0.41	2.40	0.40	2.61	0.39	2.82	0.37	1.98	0.47	2.08	0.46	2.04	0.46	2.22	0.44
45	2.06	0.45	2.38	0.41	2.17	0.44	2.55	0.38	2.60	0.37	2.81	0.36	3.02	0.34	2.18	0.43	2.28	0.42	2.24	0.42	2.42	0.40
50	2.26	0.41	2.58	0.38	2.37	0.40	2.75	0.35	2.80	0.35	3.01	0.34	3.22	0.32	2.38	0.40	2.48	0.39	2.44	0.39	2.62	0.37
55	2.46	0.38	2.78	0.35	2.57	0.37	2.95	0.33	3.00	0.32	3.21	0.31	3.42	0.30	2.58	0.37	2.68	0.36	2.64	0.36	2.82	0.35
60	2.66	0.36	2.98	0.33	2.77	0.35	3.15	0.31	3.20	0.31	3.41	0.29	2.78	0.34	2.88	0.34	2.84	0.34	3.02	0.32		
65	2.86	0.33	3.18	0.31	2.97	0.33	3.35	0.29	3.40	0.28	3.61	0.28	3.82	0.27	2.98	0.32	3.08	0.31	3.04	0.31	3.22	0.30
70	3.06	0.31	3.38	0.29	3.17	0.31	3.55	0.28	3.60	0.27	3.81	0.27	4.02	0.26	3.18	0.30	3.28	0.30	3.24	0.30	3.42	0.29
75	3.26	0.29	3.58	0.27	3.37	0.29	3.75	0.26	3.80	0.26	4.01	0.25	4.22	0.25	3.38	0.28	3.48	0.28	3.44	0.28	3.62	0.27
80	3.46	0.28	3.78	0.26	3.57	0.27	3.95	0.25	4.00	0.25	4.21	0.24	4.42	0.23	3.58	0.27	3.68	0.26	3.64	0.27	3.82	0.26

注:1. 表中 d 的单位为 mm,R 的单位为 $m^2 \cdot K/W$,K_m 的单位为 $W/(m^2 \cdot K)$。

2. 表中各基层墙体分别为:墙体1—钢筋混凝土 20mm 墙体;墙体2—多孔砖 240 墙体;墙体3—混凝土小型空心砌块 190 墙体;墙体4—模数多孔砖 340 墙体;墙体5—KP1型多孔砖 370 墙体;墙体6—加气混凝土砌块 200 墙体;墙体7—加气混凝土砌块 250 墙体;墙体8—蒸压灰砂砖砌块 240 墙体;墙体9—烧结页岩砖 240 墙体;墙体10—蒸压粉煤灰砖 240 墙体;墙体11—黏土陶粒混凝土空心砌块 240 墙体。

3. 表中所计算数据为 δ 厚的聚氨酯复合 10mm 厚的 ZL 胶粉聚苯颗粒保温浆料后的数据。

(2) 聚氨酯外保温外墙构造及做法如图5-49所示。

第五章 外墙外保温系统

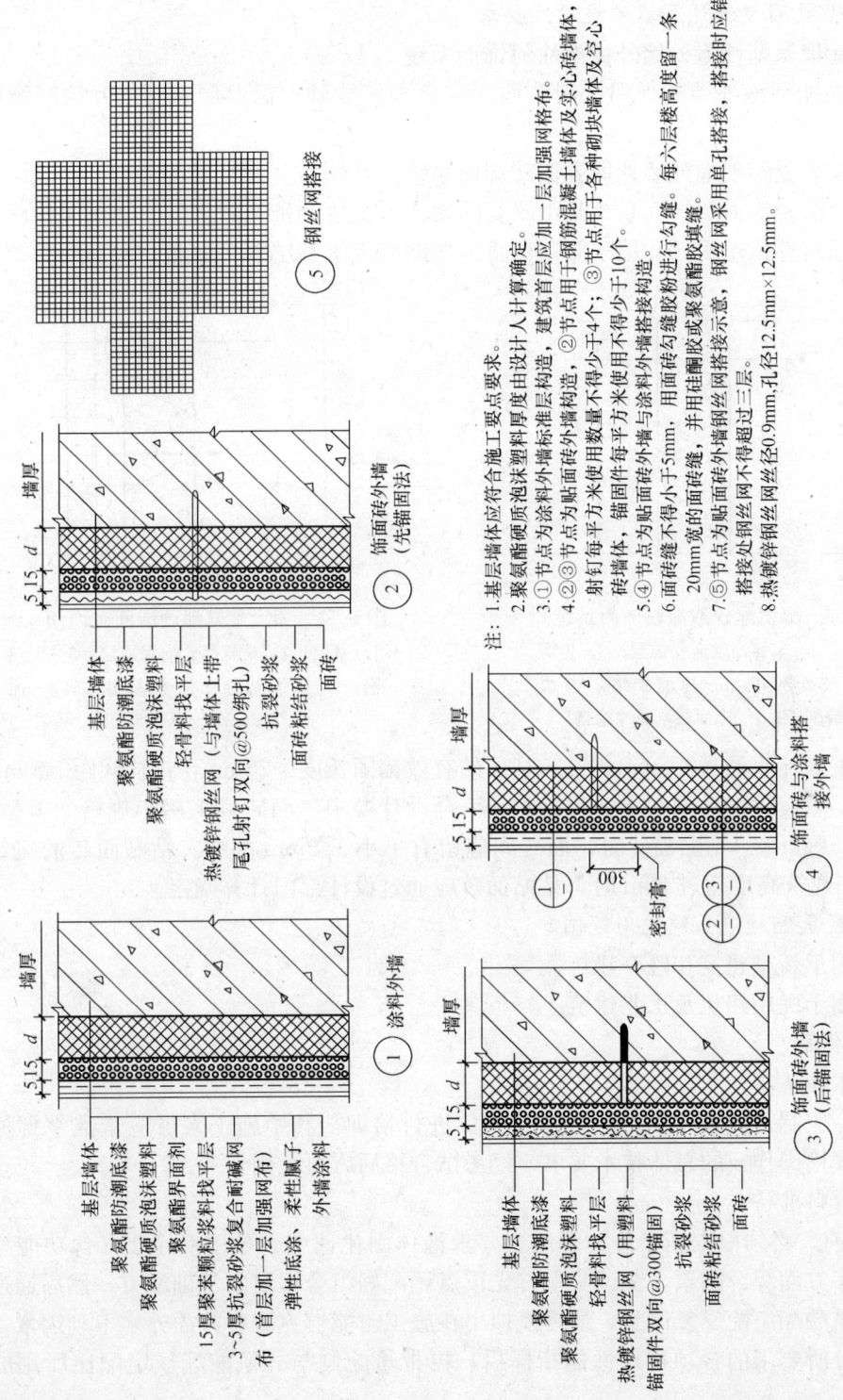

图 5-49 聚氨酯外保温外墙构造及做法

(二)喷涂聚氨酯硬泡外保温系统

喷涂聚氨酯硬质泡沫墙面包括外墙体涂料饰面系统和面砖饰面钢丝网加固系统。

1. 喷涂聚氨酯硬泡外保温系统设计要求

(1) 喷涂聚氨酯硬泡外墙外保温涂料饰面系统

喷涂聚氨酯硬泡外墙外保温涂料饰面系统由聚氨酯硬泡保温层和面层及涂料饰面层构成，如图5-50所示。

(2) 喷涂聚氨酯硬泡外墙外保温面砖饰面系统

喷涂聚氨酯硬泡面砖饰面系统是由聚氨酯硬泡保温层和抗裂砂浆层及饰面层构成。抗裂砂浆层内满铺镀锌钢丝网，并用膨胀锚栓将钢丝网固定于基层上。如图5-51所示。

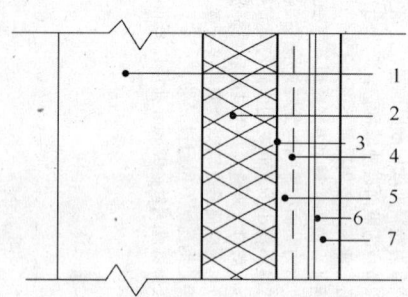

图5-50 聚氨酯硬泡涂料饰面系统
1—基层；2—聚氨酯硬泡保温层；3—界面剂；4—玻纤网布；5—抹面胶浆；6—柔性抗裂腻子；7—饰面层（弹性涂料）

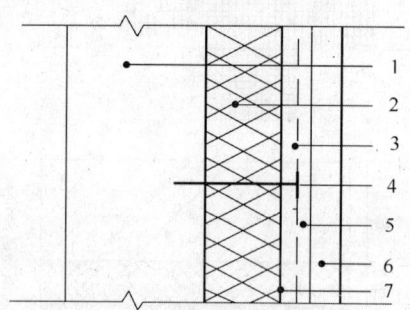

图5-51 喷涂聚氨酯硬泡面砖饰面系统
1—基层；2—聚氨酯硬泡保温层；3—钢丝网；4—膨胀锚栓；5—抗裂砂浆；6—面砖；7—界面剂

热镀锌钢锚栓直径≥5.5mm，锚入基层的有效锚固长度＞25mm，锚栓间距500mm，且呈梅花布置。热镀锌钢丝网的规格和性能应符合设计要求。面砖宜采用小规格的薄型面砖，其面密度≤25kg/m²。粘贴面砖时，面砖间应留有不小于5mm的缝。粘贴面砖的建筑高度应≤30m，当建筑高度超过30m时，粘贴面砖应通过设计部门计算确定。

2. 喷涂聚氨酯硬泡系统适用范围

广泛适用于新型建筑和既有建筑。

广泛适用于民用建筑及工业建筑。

3. 施工准备

(1) 技术准备

施工前，应制订施工方案，应对施工人员进行培训，其中施工人员应重点掌握原料性质、喷涂（喷枪操作）的具体技术要求，经考试合格后方可上岗作业。

(2) 原材料准备

1) 施工前，必须根据施工环境温度、要求泡体固化速度、采用喷涂法（含功能型）还是浇注法等多方面综合因素，在试验室首先重点调配好组合聚醚的基础配方，然后通过组合聚醚与聚异氰酸酯组配反复试验，最终模拟出在施工时能够克服各方面外来不利因素，并经测试达到设计所要求的各项物理性能指标后，再批量配制与异氰酸酯规定配比所用的组合料。

组合聚醚原料：应在保质期内，桶盖关严，运到现场后，应存放在通风阴凉处，避开高温。

2）异氰酸酯原料：聚氨酯硬质泡沫具有活泼的化学性，极易与空气中水分、潮气发生化学反应，生成不溶性的脲类化合物并放出二氧化碳，造成鼓桶并导致原料化学活性降低，甚至失效。

异氰酸酯原料应存放在干燥环境，避免受潮。环境温度较低时，物料黏度增大，当储存温度低于0℃时，会出现结晶现象，此时又必须急用时，必须在最短时间内将物料加热熔化，且严禁局部加热，加热温度不应超过70℃，防止物料分解。

原材料应按计划组织进场，按品种规格分类堆放整齐，并做好材料的防雨、防潮、防火等安全工作。

3）聚氨酯硬质泡沫塑料性能指标如表5-51所示。

表5-51　聚氨酯硬质泡沫塑料性能指标

序号	项目	单位	技术指标	
			外墙用	屋面用
1	表观密度	kg/m³	≥30	≥45
2	导热系数	W/(m·K)	≤0.024	
3	吸水率（V/V）	%	≤3	
4	压缩强度（变形10%）	MPa	≥0.15	
5	抗压强度	MPa	≥0.15	
6	PUR与基层粘结强度	MPa	≥0.15	
7	尺寸稳定性	%	≤4	
8	燃烧性		B2级，点燃离火3秒自熄	

4）钢丝网主要技术性能指标如表5-52所示。

表5-52　钢丝网主要技术性能指标

类别	项目	指标
钢丝网（热镀锌）	钢丝抗拉强度（φ1.5）	≥540MPa
	焊点抗拉力（网孔40mm×40mm）	≥65N
	镀锌层质量（φ1.9）	≥122g/m²

5）聚合物抹面胶浆及抗裂砂浆应严格按配比及拌制工艺配制，并由专人负责，经试配满足施工可操作性要求后，方可使用。

6）抗裂砂浆由聚合物胶粉、普通硅酸盐水泥、中砂、减水剂、纤维、流平剂等组成。各组成部分原材料应符合相关标准的规定。抗裂砂浆可为干拌粉料，现场加水调制；亦可为多组分在现场（严格按配合比）调配。

7）抗裂砂浆、抹面胶浆、界面砂浆与保温层的拉伸粘结强度，在干燥状态下和浸水48h后的拉伸粘结强度均应≥0.15MPa，破坏界面均应位于聚氨酯硬质泡沫保温层。

8）玻纤网布

玻纤网布及钢丝裁剪应根据需要留出必要的搭接（或重叠部分）长度。裁好的玻纤网布应卷放，不得折叠、重压和踩踏。玻纤网布主要技术性能指标如表5-53所示。

表 5-53　玻纤网布主要技术性能指标

序号	检验项目	单位	指标	检测方法
1	单位面积质量	g/m²	≥130	称重
2	耐碱拉伸断裂强度	N/50mm	≥750	JGJ 144—2004 附录A，第12.2
3	耐碱拉伸断裂强度保持率	%	≥50	JGJ 144—2004 附录A，第12.2
4	断应变	%	≤5.0	JGJ 149—2003

(3) 设备、机具

聚氨酯喷涂机常用有两种，一种是有空气喷涂，另一种是无空气喷涂。

有空气喷涂是借助空压机的压缩空气把反应液喷出，并在发生化学反应的同时发泡，该法最大的缺点在于空气易带走反应液细雾，造成原材料损耗并污染环境，并影响泡沫的质量和外观平整度；无空气喷涂是用高压发泡机发泡，当具有一定压力的原料被送到混合室时，在压力突然降低时，原料分散喷出。

高压无空气发泡机喷涂发泡与有空气喷涂发泡相比较，最大的优点是原料损失少，对环境污染大为减少。排除操作者喷涂的技术水平外，高压无空气发泡机喷涂发泡的泡沫制品性能和表面平整度都优于有空气喷涂。

进入现场的设备、机具等应运行检验，合格后投入正常使用。

搭设脚手架或安装升降式吊栏，脚手架里侧与基层墙面距离应为200～300mm。

对外门窗框及其他设施应采取防护措施，防止料液溅污。

搭设防风帐幕，进行封闭式作业，防止料液雾化漂移。

根据喷涂机的使用要求，与之配套用电源接到现场，并采取保证安全用电措施。

(4) 基本条件

1) 基层要求及其处理

聚氨酯硬泡外墙外保温系统的基面应满足施工的要求。

新建建筑外墙不抹灰时，应砌成清水墙，并勾缝。

对既有建筑进行节能改造时，应按预先审定的技术方案对基面进行处理。清除表面尘土、杂物和油污，对空鼓、脱层、部位进行清除、修补，使基面平整度偏差不大于2mm。

基层表面应干燥，含水率应小于15%。

2) 施工环境及其要求

不得在阴雨天或基面未干燥情况下喷涂聚氨酯硬质泡沫。施工环境相对湿度应小于70%。

喷涂施工时，风速超过3级不宜施工。

基面施工温度宜在15～35℃，最低温度不得低于5℃，最高温度不宜超过40℃。

外墙消防梯、落水管卡子、管线预留洞口及预埋件等，在喷涂聚氨酯泡沫前应施工完毕（预留有保温层厚度），验收合格。

外墙门窗应安装完毕，并验收合格。

沉降缝、伸缩缝应按设计要求施工，验收完毕。

喷涂聚氨酯硬质泡沫应连续进行，接槎处应清除灰尘再喷涂。

在外墙外保温工程施工期间及完工后的12小时内，基层及环境空气温度不应低于5℃，夏季应避免阳光暴晒（超过 5 天必须采取遮盖保护措施）。

4. 施工工艺

（1）施工工艺流程

喷涂聚氨酯硬质泡沫外保温施工，应严格按规定的施工条件和施工程序进行，其工艺流程如图 5-52 所示。

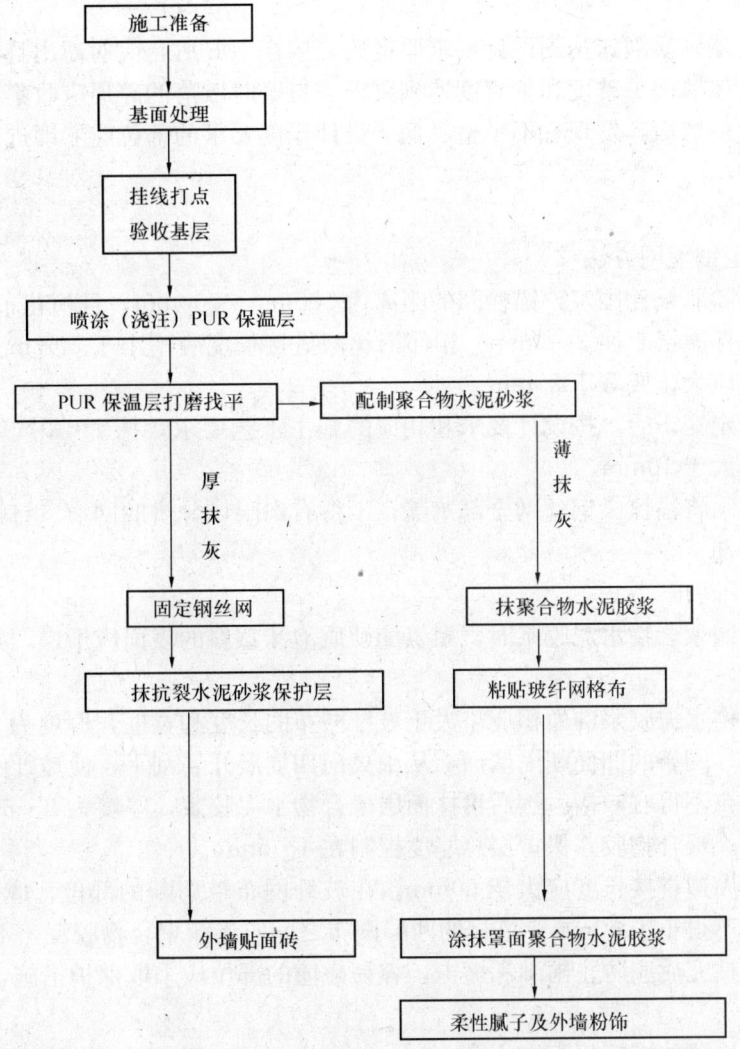

图 5-52 施工工艺流程

（2）施工要点

1）喷涂聚氨酯硬质泡沫保温层

①首先仔细阅读喷涂机使用说明书，将两个输料泵（管）分别插入各自料桶内，启动喷涂设备，并调试设备压力、温度，达到喷涂雾化要求后，开始喷涂作业。

②喷涂机宜选用高压无空气连续喷涂设备，有利于保证聚氨酯硬质泡沫物理性能指标，减少物料浪费和污染环境，在使用时应按所选用具体设备类型、型号使用顺序安装、操作。

③喷涂施工时，在规定的温度范围内进行。温度过低，泡沫体容易从墙体（基层）表面脱落、翘层，而且泡沫的密度明显增大。当环境温度过高时，发泡剂损耗加大。

喷枪口与基面距离宜控制在1000～1500mm。一般情况下，应自上而下、从左向右顶风喷涂为宜，移动速度应均匀。

分层喷涂，每层的（发泡）厚度不应大于15mm，宜在10～15mm。厚度太薄，密度增大。

④喷涂聚氨酯硬质泡沫达到设计要求厚度后，应在10h后，应对超出且不平整的部位用打磨机具修整，使墙面平整度和垂直度达到要求。打磨时散落的碎屑应收集和清理干净。

⑤完成喷涂的墙面，发现有不平整、低于设计厚度要求的部位应立即进行补喷，直至达到规定厚度。

⑥施用界面剂。

2) 铺设固定钢丝网方法

①钢丝网用膨胀锚栓固定，锚栓间的距离为500mm×500mm，且梅花布置。

钢丝网应距保温层表面2～3mm，相邻钢丝网搭接长度应不小于50mm。膨胀锚栓伸入基层的锚固深度应大于或等于25mm。

②钢丝网固定完毕后，按设计要求和相应的施工工艺要求，抹1:3抗裂水泥砂浆保护层，其厚度应不大于10mm。

③保护层必须将锚栓、钢丝网全部遮盖，不得有肉眼可分辨的网痕、钉帽。

④施用界面剂

3) 粘贴玻纤网布

①涂抹第一遍聚合物水泥胶浆时，聚氨酯硬质泡沫塑料的表面应干燥，并清除其表面的污物。

②涂抹聚合物水泥胶浆的面积应略大于玻纤网布的长度和宽度，厚度为2～3mm，将玻纤网布置于其上，网布的凹面朝向墙面，从中央向四周展开、刮平，使玻纤网布嵌入聚合物水泥胶浆中；网布不得有皱褶。然后再抹面层聚合物水泥胶浆，厚度为2～3mm，玻纤网布不得有外露现象。聚合物胶浆保护层总厚度控制在4～5mm。

③玻纤网布周边搭接长度应大于50mm。在玻纤网布被切断的部位，应采用补网搭接，两侧搭接长度都不得小于50mm。搭接的两层网布之间应满涂聚合物胶泥，不许干搭。

④玻纤网布粘完后应防止雨淋和撞击，容易碰撞的部位应采取保护措施，对损坏部位必须及时修复处理。

⑤保护层分格缝的横竖间距宜为6～8m，缝宽度根据工法而设定，或按设计要求设置。在分格缝处应切断玻纤网布或热镀锌钢丝网。并用硅酮密封胶做好缝的防水、防雨、防潮处理。

⑥外饰面涂刷涂料前，保护层局部出现的干缩、裂纹，应用弹性腻子修补刮平，并满涂柔性抗裂腻子。采用其他外饰面材料时应按设计要求施工。

(3) 细部构造处理及要求

1) 聚氨酯硬质泡沫外墙外保温的饰面为面砖时，应采用钢丝网厚抹系统，门窗洞口四角的外表面处应各加盖一块（$\phi1.5$mm，网孔为40mm×40mm，长×宽为300mm×400mm）钢丝网，钢丝网与窗角平分线成90°角放置，贴在最外侧。

窗洞口内阴角处加盖一块（$\phi1.5mm$，网孔为$40mm\times40mm$，长为$400mm$）钢丝网，其宽度应贴至窗框外边缘，在窗洞口阴角处形成等边增强角网。

2）聚氨酯硬质泡沫外墙外保温采用玻纤网布薄抹灰系统时，门窗洞口处应各加盖一块（长×宽为$300mm\times200mm$）加强玻纤网布。

窗洞内阴角处应加盖一块（长为$200mm$，宽度与门窗洞口一致）标准玻纤网布，在窗洞口阴角处形成等边增强角网。

3）采用薄抹灰时，外墙宜设宽度为$16\sim20mm$的塑料分格条，分格条的间距为$6\sim8m$，并用硅酮耐候密封胶密封。外墙首层应采用双层标准玻纤网布（三胶二布做法）。铺设高度按设计要求。

4）阳台、过街楼顶板、雨篷、女儿墙、挑檐、伸缩缝、凸出墙面的混凝土构件及装饰线等保温细部构造的端部及转角处宜分别设置附加钢丝网或玻纤网布。

5. 施工安全

（1）在进行聚氨酯硬质泡沫外墙外保温系统高空作业时，应执行高空作业安全防护措施的有关规定，并设专人做好施工现场监护。

经常检查电动机具、设备有无漏电现象，并应做好安全保护措施。

（2）喷涂聚氨酯硬质泡沫的操作人员应佩戴必要的劳动保护用品。

有少量异氰酸酯泄漏、洒落，可用砂土清理，铲入敞口容器中，移离工作区域后用适当浓度的氨水分解处理。

若大量泄漏，应及时收集回收，污染地区用氢氧化铵溶液或其他有效方法处理。

避免原料与皮肤直接接触及溅入眼内，一旦溅入眼内，应立即用清水冲洗，皮肤用肥皂水清洗。

（3）劳动保护、防火防毒、原材料储存、堆放等施工安全技术，应按国家有关标准、规范执行。

（4）严禁电焊及明火接触聚氨酯硬质泡沫保温层及其原材料，在施工现场必须配备灭火消防器材。

在施工现场，不许乱丢火种，严禁吸烟，更不允许动用明火。

绝不允许在与聚氨酯硬质泡沫接触部位进行电焊、切割等明火作业。

严禁在聚氨酯硬质泡沫施工时与其他动火工程交叉作业。当聚氨酯硬质泡沫塑料施工作业完成后，若进行明火作业时，必须在动火部位的周围留出与聚氨酯硬质泡沫有足够的距离或间隔，并应配备好现场用消防设备，应根据现场具体情况制定严密动火规范和安全操作方法。

6. 喷涂聚氨酯硬质泡沫外墙外保温涂料饰面系统的主要性能和要求

（1）喷涂聚氨酯硬质泡沫外墙外保温系统应按JGJ 144—2004《外墙外保温工程技术规程》规定进行耐候性检验。

（2）喷涂聚氨酯硬质泡沫外墙外保温系统的性能应符合表5-54的规定。

7. 工程质量控制

（1）喷涂聚氨酯硬质泡沫保温防水工程应按现行国家标准《建筑工程施工质量验收统一标准》GB 50300—2001规定进行施工质量控制及验收。

（2）喷涂聚氨酯硬质泡沫保温防水工程的分项工程和工序应按表5-55进行划分。

表 5-54 喷涂聚氨酯硬质泡沫外墙外保温系统性能

序号	检验项目	指	标	试 验 方 法
1	吸水量（kg/m²）	水中浸泡 1h	≤1.0	JGJ 144—2004 附录 A 第 A.6 节
2	抗冲击性（J）	二层以上墙面	>3.0	JGJ 144—2004 附录 A 第 A.5 节
		二层以下及门窗口	>10	
3	热阻	应符合设计要求	≥设计值	JGJ 144—2004 附录 A 第 A.9 节
4	耐冻融性	30 次冻融循环后的保护层	无空鼓、脱落、渗水、裂缝；与保温层的拉伸粘结强度≥0.15MPa	JGJ 144—2004 附录 A 第 A.4 节，破坏部位应位于 PUR 保温层
5	抗风荷性能	工程抗风压值	R_d≥风荷设计值，安全系数 K≥2	JGJ 144—2004 附录 A 第 A.3 节，由设计值降低 1kPa 试验
6	抹面层不透水性	浸水 2h	不透水	JGJ 144—2004 附录 A 第 A.10 节
7	保护层水蒸气渗透性	符合设计要求		JGJ 144—2004 附录 A 第 A.11 节

注：水中浸泡 24h，PUR 外墙外保温系统的吸水量均小于 0.5kg/m² 时，不检验第 4 项耐冻融性能。

表 5-55 聚氨酯硬质泡沫保温防水工程分部工程和分项工程划分

分 项	工 序
PUR 薄抹灰系统	基层处理、PUR 保温防水层、抹面层、变形缝、饰面层
PUR 厚抹灰系统	基层处理、PUR 保温防水层、抹面层、变形缝、饰面层
PUR 上人屋面系统	基层处理、PUR 保温防水层、保护层
PUR 非上人屋面系统	基层处理、找坡层、PUR 保温防水层、界面砂浆、混凝土保护层
PUR 斜屋面系统	基层处理、PUR 保温防水层、保护层、装饰安装

（3）分项工程以 500～1000m² 为一个批次检验，不足 500m² 也视为一批；每个检验批每 100m² 至少抽查一处，每处不少于 10m²。

（4）主控项目及其验收

1) 喷涂聚氨酯硬质泡沫保温防水工程系统及主要组成材料性能，应符合设计要求。

检查方法：检查型式检验报告和进场复检报告。

2) 喷涂聚氨酯硬质泡沫保温层厚度应符合设计要求。

检查方法：用 ϕ1mm 的钢丝和直尺，用探针法抽查检查，每 100m² 抽查 5 处，取平均值。

3) 薄抹灰及厚抹灰系统的粘结强度，应符合材料要求的性能指标。

检查方法：检查检验报告。

（5）一般项目及其验收

1) 喷涂聚氨酯硬质泡沫保温防水工程垂直度和尺寸允许偏差应符合现行国家标准《建筑装饰装修工程质量验收规范》GB 50210—2001 规定。

2) 屋面混凝土工程质量应符合现行国家标准《混凝土结构工程质量验收规范》GB 50204—2001 规定。

3) 钢丝网和机械固定系统及抹面厚度，应符设计要求。

4) 抹面质量和饰面层分项工程施工质量，应符合现行国家标准《建筑装饰装修工程质量验收规范》GB 50210—2001 规定。

(6) 喷涂聚氨酯硬质泡沫塑料保温防水工程竣工验收应提交的文件

1) 喷涂聚氨酯硬质泡沫保温防水工程设计文件、图纸会审、设计变更和洽商记录；

2) 施工方案和施工工艺；

3) 型式检验报告（耐候试验报告必须具备）及其主要材料的产品合格证、出厂检验报告、进场复检报告和现场验收记录；

4) 施工技术交底记录；

5) 施工工艺记录及施工质量检验记录；

6) 其他必须提交的资料等。

(7) 喷涂聚氨酯硬质泡沫保温防水工程主要组成材料复检项目如表 5-56 所示。

表 5-56 聚氨酯硬质泡沫塑料保温防水工程主要组成材料复检项目

组成材料	复检项目
喷涂 PUR 保温层	导热系数、密度、吸水率、抗拉强度、粘结强度、尺寸稳定性、阻燃性
抹面胶浆、抗裂砂浆、界面砂浆	干燥及浸水 48h 后拉伸粘结强度
玻纤网布	耐碱拉伸断裂强度、耐碱拉伸断裂强度保留率
钢丝网	热镀锌层质量

三、TS 模浇聚氨酯硬质泡沫外保温系统

TS 模浇聚氨酯硬质泡沫外墙保温系统，主要包括：金属模板（含滑轨）、聚氨酯硬泡保温隔热层、墙基层界面剂、聚氨酯硬泡保温层界面剂、保护层或饰面层。

现场模浇聚氨酯硬质泡沫外保温系统，分为现场模浇聚氨酯硬质泡沫外保温涂料饰面系统（简称为涂料饰面）和现场模浇聚氨酯硬质泡沫外保温面砖饰面系统（简称为面砖饰面）。

1. 模浇聚氨酯硬质泡沫外保温设计要求

模浇聚氨酯硬质泡沫外保温系统，是用可重复使用的模板在现场浇注聚氨酯硬质泡沫，脱模后形成表面平整的保温层，并做饰面构成的保温体系。

模浇聚氨酯硬质泡沫的基层构造设计要结合实际工程的结构种类，提出具体的技术要求和基层处理方案及质量控制措施。

(1) 模浇聚氨酯硬质泡沫外墙涂料饰面构造、外墙面砖饰面构造、真石漆饰面构造分别如图 5-53、图 5-54 和图 5-55 所示。

(2) 模浇聚氨酯硬质泡沫的基层应是通过验收合格的砌体墙体、混凝土墙体及各种填充墙体。

(3) 模浇聚氨酯硬质泡沫的基层为承重砌体墙的块材的强度等级不应小于 MU10；填充砌体墙的块材强度等级不低于 MU5.0；锚栓间距 500mm，且梅花布置；进入基层的有效锚固长度应大于 25mm。

(4) 砌体的砌筑砂浆应饱满，且应符合清水墙的技术质量要求。

(5) 填充砌体与混凝土剪力墙、梁、柱的连接处，应铺设镀锌钢丝网，并抹水泥砂浆。

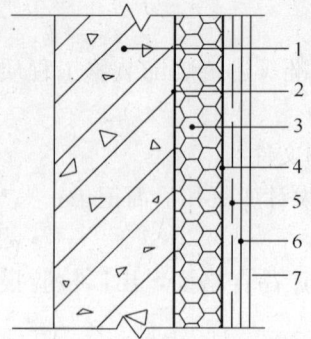

图 5-53 外墙涂料饰面构造

1—基层墙体；2—墙体界面剂；3—聚氨酯硬质泡沫；4—聚氨酯硬质泡沫界面剂；5—抗裂砂浆压入界面剂；6—柔性腻子；7—弹性涂料

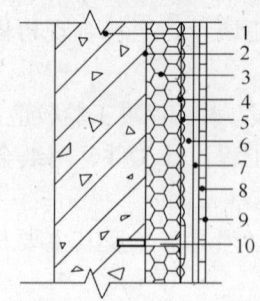

图 5-54 外墙面砖饰面构造

1—基层墙体；2—墙体界面剂；3—聚氨酯硬质泡沫；4—聚氨酯硬质泡沫界面剂；5—镀锌钢丝网；6—抗裂砂浆；7—粘砖胶浆；8—面砖饰面；9—勾缝胶；10—自胀锚栓

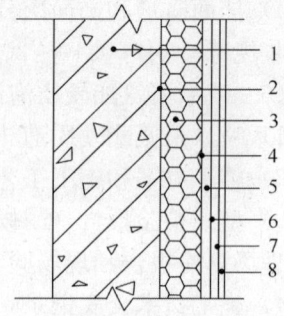

图 5-55 真石漆饰面构造

1—基层墙体；2—墙体界面剂；3—聚氨酯硬质泡沫；4—聚氨酯硬质泡沫界面剂；5—聚合物胶泥；6—耐碱玻纤网布；7—真石漆

(6) 对既有建筑的砌体墙有下列情况之一时，须对基层进行增强处理后再实施模浇聚氨酯硬质泡沫的施工。

1) 当承重砌体墙的块材的强度等级小于 MU10（须大于 MU7.5）时；

2) 当填充砌体墙的块材强度等级低于 MU5.0（须大于 MU3.5）时；

3) 基层平整度、垂直度最大偏差大于允许偏差的 1.5 倍时；

4) 外墙表面有涂料、脱皮、空鼓、粉化等缺陷时；

5) 墙体表面观感有严重不足或平整度达不到模浇聚氨酯硬质泡沫的基层要求时。

有上述情况之一的既有建筑，在进行模浇聚氨酯硬质泡沫外保温前，均应先处理好基层（清除外墙表面涂料、脱皮、空鼓、粉化层），并通过界面剂处理后，再抹 M10 水泥砂浆。

当水泥砂浆抹面厚度大于 10mm 时，应采用分层抹灰工艺。

水泥砂浆抹面的平整度的允许偏差（用 2m 靠尺检查）应小于 ±1.5m，经验收合格后方可进行模浇聚氨酯硬质泡沫保温层的施工。

2. 适用范围

(1) 广泛应用于公共建筑，也可用于住宅及既有建筑节能改造工程。

(2) 既可用于外墙，也可用于屋面，杜绝屋面渗漏。

(3) 既可用于北方寒冷地区，也适用于我国其他各个地区。

3. 施工准备

(1) 技术准备

1) 在模浇聚氨酯硬质泡沫保温工程施工前，接到设计图纸后，应认真熟悉，掌握施工步骤、具体要求和关键部位处理方法，对施工人员进行必要岗前培训和考核，合格后方可上岗作业。

2) 在模浇聚氨酯硬质泡沫保温工程施工前，制定相应专项施工方案，其主要内容包括：

①工程概况，工程的保温节能技术质量目标；

②模浇聚氨酯硬质泡沫保温工程施工的平面设计图、节点构造详图；

③主要材料进场计划；

④施工进度计划;
⑤模浇聚氨酯硬质泡沫保温工程技术质量保证措施(含连续施工和非连续施工);
⑥安全、文明施工措施;
⑦模浇聚氨酯硬质泡沫保温工程验收程序等。

(2) 材料要求

模浇聚氨酯硬质泡沫保温工程用的材料进入施工现场后,应在工程监理的监督下进行取样复检。

1) 涂料饰面施工方法材料要求

①基层界面剂的性能如表 5-57 所示。

表 5-57 基层界面剂的性能

项目	外观	性能指标	施工方法	干燥时间 (h)	有害性
基层界面剂	无色、无味	pH 值 7~9	雾喷	1~1.5	无

②模浇聚氨酯硬质泡沫保温层性能指标如表 5-58 所示。

表 5-58 模浇聚氨酯硬质泡沫保温层性能指标

项目	单位	指标
密度	kg/m³	≥30
导热系数	W/(m·K)	≤0.024
抗拉强度	MPa	≥0.15
压缩强度(变形 10%)	MPa	≥0.15
尺寸稳定性	%	≤4
闭孔率	%	≥90
吸水率 (V/V)	%	≤3
水蒸气透过率	ng/(Pa·m·s)	≤5
燃烧性		B2
断裂伸长率	%	≥5

③模浇聚氨酯硬质泡沫层界面剂技术性能如表 5-59 所示。

表 5-59 模浇聚氨酯硬质泡沫层界面剂技术性能

项目			指标	备注
容器中状态			搅拌后无结块,呈均匀状态	
施工性			涂刷无困难	
拉伸粘结强度 (MPa)	与水泥砂浆粘结	常温常态	≥0.7	
		浸水 7d	≥0.5	
		耐冻融(30 次)	≥0.5	
	与 PUR 粘结	常温常态	≥0.15	破坏在 PUR
		浸水 7d	≥0.15	破坏在 PUR
		耐冻融(30 次)	≥0.15	破坏在 PUR

④TS20R 乳液（保护层聚合物砂浆）技术要求应符合技术标准（JG158—2004）。

⑤耐碱网布（用于保护层抗裂，≥160g/m²，网孔 4mm×4mm）技术要求应符合行业技术标准（JC158—2004）。

⑥TS203 柔性腻子技术要求应符合行业技术标准（JC158—2004）。

2）面砖饰面施工方法材料要求

①基层界面剂、聚氨酯硬质泡沫保温层和聚氨酯硬质泡沫界面剂技术标准与涂料饰面施工法要求相同。

②单个自胀锚栓抗拉承载力如表 5-60 所示。

表 5-60　单个尼龙自胀锚栓抗拉承载力　　　　　　　　　（kN）

锚固基层墙体			备　　注
混凝土	实心砖	空心砖	贴面砖时钢丝网的钢压片厚 1mm（镀锌）
2.10	2.10	2.00	国家建筑质检中心检测极限值
标准值≥0.3			JC149—2003 标准值

③镀锌钢网技术要求应符合企业标准（QB/T 3897—1999）。

④TS211 找平胶液、TS210 瓷砖胶液和 TS212 嵌缝剂的技术要求应符合行业标准（JG158—2004）。

（3）施工机具

模板规格配套，且板面平整。浇注机及配套机械应具有除尘和防噪设施。

1）涂料饰面施工机具

机具：聚氨酯泡沫浇注机、气泵、金属模板及配套件、垂直式运输机械、水平运输车、门式脚手架或钢管脚手架、强制式砂浆搅拌机、手提搅拌机（喷浆机）。

工具：剪刀、壁纸刀、抹灰工具、刮杠、检测工具、经纬仪、手电钻、手锤、探针、直尺、塞尺、钢叉等。

2）面砖饰面施工机具

机具：与涂料饰面施工机具相同。

工具：电锤、手锤、模板、电动螺钉批、断线甜子、钢筋勾子、抹灰工具、刮杠等。

（4）模浇聚氨酯硬质泡沫外保温作业基本条件

节能建筑主体工程的质量按现行的国家相关施工验收规范或规程验收合格，并具有验收文件。现场无交叉作业。

1）门窗口：门窗安装完毕并验收；节点构造方案确定。

2）安全条件：在进行外墙模浇聚氨酯硬质泡沫外保温施工时，应设钢管脚手架（单排或双排），脚手架距墙面的净距离应为 200～300mm（最大净距处不应超过 500mm）。安装牢固可靠，间高合理。脚手架搭设的速度应满足模浇聚氨酯硬质泡沫进度要求。

3）环境条件：现场环境温度应在 15～30℃，相对湿度应≤70%进行施工。

在气温低于 10℃或高于 30℃、相对湿度＞70%时，不宜进行模浇聚氨酯硬质泡沫外保温工程的施工。

雨天、风力大于 5 级时不应施工。

4）在夜间施工时，现场应具有符合国家安全施工用电源及照明设施。

5）施工现场应具有消防安全设施。

6）节能建筑墙体模浇聚氨酯硬质泡沫工程的施工过程为隐蔽施工做法，应完善施工程序，强化施工管理，确保模浇聚氨酯硬质泡沫保温工程质量，必须做到安全施工。

4. 涂料饰面施工工艺

(1) 模浇聚氨酯硬质泡沫外保温工程施工工艺流程（图5-56）

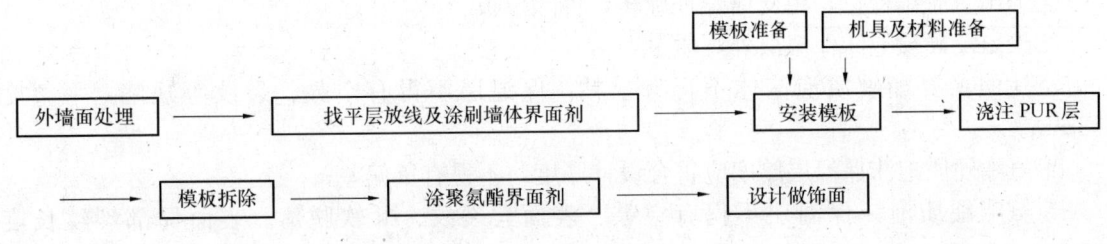

图5-56　模浇聚氨酯硬质泡沫外保温工程工艺流程

(2) 涂料饰面施工工艺流程（图5-57）

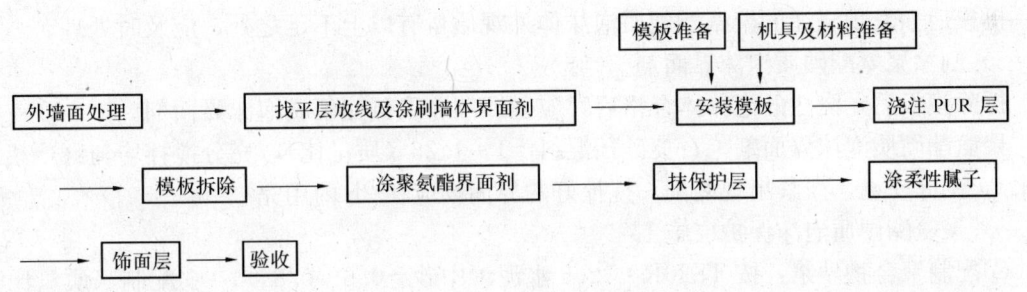

图5-57　涂料饰面施工工艺流程

(3) 操作方法

1) 基层处理

彻底去除外墙所有附着物、油污，混凝土梁外胀等缺陷修整合格，凸出物高度应＜6mm。

砌体与梁、柱间隙用钢网处理，钢网在缝两侧搭接≥200mm。

门窗安装完毕并完成局部填平、浇注发泡保温等。

2) 墙体界面层

将墙体界面剂搅拌均后，采用涂抹或雾喷方法，施工过程中不得有漏涂现象，最终要求界面层达到0.3mm均匀厚度。

3) 保温层

首先在作业面的墙体吊垂线、水平线测平整度。

①固定模板：在墙体界面剂施工结束2小时后，安装模板。检查模板内侧不应有灰尘及夹渣，应平整光滑，不能有起鼓或起砂。

按模板定位孔钻孔，安装模板。用调节螺杆调正与基面的平行和垂直，支撑螺杆支撑在墙面上，确定保温层厚度，用锚栓钉拉紧模板。

②浇注聚氨酯硬质泡沫保温层：注料枪从模板左侧开口中心处对准模板底部，从模板左

端开始浇注，移动速度要均匀，浇注量要均匀，浇注料要全部浇注在墙面上。应连续浇注，并在第一次浇注未硬化前进行第二次浇注，分三次浇注，浇注深度比模板宽度小 100mm 左右，冒出模板的部分应清除。

平面浇注采用平模板，阳角采用阳角板浇注，门窗洞口、凹凸装饰线采用角模板浇注。女儿墙处保温层双面一直做到护顶。在保温层硬化 10～15min 后拆除模板。

4）拆除模板

①退出自胀锚栓钉，将支撑螺杆旋转，拆除模板。

②聚氨酯硬质泡沫保温层外观质量：

浇注的聚氨酯硬质泡沫体不得有虚粘，保温层不得有空鼓、裂纹等缺陷，平整度 ≤3mm。

聚氨酯硬质泡沫保温层厚度应符合设计厚度，不得有负偏差；

聚氨酯硬质泡沫保温层不得有空鼓、表面大裂纹、酥软脱落。表面局部裂纹长度 <50mm，宽度<1mm。

聚氨酯硬质泡沫表面达到平整度要求，应≤3mm。

窗口偏移：上下左右不大于 20mm。

拆模后如发现浇注的聚氨酯硬质泡沫体外观质量有以上不足之处，应及时处理。

5）刮涂聚氨酯硬质泡沫界面剂

拆除模板后，浇注的泡沫体合格后，应立即刮涂聚氨酯硬质泡沫界面剂。

聚氨酯硬质泡沫界面剂：石英砂预混料=1：1.25（质量比），充分搅拌均匀（严禁另外加水），刮涂一遍，严禁出现漏刮，搅拌好的界面剂应在 2h 内用完。

6）聚氨酯硬质泡沫保护层施工

①配制聚合物砂浆：按 TS20R：32.5 水泥：中砂=0.6～0.8：1：3 配制（质量比）搅拌均匀。

中砂粒径≤2.5mm，含水率≤6%，含泥量≤2%。

在配制时充分拌合均匀，禁止加水。要求拌好的浆料应在 2h 内用完，在使用中发现浆料有初凝现象，禁止再继续使用。

②分格条：用壁纸刀将 TS20 保温层划深为分格条厚度＋2mm，宽为分格条宽度＋6mm 凹槽，先裁 200mm 网布，在凹槽内嵌入聚合物砂浆，把裁好的网布压入砂浆中，再抹入聚合物砂浆镶嵌分格条，压入分格条应平齐，顺直一致，分格条预留厚度是保护层的厚度。分格条两侧网布压入 1～2mm 聚合物砂浆中。

分格条嵌入后不得用水泥干粉或喷水等将分格条边角压光。

③抹保护层：抹保护层前，保温层表面必须先淋水湿润，但不得有明水。

抹保护层厚度应在 3～5mm，大杠刮平，压入网布，搓浆、压光。网布必须靠外侧与分格条两侧对齐。

要求表面平整，隐现网布方格，平整度≤3mm。

④网布垂直使用，搭边不少于 50mm，不许干搭，网布必须平整，无皱褶或偏斜，砂浆饱满度 100%（禁止用水泥干粉或喷水压光）。

保护层施工时，必须严格控制聚合物砂浆厚度，应均匀一致，阴阳角等局部与墙面保护层厚度偏差应在 2～3mm，墙平面保护层厚度均匀性偏差应在 2～3mm。

首层和门窗阳角均用双层网布加强，加强网布对边缝与标准网布边缝应错开。

⑤脚手架洞口施工：洞口周边预留150～200mm，此处保护层施工时网布四边均比预留洞口单边多留50mm，并不抹聚合物砂浆，使表面和原保护层表面一致。

裁好与洞口尺寸一致的苯板块，在其周边及底面涂满聚合物砂浆塞入洞内，并应比已施工保护层表面低3～5mm。

表面涂聚合物砂浆，先将预留网布贴牢，提浆，再粘牢另一块与洞口尺寸一致的网布，压光。

保护层施工48h后，涂柔性腻子，不得有漏嵌或不饱满现象。

7) 饰面层施工

①涂柔性腻子：首先按柔性腻子配方制备腻子。

腻子液：腻子粉＝1∶1.0～1.4（辊涂）；

腻子液：腻子粉＝1∶1.6～2.0（刮涂）。

按以上质量配比充分搅拌均匀后，即可使用。施工时纵横各一遍，保持厚度均匀一致，尤其在阴阳角处必须认真涂满、涂仔细。

②涂料饰面层施工：柔性腻子完工施工24h后，才可施工饰面层。

饰面层施工时必须采用弹性涂料或弹性防水涂料。

在涂刷饰层前，首先清除表面浮尘或其他附着物，然后再按纵横各一遍进行辊涂或喷涂施工。

5. 面砖饰面施工工艺

(1) 面砖饰面施工工艺流程（图5-58）

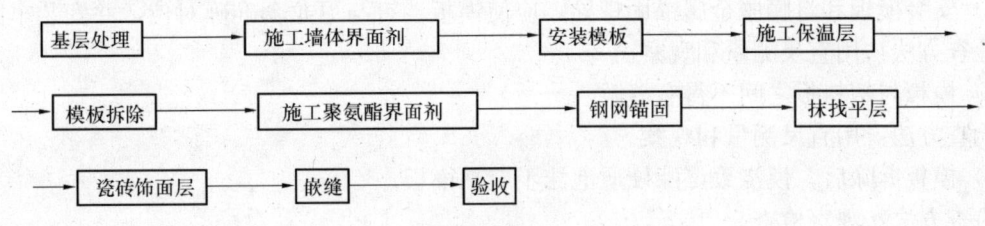

图5-58 面砖饰面施工工艺流程

(2) 操作方法

1) 基层处理

基层处理的施工方法及质量标准，与涂料饰面基层处理的施工方法及质量标准相同。

2) 墙体界面层

墙体界面层施工方法及质量标准，与涂料饰面墙体界面层施工方法及质量标准相同。

3) 聚氨酯硬质泡沫保温层施工

聚氨酯硬质泡沫保温层施工方法及质量标准，与涂料饰面保温层施工方法及质量标准相同。

4) 找平层及粘贴面砖

①按水平500mm、垂直500mm距离，排列锚栓钉，选用φ8mm钻头钻孔，主体墙内钻孔深度不小于55mm，压入尼龙胀塞，严禁用锤砸进胀栓钉。

将镀锌钢网铺平，用胀栓钉和压片压紧，各钉压紧力应均匀，钢网间对接。保持钢网与保温层贴紧，局部间隙不得过大，应≤3mm。

钢网对接处用双股22#镀锌绑线捆扎牢靠，间距200～250mm。

阳角处钢网对接，按间距100～150mm用双股22#镀锌绑线捆扎。在阳角边部必须用锚栓钉压紧。

②配制找平胶浆：

TS211找平胶液：32.5级水泥：砂=0.6～0.8：1：2.5（质量比），各组分混配好后，搅拌3～5分钟，达到均匀状态，在配制找平胶浆时禁止加水。其中砂粒径应≤2.5mm，含水率≤6%，含泥量≤1%。

抹找平层，每批配制的找平胶浆应在2h之内用完。要求找平层平整，并将表面搓麻。

③配制贴瓷砖胶浆：

TS210瓷砖胶液：32.5级水泥：砂=0.6～0.8：1：1.5（质量比），各组分定量加入后，搅拌3～5分钟，达到均匀后即可使用，配制中禁止加水。其中砂粒径应≤2.0mm，含水率≤6%，含泥量≤1%。

每批次配制的贴砖胶浆，应在2h之内用完。

用瓷砖嵌缝剂嵌缝。嵌缝剂是按水：瓷砖嵌缝剂=1：2～2.5的质量比配制。

最后，窗口等部位面砖缝注密封胶。

6. 工程质量验收标准

(1) 主控项目

1) 安装模板和自膨胀金属锚固螺栓，应使模板、钉与尼龙套准确对位，并安装牢固。

检查方法：用直尺测量和观察。

2) 模板与塑料板之间不得有缝隙。

检查方法：用直尺测量和观察。

3) 模板拆除后，模浇聚氨酯硬质泡沫不应粘模板。

检查方法：观察检查。

4) 聚氨酯硬质泡沫的密度、厚度应符合设计要求。

检查方法：检查复验报告，用探针和直尺测量检查。

(2) 一般项目

1) 模板表面应平整、光洁。

检查方法：用靠尺、直尺、塞尺测量，观察检查。

2) 模板的接缝不应有漏出的聚氨酯液料。

检查方法：观察检查。

3) 拆除模板后，已浇注成型的聚氨酯硬质泡沫表面及棱角应无损伤。

检查方法：观察检查。

4) 聚氨酯硬质泡沫的密度经检验为不合格时，应切除不合格部分重新浇注，直到合格，并通过验收。

(3) 模浇聚氨酯硬质泡沫质量检查允许偏差

1) 模浇聚氨酯硬质泡沫的模板安装允许偏差值如表5-61所示。

表 5-61 模浇聚氨酯硬质泡沫模板安装允许偏差值

项　　目		允许偏差（mm）	检　验　方　法
轴线位置		≤5	钢尺检查
截面尺寸	柱、墙、梁	+4，-5	钢尺检查
层高垂直度	不大于5m时	≤6	经纬仪或吊线、钢尺检查
	大于5m时	≤8	经纬仪或吊线、钢尺检查
相邻两板表面高低差		≤2	2m靠尺和直尺及塞尺检查
表面平整度		≤4	2m靠尺和塞尺检查

2）模浇聚氨酯硬质泡沫的外观质量允许偏差，如表 5-62 所示。

表 5-62 模浇聚氨酯硬质泡沫的外观质量允许偏差

项　　目		单位	允许偏差值	检　验　方　法
外观质量			表面平整光滑	2m靠尺、直尺和观察检察
聚氨酯泡沫厚度	厚度≤50	mm	-1，+5	用φ1mm钢丝探针和直尺检查
	50≤厚度≤100	mm	-2，+4	
	厚度≥100	mm	供需双方商定	
表面平整度		mm	±2	2m靠尺和塞尺检查

7. 构造节点图

构造节点如图 5-59 所示。

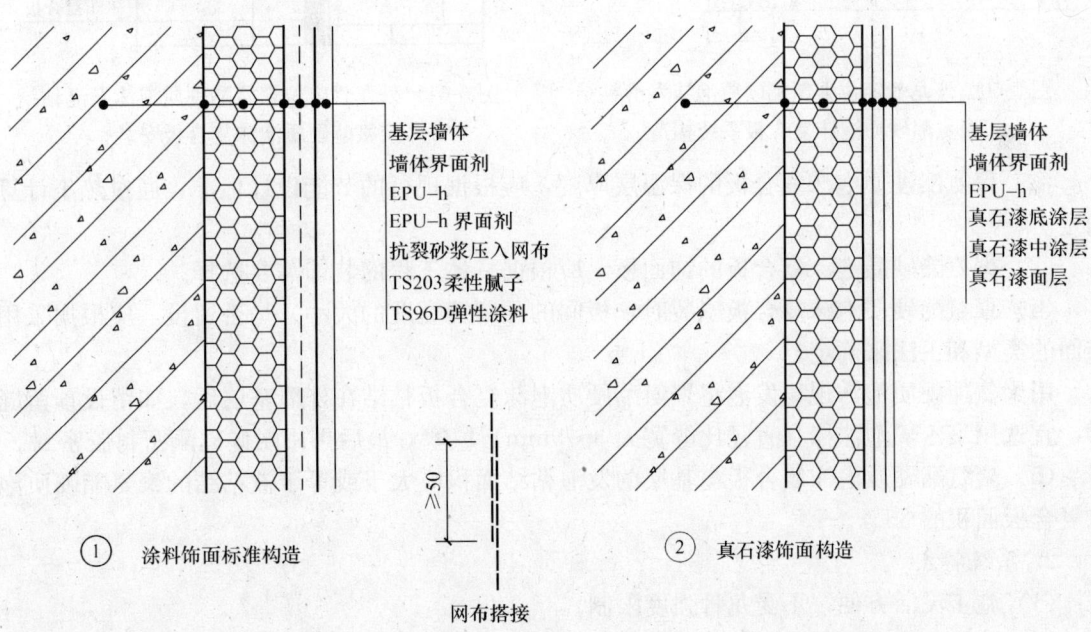

① 涂料饰面标准构造　　② 真石漆饰面构造

注：1. 基层墙体应符合施工要点要求。
2. EPU-h保温层厚度根据条件由设计人员计算确定。

图 5-59 涂料饰面标准构造

四、外龙骨定位发泡粘结聚氨酯硬质复合板外保温系统

外龙骨定位发泡粘结聚氨酯硬质泡沫复合板外保温系统，是外龙骨定位后，用聚氨酯硬质泡沫发泡来粘结聚氨酯硬质泡沫制成的防水装饰复合板，从而构成具有装饰功能的外保温体系。

外龙骨定位聚氨酯硬质泡沫发泡粘结聚氨酯硬质泡沫复合板外墙外保温施工时，聚氨酯硬质泡沫复合板通过可循环利用的外龙骨和三维可调的连续件定位，在聚氨酯硬质泡沫复合板与基层的预留缝中浇注发泡聚氨酯硬质泡沫，将聚氨酯硬质泡沫复合板粘结在基层墙体上，并用聚乙烯泡沫棒嵌缝填充，最后用中性耐候硅酮密封胶密封板间缝隙，形成集装饰保温为一体的建筑外保温系统。

1. 设计要求

（1）保温系统的构造和安装如图5-60和图5-61所示。

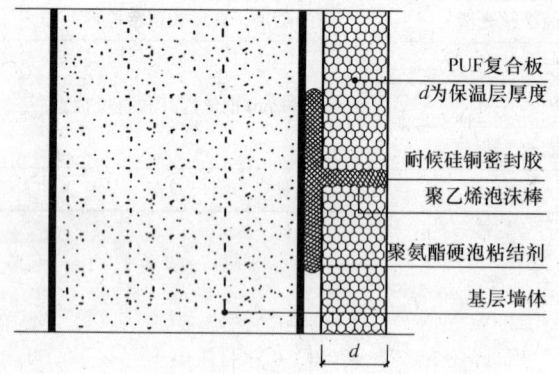

图5-60 外龙骨定位聚氨酯硬质泡沫发泡粘结聚氨酯硬质泡沫复合板系统构造

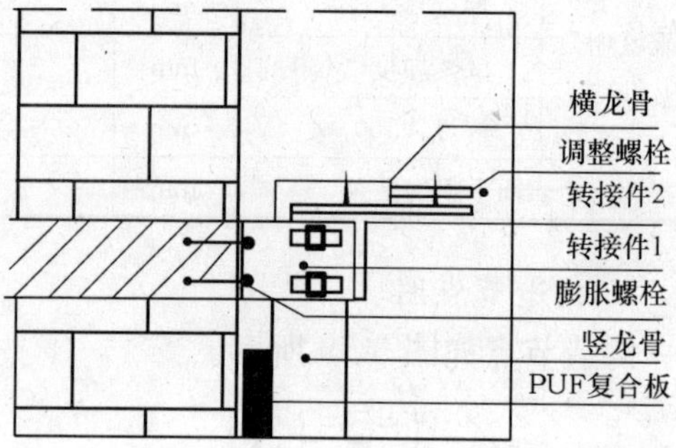

图5-61 外龙骨定位聚氨酯硬质泡沫发泡粘结聚氨酯硬质泡沫复合板安装

（2）聚氨酯硬质泡沫复合板的保温层厚度，应根据现行的节能设计标准，通过热工计算确定。

（3）聚氨酯硬质泡沫复合板的饰面板，应根据具体工程的装饰需要选择。

（4）聚氨酯硬质泡沫复合板安装时，板间的预留缝宽度的大小、是否留设，应根据采用饰面的类型和工法来确定。

用聚氨酯硬质泡沫现场发泡将聚氨酯硬质泡沫复合板粘结在外墙基层后，如留设预留缝时，宜选用聚乙烯泡沫棒（直径比缝宽大3～5mm）填塞，最后再用耐候硅酮密封胶密封。

（5）聚氨酯硬质泡沫复合板与基层的发泡粘结面积应大于或等于被粘结的聚氨酯硬质泡沫复合板面积的35%。

2. 系统特点

（1）施工灵活方便，不受龙骨强度限制。

（2）聚氨酯硬质泡沫饰面板与聚氨酯硬质泡沫组成的保温层具有装饰性、保温性和耐久性。

（3）采用连接固定方式，在保温系统中无"热桥"。

（4）粘结能力大于围护结构组合荷载5倍以上，采用固定连接方式，连接钢件隔绝空气

和水，永不锈蚀，饰面板、保温层不会出现从墙体脱落。

（5）饰面保温系统质量轻（施工后体系质量仅为 $3\sim5kg/m^2$），对主体结构的附加荷载可忽略不计。

3. 适用范围

可适用于各种墙体外保温安装，如黏土砖墙、空心砖墙、混凝土墙、水泥砂浆抹灰墙等。

适用新型建筑和既有建筑的改造工程。

适用于工业建筑、民用建筑。

4. 施工准备

（1）技术准备

1) 施工人员应进行培训，要求系统掌握施工步骤、技术要点，并经考核合格后方可上岗作业。

2) 编制施工方案，应包括如下内容：

①工程进度计划；

②与主体结构施工、设备安装、装饰装修的协调配合方案；

③搬运、吊装方法；

④测量方法；

⑤安装方法；

⑥安装顺序；

⑦构件、组件和成品的现场保护方法；

⑧检查验收；

⑨安全措施。

（2）材料要求

1) 聚氨酯硬质泡沫外保温装饰复合板，是通过模具用聚氨酯硬质泡沫发泡粘结各类饰面层和保温层而成的预制复合板材。其中饰面层可选用金属饰面板（彩色涂层钢板、彩色涂层铝板）、天然石质板材、陶瓷砖及各种水泥纤维板等，保温层材料可选用聚氨酯硬质泡沫板、EPS 板、XPS 板等。

聚氨酯硬质泡沫外保温装饰复合板的保温层厚度应根据节能率要求，由热工计算确定。

2) 粘结式聚氨酯硬质泡沫装饰复合板的外观质量和尺寸允许偏差如表 5-63、表 5-64 所示。

表 5-63 外保温装饰复合板的外观质量

项 目	板 面	表 面	外 观	PUF 保温层
质量要求	板面平整、色泽均匀、无明显凹凸翘曲、变形	表面清洁、保护膜完整	板面无明显划痕、磕碰、伤痕	保温层无成块剥落

表 5-64 外保温装饰复合板的尺寸允许偏差

项 目	长 度	宽 度	厚 度	对角线差
允许偏差（mm）	±3	±2	±2	≤3

3) 聚氨酯硬质泡沫装饰复合板与发泡聚氨酯硬质泡沫间的粘结强度不小于 0.15MPa（破坏界面应在聚氨酯泡体上）。

4) 粘结式聚氨酯泡沫外墙外保温装饰复合板的面层符合下列规定：

①彩色涂层钢板应符合《彩色涂层钢板及钢带》GB 12754 的规定。

②彩色涂层铝板应符合《铝及铝合金轧制板材》GB/T 3880 的规定。

③装饰金属板涂层宜选用氟碳涂层，氟碳树脂涂层应符合下列规定：

氟碳树脂含量不应低于 70%，沿海及酸雨严重的地区可采用三道或四道氟碳树脂涂层，其厚度应大于 40μm；其他地区可采用两道氟碳树脂涂层，其厚度应大于 20μm。

氟碳树脂涂层应无起泡、裂纹、剥落等现象。

④嵌缝材料宜选用中性硅酮耐候密封胶，性能应符合表 5-65 的要求。

表 5-65 硅酮耐候密封胶的性能

项 目	技术要求	项 目	技术要求
表干时间	1~1.5h	邵氏硬度	20~30
流淌性	无流淌	极限拉伸强度	0.11~0.14MPa
初期固化时间（≥25℃）	3d	完全固化时间（相对湿度≥50%，温度 25±2℃）	7~14d
撕裂强度	3.8N/mm		
施工温度	5~48℃	污染性	无污染
储存期	9~12 个月	固化后的变位承受能力	25%≤δ≤50%

⑤嵌缝填充材料宜选用聚乙烯泡沫棒，其密度不应大于 37kg/m³。

(3) 机具准备

专用的聚氨酯发泡浇注机、空压机及其他设备、机具等，应进行现场运行检验，合格后方可投入正常使用。

(4) 基本条件

1) 安装施工前，应会同土建承包商检查现场情况及脚手架和起重运输设备，确认是否具备施工条件。

2) 构件储存时应依照安装顺序排列，储存架应具有足够的承载能力和刚度。在室内储存时应采取保护措施，防雨、防潮、防火。构件安装前应进行检验与校正，应达到合格。

3) 当基层主体构造偏差大，妨碍外保温装饰复合板系统的安装时，应在安装前会同有关方共同商定解决有效措施。

4) 施工环境及其要求

基层墙体表面应干燥，其含水率应小于 15%；

施工环境相对湿度应小于 70%，在雨天或基层未干燥情况下不得施工；

基面施工温度宜为 15~40℃，低于 5℃不得施工。

堆放材料的库房和施工现场应注意防火。

5) 基层要求及处理

粘结式聚氨酯硬质泡沫外墙外保温装饰复合板的基层墙面应符合技术质量要求。

5. 施工工艺

(1) 施工程序

外保温装饰复合板外龙骨定位 PUF 浇注系统的施工工艺流程如图 5-62 所示。

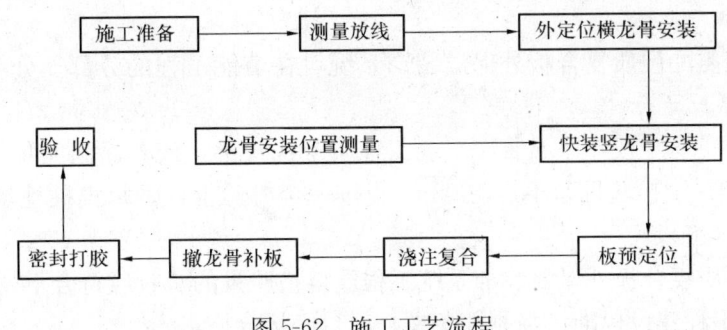

图 5-62 施工工艺流程

(2) 施工要点

1) 外定位横龙骨的安装应符合下列要求：
①转接件与横龙骨位置应从构造上实现三维方向可调整，以确保横龙骨安装位置准确；
②转接件的水平、垂直安装误差不大于±5mm；
③转接件定位点的安装进出误差不得大于±1mm。
④龙骨应与转接件上的定位点靠严。多点固定的横龙骨应保证其直线度。

2) 快装竖龙骨的安装应符合下列要求：
①竖龙骨的刚度应满足设计要求，使安装板面的整体刚度能够抵抗浇注 PUF 时所产生的膨胀应力，必要时应设置辅助连接。
②竖龙骨与面板的接触面应设置通长的橡胶垫，防止板面划伤。

3) 浇注粘结用的聚氨酯硬质泡沫应符合下列要求：
①微型浇注机的双组分液料比例调节应按 1∶1 设定，并按设计要求定点定量依次浇注。
②浇注聚氨酯硬质泡沫时，必须充满各应充填的部位，并随时用橡胶锤轻击检查是否填满。

4) 转接件处补板施工应符合下列要求：
①调节转接件处使用的膨胀螺栓，应保证基层墙面平整。
②用专用夹扣将临时龙骨固定在已安装完成的面板上，完成对安装面板的准确预定位后，浇注粘结。

5) 打胶施工应符合下列要求：
①板缝嵌填硅酮密封胶施工，应在浇注粘结聚氨酯硬质泡沫后 24h 再进行。
②施工前应清洁板缝，确保缝内清洁无污物。
③聚乙烯泡沫棒应大小合适，保证对胶层厚度的控制和施工方便。
④胶缝应均匀、平整、美观。
⑤打胶施工完整，待胶层表干后，进行饰面清理或清洗。

(3) 注意事项

粘结式聚氨酯硬质泡沫外墙外保温装饰复合板不应靠近火源，现场应配有消防器材，确保施工安全。施工时，必须遵守建筑工程安全技术规程。

(4) 工程质量控制

1) 聚氨酯硬质泡沫保温装饰复合板外保温装饰系统所用材料、配件等应符合设计要求，并遵守合同约定，要在工程监理的监督下认真做好进场验收。

验收时应检查有效产品生产日期、出厂合格证、产品标准、技术性能检测报告等内容，做好记录。

2）粘结式聚氨酯硬质复合板外保温装饰系统，在节能工程的分部、分项工程的划分应符合设计的要求。

3）聚氨酯硬质复合板外保温装饰系统工程质量检验批，按外保温面积划分，同一种饰面板以 1000m² 为一个检验批，不足 1000m² 也按一个检验批计。每批抽检量不得少于 5%，且不得少于 5 件（组）。

4）聚氨酯硬质复合板外保温装饰系统工程质量检验批的验收应符合下列规定：

①现行国家工程建设标准（强制性条文）项目必须合格；

②主控项目应符合质量验收的规定；

③一般项目的抽检合格率应达到 80% 以上，且最大偏差不得大于允许偏差的 1.5 倍。

5）基层墙体应达到《混凝土结构工程质量验收规范》GB 50204—2002 的要求，砌体应达到《砌体工程施工质量验收规范》GB 50203—2002 中对清水墙的规定要求。

用于墙面处理的水泥砂浆找平层与墙面必须粘结牢固，无脱层、空鼓和裂缝等缺陷。

检查数量：按每个楼层每 20m 长抽查一处（每处 3 延长米），且不少于 3 处。

6）外定位龙骨的安装应符合设计要求，并按要求进行检查。

7）浇注聚氨酯硬质泡沫的施工质量控制应符合表 5-66 的要求。

表 5-66 浇注聚氨酯硬质泡沫的施工质量控制

控制类型	序号	项目	检查验收内容	检验方法
主控项目	1	PUF 浇注原料	产品质量应符合设计要求，应有配比设计和型式检验报告及出厂合格证	按模浇 PUF 质量检验方法
	2	浇注量及浇注位置	应符合设计要求	用硬橡胶小锤敲击检查
	3	污染	饰面板是否被污染或污染物是否及时清除	观察检查

8）聚氨酯硬质泡沫保温装饰复合板系统的施工质量控制应按表 5-67 要求进行。

表 5-67 聚氨酯硬质泡沫保温装饰复合板系统的施工质量控制

控制类型	项目		检查验收内容	检查方法
主控项目	PUF 复合板浇注复合墙体		符合设计要求、粘结牢固、保证粘结面积	GB 50204—2002 中现浇结构或 GB 50203—2002 中对清水墙规定
	项次	项目	允许偏差（mm）	
一般项目	1	板面平整	1	用 2m 靠尺和楔形塞尺检查
	2	垂直度 每层	3	用 2m 托线板检查
		垂直度 全高	H/1000，且不大于 20	用经纬仪、吊线和尺量检查
	3	阴、阳角垂直	3	用 2m 托线板检查
	4	阴、阳角方正	1.5	用 200mm 方尺和楔形塞尺检查
	5	接缝高差	1.5	用直角尺和楔形塞尺检查

9）耐候硅酮密封胶嵌缝施工的质量控制应按表 5-68 的要求进行。

表 5-68 耐候硅酮密封胶嵌缝施工的质量控制

控制类型	序号	项目	检查验收内容	检验方法
主控项目	1	硅酮密封胶的产品质量	施工进行抽检，应符合国家现行标准要求，过期严禁使用	按要求的硅酮耐候密封胶性能检验
主控项目	2	施工污染	板缝的污物、浮尘、凹凸不平是否影响密封胶嵌注质量	观察检查
主控项目	3	硅酮密封胶施工质量	密封胶胶体有无开裂、龟裂、脱层、起皮、粉化等现象	观察检查
一般项目	4	硅酮密封胶嵌注厚度、表面和边角质量	厚度均匀，表面平整，内部密实，无明显硬结、污垢、断胶，密封边角清晰，横竖缝顺直，不污染饰面板	观察检查

五、TS 干挂硬质聚氨酯防水装饰复合板外保温系统

干挂建筑外保温技术系统是国内近年开发的一项新型建筑节能施工技术，根据建筑结构特性要求及其他各方面因素，可有多种类型的干挂建筑外保温技术，在具有建筑节能、防水效果的同时，还具有施工方便和装饰效果。

干挂保温防水装饰板一体化成套技术，主要包括镀锌金属组合挂件、保温（隔热）材料、胶粘剂和粘结剂、硅酮密封胶、饰面板（瓦）等。

（一）TS 干挂建筑外保温系统

干挂外保温系统中有装饰板浇注 PUF 保温系统、复合板保温系统和瓦材浇注保温系统。各类干挂外保温系统构成如图 5-63 所示。

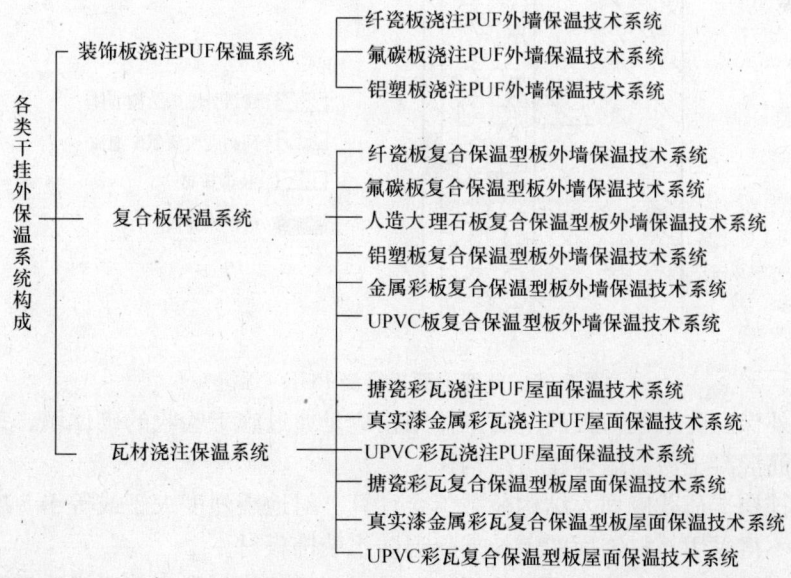

图 5-63 各类干挂保温系统构成

（二）外保温干挂系统特点

(1) 干挂外保温系统具有保温、隔热、装饰、防水功能，系统可靠。

(2) 外饰面根据结构特点、设计要求、用户选择等可灵活选用饰面材质、外观、形状。

(3) 技术严谨、合理，现场无湿作业，施工简便、快捷等。

（三）外保温干挂系统应用范围

(1) 广泛适用于有节能要求的钢筋混凝土、混凝土空心砌块、烧结普通砖、灰砂砖和炉渣砖等材料构成的砌体结构的外墙保温工程。

(2) 抗震设防烈度≤8度地区。

(3) 新建、扩建、改建和既有工业和民用建筑的外墙、屋面。

(4) 干挂外保温成套技术适用于低层、多层及高层建筑。

（四）设计要求

(1) 干挂外保温防水装饰板与基层连结应有构造设计，要结合基层的不同结构种类，提出具体的技术方案和基面处理措施。干挂外保温防水装饰板与基层连结构造如图5-64和图5-65所示。

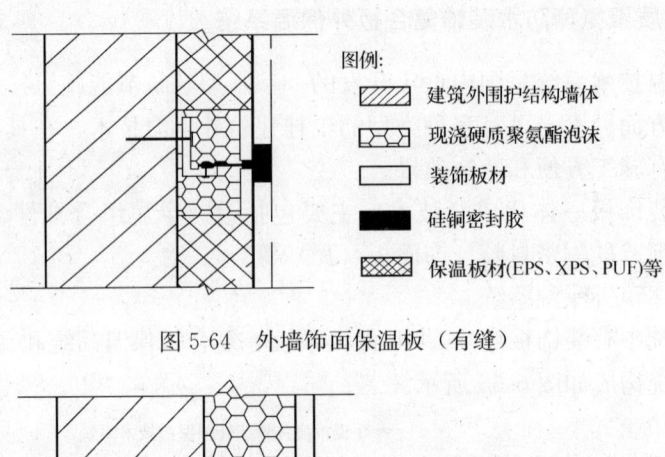

图 5-64　外墙饰面保温板（有缝）

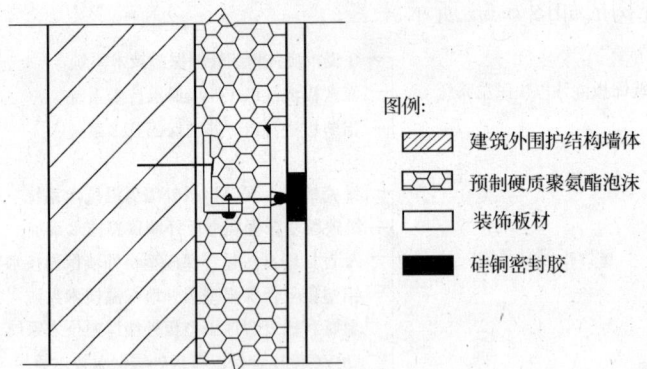

图 5-65　外墙饰面板全浇 PUF（无缝）

(2) 干挂外保温防水装饰板的基层主体结构应是通过施工验收的砌体墙、钢筋混凝土框架填充墙、钢筋混凝土剪力墙等建筑结构体系。

外保温干挂构造荷载应列入结构荷载组合计算。对地震烈度大于或等于8度地区的混凝土框架墙体，不得采用石材饰面的干挂外保温防水装饰板材。

(3) 采用干挂保温防水装饰板的外墙，其承重砌体的块材强度等级不应低于MU10，填充砌体的块材的强度等级不应低于MU5.0。

无砂类砌块、低密度轻质砌块、夹芯保温砌块等填充砌体，采用干挂保温防水装饰板时，应在现场对金属构件连接强度进行检验。

（4）在填充墙砌体与混凝土框架墙、梁、柱的连接处，应铺装镀锌钢丝网并抹抗裂水泥胶砂浆，其构造应符合设计要求。

（5）墙体有下列情况之一时，应对基层进行构造技术处理：

1) 砌体的砂浆饱满度严重不足时；

2) 砌体的块材强度等级低于设计要求中第（3）条时（但不应低于MU5.0）；

3) 混凝土表面观感有严重缺陷时；

4) 基层平整、垂直度最大偏差大于8mm时。

（6）基层构造技术处理做法：

清理基层后，刷界面剂处理，抹M10水泥胶砂浆或挂镀锌钢丝网，再抹M10水泥胶砂浆。

（五）施工准备

1. 技术准备

（1）根据设计要求，准备好施工所用配套材料，认真熟悉和会审施工图，掌握节点构造和关键部位的施工要点，编制施工预算，进行技术交底，操作者应做到心中有数。

（2）施工前应制定干挂外保温的专项实施方案，主要包括下列内容：

1) 工程概况及保温节能工程的技术质量目标；

2) 干挂外保温施工的平面设计图和节点构造详图；

3) 材料进场计划；

4) 施工进度计划和用工计划；

5) 干挂外保温施工的质量保证和专项控制措施；

6) 安全文明施工措施；

7) 干挂外保温施工的质量验收程序。

（3）干挂外保温用的材料、配件，应分别存放整齐，并有可靠的防风、防雨、防暴晒、防火、防盗等措施；不得露天堆放。

（4）施工前，应对干挂外保温的墙体表面进行全面的实际测量，其基层应符合施工要求。既有建筑外墙的灰尘及涂料等饰面应彻底清除；对抹灰层空鼓、开裂处应全部清除，在施用界面剂后，再用水泥砂浆抹平。

（5）按干挂外保温施工方案在墙面上找平放线，控制线应经现场监理验收。

（6）应在现场安装干挂外保温饰面板的样板，并经现场工程监理验收后作为工程技术质量验收的依据。

2. 材料要求

应按设计方案选用材料。

干挂系统所用材料包括：

纤瓷板、氟碳板、人造石扳、UPVC板、铝塑板、金属彩板等外装饰板。

无氟发泡PUR、EPS、XPS保温板。

三维可调金属龙骨构件；

高性能胶粘剂；硅酮密封胶等。

3. 工具准备和施工设施要求

(1) 工具准备

干挂外保温饰面板的粘结作业所用的电子秤、温度计、配料容器、微型搅拌器、标准刮胶板、压辊、清洁布、金属夹具等。

加工干挂外保温饰面板用的电动切割锯、电动胶粘剂搅拌器、卡尺、钢尺、壁纸刀。

加工金属组合挂件用的橡胶锤、小铁锤、卷尺、电钻、螺丝刀等工具。

浇注聚氨酯泡沫用的浇注发泡机、空气压缩机、吸料泵、导料管、浇注枪、组合工具(箱)、防护罩等。

硅酮密封胶嵌注板缝时应使用注胶压力枪、纸条(工具)、勾缝抹子。

(2) 施工设施要求

1) 干挂外保温饰面板及其配套材料应堆放在仓库,其地面的标高应比现场平均标高高出300mm;装饰面板的存放应平稳、架空,架空的净距应大于100mm;各类材料应分垛堆放,统一管理。

2) 干挂外保温饰面板(块)、保温材料、吊挂件等临时粘结用的作业间要有循环走道,加工区、成品区应合理布置,分开管理,严禁混杂作业。

3) 干挂外保温饰面板的粘贴操作平台应坚固、平稳,成品与边角料应分别存放。

4) 干挂外保温饰面板的粘结作业间内应设有电源漏电保护装置,并有安全用电管理文件和专人管理,该作业间内严禁板材切割。

(3) 施工基本条件

1) 饰面板与挂点、饰面板与保温板的粘结环境应通风、防尘。

2) 现场浇注PUF的环境温度宜为15~30℃。在低于10℃或高于30℃、以及相对湿度大于70%的条件下不应进行作业。

3) 在作业时,其风力不应大于4级;雨天不得施工。

4) 墙面含水率宜为15%以下。

(六) 施工工艺

1. 施工程序

干挂保温饰面板的工艺流程如图5-66所示。

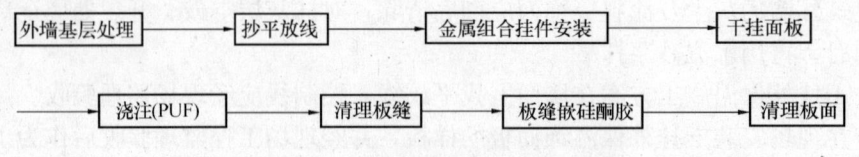

图5-66 干挂保温饰面板工艺流程

2. 操作方法

(1) 基层墙面处理

墙面清理干净,达到无油渍、浮尘、泥土及污垢;墙面凸出部位必须剔除。

应清除基层中松动或风化的部位;既有建筑外墙基层不应有大面积空鼓、开裂现象,发现不良现象应尽可能剔除且用同材料抹平。

对基层墙面必须进行质量验收且记录存档。

(2) 材料配制

1) 墙体界面剂的配比

原液：水＝1：1；

2) 浇注料（PUF）施工配比：A料：B料＝1：1。

(3) 施工要点

1) 墙体界面剂

采用雾喷的方法清理墙面上的污物，使浇注料（PUF）与墙体充分粘结，不得漏喷，喷后2h即可进行下道工序施工。

2) 抄平放线安装龙骨

对整个建筑物的外墙抄平，在阴角、阳角、门窗口处挂控制线，墙面不平处利用龙骨及金属组合挂件进行调整，以达到墙面垂直平整验收的要求。

3) 安装饰面板或保温型板

通过镀锌金属组合挂件连接把板材挂在墙体上，安装牢固可靠。

4) 现场浇注（PUF）

现场试配好（PUF）后，在工作面上分段连续均匀浇注，每层浇注高度不宜大于300mm。在浇注的段之间粘结严密，不得出现分层现象。

5) 嵌硅酮密封胶

嵌胶前必须清理板缝，不得有污物浮尘，嵌注密封胶厚度应均匀、密实、饱满，不得断胶，胶边清晰，横竖顺直。

(4) 注意事项

1) 三维可调金属龙骨构件系统与墙体固定时：

①现浇混凝土或黏土实心砖时，可以使用30mm射钉；

②其他墙体必须使用尼龙套钢钉；

③施工发现个别锚钉紧固失效时必须补装。

2) 装饰板或复合保温型板安装时：

①禁止敲击金属挂件粘结部位，以防击碎装饰板；

②应用三维可调金属龙骨架构件时，禁止用敲击方式调整相邻装饰板高度差，以防止击碎或破坏表面平整度；

③在安装前禁止撕开保护膜；

④安装前应仔细检查金属挂件粘结牢固程度。

3) 浇注发泡PUF施工时：

①必须在确认浇注部位表面清理合格后方可浇注施工；

②基面湿度过高时，可采取表面除湿措施后浇注施工；

③应使用浇注机浇注，且禁止在同一位置上一次注入量过大，以防胀坏装饰板或使其变形；

④PUF密度应在$25\sim40 kg/m^3$范围选择，当使用大于$45kg/m^3$以上密度时，应先做局部浇注试验，合格后，再大面积施工；

⑤必须确保PUF保温层连续、饱满，不得发生断层和空鼓等不良现象；

⑥禁止雨雪天无防护措施情况下施工；

⑦不得在负温下浇注施工；

⑧PUF未固化前禁止用工具搅动或移动装饰板。

4）装饰板间缝隙嵌密封胶时：

①禁止在嵌密封胶前撕开保护膜；

②装饰板表面涂有密封胶时，必须及时清除干净；

③密封胶必须确保与装饰板端面牢固粘结，同的应避免密封胶与底面粘结。

3. 施工质量控制

（1）一般规定

1）干挂外保温饰面板及材料、部品、配件等应符合设计要求，并遵守合同约定，要在工程监理的监督下认真做好进场验收；验收时应检查有效的产品生产日期、出厂合格证、产品标准、技术性能检测报告等资料，做好记录，并按国家现行产品标准进行抽样复验。建筑节能外围护墙体采用干挂外保温工程的检验报告应全部合格。

2）干挂外保温饰面板工程质量检验批，按干挂外保温面积划分，同一种饰面板以500～1000m^2为一个检验批；不足500m^2的也按一个检验批计算。每批抽检量不得少于5%，且不得少于5件（组）。

3）干挂外保温饰面板工程质量检验批的验收应符合下列规定：

①现行国家工程建设标准（强制性条文）项目必须合格；

②主控项目应符合相关规程的规定；

③一般项目的抽检合格率应达到80%以上，且最大偏差不得大于允许偏差的1.5倍。

（2）基层和镀锌金属组合挂件及胶粘剂、粘结剂的施工质量控制

1）基层和镀锌金属组合挂件（包括镀锌金属龙骨挂件、自膨胀螺栓），其施工质量控制应按表5-69进行。

表 5-69 基层和镀锌金属组合挂件施工质量控制要求

控制类型		项目	检查验收内容	检验方法
主控项目	1	镀锌组合挂件	符合设计和合同约定，抽检报告和相关记录	按材料技术要求检测
	2	锚栓钉	符合设计要求，锚固正确，牢固	检测拉拔及合格性评定
一般项目	1	基层墙面找平及放线	基层墙面找平及放线	用靠尺、直尺和经纬仪检查
	2	镀锌金属组合挂件板	表面应均匀，无起皮，金属件无翘起	用直尺检测和观察检测
	3	龙骨可调量	竖向不大于20mm，水平方向不大于250mm，允许偏差不大于±2mm	按墙面控制线，用尺测量检查
	4	挂件可调量	挂件的可调量应大于10mm，允许偏差应不大于±0.5mm	按墙面控制线用尺测量

2）干挂外保温饰面板组合挂件用的胶粘剂、粘贴保温板用的粘结剂及涂胶、保温板材的施工质量，分主控项目和一般项目分别控制及验收。

3）主控项目按下列检查验收内容和检查方法进行。

①胶粘剂、粘结剂应符合技术要求，必须按国家现行产品标准进行质量抽检与验收。

检验方法：按技术性能进行检验。

②PUF板应按国家现行产品标准对其密度、压缩（10%）强度、阻燃（自熄）性进行抽检复试。

检验方法：检查复试报告，并有合格性结论。

③胶膜涂层的基层表面应洁净、无污物；胶膜涂刷应均匀，表面无尘落物；涂刷膜面饱满度应不低于95%。

检验方法：用直尺测量和观察检查。

④胶膜涂层的临界厚度应为0.2mm，允许偏差应小于0.02mm。

检验方法：用胶膜测厚仪测试。

⑤挂点检查的面积，其长×宽宜为（20～30mm）×（200～300mm）；保温板面的涂胶粘结面积不应小于40%（可点涂或条涂）。

检验方法：用直尺、网格扳、卡尺测量和观察检查。

4）一般项目按下列检查验收内容和检验方法进行。

①饰面板材挂点涂刷胶粘剂时，溢胶应急时清除干净。

检验方法：观察检查。

②EPS、XPS、PUF等板材切割加工的允许偏差应不大于±2mm。

检验方法：用钢卷尺、直尺、卡尺测量检查。

(3) 干挂外保温饰面板、浇注聚氨酯硬质泡沫、硅酮密封胶嵌缝的施工质量控制

1) 干挂外保温饰面板的施工质量控制

干挂外保温饰面板的施工质量控制按表5-70规定进行。

表5-70 干挂外保温饰面板的施工质量控制要求

控制类型	项目		检查验收内容	检验方法
主控项目	干挂外保温饰面板及挂件		应符合设计要求，挂件应连接牢固，安装固定后不得位移	按粘结装饰面板胶粘性能、饰面板技术性能进行，橡胶锤敲击
一般项目	序号	项目	允许偏差（mm）	检验方法
	1	竖缝及墙面垂直度（H<30m）	≤10	激光经纬仪或经纬仪
	2	墙面平整度	≤2.5	2m靠尺、钢板尺
	3	竖缝直线度	≤2.5	2m靠尺、钢板尺
	4	水平缝或横缝直线度	≤2.5	2m靠尺、钢板尺
	5	缝宽度（与设计值对比）	±2	卡尺
	6	两相邻板间接缝高低差	≤1.0	深度尺
	7	板块平面高差	≤1.0	水平尺、塞尺
备注			设计另有要求或合同另有要求时，应符合设计和合同约定。H为高度。	

2) 浇注PUF施工质量的控制

外墙上干挂外保温饰面板的周边所有缝隙都全部浇注PUF，施工质量控制按表5-71进行。

表 5-71 浇注 PUF 的施工质量控制要求

控制类型	序号	项目	检查验收内容	检验方法
主控项目	1	PUF 浇注料	产品质量应符合设计要求、应有配比设计和型式检验报告及出厂合格证	按保温材料应具备的技术性能指标要求检验
	2	密度、压缩（10%）强度、阻燃性复试	浇注 PUF 时，在监理监督下抽样	检查复试报告、并有合格的结论
	3	浇注层间、接槎、料块质量	浇注层间或接槎是否紧密，并无浇结、焦糊、僵料	现场施工示范质量验收文件（应有剖开法的检验内容），观察检查
	4	浇注的均匀性	不得有空鼓、断层、空隙	用硬橡胶小锤敲击
	5	浇注的 PUF 料是否污染饰面板的板面	饰面板是否被污染，或污染物是否及时清除	观察检查

3）硅酮密封胶嵌缝的施工质量控制

安装后的干挂外保温饰面板板缝间嵌注硅酮密封胶的施工质量控制应按表 5-72 进行。

表 5-72 硅酮密封胶的施工质量控要求

控制类型	序号	项目	检查验收内容	检验方法
主控项目	1	硅酮密封胶的产品质量	施工进行抽检，应符合国家现行标准要求	按硅酮密胶粘剂的技术性能检验
	2	干挂外保温饰面板缝的密封胶嵌注基面	板缝的污物、浮尘、凹凸不平是否影响密封胶嵌注质量	观察检查
	3	硅酮密封胶嵌注胶体的质量	嵌注后的密封胶胶体有无开裂、龟裂、脱层、起皮、粉化等现象	观察检查
一般项目		硅酮密封胶嵌注厚度、表面和边角质量	厚度均匀、表面平滑、内部密实，无明显硬结、污垢、断胶，密封边角清晰，横竖缝顺直，不污染饰面板	观察检查

4. TS 干挂建筑外保温系统构造

外墙保温饰面板标准构造如图 5-67～图 5-71 所示。

六、现场浇注聚氨酯硬泡建筑外保温系统

该系统构造适用于新建、扩建、改建和既有建筑的民用建筑节能工程钢筋混凝土、混凝土空心砌块、页岩陶粒砌块、烧结普通砖、烧结多孔砖、灰砂砖和炉渣砖等材料构成的外墙保温工程和抗震设防烈度≤8 度的地区。不但适用于低层，也适用于多层及高层建筑。

该系统介绍两种构造类型（A 型和 B 型）的外墙外保温系统。

A 型为可拆模板浇注聚氨酯硬泡、抗裂砂浆覆盖保护的外墙外保温系统，饰面材料为涂料、面砖、真石漆。

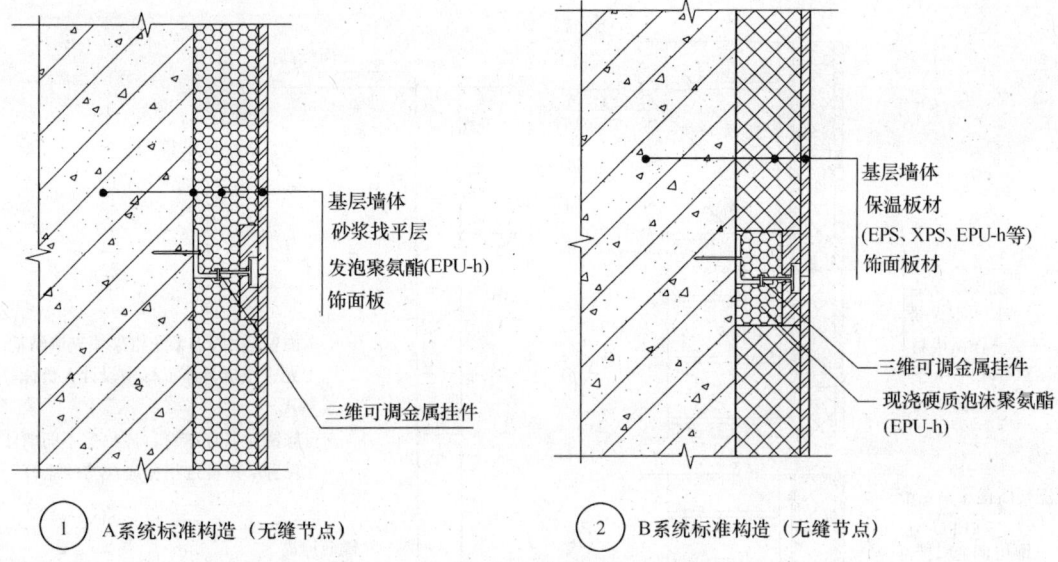

注：1. 基层墙体应符合施工要点要求。
　　2. 保温层厚度根据条件由设计人员计算确定。
　　3. 自胀锚栓(TOX钉)应根据不同墙体和保温层厚度选用相应规格的胀钉。

图 5-67　外墙保温饰面板标准构造（一）

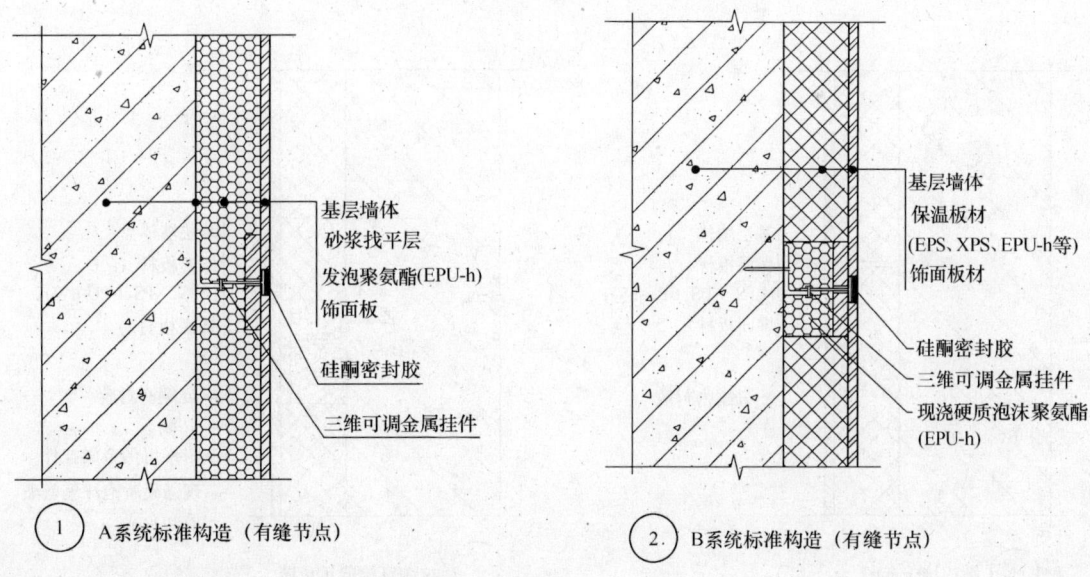

注：1. 基层墙体应符合施工要点要求。
　　2. 保温层厚度根据条件由设计人员计算确定。
　　3. 自胀锚栓(TOX钉)应根据不同墙体和保温层厚度选用相应规格的胀钉。

图 5-68　外墙保温饰面板标准构造（二）

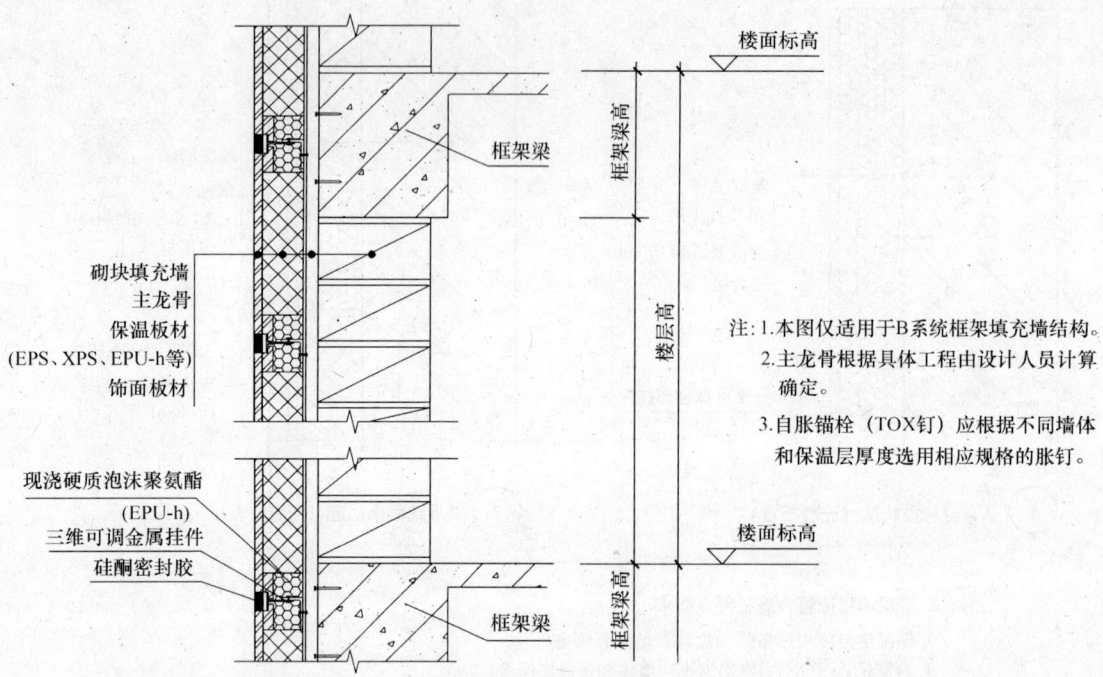

图 5-69　外墙保温饰面板标准构造（三）

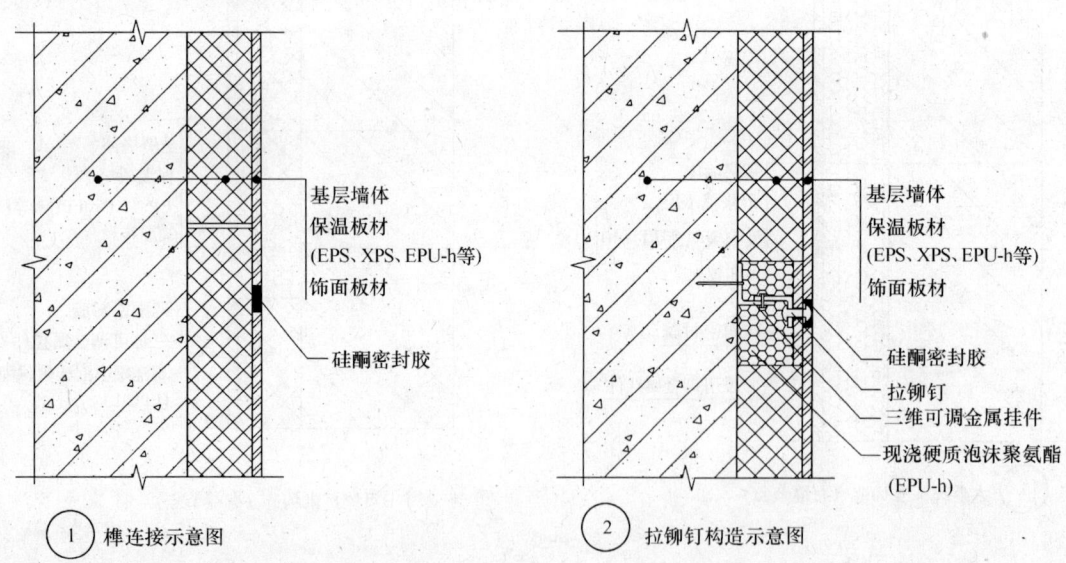

注：1. 基层墙体应符合施工要点要求。
　　2. 保温层厚度根据条件由设计人员计算确定。
　　3. 当饰面板材尺寸大于 500mm×1000mm 时，应在饰面板长边中间部位设置拉铆钉。

图 5-70　外墙保温饰面板标准构造（四）

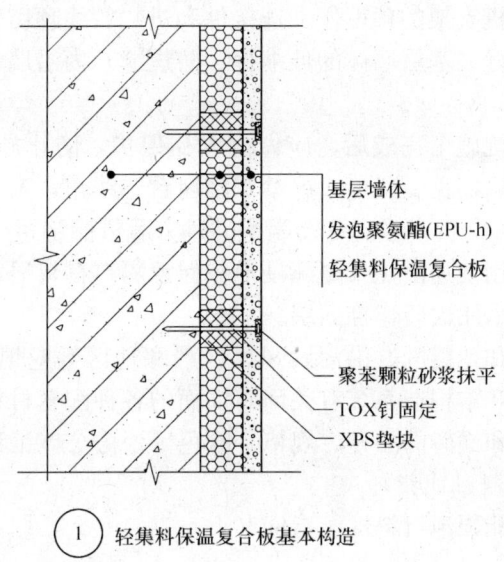

注：1. 基层墙体应符合施工要点要求。
2. 保温层厚度根据条件由设计人员计算确定。
3. TOX钉的位置规格根据具体情况确定。

图 5-71　外墙保温饰面板标准构造（五）

B 型为免拆模板浇注聚氨酯硬泡、各种装饰板覆盖保护的外墙外保温系统，免拆模板为水泥基轻质板或装饰板，饰面材料为涂料、仿面砖、仿铝塑幕墙类装饰板。

保温隔热的热工计算根据全国各地区居住建筑和公共建筑节能设计标准规定的外墙传热系数 K 值的要求进行。聚氨酯硬泡材料的热工计算参数如表 5-73 所示。

表 5-73　聚氨酯硬泡材料的热工计算参数

导热系数 [W/(m·K)]	蓄热系数 [W/m²·K]	修正系数	导热系数计算值 [W/(m·K)]	蓄热系数计算值 [W/m²·K]
0.023	0.27	1.1	0.023×1.1—0.025	0.27×1.1—0.30

变形缝温度修正系数 $n=0.7$，对建筑物外墙的传热系数进行修正后，作为变形缝墙体的传热系数要求值，据此确定保温材料厚度。

墙体外保温系统所有组成材料应由保温系统材料供应商成套供应，同时提供法定检测部门出具的检测报告和出厂合格证。材料进场后，施工单位应按照规定取样复检，严禁使用不合格产品。

各种材料的主要性能指标分别见 A、B 型外墙外保温系统的要求。密封膏可采用硅酮型建筑密封膏，用作嵌缝背衬材料的聚乙烯泡沫塑料棒，其直径宜按缝宽的 1.3 倍采用，墙身变形缝盖缝板采用 1mm 厚带表面涂层的铁皮或 0.7mm 厚镀锌薄钢板制作。

设计人员应根据国家及地方节能有关规定及要求，经过热工计算确定保温层的厚度以满足不同地区建筑保温节能要求，但不得更改系统构造和组成材料。

施工时应在基层施工质量验收合格后进行。外保温工程施工前，门窗洞口应通过验收，洞口尺寸、位置应符合设计要求和质量要求，门窗框或附框应安装完毕。出墙面的金属梯、雨水管、空调机支架的预埋件、连接件和进户管线预留套管等均应安装完毕。

墙身变形缝（基层墙体的伸缩缝、防震缝）内沿墙外侧满铺低密度聚苯乙烯泡沫塑料板作保温材料。

外保温系统施工完成后，应做好成品保护，防止施工污染：拆卸脚手架或升降外挂架时，注意保护墙面免受碰撞；严禁踩踏窗台、线角；及时修补损坏的部位。

（一）Ａ型-可拆模板浇注聚氨酯硬泡外墙外保温系统

该系统采用现场浇注聚氨酯硬泡作保温隔热材料层，抗裂砂浆为保护层，优先采用涂料饰面层，其次采用面砖作饰面层。

高层建筑和地震区、沿海台风区、严寒地区等应慎用面砖饰面。当必须采用面砖饰面时，应严格遵守本构造系统有关面砖饰面的各种配套材料的技术性能指标和施工要求。

饰面涂料和面砖的品种、规格、颜色等，由个体工程设计制定。

1. 主要材料性能指标

(1) 聚氨酯硬泡材料性能指标（表5-74）。

表 5-74 聚氨酯硬泡材料性能指标

项 目	指 标	项 目		指 标
密度(kg/m³)	≥38	尺寸稳定性(48h)(%)		80℃≤2.0，-30℃≤1.0
导热系数(23±2℃)[W/(m·K)]	≤0.024	热速率释放峰值(kW/m²)		≤250
拉伸粘结强度(kPa)	≥150	阻燃性能	平均燃烧时间(s)	≤30
拉伸强度(kPa)	≥200		平均燃烧高度(mm)	≤250
断裂延伸率(%)	≥5		烟密度等级	≤75
吸水率(%)	≤4			

(2) 基层界面剂性能指标（表5-75）。

表 5-75 基层界面剂性能指标

项 目	指 标	项 目	指 标
容器中状态	均匀液态、无硬块凝聚	干燥时间（表干）(h)	≤8
外 观	无色无味、半透明状	pH值	7~9

(3) 专用可拆模板性能指标（表5-76）。

表 5-76 专用可拆模板性能指标

项 目		指 标
胶合板复合高分子材料模板	厚 度 (mm)	≥15
	加强筋规格材质 (mm)	40×40 木方
	加强肋结构方式 (mm)	400×400 方框状
	承受聚氨酯发泡膨胀力 (kg)	≥200
	与聚氨酯剥离时间 (s)	<5.0

项目		指标
金属复合高分子材料模板	厚度（mm）	≥3
	加强筋规格材质（mm）	L30×30
	加强肋结构方式	400×400 金属方框
	承受聚氨酯发泡膨胀力（kg）	≥200
	与聚氨酯剥离时间（s）	<5.0
竹质复合高分子材料模板	厚度（mm）	≥12
	加强筋规格材质（mm）	L30×30
	加强肋结构方式	400×400 角钢方框
	承受聚氨酯发泡膨胀力（kg）	≥200
	与聚氨酯剥离时间（s）	<5.0
增强高分子材料模板	厚度（mm）	≥12
	加强筋规格材质（mm）	20（横向）×20、30（纵向）
	加强肋结构方式	网格状
	承受聚氨酯发泡膨胀力（kg）	≥200
	与聚氨酯剥离时间（s）	<5.0

（4）聚氨酯界面剂性能指标（表5-77）。

表 5-77　聚氨酯界面剂性能指标

项目	指标	项目		指标
容器中状态	搅拌后无结块，呈均匀液态	拉伸粘结强度（MPa）	常态	40%±3%
施工性	刮涂无障碍		浸水7d	>210
与水泥砂浆拉伸强度（MPa）	40%±5%		耐冻融（30次）	>122

（5）抗裂砂浆性能指标（表5-78）。

表 5-78　抗裂砂浆性能指标

项目	指标	项目	指标
可操作时间（h）	≥1.5	浸水拉伸粘结强度（常温28d）（MPa）	≥0.5
常温拉伸粘结强度（常温28d）（MPa）	≥0.7	压折比	≤3.0

注：水泥应采用强度等级42.5的普通硅酸盐要求，并应符合GB 175—1999规定；砂应符合JGJ52—2006规定，筛出大于2.5mm颗粒，含泥量小于3%。

（6）耐碱玻纤网布性能指标（表5-79）。

表 5-79　耐碱玻纤网布性能指标

项目	指标
外观	合格
长度、宽度（m）	50~100、0.9~1.2

续表

项目		指标
网孔中心距	普通型（mm）	4×4
	加强型（mm）	6×6
单位面积质量	普通型（g/m²）	≥130
	加强型（g/m²）	≥500
断裂强度（经、纬向）	普通型（N/50mm）	≥1250
	加强型（N/50mm）	≥3000
耐碱强度保留率（经、纬向）（%）		≥90
断裂伸长率（经、纬向）（%）		≤5
涂塑量	普通型（g/m²）	≥20
	加强型（g/m²）	≥20
玻璃成分（%）		符合 JC719 规定

(7) 柔性耐水腻子性能指标（表 5-80）。

表 5-80　柔性耐水腻子性能指标

项目	指标	项目		指标
容器中状态	无结块、均匀	耐碱性（48h）		无异常
施工性	刮涂无障碍	粘结强度（MPa）	标准状态	≥0.6
干燥时间（表干）（h）	≤5		循环冻融（5次）	≥0.4
打磨性	手工可打磨	柔韧性		直径 50mm 无裂纹
耐水性（96h）	无异常	低温储存稳定性		-5℃冷冻 4h 无变化，刮涂无困难

(8) 饰面砖性能指标（表 5-81）。

表 5-81　饰面砖性能指标

项目			指标
尺寸	6m 以下墙面	表面面积（cm²）	≤410
		厚度（cm）	≤1.0
	6m 及以上墙面	表面面积（cm²）	≤190
		厚度（cm）	≤0.75
单位面积质量（kg/m²）			≤20
吸水率	Ⅰ、Ⅵ、Ⅶ气候区（%）		≤3
	Ⅱ、Ⅲ、Ⅳ、Ⅴ气候区（%）		≤6
抗冻性	Ⅰ、Ⅵ、Ⅶ气候区		50 次冻融循环无破坏
	Ⅱ气候区		40 次冻融循环无破坏
	Ⅲ、Ⅳ、Ⅴ气候区		10 次冻融循环无破坏

注：气候区划区按 GB 50178—1993 中的一级区划的Ⅰ～Ⅶ。

(9) 面砖粘结砂浆性能指标（表5-82）。
(10) 饰面涂料抗裂性能指标（表5-83）。

表5-82 面砖粘结砂浆性能指标

项　目		指　标
拉伸粘结强度（MPa）		≥0.6
压折比		≤3.0
压剪粘结强度（MPa）	原强度	≥0.6
	耐温7d	≥0.5
	耐水7d	≥0.5
	耐冻融30次	≥0.5
线性收缩（%）		≤3.0

注：水泥应采用强度等级42.5级的普通硅酸盐要求，并应符合GB 175—1999规定；砂应符合JGJ 52—2006规定，筛出大于2.5mm颗粒，含泥量小于3%。

表5-83 饰面涂料抗裂性能指标

项　目		指　标
抗裂性	平涂用涂料	断裂伸长率≥150%
	连续性复层建筑涂料	断裂伸长率≥100%
	浮雕类非连续性复层建筑涂料	主涂层初期干燥抗裂性满足要求

(11) 面砖勾缝料性能指标（表5-84）。
(12) 自胀锚栓（锚固件）性能指标（表5-85）。

表5-84 面砖勾缝料性能指标

项　目		指　标
外观		均匀一致
颜色		与标准样一致
凝结时间（h）		大于2h，小于24h
伸粘结强度（MPa）	常温常态14d	≥0.60
	耐水（常温常态14d，浸水48h，放置24h）	≥0.50
压折比		≤3.0
透水性（24h）（mL）		≤3.0

表5-85 自胀锚栓性能指标

项　目		指　标
埋入墙内套管外径（mm）		8
镀锌螺钉镀锌厚度（μm）		≥5
拉力值（kN）	空心砖	≥0.9
	实心砖	≥0.9
锚固深度（mm）		≥50

(13) 热镀电焊网性能指标（表5-86）。

表5-86 热镀电焊网性能指标

项　目	指　标	项　目	指　标
表面质量	网面平整、网孔均匀、色泽应基本一致	纬向网孔尺寸（mm）	40±1.2
直径（mm）	1.5±0.05	焊点抗拉力（N）	>210
经向网孔尺寸（mm）	40±2	镀锌质量（g/m²）	≥122

(14) 使用的铁皮、镀锌薄钢板、密封膏、嵌缝用的聚乙烯泡沫塑料棒、低密度聚乙烯泡沫塑料等应符合相应产品标准要求。

2. 施工要点

(1) 基层处理

彻底清理外墙基面的浮灰、油污等,如有影响施工的凸出物,应处理平整。然后在基面上均匀辊涂墙面处理剂,不得有遗漏。

(2) 支模

在建筑物外墙大角(阴角、阳角)及其他必要处挂垂直基准线,每层模板位置挂水平线,以控制垂直度和平整度。

支模板应从阴角(阳角)开始(宜采用角型模板),支模板顺序由下往上。角处的模板也可采用两块模板直接碰头,缝隙用胶带封口的方法,其他模板也可采用直接拼接方法。

(3) 浇注聚氨酯硬泡液料

现场浇注聚氨酯硬泡液料时,应在 10～40℃ 范围的环境温度进行,在高湿、低温或高温暴晒下不宜作业,严禁雨天浇注施工。

浇注顺序由远至近。一块模板沿高度方向分三次浇注,不得一次浇注成型。浇注后的聚氨酯硬泡保温层应充分熟化 72h 后再进行下道工序施工,浇注结束后至少在 15min 后方可拆模。浇注完成并经验收合格后,在聚氨酯硬泡保温层表面横竖各刮涂一遍聚氨酯界面剂。

(4) 抗裂层和饰面层施工

1) 涂料饰面的抗裂砂浆层内,应铺压耐碱玻纤网布。平面相邻网布之间搭接宽度不应小于 50mm,转角相邻网布之间搭接宽度不应小于 200mm,并不得使网布褶皱、空鼓、翘边。建筑物首层的抗裂砂浆层内,应铺设双层网布加强,两层网布之间砂浆必须饱满。门窗洞口四角,应在墙面网布铺贴前,沿 45°方向增设附加网布一层,网布铺设不得干搭。

抗裂砂浆层固化干燥后满刮柔性耐水腻子两遍,达到表面平整、光洁。待腻子层干燥后,即可涂刷或喷涂饰面涂料。

2) 面砖饰面的抗裂砂浆层内,应铺设热镀锌电焊网一层,电焊网应用锚栓固定于基层上(每平方米不少于 4 个),相邻网之间应对接。阴阳角、窗口、女儿墙、墙身变形缝等部位网的收头处均应固定。

电焊网不应露出于抗裂砂浆表面,抹完的抗裂砂浆面应平整,抗裂砂浆层达到一定的强度后应适当喷水养护,约 7d 后方可粘贴面砖。粘贴面砖前,应先将基层喷水湿润(以不流淌为宜)。吸水率大于 1% 的面砖粘贴前应浸水 2h 以上,晾干后再用。

粘贴面砖的粘结砂浆厚度为 5～8mm,面砖缝宽不小于 5mm。常温施工 24h 后应喷水养护,喷水不宜过多,不得流淌。

用面砖勾缝胶进行勾缝,先勾水平缝,后勾竖缝。口角砖交接呈 45°,勾缝面应凹进面砖表面 2mm。不得用水泥砂浆替代抗裂砂浆、粘结砂浆和勾缝胶粉。

3. 聚氨酯硬泡外墙外保温墙体构造

聚氨酯硬泡外墙外保温墙体构造如图 5-72 所示。

聚氨酯硬泡厚度参考选用如表 5-87 所示。

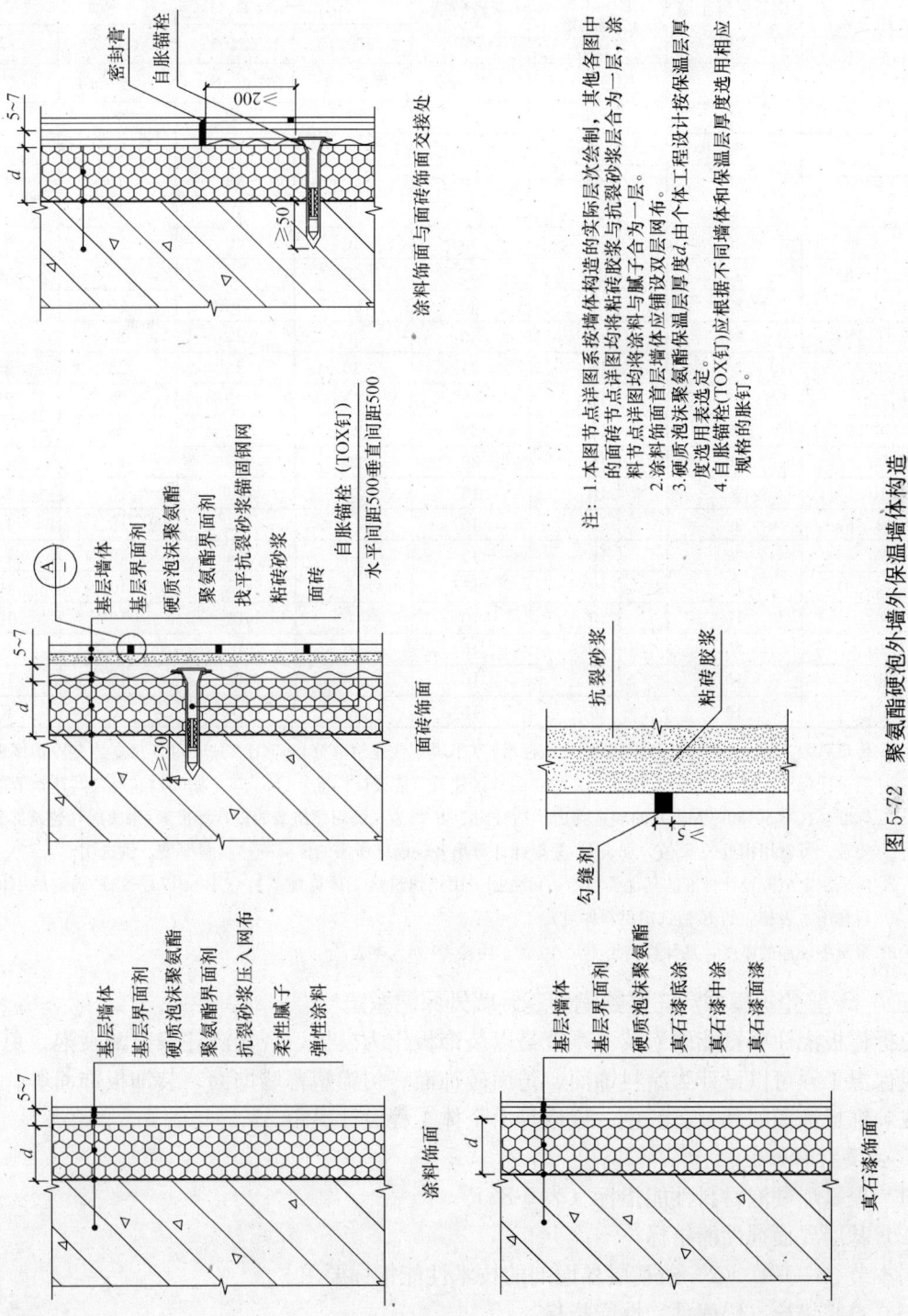

图 5-72 聚氨酯硬泡外墙外保温墙体构造

表 5-87 居住建筑和公共建筑聚氨酯硬泡厚度选用表

墙体传热系数 K [W/(m²·K)]	基层墙体						
	钢筋混凝土墙 (200)	混凝土空心砌块墙 (190)	灰砂砖墙 (240)	黏土多孔砖墙 (190)	黏土多孔砖墙 (240)	黏土实心砖墙 (240)	黏土实心砖墙 (370)
	厚度 mm	厚度 mm	厚度 mm	厚度 mm	厚度 mm	厚度 mm	厚度 mm
0.40	65	50	65	65	60	60	60
0.45	60	40	55	55	55	50	55
0.50 (0.52)	50	30	45	50	45	45	45
0.55 (0.56)	45	30	40	45	40	40	40
0.60	40	25	40	40	40	35	35
0.65 (0.68)	35	20	35	35	30	30	30
0.70	35	20	30	35	30	30	30
0.75 (0.78)	30	15	30	30	25	25	25
0.80	30	15	25	30	25	25	25
0.85			25		25	25	25
0.90 (0.92)	25	10	20	25	20	20	20
1.00	20	10	20	20	15	15	15
1.10	20	10	15	20	15	15	15
1.15 (1.16)	20	10	15	15	15	15	15
1.20	20	10	15	15	15	15	15
1.25 (1.28)	15	10	15	15	15	10	10
1.40	15	10	10	15	10	10	10
1.50	15	10	10	10	10	10	10
1.80	10	10	10	10	10	10	10
2.00	10	10	10	10	10	10	10

注：1. 传热系数 K 值根据《民用建筑节能设计标准》（采暖居住建筑部分）（JGJ 26—1995）《夏热冬冷地区建筑节能设计标准》（JGJ 134—2001）、《夏热冬暖地区建筑节能设计标准》（JGJ 75—2003）和《公共建筑节能设计标准》（GB 50189—2005）的规定列出 [括号内的 K 值为《民用建筑节能设计标准》（采暖居住建筑部分）所要求，可套用相近的 K 值，如表]，并据此计算出各种墙体所需的保温隔热材料厚度，供选用。

2. 尚未制定节能设计标准的其他类建筑，可依据《民用建筑热工计算规范》（GB 50176—93）确定最小传热阻后套用本表相应的 K 值选定材料厚度。

3. 聚氨酯硬泡的厚度，凡计算结果不足 10 者，均按 10 列入本表。

（二）B 型-免拆模板浇注聚氨酯硬泡外墙外保温系统

免拆模板浇注聚氨酯硬泡技术系统是以装饰板作为模板，现场浇注聚氨酯硬泡，免拆模板完成保温工程可以设计为涂料饰面、仿面砖饰面、仿铝塑幕墙饰面、装饰板饰面等。涂料饰面或装饰板饰面的品种、颜色、规格等由个体工程设计决定。

1. 主要材料性能指标

（1）聚氨酯硬泡材料性能指标（表 5-88）

（2）基层界面剂性能指标

同本节（一）1.（2）条基层界面剂的技术性能指标要求。

（3）自胀锚栓（锚固件）性能指标

同本节（一）1.（12）条自胀锚栓（锚固件）的技术性能指标要求。

（4）涂料抗裂性能指标

同本节（一）1.（10）条涂料抗裂性能的技术性能指标要求。

(5) 专用免拆模板性能指标（表 5-89）

表 5-88 聚氨酯硬泡材料性能指标

项目	指标
密度(kg/m³)	≥35
导热系数(23±2℃)[W/(m·K)]	≤0.023
拉伸粘结强度(kPa)	≥150
拉伸强度(kPa)	≥200
断裂延伸率(%)	≥5
吸水率(%)	≤4
尺寸稳定性(48h)(%)	80℃≤2.0，-30℃≤1.0
压缩性能(形变 10%时的压缩应力)(kPa)	≥100
阻燃性能 平均燃烧时间(s)	≤70
阻燃性能 平均燃烧高度(mm)	≤40
阻燃性能 烟密度等级	≤75

表 5-89 专用免拆模板性能指标

项目	指标
厚度①(mm)	≥8
表观密度(kg/m³)	<1600
抗折强度(MPa)	≥12
抗冻融性能(25 次)	无起层和龟裂现象
湿胀率(%)	<0.20
干缩率(%)	<0.1
拉伸粘结强度(与浇注聚氨酯硬泡)(kPa)	≥100
防火性能	a) 热释放速率峰值≤150kW/m² b) FV-0 级 c) 烟密度等级(SDR)≤75

① 如果能够满足其他性能指标要求，则厚度可以降低。

(6) 其他材料

使用的铁皮、镀锌薄钢板、密封膏、嵌缝用的聚乙烯泡沫塑料棒等应符合相应产品的标准要求。

2. 施工要点

(1) 基层处理

彻底清理外墙基面的灰结、混凝土浮块等，如有影响施工的凸出物，应处理平整，表面上不得有浮灰、油污等。基层应干燥、干净、坚实、平整，必须处理到符合施工要求。必要时外墙基层应涂刷界面剂。

(2) 免拆模板安装

免拆模板安装分为在板面锚栓直接固定和在板对缝处挂接两种方式。

安装模板时，先进行垂直、水平放线。严格按设计饰面要求安装装饰板，保证水平、垂直方向直线性要求和表面平整度要求。

支模板应从阴角（阳角）开始，支模板顺序由下往上。角处的模板采用两块模板直接碰头，缝隙用胶带封口的方法，其他模板也采用直接拼接方法。

(3) 浇注聚氨酯硬泡液料

现场浇注聚氨酯硬泡液料时，应在 10～40℃的环境温度进行，在高湿、低温或高温暴晒下不宜作业，严禁雨天浇注施工。

浇注顺序由远至近。一块模板沿高度方向分三次浇注，不得一次浇注成型。浇注完成后，清理装饰板板缝及板面，然后按设计要求做饰面。

3. 聚氨酯硬泡外墙外保温墙体构造。

聚氨酯硬泡外墙外保温墙体构造如图 5-73、图 5-74 所示。

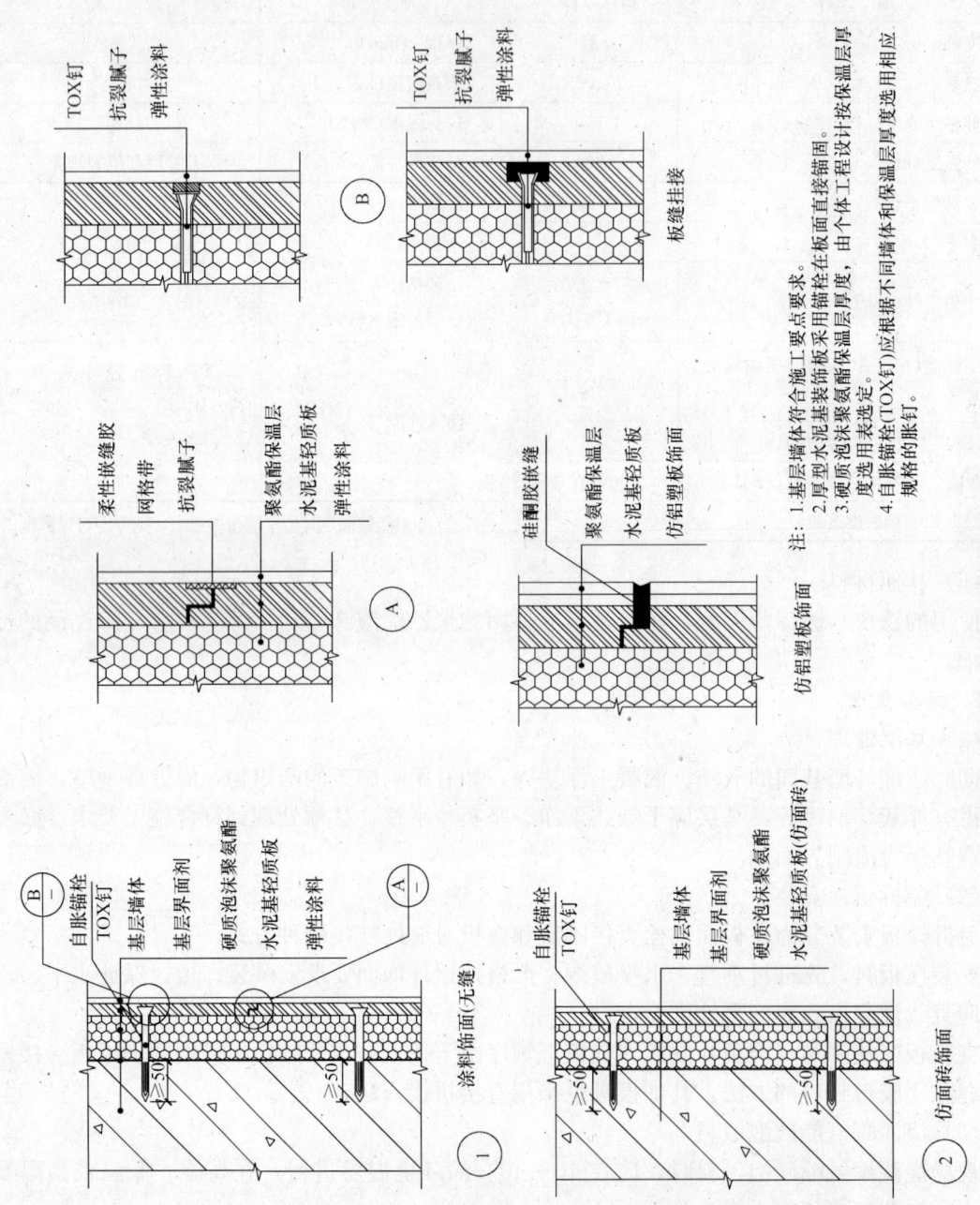

图 5-73 聚氨酯硬泡外墙外保温墙体构造（一）

第五章 外墙外保温系统

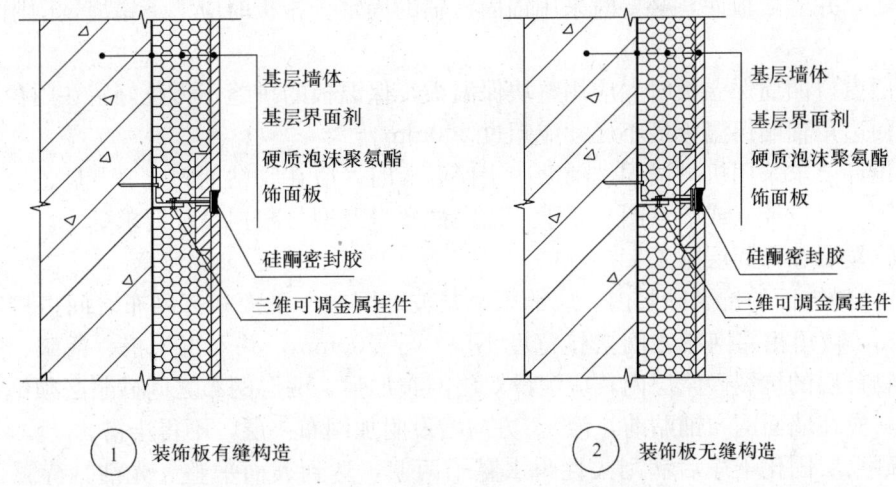

图 5-74 聚氨酯硬泡外墙外保温墙体构造（二）

注：1. 基层墙体符合施工要点要求。
2. 薄型装饰板采用在对缝处干挂方式固定。
3. 硬质泡沫聚氨酯保温层厚度，由个体工程设计按保温层厚度选用表选定。

七、粘贴锚固聚氨酯硬泡板建筑外保温系统

该构造系统有两种构造类型，A 型和 B 型。

A 型为粘贴锚固聚氨酯硬泡板外墙外保温系统，以聚氨酯硬泡板作保温隔热层，抗裂砂浆为保护层，涂料或面砖作饰面层。

B 型为粘贴锚固聚氨酯复合保温板外墙外保温系统，以聚氨酯复合保温板作保温隔热层，饰面材料为涂料、仿面砖、装饰板。

（一）A 型-粘贴锚固聚氨酯硬泡板外墙外保温系统

采用该构造系统时，建议优先采用涂料饰面。高层建筑和地震区、沿海台风区、严寒地区应慎用面砖饰面。当必须采用面砖饰面时，应严格遵守有关面砖饰面的各种配套材料的技术性就指标和施工要求，精心施工。

1. 主要材料性能指标

主要材料的性能指标与本节六、（一）的有关内容相同。

2. 施工要点

（1）基层处理

基层处理与本节六、（一）的内容相同。

（2）粘贴、锚固保温板

聚氨酯硬泡保温板搬运或安装上墙时，操作现场风力不宜大于 5 级。保温板尺寸不宜过大。

采用点框法粘贴保温板，在保温板背面整个周边涂抹适当宽度和厚度的胶粘剂，然后在中间部位均匀涂抹一定数量、一定厚度、直径约为 100mm 的圆形粘结点，总粘贴面积不小于 40%；建筑物高度在 60m 及以上时，总粘贴面积不小于 60%。

粘贴保温板自上而下进行，水平方向应由墙角及门窗处向两侧粘贴。粘贴保温板时应轻

柔均匀挤压,并轻敲板面,必要时采用锚固件辅助固定。排板时应上下错缝,阴阳角应错槎搭接。

粘贴门窗口四周保温板时,应用整块保温板,保温板的拼缝不得正好留在门窗洞口的四角处。墙面边角辅贴保温板最小尺寸应超过 200mm。

根据设计要求采用机械锚固件辅助固定保温板时,应在胶粘剂固化 24h 后进行,锚固件进墙深度不小于设计(或节点图)要求,锚固件数量及型号根据设计要求确定。

(3) 抗裂层和饰面层施工

1) 在涂料饰面的抗裂砂浆内,应铺压耐碱玻纤网布。平面相邻网布之间搭接宽度不应小于 50mm,转角相邻网布之间搭接宽度不应小于 200mm,并不得干搭、褶皱、空鼓、翘边。建筑物首层的抗裂砂浆层内,应铺设双层网布加强,两层网布之间砂浆必须饱满。门窗洞口四角,应在墙面网布铺贴前,沿 45°方向增设附加网布一层,不得干搭。

抗裂砂浆层固化干燥后满刮柔性耐水腻子两遍,达到表面平整、光洁。待腻子层干燥后,即可涂刷或喷涂饰面涂料。

2) 面砖饰面的抗裂砂浆层内,应铺设热镀锌电焊网一层,电焊网应用锚栓固定于基层上(每平方米不少于 4 个),相邻网之间应对接。阴阳角、窗口、女儿墙、墙身变形缝等部位网的收头处均应固定。

电焊网不应露出于抗裂砂浆表面,抹完的抗裂砂浆面应平整。抗裂砂浆层达到一定的强度后应适当喷水养护,约 7d 后方可粘贴面砖。粘贴面砖前,应先将基层喷水湿润(以不流淌为宜)。吸水率大于 1% 的面砖粘贴前应浸水 2h 以上,晾干后再用。

粘贴面砖的粘结砂浆厚度为 5~8mm,面砖缝宽不小于 5mm。常温施工 24h 后应喷水养护,喷水不宜过多,不得流淌。

用面砖勾缝胶进行勾缝,先勾水平缝,后勾竖缝。口角砖交接呈 45°,勾缝面应凹进面砖表面 2mm。不得用水泥砂浆替代抗裂砂浆、粘结砂浆和勾缝胶粉。

3. 聚氨酯硬泡外墙外保温墙体构造

聚氨酯硬泡外墙外保温墙体构造如图 5-75 所示。

(二) B 型-粘贴锚固聚氨酯复合保温板外墙外保温系统

1. 主要材料性能指标

(1) 聚氨酯硬泡复合保温板性能指标如表 5-90 所示。

表 5-90 聚氨酯硬泡复合保温板性能指标

项 目	指 标
面吸水率(%)	≤0.3(涂料饰面后)
复合界面拉伸粘结原强度(kPa)	≥150 且破坏在保温内部
复合界面浸水拉伸粘结强度(kPa)	≥150 且破坏在保温内部
阻燃性能	B1
耐冻融(5 次循环)	无开裂、空鼓、起泡、剥离
水蒸气透湿系数 [g/(m²·h)]	≥0.85

第五章 外墙外保温系统　235

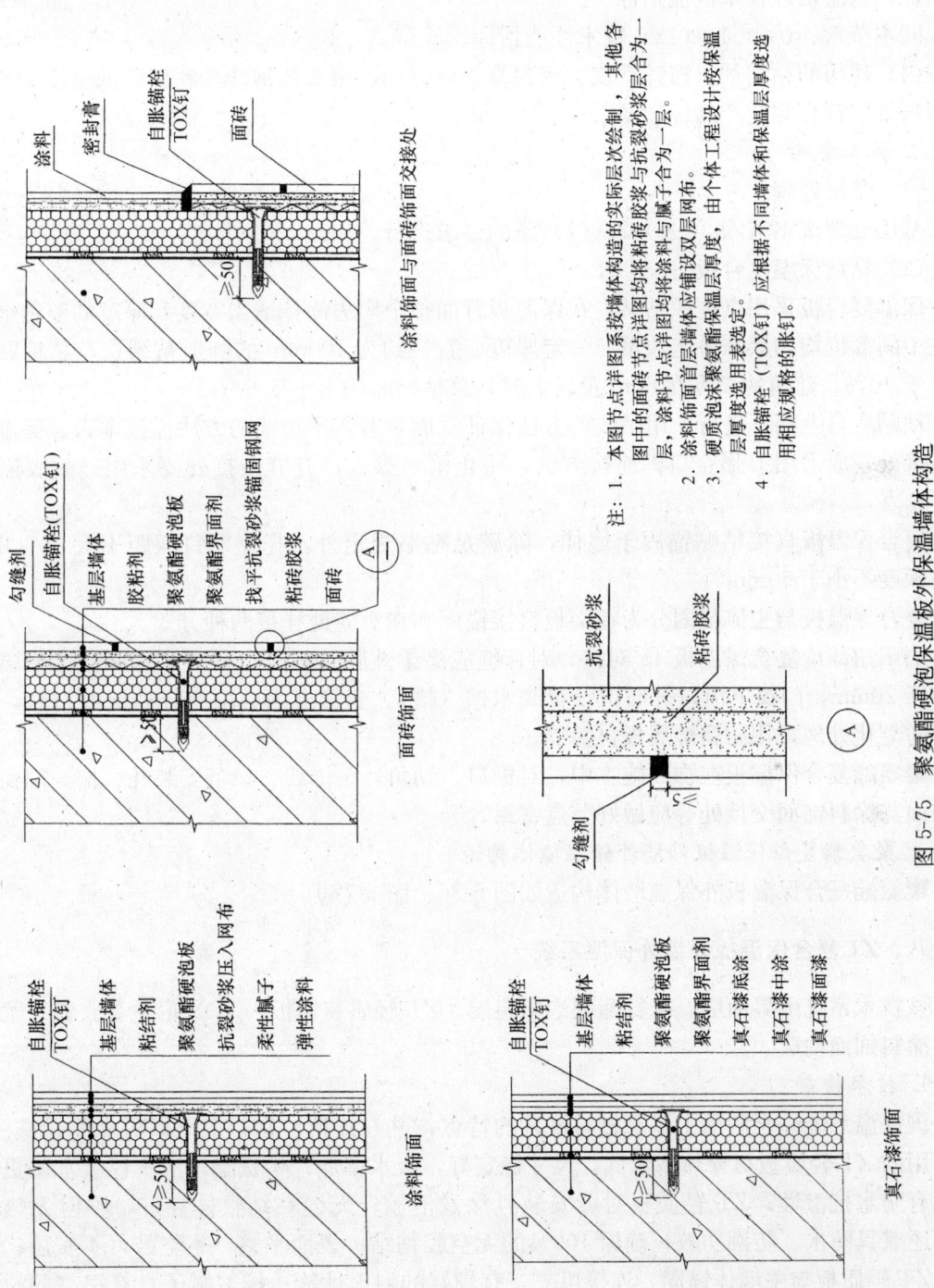

图 5-75　聚氨酯硬泡保温板外保温墙体构造

(2) 涂料抗裂技术性能指标

同本节六、(一) 1. (10) 技术性能指标

(3) 自胀锚栓技术性能指标

同本节六、(一) 1. (12) 技术性能指标。

(4) 使用的粘结剂、镀锌铁皮、密封膏、嵌缝用的聚乙烯泡沫塑料棒、低密度聚乙烯泡沫塑料等应符合相应产品标准要求。

2. 施工要点

(1) 基层处理

基层处理按本节六、(一) 2. (1) 条的要求进行。

(2) 粘贴保温复合板

保温复合板采用点框法粘贴，在保温板背面整个周边涂抹适当宽度和厚度的胶粘剂，然后在中间部位均匀涂抹一定数量、一定厚度、直径约为100mm的圆形粘结点，总粘贴面积不小于40%；建筑物高度在60m及以上时，总粘贴面积不小于60%。

粘贴应自上而下进行，用吊线的方法保证立面垂直，用拉线的方法保证垂直。保温板无缝连接处，应采用L形企口榫连接方法，防止雨水渗入，有缝连接处要采用硅酮胶嵌缝密封。

复合保温板直接粘贴锚固于墙体，除满足粘贴规定外，托克斯钉间距不大于600mm，入墙深度不小于50mm。

复合保温板与主体锚固分为在面板直接锚固和在对缝处挂接两种方式。

阴阳角部位复合保温板45°对接，对接缝应涂柔性胶结剂。门窗洞口等部位保温层厚度不小于20mm，门窗上沿口等部位设置滴水檐（槽）。变形缝内应填充轻质保温材料，同时做好防老化处理，用防腐金属板材盖缝。

聚氨酯复合保温板在饰面施工中，对檐口、勒角、装饰线、设备安装孔、槽、门窗等面砖饰面与涂料饰面交接处等应做好节点密封。

3. 聚氨酯复合保温板外墙外保温墙体构造

聚氨酯复合保温板外保温墙体构造如图5-76、图5-77所示。

八、ZT复合保温板外墙外保温系统

该技术系统由界面层、聚氨酯硬泡保温层、ZT轻质装饰板、TOX尼龙套胀钉、柔性腻子、涂料饰面构成。

1. 技术特点

该保温系统综合利用了保温材料各自的特点，并在连接、密封上采取可靠的措施。如：所采用的ZT轻质板材导热系数低，尺寸稳定好，吸水率低；聚氨酯硬泡不仅吸水率更低而且具有防水抗渗性；ZT轻质板对缝安装且涂发泡胶；无缝粘结整体性好，不但无热桥效应，还兼具防水、防潮功效，确保100%的无空腔粘结，表面平整，不空鼓，不胀层；聚氨酯、ZT轻质板与主墙体锚固，连接可靠，有较好的耐火性能；抗裂腻子具有很高的拉伸粘结强度，无裂纹，抗裂，防水，抗冻胀，寿命长。

该系统可用于各种建筑物外墙，对既有建筑改造直接施工优势突出。表面可成为无缝涂料饰面、凸纹漆饰面、仿铝塑幕墙饰面多种饰面风格。

第五章 外墙外保温系统

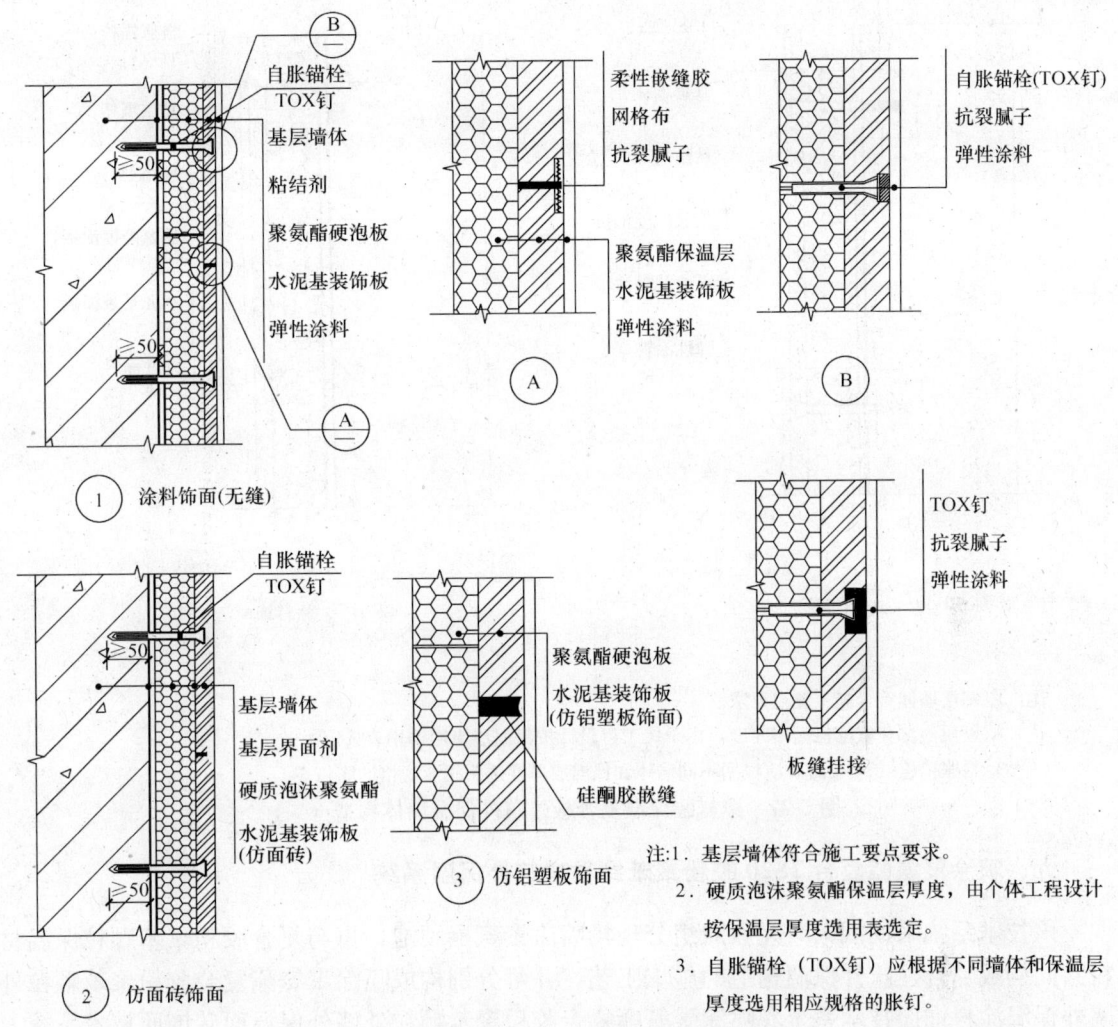

图 5-76 聚氨酯复合保温板外保温墙体构造（一）

2. 施工程序

基层界面处理→放基准线→安装第一块基准板，锚固，预留保温厚度→水平连续安装轻质板，锚固→浇注聚氨酯→控制浇注高度→缝凹槽内刮抗裂腻子，压入网布，找平→锚固钉口嵌满柔性腻子，刮平→表面处理→对接缝腻子打磨，锚固孔腻子打磨→涂弹性涂料→验收。

3. 简要做法

锚栓安装 ZT 轻质板浇注聚氨酯成型的施工工艺。采用柔性抗裂腻子压入玻纤网布，将对接缝找平，锚固钉口用柔性腻子嵌满刮平；对接缝腻子、锚固钉口腻子进行打磨，消除附着物；涂弹性防水涂料。

4. ZT 复合保温板外墙外保温构造。

其构造如图 5-78 所示。

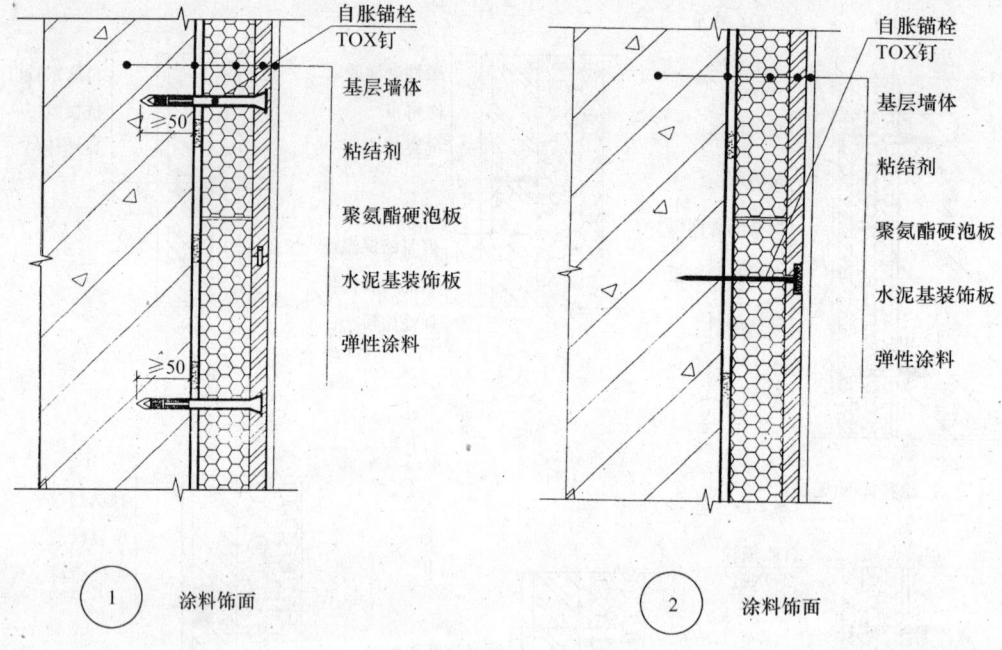

注：1. 基层墙体符合施工要点要求。
2. 硬质泡沫聚氨酯保温层厚度，由个体工程设计按保温层厚度选用表选定。
3. 自胀锚栓（TOX钉）应根据不同墙体和保温层厚度选用相应规格的胀钉。

图 5-77 聚氨酯保温复合板建筑外保温墙体构造（二）

九、喷涂聚氨酯复合 TS20 胶粉聚苯颗粒建筑外保温系统

该技术系统采用低氟或无氟双组分现场喷涂聚氨酯硬泡，再与复合胶粉聚苯颗粒保温材料共同构成复合建筑外保温构造的施工工艺，并可分别构成喷涂聚氨酯复合胶粉聚苯颗粒外墙外保温涂料饰面技术系统和喷涂聚氨酯复合胶粉聚苯颗粒外墙外保温面砖饰面技术系统。

（一）喷涂聚氨酯复合胶粉聚苯颗粒外墙外保温涂料饰面技术系统

该系统由界面层、聚氨酯保温板条、聚氨酯保温层、双亲合力界面层、胶粉聚苯颗粒保温层、抗裂砂浆夹耐碱网布、柔性抗裂腻子层、涂料饰面层构成。

1. 技术特点

采用低氟或无氟双组分硬泡喷涂聚氨酯，直接喷射到经界面处理的墙体表面发泡，复合胶粉聚苯颗粒保温浆料完成保温层，适合各种基层墙体。由聚氨酯硬泡板条控制保温层厚度，并成为胶粉聚苯颗粒保温层分格缝。聚氨酯硬泡、胶粉聚苯颗粒保温浆料之间100%的无空腔粘结，不空鼓、不开裂、不脱层、无脱落；尺寸稳定，收缩小；无热桥效应，还兼防水、防潮功效。发泡胶粘结聚氨酯硬泡板处理门窗口周边简便可靠。

外保护层由聚合物砂浆夹玻纤网布、柔性腻子、弹性防水涂料构成抗裂、防水层。

系统形成无空穴粘结，多层抗裂、多道防水的高可靠保温、防水多功能复合墙体，完全消除风压破坏和冻胀破坏。热工性能指标长期稳定，工程安全，长期可靠，构成综合技术优势。

适用范围广泛，既能用于公共建筑，也可用于住宅及既有建筑的改造工程；既可用于多

第五章 外墙外保温系统

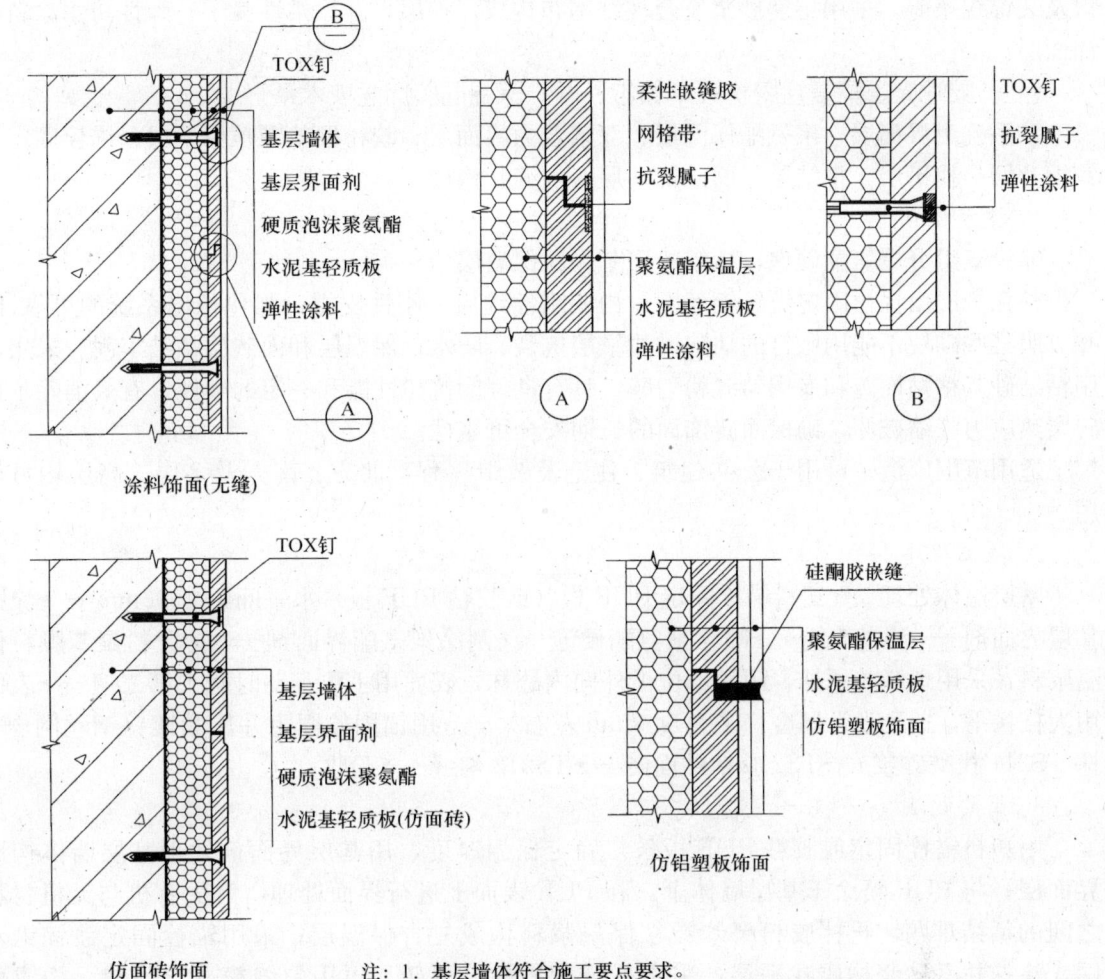

图 5-78 （免拆）锚固轻质板浇注聚氨酯墙体保温构造

层更宜用于高层；既可用于北方采暖地区，也可用于南方各地及沿海多雨地区。

2. 施工程序

基层墙体处理→塑料锚栓固定 PUF 板（或胶粘 PUF 板），水平间距 1500mm 涂刷基层界面剂→测量放线→喷涂聚氨酯硬泡→刮涂聚氨酯界面剂→抹胶粉聚苯颗粒保温浆料（25mm），采用鱼鳞状舔抹，阴角部位由外向内舔抹→表面大杠搓平，达到设计厚度（平整度 3mm 左右）→抹 TS20R 抗裂保护层，压入网布（3～5mm）→涂 TS203 柔性腻子（刮涂或辊涂 1～2 遍）→涂弹性防水涂料→验收

3. 简要做法

用塑料锚栓固定或胶粘 PUF 板条，确定保温厚度，用基层界面剂处理基层墙体构成界面层；将 PUF 喷涂于基层墙体上，在 PUF 表面上进行界面处理，解决有机与无机材料之间的粘结难题，再抹胶粉聚苯颗粒保温浆料构成复合保温层；用发泡胶粘结聚氨酯板处理门窗

口及装饰线条等。采用抗裂砂浆复合玻纤网布构成保护层，并涂柔性腻子、弹性防水涂料等饰面层。

(二) 喷涂聚氨酯复合胶粉聚苯颗粒外墙外保温面砖饰面技术系统

该系统由界面层、聚氨酯保温层、双亲合力界面层、胶粉聚苯颗粒保温层、锚栓固定镀锌钢丝网、找平层、粘结层、面砖饰面层（勾缝）构成。

1. 技术特点

喷涂双组分聚氨酯硬泡，抹胶粉聚苯颗粒保温层。

外保护层由锚栓固定镀锌钢丝网，构成刚性约束、刚性支撑，强化保温系统的可靠性，并克服某些砌块不能用胀钉的缺陷。找平层抗裂、防水，保温层和面砖层粘结牢固。采用专用粘结砂浆粘贴面砖和专用勾缝粉勾缝，具有良好的抗渗性能和一定的柔性，有效消除了面砖层热应力胀缩破坏，确保面砖饰面的长期安全可靠性。

适用范围广泛。可用于公共建筑、住宅及改造工程，北方、南方及多层、高层均可使用。

2. 施工程序

基层墙体处理──→塑料锚栓固定 PUF 板（或胶粘 PUF 板）水平间距 1500mm──→涂刷基层界面剂──→测量放线──→喷涂聚氨酯硬泡──→刮涂聚氨酯界面剂──→抹胶粉聚苯颗粒保温浆料，采用鱼鳞状舔抹，阴角部位由外向内舔抹，表面用手按不动时施工第二遍──→表面用大杠搓平，达到设计厚度（平整度 3mm 左右）──→用锚固栓固定并压紧镀锌钢丝网──→抹 TS211 找平砂浆──→TS210 粘贴面砖──→TS212 勾缝──→验收

3. 简要做法

用塑料锚栓固定或胶粘 PUF 板条，确定保温厚度，用基层界面剂处理基层墙体构成界面层；将 PUF 喷涂于基层墙体上，在 PUF 表面上进行界面处理，解决有机与无机材料之间的粘结难题，再抹胶粉聚苯颗粒保温浆料构成复合保温层；采用锚栓固定镀锌钢丝网，涂抹找平砂浆构成找平层；采用粘结砂浆粘贴面砖，再用勾缝粉进行勾缝，构成面砖饰面层。

(三) 喷涂聚氨酯复合 TS20 胶粉颗粒建筑外保温系统构造

外墙外保温墙体构造如图 5-79 所示。

十、聚氨酯施工的质量缺陷及防治措施

聚氨酯发泡过程是非常复杂的化学过程，所以在聚氨酯硬泡施工中所出现的质量缺陷涉及的因素也很多。

由于采用喷涂和浇注施工方法的不同，所选择的原料有所区别，特别是 A 料中主体材料（聚醚或聚酯）、助剂的选择非常重要，在重点设计聚氨酯硬泡物理性能指标的同时，还必须考虑现场施工时泡体固化时间以及环境温度、湿度等条件的影响，聚氨酯硬泡配方设计正确与否直接影响工程施工质量。

根据工程具体情况，在反复调整配方、试验合格的情况下，还要涉及施工者的操作技术水平以及设备等因素，在这里只将涉及聚氨酯硬泡常见问题作简要介绍。

(一) 喷涂法施工的质量缺陷及解决方法

喷涂法施工的质量缺陷及解决方法如表 5-91 所示。

第五章 外墙外保温系统

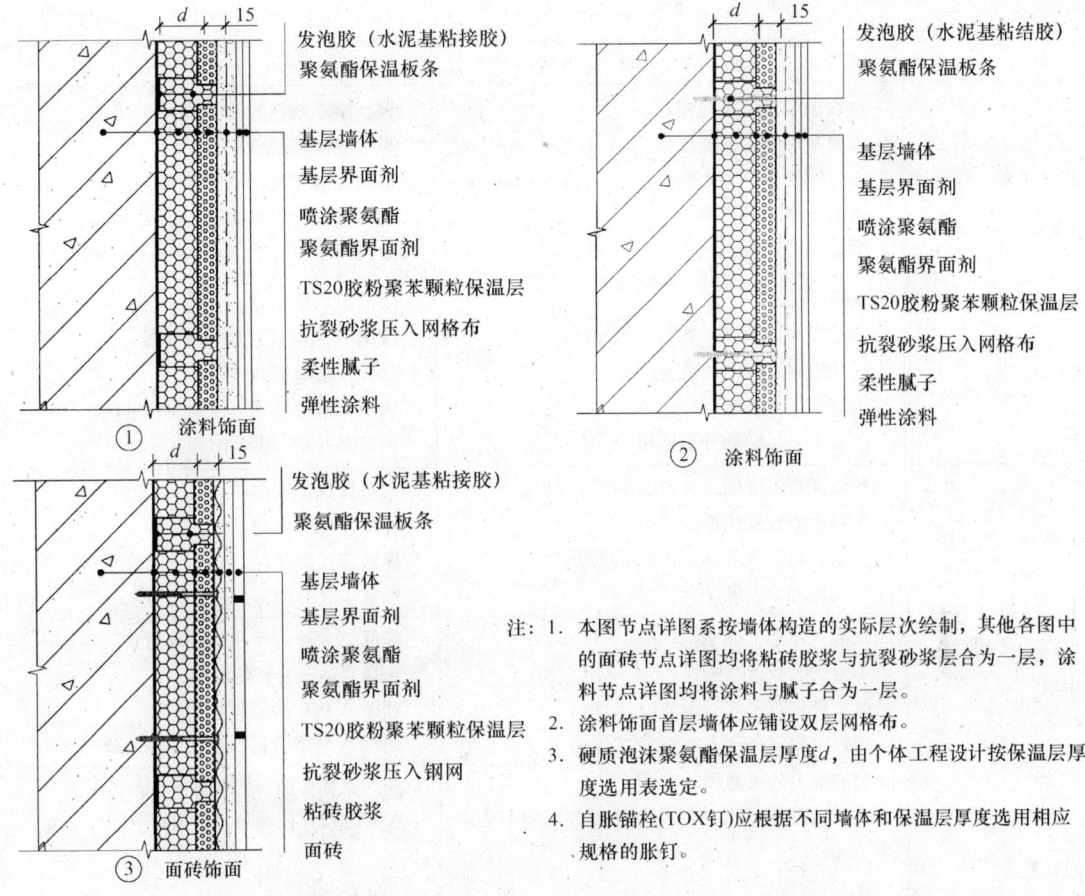

图 5-79 外墙外保温墙体构造

表 5-91 喷涂法施工的质量缺陷及解决方法

缺 陷	可 能 原 因	解 决 方 法
A、B料混合后不发泡 （A—代表配制的组合料；B—代表异氰酸酯）	料温过低； 两组分配比偏差太大； 计量泵误差过大； A料中少加或漏加催化剂； A料中少加或漏加发泡剂； B料过期、失效、质量低劣； 基层或环境温度过低	保证合适料温； 异氰酸指数宜在1.05左右； 检查计量泵流量； 保证催化剂用量； 保证发泡剂用量； 调换合格B料； 达到适合施工温度
泡沫收缩	发泡物料中，A料量过多，B料量少； 喷头混合物料不均匀； 催化剂加入量过多，固化速度太快； 环境温度过低，气体热胀冷缩变形； 泡沫缺少骨架结构； 泡沫凝胶速度快于发泡速度，即凝胶催化剂多，发泡催化剂少； 发泡剂选择或加入量不当； 匀泡剂失效或少加、漏加匀泡剂	调整组分配合比例； 增大喷枪压力，并检查喷枪、设备； 降低催化剂加入量； 保证施工现场温度； 适当增加多官能团低当量多元醇； 重新调解两个催化剂用量，达到气体生成速度与凝胶速度平衡； 调整发泡剂并控制加入量； 调整匀泡剂

续表

缺 陷	可 能 原 因	解 决 方 法
泡沫下垂、脱落	物料温度低,发泡慢; 被喷基层的表面温度低; 催化剂用量不够,喷出料与发泡速度不同步; A料量多于B料量; 喷涂压力过低	保证喷涂物料的温度; 设法提高基层表面温度; 提高发泡和凝胶催化剂用量; 调整双组分用料比例; 提高喷涂压力
泡沫酥脆	B料过量; 非水发泡体系下,物料中水分过高; B料酸值过高、杂质多; 阻燃剂加入过量; A料中多元醇牌号不适用	降低B料加入量; 配制A料时,控制水分总量; 选择合格B料; 选择合适阻燃剂,控制加入量; 调整多元醇,重新配制
泡沫软、熟化慢	计量流量不准确。A料偏多、B料少; A料中凝胶催化剂少; 气温、料温或落料工作面温度低; 多元醇羟值过低	调整流量比例; 增加凝胶催化剂量; 保证施工温度; 调整多元醇牌号
塌泡	发泡气体产生过速; 匀泡剂失效或有碱性; 凝胶催化剂失效或漏加; 物料中酸值高或多元醇类型不适	降低A料中发泡催化剂用量; 选择合适、合格匀泡剂; 补加A料中凝胶催化剂; 调配A料中合格、适用的多元醇
泡孔粗大	匀泡剂失效或漏加; 在非水发泡体系中,发泡剂或多元醇中含水量超标; A、B料混合不均; B料纯度低,含总氯或酸值高; 气体发生速度比凝胶快	补加质量合格匀泡剂用量; 按配方设计控制总含水量; 充分混合均匀; 调换合格料; 增加凝胶催化剂或降低发泡催化剂
泡沫开裂或中心发焦	物料温度过高; 催化剂加入量过大,发泡过快; 一次喷量过大,泡体过厚; 采用水做发泡剂时加量过大; 物料中含有过多金属盐类杂质	物料降温或增加发泡剂; 降低催化剂用量; 分层喷涂,排出热量; 降低水量; 选用合格原料
施工面的泡沫有蜂窝孔	基层有挥发物、油、水或吸附性气体; 阻燃剂或阻燃多元醇加入量或选用不当	清理基层,达到施工要求; 筛选阻燃剂或阻燃多元醇
泡沫脱落	基层潮湿、温度低、有霜,底层泡沫酥、脆、粉末状; 基层不洁,有油污、灰尘过多; 发泡配方不合理,泡沫固化过快或过慢; 物料与环境温度低,散热快,不符施工条件; 异氰酸指数过高,泡体硬,附着力低; 物料渗入水分,影响有效化学键形成; 泡沫固化过慢	基层必须干燥、无霜,温度适宜; 基层应洁净; 调整配方; 若必须施工时,B料加温,设法提高环境温度; 降低异氰酸酯或提高多元醇用量; 料罐应盖好,防止物料长时间与外界水分、潮湿气体接触; 适量提高凝胶催化剂加入量

续表

缺　陷	可　能　原　因	解　决　方　法
泡沫逸出烟雾	催化剂用量太大，物料反应过于激烈； 配方中多元醇羟值偏高； 环境适宜情况下，物料被加热温度过高	降低催化剂用量； 重新调配多元醇； 停止加热
泡沫密度大	物料中发泡剂量少； 现场温度低	适量增加发泡剂； 应在适宜温度内施工

（二）浇注法施工的质量缺陷及解决方法

浇注法施工的质量缺陷及解决方法如表5-92所示。

表 5-92　浇注法施工的质量缺陷及解决方法

缺　陷	可　能　原　因	解　决　方　法
泡沫外观色深、泡体脆	混合料中异氰酸酯含量偏高	检查设备在运转条件下异氰酸酯和多元醇输送泵的计量，调整计量比例
泡沫强度低、收缩	混合料中多元醇含量偏高	检查设备在运转条件下异氰酸酯和多元醇输送泵的计量，调整计量比例
泡沫结构不均匀，有条孔，泡孔粗糙	物料混合不均匀、不充分，物料组分比例波动或变化大	增加搅拌时间，检查投料配方是否出现误差，检查计量器具是否准确，混合物中有无外来物的污染
泡沫有裂痕	浇注量不足，没能浇满空腔，模具失去作用； 泡沫发泡不足，发泡剂用量低； 发泡催化剂加入量过高	适量提高物料浇注量，注意在模内物料流动方式、注射点位置； 补充发泡剂，检查是否达到标准泡沫的高度、密度； 减少发泡剂用量
泡沫与基层、复合板（饰面板）粘结性差	基层或板面温度过低； 充模不足，不能保持与复合板、基层表面良好的粘结； 物料中异氰酸指数偏高； 基层、复合板有油污、潮气	在基层、模板温度适合下再浇注； 增加填充或检查发泡剂是否漏加或不足； 降低异氰酸酯用量，控制好流量； 粘结面应干净、干燥
靠近边缘处密度小	物料分布差或流动指数低，没有充满边缘，出现空隙； 浇注料中催化剂量多，固化过快	控制好往返浇料速度，增加发泡混合物在边缘处沉积，达到饱满； 降低催化剂用量，调整配方提高物料流动指数
泡沫烧芯	物料中催化剂加量过大或发泡剂太少，泡沫中热量没有及时散发； 一次浇注量太大，泡沫中热量不能及时散发	降低催化剂用量或增加发泡剂量； 应分次浇注
泡沫密度偏高	物料中发泡剂加量不足，造成发泡倍数低	补加发泡剂
泡沫间分层	分次浇注时，间隔时间过长，期间落入过多灰尘、污物	在任何情况下，都应保持基层干净、干燥，施工温度适宜

第五节 膏（浆）状节能材料外墙外保温系统

节能建筑应用膏（浆）状保温材料，目前主要有胶粉聚苯颗粒浆料和硅酸盐复合保温膏类，施工过程采用逐层涂抹工艺，按应用部位不同可在保温层中间选择增强材料或加固材料，又可根据设计要求选择外层饰面材料。由于该保温系统施工无接缝、与基层附着力强、多道防水构造、多层抗裂，特别适合我国北方地区楼道、楼梯间外墙保温、内保温和南方地区外墙外保温和内保温。

一、TS20 胶粉聚苯颗粒外墙外保温系统

TS20 胶粉 EPS 颗粒保温浆料外墙外保温系统（简称保温浆系统）采用现场搅拌浆料、保温隔热层抹灰成型的工艺。

涂料饰面系统是在基层处理后，涂界面砂浆构成界面层；涂抹 TS20 胶粉 EPS 颗粒保温浆料保温层；聚合物砂浆夹玻纤网布，刮柔性腻子施工构成抗裂保护层；采用弹性防水涂料构成涂料饰面层。

在涂料饰面系统基础保温构造的系统上，通过采用 TOX 钉固定镀锌钢丝网加固措施，构成外墙外保温面砖饰面技术系统。

（一）外墙外保温涂料饰面技术系统

1. 基本构造

外墙外保温涂料饰面技术系统基本构造如表 5-93 所示。

表 5-93 外墙外保温涂料饰面技术系统基本构造

外 墙	界面层	保温层	保护层	饰面层	构造示意图
实心黏土砖、混凝土、小型混凝土空心砌块、黏土多孔砖等①	墙面用界面砂浆处理②（黏土砖墙可不用）	聚苯颗粒保温浆料③	聚合物砂浆乳液④ + 耐碱玻纤网布⑤ + 柔性腻子⑥	高弹涂料⑦	①②③④⑤⑥⑦
(1)	(2)	(3)	(4)	(5)	

2. 施工材料技术性能指标

界面砂浆、胶粉聚苯颗粒料浆、抗裂聚合物砂浆、耐碱玻纤网布、柔性腻子等均应符合设计要求。

3. 施工准备

（1）材料准备

水泥、中细砂、TS201 界面剂、胶粉料（由无机胶凝材料与各种外加剂在工厂采用预混合干拌技术制成）、TS20R 聚合物乳液、聚苯颗粒料、32.5 级普通硅酸盐水泥、耐碱玻纤网布等。

（2）工具准备

强制式砂浆搅拌机、手推车、手提搅拌机、喷浆机；常用抹灰工具及抹灰的专用检测工具；冲击钻、射钉枪、电动螺钉枪；水桶、铁锹、钢尺、剪刀、壁纸刀等。

(3) 施工条件

墙面应清理干净，达到无油渍、浮尘、污垢、脱模剂、涂料、防水剂、混凝土等妨碍粘结的材料，并剔除基层表面的凸出物；清除松动或风化的部分，用1:3水泥砂浆抹平。对即有建筑进行保温改造时，宜将原有外墙饰面彻底清除，露出基层表面，并按上述方法进行处理，使之达到要求后，再进行下道工序施工。

施工现场做到通水、通电，并保持工作环境的清洁；外墙门窗口验收完毕，门窗边框需留出保温层厚度。

环境温度低于5℃时或雨天禁止施工。保温层基面湿度过大，不能施工。

墙面上的各种预埋件、穿墙管道、落水管等应预先安装处理完毕，保温层厚度部位应预留。具备必要的脚手架及安全防护设施。

4. 施工工艺

(1) 工艺流程

TS20聚苯颗粒保温体系涂料外墙工艺流程如图5-80所示。

(2) 操作工艺要点

1) 材料配制

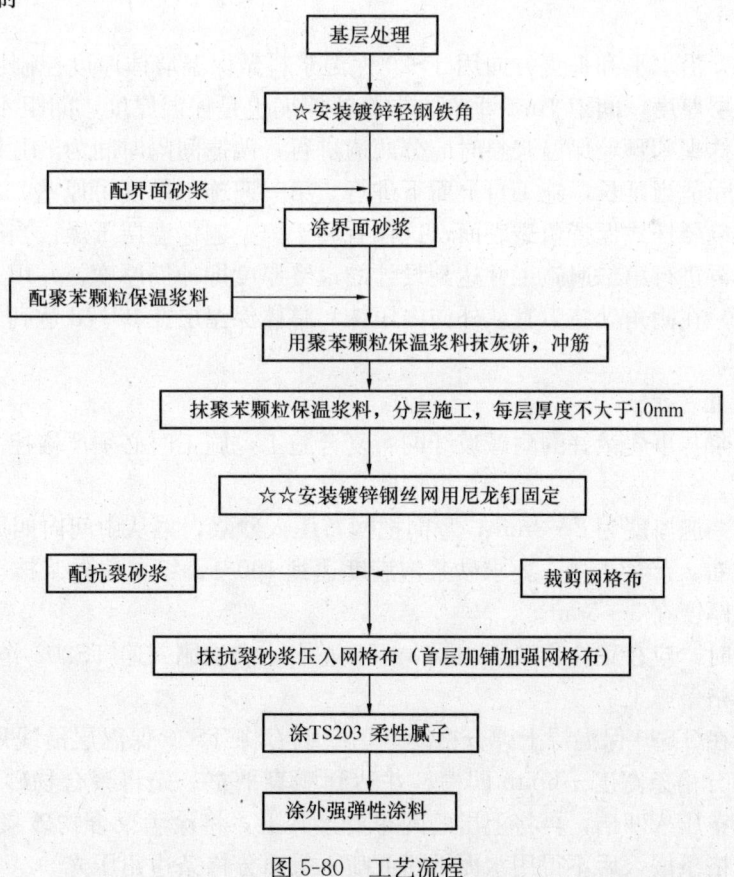

图 5-80 工艺流程

注：☆为框架结构墙体时有此工序；☆☆为保温层厚度＞60mm时有此工序。

①TS界面砂浆配制

界面层可增强胶粉 EPS 颗粒保温浆料与基层墙体的粘结力，按 TS201 界面剂：32.5 级普通硅酸盐水泥：中砂=1：1～1.2：1～1.2 质量比投料，搅拌成均匀浆状（应在 2h 内用完）。

②TS 聚苯颗粒保温浆料的配制

先将 34～35kg 清水倒入 300L 砂浆搅拌机内，再倒入一袋 TS20 胶料粉，搅拌 3～5min 后，再加入一袋聚苯颗粒料（220L），继续搅拌 3～5min，配制中不得加水，使聚苯颗粒完全被胶液包住，不显白色后倒出（配好后每批次的浆料应在 3h 内用完）。

③TS 聚合物砂浆配制

按 TS20R 聚合物乳液：32.5 级水泥：中砂=1.0～1.2：1：3 的质量比投料，用砂浆搅拌机或手提搅拌器搅拌 3～5min，配制中不得加水（配好后每批次的浆料应在 1h 内用完）。

④柔性腻子配制

按腻子液：腻子粉=1：1.0～1.4 质量比搅拌均匀。

2）施工

①TS 界面砂浆施工

用辊子或刷子将配好的界面砂浆均匀地涂刷在基层墙面上，不得漏刷和过厚，并保持干燥 2h。

②保温层施工

冲筋、打饼：沿水平和垂直方向用 TS20 保温浆料做保温墙体厚度控制层，水平方向筋的厚度就是保温层厚度，间距 1m。垂直方向打饼厚度也是保温厚度，间距 400mm。

抹保温层：抹聚苯颗粒保温浆料时应分两遍进行，两遍间隔时间为 24h 以上。当施工温度偏低时间隔时间适当延长，施工自上而下进行。第一遍施工厚度可厚些，一般可在 30mm 左右，施工方式以舔抹式保持鱼鳞表面，这样有利于第一遍保温层干燥。当第一遍达到表面用手按不动时，再进行第二遍施工并达到设计的最终厚度即冲筋厚度，并用大杠搓平，平整度达到设计要求。在阴角处施工宜从外向内压抹。整体保温层在 3～7d 达到干燥后，可进行下道工序施工。

③保护层施工

用聚合物砂浆与事先裁好的耐碱玻纤网布复合施工，施工时必须严格控制聚合物砂浆厚度在 3～5mm 内。

抹保护层第一遍厚度为 2～3mm，竖向把网布压入砂浆，再从中间向四周抹压，网格布搭边为 50mm 左右，严禁干搭，要求砂浆饱满度达到 100%。第二遍砂浆抹平压实，网格布呈暗格为佳，总厚度在 3～5mm。

在春季干燥时，应在聚合物砂浆初凝 3～4h 左右，满涂刷一遍 TS202 养护液。

④外保温分格条施工

按设计要求在 TS20 保温层上弹分格线。用壁纸刀将 TS20 保温层沿线划深为分格条厚度+2mm，宽为分格条宽度+6mm 凹槽，并达到顺直平整。先将聚合物砂浆抹入凹槽中，然后将剪好的网布压入凹槽，再将上层的网布搭接其上，将涂满聚合物砂浆的分格条压入，找正、粘牢。分格条嵌入后不得用水泥干粉或喷水等对分格条边角压光。

⑤加强网布施工

门窗阳角用双层网布处理，窗口部位应用 200mm×400mm 网布斜 45°加强处理；首层楼双层网布，加强网布对边缝与标准网布对边缝应错开；墙面装饰造型边角处保护层和网布顶齐压实必须划出嵌密封胶槽。

脚手架洞口处理时，在洞口周边预留 150～200mm，此处保护层施工时网布四边均比预留洞口边多留 50mm，并且不抹聚合物砂浆，裁好与洞口尺寸一致的苯板块，周边及底面涂满保护层胶浆塞入洞内，并应比施工保护层表面低 2～5mm。表面涂聚合物砂浆，先将预留网布贴牢、提浆，再粘牢另一块与洞口尺寸一致的网布，压光。

上窗口顶应设置滴水槽。在接缝处、下窗口、侧窗口等各节点处应嵌密封胶。保护层施工约 48h 后涂柔性腻子。

⑥柔性腻子施工

涂柔性腻子应做到满涂且不得漏涂。刮（辊）涂纵横各一遍，厚度均匀为 1mm 左右，在阴阳角处认真涂满。施工中需刮平处理时，严禁使用其他刚性腻子做找平处理，应使用专用柔性防水找平腻子处理。在柔性腻子施工 24h 后方可用弹性涂料或弹性防水涂料施工。

⑦涂料饰面层施工

在消除表面浮尘或其他附着物后，按纵横各一遍辊涂或喷涂方式施工。

⑧成品保护

保温层、保护层等各构造层在未凝固前禁止水冲、撞击、振动；外保温层施工遇雨时，应采取适当遮挡措施；严禁踩踏窗口；对碰撞坏的墙面应及时修补。

5．质量标准

(1) 主控项目

1) 体系所使用的所有材料质量和技术性能指标应满足有关国家标准或行业标准，进入现场材料应检查出厂合格证或进行复检合格。

2) 保温层的厚度及构造做法应符合设计要求，保温层厚度不许有负偏差。

3) 保护层与基层墙体以及各构造层之间必须粘结牢固、无脱层、空鼓、裂缝，面层无粉化、起皮和爆灰等不良现象。

(2) 一般项目

1) 表面应平整、洁净，接茬平整、无明显抹纹，线角应顺直、清晰。

2) 首层外墙各层阴角、阳角以及门窗洞口四角等部位均需用网布加强。

3) 墙面埋设暗线、管道后，墙面应用网布和抗裂砂浆加强，表面抹灰平整。

4) 滴水线（槽）流水坡向正确且顺直。

5) 分格缝宽度、深度均匀一致、平整光滑、棱角整齐、顺直。

(3) 允许偏差

允许偏差如表 5-94 所示。

表 5-94 允 许 偏 差

项　　目	允许偏差（mm）	检 查 方 法
立面垂直度	4	用 2m 托线板检查
表面平整度	4	用 2m 靠尺及塞尺检查
阴阳角垂直	4	用 2m 托线板检查

续表

项 目	允许偏差（mm）	检 查 方 法
阴阳角方正	4	用2m靠尺及塞尺检查
立面总高度垂直	H/1000 不大于 20	用经纬仪、吊线检查
上下窗口左右偏移	不大于 20	用经纬仪、吊线检查
上下窗口偏移	不大于 20	用经纬仪、吊线检查
保温层厚度	不允许有负偏差	用针、钢尺检查
分格条（缝）平直	3	用5m小线和尺量检查

（二）外墙外保温面砖饰面技术系统

1. 基本构造

外墙外保温面砖饰面技术系统基本构造如表 5-95 所示。

表 5-95 外墙外保温面砖饰面技术系统基本构造

外 墙	界面层	保温层	加固层	饰面层	构造示意图
实心黏土砖、混凝土、小型混凝土空心砌块、黏土多孔砖等①	墙面用界面砂浆处理②（黏土砖墙可不用）	聚苯颗粒保温浆料③（保温厚度大于60mm设角钢横担⑦）	TOX钉⑥ 锚固钢网④ ＋ 找平胶浆⑤	粘砖胶浆⑧ ＋ 贴面砖⑨ ＋ 勾缝剂勾缝⑩	
(1)	(2)	(3)	(4)	(5)	

2. 材料性能

各种材料及配套材料均应符合设计要求和产品技术标准。

3. 施工准备

外墙面砖应有出厂检验报告及产品合格证，进入现场后应进行复检。其他准备和应具备的施工条件同本节一、（一）、3条要求。

4. 施工工艺

（1）工艺流程

工艺流程如图 5-81 所示。

（2）操作工艺要点

1）材料配制

①TS 界面砂浆配制

同本节一、（一）、4.（1）1）条要求。

②TS 聚苯颗粒保温浆料的配制

同本节一、（一）、4.（1）2）条要求。

③找平胶浆配制

按 TS211 找平胶液：水泥：中砂＝0.6～0.8：1：2.5 质量比投料，用砂浆搅拌机或手提搅拌器搅拌 3～5min，不得加水（搅拌好的找平胶浆应在 2h 内用完）。

第五章 外墙外保温系统

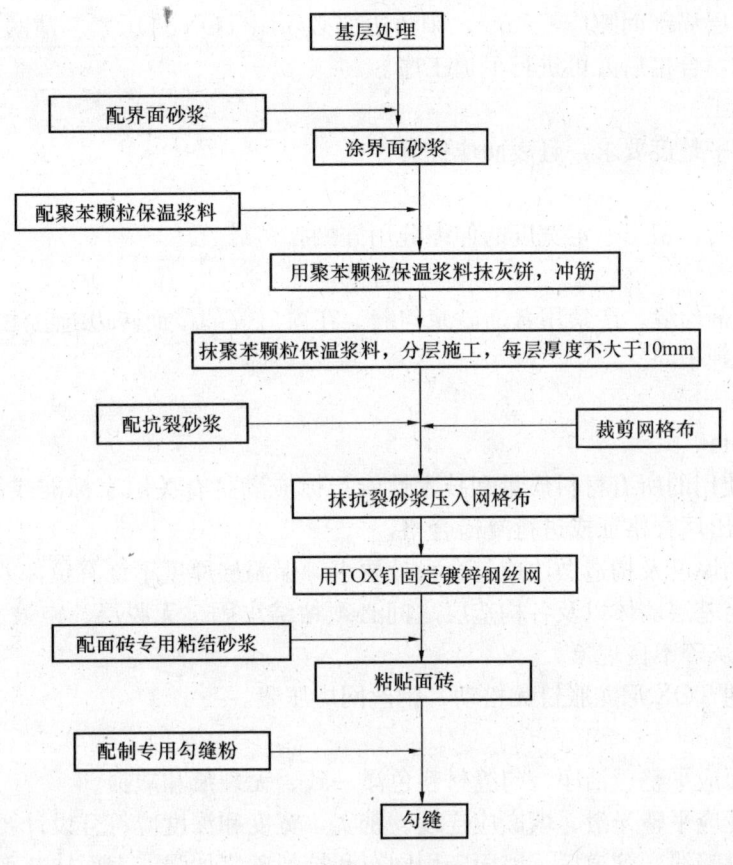

图 5-81 工艺流程

④TS210 粘结胶浆配制

按 TS210 粘结胶液∶水泥∶中砂=0.6~0.8∶1∶1.5 质量比投料,用砂浆搅拌机或手提搅拌器搅拌 3~5min,不得加水(搅拌好的找平胶浆应在 2h 内用完)。

⑤面砖勾缝剂配制

按水∶面砖勾缝粉=1∶2~2.5 质量比投料,用强制砂浆搅拌机或手提搅拌器搅拌均匀(配好的面砖勾缝剂应在 2h 内用完)。

2)施工

①基层要求

剔除基层表面大于 10mm 凸出物,使之平整。基层砌体与梁、柱间隙铺设钢网,两侧搭接应≥200mm 的宽度;门窗安装完毕并完成局部注入发泡密封保温处理;除黏土砖墙外其他墙体必须用界面砂浆处理;角钢横担施工时其边宽应不小于保温厚度的 90%。

其他施工与本节一、(一)有关要求相同。

②加固层施工

按水平 350~400mm、垂直 600mm 间距,排列 TOX 钉钻孔,钻入主体墙深度不小于 55mm,压入尼龙胀塞。

镀锌钢网铺平后,用 TOX 钉和压片压紧,各钉压紧力应均匀。在钢丝网对接处用双股 22#镀锌绑线捆扎牢固;间距为 200~250mm,阳角处钢丝网对接按间距 100~150mm。

钢网与保温层局部间隙应≤2mm，阳角边部必须用 TOX 钉压紧。铺网完成后应检查锚固网的施工质量，合格后方可进行下道工序。

③找平层施工

找平层抹到平整度要求，且表面应搓麻。

④贴面砖

按顺序贴面砖，留出一定宽度的伸缩缝用硅酮胶密封。

⑤面砖勾缝

用瓷砖勾缝剂勾缝，严禁用普通砂浆勾缝。在窗口等部位面砖边缝应注密封胶。勾缝完成后将瓷砖面处理干净。

5. 质量标准

(1) 主控项目

1) 体系所使用的所有材料质量和技术性能指标应满足有关国家标准或行业标准，进入现场材料应检查出厂合格证或进行复检合格。

2) 保温层的厚度及构造做法应符合设计要求，保温层厚度不许有负偏差。

3) 保护层与基层墙体以及各构造层之间必须粘结牢固、无脱层、空鼓、裂缝，面层无粉化、起皮和爆灰等不良现象。

4) 锚固钢网 TOX 尼龙胀钉无松动，钢丝网应压紧。

(2) 一般项目

1) 面砖表面应平整、洁净、勾缝材料色泽一致、无裂痕和缺损。

2) 面砖接缝应平整光滑、填嵌应连续、密实，宽度和深度应符合设计要求。

3) 墙面埋设暗线、管道后，墙面应用网布和抗裂砂浆加强，表面抹灰平整。

4) 滴水线（槽）流水坡向正确且顺直。

(3) 允许偏差

允许偏差如表 5-96 所示。

表 5-96 允 许 偏 差

项 目	允许偏差（mm）	检 查 方 法
立面垂直度	4	用 2m 托线板检查
表面平整度	4	用 2m 靠尺及塞尺检查
阴阳角垂直	4	用 2m 托线板检查
阴阳角方正	4	用 2m 靠尺及塞尺检查
立面总高度垂直	$H/1000$ 不大于 20	用经纬仪、吊线检查
上下窗口左右偏移	不大于 20	用经纬仪、吊线检查
上下窗口偏移	不大于 20	用经纬仪、吊线检查
保温层厚度	不允许有负偏差	用针、钢尺检查
接缝直线度	3	用钢尺检查
接缝隙高低差	1	用钢尺和塞尺检查
接缝宽度	1	用钢尺检查

（三）TS20 胶粉聚苯颗粒外墙外保温系统基本构造

系统的基本构造如图 5-82、图 5-83 所示。

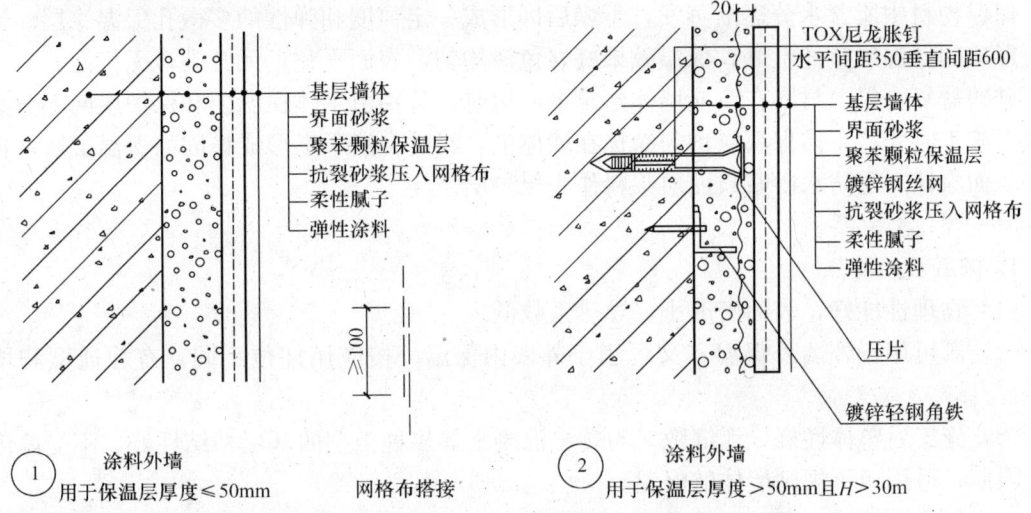

图 5-82　聚苯颗粒外保温涂料外墙基本构造

注：1. 基层墙体应符合施工要点要求。
2. 保温层厚度根据节能标准要求由附录查出或由设计人员计算确定。
3. 烧结普通砖墙可不用界面砂浆。
4. ②中尼龙胀钉根据墙体材料，保温层厚度选用不同技术标准型号。
5. 镀锌轻钢角铁规格 $40×40×1.0$ 在楼层分层位置用射钉枪沿外墙固定。
6. H 表示建筑物总高度。

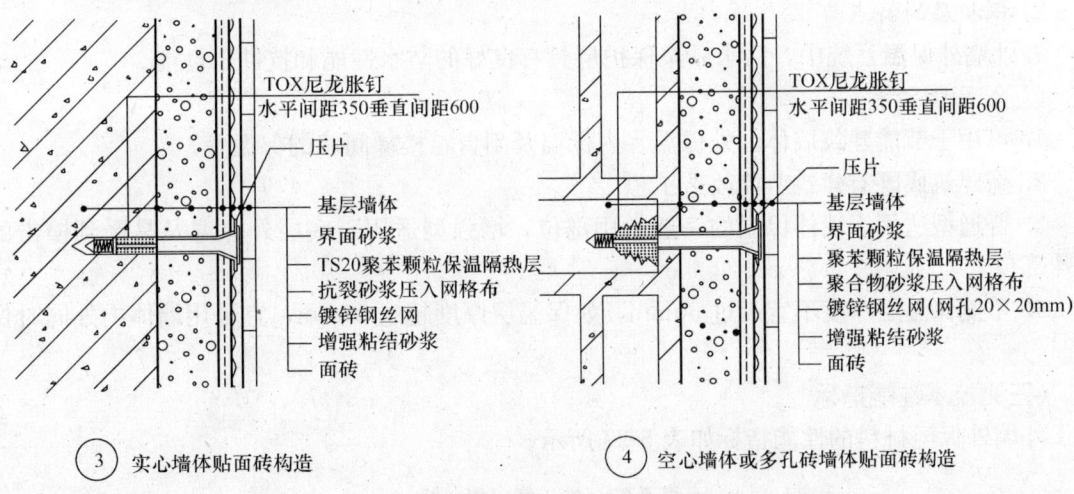

图 5-83　聚苯颗粒外保温面砖外墙基本构造

注：1. 基层墙体应符合施工要点要求。
2. 保温隔热层厚度根据节能标准的要求由附录查出或由设计人员计算确定。
3. 烧结普通砖墙可不用界面砂浆。
4. 尼龙胀钉应根据不同墙体和保温隔热层厚度选用相应规格的胀钉。

二、硅酸盐复合保温膏外墙外保温系统

硅酸盐复合保温材料一般是由天然绝热材料为主体材料，再加入抗裂纤维、胶粘剂、轻骨料和助剂等。在生产时通过破碎、浸泡、松解、搅拌和静置消泡等工艺过程而制成的黏稠

状浆体保温材料。由于产品中矿物的吸水率大，保水性、悬浮性好，泌水少，因而能够在浆内储存大量的水分，它综合了涂料和保温材料的双重特点，将其涂抹在保温墙体的表面。

保温物料中所含水分逐渐蒸发，干燥后即形成一定强度和弹性的多微孔保温涂层。干燥后所形成的保温层整体性好，保温效果好，色泽均匀，表面平整，无开裂，无气泡。

硅酸盐复合保温材料在节能墙体建筑上应用时，分别由主体保温层和保护层两部分共同构成。施工时先将主体保温层均匀涂抹在墙体上，经过自然干燥形成稳固的保温层后，再在其外表面涂抹一层防水砂浆或面层浆料作为保护层。

（一）产品特点

1. 保温层的特点

（1）物理性能好，表面密度小，导热系数低。

（2）既可用于外墙外保温，又可用于外墙内保温。按应用部位不同，有普通型和增强型。

（3）施工后整体性好，无缝隙。与砖、混凝土等多种类型的基层粘结性好，不受墙体形状的限制，适用于不规则墙体的保温。

（4）防火性能好，不燃，符合建筑防火要求。

（5）产品具有环保性能，无毒、无味、无污染、无辐射，对人体无任何伤害。

（6）耐冻融、耐候性好，材质稳定，不氧化、不降解、不风化，具有良好的耐久保温性能。

（7）施工方便、快速。

2. 保护层的特点

在外墙外保温系统中，防水砂浆保护层具有良好的防水性能和抗冲击性能。

（二）应用范围

1. 可用于节能建筑墙体的外保温、内保温及阳台、楼梯间墙的保温等。

2. 新建筑或既有建筑节能改造工程。

3. 普通型适用于墙体保温的一般通用部位，增强型适用于底层外保温及易受到撞击的特殊部位。

4. 单侧保温层厚度不宜超过50mm，如保温层厚度超过50mm，宜采用墙体内外同时保温。

（三）技术性能指标

外墙外保温材料的性能指标如表5-97所示。

表5-97 性 能 指 标

项 目		指 标	项 目	指 标
密 度	膏体（kg/m³）	<900	耐碱性（0.12%NaOH）	无变化
	干体（kg/m³）	≤280	耐酸性（0.1%HCl）	无变化
抗压强度（MPa）		≥0.5	耐油性（油）	无变化
粘结强度（kPa）		≥45	冻融循环试验（15次循环）	无开裂、无掉渣
导热系数[W/(m·K)]		≤0.058	pH值	7~9
不燃性		不燃		

（四）施工准备

1. 技术准备

熟悉设计图纸，考察施工现场，确定特殊部位的施工方法。

掌握施工期间天气情况，规定保温层、防护层或贴面砖施工的间隔时间，对各工序施工技术标准进行质量控制。

掌握对既有建筑保温基层处理要求的程度。

大面积施工前应提前在现场做好样板，经鉴定合格并进行技术交底后再组织施工。

2. 材料准备

（1）硅酸盐复合保温材料在出厂前生产完毕，材料必须有出厂合格证，并应在有效保质期内使用。存放过久的材料应进行抽检，复查合格后方可使用。

视施工现场环境情况，可分批进入现场，存放在防晒、防冻的固定地点。

（2）保护层防水砂浆在现场配制，普通硅酸盐水泥、中砂及防水剂应符合技术要求。

按普通水泥：中砂：水泥防水剂＝1：2.5：0.05比例，加水搅拌均匀即可。其中在加防水剂时，防水剂应先加入水中预溶后，再加入水泥砂浆中。

3. 工具准备

抹灰用瓦工工具、料槽（灰槽）及专用检测工具。根据工作面大小，确定使用防水砂浆搅拌的器具。

4. 基本条件

（1）外墙结构工程施工完毕，门窗洞口安装完毕，并经有关部门验收。

（2）门窗框于墙体连接缝应按设计要求填塞、嵌填严密。

（3）外墙面上的雨水管卡、预埋铁件、设备管道等提前安装完毕。并应预留出外保温层的厚度。结构施工时预留洞、脚手架洞口应提前堵塞严密。

（4）施工时常用升降式吊篮，在检查安全合格的前提下，方可操作。如用外脚手架必须搭设牢固，安全检查应合格。

（5）基层墙体表面应平整并符合设计要求，达到无杂质、浮灰。

（6）墙面连续高度超过 3m，应设分格缝。

（7）施工环境温度宜在 5～30℃之间，不宜在大风天施工，雨天不得施工。

（五）施工工艺

1. 工艺流程

基层墙体处理──→涂抹第一遍保温层──→第一遍干凝后，涂抹第二遍保温层──→第二遍干凝后，钉水泥钉──→第二遍干凝后，再抹下一遍──→直至涂抹层达到设计的厚度，抹保护层──→验收。

2. 操作工艺要点

施工前应先检查基层墙体表面的平整、垂直情况，基层墙面必须干燥，彻底清除墙面灰渣及其附着物，确保保温层与基层达到良好的粘结强度。

在使用保温料前，先将其搅拌均匀，但禁止向保温料中加水搅拌。

抹第一遍保温层时，浆体厚度宜为 5～10mm，必须压实，无须压光，然后保持自然干凝，确认第一遍保温层干凝后再抹第二层，在保温层施工中，随时用针入法测量涂抹的厚度。

抹第二遍保温层时，浆体厚度同样为 5～10mm，待保温层自然干凝后，由上至下，每个楼层按水平间距 500mm 钉一排水泥钉。钉子外露出墙面的高度为含防护层在内的总高度，必要时在抹保护层之前用直径 1mm 铁丝，将上下两排钉子斜拉固定，以防脱落或裂纹出现。确认前遍保温材料干凝后再抹下遍，直至抹到干凝后达到设计规定的厚度为止。

在确认保温层达到干凝后，可进行防水砂浆保护面层施工，其厚度一般在 5~8mm，特殊要求可以增加厚度。在一层或一层窗台以下可贴面砖。

（六）质量要求

保温层与基层墙体以及各结构层之间必须粘结牢固，无空鼓、气泡、裂纹、起皮、爆灰，表面平整、洁净。

保温层厚度应符合设计及建筑节能要求。

（七）复合保温膏外墙外保温系统节点构造

墙体节点构造如图 5-84 所示。

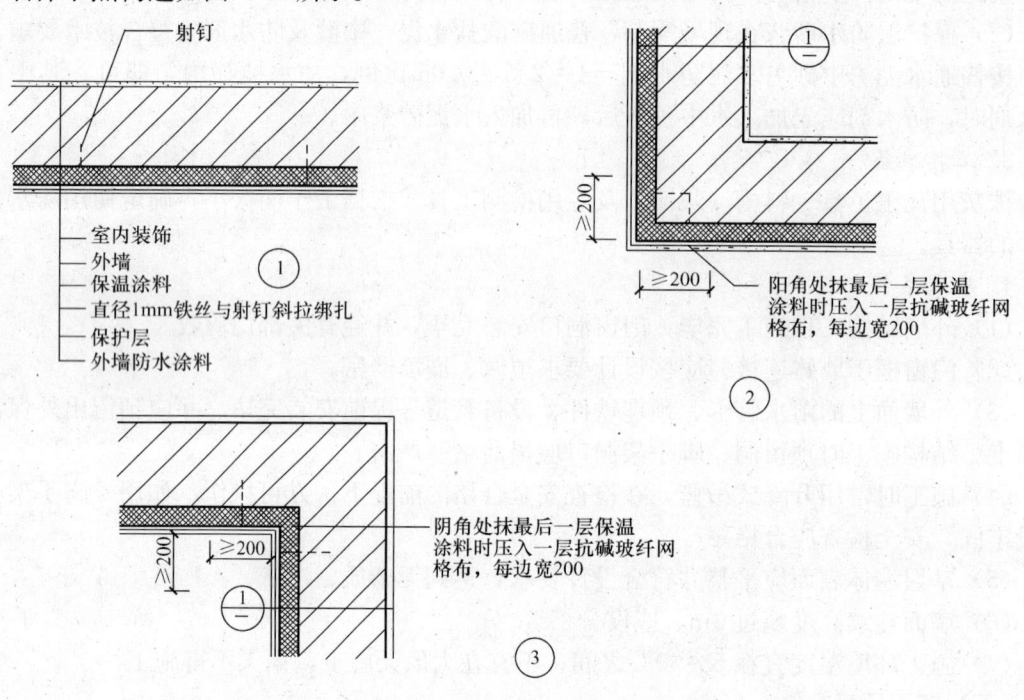

图 5-84　外墙外保温平面节点构造

第六节　块状节能材料外墙外保温系统

块状节能材料一般是由散状、多孔、轻质的保温材料为主体材料，再加入胶粘剂、憎水剂等助剂后，在工厂经机械搅拌混合、压制而成。由于该类材料具有轻质、强度高、憎水等性能，既可用于墙体节能保温，又可用于屋面节能保温，施工时多数以专用胶剂粘贴固定后，再用辅助加牢方法施工。

一、聚苯颗粒复合板（块）系统

聚苯颗粒复合板（块）是采用回收聚苯泡沫制品，粉碎到一定粒径的聚苯颗粒，掺入耐火碱性胶粘剂，经适当搅拌后，压制、粘结而成的轻质复合型高强板（块）类制品，施工时解决聚苯乙烯颗粒与水泥砂浆（混凝土）不亲合的问题，该制品可按墙体保温具体设计技术要求，制成各种规格的系列产品。

(一) 产品特点

1. 保温隔热性能好

在 240 砖墙贴 60mm 厚水泥聚苯板，其热工性能相当于 730mm 厚砖墙。

2. 质轻、强度高、破损少

施工非常方便，破损率几乎为零。施工后抹灰面承压强度大，没有龟裂现象。

3. 亲合性能优异

用于墙体保温时，如需要与基层墙体或其他部位结合时，仅需用 1∶2 或 1∶3 水泥砂浆粘结即可，无须任何外加粘合剂，施工方便，成本费用低。

4. 防火、阻燃

制品防火、阻燃性能好，应用到任何部位、任何情况下均可起到防火阻燃的效果，并达到国家相关规定标准。

5. 施工方法简便

施工快速，可钉、可刨，整体性好，施工费用低，减少工程造价。

6. 憎水性好

制品生产时做了适当防水处理，使憎水率可达 95% 以上。

(二) 产品应用范围

(1) 可用于阻燃隔墙板、阳台、楼梯间保温。

(2) 可用在上人屋面和非上人屋面保温。

(3) 可用于框架填充、混凝土墙、砖墙的内外保温。

(4) 可用于平屋面、斜屋面保温。

(三) 产品技术性能指标及规格

1. 技术性能指标

聚苯颗粒复合板（块）的技术性能指标如表 5-98 所示。

表 5-98 技术性能指标

产品类型 指标	密度 (kg/m³)	导热系数 [W/(m·K)]	抗压强度 (kPa)
屋面保温块	≤245	≤0.047	≥200
内墙砌块	≤520	≤0.061	≥260
外墙填充砌块	≤650	≤0.065	≥12300
阳台保温制品	≤350	≤0.05	≥590

2. 常用产品规格

屋面保温砖：600mm×400mm×60~120mm（厚度）；阳台保温砖：300mm×300mm×30~50mm（厚度）；内墙砌块：600mm×480mm×120mm；外墙砌块：600mm×480mm×240mm。

(四) 施工要点

先将预保温墙面用水浇湿。用1:2水泥砂浆将水泥聚苯板（块）粘贴在预保温墙面上，用橡皮槌敲打平整后，随手在相邻制品处抹缝。粘贴的同时横、纵向间隔1m预留两根100mm长细铁丝；用1:2或1:3水泥砂浆罩面，同时将25mm×25mm×直径0.1mm的铁丝网或玻纤网格布用预留细铁丝固定，然后将外罩水泥砂浆抹平即可。

(五) 质量要求

(1) 铺贴应平整、牢固，缝隙严密。

(2) 平整度、洞孔处理应符合设计要求。

二、坚壳珍珠岩板（块）系统

坚壳珍珠岩板（块）是以膨胀珍珠岩为主体原材料，再加入有机与无机复合胶粘剂及其他各种助剂，用专用强制搅拌机拌匀，压制成型、养护、干燥而制成的保温制品。它除具有普通珍珠岩制品的保温性能好、导热系数小、质量轻等优点外，最主要的特点是该制品有一个较坚硬的外壳，具有较高的强度。

主要用于节能建筑墙体的外保温，也可用外墙的内保温、夹芯保温，以及其他部位保温。

(一) 坚壳珍珠岩板（块）特点

(1) 具有导热系数小、密度低等优点。

(2) 具有坚硬的外壳，在运输与施工时不易破损，抗压强度高，抗冻融。

(3) 施工简便、快速。

(二) 坚壳珍珠岩板（块）应用范围

(1) 用于节能建筑中墙体的外保温、内保温、夹芯保温。

(2) 不采暖楼梯间隔墙及阳台、屋面、过街楼等处的保温及工业建筑保温。

(三) 坚壳珍珠岩板（块）技术性能、规格

根据坚壳珍珠岩板（块）用途不同，其制品的原材料配比及生产工艺参数也不一样，所以在技术性能指标上可存在一定差别。

1. 性能指标

不同配比坚壳珍珠岩制品的技术性能指标如表5-99所示。

表5-99 性 能 指 标

产品编号（规格）	密度（kg/m³）	导热系数[W/(m·K)]	抗压强度（kPa）	含水率（%）	憎水率（%）	抗冻性（次）	用途
1	344	0.085	900	5.9	—	15	外墙外保温
2	336	0.083	799	5.0	—	15	
3	310	0.0821	577	4.0	—	—	内保温
4	271	0.078	426	4.0	—	—	屋面
5	286	0.079	420	4.0	98	—	屋面

2. 配套专用粘结剂技术性能

专用粘结剂是粉料与液料按质量比 2∶1 经现场搅拌配制而成的均质黏稠胶体,用于坚壳珍珠岩板(块)与砖墙、混凝土墙、混凝土空心砌块墙的粘贴。专用粘结剂主要技术性能指标如表 5-100 所示。

表 5-100 性 能 指 标

黏稠体密度 (kg/m³)	固化时间 (min)	粘结剂固化干燥后				软化系数	抗冻融 −20℃ 15次
		密 度 (kg/m³)	抗压强度 (MPa)	粘结强度 (MPa)	导热系数 [W/(m·K)]		
≤1700	≥90	≤1300	≥7.0	≥1.5	≤0.68	1.3	完好

坚壳珍珠岩板(块)规格为 300mm×300mm×$b$mm。b 是坚壳珍珠岩板(块)的厚度,此厚度由具体工程的实际使用部位,通过建筑热工计算确定。

(四)坚壳珍珠岩板(块)外保温系统施工

坚壳珍珠岩板(块)保温系统由基层墙体(钢筋混凝土墙、砌块墙、黏土砖墙等)、界面剂(专用粘结剂)、保温层(坚壳珍珠岩块)、过渡层(挂镀锌钢丝网、混合胶砂浆)、保护层(抗裂砂浆)、饰面层(涂料、瓷砖、一楼的石材等)所构成。

1. 施工准备

(1) 技术准备

根据建设单位和设计单位提供的设计文件,熟悉施工场地,通过会审图纸,掌握保温工程建筑结构的基本情况、施工总面积、用料量、工程进度等,收集有关技术资料,编制施工预算,编制施工组织设计等。

(2) 材料准备

根据工程采用坚壳珍珠岩板(块)及粘结剂总数量备料,并配备工程所用加固材料,视场地情况计划材料进场。保温板(块)和粘结剂原料进场后,应堆放在干燥场所并码放整齐。

(3) 工具准备

备好、备齐配制粘结剂搅拌机具和瓦工工具。

(4) 保温墙体施工的基本条件

1) 现场应有动力电源。

2) 具备搭设脚手架或其他形式可进行高空作业的条件。

3) 坚壳珍珠岩板(块)外保温对墙体基面的要求:

在砌筑(或浇筑混凝土)主体墙面时,在沿墙的纵横方向以间距小于或等于 900mm 的距离,预埋直径为 6mm 的钢筋弯钩,埋入墙体部分 150mm,外露尺寸应超出保温层 20mm,钢筋弯钩距墙边或洞口边 120mm 起开始埋设,如图 5-85 和图 5-86 所示。

外墙主体的外表面(即要粘贴保温板的基面)如有凹凸不平处及混凝土胀模部位,应彻底铲除,用 1∶2.5 的水泥砂浆找平,并用木抹拉毛。主体墙面的垂直度、平整度必须达到国家建筑相关验收标准。

旧楼改造工程的墙体基层必须坚实,原有已粉化的装饰面层或涂料应清除干净。

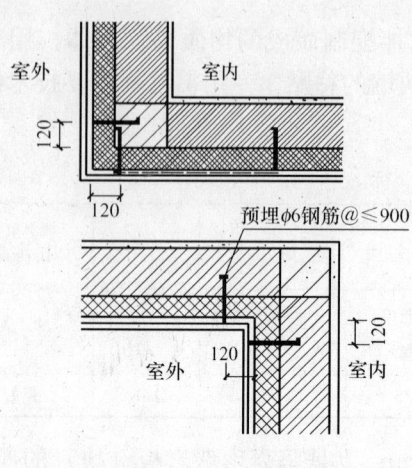
图 5-85 阴阳角钢筋埋设

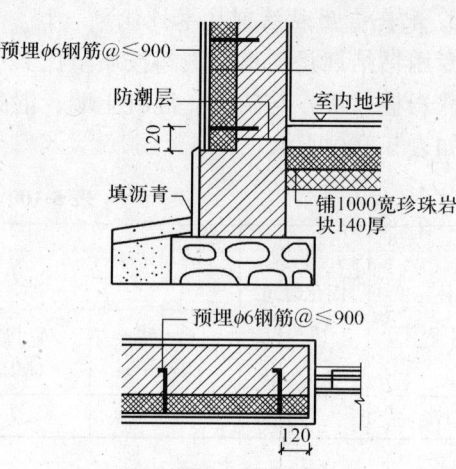
图 5-86 墙体钢筋埋设

2. 施工工艺

(1) 工艺流程

清理基层（墙面）——→调配专用粘结剂——→粘贴坚壳珍珠岩板——→弹涂素灰胶浆和抹混合胶砂浆

(2) 操作工艺

将基层灰渣等彻底清除干净，铲掉凸处，凹处用 1∶2.5 水泥砂浆找平，并用木抹拉毛。墙体基层必须坚实、干燥，不得影响粘贴珍珠岩制品的质量。

调配专用粘结剂：按粉料∶液料＝2∶1 的质量比（视气温、被粘贴物，粘贴部位的不同适当调制），搅拌均匀，调制成黏稠状待用。已调好的粘结剂应在 90min 内用完，粘结剂的用量视墙面平整度不同会略有差别，已开始固化的粘结剂不得使用。

粘贴坚壳珍珠岩板（块）：将搅拌均匀的专用粘结剂涂抹在坚壳珍珠岩块的被粘贴面的四周，即沿周边抹 50mm 宽、8mm 厚的粘结剂框；正中间再抹一点，其直径为 70mm，厚度为 8mm 左右的粘结点；坚壳珍珠岩块四个侧面涂满一薄层粘结剂，由下至上（上、下排）错缝粘贴。

粘贴坚壳珍珠岩板（块）时，要轻压快揉，让其表面平整，将接缝处的粘结剂挤出并超过坚壳珍珠岩表面 2mm 高左右。坚壳珍珠岩块与墙体结合的粘胶层厚度以 3～6mm 为宜，粘结剂与坚壳珍珠岩块的结合面要求达到 80% 以上。坚壳珍珠岩之间的胶粘层厚度 2～3mm 为宜。

外墙外保温抹灰和砂浆：坚壳珍珠岩板（块）粘贴完毕并固牢后，按液料∶水∶水泥＝1∶4∶1 配制素水泥胶浆，均匀地弹涂在已粘贴好的坚壳珍珠岩板（块）的表面上；按水泥∶白灰∶砂子＝1∶0.2∶5 的质量比配料，并用专用粘结剂中液料∶水＝1∶4 的体积比，来拌制混合胶砂浆。将此混合胶砂浆抹在已固化的弹涂素水泥胶浆的坚壳珍珠岩表面上。抹混合胶砂浆的厚度为 7mm 左右。

挂钢丝网和抹灰：在混合砂浆的表面上挂一层直径为 1mm、网孔尺寸为 50mm×50mm 的镀锌钢丝网，并将钢丝网固定在主体墙的预埋钢筋钩上。

钢筋网的不平处用 12♯ 镀锌铁 U 形卡子（长度小于保温层厚度），将钢丝网卡在坚壳珍珠岩板（块）上。

钢丝网间搭接宽度为50mm，同样同U形卡子卡在保温板上，U形卡子的间距为300mm。

门窗洞口侧面的钢丝网应延伸150mm包边，外墙上其他阴阳角处的钢丝网应延伸至400mm。

采用射钉及16#铁丝把钢丝网绑扎固定。

抹混合胶砂浆：钢丝网绑扎固定后，按上述混合胶砂浆的配比，抹一层混合胶浆，6mm厚左右，使之达到垂直和平整度要求。

抹面层水泥砂浆：待上述混合胶砂浆初凝，3天后做好分格缝，再抹（水泥与砂子的比为1:3.5）面层水泥砂浆10mm厚，并压光；用防水型弹性嵌缝膏嵌缝；喷涂弹性装饰涂料。

旧楼外保温改造做法：清理墙面达到具备粘贴条件；调制专用粘结剂，贴坚壳珍珠岩块，粘贴坚壳珍珠岩块完毕，纵横向间距小于或等于900mm处装紧固件，其规格视保温层厚度而定，外抹灰做法同上。

(五) 坚壳珍珠岩板（块）保温墙体节点构造

各种结构保温墙体节点构造如图5-87至图5-89所示。

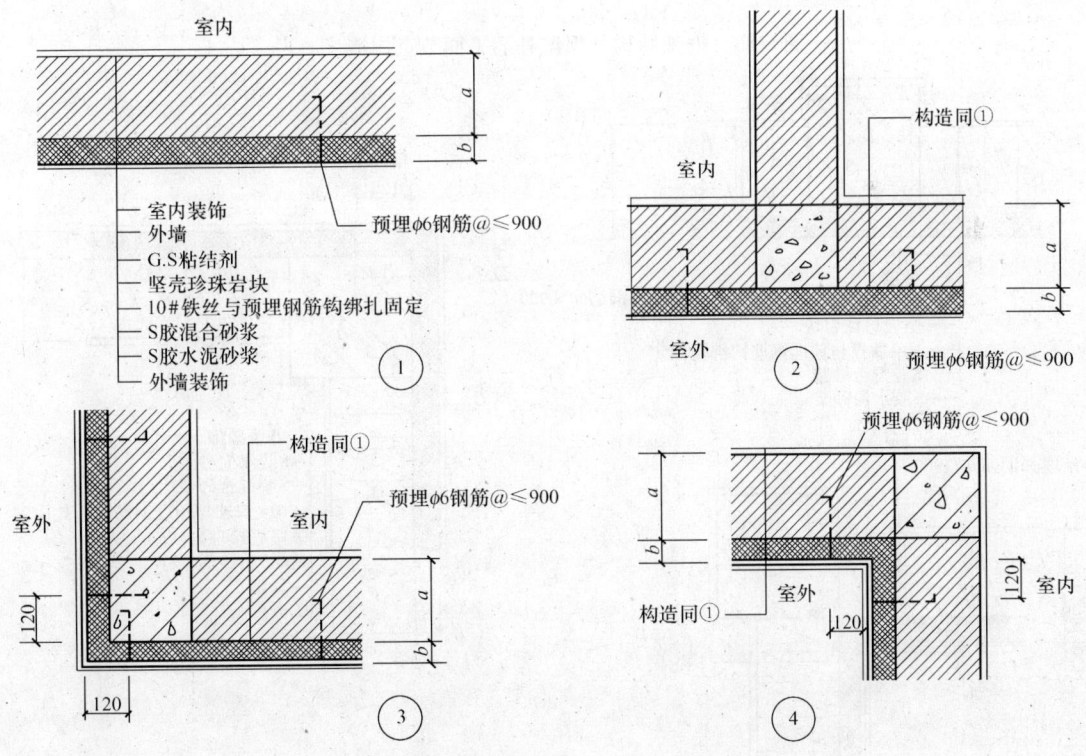

图5-87 砖混结构外保温外墙平面节点构造

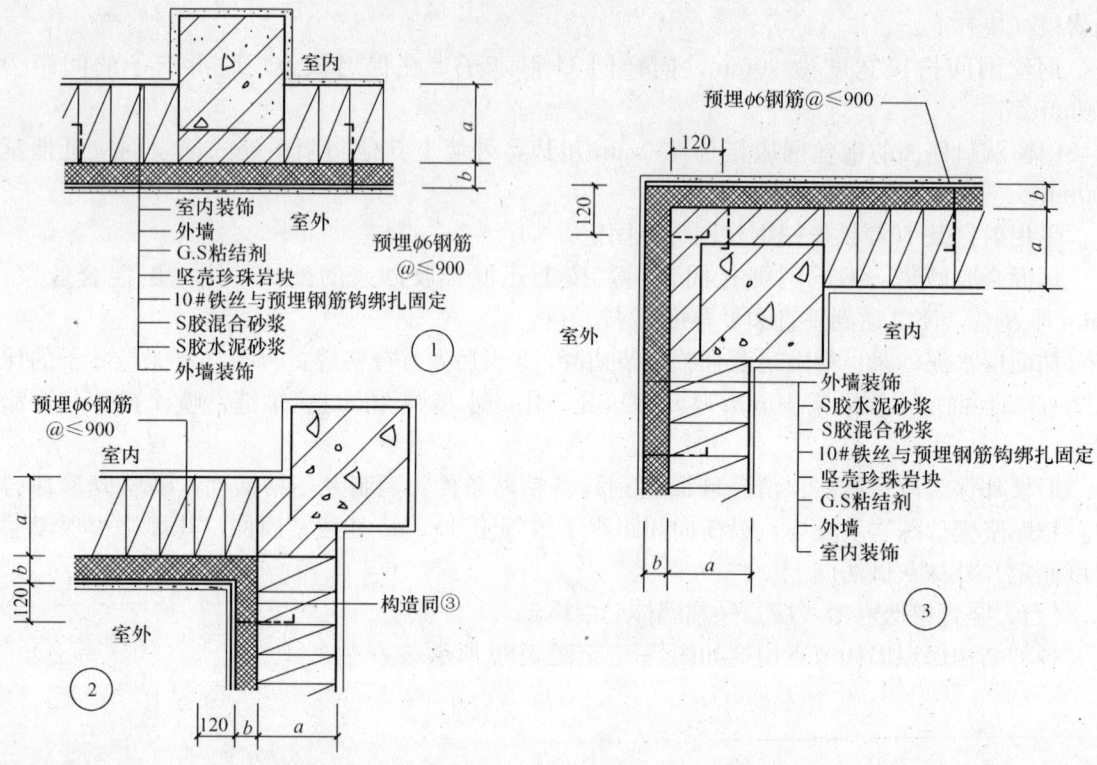

图 5-88 框架结构外保温外墙平面节点构造（一）

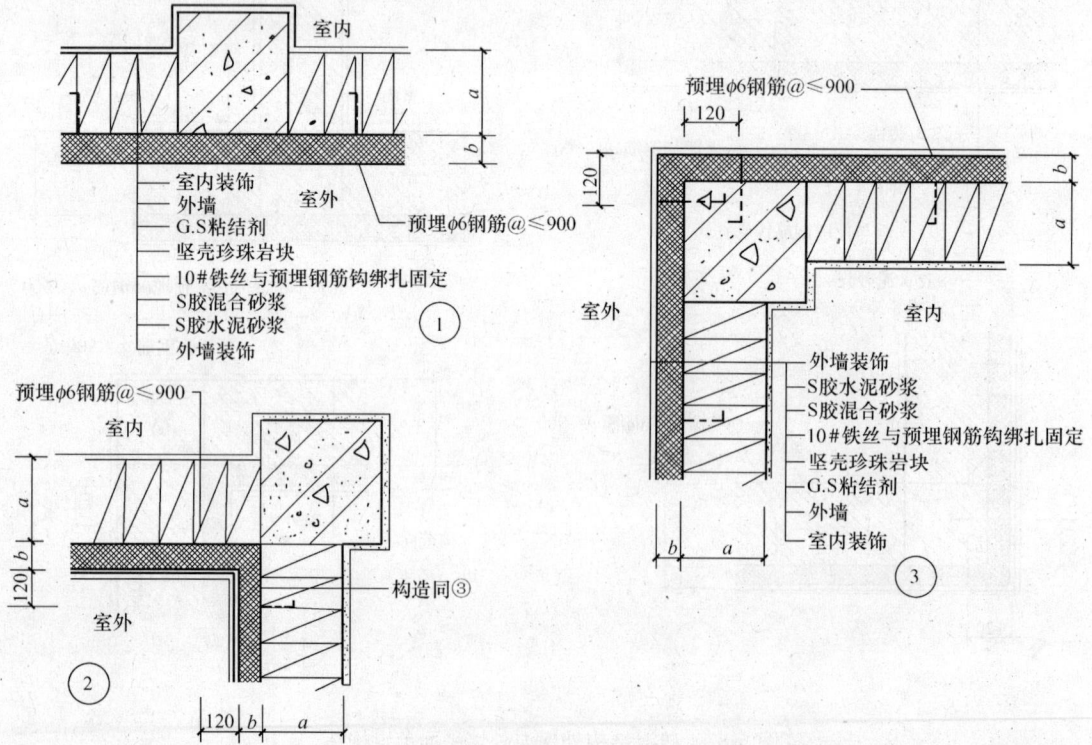

图 5-89 框架结构外保温外墙平面节点构造（二）

第七节 外墙外保温工程质量验收

一、一般规定

1. 墙体节能工程质量验收
（1）适用于采用板材、浆料、块材等墙体保温材料或构件的建筑墙体节能工程质量验收。
（2）墙体节能工程应在主体结构及基层质量验收合格后施工，与主体结构同时施工的墙体节能工程，应与主体结构一同验收。
（3）对既有建筑进行节能改造施工前，应对基层进行处理，使其达到设计和施工工艺的要求。
（4）当墙体节能工程采用外保温成套技术或产品时，其型式检验报告中应包括耐候性检验。

2. 材料的复验
墙体节能工程采用的保温材料和粘结材料，进场时应对其下列性能进行复验：
（1）保温板材的导热系数、材料密度、压缩强度、阻燃性；
（2）保温浆料的导热系数、压缩强度、软化系数和凝结时间；
（3）粘结材料的粘结强度；
（4）增强网的力学性能、抗腐蚀性能；
（5）其他保温材料的热工性能；
（6）必要时，可增加其他复验项目或在合同中约定复验项目。

3. 墙体节能隐蔽工程验收
墙体节能工程应对下列部位或内容进行隐蔽工程验收，并应有详细的文字和图片资料：
（1）保温层附着的基层及其表面处理；
（2）保温板粘结或固定；
（3）锚固件；
（4）增强网铺设；
（5）墙体热桥部位处理；
（6）预置保温板或预制保温墙板的板缝及构造节点；
（7）现场喷涂或浇注有机类保温材料的界面。
（8）墙体节能工程的隐蔽工程应随施工进度及时进行验收。

4. 墙体节能工程验收的检验批划分
当需要划分检验批时，可按照相同材料、工艺和施工做法的墙面每 $500\sim1000m^2$ 面积划分为一个检验批，不足 $500m^2$ 也为一个检验批。
检验批的划分也可根据与施工流程相一致且方便施工与验收的原则，由施工单位与监理（建设）单位共同商定。

二、主控项目

1. 用于墙体节能工程的材料、构件等应符合设计要求和相关标准的规定
检验方法：检查材料的质量证明文件、性能检测报告或型式检验报告。

检查数量：按进场批次每批抽样不少于一件。

2. 用于墙体节能工程的保温材料、粘结材料、增强网等应复验。

检验方法：检查复验报告。

检查数量：同一厂家的同种类产品抽查不少于一组。

3. 严寒、寒冷、夏热冬冷地区的墙体节能材料的要求

（1）外保温使用的粘结材料，应进行冻融试验，其结果应符合有关规定。

（2）采用浆料保温时，在抹面层施工前应控制封闭在保温浆料层内的实际含水率，使其不应降低保温效果。

检验方法：检查试验报告；对含水率的检查方法由施工技术方案规定。

检查数量：每类粘结材料应不少于一次；实际含水率按检验批抽样检查，每个检验批应抽查不少于2处。

4. 基层的处理与施工工艺要求

墙体节能工程施工前应按照设计和施工方案的要求对基层进行处理，并符合保温层施工工艺的要求。

检验方法：对照施工方案，观察检查。

检查数量：全数检查。

5. 墙体节能工程各层构造做法的验收

墙体节能工程各层构造做法应符合设计要求，并应按照经过审批的施工方案进行施工。

检验方法：对照设计和施工方案观察检查。检查隐蔽工程验收记录。

检查数量：按检验批抽样检查不少于三处。

6. 墙体节能工程的施工的要求与验收

（1）保温材料的厚度应符合设计要求；

（2）保温板与基层及各构造层之间的粘结或连接必须牢固。粘结强度和连接方式应符合设计要求和相关标准的规定；

（3）浆料保温层应分层施工。当外墙采用浆料做外保温时，浆料保温层与基层之间及各层之间的粘结必须牢固，不应脱层、空鼓和开裂；

（4）当墙体节能工程采用预埋或后置锚固件时，其数量、位置、锚固深度和拉拔力应符合设计要求；

（5）对墙体的热桥部位应按照设计要求和施工方案采取隔断热桥措施。

检验方法：观察；手扳检查；检查试验报告、施工记录和隐蔽工程验收记录；抽样实测粘结强度和锚固深度，厚度采用钢针插入或剖开尺量检查。

检查数量：按检验批抽样检查。每个检验批应抽查5%并不少于5件（处）。

7. 外墙采用预置保温板现场浇筑混凝土墙体时，保温材料的复验

保温板的安装应位置正确、接缝严密，保温板在浇筑混凝土过程中不得移位、变形，保温板表面应采取界面处理措施，与混凝土应粘结牢固。

混凝土和模板的验收，应执行《混凝土结构工程施工质量验收规范》GB 50204—2001 的相关规定。

检验方法：对照设计观察检查，进行隐蔽工程验收，必要时抽样剖开检查。对粘结牢固应采用拉拔法试验检查。

检查数量：按检验批抽样检查。每个检验批应抽查5%并不少于5件（处）。

8. 保温浆料做保温层的检查验收

当外墙采用保温浆料做保温层时，应在施工中制作同条件试件，检测其导热系数、干密度、压缩强度、软化系数和凝结时间。

检验方法：检查检测报告

检查数量：按检验批抽样检查。每个检验批应抽查5%并不少于5件。

9. 墙体节能工程各类饰面层的基层及面层施工的检查验收

应符合设计要求和《建筑装饰装修工程质量验收规范》GB 50210—2001的规定，并应符合下列要求：

（1）饰面层施工的基层应无脱层、空鼓和裂缝，基层应平整、干净，含水率应符合饰面层施工的要求。

（2）外墙外保温工程不宜采用粘贴饰面砖做饰面层。当采用时，必须保证保温层与饰面砖的安全性。

（3）外墙外保温工程的饰面层不应渗漏。当外墙外保温工程的饰面层采用饰面板开缝安装时，保温层表面应具有防水功能。

（4）外墙外保温层及饰面层与其他部位交接的收口处，应采取密封措施。

检验方法：对照设计观察检查。检查试验报告和隐蔽工程验收记录。

检查数量：按检验批抽样检查。每个检验批应抽查5%并不少于5件（处）。

10. 保温砌块墙体的检查验收

采用保温砌块砌筑的墙体，应采用具有保温功能的砂浆砌筑。砌筑砂浆的强度等级应符合设计要求。砌体的水平灰缝饱满度不应低于90%，竖直灰缝饱满度不应低于80%。

检验方法：检查复验报告，施工记录。

检查数量：按检验批抽样检查。每个检验批应抽查5%并不少于5处。

11. 预制保温墙板墙体检查验收

（1）预制保温墙板产品及其安装性能应有型式检验报告。

（2）保温墙板的结构性能、热工性能及与主体结构的连接方法应符合设计要求，与主体结构连接必须牢固。

（3）保温墙板的板缝、构造节点及嵌缝做法应符合设计要求。

（4）保温墙板板缝不得渗漏。

检验方法：检查墙板的出厂检验报告、进场验收记录和隐蔽工程验收记录。

检查数量：按检验批抽样检查。每个检验批应抽查5%并不少于5件（处）。

12. 设置隔气层的墙体的检查验收

当设计要求在墙体内设置隔气层时，隔气层的位置、使用的材料及构造做法应符合设计要求和相关标准的规定。隔气层应完整、严密，穿透隔气层处应采取密封措施。隔气层冷凝水排水构造应符合设计要求。

检验方法：检查材料质量证明文件，观察检查，进行隐蔽工程验收。

检查数量：按检验批抽样检查。每个检验批应抽查5%并不少于5件（处）。

13. 外墙和毗邻不采暖空间墙体上的门窗洞口四周墙面，凸窗四周墙面或地面，应按设计要求采取隔断热桥或节能保温措施检验方法：对照设计观察检查，必要时抽样剖开检查。

检查数量：按检验批抽样检查。每个检验批应抽查5％并不少于5件（处）。

三、一般项目

1. 抗震缝、伸缩缝、沉降缝保温构造的检查验收

当采用外墙外保温时，建筑物的抗震缝、伸缩缝、沉降缝的保温构造做法应符合设计要求。

检验方法：对照设计观察检查。

检查数量：按检验批抽样检查。每个检验批应抽查5％并不少于5件（处）。

2. 当采用玻纤网布作防止开裂的加强措施时的检查验收

玻纤网布的铺贴和搭接应符合设计和施工工艺的要求，表层砂浆抹压应严实，不得空鼓，玻纤网布不得褶皱、外露。

检验方法：观察检查。

检查数量：按检验批进行抽样检查。每个检验批应抽查5％并不少于5件（处）。

3. 外墙附墙或挑出部件保温措施的检查验收

外墙附墙或挑出部件如梁、过梁、柱、附墙柱、女儿墙、外墙装饰线、墙体内箱盒、管线等，应按设计要求采取隔断热源或节能保温措施。

检验方法：对照设计观察检查。使用热工成像检查仪器检查。

检查数量：按墙体检验批抽查不少于3处。

4. 墙体缺陷保温措施的检查验收

施工产生的墙体缺陷如穿墙套管、脚手眼、孔洞等，应采取隔断热桥的保温密封修补措施。

检验方法：对照施工方案观察检查。

检查数量：按墙体检验批抽查不少于3处。

5. 保温板材接缝的检查验收

墙体保温板材接缝方法应符合施工工艺要求，保温板拼缝应平整严密。

检验方法：观察、尺量检查。

检查数量：按检验批抽样检查。

6. 保温浆料施工的检查验收

墙体采用保温浆料时，保温浆料层宜连续施工；保温浆料厚度应均匀、接槎应平顺密实。

检验方法：观察；按检验批进行抽样检查。

检查数量：按检验批抽样检查。每个检验批应抽查5％并不少于5件（处）。

7. 特殊部位保温层的检查验收

不同材料基体交接处、容易碰撞的阳角及门窗洞口转角处等特殊部位的保温层应采取防止开裂和破损的加强措施。

检验方法：观察、尺量检查。

检查数量：按检验批抽样检查。每个检验批应抽查5％并不少于5件（处）。

8. 有机保温材料施工的检查验收

采用现场喷涂或模板浇注有机类保温材料做外保温时，有机类保温材料应达到陈化时间后方可进行下道工序施工。

检查方法：检查有机类保温材料陈化时间。

检查数量：全数检查。

四、质量验收记录

质量验收记录如表 5-101、表 5-102 所示。

表 5-101 外保温工程各检验批次的质量验收记录

工程名称		分项工程名称		验收部位	
施工总承包单位（全称）			项目经理		
分包单位（全称）			分包项目经理或施工专业组长		
施工执行标准名称					
项目	质量验收规定		施工单位检查记录		监理（建设）单位验收记录
强制性条文					
主控项目					
一般项目					

施工单位检查评定结果：

技术负责人：

项目专业质检员：

年 月 日

分包单位检查评定结果：

项目专业负责人：

年 月 日

监理（建设）单位验收结论：

监理工程师：
（建设单位专业技术负责人）

年 月 日

表 5-102 外保温工程分项工程质量验收记录

工程名称		结构类型	
施工总承包单位（全称）		总包单位负责人	
分包单位（全称）		分包单位负责人	
分包单位技术负责人		专业工长	

序号	分项检验批名称	检验批数	监理（建设）验收记录
1			
2			
3			
4			
5			
6			
7			
质量控制资料（含复试）			
质量检测记录			
观感质量记录			

验收单位	分包单位：	项目经理： 年　月　日
	设计单位：	项目负责人： 年　月　日
	监理（建设）单位：	总监理工程师： 年　月　日
	施工单位：	项目经理： 年　月　日

第八节　外墙外保温工程常见质量缺陷及防治措施

一、保温抹灰层产生裂纹的原因及防治措施

1. 保温抹灰层产生裂纹的原因

（1）保温抹灰层即保温材料及其增强抹灰保护层，其产生裂纹原因有多种，主要有抹灰层自重、温差变化、线性膨胀系数不同和抹灰层开始凝固变硬而产生收缩引起的位移和应力。

从抗裂保护层受热应力的因素来看，保温材料与抗裂砂浆的导热系数相差甚大时，由于保温材料的保温隔热层热阻很大，从而使保护层的热量不易通过传导扩散，当受到太阳直射时，热量积聚在抗裂砂浆层，使其表面达到高温，当突然降雨时，会使其表面迅速降温，如此温差变化以及受昼夜和季节气温的影响而使抹灰层产生裂纹。另外，当聚苯板的温度超过70℃时，聚苯板会产生不可逆热收缩变形，造成较为严重的开裂变形，这种情况在高温地区更为明显。

刚做完抹灰层后受雨淋湿，抹灰层的含水量很快达到饱和状态，当受到强烈阳光照射后，抹灰层会很快干燥而产生收缩裂纹。因室外综合温度造成的位移，在抹灰层内温度波动几乎完全取决于室外空气温度、垂直面上的太阳辐射强度、抹灰层外表面材料的太阳辐射吸收系数及其外表面换热系数。综合温度呈年和日变化，此值越高，抹灰层内产生的热应力位移越大，产生裂纹的可能性也越大。

就太阳辐射及环境温度变化的影响而言，由于保温层上的抗裂防护层厚度只有3～20mm，且保温材料具有较大的热阻，在热量相同的条件下，外保温抗裂保护层温度变化速度，比无保温情况下主体外墙温度变化速度高8～30倍。

在保温层与其他材料的材质变换处，因保温层与其他材料的材质密度相差过大，决定材质间的弹性模量和线性膨胀系数不同，在温度应力作用下的变形也不同，易在这些部位产生面层裂缝。

（2）保温抹灰层出现裂纹后，雨水易渗入墙体内部，但排出水分很难，会严重降低保温及气密性能，水分侵入到保温层体系内，因冻胀作用而导致体系出现裂纹、破坏。

（3）在外保温工程的施工中，用普通型的玻纤网布来代替耐碱玻纤网布时，当普通型玻纤网布压入水泥浆抹面层中，在水与碱的共同作用下，使普通玻纤网布产生碱腐蚀，过早失去增强效果。

（4）薄抹面层抹的过厚，造成横向拉应力超过玻纤网抗拉强度而导致抹面层开裂。

（5）抹灰层的极限抗拉强度相当低，不可阻止因拉伸应力而产生的裂纹。

（6）门窗洞口网布搭接宽度不够、干搭，在角部未加网格增强层或保温板采用了拼装方式粘贴，致使系统沉降出现裂纹。

2. 保温抹灰层产生裂纹的防治措施

（1）预防外墙外保温开裂，通过减小建筑结构外保温材料同外装饰找平砂浆、外饰面等材料的线性膨胀系数，使材料之间产生逐层渐变，柔性释放应力，缓解热量在抗裂层的积聚，使体系受温度骤然变化产生的热负荷和应力得到较快释放，起到预防裂缝的作用。

(2) 为了尽可能减少因收缩而引起的裂纹,最重要的是必须采用符合技术要求的抗裂砂浆,还应注意施工时的环境温度。

(3) 玻纤网布是抗裂保护层的关键增强材料,在抹灰层内设置符合技术要求的耐碱玻纤网布,它能有效增加保护层的抗拉伸强度,另外能有效分散应力,将原可以产生的裂缝分散成许多较细不受影响的小裂缝,从而形成抗裂作用。

(4) 由于保温层的外保护层砂浆为碱性,高耐碱玻纤网布要比无碱网布和中碱网布的耐久性好得多,在使用时应选用合格的高耐碱网布且网孔尺寸适当,可使网布外的砂浆互相穿透,结为一体,使面层砂浆中的应力易于向网布转移。

(5) 玻纤网布的极限伸长率应尽可能低,以防止在保温板接头处起皮皱裂。

利用增强措施可用来分散所出现的裂纹,要保证搭接方法的正确。

(6) 大面积的墙面会产生较大的拉伸应力,可设置膨胀缝来限制拉伸应力,阻止裂纹产生。

对于采用连杆托架、摆式斜连杆托架(柔性连接)、长螺杆三种连接方法的外保温体系,必须设置膨胀缝。对于采用粘结剂及喷涂超轻保温灰浆外保温体系,只产生小的位移,可不必设置膨胀缝。

(7) 墙面被窗户之间的垂直和水平线条所分割,从而产生应力集中,裂纹首先在应力集中的部位产生,在窗户四周较为明显,在不设裂纹分散筋的情况下,所产生单条裂纹的宽度可达 2mm 以上。

设置加筋或增强措施可分散裂纹产生,以细裂纹替代有害的宽裂纹。主要在窗户四角应力集中的部位设置加强网加强,外墙角底部用增强网加强。

(8) 对于具有薄抹面层的系统,保护层厚度应控制不小于 3mm 并且不宜大于 6mm。

(9) 水泥砂浆保护层的强度高、收缩大、柔韧性变形不够,作为保温层外层,必须选用专用的抗裂砂浆并辅以合格的增强网布,并在砂浆中加入适量的短纤维。

(10) 保温层主要承受的是重力和风压,由于聚苯板强度的限制而使保温层开裂,甚至脱落。为了提高保温板的强度,应尽可能提高粘结面积,采用无空腔,满足抗风压破坏的要求。

(11) 在外墙保温时,不应只注重整体墙面的保温,还应注重女儿墙、雨篷、老虎窗、凸窗、外阳台、门窗洞口等容易被忽视的特殊部位的保温。

另外,对于具有厚抹面层的系统,抹面层厚度应为 25~30mm。

二、外保温粘贴 EPS 板脱落的原因及防治措施

1. 外保温粘贴 EPS 板脱落的原因

用粘结胶泥直接把 EPS 板粘贴在外墙原有的涂料层上,这种未经处理的基层远不能达到 EPS 板与基层所规定的粘结强度,EPS 板脱落后的破坏界面在粘结胶泥与涂料层的界面处。脱落的主要原因是在粘贴 EPS 板时不但没有将墙体涂料清除掉,更没有采取增加锚固件措施,而直接粘贴所造成。脱落的内在原因与冬季的墙体传热和传湿有关,与墙体吸湿受潮及低温受冻有关,这种违规的操作方法是在冬季过后,往往在春天出现脱落。

2. 外保温粘贴 EPS 板脱落的防治措施

当在既有建筑涂料的外墙粘贴 EPS 板外保温时,必须清除原有涂料,清除量应达到单

位面积的60%以上，然后按规定操作工艺进行施工、锚固。

三、外保温粘贴EPS板外表保护层形成空鼓的原因及防治措施

1. 外保温粘贴EPS板外表保护层形成空鼓的原因

EPS板外保温工程完成后，由于在饰面的涂料中使用强溶剂型涂料，致使有机溶剂浸入薄抹面的耐碱玻纤网布胶泥层，再渗入EPS板而溶蚀EPS板的表面层，在EPS板的表面上出现大小不同、深浅不一的许多蜂窝状孔洞，其表面成高低不平的麻面，多数耐碱玻纤网布胶泥抹面层不仅没与EPS板粘贴在一起，而且离开1~3mm的距离，从而导致空鼓现象。

2. 外保温粘贴EPS板外表保护层形成空鼓的防治措施

在这种外保温结构的表面涂装中，不宜使用强溶剂型的外墙涂料。弱溶剂型涂料也应经试验后再决定可用与否，最好使用环保型的装饰涂料。

四、外保温粘贴EPS板与外保护层间形成空隙的原因及防治措施

1. 外保温粘贴EPS板与外保护层间形成空隙的原因

（1）粘贴EPS板后，做外防护层时，先铺设耐碱玻纤网布后再抹胶泥，玻纤网直接铺在EPS板表面或者玻纤网之间干搭接。

由于耐碱玻纤网布与EPS板之间没有达到很好粘贴，甚至没有粘贴，经过一段时间的使用后，逐渐会在外保护层与EPS板间出现空鼓。加之干搭接，更加降低了与保温板的粘结强度。

（2）在粘贴EPS板时，没有确定粘贴牢固后就进行抹面施工，造成EPS板产生松动，致使在施工抹面层的同时已经逐渐产生下沉。

（3）在板间缝隙未用板条填实，或者用胶粘剂填塞了缝隙、或者填缝板条涂了胶粘剂、或者板间高差不等而未磨等平等原因，这些因素都会导致因温差收缩系数不等或粘贴不实而出现空隙降低节能效果。

2. 外保温粘贴EPS板与外保护层（抹面层）间形成空隙的防治措施

（1）在粘贴EPS板后，做外防护层时应先抹胶泥，再在其上铺设耐碱玻纤网布，最后再抹抗裂砂浆。按设计要求，根据不同建筑物的高度增加锚固措施，应严格按照操作工艺进行施工。

抹面层最好采用两道抹灰法施工。用不锈钢抹子在EPS板表均匀涂抹一层面积略大于一块玻纤网的抹面胶浆，厚度约为2mm。立即将网布压入湿的抹面胶浆中，待抹面胶浆稍干硬至可以碰触时抹第二道，使网布被全部覆盖。

（2）抹面层应在EPS板粘结牢固后（一般至少在24h后）再进行抹面层施工。在抹面层前应先检查EPS板是否粘结牢固，发现松动的EPS板应取下重贴，并应待粘结牢固后再进行下面工序的施工。

（3）在板间缝发生大于2mm缝隙用EPS板条填实并不得涂胶粘剂，也不得用胶粘剂填塞缝隙。

（4）有表皮的板面应磨去表皮，板间高差大于1mm的部位应打磨平整，阴阳角应弹墨线并打磨至与墨线齐平。

五、薄抹灰保温泡沫板与板之间开裂的原因及防治措施

1. 泡沫板与板之间开裂的原因

基层墙体外表面平整度不同，保温板厚度不同及侧面的平整度不同，在贴保温板时，往往会在板与板之间的对接处有缝隙或高低不同的棱，如填塞泡沫条不均、断续填塞或漏填，打磨不平，经过挂网及罩面后，可形成局部不平，经过一段时间后，因面层不平造成收缩不均而造成缝和棱处开裂，久之导致雨水渗漏。

2. 泡沫板与板（保温板间）之间开裂的防治措施

在基层处理合格后，将保温板底面抹胶泥，然后粘贴在基层墙体上，粘贴时使保温板与板之间留出 5～15mm 的板缝，用单组分灌装聚氨酯在预留板缝间发泡密封，再将缝内泡沫凸出部分打磨平整，然后再进行下道施工。

六、外墙饰面砖出现空鼓、脱落的原因及防治措施

1. 外墙饰面砖产生空鼓、脱落的原因

（1）经长年的温度变化和水分迁移削弱了饰面砖与外墙体之间的粘结强度。

（2）因外墙面上剧烈、反复的温度变化在不同热胀系数材料的界面上发生了很大的温差应力。

（3）因为胶粘剂施工不饱满或填缝剂吸水率过高，水蒸气渗透受阻等原因在饰面砖内侧形成水分积聚，在寒冷地区冬季引起冻胀破坏。在使用过程中因温度变化引起的收缩变形，往往造成墙饰面砖起鼓、脱落。

（4）饰面砖接缝过小，在温度应力作用下易引起脱落。

（5）增强网、玻纤网或钢丝网受碱性腐蚀，降低强度而影响增强作用，过早失效。

（6）长期在饰面砖、胶粘剂、抹面砂浆的自重作用下，聚苯板受剪变形使抹面砂浆产生水平裂缝，侵入的水影响饰面砖粘结的耐久性。

2. 外墙饰面砖产生空鼓、脱落的防治措施

外墙外保温不宜采用饰面砖做饰面层，主要考虑保温层和饰面砖的结合强度，涉及安全性。有些地区在民用建筑外墙外保温系统质量安全管理规定条文中，已明确规定膨胀薄抹灰外墙外保温系统在现阶段不宜采用面砖作饰面，在外墙外保温系统中公共建筑的总高度超过24m 和居住建筑超过八层时，在现阶段不宜采用面砖饰面系统。

按国家行业标准《外墙饰面砖工程施工及验收规范》（JGJ 126—2000）的要求，外墙饰面砖工程须经过饰面砖粘结强度检验，拉拔强度不低于 0.4MPa，验收合格的工程提供的初始粘结力对克服外荷载有足够大的安全系数，绝大多数外墙饰面砖工程能长期安全使用。

（1）要避免贴饰面砖产生空鼓、脱落事故的发生，必须认真执行《外墙饰面砖工程施工及验收规范》，设置分格缝，以吸收墙体结构变形及墙饰面砖本身温度变形，防止因此而导致的开裂和脱落。

（2）采用柔性防水材料嵌缝，可吸收变形，增加饰面抗渗性能。

（3）应尽可能使用柔性胶粘剂，保证有适当的胶层厚度，以便减小界面因温差而引起的剪应力。

（4）尽可能使用低弹性模量、小尺寸的瓷砖，分格缝的间距适当缩小。

(5) 对复合墙体的水蒸气渗透性应计算，避免采用透气性过差的保温材料和饰面砖，对加气混凝土等轻质填充墙，应有导气或隔气措施。

(6) 增强网、防腐性好的热镀锌钢丝网、锚固件，是对瓷砖拉拔强度达标起着关键作用，必须选用耐碱性能符合标准要求玻纤网、未有锈点的热镀锌钢丝网。在水泥抗裂砂浆中加入钢丝网片，控制好钢丝网片孔距大小，面砖的短边至少覆盖在两个以上网孔上。选用耐腐、拉拔力符合标准的锚固件。

(7) 应在隔一定高度处留设水平伸缩缝，缝中安装间断的托架承担自重，防水产生水平裂缝。

七、渗漏水的原因及防治措施

1. 外墙外保温体系渗漏的原因

(1) 外保护层裂缝引起渗漏的原因

由于外墙外保温体系的外保护层与雨水重力方向是平行的，即使考虑到风的影响，在气干状态下，裂缝宽度不超过 0.2mm 是不会渗漏的。而在潮湿的状态下，裂缝宽度在 0.1mm 以下时也会出现渗漏，因而持续下雨后有微裂缝的外保护层出现渗漏的概率很大。形成外墙外保温体系外保护层开裂的原因主要有：

1) 温度、干缩及冻融破坏。温度变化时，材料和构件出现变形，如果变形受到约束，就会产生温度应力。当温度应力大于墙体的抗拉强度时，就会出现开裂。

2) 设计不合理，如外饰面涂料选用平涂方法，而不选用复层涂料或砂壁状涂料；分格缝和变形缝的设置和结构设计不合理。

3) 施工质量差，如网布铺设位置不适当等。

4) 外力如地基沉降不均匀引起的墙体变形、错位，造成墙体开裂。

5) 由风压、地震力等引起的机械破坏。

6) 聚苯板养护时间不足，收缩过大。

7) 构成外保护层的各层材料自身的柔性小匹配，相容性差。

8) 保温体系与未做保温的建筑结构部位的交接处（如阳台、雨篷、女儿墙、屋顶装饰造型等），两种体系的材料性能相差较大，温度变化使它们在界面之间产生缝隙。

9) 薄抹面层聚合物砂浆厚度过厚，因其横向拉应力超过玻纤网布抗拉强度而导致抹面层开裂。

(2) 材料质量不良引起渗漏的原因

1) 聚合物干混砂浆没有加入足量的乳胶粉，砂浆韧性差，甚至直接用水泥砂浆，导致外保护层易开裂。

2) 使用了不合格或非耐碱性的玻纤网布，由于断裂强度低、耐碱强度保持率低，造成短期或长期起不到有效分散应力的作用。

3) 面砖勾缝及粘贴面砖所用的聚合物砂浆柔性不匹配。

4) 外饰面层所用的涂料质量不合格，适应基层变形能力差，年久脱落，失去保护和装饰作用。

5) 窗户本身材质较差，刚度、厚度不够，制作加工时尺寸不准和螺丝钉口拼缝不严；泄水孔堵塞而不能正常排水；接头未填密封膏封闭，引起窗体自身结构渗漏，凸窗尤其严重。

6) 外墙窗户周边窗框选用非耐候弹性密封膏，一段时间后因温差变形或材料质量差在窗框周边交接部位产生裂缝。

(3) 细部构造不当引起渗漏的原因

1) 建筑物的背风面能形成很强的负风压和气流旋涡，因此雨水可以在风力的作用下，沿墙向上爬升，而外墙外保温体系与基层墙体交接处没做柔性密封处理。

2) 窗户周边和墙体转折处没有铺设增强网布以分散应力，由于应力集中而导致开裂。

3) 建筑物首层等易受撞击部位没有增铺加强玻纤网布。

4) 外墙上有许多凸出外保护层的构件和设备，如挑檐、雨篷、阳台、花槽、窗套等，这些构件没有设计滴水线或鹰嘴。

5) 门窗下口的保温层高于门窗泄水孔的高度，泄水孔内水直接进入保温层内。

6) 外墙各种穿墙管道（如水电管、风管、空调管等）与墙体交接部位未进行柔性密封，在管道周边产生渗漏。

(4) 使用或维护不当引起渗漏的原因

1) 房屋交付使用后，住户进行装修，会在外墙上开洞，开了洞后绝大多数都不做密封处理，这样不仅会使开孔处漏水，而且影响孔洞以下的房屋，形成公害（因为外墙外保温体系互相连通，导致窜水）。

2) 住户对外部结构进行改造，严重损害了外墙外保温体系。如为了固定建筑物的轮廓灯，在外保温体系的阳角凿孔。

3) 有的落水口堵塞，未及时清除，排水不畅，造成积水，导致外保护层渗漏。

4) 建筑物底层的外墙外保温体系经常受到一些外力（如汽车、搬运大型物件、铁器，甚至鞋底等）的非正常撞击而造成孔洞，这些孔洞不能得到及时修补。

(5) 施工不当引起渗漏的原因

1) 施工现场搅拌双组分聚合物砂浆，配料不准；饰面砂浆抹面后，不及时浇水进行养护。

2) 网布干搭接或搭接宽度不够，网布铺设位置有误或网布外面有超过 3mm 厚的水泥砂浆。

3) 施工外保护层时，太阳暴晒或高温天气未及时喷水养护，导致面层失水过快。

4) 窗框上的保护包装膜没有撕下，与水泥砂浆抹面层起隔离作用，即使用合适的密封膏接缝处仍然漏水。

5) 施工工序组织不合理，交接责任不明确，各干各的，后续的工序对前面的工序造成破坏或操作上有遗漏。

6) 加强的部位没有按规范操作，如门窗洞口的四角处沿 45°未加铺玻纤网布。

7) 对外露的金属件没有采取切实可行的除锈措施。

8) 留设伸缩缝时，缝的宽度过大或过小；缝内未放置聚乙烯棒材等隔离材料，未填嵌密封膏，仅用金属压型板进行简单封闭；填嵌的密封膏性能不配套或已老化，失去防水密封功能。

9) 装饰缝不平直，砂浆等残渣在缝内未清除，使雨水积聚在装饰缝内。

10) 外墙饰面砖粘贴时施工不严谨，为求快捷，常常在饰面砖周边抹灰后便进行粘贴，造成饰面砖空鼓不饱满,下雨时形成蓄水空腔。

11) 窗框周围的缝隙封堵不严,所用的密封材料不配套或已老化而导致渗漏。

2. 外墙外保温体系渗漏防治

(1) 采用"逐层渐变、柔性抗裂、以抗为辅、以放为主"的技术路线,防止外墙外保温体系的开裂。外墙外保温体系的各构造层外层的柔性应高于内层,逐层渐变。如各构造层变形量设计可采用:基层混凝土 0.02%(温差 20℃),保温隔热层 0.1%～0.3%,抗裂保护层 5%～7%,柔性腻子 10%～15%。

(2) 外保护层使用的聚合物砂浆应具有抗裂防渗功能。

(3) 选择防水保温一体化的隔热材料,如现场喷涂成型的硬质聚氨酯泡沫塑料。对于块状隔热材料尽量选择吸水率小的,如挤塑聚苯板,板缝用聚氨酯发泡胶充填密封。

(4) 室内非常潮湿时,外墙外保温体系的内表面可能会结露,基层墙体上应涂刷防潮隔离剂,如单组分聚氨酯防水涂料或单组分丙烯酸酯防水涂料。

(5) 建筑涂料饰面时,在保温层上抹底面砂浆,压贴耐碱玻纤网布(耐碱强度保持率不小于 90%),然后用聚合物水泥砂浆找平,必要时使用柔性腻子,涂料最好选用复层涂料或真石漆。若外饰面用面砖,宜选用丝径 0.9 mm、孔径 127mm 的热镀锌四角钢丝网,根据要求选用聚合物水泥砂浆随抹随粘贴面砖,砖缝再用聚合物水泥砂浆作勾缝处理。

(6) 外饰面层可选用防水涂料,如彩色聚合物水泥(JS)复合防水涂料、硅橡胶防水涂料、丙烯酸酯防水涂料、耐候型聚氨酯防水涂料等。防水涂料应符合国家标准有关要求,而且要求施工容易,耐久性好;可方便地进行修补和替换(改刷其他面层材料等);能形成与基层充分粘结的连续的不透水但透气性良好的薄膜。

(7) 尽量减少流向外墙上的雨。如可以通过各层设置屋檐、阳台等方式,减少流向墙上的降雨负荷。在高层住宅的最上层最好设置挑檐,挑檐下面设置滴水线或鹰嘴。

(8) 重视节点细部的防水处理。节点防水处理的基本原则是:聚苯板端头要粘贴翻包网布;接缝采用适当的密封形式和密封膏。

(9) 外墙外保温体系的防水效果验收可用连续淋水法,选用直径 20～25mm 的水管,其上开小孔,选取 30%的外墙面积在建筑外侧最高处连续淋水 6h(其效果相当于连续 24h 暴雨),第 2 天观察,若墙内面、窗户四周没有出现渗漏,外保护层没有脱落、起鼓或裂纹,视为合格。

第六章　外墙复合墙体保温(中保温)系统

外墙复合墙体保温（简称中保温）系统，采用保温材料与轻质墙体材料共同构成外保温复合夹芯墙体。它是在砖砌体、混凝空心砌块或其他砌体材料所砌筑外叶墙与内叶墙的中间，安装膨胀珍珠岩保温板、水泥珍珠岩保温板、聚苯乙烯泡沫塑料板、聚氨酯硬质泡沫板或矿棉板等绝热保温材料。把保温材料设置在钢筋混凝土圈梁、过梁、柱、构造柱等的外侧，对外墙上的混凝土部件进行保温，防止这些部件的内表面在冬季出现结露，以共同构成外墙复合墙体保温。外墙复合墙体保温系统构造在严寒地区节能住宅中使用较多。

近几年又新增加在砌体中间灌注液料发泡保温，构成发泡填充外墙复合保温系统，例如在墙体中填充氮脲素发泡、聚氨酯树脂发泡和冷凝脂发泡等，在材料合成和应用技术上代替了20世纪50年代所用的填充脲醛树脂泡沫。

外墙复合墙体保温系统，施工简单、抗震性能强、造价低，而且饰面施工不受限制，适用地区广。目前这种结构应用最多的是50%的节能率的设计、施工技术。外墙复合墙体保温系统结构与外墙外保温薄抹灰系统相比较，饰面施工质量比较可靠，出现饰面脱落质量事故相对少，但按65%节能率的结构设计进行施工时，即便采用高效保温材料，仍然存在无法避免的"热桥"（图6-1）。

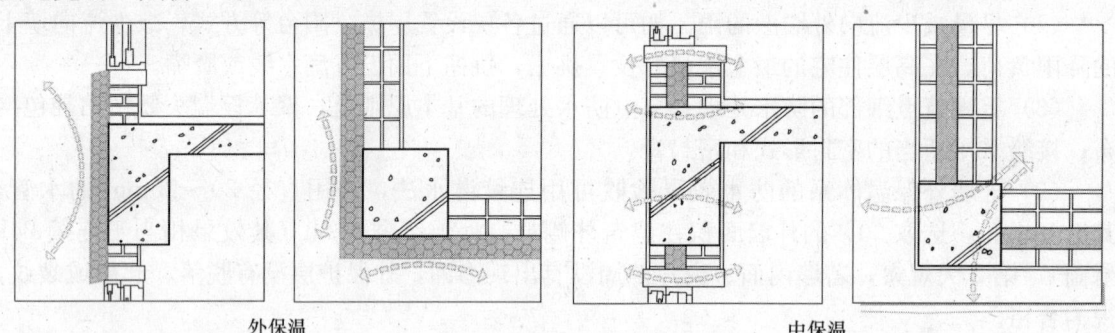

图 6-1　外保温与中保温效果比较

第一节　砖砌体夹芯板复合墙体保温系统

砖砌体夹芯板复合墙体保温结构系统，与在第四章中第一节所介绍的烧结非黏土多孔砖夹芯墙砌体结构内容基本相同，本节简称砖砌体夹芯外保温墙体。

一、砖砌体夹芯外保温墙体构造、性能

1. 钢筋穿过夹芯保温层对保温性能的影响

在砖砌体夹芯外保温墙体结构中，由于建筑结构的需要，需设置一定直径的拉结钢筋把内、外叶墙拉结成稳固的整体。这些拉结钢筋都穿透夹芯板保温层，钢筋的导热系数比夹芯保温板导热系数高1000多倍，拉结钢筋的存在导致降低保温板原有的保温性能。

对面积为3.6m×2.8m的薄壁混凝土岩棉复合墙体（墙中有直径8mm的56根钢筋拉结）热桥影响能耗的分析，实际测试得出的结论是：采用拉结钢筋所产生热桥的能耗比无热桥的能耗约增加35.6%。

2. 砖砌体夹芯保温墙体热工性能

由于我国南、北方气候差异较大，在砖砌体夹芯保温墙体构造中，砖和保温材料的品种较多，设同一保温材料取不同厚度进行建筑热工计算，并把内、外叶墙和抹灰层的热阻，以及内表面空气的换热阻和外表面空气的换热阻，一并计入对应的保温层（厚度）的传热阻中，再求出相应的传热系数。

各保温（层）材料的导热系数的修正系数（不分厚度）都取 $a=1.171$，保温材料的导热系数与其修正系数的乘积，就是该保温材料的计算导热系数。砖砌体夹芯外保温墙体构造及热工性能见表6-1至表6-6。

表6-1 夹芯外保温复合外墙构造和热工性能

名称		密度 (kg/m³)	导热系数 [W/(m·K)]	厚度 (m)	热阻 (m²·K/W)	热传阻 (m²·K/W)	传热系数 [W/(m²·K)]
内抹石灰水泥砂浆		1700	0.87	0.02	0.023		
承重多孔砖砌体		1400	0.58	0.24	0.414		
保温材料	聚苯乙烯板	18～20	0.049	0.03	0.612	1.428	0.700
				0.04	0.812	1.628	0.614
				0.05	1.020	1.836	0.545
				0.06	1.224	2.040	0.490
				0.07	1.429	2.245	0.445
				0.08	1.633	2.449	0.408
	岩棉板 矿棉板 （玻璃棉板）	100～150 (60～80)	0.053	0.03	0.566	1.382	0.724
				0.04	0.755	1.571	0.637
				0.05	0.943	1.759	0.569
				0.06	1.132	1.948	0.513
				0.07	1.321	2.137	0.468
				0.08	1.509	2.325	0.430
	膨胀珍珠岩板	250～350	0.095	0.03	0.316	1.132	0.884
				0.04	0.421	1.237	0.807
				0.05	0.526	1.342	0.745
				0.06	0.632	1.448	0.691
				0.07	0.737	1.553	0.644
				0.08	0.842	1.658	0.603
	加气混凝土板	300～400	0.141	0.03	0.213	1.029	0.972
				0.04	0.284	1.099	0.909
				0.05	0.355	1.171	0.854
				0.06	0.426	1.242	0.805
				0.07	0.496	1.312	0.762
				0.08	0.567	1.383	0.723
承重多孔砖砌体		1400	0.58	0.12	0.207		
外抹水泥砂浆		1800	0.93	0.02	0.022		
说明			$R_i+R_e=0.15$ 已加入传热阻中				

表 6-2 夹芯外保温复合外墙构造和热工性能

名称		密度 (kg/m³)	导热系数 [W/(m·K)]	厚度 (m)	热阻 (m²·K/W)	热传阻 (m²·K/W)	传热系数 [W/(m²·K)]
内抹石灰水泥砂浆		1700	0.87	0.02	0.023		
烧结普通砖砌体		1800	0.81	0.24	0.296		
保温材料	聚苯乙烯板	18~20	0.049	0.03	0.612	1.251	0.799
				0.04	0.812	1.451	0.689
				0.05	1.020	1.659	0.603
				0.06	1.224	1.863	0.537
				0.07	1.429	2.068	0.484
				0.08	1.633	2.272	0.440
	岩棉板 矿棉板 (玻璃棉板)	100~150 (60~80)	0.053	0.03	0.566	1.205	0.830
				0.04	0.755	1.394	0.717
				0.05	0.943	1.582	0.632
				0.06	1.132	1.771	0.565
				0.07	1.321	1.960	0.510
				0.08	1.509	2.148	0.466
	膨胀珍珠岩板	250~350	0.095	0.03	0.316	0.955	1.047
				0.04	0.421	1.060	0.943
				0.05	0.526	1.165	0.858
				0.06	0.632	1.271	0.787
				0.07	0.737	1.376	0.727
				0.08	0.842	1.481	0.675
	加气混凝土板	300~400	0.141	0.03	0.213	0.852	1.174
				0.04	0.284	0.923	1.083
				0.05	0.355	0.994	1.006
				0.06	0.426	1.065	0.939
				0.07	0.496	1.135	0.881
				0.08	0.567	1.206	0.829
烧结普通砖砌体		1800	0.81	0.12	0.148		
外抹水泥砂浆		1800	0.93	0.02	0.022		
说明			包括烧结页岩砖，烧结煤矸石砖，烧结粉煤灰砖				

表 6-3 夹芯外保温复合外墙构造和热工性能

名　称		密　度 (kg/m³)	导热系数 [W/(m·K)]	厚　度 (m)	热　阻 (m²·K/W)	热传阻 (m²·K/W)	传热系数 [W/(m²·K)]
内抹石灰水泥砂浆		1700	0.87	0.02	0.023		
蒸压灰砂砖砌体		1900	1.10	0.24	0.218		
保温材料	聚苯乙烯板	18～20	0.049	0.03	0.612	1.134	0.882
				0.04	0.812	1.334	0.749
				0.05	1.020	1.542	0.649
				0.06	1.224	1.746	0.573
				0.07	1.429	1.951	0.513
				0.08	1.633	2.155	0.464
	岩棉板 矿棉板 （玻璃棉板）	100～150 (60～80)	0.053	0.03	0.566	1.088	0.919
				0.04	0.755	1.277	0.783
				0.05	0.943	1.465	0.683
				0.06	1.132	1.654	0.605
				0.07	1.321	1.843	0.543
				0.08	1.509	2.031	0.492
	膨胀珍珠岩板	250～350	0.095	0.03	0.316	0.838	1.193
				0.04	0.421	0.943	1.060
				0.05	0.526	1.048	0.954
				0.06	0.632	1.154	0.867
				0.07	0.737	1.259	0.794
				0.08	0.842	1.364	1.575
	加气混凝土板	300～400	0.141	0.03	0.213	0.735	1.361
				0.04	0.284	0.806	1.241
				0.05	0.355	0.877	1.140
				0.06	0.426	0.948	1.055
				0.07	0.496	1.018	0.982
				0.08	0.567	1.089	0.918
蒸压灰砂砖砌体		1900	1.10	0.12	0.109		
外抹水泥砂浆		1800	0.93	0.02	0.022		
说　明							

表 6-4 夹芯外保温复合外墙构造和热工性能

名称	密度 (kg/m³)	导热系数 [W/(m·K)]	厚度 (m)	热阻 (m²·K/W)	热传阻 (m²·K/W)	传热系数 [W/(m²·K)]
内抹石灰水泥砂浆	1700	0.87	0.02	0.023		
烧结空心砖砌体	1000	0.68	0.24	0.353		
聚苯乙烯板	18~20	0.049	0.03	0.612	1.336	0.749
			0.04	0.812	1.536	0.651
			0.05	1.020	1.744	0.573
			0.06	1.224	1.948	0.517
			0.07	1.429	2.153	0.464
			0.08	1.633	2.357	0.424
岩棉板 矿棉板 （玻璃棉板）	100~150 (60~80)	0.053	0.03	0.566	1.290	0.775
			0.04	0.755	1.479	0.676
			0.05	0.943	1.667	0.600
			0.06	1.132	1.856	0.539
			0.07	1.321	2.045	0.489
			0.08	1.509	2.233	0.448
膨胀珍珠岩板	250~350	0.095	0.03	0.316	1.040	0.962
			0.04	0.421	1.145	0.873
			0.05	0.526	1.250	0.800
			0.06	0.632	1.356	0.737
			0.07	0.737	1.461	0.684
			0.08	0.842	1.566	0.639
加气混凝土板	300~400	0.141	0.03	0.213	0.937	1.067
			0.04	0.284	1.008	0.992
			0.05	0.355	1.079	0.927
			0.06	0.426	1.150	0.870
			0.07	0.496	1.220	0.820
			0.08	0.567	1.291	0.775
烧结空心砖砌体	1000	0.68	0.12	0.176		
外抹水泥砂浆	1800	0.93	0.02	0.022		
说明	空心砖砌体参考《建筑节能实用技术资料汇编》，方展和主编					

（保温材料）

表 6-5 夹芯外保温复合外墙构造和热工性能

名　称		密　度 (kg/m³)	导热系数 [W/(m·K)]	厚　度 (m)	热　阻 (m²·K/W)	热传阻 (m²·K/W)	传热系数 [W/(m²·K)]
内抹石灰水泥砂浆		1700	0.87	0.02	0.023		
蒸压灰砂空心砖砌体		1500	0.788	0.24	0.305		
保温材料	聚苯乙烯板	18～20	0.049	0.03	0.612	1.264	0.791
				0.04	0.812	1.464	0.683
				0.05	1.020	1.672	0.598
				0.06	1.224	1.876	0.533
				0.07	1.429	2.081	0.481
				0.08	1.633	2.285	0.438
	岩棉板 矿棉板 （玻璃棉板）	100～150 (60～80)	0.053	0.03	0.566	1.382	0.821
				0.04	0.755	1.407	0.710
				0.05	0.943	1.595	0.627
				0.06	1.132	1.784	0.561
				0.07	1.321	1.973	0.507
				0.08	1.509	2.161	0.463
	膨胀珍珠岩板	250～350	0.095	0.03	0.316	0.968	1.033
				0.04	0.421	1.073	0.932
				0.05	0.526	1.178	0.849
				0.06	0.632	1.284	0.779
				0.07	0.737	1.389	0.720
				0.08	0.842	1.494	0.669
	加气混凝土板	300～400	0.141	0.03	0.213	0.865	1.156
				0.04	0.284	0.936	1.068
				0.05	0.355	1.007	0.993
				0.06	0.426	1.078	0.928
				0.07	0.496	1.148	0.871
				0.08	0.567	1.219	0.820
蒸压灰砂空心砖砌体		1500	0.788	0.12	0.152		
外抹水泥砂浆		1800	0.93	0.02	0.022		
说　明		蒸压灰砂砌体的密度和导热系数是计算得出的					

表 6-6　夹芯外保温复合外墙构造和热工性能

名　称		密　度 (kg/m³)	导热系数 [W/(m·K)]	厚　度 (m)	热　阻 (m²·K/W)	热传阻 (m²·K/W)	传热系数 [W/(m²·K)]
内抹石灰水泥砂浆		1700	0.87	0.02	0.023		
钢筋混凝土		2500	1.74	0.20	0.115		
保温材料	聚苯乙烯板	18～20	0.049	0.03	0.612	1.098	0.911
				0.04	0.812	1.298	0.770
				0.05	1.020	1.506	0.664
				0.06	1.224	1.710	0.585
				0.07	1.429	1.915	0.522
				0.08	1.633	2.119	0.472
	岩棉板 矿棉板 （玻璃棉板）	100～150 (60～80)	0.053	0.03	0.566	1.052	0.951
				0.04	0.755	1.241	0.806
				0.05	0.943	1.429	0.700
				0.06	1.132	1.618	0.618
				0.07	1.321	1.807	0.553
				0.08	1.509	1.995	0.501
	膨胀珍珠岩板	250～350	0.095	0.03	0.316	0.802	1.247
				0.04	0.421	0.907	1.103
				0.05	0.526	1.012	0.988
				0.06	0.632	1.118	0.894
				0.07	0.737	1.223	0.818
				0.08	0.842	1.328	0.753
	加气混凝土板	300～400	0.141	0.03	0.213	0.699	1.431
				0.04	0.284	0.770	1.299
				0.05	0.355	0.841	1.189
				0.06	0.426	0.912	1.096
				0.07	0.496	0.982	1.018
				0.08	0.567	1.053	0.950
烧结空心砖砌体		1000	0.68	0.12	0.176		
外抹水泥砂浆		1800	0.93	0.02	0.022		
说　明							

各保温材料的计算导热系数是按《民用建筑热工设计规程》JGJ 24—86 取值，再乘以穿透钢筋的影响系数后，再应用到表 6-1 中计算的。

例如，聚苯乙烯泡沫塑料板的计算导热系数：

$$\lambda_c=0.042\times1.171=0.049[W/(m\cdot K)].$$

又如，玻璃棉板的计算导热系数：

$$\lambda_c=0.045\times1.171=0.053[W/(m\cdot K)].$$

从表 6-1 的计算结果可以看出，将来再提高节能率的要求时，除存在"热桥"因素外，也受墙体厚度、保温材料厚度限制，这种砖砌体夹芯外保温墙体结构在严寒地区，须达到很高节能率的要求时，现有结构系统还有一定技术难度，必须在结构上有新的措施。

二、砖砌体夹芯外保温墙体施工

（一）施工准备

1. 技术准备

熟悉设计图纸，掌握复合墙体各部分的构造和门窗洞口的位置、尺寸、标高以及拉结钢筋设置等方面的具体要求等，确定保温板的规格尺寸。

2. 材料准备

按设计要求的材料材质、技术质量、规格尺寸准备材料，按工程计划组织材料进场。运进施工现场的砖，必须按品种、规格和强度等级分别堆放，以免发生用错；保温板在装车、运输、存放过程中，板下应垫平、垫实，分层摆放，防止雨淋。装卸时应轻搬轻放，堆放应整齐，避免破损、受潮或雨水浸泡。

水泥砂浆中所用的水泥，应使用近期生产的水泥，不得使用过期或结块水泥。砌筑砂浆强度级别必须满足设计要求。

内、外叶墙的拉结钢筋必须具有可靠的防腐能力。应对预应力混凝土空心板两端外露的预应力钢筋进行修整，防止损坏保温板。

3. 工具准备

除砌筑必用常规瓦工工具外，按保温材料性质准备现场用的裁切刀具等。

4. 施工条件

施工环境温度宜在 0℃以上，在负温下砌筑施工时应采取防冻措施，当日最低气温高于或等于−15℃施工时，采用抗冻砂浆的强度等级应比常温施工提高一级，气温低于−15℃时，不得进行施工。

（二）施工技术要求

1. 墙体施工技术要求

在砖砌体夹芯外保温墙体工程的施工中，墙体上不宜预留孔洞，不应设置脚手架眼。砌筑时应按设计要求的层高、块型、灰缝厚度、门窗洞口等进行皮数杆设计，其有效间距不宜大于 15m，且在阴、阳角处应增设皮数杆，确保挂线砌筑的准确性。

砌筑外叶墙时，应在外侧挂线；砌筑内叶墙时，应在内侧挂线。砖砌体夹芯外保温墙体的外叶墙和内叶墙必须同步砌筑，并保证砂浆饱满。砌筑高度应按设计构造要求及保温板的规格等因素沿高度方向分段砌筑。每段砖砌体夹芯保温墙体施工顺序应按相应操作技术规程进行。

砖砌体夹芯外保温墙体必须按外叶墙——→保温层——→内叶墙——→拉结钢筋（即四道工序）的顺序施工，如图6-2所示。

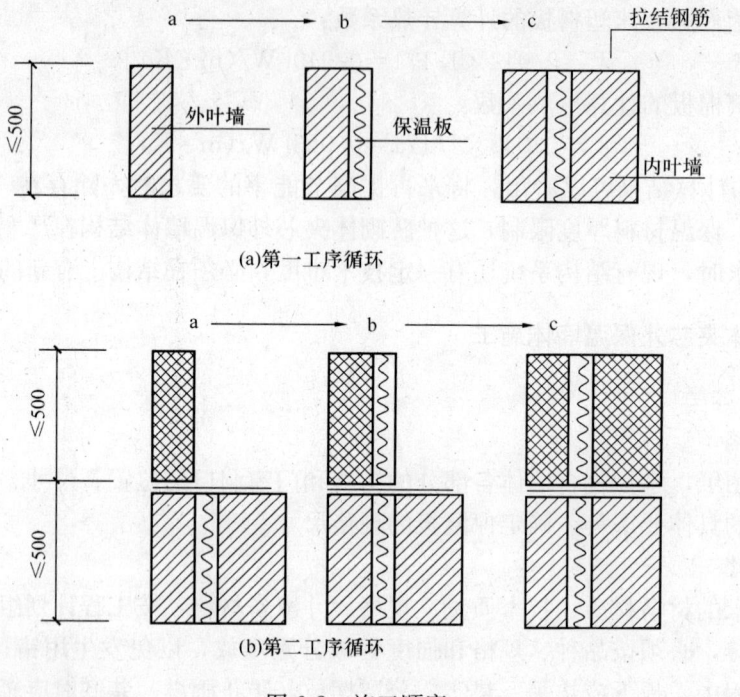

图6-2 施工顺序

四道工序必须连续施工，使内、外叶墙达到同一标高，并设置拉结钢筋。外叶墙宜采用顺墙形式砌筑，竖缝应错开。在门窗洞口转角处应设阳槎与内叶墙搭接。外叶墙竖向灰缝应采用挤浆法和加浆法，使竖缝砂浆饱满密实。每段外叶墙砌完后，应检查墙面的垂直度和平整度，并随时纠正偏差，严禁事后砸墙。

在外叶墙的内侧面应随砌随用原浆勾缝刮平，清除凸出墙面的砂浆，并沿高度方向每砌完一段外叶墙，经质量检查合格后，方可在该段外叶墙的内侧安装与外叶墙同高的保温板。

安装保温板时，竖向缝应错开。每块保温板两侧边应切割成45°坡口，确保保温板四周接缝挤紧严密，一旦保温板间出现空隙应用同质保温材料塞严。现场裁切保温板时，必须用专用刀具裁切，严禁用灰铲砍切。安装保温板时还应采取临时固定措施，防止保温板歪斜或倾倒。当一段外叶墙砌完后，必须随即清除落在保温板上的砂浆，防止砂浆粘结在保温板上，使保温层出现空隙，产生热桥。施工中避免雨雪进入空腔，防止保温板受潮。每安装好一段保温墙，应经质量检查合格并做好隐蔽工程记录后，方可砌筑内叶墙。

砌内叶墙采用"一顺一丁"的形式，各皮砖的标高应与外叶墙相应皮数的标高一致，砌筑要求与砌筑外叶墙相同。每段内叶墙砌完后，应检查墙面的垂直度和平整度，随时纠正偏差。

设置在内、外墙间的拉结钢筋直径为6mm，形状为Z形。拉结钢筋在墙面上应为梅花形设置，其竖向和水平向的间距不宜大于500mm和1000mm；拉结钢筋的直钩应水平搁置在内、外叶墙上，其搁置长度宜分别为180mm和60mm（不含直钩长度）；内外叶墙间的拉结钢筋不应与墙、柱拉结钢筋搁置在同一条缝内；在砖墙上的所有拉结钢筋均应埋置在砂浆层中。

2. 墙体特殊部位施工技术要求

底层保温板应从防潮层上开始安放。门窗洞口边,外叶墙应设阳槎与内叶墙搭接,且应沿竖向每隔300mm设置"匚"形拉结钢筋,如图6-3所示。

外墙窗台下应设高为40~60mm、宽与外墙一致、长为窗洞宽加3mm×250mm、强度等级为C15的轻集料混凝土(如火山渣混凝土、陶粒混凝土)现浇板带;门窗洞口的预埋木砖、铁件等应采用与砖厚度一致的规格;外墙上的圈梁及过梁的挑耳外侧应采用保温条板(如钢丝聚苯乙烯泡沫板、憎水珍珠岩块等)进行保温,且在浇灌混凝土前设置,避免事后填塞,如图6-4所示。

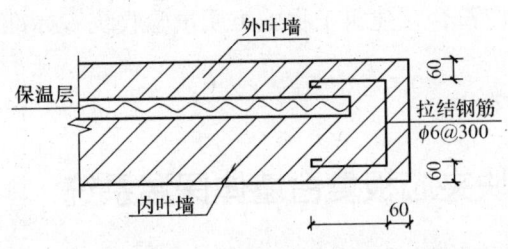

图6-3 门窗洞口边拉结

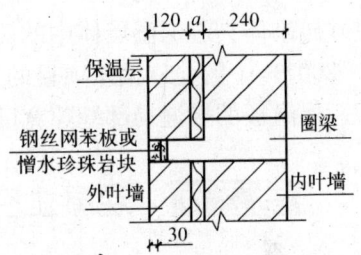

图6-4 圈梁挑耳外侧保温

在过梁内侧应抹30mm左右厚度的保温砂浆,代替该处的石灰水泥砂浆;构造柱与内外叶墙的连接应符合设计要求和有关规定。构造柱部位内、外叶墙的砌筑砂浆强度应大于1MPa,且外叶墙能承受住混凝土产生的侧压力时方可浇筑混凝土;楼梯间墙体槽口的背面应在混凝土框施工前或表箱安装前按图6-5设置保温板。

(三)质量标准

1. 保证项目

(1)砖的品种、规格、强度等级必须符合设计要求及有关规定。

检查方法:观察检查,检查出厂合格证或试验报告。

(2)砂浆品种、强度等级必须符合设计要求和有关规定。

检查方法:检查试验强度及试验报告。

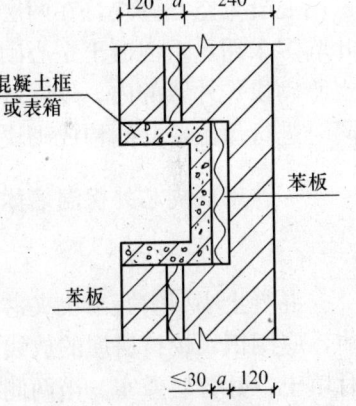

图6-5 楼梯间洞口保温

(3)砖砌体(包括接槎部位)的竖向灰缝密实饱满,无透亮及明显空隙,水平灰缝砂浆饱满度不小于85%。

检查方法:用百格网和观察检查。

(4)保温板的规格、密度、导热系数及其他必须符合设计要求和有关标准规定。

检查方法:尺量、检查出厂合格证及复试报告单。

(5)安装的每块保温板,其水平、竖向接缝必须严密,接触面无错位。

检查方法:观察、查看施工隐蔽验收记录。

(6)连接内、外叶墙的拉结钢筋规格、尺寸、防腐处理,必须符合设计要求及有关规定。

检查方法：观察、查看施工隐蔽验收记录。

2. 基本项目

（1）砖砌体的基本项目要求及评定同《建筑工程施工质量验收统一标准》（GB 50300—2001）中的"砖砌工程的基本项目"。

（2）保温板应平直规方，无破损、坡棱、圆角。

检查方法：观察。

（3）保温板与砖墙应靠紧、稳固，接缝处应无杂物。

检查方法：观察和用手触碰。

3. 允许偏差项目

（1）砖砌体夹芯保温墙体中的砖砌体，应符合《建筑工程施工质量验收统一标准》（GB 50300—2001）中的允许偏差项目的要求。

（2）保温板的接缝局部缝隙宽度不大于2mm。

第二节 混凝土空心砌块夹芯板复合墙体保温系统

混凝土空心砌块本身具有强度高、质量轻、墙体薄、结构荷重小等特点，同时具有多种强度（包括承重、非承重等）等级和配块，砌筑方便灵活，施工速度快，综合造价较低等优点。

混凝土空心砌块夹芯板复合墙体保温（简称砌块夹心外保温墙体），其外叶墙和内叶墙采用混凝土空心砌块，在两层混凝土空心砌块中夹一层保温板材。在施工时，外墙的内、外叶墙多采用承重混凝土空心砌块，在高层框架建筑和其他框架建筑中，都采用非承重混凝土空心砌块作外墙的内、外叶墙。保温层把外墙上的钢筋混凝土柱、构造柱、圈梁、过梁等都同时进行保温，共同构成砌块夹心外保温墙体系统。

一、砌块夹芯外保温墙体施工

（一）一般要求

混凝土小型空心砌块夹芯外保温墙体应在地基或基础工程验收后方可施工；基础施工前，应用钢尺校核房屋的放线尺寸，放线尺寸不得超过允许偏差；砌完基础后，应在两侧同时填土，并分层夯实。当两侧填土高度不等或仅能一侧填土时（如地下室墙等），其填土时间、施工方法、顺序等应保证墙体不致破坏或变形。

夹芯复合外墙由内往外的材料组成分别为混凝土空心砌块承重墙、保温板、混凝土空心砌块（饰面块）围护墙。墙体施工时，内外叶墙体必须连续砌筑，并用钢筋把内叶墙拉结成整体，不得间断施工。

砌体内不宜设置脚手架孔，如必须设置时，可用190mm×190mm×190mm小砌块侧砌，利用其孔洞做脚手眼，砌完后用C15混凝土灌实。复合外墙砌筑时宜搭设内脚手架。在墙体下列部位不得设置脚手眼：宽度不大于800mm的窗间墙；过梁上部，与过梁呈60°角的三角形及梁跨度1/2范围内；梁和梁垫下及其左右50mm范围内；门窗洞口两侧200mm内和墙体交接处400mm的范围内；设计规定不允许设置脚手眼的部位。

(二) 施工准备

1. 技术准备

熟悉工程设计图纸，认真掌握墙体各部位构造、芯柱及门窗洞口位置以及所用小砌块、砌筑砂浆、芯柱混凝土的强度等级及具体要求。掌握保温板材主要性能和安装要点。

2. 材料准备

(1) 混凝土空心砌块、装饰砌块等品种、规格、质量和砌筑砂浆的强度等级应符合设计要求。

(2) 芯柱混凝土应按《混凝土小型空心砌块灌孔混凝土》(JC/T 861—2000) 标准，其强度等级、坍落度等必须满足设计要求。

(3) 拉结钢筋应有防腐功能，其规格应符合设计要求。

(4) 保温板应按相应保温材料的标准执行，其规格及物理性能必须符合设计要求，进入现场的保温板材应有产品合格证。

根据设计图纸，按墙面、门窗洞口尺寸及拉结钢筋的设置要求，确定保温板材的现场加工尺寸。

3. 工具准备

施工前准备好用做砌筑的专用工具。

(三) 施工基本要求

1. 混凝土砌块的砌筑

参见第四章第二节混凝土砌块砌筑内容。

2. 混凝土芯柱的浇灌

参见第四章第二节混凝土芯柱浇灌内容。

3. 夹芯复合墙施工

砌块夹芯复合墙施工时，其砌筑高度应按拉结钢筋位置确定，并沿高度方向分段砌筑。每段夹芯复合墙按外围护墙→保温板→内承重墙→拉结钢筋的循环顺序连续施工，如图 6-6 所示。

砌块砌筑外叶墙时的技术要求与砖砌体夹芯外保温墙体工程的施工基本相同。

在安装保温板（如以聚苯泡沫板为例）时，保温板水平缝要挤紧，竖直缝处做好聚苯板的 L 形或板的处缘沿短边方向切成 45°斜角（图 6-7），错口搭接，不得留有空隙。如发现局部缺欠，必须用同厚度的聚苯板补严。其他具体技术、隐蔽工程验收及拉结钢筋要求，与砖砌体夹芯外保温墙体工程的施工基本相同，并应符合设计要求。

(四) 质量标准及检查方法

(1) 砌体尺寸和位置允许偏差必须满足设计要求。

检查方法：尺量检查。

(2) 聚苯乙烯泡沫板的规格、密度、导热系数及现场切割尺寸必须符合设计要求及有关标准规定。

检查方法：用尺量、检查制品出厂合格证。

(3) 所安装的每块保温板的水平与竖向接缝要保证严密，接触面无杂质且无错位及透亮现象。聚苯乙烯泡沫保温板应与外叶墙靠紧、稳固。

检查方法：观察、用手能触碰，查看施工隐蔽工程记录。

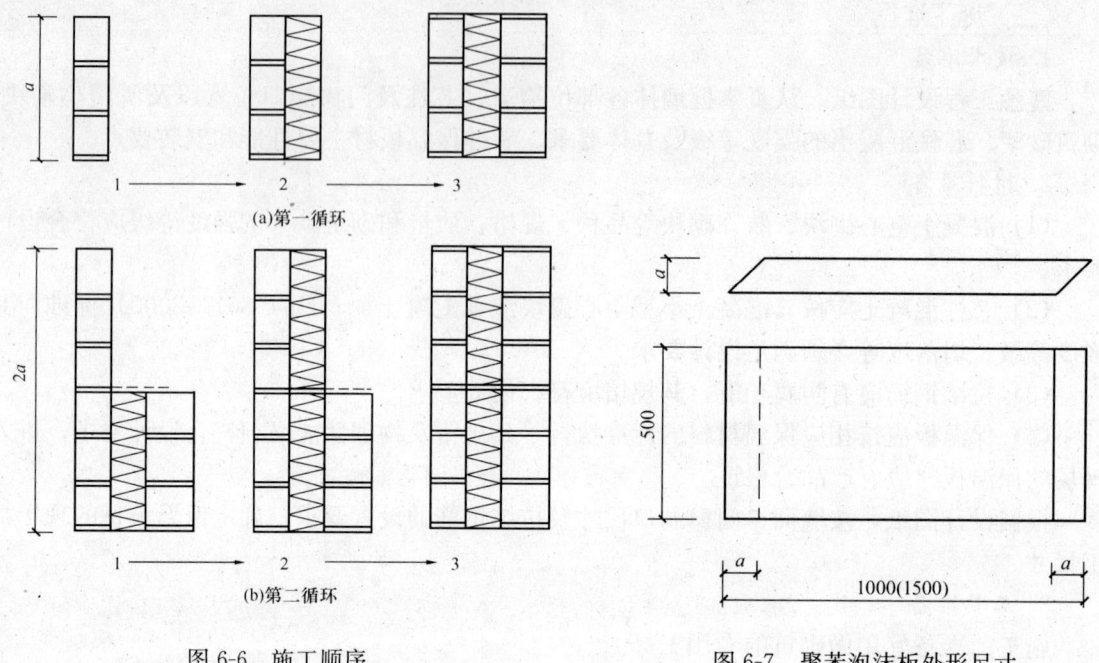

图 6-6 施工顺序　　　　　　　　图 6-7 聚苯泡沫板外形尺寸

二、砌块夹芯外保温墙体热工性能

砌块夹芯外保温墙体热工性能如表 6-7 所示。

表 6-7 砌块夹芯外保温墙体热工性能

墙号	项目	材料	γ (kg/m³)	δ (m)	λ [W/(m·K)]	R (m²·K/W)	R_0 (m²·K/W)	K_0 [W/(m²·K)]	$\Sigma\delta$ (m)
1 实测	①	混合砂浆	1700	0.02	实测	1.145	1.295	0.772	0.38
	②	承重空心砌块	1400	0.19					
	③	轻质保温板	250	0.06					
	④	承重空心砌块	1400	0.09					
	⑤	水泥砂浆	1800	0.02					
2	①	混合砂浆	1700	0.02	0.87	0.23	1.318	0.758	0.38
	②	承重空心砌块	1400	0.19	0.75	0.253			
	③	轻质保温板	250	0.06	0.08	0.750			
	④	承重空心砌块	1400	0.09	0.75	0.120			
	⑤	水泥砂浆	1800	0.02	0.93	0.022			
3	①	混合砂浆	1700	0.02	0.87	0.023	2.068	0.484	0.44
	②	承重空心砌块	1400	0.19	0.75	0.253			
	③	轻质保温板	250	0.12	0.08	1.500			
	④	承重空心砌块	1400	0.09	0.75	0.120			
	⑤	水泥砂浆	1800	0.02	0.93	0.022			

续表

墙号	项目	材料	γ (kg/m³)	δ (m)	λ [W/(m·K)]	R (m²·K/W)	R_0 (m²·K/W)	K_0 [W/(m²·K)]	$\Sigma\delta$ (m)
4	①	混合砂浆	1700	0.02	0.87	0.023	1.529	0.654	0.38
	②	非承重空心砌块	800	0.19	0.48	0.396			
	③	轻质保温板	250	0.06	0.08	0.750			
	④	非承重空心砌块	800	0.09	0.48	0.188			
	⑤	水泥砂浆	1800	0.02	0.93	0.022			
5	①	混合砂浆	1700	0.02	0.87	0.023	2.279	0.439	0.44
	②	非承重空心砌块	800	0.19	0.48	0.396			
	③	轻质保温板	250	0.12	0.08	1.500			
	④	非承重空心砌块	800	0.09	0.48	0.188			
	⑤	水泥砂浆	1800	0.02	0.93	0.022			

第三节 发泡填充复合墙体保温及喷涂保温密封系统

在建筑外墙的空腔（夹层）中填充保温隔热材料的做法进行保温，初期节能技术并不先进，节能效果较低。曾经用廉价的炉渣、炉灰、粮食外壳、锯末等填充，这些炉渣、炉灰填充材料随时间的延长，逐渐出现下沉、吸潮，导热系数增大；而外壳和锯末的应用又出现发霉、生虫等不良现象，最后都失去保温作用而不能适用，现在这类材料都已经被淘汰。脲醛树脂泡沫曾经利用较好，但因各种原因没有得到大面积推广应用。

后来逐渐采用膨胀珍珠岩、膨胀蛭石作填充保温材料，但这些材料虽在技术上有所发展，节能效果有所提高，但仍然存在下沉和吸水问题，导热系数逐年增高，保温效果也不理想。分析其出现不良后果的主要原因，是因为这些松散材料用在垂直空腔内，对墙体没有附着力，互相间又没有支撑力，必然出现重力下降，加之材料吸潮，出现节能效果不良现象。

随着高新材料的发展，在外墙的空腔墙体中，不但可用导热系数很低的泡沫保温板材，而且又发展用液体原料灌注到空腔中膨胀发泡。

在同等条件下，用夹芯板与填充发泡方式对墙体进行保温，对两种材料的保温性能进行比较，由于板材受复合双层墙体中间的连接件以及板材尺寸限制，且板材与板材间产生缝隙，在施工中板缝处容易落上砂浆，稍清理不净就形成"热桥"，最终导致节能效果下降。

采用灌注施工方法时，是在墙体砌筑完毕后，利用在墙体适当位置预留的孔洞或现场钻孔，向墙体空腔内充填发泡保温材料，与墙体砌筑工程不发生交叉作业，而且施工速度非常快。所用灌注类材料的共同特点是对多种基层材料附着力强，可充满墙内任何空腔，发泡的同时有密封作用，无接缝，加之材料本身导热系数又很低，通过合理设计、施工后，节能率可达到65%以上。灌注的节能材料有聚氨酯硬质泡沫、氮脲素泡沫和冷凝脂泡沫，在本节中侧重介绍氮脲素泡沫和冷凝脂泡沫。

一、氮脲素泡沫填充复合墙体保温系统

氮脲素泡沫为现场发泡，其主要成分是氮脲素、树脂的干粉和发泡乳液，在施工现场将

各组分按一定比例充分水溶后,借助压缩空气冲击下产生泡沫,并能够自由膨胀填充任意空间。

(一) 氮脲素泡沫特点

(1) 隔热保温性能优越,可减少保温层厚度。同聚苯乙烯泡沫比较,可减少厚度30%,在同样节能效果的前提下,使用该保温材料,可提高建筑物的使用面积。

(2) 填充性能优越,该产品能充满任何不规则的空间,密封性好,不存在任何缝隙。

(3) 产品阻燃、无毒、憎水、耐久。

(4) 现场浇注,不产生有害气体,施工简便快速。

(5) 可增强建筑墙体的保温、隔热和隔声性能,而不损坏原建筑墙体。

(6) 整体保温工程造价低,综合经济效益好。

(二) 氮脲素泡沫适用范围

氮脲素泡沫为现场发泡,主要用于工业与民用建筑混凝土砌块、空心砖、实心砖等砌筑成的双层墙空腔发泡保温。

图 6-8 为承重混凝土空心砌块复合墙体,图 6-9 为非承重混凝土空心砌块复合墙体。

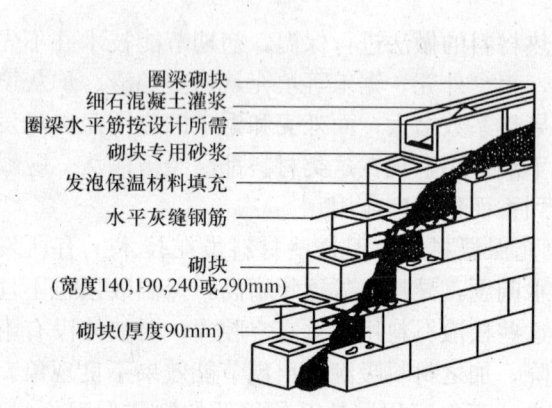

图 6-8 承重外墙填充施工

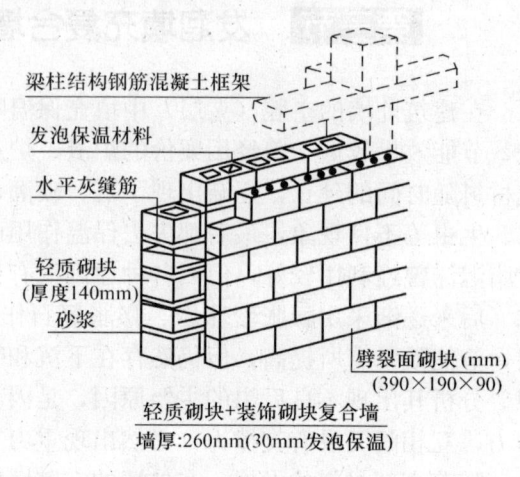

图 6-9 轻质砌块发泡填充

(三) 氮脲素泡沫性能指标

氮脲素泡沫性能指标如表 6-8 所示。

表 6-8 氮脲素泡沫性能指标

项 目		指 标	项 目	指 标
外 观		白 色	热稳定性 (%) ≤	4
密度 (kg/m³)	湿密度	45~60	冷稳定性 (%) ≤	2
	干密度	10~15	导热系数 [W/(m·K)]	0.0298~0.034
憎水率 (%) ≥		95	阻燃性 (级)	B1 (难燃级)

(四) 氮脲素泡沫施工

1. 施工准备

(1) 技术准备

首先了解保温墙体构造，按实际保温的体积计划好保温材料的用量，掌握当天环境温度，设计泡沫流动指数、发泡时间、固化时间、注料方式。

(2) 材料准备

按设计泡沫用料比例备好各种原材料、洁净用水。

(3) 主要机具准备

空压机、搅拌器、PVC管、电钻管。

(4) 作业条件

1) 墙体已按设计要求砌筑完毕，且外墙中预留的空腔宽度、内外墙拉结钢筋等都应符合设计要求，应保温的墙体夹层不应有建筑垃圾和溢出砂浆。

2) 现场应有整洁工作区域和安全工作环境，以及可以进行搅拌的工作区域。

3) 现场应有储存发泡原料的干燥且安全的库房。

4) 发泡保温的墙体旁应有安装施工设备的场地。

5) 对±0.00线以上的墙体进行发泡填充时，现场应有安全通道，以便施工人员顺利操作。

6) 现场应搭设脚手架等设施，便于墙体顶部保温作业。

7) 现场应有电压为380V，功率为7.5kW的电力系统，电线及设备应安设漏电保护器。

8) 现场施工人员应穿戴好必要的劳保用品。

2. 氮脲素泡沫施工工艺

(1) 工艺流程

将氮脲素、树脂和发泡乳液按配比分别溶水并充分搅拌均匀。

利用压缩空气将物料浇注到墙体预留的保温空腔内。

物料在预留的保温空腔中发生化学反应，自由发泡、膨胀，并充满预留空腔。

(2) 施工说明

1) 保温发泡物料可从墙体顶部注入墙体夹层，施工人员在墙体顶部，用一支PVC喷枪将保温物料从墙体底部一直浇注到墙体顶部，因此要求PVC管的长度达到墙体夹层底部。

该法的最大浇注高度可达4.5m，施工人员可用一根直径为25mm的PVC管与软管的一头连接，将PVC管插入夹层中，使所有的空间充满保温材料。

2) 当施工人员无法到达墙体顶部时，可利用砌墙时预留孔或用电钻打孔，作为物料浇注孔。当电钻打孔时，钻孔位置应设在砂浆灰缝中，在墙角处应增设孔洞，孔距不应过大，以免产生空隙或死角。

施工人员可以从地平线上1.5m处开始浇注施工，然后垂直向上每隔3m左右作为一个工作区域，直至到墙体顶部。

(3) 施工步骤

1) 从墙体顶部浇注墙体保温层

①检查安全通道是否可用。

②将施工设备固定到位，接通管线、电源，调试到能正常工作状态。

③检查墙体夹层的清洁度，应达到作业要求的条件。

④检查墙体夹层密封度，是否在浇注物料时出现漏料。

⑤检查墙体夹层宽度，操作时心中有数。
⑥检查墙体高度，对整体工程进度、操作心中有数。
⑦将PVC喷枪放置在墙体中间，且在夹层底部以上约1m的位置。
⑧将物料浇注到夹层内，如发现保温材料从墙体中溢出，则将喷枪沿着夹层向上移动，以缓解局部膨胀压力。如在夹层内遇有障碍物时，应避开后再施工，灵活控制喷枪浇注。
⑨当全部物料浇注完毕后，清理现场，清除多余的保温材料。
⑩根据质量控制步骤进行质检。

2) 钻孔式浇注墙体保温层

①检查安全通道。
②将施工设备固定到位，接通管线、电源，调试到能正常工作状态。
③在地坪线上1.1~1.5m处开始沿墙体方向每隔1m钻一个孔（孔距为1m），孔径为16mm。
④垂直向上每隔3m作为一个工作区域，并重复上述步骤，直至到达墙体顶部。
⑤钻孔时必须注意孔心的水平位置，不得破坏墙体表面。
⑥孔洞应清晰，确保物料能通过孔洞注入夹层。
⑦检查夹层宽度。
⑧首先从底排的中间孔洞处开始注射保温材料，直至物料从孔洞中溢出。
⑨移至第一个注射的孔洞右边第一个孔洞，重复上述步骤。然后移至第一个注射孔洞左边第一个孔洞，重复上述步骤。依此类推，直至地坪线上1.2~1.5m处所有的墙体都注满保温物料。
⑩向上移动3m，进行另一个区域施工，重复上述浇注顺序和步骤。
⑪当保温物料全部注射完毕，完成夹层保温后，将多余的保温材料清除。
⑫将注料口的孔洞用水泥砂浆进行填充，并勾缝，将墙体表面清理干净。
⑬按质量监控步骤进行质量检查。

3) 施工注意事项

①设计的钻孔位置必须准确。
②钻孔角度应正确。
③夹层内不得有建筑垃圾，避免影响发泡效果。
④一般泡沫在浇注后20s左右固化，应按泡沫凝固速度，控制好喷枪移动速度和每个区域的浇注时间。
⑤对墙体开口处周密检查，发现有渗漏应及时将其封闭。
⑥墙角应增设孔洞，视具体情况，一般孔距宜为0.5m左右，避免发泡产生空隙或死角。
⑦在注射物料前，必须对保温材料的湿密度进行检测。
⑧当选用钻孔式浇注施工时，应连续注射发泡物料，直至从洞中溢出为止。
⑨整体保温施工完成后，保温层应排湿，否则影响当年使用。

3. 氨脲素泡沫施工质量标准

(1) 灌注的泡沫体应充满保温的空腔，不得有少灌、浮灌现象。
(2) 泡沫各项技术性能指标应达到标准。

(3) 施工结果符合设计要求。

(五) 发泡填充外保温复合墙的热工性能

氮脲素泡沫的导热系数为 0.0298W/(m·K)，在内外墙有连结钢筋，加之其他因素在内，综合修正后，取修正系数为 1.15，该保温材料的计算导热系数为 0.034W/(m·K)。

取普通混凝土空心砌块、硬矿渣混凝土空心砌块、钢筋混凝土复合墙、火山渣混凝土空心砌块、轻质混凝土空心砌块和黏土多孔砖复合墙进行墙体热工计算。氮脲素泡沫保温层从 30mm、40mm、50mm、60mm、70mm 和 80mm 厚，分别计算各墙体的热工性能，如表 6-9 所示。

表 6-9 外墙热工性能

序号	材料名称	密度 (kg/m³)	导热系数 [W/(m·K)]	厚度 (m)	热阻 (m²·K/W)	综合热阻 (m²·K/W)	传热系数 [W/(m²·K)]	总厚度 (m)
1	混合砂浆	1700	0.87	0.02	0.23			
	承重混凝土空心砌块砌体	1100	0.88	0.19	0.216			
	氮脲素泡沫	15	0.034	0.03	0.882	1.426	0.701	0.33
				0.04	1.176	1.720	0.581	0.34
				0.05	1.471	2.015	0.496	0.35
				0.06	1.765	2.309	0.433	0.36
				0.07	2.059	2.063	0.384	0.37
				0.08	2.353	2.897	0.345	0.38
	装饰混凝土砌块砌体	1600	0.58	0.09	0.155			
2	混合砂浆	1700	0.87	0.02	0.23			
	硬矿渣混凝土空心砌块砌体	1400	0.75	0.19	0.253			
	氮脲素泡沫	15	0.034	0.03	0.882	1.463	0.684	0.33
				0.04	1.176	1.757	0.569	0.34
				0.05	1.471	2.052	0.487	0.35
				0.06	1.765	2.346	0.426	0.36
				0.07	2.059	2.640	0.379	0.37
				0.08	2.353	2.934	0.341	0.38
	装饰砌块砌体	1600	0.58	0.09	0.155			
3	混合砂浆	1700	0.87	0.02	0.23			
	钢筋混凝土	2500	1.74	0.20	0.115			
	氮脲素泡沫	15	0.034	0.03	0.882	1.325	0.755	0.34
				0.04	1.176	1.619	0.618	0.35
				0.05	1.471	1.914	0.522	0.36
				0.06	1.765	2.208	0.453	0.37
				0.07	2.059	2.502	0.399	0.38
				0.08	2.353	2.796	0.358	0.39
	装饰砌块砌体	1600	0.58	0.069	0.155			

续表

序号	材料名称	密度 (kg/m³)	导热系数 [W/(m·K)]	厚度 (m)	热阻 (m²·K/W)	综合热阻 (m²·K/W)	传热系数 [W/(m²·K)]	总厚度 (m)
4	混合砂浆	1700	0.87	0.02	0.23			
	火山渣混凝土砌块砌体	800	0.48	0.14	0.292			
	氮脲素泡沫	15	0.034	0.03	0.882	1.502	0.666	0.28
				0.04	1.176	1.796	0.557	0.29
				0.05	1.471	2.091	0.478	0.30
				0.06	1.765	2.383	0.419	0.31
				0.07	2.059	2.679	0.373	0.32
				0.08	2.353	2.973	0.336	0.33
	装饰砌块砌体	1600	0.58	0.069	0.155			
5	混合砂浆	1700	0.87	0.02	0.23			
	轻质砌块砌体	900	0.57	0.14	0.246			
	氮脲素泡沫	15	0.034	0.03	0.882	1.456	0.687	0.28
				0.04	1.176	1.750	0.571	0.29
				0.05	1.471	2.045	0.489	0.30
				0.06	1.765	2.339	0.428	0.31
				0.07	2.059	2.633	0.380	0.32
				0.08	2.353	2.927	0.342	0.33
	装饰砌块砌体	1600	0.58	0.09	0.155			
6	混合砂浆	1700	0.87	0.02	0.23			
	黏土多孔砖砌体	1400	0.58	0.24	0.414			
	氮脲素泡沫	15	0.034	0.03	0.882	1.698	0.589	0.43
				0.04	1.176	1.992	0.502	0.44
				0.05	1.471	2.287	0.437	0.45
				0.06	1.765	2.581	0.387	0.46
				0.07	2.059	2.875	0.348	0.47
				0.08	2.353	3.169	0.316	0.48
	黏土多孔砖砌体	1400	0.58	0.12	0.207			
	水泥砂浆	1800	0.93	0.02	0.022			

从表 6-9 看出：这种复合外墙保温性能很好，当保温厚度为 60mm 或 80mm 时，外墙的传热系数仅为 $0.4W/(m^2·K)$ 至 $0.3W/(m^2·K)$ 左右。

二、冷凝脂泡沫喷涂保温密封系统

冷凝脂泡沫可以喷涂在新建建筑维护结构上，也可现场灌注到已建建筑结构的空腔内。冷凝脂泡沫为 100% 水基现场软质发泡，该泡沫的特征是低密度、憎水、开孔、塑质弹性，在化学合成技术上为自成一类的节能材料。

（一）冷凝脂泡沫特点

（1）在泡沫可呼吸的微小开孔内充满约 99% 空气，不含破坏大气臭氧层的有害气体，并随时间的推移不影响其热阻性能的稳定性。

因有独特的开孔结构和憎水特性，使其成为一种可呼吸的能自干的保温隔热材料。

（2）能消除因潮气、热桥引起的腐蚀、霉菌等问题，又可将建筑外围护结构完全密封，具有集保温隔热和空气隔绝为一体的特点。

（3）具有很好耐久性，不收缩、不变形。

（4）施工时不受温度限制，在雨季、零下 40℃ 的低温、45℃ 的高温都可进行施工。

（5）发泡成型快，可有效配合其他工序进行施工。

（6）泡沫附着力强，几乎可粘结所有的建筑材料，尤其适合龙骨建筑体系。

（7）施工方法灵活，既可大面积喷涂，又可通过小孔灌注法。

（8）泡沫施工为整体性，泡体本身结构决定隔声效果好，对金属无腐蚀性。

（二）冷凝脂泡沫适用范围

即可用于外墙外保温、外墙夹芯保温，也可用于外墙内保温。

（三）性能指标

冷凝脂泡沫性能指标如表 6-10 所示。

表 6-10 冷凝脂泡沫性能指标

项 目		指 标	备 注
容重（kg/m^3）		8～12	
导热系数[$W/(m \cdot K)$]	≤	0.042	按 GB/T 10294—1998 测定
水蒸气透过率[$g/(Pa \cdot m \cdot s)$]	≤	1.96×10^{-7}	按 GB/T 17146—1997 测定
隔声性能（dB）（16mm 木板喷涂 89mm）	≥	35	按 ASTME90—83，E497—76 测定
降噪系数（16mm 木板喷涂 89mm）	≥	0.65	按 ASTME90—85，C423—84 测定
憎水率（%）	≥	95.0	按 GB/T 10299—1998 测定
挥发物成分（VOC）	≤	4	按 GB 18583—2000 测定
燃烧性能		B1	按 GB 8624—1997 测定
燃点（℃）		205	

（四）设计施工要点

冷凝脂泡沫保温隔热工程设计施工方案的选择，应根据不同的建筑结构形式、保温隔热性能要求、区域气候条件、工程耐用年限、维修管理等因素，经技术经济综合比较后确定。

保温隔热层厚度的设计，须根据《民用建筑节能设计标准》（采暖居住建筑部分）JGJ 26—95、《公共建筑节能设计标准》（GB 50189—2005）及各地区的民用建筑及公共建筑节能设计标准进行，应符合《民用建筑热工设计规范》（GB 50176—93）的要求。

保温隔热材料的导热系数修正系数按 1.15 选取。

冷凝脂泡沫保温系统常用的构造设计如图 6-10 至图 6-15 所示。

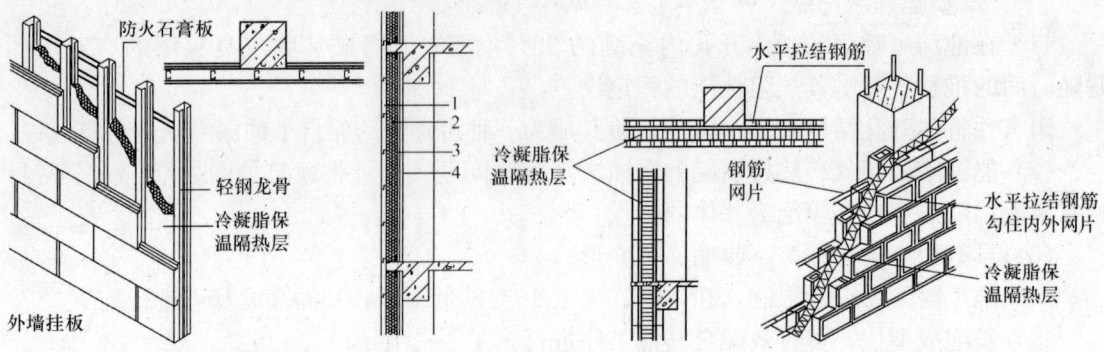

图 6-10 轻体夹芯墙

1—20mm厚外墙面板；2—保温隔热层；
3—10～20mm厚空气间层；4—双层防火石膏板

图 6-11 非承重双层空心砖墙

注：1. 240mm厚烧结空心砖内叶墙，灰缝设直径4mm钢筋网片，竖向间距600mm；外叶墙设直径6mm拉结钢筋，水平和竖向间距600mm。
2. 120mm厚烧结空心砖外叶墙，灰缝设直径4mm钢筋网片，竖向间距600mm。

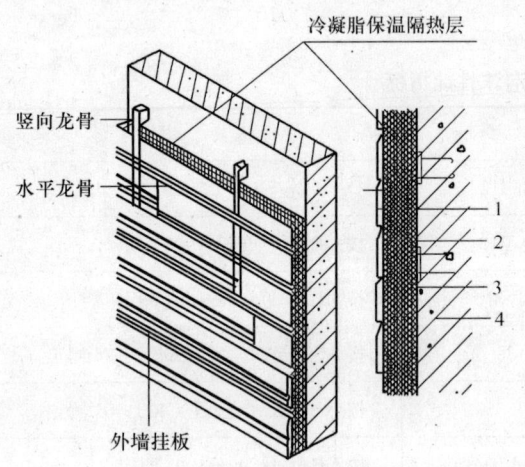

图 6-12 装饰挂板复合墙

1—外墙装饰挂板；2—10～20mm厚空心气间层；
3—保温隔热层；4—结构基层墙体

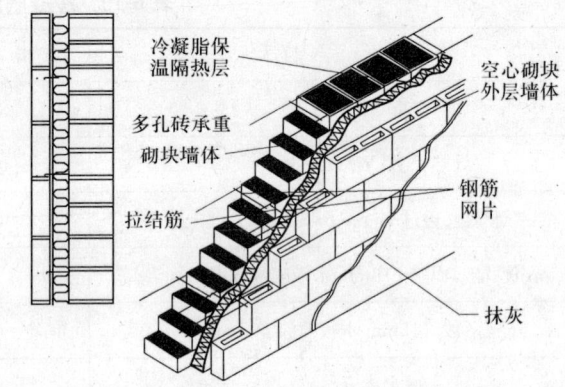

图 6-13 承重双层砌块夹芯墙

注：1. 190mm厚混凝土空心砌块内叶墙，灰缝设直径4mm钢筋网片竖向间距400～600mm；与外叶墙设直径6mm拉结筋，水平和竖向间距为400～600mm。
2. 90mm厚混凝土砌块外叶墙，灰缝设直径4mm钢筋网片，竖向间距400～600mm。

（五）冷凝脂泡沫施工

在窗户、门、屋顶、电路、管道结构和其他设施系统检查完毕后，进行施工。

1. 施工准备

（1）技术准备

1）熟悉施工现场情况，检查上下水管道、电线、配电设备等预留施工空间是否满足要求，并做出明显标记。

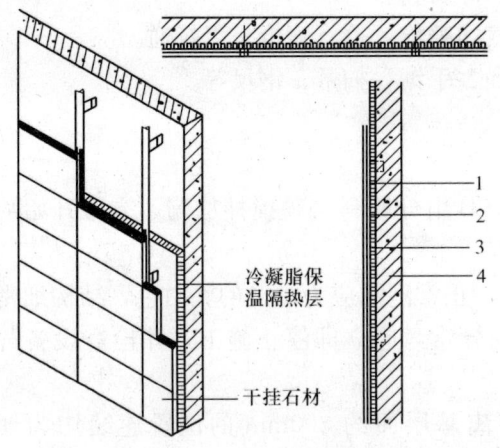 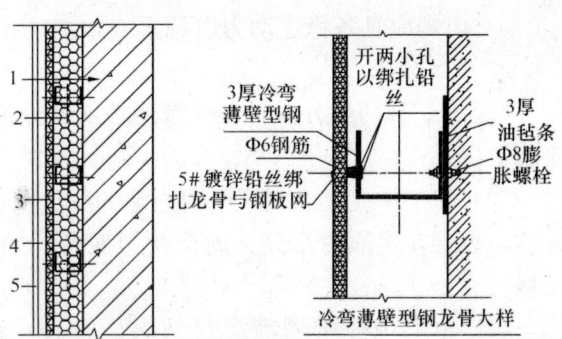

图 6-14 石材干挂复合墙
1—干挂石材外层；2—10～20mm 厚空气间层；
3—保温隔热层；4—基层墙体

图 6-15 涂料饰面复合墙
1—混凝土基层墙体；2—保温隔热层；3—1.2mm 厚钢板网固定于冷弯薄壁型钢龙骨上，龙骨中距 400mm；4—10mm 厚聚合物砂浆底灰，压入钢板网格内；5—10mm 厚低碱聚合物砂浆找平，表面压入耐碱玻纤网布一道，刷 3mm 厚防水腻子一道，再刷外墙涂料饰面

2）了解材料性能，掌握施工要领，严格施工顺序。
3）熟悉专用设备的装配、操作及简单故障的排除等。
4）对操作人员进行技术培训，通过考核合格后上岗工作。

(2) 原料准备

原料运到现场后，A 组分原料应在室温下用专用钢桶密封储藏，严禁将原料直接暴露于空气中；B 组分原料应在低于 27℃ 的环境中用专用钢桶密封储藏，严禁将装有原料的钢桶长时间置于超过 38℃ 的环境中，严禁在储藏期间将钢桶内原料加热超过 38℃。

1）分清 A、B 两种原材料组分。A 组分为异氰酸酯（MDI），呈棕黑色，黑色桶装。B 组分材料为聚醚、聚酯多元醇及专用催化剂，呈乳白色，为白色桶装。

2）A、B 两组分原料使用前应在桶中预热至 27～38℃，B 组分原料必须充分搅拌均匀。

3）专用喷涂机保温软管内残留的 A、B 两组分原料也必须使用内置的加热器预热至设定的喷涂温度。

(3) 作业面准备

作业面内不应喷涂的部位应预先用防护材料隔开并覆盖，以免过界喷涂。

对作业面进行认真清理，严格控制基层含水率，以免影响施工后的保温效果。

冬季施工时，应先在基层面上快速预喷极薄（5mm）一层保温隔热材料，再在其上面喷涂至规定厚度，以避免因基层温度较低而影响整体发泡效果。

(4) 设备准备

1）正确连接设备各组件，确保无材料泄漏现象。

2）检查设备上各个仪表是否正常，在供空气但不供原材料的情况下，查看各仪表指针是否指向正常。

3) 启动预热装置,检查设备是否能够正常预热原材料。
4) 在供气但不供料的情况下扣动喷枪扳机,气净喷枪,检查喷枪是否畅通。
5) 工具与机具:专用喷涂机、水平推车、水桶、手锯、扫帚、钢尺等。
6) 现场应具备稳定动力电源。

2. 施工要点

(1) A、B两组分原料在喷涂前必须充分预热,B组分原料必须搅拌均匀,方可开始喷涂施工。

(2) 施工中应注意观察所喷泡沫的颜色及形态,正常泡沫应为微黄的乳白色,结构细密柔软,表层在发泡后几分钟内会微微变硬。如出现异常,应立即停止施工,并检查设备与原料。

(3) 施工中喷枪喷嘴应与基层面垂直,在距离基层面约300mm的位置连续均匀地喷涂。

(4) 所有窗台板、地面与墙面板连接处的缝隙,必须用密封剂密封,然后再进行作业施工。

(5) 建筑物管道工程施工应满足下列要求:
1) 所有清理口和阀门应当便于识别,以避免在保温隔热层施工时被覆盖。
2) 所有穿过外墙和天花板的管道,与墙体应预留足够的空间,以便于保温隔热层施工。
3) 所有直径小于或等于75mm的PVC管路,必须每隔1m的距离使用卡扣固定在墙面上,以保证在保温隔热层施工时不会发生变形或错位。

(6) 室内采暖、空调、通风工程的所有阀门控制装置应便于识别,以避免在保温隔热层施工时被覆盖。

(7) 电线、电器设备应做如下处理:
对于修缮工程,如必须覆盖仍在使用中的电气导线,应先切断电源,再进行施工。
保温隔热层内的穿线用PVC管,在砌体墙面上每隔1m必须用一个卡扣固定,在石膏板墙面上每隔400mm必须用一个卡扣固定。

(8) 在喷涂或灌注过程中,严禁与产生明火的工序(如电焊)交叉施工。在喷涂或灌注工程完成后,严禁在无消防措施准备的情况下进行任何产生明火的施工。

(9) 在喷涂施工过程中,应喷涂一块500mm×500mm同厚度试块,以备材料性能检测。

(六) 工程质量及验收

1. 质量要求

(1) 保温隔热层的平均厚度应符合设计要求。
(2) 保温隔热层应密实均匀,不应有空腔、断裂现象存在。
(3) 保温隔热层应为微黄的乳白色,手感柔软,不应有易碎结晶出现。

2. 质量检查

(1) 保温隔热施工应进行检查,未经检查验收合格者,不得进行下一道工序的施工。
(2) 用直径1mm的钢针垂直插入,每100m^2检测5处,测量钢针插入的深度,所有测点的平均厚度与设计厚度的误差应在±15mm范围之内。

3. 工程验收

保温隔热工程验收时，应提交下列技术资料，并归档。

(1) 设计院应提交工程设计文件及图纸，设计变更通知单。

(2) 提交施工合同和工程洽商记录、施工组识设计文件或施工方案、技术交底文件和记录。

(3) 提交保温隔热层样品的试验报告与材料性能的检测报告。

(4) 提交工程质量检验记录和测试报告。

(七) 维护管理

工程验收投入使用后，严禁在保温隔热层上凿孔打洞或受重物撞击。

当出现局部损坏时，必须及时补喷修复。当进行局部修复性补喷时，不需铲除原保温隔热层。

(八) 保温隔热墙体热工指标

(1) 外墙挂板墙体热工指标如表 6-11 所示。

表 6-11 外墙挂板墙体热工指标

构 造 做 法	保温层厚度 (mm)	传热阻 R (m²·K/W)	传热系数 K[W/(m²·K)]
1. 外墙装饰挂板 2. 10～20mm 厚空气间层 3. 保温隔热层 4. 190mm 厚混凝土空心砌块基层	50	1.47	0.68
	60	1.68	0.60
	70	1.88	0.53
	80	2.12	0.47

注：1. 190mm 混凝土空心砌块 $R=0.17$；

2. 保温隔热层 $\lambda=0.04$，导热系数修正系数取 1.15；

3. 10～20mm 厚空气间层 $R=0.15$。

(2) 非承重双层空心砖夹芯复合墙体热工指标如表 6-12 所示。

表 6-12 非承重双层空心砖夹芯复合墙体热工指标

构 造 做 法	保温层厚度 (mm)	传热阻 R(m²·K/W)	传热系数 K[W/(m²·K)]
1. 90mm 厚烧结空心砖外叶墙 2. 保温隔热层 3. 240mm 厚烧结空心砖内叶墙 4. 内墙抹 20mm 厚砂浆面层	50	2.23	0.45
	60	2.44	0.41
	70	2.66	0.38
	80	2.87	0.35

注：1. 90mm 厚烧结空心砖墙 $R=0.3$；

2. 240mm 厚烧结空心砖墙 $R=0.0517$；

3. 20mm 厚砂浆抹面 $R=0.02$。

(3) 轻质夹芯墙热工指标如表 6-13 所示。

表 6-13 轻质夹芯墙热工指标

构 造 做 法	保温层厚度 (mm)	传热阻 $R(m^2 \cdot K/W)$	传热系数 $K[W/(m^2 \cdot K)]$
1. 外墙面板	80	2.14	0.47
2. 保温隔热层	100	2.57	0.39
3. 10～20mm 厚空气层	120	3.0	0.33
4. 12mm 厚防火石膏板	140	3.44	0.29

注：1. 保温隔热材料导热系数修正系数取 1.15；
  2. 20mm 厚封闭空气层 $R=0.15$。

（九）冷凝脂保温层厚度的选用

冷凝脂在严寒和寒冷地区应用时，根据建筑物体形系数＞0.30 和≤0.30，冷凝脂厚度选用分别见表 6-14 和表 6-15。

表 6-14 建筑物体形系数＞0.30 时的冷凝脂厚度

采暖期间室外平均温度℃	代表性城市	外墙传热系数 $[W/(m^2 \cdot K)]$	外窗传热系数 $[W/(m^2 \cdot K)]$	冷凝脂厚度(mm)				
				钢筋混凝土墙 (200)	混凝土空心砌块墙 (190)	灰砂砖墙 (240)	非黏土多孔砖 DM (190)	非黏土多孔砖 KPI (240)
2.0～1.0	郑州、洛阳、宝鸡、徐州	0.80	4.70	50	45	45	40	35
		1.10	4.00	35	30	30	30	30
0.9～0.0	西安、拉萨、济南、烟台、青岛、安阳	0.70	4.70	30	55	55	45	45
		1.00	4.00	40	35	30	30	30
−0.1～−1.0	石家庄、德州、晋城、天水	0.60	4.70	75	70	65	60	55
		0.85	4.00	50	45	40	35	30
−1.1～−2.0	天津、大连、阳泉、平凉	0.55	4.70	80	75	75	65	65
		0.82	4.00	50	45	45	35	35
−2.1～−3.0	兰州、太原、唐山、阿坝、喀什	0.62	4.70	70	65	65	55	55
		0.78	4.00	55	50	45	40	35
−3.1～−4.0	西安、银川、丹东	0.65	4.00	65	60	60	55	50
−4.1～−5.0	张家口、鞍山、酒泉、伊宁、吐鲁番	0.60	3.00	75	70	65	60	55
−5.1～−6.0	沈阳、大同、本溪、阜新、哈密	0.56	3.00	80	75	70	65	60
−6.1～−7.0	呼和浩特、抚顺、大柴旦	0.50	3.00	90	85	85	75	75
−7.1～−8.0	延吉、通辽、通化、四平	0.50	2.50	90	85	85	75	75
−8.1～−9.0	长春、乌鲁木齐	0.45	2.50	100	95	95	85	85

续表

采暖期间室外平均温度℃	代表性城市	外墙传热系数 [W/(m²·K)]	外窗传热系数 [W/(m²·K)]	冷凝脂厚度(mm)				
				钢筋混凝土墙 (200)	混凝土空心砌块墙 (190)	灰砂砖墙 (240)	非黏土多孔砖 DM (190)	非黏土多孔砖 KPI (240)
-9.1~-11.0	哈尔滨、牡丹江、克拉玛依、佳木斯、安达、齐齐哈尔	0.40	2.50	115	110	110	100	100
-11.1~-14.5	伊春、呼玛、海拉尔、满洲里、海伦、博克图	0.40	2.50	115	110	110	100	100
-1.1~-2.0	北京	0.60	2.80	70	70	65	60	55

表 6-15 建筑物体形系≤0.30 时的冷凝脂厚度

采暖期间室外平均温度℃	代表性城市	外墙传热系数 [W/(m²·K)]	外窗传热系数 [W/(m²·K)]	冷凝脂厚度(mm)				
				钢筋混凝土墙 (200)	混凝土空心砌块墙 (190)	灰砂砖墙 (240)	非黏土多孔砖 DM (190)	非黏土多孔砖 KPI (240)
2.0~1.0	郑州、洛阳、宝鸡、徐州	1.10	4.70	35	30	30	30	30
		1.40	4.00	30	30	30	30	30
0.9~0.0	西安、拉萨、济南、烟台、青岛、安阳	1.00	4.70	40	35	30	30	30
		1.28	4.00	30	30	30	30	30
-0.1~-1.0	石家庄、德州、晋城、天水	0.92	4.70	45	40	35	30	30
		1.20	4.00	30	30	30	30	30
-1.1~-2.0	天津、大连、阳泉、平凉	0.90	4.70	45	40	40	30	30
		1.16	4.00	30	30	30	30	30
-2.1~-3.0	兰州、太原、唐山、阿坝、喀什	0.85	4.70	50	45	40	35	30
		1.10	4.00	35	30	30	30	30
-3.1~-4.0	西安、银川、丹东	0.68		60	60	55	50	45
-4.1~-5.0	张家口、鞍山、酒泉、伊宁、吐鲁番	0.75	3.00	55	50	50	40	40
-5.1~-6.0	沈阳、大同、本溪、阜新、哈密	0.68	3.00	60	60	55		45
-6.1~-7.0	呼和浩特、抚顺、大柴旦	0.65	3.00	60	60	55	50	45
-7.1~-8.0	延吉、通辽、通化、四平	0.65	2.50	65	60	60	55	50
-8.1~-9.0	长春、乌鲁木齐	0.56	2.50	80	75	70	65	60
-9.1~-11.0	哈尔滨、牡丹江、克拉玛依、佳木斯、安达、齐齐哈尔	0.52	2.50	85	80	70	70	70
-11.1~-14.5	伊春、呼玛、海拉尔、满洲里、海伦、博克图	0.52	2.00	85	80	80	70	70

第七章　外墙内保温系统

外墙内保温的复合墙体系结构中，外围护结构承重墙体分为现浇或预制混凝土外墙、内浇外砌或砖混结构的外墙以及其他承重外墙。绝热（保温）材料复合在外墙内侧，墙体中可设空气层或不设空气层，当设置空气层时，主要目的是通过空气层切断液态水分的毛细渗透，防止保温材料受潮，同时外侧墙体结构层有吸水能力，其内侧表面由于温度低而出现的冷凝水，被结构材料吸入并不断向室外转移、散发，空气间层还增加一定的热阻。空气层的设置对内部孔隙连接、易吸水的保温材料很有必要；保温材料层（保温层、隔热层）是节能墙体的主要功能部分；覆盖材料主要防止保温层受破坏，如石膏板或其他饰面材料覆盖面作为保护层，同时在一定程度上阻止室内水蒸气浸入保温层。

外墙内保温与外墙外保温施工技术相比：外墙内保温系统的优点是内保温所用的保温材料要求不是很高，施工不受雨季影响；因在外墙体内侧（室内）施工，又不需高空作业，不用脚手架或高空吊篮，室内作业面不大，多为干作业施工，施工比较安全方便；不损害建筑物原有的立面造型，施工造价相对较低；由于绝热层在内侧，在夏季的晚间墙内表面温度随空气温度的下降而迅速下降，减少闷热感。缺点是占用室内使用面积，其次在某种程度上影响室内墙体上重物吊挂，若用于旧房节能改造在施工时会影响室内住户的正常生活，最重要的缺点是在严寒和寒冷地区应用存在热桥，因此降低了建筑节能效果，特别在要求节能率必须达到65%的地区，大大限制了该节能系统应用技术的发展。

另外，该类节能墙体的外侧结构层密度大、蓄热能力大，相对室温波动较大，冬季供暖时升温快，不供暖时降温也快。

第一节　产生热桥的原因和避免措施

一、产生热桥的原因

由于抗震和结构的需要，外墙上的钢筋混凝土梁、圈梁、柱、构造柱都要与内墙上的钢筋混凝土梁、圈梁连接，都要与现浇的钢筋混凝土楼板、屋盖板连接，在对外墙进行保温施工时，在这些连接处保温层不可避免地要被断开，即在这些连接处没有保温层。所以在严寒和寒冷地区的外墙采用内保温工艺，外墙上出现热桥是不可避免的。

外墙内保温系统在建筑的外围护结构上会出现较多的热桥，如外墙上的钢筋混凝土梁、柱、板的连接处；外墙与钢筋混凝土的梁、板、柱的连接处；外墙与外墙的连接处；外墙与内墙的连接处；外墙与地板、楼板、屋面板的连接处；外墙与外门窗的连接处；挑出外墙和伸出屋面的钢筋混凝土装饰件与墙和屋顶的连接处；伸出屋顶的女儿墙、烟囱、排气通道与屋顶的连接处；外墙角、外门窗的上下左右侧、阳台板、挑出的屋面板等都是产生热桥的部位。

由于保温层被断开的节点部位没有保温层,所以该部位的热阻很小,传热系数很大,而且这些部位的传热往往都是二维传热或一维传热,室内的采暖热能很容易通过这些部位传至室外,降低室内应有热量。也是由于外墙上的热桥与外墙(墙的主体及保温层)接触的界面两侧存在着温差,在接触的同一个微元处的两侧,外墙主体或保温层的温度高于热桥的温度,这个温差就会产生传热,热能由外墙主体或保温层传至热桥,再通过热桥传至室外。

在节能建筑外墙上的贯通(外墙的内、外表面)热桥,其内表面温度(在冬季)比非节能建筑外墙上的贯通热桥的内表面温度更低(这是由于它本身的热阻更小,附加能耗又大所造成的),它的危害也更大。特别是对外墙内保温的节能建筑,其危害尤为突出。

在内保温外墙上的贯通热桥,其内表面(在冬季)普遍结露、长霉、变黄、发黑,当表面结露发生后,如果在一个热循环周期(24h)内水滴的质量达到临界质量,则结露形成滴水、流水。结露水浸润热桥附近的保温材料,使其受潮、吸水,由于水的传热性能远大于空气,这样就大大降低了保温材料原有的保温性能,严重者使结露区逐渐扩大,甚至波及大部分的外墙内表面,久之形成恶性循环。这不仅影响居室美观,也影响居住卫生,而且恶化了居住环境。

二、避免产生热桥的基本措施

由于节能建筑中热桥的多样性和复杂性,加之各地的气候又有很大的差异性,解决热桥的问题应根据当地条件制订具体措施。

(1) 采用导热系数小的混凝土结构材料,如膨胀矿渣珠、火山渣、浮石、陶料(玻璃质、多孔的)等材料提高热桥本身的热阻。对于钢筋混凝土圈梁、过梁、砌块外墙的钢筋混凝土现浇带、窗台板、外墙上的挑出板、伸出屋顶及外墙上的钢筋混凝土装饰,采用上述集料的混凝土比较容易做到。

(2) 采用高效保温的涂抹型保温材料,如保温砂浆、保温粉、保温膏(浆)、保温涂料等保温材料,在外露于室外(连同外露于室内)的钢筋混凝土部件(包括轻集料的钢筋混凝土部件)表面涂抹一层适当厚度的保温涂料,降低热桥本身与室外冷空气或室内热空气的直接交换,加长热桥本身的传热途径,从而提高热桥的传热阻。

(3) 在外墙上的热桥及其周围,包括内外墙角、外门的侧墙及丁字墙,即在热桥影响区(距热桥外边沿 0.5m 左右的墙面上)的表面上,采用涂抹型高效保温材料来代替普通水泥砂浆或混合砂浆,以提高热桥影响区(包括热桥部位)的热阻。

(4) 在外墙上的热桥及其周围,利用外墙外保温技术粘贴或外挂保温板。

(5) 在严寒和寒冷地区采用外墙内保温时,应特别注意保温材料的选择和保温构造设计。如选择保温材料时应选用吸水率低的材料,否则保温材料吸水后,导热系数也随之增大,避免在冬季水蒸气渗透受潮吸水或夏季通过外墙吸水而降低保温性能或出现结露现象。保温层所用的材料绝大多数都属于轻质多孔材料,为了防止冬季室内的水蒸气进入保温层而吸潮,可在外墙内保温层的热面(室内面)设置隔气层,如铝箔、防水透气膜等。当使用有热反射功能的材料时,它不仅有很好的隔气作用,而且能将 70% 以上的辐射热反射回室内,相当于在原有保温层基础上增加了厚度;夏天室外高温,水蒸气从外墙的一侧向室内渗透,当在外墙内保温层的外侧使用防水透气膜(利用所谓"呼吸"功能)时,外侧的潮气进不到室内,而室内的潮气可以排到室外。根据使用地区要求不同,当在保证保温层干燥的情况下,也可采用双层隔气层防止水蒸气进入保温层。

(6) 在外墙内保温的保温层的冷侧（冬季）设置吸湿空气层和在保温层的热侧设隔气热反射层（膜），不仅能较好地阻止水蒸气进入保温层，即使从隔气层的接缝处或周边有部分水气进入保温层，通过空气层的吸潮作用而保持保温层的干燥，热反射膜还能提高保温层的保温效果。

第二节 外墙内保温系统施工

外墙内保温系统施工方法有：在外墙内侧粘贴或砌筑块状保温板（如膨胀珍珠岩板、水泥聚苯板、加气混凝土块、聚苯乙烯泡沫板等），并在表面抹保护层（如水泥砂浆或聚合物水泥砂浆等）；在外墙内侧拼装玻璃纤维增强水泥聚苯复合板或石膏聚苯复合板，表面刮腻子；在外墙内侧安装岩棉轻钢龙骨纸面石膏板或其他板材；在外墙内侧涂抹保温膏（浆）料（如胶粉聚苯颗粒浆料、硅酸盐类保温膏）；在外墙内侧抹保温砂浆等。

这些外墙内保温材料和施工工艺，不仅适用于砖砌体外墙，也适用于砌块砌体外墙，还适用于混凝土外墙。根据所处地区气候条件不同，考虑是否设置吸湿空气层、隔气层，并对整体保温节能效果和工程造价进行综合分析。

在选材、构造设计合理的情况下，外墙内保温系统适合我国各个地区。

一、胶粉聚苯颗粒外墙内保温系统

胶粉聚苯颗粒外墙内保温施工与外墙外保温所用材料及施工工艺基本相似。

（一）体系特点

(1) 在满足节能要求的条件下，达到可靠保温、防水双功能。
(2) 不但施工简便，而且保温层强度好，不开裂，不脱落，造价低。
(3) 可消除热桥影响和表面裂纹等缺陷。
(4) 系统热惰性好，阻燃、隔声性好。
(5) 所用材料为环保型，无放射性污染，适合室内应用。

（二）适用范围

可适用混凝土、小型空心砌块、非黏土砖和烧结砖墙体内侧，采用保温涂抹施工工艺的工程。

（三）基本结构

胶粉聚苯颗粒外墙内保温不设空气层的基本结构如表7-1所示。

表7-1 基本结构

外墙	胶粉聚苯颗粒保温浆料体系外墙内保温做法基本结构				构造示意
	界面层	保温层	抗裂保护层	饰面层	
混凝土小型空心砌块、非黏土砖和烧结砖	界面砂浆	胶粉聚苯颗粒保温浆料	水泥抗裂砂浆加耐碱涂塑玻纤网布	抗裂柔性腻子	①②③④⑤
①	②	③	④	⑤	

(四) 施工准备

1. 技术准备

掌握具体设计和详细节点构造要求。编制施工工程分项施工作业指导书。对分项作业人员进行技术交底、安全教育。原材料检查、验收。

2. 材料准备及技术要求

(1) 水泥：强度等级为42.5的普通硅酸盐水泥，应符合《硅酸盐水泥、普通硅酸盐水泥》(GB 175—1999)的要求。进入现场后存放在防雨、干燥地方。

(2) 中砂：应符合《普通混凝土用砂、石质量标准及检验方法标准》(JGJ 52—2006)的要求，筛除大于2.5mm颗粒，含泥量小于3%。

(3) 界面剂：应符合《建筑用界面处理剂应用技术规程》(DBJ 01—40—98)规定的性能要求。

(4) 胶粉料技术性能指标如表7-2所示。

表7-2 胶粉料技术性能指标

项目	指标	项目	指标
初凝时间 (h)	≥4	拉伸粘结强度（常温28d）(MPa)	≥0.6
终凝时间 (h)	≤16	浸水拉伸粘结强度	≥0.4
安定性	合格	（常温28d，浸水7d）(MPa)	

(5) 聚苯颗粒轻集料性能指标如表7-3所示。

表7-3 聚苯颗粒轻集料性能指标

项目	指标	项目	指标
堆积密度 (kg/m^3)	12~21	粒度 (5mm筛孔筛余)(%)	≤5

(6) 胶粉聚苯颗粒保温浆料性能指标如表7-4所示。

(7) 抗裂砂浆性能指标如表7-5所示。

表7-4 胶粉聚苯颗粒保温浆料性能指标

项目	指标
湿表观密度 (kg/m^3)	≤450
干表观密度 (kg/m^3)	≤230
导热系数 [W/(m·K)]	≤0.060
压缩强度 (kPa)	≥200
线性收缩率 (%)	≤0.3
软化系数	≥0.5
难燃性	B1

表7-5 抗裂砂浆性能指标

项目	指标
砂浆稠度 (mm)	80~130
可操作时间 (h)	≥2.0
拉伸粘结强度（常温28d）(MPa)	>0.8
浸水拉伸粘结强度（常温28d，浸水7d）(MPa)	>0.6
抗弯曲性	5%弯曲变形无裂纹

(8) 玻纤网布性能指标如表7-6所示。

(9) 抗裂柔性腻子性能指标如表7-7所示。

表 7-6 玻纤网布性能指标

项目		指标
经纬密度（根/25mm）		4
单位面积质量（g/m²）		≥160
断裂强度（N/50mm）	经向	≥1250
	纬向	≥1250
耐碱强度保留率（28d）（%）	经向	≥90
	纬向	
涂塑量（g/m²）		≥20

表 7-7 抗裂柔性腻子性能指标

项目		要求	
		Ⅰ型	Ⅱ型
施工性		刮涂无困难	
干燥时间，表干（h）		<5	
打磨性（%）		20～80	
耐水性（48h）		—	无异常
耐碱性（24h）		—	无异常
粘结强度（MPa）	标准状态	≥0.3	≥0.6
	浸水后状态	—	≥0.40
低温储存稳定性		—5℃冷冻4h无变化,刮涂无困难	
柔韧性		直径50mm，无裂纹	
稠度（cm）		11～13	

（10）胶粉聚苯颗粒保温浆料体系性能指标如表 7-8 所示。

表 7-8 胶粉聚苯颗粒保温浆料体系性能指标

项目	指标	项目	指标
耐冲击性(J)	>20	人工老化性(2000h)	合格
耐磨性(500L 铁砂)	无损坏	水蒸气渗透性[g/(Pa·m·s)]	>9.00×10⁻⁹

3. 机具准备

（1）强制式砂浆搅拌机、手提式电动搅拌器、垂直运输机械、水平运输手推车等。

（2）常用抹灰工具及抹灰的专用检测工具。

4. 施工条件

（1）结构必须经有关部门验收合格后进行内保温施工。

（2）门窗框安装完毕并经验收合格。

（3）管道穿越墙洞的套管用 1：3 水泥砂浆（外墙应用聚苯颗粒保温浆料）填塞密实；所有埋线、线槽盒、消火栓等安装完毕。

（4）应有供配料搅拌使用的动力电源；施工环境和墙体表面温度不低于 5℃。

（五）施工工艺

1. 工艺流程

基层墙体处理──→墙体基层涂刷界面砂浆──→吊垂直、套方、弹抹灰厚度控制线──→打点、冲筋──→抹第一遍胶粉聚苯颗粒保温浆料──→抹第二遍胶粉聚苯颗粒保温浆料──→抹抗裂砂浆，同时压入网布──→刮柔性腻子──→验收

2. 操作工艺要点

（1）基层处理

用钢丝刷清除基层墙面浮灰、灰渣、油渍等，再用软刷扫净。

（2）墙体涂界面剂

配制界面处理砂浆，按水泥：中砂：界面剂为 1：1：1 质量比，搅拌成均匀膏状。

用滚刷或扫帚蘸取界面砂浆均匀涂刷于墙面上，涂刷时不得漏刷，拉毛不宜太厚；吊垂直、套方，在侧墙、顶板处根据保温厚度要求弹出抹灰厚度控制线。

（3）打点、冲筋

配制胶粉聚苯颗粒保温浆料,先将 35~40kg 水倒入砂浆搅拌机内,然后倒入一袋 25kg 的保温胶粉料搅拌 3~5min 后,再倒入一袋 200L 的聚苯颗粒轻集料继续搅拌 3min,可按具体情况适当调整加水量,搅拌均匀后即可出料,该料应随拌随用,且每配制批次的料在 4h 内用完。

用配制好的胶粉聚苯颗粒保温浆料做灰饼,即打点、冲筋。

(4) 抹保温层

用已配好的胶粉聚苯颗粒保温浆料开始在墙上抹时,第一遍厚度宜为总厚度的一半,最大厚度不大于 20mm。当材料与墙粘住后,不宜反复赶压。

在抹第一遍隔 24h 后,再抹第二遍胶粉聚苯颗粒保温浆料,第二遍可抹到冲筋灰饼的厚度,如第二遍抹 20mm 仍未达到冲筋灰饼的厚度,则隔 24h 后再增加一遍抹灰,达到灰饼厚度。每抹完一个墙面保温层,用大杠刮平找直后用铁抹子压实赶平。保温层完工后,用检测工具进行检验,应达到垂直、平整、阴阳角方正、顺直,应达到允许偏差范围内,否则修补。

(5) 抹抗裂砂浆压入玻纤布

配制抗裂砂浆时按抗裂剂∶中砂∶水泥为 1∶3∶1 质量比,用砂浆搅拌机或手提电动搅拌器搅拌均匀。配制砂浆时不得任意加水,且配好的砂浆应在 2h 内用完。

在保温层固化干燥后,用铁抹子在保温层上均匀抹好抗裂砂浆,厚度应在 3~4mm,在刚抹好的砂浆上用铁抹子压入裁好的玻纤网布,要求网布竖向铺贴并全部压入抗裂砂浆内。操作中网布不得有干贴现象,粘贴饱满度应达到 100%,接槎处搭接应不小于 50mm,两层搭接网布之间应布满抗裂砂浆,严禁干槎搭接。在门窗洞口边角应 45°斜向加贴一道加强网布,其尺寸宜为 400mm×150mm。

抗裂砂浆应平整、垂直,阴阳角方正,达到允许偏差范围内,否则修补。

(6) 刮柔性抗裂腻子

抹完抗裂砂浆约 24h 干燥后,均匀刮二遍或三遍柔性抗裂腻子。当设计不贴瓷砖的厨房、卫生间等有防水要求的部位应刮柔性耐水腻子。

3. 成品保护

门窗框残存砂浆应及时清理干净,严禁蹬踩窗台,防止损坏棱角;

拆除架子时应轻拆轻放,防止撞坏门窗、墙面,禁止对墙体水冲、撞击和挤压。

(六) 质量标准

1. 保证项目

(1) 所用材料品种、质量、性能应符合设计要求和规定的性能指标。

(2) 保温层及构造做法应符合建筑节能设计要求。

(3) 保温层与墙体以及各构造层之间必须粘结牢固,无脱层、空鼓及裂缝,面层无粉化、起皮、爆灰。

2. 基本项目

(1) 表面平整、洁净,接槎平整,线角顺直、清晰,毛面纹路均匀一致。

(2) 边角符合施工规定,表面光滑、平顺,门窗框与墙体间缝隙填塞密实,表面平整。

(3) 孔洞、槽、盒位置和尺寸正确,表面整齐、洁净,管道后面平整。

3. 允许偏差

外墙内保温抹灰允许偏差及检验方法如表 7-9 所示。

表 7-9 允许偏差及检验方法

项　目	允许偏差（mm）		检　验　方　法
	保温层	抗裂层	
立面垂直	4	3	用 2m 托线板检查
表面平整	4	3	用 2m 靠尺和楔尺检查
阴阳角垂直	4	3	用 2m 托线板检查
阴阳角方正	4	3	用 20cm 方尺和楔尺检查
保温层厚度	不允许有负偏差		用探针、钢尺检查

二、粉刷石膏聚苯板外墙内保温系统

（一）粉刷石膏聚苯板外墙内保温系统特点

（1）可从结构上减少热桥。

（2）避免预制保温板在运输途中可能发生的破损现象，并可适当降低工程成本。

（3）粉刷石膏凝结硬化快，工程进度快，可缩短施工工期。

（二）适用范围

适用于钢筋混凝土、砌块、黏土或非黏土砖等外墙内保温工程。

（三）基本结构

粉刷石膏聚苯板外墙内保温设空气层的基本构造如表 7-10 所示。

表 7-10 基 本 结 构

外　　墙	粉刷石膏聚苯板外墙内保温做法基本结构				
	空气层	保温层	保护层	饰面层	构造示意
钢筋混凝土、混凝土砌块、轻质混凝土砌块、黏土空心砖和非黏土砖墙等	10mm 厚	聚苯泡沫板	粉刷石膏加中碱涂塑玻纤网布	抗裂耐水柔性腻子加中碱涂塑玻纤网布	①②③④⑤
①	②	③	④	⑤	

（四）施工准备

1. 技术准备

掌握施工工艺流程，粘结胶浆的配制方法，粘结石膏、粉刷石膏可操作时间以及节点施工要点。

2. 主要材料技术性能要求

（1）粘结石膏的技术性能指标如表 7-11 所示。

（2）粉刷石膏的技术性能指标如表 7-12 所示。

表 7-11 技术性能指标

项　目		指　标
细度（2.5mm 方孔筛筛余%）		0
可操作时间（min）		≥50
保水率（%）		≥70
抗裂性		24h，无裂纹
凝结时间（min）	初凝时间	≥60
	终凝时间	≤120
强度（MPa）	绝干抗折强度	≥3.0
	绝干抗压强度	≥6.0
	剪切粘结强度	≥0.5
收缩率（%）		≤0.06

表 7-12 技术性能指标

项　目		指　标
可操作时间（min）		≥50
保水率（%）		≥65
抗裂性		24h，无裂纹
凝结时间（min）	初凝时间	≥75
	终凝时间	≤240
强度（MPa）	绝干抗折强度	≥2.0
	绝干抗压强度	≥4.0
	剪切粘结强度	≥0.4
收缩率（%）		≤0.05

(3) 中碱玻纤网布的技术性能指标如表 7-13 所示。

表 7-13 技术性能指标

项　目	指标		项　目	指标	
	被覆用	粘贴用		被覆用	粘贴用
质量（g/m²）	≥80	≥45	抗拉断裂荷载（N/50mm）	经向≥600 纬向≥400	经向≥300 纬向≥200
含胶量（%）	≥10	≥8	网孔尺寸（mm）	5×5 或 6×6	2.5×2.5

(4) 自熄型聚苯板应符合《绝热用模塑聚苯乙烯泡沫塑料》（GB/T 10801.1—2002）标准中阻燃型聚苯板的要求。厚度、规格符合设计要求。

3. 工具准备

常用瓦工工具、配料容器、刷子及量具。

4. 施工基本条件

完成主体墙的施工、楼地面施工、外墙门窗口的安装；水暖埋件或电气管线、接线必须埋设完毕；堵塞一切漏水渠道。清除楼板及墙面的污染物、浮土、酥皮等。所有进入现场原材料应经验收合格。

(五) 施工工艺

1. 工艺流程

基层墙体处理──→弹线、冲筋──→基层墙体润湿──→配粘结胶浆──→粘贴防水保温踢脚板──→粘贴聚苯板──→挂直靠平──→抹底层粉刷石膏──→埋入玻纤网布──→抹面层粉刷石膏──→作门窗口护角──→满刮腻子──→验收。

2. 操作工艺要点

在主体墙内侧，凡超过空气层高（20mm）的砂浆，应予剔除并清理干净。按照空气层、保温板的厚度，在墙面、顶棚以及地面上弹出内保温墙面的位置线（一定要注意主体墙的平整度，以其最高点为准）。并在最下一层板的粘结位置上拉出基准线。

按主体墙面尺寸、门窗位置及拐角尺寸使聚苯板错缝排列。按排板位置贴饼冲筋，在需设埋件处做出 200mm×200mm 的灰饼。冲筋材料为 1:3 水泥砂浆，筋宽为 60mm，其厚度以保证空气层厚度为准。

用粘结石膏粘贴踢脚板。粘贴时用橡皮锤敲实贴紧,做到上平、垂直,并将挤出的粘结石膏随时清理干净(如有条件可采用现场制作防水保温踢脚板)。按排板方案裁切聚苯板,裁板要用壁纸刀垂直板面裁切,并沿纬线裁剪玻纤网布。用水将粘结石膏按适当的稠度搅拌均匀(按使用 30min 左右的用量进行调制),在短时间内迅速涂抹到聚苯板上(粘结点的高度要略高于空气层厚度)。粘结石膏胶料的涂抹面积与聚苯板面积之比不小于 1/3,顶棚下 200~300mm 以及地面上 800~900mm 范围内应适当增加粘结点,便于用户安装装饰墙裙等。

粘贴从左至右,自下而上进行。底层的聚苯板应坐入预先抹好的防水保温踢脚板上。从右上方朝左下方平行地挤靠聚苯板时,碰头胶灰应尽可能薄而饱满。在挤靠聚苯板的同时,按照基准线位置向里均匀挤压聚苯板,并随时用靠尺检查粘贴面的平整度,确保聚苯板墙面的垂直度和平整度。

聚苯板与相邻墙面、顶棚、保温踢脚板相连接的地方应用粘结石膏嵌实。在门窗口及接线盒的位置,凡空气层外露之处,都需用粘结石膏封严,聚苯板粘贴后 2h 内不得碰撞移动。待粘结石膏终凝后,在聚苯板墙面上定出粉刷石膏抹灰层厚度的基准线或按厚度冲筋。

粉刷石膏配制浆料时,先将水放入搅拌桶再倒入粉料,等灰料湿润后用搅拌器搅拌均匀,搅拌时间约 3min 左右,使浆料达到施工所需要的稠度后(按粉刷石膏质量计算,面层型用水量为 48%~50%,底层型用水量为 20% 左右)静置 3min,再进行二次搅拌便可使用,粉刷石膏的搅拌量应在 50min 内用完。

用抹子将底层粉刷石膏料浆按规定厚度抹在聚苯板墙面上,用 H 形尺或刮板紧贴标筋上下左右刮平压实,做到墙面平直。待底层粉刷石膏终凝后,再抹厚 3mm 的面层粉刷石膏,同时在面层灰初凝之前将玻纤网布横向绷紧,用木抹子拍入到抹灰层内,网布要尽量靠近表面。相邻网布搭接不小于 100mm,在门窗洞口处斜向加铺 300mm×200mm 玻纤网布。

粉刷石膏压光应在其终凝前进行,以手指按压表面不出现明显压痕为宜(一般在抹灰后 30min 左右进行),用抹子压光时,可同时配合海绵或毛毡抹子蘸水搓揉压光。

厨房和卫生间的墙应用聚合物水泥砂浆粘结剂粘结聚苯板,然后抹上 6mm 厚的聚合物水泥砂浆,并将玻纤网布埋于表层内,待粉刷石膏面层表干之后,满刮耐水腻子。

(六)质量标准

(1) 粉刷石膏层不得有空鼓、起皮和裂缝,表面应平整、光滑,总厚度不小于 8mm。

(2) 空气层厚度不小于 20mm。

(3) 用 10kg 砂袋以 0.5m 落差冲击墙面 10 次无凹坑、裂纹出现。

(4) 聚苯板安装的允许偏差如表 7-14 所示。

表 7-14 聚苯板安装的允许偏差

项 目	允许偏差(mm)	检 查 方 法
表面平整	4	用 2m 靠尺和楔形塞尺检查
立面垂直	5	用 2m 托线板检查
阴阳角垂直	4	用 2m 托线板检查
阴阳角方正	4	用 200mm 靠尺和楔形塞尺检查
接缝高差	1.5	用直尺和楔形塞尺检查

三、外墙内贴保温复合板系统

用于外墙内贴保温复合板有多种产品,如浇制石膏聚苯复合板、纸面石膏板聚苯(或岩棉、玻璃棉)复合板、玻璃纤维增强水泥聚苯复合板等。本节只对外墙内贴带饰面的聚苯保温板设空气层的系统做简要介绍。

带饰面的聚苯保温板施工时,是用粘结剂将聚苯板粘在外墙内表面上,中间留出空气层。在聚苯板表面刮抹饰面石膏砂浆或饰面水泥砂浆,随即横向满铺玻璃纤维网布,再在网布上刮抹饰面石膏(或饰面水泥砂浆)浆体,以形成硬质面层。在厨房、卫生间等湿度较大的房间,采用饰面水泥砂浆罩面的做法。

(一)外墙内贴带饰面的聚苯保温板施工

1. 基本结构

带饰面聚苯保温板外墙内保温设空气层的基本构造如表 7-15 所示。

表 7-15 基 本 构 造

外墙	带饰面聚苯保温板外墙内保温做法基本结构				
	空气层	保温层	保护层	饰面层	构造示意
钢筋混凝土、混凝土砌块、轻质混凝土砌块、黏土空心砖和非黏土砖墙等	20mm厚空气层,粘结剂	聚苯泡沫板	5mm饰面石膏(水泥)加涂塑玻纤网布	3mm饰面石膏(水泥)加涂塑玻纤网布	①②③④⑤
①	②	③	④	⑤	

2. 施工准备

(1)工具准备

常用瓦工工具、配料容器、刷子及量具。

(2)材料要求

1)复合板在运输中避免振动,装卸轻放且应立抬;进入现场的复合板应防止雨淋、受潮,储存时必须码放整齐,垫块间距不得大于 400mm,控制码放高度,以防板面变形。

2)粘结剂为袋装粉状材料,技术性能为:

初凝时间:>30min;

终凝时间:>35min;

抗压强度:>4MPa;

抗折强度:>2.5MPa;

粘结强度:>2.5MPa。

3)饰面石膏(VP)为袋装粉状材料,技术性能为:

初凝时间：>40min；
终凝时间：>50min；
抗压强度：>3.0MPa；
抗折强度：>1.5MPa。

4）饰面水泥（ST）为袋装粉状材料，技术性能为：
抗压强度：>8MPa；
抗折强度：>2MPa；
粘结强度：>0.2MPa。

5）自熄型聚苯泡沫板，表面无灰尘、污物，规格尺寸符合设计和施工的要求，其主要技术性能要求为：
表观密度：$\geq 18 kg/m^3$；
常温导热系数：$\leq 0.04 [W/(m \cdot K)]$。

（3）施工条件

屋面防水工程施工结束后，施工环境温度应在5～30℃之间；应有配料搅拌用动力电源。

3. 施工工艺

（1）工艺流程

基层处理──作踢脚线、门窗拐角──贴饰面聚苯板──抹底层饰面石膏（或饰面水泥）砂浆──满铺玻纤网布──抹面层饰面石膏（或饰面水泥砂浆）

（2）操作工艺要点

1）基层处理

门窗洞口与墙体交接处及有管线通过的墙洞，用1:2.5水泥砂浆填嵌密实；门窗框、隔墙、穿墙管线、墙上各种预埋件、电线闸盒应安装完毕；粘贴聚苯板的基层表面应清扫干净，墙面无灰尘、污垢、松散颗粒等，墙面不得潮湿或过干。

2）特殊部位处理

门窗洞口处，在饰面层内加铺一层玻纤网布以加强防护，也可用水泥砂浆做成护角，使饰面石膏（饰面水泥）玻纤网布伸入护角内联成一体。在外墙与隔墙相交处，应将饰面石膏（饰面水泥）内的玻纤网布转折伸入隔墙抹灰层内，以便结合成整体。

墙体踢脚部位，有两种做法：一种是用两层饰面水泥砂浆及两层玻纤网布加强，并在空气层处用聚苯板垫实的踢脚；另一种是用保温砂浆做踢脚，如用预制水泥珍珠岩块、现浇水泥膨胀珍珠岩或其他保温踢脚。

3）粘贴聚苯板

粘贴聚苯板前，先检查墙面平整垂直程度，并在墙上角按空气层厚度粘贴20mm厚聚苯块作出基准标志，并依此挂线，每隔1m左右用同样方法做出同样厚度基准标志。待确认标志物平整度符合要求后，方可开始粘贴饰面聚苯板。

胶粘剂及饰面石膏或饰面水泥粉料在工地加水拌合。拌合时先计量好水后，再向水中加入粉料（粉料:水=2:1），搅拌2～3min即可。拌合时根据稠度严格控制加水量，加水量过多会影响粘结效果。搅拌好的胶粘剂、饰面石膏及饰面水泥应在初凝前用完（一般常温使用不超过40min），在使用过程不得中途加水。

胶粘剂及饰面石膏用的搅拌机及容器在每工作 1h 后，都必须用清水冲洗干净，防止残留的浆料引起后拌材料过快凝结和产生疙瘩而影响施工质量。

将拌合均匀的胶粘剂舀到聚苯板面上，抹出直径为 80~100mm、厚度为 30mm 的粘结点，呈梅花点状间隔分布，点间距离为 300~350mm。然后将抹胶粘剂的饰面聚苯板粘贴到墙上，拍压贴牢，用 20mm 厚聚苯基准标志块保证空气层厚度及墙面平整，聚苯板板缝处用胶粘剂灌满，使相邻聚苯板靠紧。待粘聚苯板的胶粘剂凝结后 24h，可进行聚苯板饰面处理。

4) 铺玻纤网布

在聚苯板饰面的基层满抹一层饰面石膏（或 ST 水泥）砂浆，其配比为饰面石膏：细砂＝1:1（体积比）或饰面水泥：细砂＝1:2（体积比），厚度为 5mm。

在基层饰面石膏（或 ST 水泥）砂浆初凝前，将通长的整块玻纤网布横向铺在饰面石膏（或 ST 水泥）砂浆表面上，并用铁抹子按压，使玻纤网布与砂浆粘结牢固。

在玻纤网布表面再满抹一层饰面石膏浆料或饰面水泥砂浆，其厚度为 3mm，最后用铁抹子以少量清水抹到不留抹痕为止。

(3) 成品保护

新抹的饰面石膏（或 ST 水泥）表面应避免有穿堂风，防止失水过快而产生干裂；

严禁在粘好饰面聚苯板或做好饰面层后凿洞、钉钉子或安埋件；

不得碰撞墙面、脚踏窗台或用水冲洗。

4. 质量标准

参照本节中粉刷石膏聚苯板外墙内保温体系质量标准。

(二) 几种复合保温板内保温复合墙的构造及其热工性能

(1) 纸面石膏聚苯复合板内保温外墙

红砖砌体主体墙、钢筋混凝土主体墙，采用纸面石膏聚苯复合板的内保温外墙的构造及其热工性能，如表 7-16 所示。

(2) 纸面石膏岩棉复合板内保温外墙

红砖砌体主体墙、钢筋混凝土主体墙，采用纸面石膏岩棉复合板的内保温外墙的构造及其热工性能，如表 7-17 所示。

(3) 纸面石膏玻璃棉复合板内保温外墙

红砖砌体主体墙、钢筋混凝土主体墙，采用纸面石膏玻璃棉复合板的内保温外墙的构造及其热工性能，如表 7-18 所示。

(4) 无纸石膏聚苯复合板内保温外墙

红砖砌体主体墙、钢筋混凝土主体墙，采用无纸石膏聚苯复合板的内保温外墙的构造及其热工性能，如表 7-19 所示。

(5) 饰面石膏聚苯复合板内保温复合外墙

红砖砌体主体墙、钢筋混凝土主体墙，采用饰面石膏聚苯的内保温外墙的构造及其热工性能，如表 7-20 所示。

(6) 充气石膏板内保温复合外墙

红砖砌体主体墙、钢筋混凝土主体墙，采用充气石膏板的内保温外墙的构造及其热工性能，如表 7-21 所示。

表7-16 纸面石膏聚苯复合板内保温复合外墙的构造及其热工性能

构造简图	复合外墙构造					围护结构总厚度(mm)	热惰性指标 D	外墙综合热阻 R' $(m^2 \cdot K/W)$	平均传热系数 K_0 $[W/(m^2 \cdot K)]$
	主墙体			保温结构层						
	1 外墙外饰面厚度(mm)	2 主墙体厚度(mm)	3 空气层厚度(mm)	4 保温层厚度(mm)	5 内面层厚度(mm)				
1 2 234 2—砖墙	20	240	20	30	12	322	3.88	1.228	0.76
	20	240	20	35	12	327	3.93	1.353	0.69
	20	180	30	40	12	282	2.45	1.347	0.70
1 2 345 2—钢筋混凝土墙	20	200	20	20	12	282	2.54	1.10	0.91
	20	200	20	35	12	287	2.58	1.225	0.83
	20	200	20	40	12	292	2.63	1.35	0.77
	20	250	20	30	12	332	2.99	1.129	0.89
	20	250	20	35	12	337	3.03	1.254	0.82
	20	250	20	40	12	342	3.08	1.379	0.75

表 7-17 纸面石膏岩棉复合板内保温复合外墙的构造及其热工性能

构造简图	复合外墙构造					围护结构总厚度 (mm)	热惰性指标 D	外墙综合热阻 R' (m²·K/W)	平均传热系数 K_0 [W/(m²·K)]
	主墙体		保温结构层						
	1 外墙外饰面厚度 (mm)	2 主墙体厚度 (mm)	3 空气层厚度 (mm)	4 保温层厚度 (mm)	5 内面层厚度 (mm)				
1 2 234 2—砖墙	20	240	20	30	12	322	4.21	1.168	0.79
	20	240	20	35	12	327	4.13	1.275	0.73
	20	180	30	40	12	282	2.89	1.198	0.85
	20	180	30	45	12	287	2.99	1.304	0.79
1 2 345 2—钢筋混凝土墙	20	200	20	40	12	292	3.07	1.20	0.85
	20	200	20	45	12	297	3.20	1.306	0.79
	20	250	20	40	12	342	3.52	1.229	0.83
	20	250	20	45	12	347	3.62	1.35	0.77
	20	250	20	45	12	347	3.62	1.335	0.77

表 7-18 纸面石膏玻璃棉复合板内保温复合外墙的构造及其热工性能

构造简图	复合外墙构造					围护结构总厚度 (mm)	热惰性指标 D	外墙综合热阻 R' ($m^2 \cdot K/W$)	平均传热系数 K_0 [$W/(m^2 \cdot K)$]
	主墙体		保温结构层						
	1 外墙外饰面层厚度 (mm)	2 主墙体厚度 (mm)	3 空气层厚度 (mm)	4 保温层厚度 (mm)	5 内面层厚度 (mm)				
2—砖墙	20	240	20	30	12	322	3.88	1.228	0.76
	20	240	20	35	12	327	3.93	1.353	0.69
2—钢筋混凝土墙	20	180	30	40	12	282	2.45	1.347	0.70
	20	200	20	30	12	282	2.54	1.10	0.91
	20	200	20	35	12	287	2.58	1.225	0.83
	20	200	20	40	12	292	2.63	1.35	0.77
	20	250	20	30	12	332	2.99	1.129	0.89
	20	250	20	35	12	337	3.03	1.254	0.82
	20	250	20	40	12	342	3.08	1.379	0.75

第七章 外墙内保温系统

表 7-19 无纸石膏聚苯复合板内保温复合外墙的构造及其热工性能

构造简图	复合外墙构造					围护结构总厚度(mm)	热惰性指标 D	外墙综合热阻 R' $(m^2 \cdot K/W)$	平均传热系数 K_0 $[W/(m^2 \cdot K)]$
	主墙体		保温结构层						
	1	2	3	4	5				
	外墙外饰面厚度(mm)	主墙体厚度(mm)	空气层厚度(mm)	保温层厚度(mm)	内面层厚度(mm)				
2—砖墙	20	240	20	45	5	330	4.01	1.185	0.78
	20	240	20	50	5	340	4.05	1.288	0.73
	20	240	20	55	5	340	4.08	1.391	0.68
2—钢筋混凝土墙	20	180	20	55	5	280	2.45	1.195	0.85
	20	180	20	60	5	285	2.49	1.305	0.79
	20	200	20	50	5	295	2.71	1.096	0.92
	20	200	20	55	5	300	2.74	1.197	0.85
	20	200	20	60	5	305	2.78	1.306	0.79
	20	250	20	50	5	345	3.16	1.172	0.86
	20	250	20	55	5	350	3.19	1.272	0.81
	20	250	20	60	5	355	3.23	1.345	0.77

表 7-20 饰面石膏聚苯复合板内保温复合外墙的构造及其热工性能

构造简图	复合外墙构造					围护结构总厚度(mm)	热惰性指标 D	外墙综合热阻 R' $(m^2 \cdot K/W)$	平均传热系数 K_0 $[W/(m^2 \cdot K)]$
	主墙体		保温结构层						
	1	2	3	4	5				
	外墙外饰面厚度(mm)	主墙体厚度(mm)	空气层厚度(mm)	保温层厚度(mm)	内面层厚度(mm)				
2—砖墙	20	240	20	30	8	318	3.75	1.188	0.78
	20	240	20	35	8	323	3.79	1.29	0.72
	20	240	20	40	8	328	3.83	1.40	0.67
2—钢筋混凝土墙	20	180	30	45	8	283	2.36	1.33	0.78
	20	200	30	40	8	298	2.50	1.24	0.83
	20	200	30	45	8	303	2.54	1.35	0.76
	20	250	20	35	8	333	2.91	1.14	0.89
	20	250	20	40	8	338	2.95	1.25	0.81
	20	250	20	45	8	343	2.99	1.36	0.75

表 7-21 充气石膏板内保温复合外墙的构造及其热工性能

构造简图	复合外墙构造					围护结构总厚度(mm)	热惰性指标 D	外墙综合热阻 R' ($m^2 \cdot K/W$)	平均传热系数 K_0 [$W/(m^2 \cdot K)$]
	主墙体		保温结构层						
	1	2	3	4	5				
	外墙外饰面厚度(mm)	主墙体厚度(mm)	空气层厚度(mm)	保温层厚度(mm)	内面层厚度(mm)				
1 2 2 3 4 2—砖墙	20	240	20	50	3	333	4.60	0.993	0.91
	20	240	20	55	3	336	4.72	1.048	0.87
	20	240	20	60	3	343	4.83	1.105	0.83
	20	240	20	65	3	348	4.95	1.160	0.79
1 2 3 4 5 2—钢筋混凝土墙	20	180	20	70	3	293	3.54	1.028	0.97
	20	180	20	80	3	303	3.77	1.140	0.89
	20	200	20	90	3	313	4.00	1.252	0.82
	20	200	20	70	3	313	3.72	1.035	0.96
	20	200	20	80	3	323	3.95	1.147	0.88
	20	200	20	90	3	333	4.18	1.259	0.81
	20	250	20	70	3	363	4.17	1.060	0.94
	20	250	20	80	3	373	4.40	1.180	0.86
	20	250	20	90	3	383	4.63	1.290	0.80

四、工程质量缺陷及防治措施

工程质量缺陷及防治措施如表7-22所示。

表 7-22 工程质量缺陷及防治措施

缺 陷	可 能 原 因	防 治 措 施
饰面层有裂纹	界面剂、抗裂砂浆或腻子配料比例不准确；搅拌不均；基层清理不干净；新抹的饰面石膏（或ST水泥）表面失水过快，不能满足石膏硬化所需水分；未加玻纤网格布或搭接尺寸过小	必须按规定质量比配料；必须在规定容器（设备）内配料并充分搅拌均匀，在限时内使用；新抹的饰面石膏（或水泥）应避免有穿堂风；应按技术要求压入网布
饰面层起鼓、分层	基层清理不合格，使多灰尘影响与基层粘合力；前道涂层未干燥接涂后层，致使前层干燥慢；在涂后层时破坏前层与基层的粘结力	必须将基层清理干净，保证足够粘结力；应在前道涂层干燥后再涂后层，保证涂层刮均匀情况下，不得反复抹压
复合板墙面出现翘曲、鼓胀	板材材质、质量不合格	按设计要求选材，除技术性能合格外，外观质量应平整，按规格尺寸使用，不得任意扩大或缩小尺寸而凑合使用
复合板墙下沉	未按施工顺序进行、墙体受力不均	施工时自下而上，从阴角开始向另一面依次推进；粘贴前，复合板四周及中间若干点必须充分刮好粘结剂，然后依次粘贴板，用力推挤拍压。下用撬棍撬起，打入木楔，做到板面平整；相邻的复合板刚粘好后，即用大方木制成的木杠拍打，使相邻板面之间齐平一致

续表

缺　陷	可　能　原　因	防　治　措　施
复合板间接缝大、开裂	缝隙收缩、未嵌填	板间缝需用相应材料嵌填密实，如板面为带楔边的纸面石膏板，可用相应嵌缝腻子内埋穿孔纸带（或玻纤网带）嵌缝；板下缝隙应用相应尺寸的高密度聚苯乙烯泡沫块填塞紧密
冬季在边角等处出现结露、滴水	墙体转角处、内外墙交接处、踢脚线处形成热桥	可根据工程实际情况，在边角等处设聚苯板条以改善保温效果

第八章　屋面节能保温系统

屋面作为建筑物外围护结构，其室内外温差传热所消耗的热量，大于任何一面外墙或地面的耗热量。在多层建筑围护结构中，屋面所占面积较小，但能耗约占总能耗的8%~10%。

因此，必须设法提高屋面的保温隔热性能，对南方地区主要是提高抵抗夏季室外热辐射，而北方地区则以保温为主，减少室内热量的散失，这是减少空调耗能或降低采暖费用、改善室内环境的重要节能措施。

目前，新建住宅和既有住宅采用平屋顶居多，当在太阳辐射最强的中午时间，太阳光线对于坡屋面是斜射的，而对于平屋面是正射的，深暗色的平屋面仅反射不到30%的日照，而非金属浅暗色的坡屋面至少反射65%的日照，反射率高的屋面大约节省20%~30%的能源消耗。因此，隔热效果不如坡屋面。而且平屋面的防水较为困难，耗能较多。若将平屋面改为坡屋面，并内置保温隔热材料，不仅可提高屋面的热工性能，还有可能提供新的使用空间（顶层面积可增加约60%），也有利于防水，并有检修维护费用低、耐久之特点。特别是用于坡屋面的材料形式多样，色彩选择广，对改变建筑千篇一律的平屋面单调风格，丰富建筑艺术造型，点缀建筑空间有很好的装饰作用。但在坡屋面的设计时特别注意屋面细部构造设计及保温层的热工设计，使其能真正达到防水、节能的要求。

建筑屋面节能技术，应根据屋面结构形状（如平屋面、坡屋面），再结合我国各地区气候特征而进行设计、施工。

屋面节能系统可划分为两种方式：一种是节能保温屋面（实体材料层），另一种是节能隔热屋面。虽然两种节能屋面的功能和概念不同，但它们目的却相同。

保温屋面主要侧重用于严寒、寒冷地区，其次是夏热冬冷地区的建筑结构。保温屋面是使用热惰性好的保温材料，封闭屋面，最大限度减少室内的热量向室外传递。

隔热屋面主要侧重用于我国南方炎热或夏热冬冷地区，隔热屋面主要是采用建筑结构的方式降低辐射热，能最大限度杜绝室外的热量向室内传递。如其中的架空屋面、蓄水屋面和种植屋面。

由于两种节能屋面方式不同，采用的节能施工技术有所区别，保温屋面侧重选用适当的保温材料与合理施工技术。而隔热屋面侧重采用建筑结构设计所采取的隔热措施。通过保温和隔热各自不同的处理方式，从而达到建筑节能和使用舒适的要求。

第一节　一般规定、保温层及构造设计

一、一般规定

(1) 保温隔热屋面适用于具有保温隔热要求的屋面工程。当屋面防水等级为Ⅰ级、Ⅱ级时，不宜采用蓄水屋面。

屋面保温可采用板状材料或整体现喷保温层，屋面隔热可采用架空、蓄水、种植等隔热层。

（2）封闭式保温层的含水率，应相当于该材料在当地自然风干状态下的平衡含水率。

（3）架空屋面宜在通风较好的建筑物上采用；不宜在寒冷地区采用。

（4）蓄水屋面不宜在寒冷地区、地震地区和振动较大的建筑物上采用。

（5）种植屋面应根据地域、气候、建筑环境、建筑功能等条件，选择相适应的屋面构造形式。

（6）当保温隔热屋面的基层（结构层）为装配式钢筋混凝土板时，应用强度等级不小于C20的细石混凝土将板缝灌填密实；当板缝宽度大于40mm或上窄下宽时，应在缝中放置构造钢筋；板端缝应进行密封处理。

（7）对正在施工或施工完的保温隔热层应采取保护措施。

二、保温层及构造设计

（一）保温层构造的设计

（1）保温层设置在防水层上部时，保温层的上面应做保护层。

（2）保温层设置在防水层下部时，保温层的上面应做找平层。

（3）屋面坡度较大时，保温层应采取防滑措施。

（4）在纬度40°以北冬季采暖地区（寒冷地区）且室内空气湿度大于75%时就会发生结露，潮气会通过屋面板渗到保温层中；其他地区室内空气湿度常年大于80%时，也会产生结露，若采用吸湿性保温材料做保温层，为了防止室内水蒸气通过屋面板渗透到保温层内，应选用气密性、水密性好的防水卷材或防水涂料做隔气层。

（5）吸湿性保温材料不宜用于封闭式保温层，当需要采用时，屋面保温层干燥有困难时，宜采用排气屋面，排气屋面设计符合下列规定：

1）找平层设置的分格缝可兼做排气道；铺贴防水卷材时宜采用空铺法、点铺法、条粘法。

2）排气道应纵横贯通，并与大气连通的排气管相通；排气管可设在檐口下或屋面排气道交叉处。

3）排气道宜纵横设置，间距宜为6m。屋面面积每$36m^2$宜设置一个排气孔，排气孔应做防水处理。

4）在保温层下也可铺设带支点的塑料板，通过空腔层排水、排气。

（二）现场喷涂聚氨酯硬泡设计

（1）聚氨酯硬泡塑料中发泡剂会因扩散作用不断与环境中的空气进行置换，致使导热系数随时间延长而逐渐增大，应采用不透气材料做面层将其密封，以限制或减缓这种置换作用。

（2）聚氨酯硬泡喷涂层的厚度，应根据建筑保温隔热性能要求而定，并应符合《民用建筑热工设计规范》（GB 50176—93）的规定。

（3）外露使用聚氨酯硬泡塑料会出现过早老化，导致各项物理性能指标下降，根据上人或不上人要求，都应在聚氨酯硬泡塑料外层上增加保护层，以便延长使用寿命并保持应用效果。

(4) 聚氨酯硬泡塑料发烟温度低，遇火时产生大量浓烟与有毒气体，不宜直接用作内保温材料。

(5) 用于结构空腔、缝隙、冷桥等部位密封时，宜有保护层。

(6) 建筑屋面的结构层为混凝土时，应设找坡层或找平层。找平层或找坡层应坚实、平整，表面不应有浮灰和油污。

(7) 喷涂聚氨酯硬泡基层含水率应小于8%。

(8) 落水集水范围的坡度：平屋面的排水坡度不应小于2%，天沟、檐沟的纵向排水坡度不应小于1%。

(9) 屋面与山墙、女儿墙、天沟、檐沟以及突出屋面结构的连接处应为圆弧连接，其圆弧半径 $R=80\sim100$mm。

当要求建筑节能率达到65%以上时，山墙、女儿墙等所有外露部位应与屋面施工成连续整体，避免形成"热桥"。

(10) 聚氨酯硬泡塑料防火性能指标应符合《建筑设计防火规范》（GB 50016—2006）的要求。

(11) 保温隔热普通型聚氨酯硬泡塑料，虽然吸水率较低，不得兼做防水材料。

(12) 防水-保温功能型聚氨酯硬泡塑料：

1) 功能型聚氨酯硬泡塑料工程设计的方案，应根据各类建筑防水与保温隔热性能要求、区域气候条件、建筑结构特点、工程耐用年限、维修管理等因素，经技术经济综合比较后确定。

2) 适用于防水等级为Ⅰ～Ⅳ级的工业与民用建筑的平屋面、斜屋面、墙体及大跨度的金属网架结构屋面、异形屋面与需防渗漏的构筑物的防水保温，也适用于旧建筑的维修和改造。

（三）架空屋面的设计

(1) 屋面的坡度不宜小于5%。

(2) 架空隔热层的高度，应按屋面宽度或坡度大小的变化确定。

(3) 当屋面宽度大于10m时，架空屋面应设置通风屋背脊。

(4) 架空隔热层的进风口，宜设置在当地炎热季节最大频率风向的正压区，出风口宜设置在负压区。

(5) 屋面和风道长度不宜大于15m，空气间层以200mm左右为宜。

(6) 架空隔热板与山墙（女儿墙）间应留出250mm的距离。

(7) 支座布置应整齐统一，条形支座应沿纵向平直排列，点式支座应纵横向排列整齐，保证通风顺畅无阻。

(8) 隔热制品支座底面的卷材、涂膜防水层上应采取加强措施，操作时不得损坏已完工的防水层。

（四）蓄水屋面的设计

(1) 蓄水屋面的坡度不宜小于0.5%。

(2) 蓄水屋面应划分为若干蓄水区，每区的边长不宜小于10m，在变形缝的两侧应分成两个互不连通的蓄水区；长度超过40m的蓄水屋面应设分仓缝，分仓隔墙可采用混凝土或砖砌体。

(3) 分格缝的设置应符合屋盖结构的要求，间距按板的布置方式而定。对于纵向布置的板，分格缝内的无筋细石混凝土面积应小于 50m²；对于横向布置的板，应按开间尺寸以不大于 4m 设置分格缝。

(4) 蓄水屋面应设排水管、溢水口和给水管，排水管应与落水管或其他排水出口连通。

(5) 蓄水屋面的蓄水深度宜为 150～200mm。

蓄水屋面的蓄水深度低于 150mm 时，隔热效果下降；当蓄水深度高于 200mm 时，白天隔热效果并不能提高多少，而到夜间，白天水温升高后热量难以很快释放，反而传递给室内，导致晚间室温增加。

(6) 泛水对渗漏影响很大，应将防水层混凝土沿檐墙内壁上升，蓄水屋面泛水的防水层高度，应高出溢水口 100mm。由于混凝土转角处不易密实，宜在该处填设膏类嵌缝材料。

(7) 溢水口径的大小和设置数量，应视降雨量确定，即溢水管的排水量之和应等于或大于雨季单位时间内的最大降雨量，使雨水能及时排出，保持蓄水深度在规定范围之内。不致因溢水管排水量小于降雨量，使雨水溢出蓄水区而造成渗漏。

(8) 当水层深度 $d=200$mm 时，结构基层荷载等级采用 3 级（即允许荷载 $p=300$kg/m²）；当水层 $d=150$mm 时，结构基层荷载等级采用 2 级（即允许荷载 $p=250$kg/m²）。

(9) 工程实践证明，混凝土防水层采用 40mm 厚，加入添加剂，内设直径 4mm 的 200mm×200mm 的钢筋网，防渗漏性最好。

(10) 蓄水屋面应设置人行通道。

(五) 种植屋面的设计

(1) 在寒冷地区应根据种植屋面的类型，确定是否设置保温层。保温层的厚度，应根据屋面的热工性能要求，经计算确定。

(2) 种植屋面所用材料及植物等应符合环境保护要求。

(3) 种植屋面根据植物及环境布局的需要，可分区布置，也可整体布置。分区布置应设挡墙（板），其形式应根据需要确定。

(4) 排水层材料应根据屋面功能、建筑环境、经济条件等进行选择。

(5) 介质层材料应根据种植植物的要求，选择综合性能良好的材料。介质层厚度应根据不同介质和植物种类等确定。

(6) 种植屋面可用于平屋面或坡屋面。屋面坡度较大时，其排水层、种植介质应采取防滑措施。

(六) 倒置式屋面的设计

(1) 倒置式屋面坡度不宜大于 3%。

(2) 倒置式屋面的保温层，应采用吸水率低且长期浸水不腐烂的保温材料。

(3) 保温层可采用干铺或粘贴板状保温材料，也可采用现喷硬质聚氨酯泡沫塑料。

(4) 保温层的上面采用卵石保护层时，保护层与保温层之间应铺设隔离层。

(5) 现喷硬质聚氨酯泡沫塑料与涂料保护层间应具相容性。

(6) 倒置式屋面的檐沟、落水口等部位，应采用现浇混凝土或砖砌堵头，并做好排水处理。

(七) 细部构造

(1) 保温屋面与室内空间有关联的天沟、檐沟处，均应铺设保温层；天沟、檐沟、檐口与屋面交接处，屋面保温层的铺设应延伸到墙内，其伸入的长度不应小于墙厚的1/2。

（2）屋面排气口的排气管宜设置在结构层上，穿过保温层及排气道的管壁四周应打排气孔，排气管应做防水处理，如图8-1和图8-2所示。

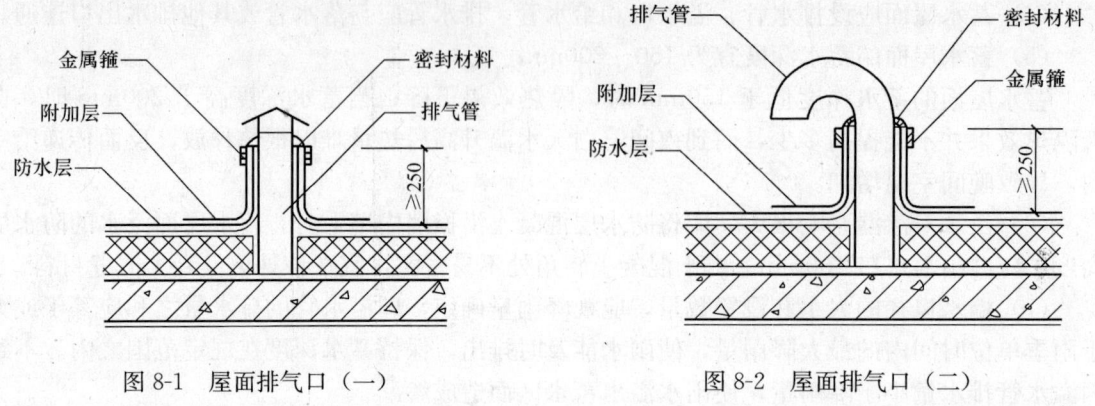

图8-1　屋面排气口（一）　　　　图8-2　屋面排气口（二）

（3）架空屋面的架空隔热层高度宜为180～300mm，架空板与女儿墙的距离不宜小于250mm，如图8-3所示。

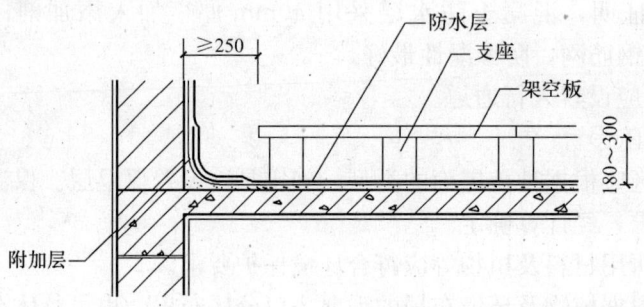

图8-3　架空屋面

（4）倒置式屋面的保温层上，可采用块体材料、水泥砂浆或卵石做保护层；卵石保护层与保温层之间应铺设聚酯纤维无纺布或纤维织物进行隔离保护，如图8-4、图8-5所示。

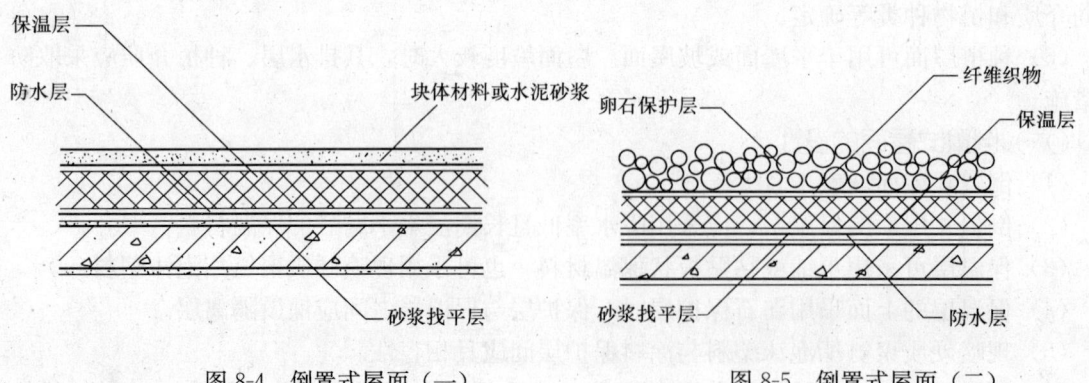

图8-4　倒置式屋面（一）　　　　图8-5　倒置式屋面（二）

（5）蓄水屋面的溢水口应距分仓墙顶面100mm，如图8-6所示；过水孔应设在分仓墙底部，排水管应与落水管连通，分仓缝内应嵌填泡沫塑料，上部用卷材封盖，然后加扣混凝土盖板，如图 8-7 所示。

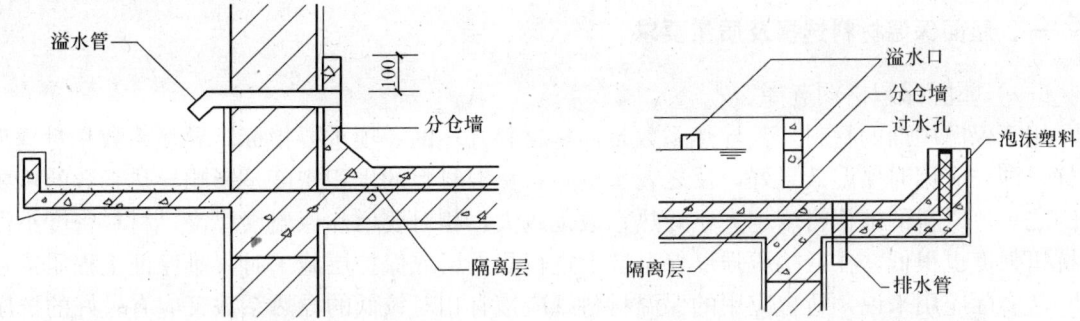

图 8-6　蓄水屋面溢水口　　　　　　　图 8-7　蓄水屋排水管、过水孔

(6) 种植屋面构造如图 8-8 所示。

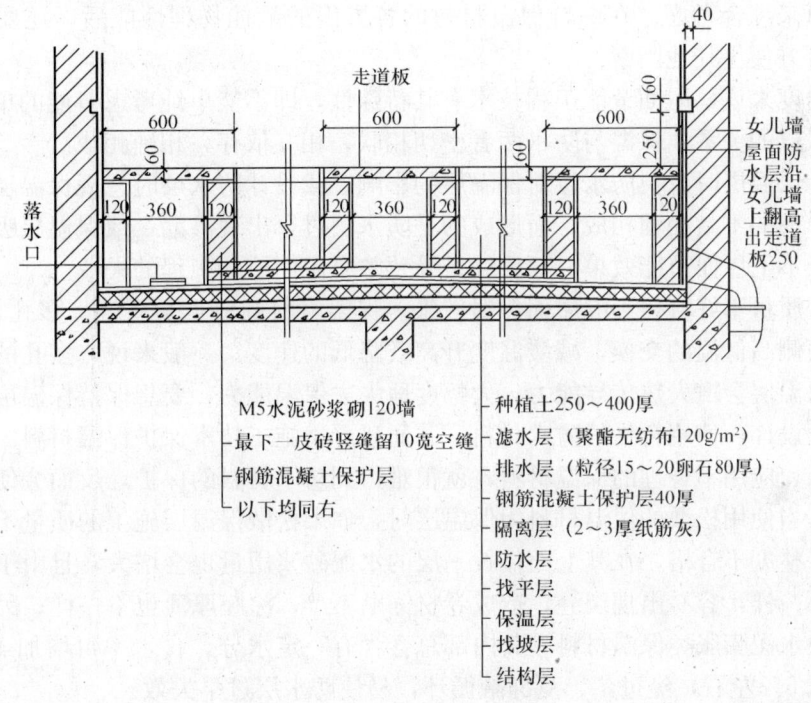

图 8-8　种植屋面构造

第二节　节能保温屋面

常规节能保温屋面施工方法可分为两种类型施工方法，一种是沿用多年的正置式施工法，另外一种是近年推广采用的倒置式施工法。单从面层结构材料上来说，正置法是防水材料设在保温层上面，这种方法对防水材料性能、质量和防水工程施工技术要求相对严格，但保温材料应用类型宽松些。倒置法是防水材料设在保温层之下，要求保温材料应具有一定性能外，其中一项指标是必须憎水，在保温材料的选择范围上有一定局限性。现在两种保温方法都在使用，采用的依据不只是材料选择问题，还应根据屋面结构形式、使用寿命和综合经

济等各方面因素比较后来考虑。

一、屋面保温材料选择及质量要求

(一) 屋面保温材料选择

用于保温屋面的材料，其导热系数是衡量材料好坏的一项重要指标，导热系数相对越小越好，即在应用时保温效果好，反之效果就差；保温材料的堆积密度是影响导热系数的重要原因之一，材料的堆积密度越大，导热系数也越大，相对要增加保温层厚度。材料密度小往往抗压强度也很低，在低抗压强度保温层上进行找平层或保护层施工时很难保证工程质量。

从实际应用来说，适合应用的保温材料既应该有相对较低的导热系数又应有较好的抗压强度。

任何事情都是相对矛盾的，常规来说，保温材料的导热系数与其抗压强度通常为反比关系。在实际应用时，总是选择具有理想导热系数、相对低的表观密度和合适的抗压强度等几方面的最佳值来综合考虑。在综合保温材料的各方面的最佳物理性能后，还要考虑材料成本、施工是否方便等其他因素。

从另一角度来说，屋面节能工程技术有其特殊性，即不能单纯考虑节能的单一问题，还应考虑与防水层的关系。保温与防水两者密切相联，相互依存，相辅相成。

如果设计保温层时忽视防水层对保温层的影响，或设计防水层时忽视保温层对防水层的作用，最终形成的不是相辅相成，而形成的是防水层过早出现渗漏，或保温层吸水而失去保温能力，更谈不上屋面节能效果，而最终是导致整个屋面节施工程的失败。

防水工程质量不好直接影响屋面保温效果。保温材料的特点是质轻、多孔、热阻性高，阻止室内外两侧高低温的交换，减缓温度升高或降低的速度。一般来说，多孔的物体极易吸水，吸水的保温层会增大热传导能力，大幅度地失去保温能力，要想保持保温层长久保温性能，必须合理设计、使用合格的防水材料，并通过严格施工技术保护保温材料。

如果设计、应用不合理的保温材料，就很难得到防水材料的保护，反而会使防水材料减少使用年限。当使用松散的保温材料为保温层时，如果松散保温层施工的质量不合格，出现薄厚不均、平整度不合格，在其上面作找平层的水泥砂浆用量也会增大，且由于砂浆厚薄不等，收缩率不一样，容易出现裂缝，造成卷材铺贴不严，涂膜厚薄也不一样；另外使用含水量较大的现浇水泥膨胀类保温材料，其内部总会含有一定水分，含水率每增加1%，其导热系数相应增大5%左右，经过冬、夏冻融循环，易使防水层过早失效。

综上所述，保温材料与防水层二者相辅相成，互助互益。保温材料好，做法得当，对防水有益；防水层做得好，又对保温层有利。所以，作防水层设计必须考虑保温层，设计保温层必须考虑防水施工。

为了提高材料层的热绝缘性，应选用导热系数小、蓄热性大的保温材料，同时要考虑不宜选用密度过大的材料，为了减轻屋面荷载，不宜选用密度大于300kg/m³的保温材料，且密度越大，保温性能越差，越需要增加保温层厚度。

不宜选用吸水率较大的材料，因为屋面湿作业时，保温隔热层大量吸水，降低了热工性能。如果当地条件有限，选用了吸水率较高的热绝缘材料，屋面上应设置排气孔，以排出保温隔热材料层内不易排出的水分。

尽量不选用松散状保温材料，松散状保温材料施工时平整度难以控制，影响保温、防水和屋面排水效果。

不得选用以水拌合的材料，以水拌合的保温材料，含湿超过100%，吸水容易，释放困难，干燥时间很长，可认为是难以干燥，严冬季节，冻结成冰，保温能力很差，甚至无保温能力。

屋面保温材料常用的有板状、现浇（喷）和块状材料。板状材料本身平整，施工时基面也应平整，铺装速度比较快，特别是采用倒置法施工工艺，挤塑聚苯泡沫板为首选保温材料。

整体现浇保温材料是将两组分或多组分材料运到施工现场，在现场通过各组分混合后再施工于基层。该类材料的优点是保温层无接缝，如果有用水拌合的材料存在干燥、固化过程，必须执行《屋面工程技术规范》（GB 50345—2004）规定，封闭式保温层的含水率，应相当于该材料在当地自然风干状态下的平衡含水率。因此，如果用含水拌合的现浇保温材料，必须干燥到所要求的规定，才能进行保护层等下步工序施工。其中喷涂法聚氨酯硬质泡沫施工技术有普通保温型和防水-保温功能型，该类材料从各方面综合比较来看更理想。

总之，既要保证屋面节能工程使用效果，还要根据建筑物的使用要求、屋面的结构形式、环境气候条件、防水处理方法和施工条件等因素，经技术经济比较后确定适合的保温材料。

保温层的厚度，由设计人员根据建筑热工设计计算确定节能屋面的传热系数 K 值、热阻 R 值和热惰性指标 D 值等，使屋面的建筑热工性能满足所在地区现行节能标准的要求。

（二）屋面保温材料质量要求

屋面工程所采用的保温隔热材料应有产品合格证和性能检测报告，材料的品种、规格、性能等应符合现行国家产品标准和设计要求。

1. 板状保温材料

板状保温材料应有出厂合格证，规格一致，外观整齐。密度、导热系数、强度应符合设计要求。板状保温材料质量要求（GB 50345—2004）如表8-1所示。

表8-1 板状保温材料质量要求

项 目	质 量 要 求					
	聚苯乙烯泡沫塑料		硬质聚氨酯泡沫塑料	泡沫玻璃	加气混凝土类	膨胀珍珠岩类
	挤压	模压				
表观密度（kg/m³）	—	15～30	≥30	≥150	400～600	200～350
压缩强度（kPa）	≥250	60～150	≥150	—	—	—
抗压强度（MPa）				≥0.4	≥2.0	≥0.3
导热系数[W/(m·K)]	≤0.030	≤0.041	≤0.027	≤0.062	≤0.220	≤0.087
70℃，48h后尺寸变化率（%）	≤2.0	≤4.0	≤5.0			
吸水率（V/V,%）	≤1.5	≤6.0	≤3.0	≤0.5		
外 观	板面表面基本平整，无严重凹凸不平					

2. 整体现浇（喷）保温隔热材料

整体现浇（喷）保温隔热材料应有出厂合格证、样品的试验报告及材料性能的检测报告。根据设计要求选用厚度，喷涂成型后聚氨酯硬质泡沫的壳体应连续、平整；密度、导热系数、强度应符合设计要求。

聚氨酯硬质泡沫塑料质量要求（GB 50345—2004）如表8-2和表8-3（JC/T 998—2006）所示。

表8-2 现场喷涂聚氨酯硬质泡沫塑料质量

项 目	表观密度（kg/m³）	导热系数[W/(m·K)]	压缩强度（kPa）	闭孔率（%）
指 标	35~40	<0.030	>150	>92

表8-3 现场喷涂聚氨酯硬质泡沫塑料质量

顺次	项 目		指 标		
			I	II-A	II-B
1	密度（kg/m³）	≥	30	35	50
2	导热系数[W/(m·K)]	≤	0.024		
3	粘结强度(kPa)	≥	100		
4	尺寸变化率(70℃, 48h)	≤	1		
5	抗压强度(kPa)	≥	150	200	300
6	拉伸强度(kPa)	≥	250		
7	断裂伸长率(kPa)	≥	10		
8	闭孔率(%)	≥	92		95
9	吸水率(%)	≤	3		
10	水蒸气透过率[ng/(Pa·m·s)]	≤	5		
11	抗渗性（mm）(1000mm 水柱×24h 静水压)	≤	5		
12	阻燃性能		B2级（离火3秒自熄）		

3. 种植介质

种植介质包括种植土、炉渣、蛭石、珍珠岩、锯末等。要求质地纯净，不含石块及其他有害物质。

防水层应采用耐腐蚀、耐霉烂、防植物根系穿刺、耐水性好的防水材料，如优质的卷材类或涂膜类防水材料。

（三）保温材料储运保管

保温材料储运保管时应分类堆放，防止混杂，并采取防雨、防潮措施。块状保温板搬运时应轻放，防止损伤断裂、缺棱掉角，保证外形完整。

有机保温板（原料）材料，必须储存在专用仓库或专用场地，严禁长时间高温暴晒，应设专人进行管理，并应配备消防器材和灭火设施。

二、松散状保温材料施工

松散状保温材料的缺点是材料本身极易吸水，在铺筑施工时的坡度和厚度难以保证，并且直接影响砂浆基层的厚度和质量，使基层容易出现厚薄不均的现象，一旦操作不慎就会影响保温效果，也影响防水层施工和屋面排水效果。一般屋面工程中用作松散保温层的材料有干铺膨胀蛭石、膨胀珍珠岩、高炉熔渣等。

（一）适用范围

松散状保温材料适用于防水层下面的平顶屋面保温，不适用于有较大振动或易受冲击的屋面，宜在相对低档次、低层民用建筑使用。

（二）施工准备

1. 材料准备

松散状保温材料的表观密度、堆积密度、导热系数等技术性能必须符合设计要求，松散状保温材料中含水率不得超过规定数值。保温材料在储运、保管和施工时应防雨、防潮。松散状保温材料质量（GB 50207—2002）如表8-4所示。

表8-4 松散状保温材料质量

项 目	膨胀蛭石	膨胀珍珠岩
粒径（mm）	3~15	≥0.15，<0.15的含量不大于8%
堆积密度（kg/m³）	≤300	≤120
导热系数[W/(m·K)]	≤0.14	≤0.07

2. 现场常用施工工具

手推车、平铁锹、直尺、木刮杠、木拍子、木抹子及瓦工工具等。

3. 施工基本条件

（1）铺设松散材料的基层应平整、干燥、干净，经验收检查合格。

（2）有隔气层要求的屋面，应先将基层清扫干净，基层表面应干燥、平整，不得有松散、开裂、起鼓等缺陷。隔气层的构造做法必须符合设计要求。

（3）穿过屋面和墙面等结构层的管根部位，应用细石混凝土填塞密实，以便将管根固定。

（4）可在负温下施工，但不得在雨天、雪天及大风天施工。

（三）施工工艺

1. 工艺流程

基层清理及找平──→弹线找坡──→管根固定──→隔气层施工──→保温层铺设──→抹找平层

2. 操作工艺

（1）基层处理

首先将混凝土基层表面的尘土、杂物等清理干净。基层不平处，可采用水泥乳液腻子处理。如基层为现浇钢筋混凝土楼板，可在结构施工时直接压光找平。当采用水泥砂浆或细石混凝土找平时，应注意找平层分格缝的位置和间距要符合设计要求。

基层处理和松散保温材料经检验并合格后，方可进行施工。

（2）弹线找坡

按设计坡度及流水方向，找出屋面坡度走向，确定保温层的厚度范围。

（3）管根固定

穿结构的管根在保温层施工前，应用细石混凝土塞堵密实。

(4) 隔气层施工

以上各工序完成后,设计有隔气层要求的屋面,应做隔气层。

1) 隔气层采用单层卷材应满铺,可采取空铺法,卷材搭接宽度不得小于70mm。

2) 隔气层采用防水涂料时应满涂刷,不得漏刷。

3) 封闭式保温层,在屋面与墙的连接处,隔气层应沿墙向上连续铺设,并高出保温层上表面且不得小于150mm。

(5) 保温层铺设

由于松散保温材料具有干铺特点,不受现场施工温度限制,即使在负温度下也可施工,当保温层干燥有困难时,可采取排气措施。

松散保温材料采用铺压法施工,施工现场压实程度与厚度应经试验确定后,方可进行大面积铺设。为了保证厚度均匀,可采取拉线找坡法进行控制。

施工顺序应从最远处开始分层铺设,铺设厚度应均匀,拉线找坡,一般每层虚铺厚度不大于150mm,铺设平整,操作中避免材料在屋面上堆积二次倒运,铺压时不得过重,以免影响保温效果,保证匀质铺设及表面平整,铺设厚度应满足设计要求。

当屋面坡度较大时,为防止散状保温材料下滑,可沿平行于屋脊的方向,按虚铺厚度的要求,可用砖或混凝土等材料每隔1m左右的间距构筑一道防滑带,阻止松散材料下滑。

经适当压实后的保温层,不得直接在保温层上行车和堆放重物,施工人员宜穿软底鞋操作。

施工完成后,应保持保温层干燥,保温层含水率相当于该材料在当地自然风干状态下的平衡含水率。

保温层施工质量合格后,应及时进行找平层和防水层的施工。避免在保温层施工进行中或完成后雨淋,当施工中途下雨、下雪时,必须采取遮盖措施。

粉状保温材料一旦进水或受潮,必须达到干燥并合格后或者采用排气措施,经设计部门允许后再进行施工。如果保温材料含水施工,水分得不到排除,再通过冬冷夏热温度的循环变化,使找平层开裂,从而失去保温效果。

(6) 铺设找平

当铺设找平时,应由远至近连续进行,并应在保温层上铺设木板等材料,作为行走运料时的"桥",避免保温层受到人为的影响。

(四) 质量标准

1. 主控项目

(1) 保温材料堆积密度或表观密度、导热系数必须符合设计要求。

检验方法:检查出厂合格证、质量检验报告和现场抽样复验报告。

(2) 保温层的含水率必须符合设计要求。

检验方法:检查现场抽样检验报告。

2. 一般项目

(1) 松散保温材料:应分层铺设,压实适当,表面平整,找坡正确。

检验方法:观察检查。

(2) 保温层厚度的允许偏差为+10%,-5%。

检验方法:用钢针插入和尺量检查。

三、整体现浇保温材料施工

(一) 整体现浇聚苯复合材料施工

整体现浇聚苯复合材料是利用轻烧粉（氧化镁）、氯化镁等助剂构成氯氧镁胶凝材料，再与聚苯乙烯发泡颗粒、粉煤灰在施工现场按各自组分比例混合而成。

1. 整体现浇聚苯复合材料特点

(1) 现浇聚苯复合材料施工时，在配料比合适的情况下，由于固化后抗压强度较高、粘结力强，保温层不易出现翘起现象，可代替找平层。

(2) 施工后在强度增长过程中，可吸收周围环境中的水分参与材料的化学反应，基层含有少量水气不影响保温效果，在此保温层上可直接进行防水材料施工。

(3) 与基层具有很好的粘结性，抗压强度高。

2. 适用范围

适用于平屋面和坡度不大于35°的坡屋面保温。

3. 技术性能指标

保温层技术性能指标如表8-5所示。

表 8-5 保温层技术性能指标

性	能	指 标
导热系数[W/(m·K)]		0.065
抗压强度设计值(MPa)		0.5
表观密度(kg/m³)	用于计算重力荷载值	450
	正常环境下密度实际值(7d)	350

4. 施工准备

(1) 技术准备

详细会审设计图纸，掌握屋面构造和细部构造处理，根据现场施工环境温度等因素调试最佳的现场施工配方。

(2) 现浇聚苯复合材料的原料准备

根据施工面积、保温层厚度计划好各种原料用量，并控制原料要求的技术指标。进场材料应分类合理堆放，避免雨淋、潮湿。

1) 轻烧镁的技术要求如表8-6所示。

表 8-6 轻烧镁的技术要求

项	目	指 标
氧化镁含量（%）		≥70
游离氧化镁（%）		≤2.0
烧失量（%）		≤12
细度（80μm筛孔筛余量）（%）		≤15
凝结时间	初凝（min）	≥40
	终凝（h）	≤7
安 定 性		合 格

2) 氯化镁的化学成分要求如表 8-7 所示。

表 8-7 氯化镁的化学成分

项目	指标	项目	指标
氯化镁（%）	≥43	碱金属氯化物（以 Cl^- 计,%）	≤12
钙离子（%）	≤0.7		

3) 粉煤灰应符合国家标准《用于水泥和混凝土中的粉煤灰》GB 1596 对Ⅲ级粉煤灰的规定。严禁使用高钙粉煤灰，粉煤灰的技术要求如表 8-8 所示。

表 8-8 粉煤灰的技术要求

项目	指标	项目	指标
细度（0.045mm 方孔筛余,%）	≤45	含水量（%）	不规定
需水量（%）	≤115	三氧化硫（%）	≤3
烧失量（%）	≤8	含钙量（CaO）（%）	≤5

4) 聚苯乙烯发泡粒

可由工厂提供或利用专用便携式聚苯发泡机在施工现场制备。泡粒的表观密度应大于 $5kg/m^3$，粒径应为 3~6mm。

5) 无机发泡剂应通过试验确认有效后，方可使用。

工业磷酸（缓凝剂）应符合《工业磷酸》GB 2091 中对磷酸及磷酸盐制品的规定，磷酸的主要技术要求如表 8-9 所示。

表 8-9 磷酸的主要技术要求

项目	指标	项目	指标
色度、黑度	≤40	铁（Fe）含量（%）	≤0.005
磷酸含量（%）	≥75	砷（As）含量（%）	≤0.01
氯化物含量（%）	≤0.001	重金属（以 Pb 计）（%）	≤0.005
硫酸盐含量（%）	≤0.01		

6) 现浇聚苯复合材料用水应采用饮用水。

(3) 机具准备

搅拌设备：强制式或自落式混凝土搅拌机，现场应有安全动力电源。

运输设备：现场备好用于水平及垂直运输设备。

施工工具：瓦工工具、靠尺等。

(4) 施工条件

1) 屋面基层应牢固、平整，坡度应符合设计要求。

保温工程施工前，将屋面彻底清理干净，不得有浮灰、杂物，必要时可用水冲刷，但冲洗后不得有积水。

2) 施工现场环境温度宜在 5℃以上，严禁在雨天和大于五级风时施工，施工中途遇雨时应采取防雨或排水措施。

第八章 屋面节能保温系统

3）施工时穿戴劳保用品，施工现场必须采取必要的安全措施和防护措施。

5. 施工工艺

（1）工艺流程

基层清理──→材料配制──→分格──→标准厚度贴饼──→大面铺抹、找坡──→检查验收

（2）操作工艺

1）保温材料配制

①配制原则：分批配制保温材料，用多少配多少，限时使用。

②配制顺序：先将氯化镁投入水中，充分搅拌均匀，并用密度计控制液体的浓度。按粉料配比投料进行搅拌，边搅拌边加入氯化镁液料，直至充分混合均匀为止。在现场配制的第一罐现浇聚苯复合材料搅拌物中，加入的聚苯乙烯发泡粒应减半。

③各物料比例：

a. 保温材料配合比例应根据试验确定，并满足下列要求：

保温材料干密度控制在 $300\sim400kg/m^3$；

试块抗压强度不应小于 0.5MPa；

混合料坍落度在 $60\sim90mm$ 之间。

b. 缓凝剂（工业磷酸）掺入量应为轻烧镁用量的 $0.1\%\sim0.60\%$，具体掺入量应根据现场温度及拌合物的初凝时间确定。

c. 粉煤灰掺入量应为轻烧镁用量的 $50\%\sim60\%$。

d. 氯化镁的掺量不应大于轻烧镁用量的 60%，当采用卤水配制时，通过密度换算加入量。

2）保温材料浇注要点

①现场浇注时，当浇注层厚度小于 120mm 时，可不必分层。当浇注层厚度超过 120mm 时，应分层施工。分层厚度不宜小于 50mm，且不宜大于 120mm。

根据各部位的施工要求，应预先设置保温层厚度和坡度标志线，确保保温层厚度及坡度。

②当屋面现浇层尺寸长度×宽度超过 4m×4m 时，应设置分格缝。分格缝可采用可压缩性聚苯板等类材料，厚度不小于 30mm。设置的分格缝应上、下层对齐。屋面与突出结构交接处必须设置分格缝。

③施工间歇应安排在每个分格施工结束后。如果非正常施工间歇超过 20min（或初凝时间），应按施工接槎处理。

④施工接槎时，所用聚苯复合材料搅拌物应按在现场配制第一罐搅拌要求处理，并在接槎处铺设厚度为 10mm 不含聚苯乙烯发泡粒的同配合比浆料，以便达到最佳接槎效果。

⑤当室外温度高于 28℃时，聚苯复合材料摊铺前最好在基层上洒水降温，但不要有积水。

⑥当保温层上不另做找平层时，在浇注物上表面终凝后，由质量为轻烧镁 $1\sim2$ 倍的细砂替换聚苯泡粒，并使用由此得到的同配比浆料将保温层表面刮平，浆料厚度宜为 $1\sim5mm$。表层应达到对找平层的平整度要求，与屋面突出结构的交接处和基层转角处均应做成圆弧形。

⑦正常条件下，屋面保温层施工完成 36h 后，方可进行下道工序作业。

⑧对于正在施工或已施工完的现浇聚苯复合材料保温层应采取保护措施,在保温层未达到完全固化前,不得行车或堆放重物。

3)保温屋面构造及最小厚度取值

①现浇聚苯复合保温材料屋面构造如图8-9所示。

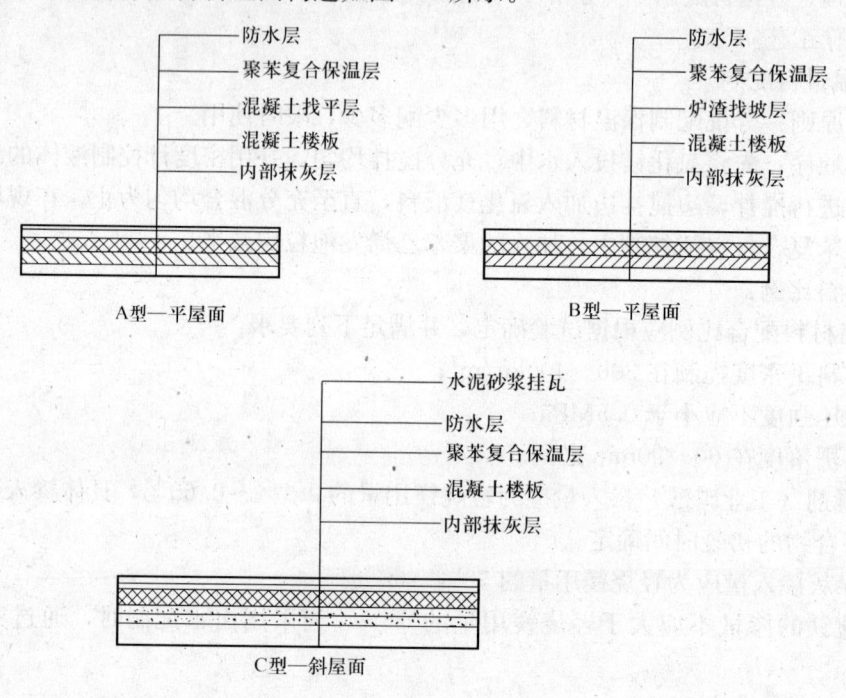

图8-9 现浇聚苯复合材料保温屋面构造

②现浇聚苯复合材料保温屋面最小厚度

在节能率按50%、房屋宽度大于6m、找坡为2%、楼板厚度为120mm,当建筑物体形系数小于或等于0.3时,辽宁省地区住宅屋面保温层的最小经济厚度可参考表8-10选取。

表8-10 辽宁省地区住宅防结露屋面和保温层的最小厚度 (mm)

地区	防结露最小厚度	A型屋面最小厚度	B型屋面最小厚度	C型屋面最小厚度
沈阳	50	50	85	90
大连	35	35	55	65
鞍山	50	50	70	75
抚顺	35	55	85	90
本溪	50	50	85	90
锦州	45	45	70	75
阜新	50	50	85	90
朝阳	45	45	85	90
丹东	45	55	70	75
葫芦岛	45	55	70	75
铁岭	50	50	85	90
辽阳	50	50	85	90
营口	45	45	70	75
盘锦	45	45	70	75

6. 质量标准

(1) 主控项目

1) 现浇聚苯复合材料保温屋面所用的材料均应满足现行国家及行业标准要求，并应有产品出厂合格证及有关技术指标文件，严禁使用不合格的原材料。

2) 保温层厚度及做法应符合设计要求，平均厚度不应小于设计厚度，且每点最小厚度不应小于防结露最小厚度。

检验方法：厚度按每 500m^2 不少于 10 点进行抽样，用探针及钢尺进行检查。

3) 保温层表观密度、导热系数必须符合设计要求。

检验方法：检查合格证、质量检验报告和现场抽样复验报告。

4) 保温层的含水率必须符合设计要求。

检验方法：检查现场抽样检验报告。

(2) 一般项目

1) 施工现场应对每天完成的保温层留一组 150mm×150mm×150mm 试块，并进行密度及抗压强度检测。

2) 施工中随时检测聚苯复合材料坍落度，每天不少于 1 次。

检验方法：按《普通混凝土拌合物性能试验方法标准》GB/T 50080—2002 第 3.1 条的有关规定。

3) 分格缝应顺直，平整光滑，棱角分明。分格缝尺寸的允许偏差为±3mm，分格缝宽度和深度应均匀一致。

检验方法：观察、尺量。

4) 屋面坡度符合设计要求。

检查方法：观察、尺量。

5) 保温层表面应平整、洁净。保温层与屋面凸出物的结合处应线角顺直、清晰。保温层表面不应有裂缝，不应存在与基层脱层、空鼓或翘起现象。

检验方法：目测、橡胶锤轻敲。

6) 当保温层上不另做找平层时，表层应平整、坚固，平整度的允许偏差为 5mm，不得有裂缝、起砂和剥皮现象。

检验方法：用 2m 靠尺检查。

7) 流水槽（线）坡的方向正确无误。

检验方法：观察检查。

8) 拌合均匀，分层铺设，压实适当，表面平整，找坡正确。

检验方法：观察检查。

7. 安全技术

(1) 搅拌器具安装牢固，接线应有安全保险措施，不得使用老化或漏电电缆、电线。

(2) 混合搅拌物料按顺序投入，加入化学助剂（磷酸、卤水）应用专用计量容器，搅拌不得溅出容器之外，以免腐蚀、伤人。

(3) 化学助剂一旦溅到皮肤上或眼睛内，应立刻用净水冲洗干净，重者就近医治。

(4) 现场化学助剂应标识明显、严格单独妥善保管，非施工、管理人员严禁接触。施工人员严禁将化学助剂料底、废料随意倾倒，应严格回收，以免污染环境。

(5) 工程结束后，认真清理现场余料。

(二) 整体现浇沥青膨胀蛭石（或沥青膨胀珍珠岩）施工

该类保温层是采用乳化沥青作为胶结材料，当沥青中水分蒸发后，沥青颗粒凝结成膜，将蛭石或珍珠岩颗粒包围，形成憎水性的材料。

沥青与膨胀蛭石或珍珠岩经搅拌并整压成型的保温层，不但有保温作用，而且也有一定防水性能。当表面强度达到 0.2MPa 以上时，可免去找平层构造，直接进行防水层施工。

1. 施工工艺

(1) 工艺流程

基层清理→材料配制→分格→标准厚度贴饼→大面铺抹、找坡→检查验收

(2) 操作工艺

1) 原料配合比例

人工搅拌原料的质量比为：乳化沥青：膨胀珍珠岩＝5：1～6：1。

机械搅拌原料的质量比为：乳化沥青：膨胀珍珠岩＝4：1。如进场乳化沥青密度较大，可用软水进行适当稀释。乳化沥青密度在 1.03～1.06g/cm^3 之间。

2) 原料搅拌

无论采用机械搅拌或人工搅拌，都应充分拌匀，色泽一致。稠度以手捏成团、自然落地开花为准。

3) 现浇料压实

铺好的保温层宜采用平板振动器振实，也可用铁辊子反复滚压，最终达到人行无沉陷，且厚度达到要求。一般虚铺与实铺的参考压缩比为 1.8：1～2：1，施工时应以最终实际试验为准。

4) 保温层抹光

压实后的保温层可用收光机抹光，边缘角落处可用铁抹子抹光，也可采用木抹子抹光。

5) 分仓

现浇料施工时宜进行分仓，每仓宽度宜为 700～900mm。

2. 保温层质量要求

参照现浇聚苯复合保温材料。

3. 成品保护

施工后的保温层，在干燥成型前不得上人或受冲击荷载，也不得在其表面穿洞打孔，在没做防水层之前应保护好保温层。

(三) 现浇粉煤灰复合保温材料

现浇粉煤灰复合保温材料属发泡混凝土类型，它由水泥、粉煤灰和膨胀珍珠岩等纯无机类材料为主体原料，加入发泡剂后，在水溶液中经充分搅拌而发泡，凝固硬化后形成具有一定物理性能的保温、隔热、隔声的节能建筑材料。

1. 产品特点

(1) 属无机类保温材料，具有阻燃、环保、耐化学性能。

(2) 物理性能指标稳定，使用寿命长。

(3) 对基层粘结力强，整体性好，不变形。

(4) 凝固时间短，施工方便、快速，缩短工期。

(5) 施工时，具有保温、找坡、找平于一体的功能。

2. 适用范围

屋面整体保温找坡的工业与民用建筑。

3. 性能指标

(1) 不同密度对应的导热系数如表 8-11 所示。

表 8-11 不同密度保温材料对应的导热系数

密度 (kg/m³)	导热系数 [W/(m·K)]	不同厚度对应的导热系数 [W/(m·K)]						
		50mm	80mm	100mm	120mm	150mm	180mm	200mm
300	0.065	1.03	0.7	0.58	0.49	0.40	0.34	0.30
400	0.08	1.21	0.83	0.69	0.59	0.48	0.41	0.37
500	0.095	1.38	0.96	0.8	0.69	0.56	0.48	0.43
600	0.115	1.57	1.12	1.93	0.81	0.67	0.57	0.52
700	0.13	1.23	1.03	0.89	0.47	0.63	0.58	0.47
800	0.15	1.37	1.15	1.00	0.83	0.71	0.65	0.54
900	0.175	1.52	1.30	1.13	0.94	0.81	0.75	0.61
1000	0.25	1.69	1.45	1.27	1.07	0.94	0.85	0.70
1100	0.23	1.82	1.57	1.39	1.17	1.02	0.94	0.78
1200	0.27	2.02	1.75	1.55	1.32	1.15	1.06	0.98

(2) 不同密度等级所对应的抗压强度如表 8-12 所示。

表 8-12 不同密度等级所对应的抗压强度

密度等级 (kg/m³)	抗压强度 (MPa)	原料构成	可掺加的集料
150	0.1	发泡剂、早强水泥、水	密度极轻集料，如聚苯颗粒、膨胀珍珠岩
200	0.3		
250	0.5		
300	0.8		
350	1.0		
400	1.2	发泡剂、早强水泥、水、粉煤灰	超轻集料，如聚苯颗粒、膨胀珍珠岩、陶粒、炉渣
500	1.5		
600	2.0		
700	2.5		
800	3.0	发泡剂、早强水泥、水、轻集料	超轻集料，如聚苯颗粒、膨胀珍珠岩、陶粒、炉渣、砂、粉煤灰
900	4.0		
1000	5.0		

(3) 粉煤灰复合保温材料性能指标如表 8-13 所示。

表 8-13 粉煤灰复合保温材料性能指标

项目	指标	项目	指标
粉料堆积密度 (kg/m³)	≤500	粘结强度 (kPa)	>100
制品密度 (kg/m³)	<600	线性收缩性 (mm/m)	<2.0
导热系数 [W/(m·K)]	<0.125	抗冻性	20 次循环无异常
抗压强度 (MPa)	>800		

4. 施工准备

(1) 技术准备

1) 熟悉施工图纸及工程质量验收具体内容及要求，掌握保温工程具体构造。

2) 根据工程情况，编制施工方案、作业指导书，包括内容如下：

① 材料用量、机具、人员配备；

② 工程目标及质量保证措施；

③ 施工工艺流程及施工工艺技术要点；

④ 分项工程验收标准；

⑤ 施工进度计划；

⑥ 成品保护措施；

⑦ 安全施工保证措施；

⑧ 文明施工保证措施；

⑨ 资料整理要求等。

3) 对作业人员进行技术交底、施工培训。

(2) 材料准备

1) 材料在运输与储存中严禁受潮。

2) 进厂材料必须具有检测合格报告单，并须经现场抽样复验。

3) 所配制的保温材料应有一定的粘结强度。

(3) 机具准备

垂直运输机安装达到安全、稳定，并备齐水平运输车和施工工具。

(4) 施工基本条件

1) 在保温层施工前，上道工序基层应通过验收。

2) 基层不得过于潮湿，也不得有严重起砂、裂缝等缺陷。

3) 不得在雨天施工，施工温度不得低于5℃。如施工中途遇雨应采取遮盖保护措施。

5. 施工工艺

(1) 工艺流程

基层清理──→材料配制──→设置分格区──→标准厚度贴饼（或用聚苯板分格高度控制厚度）──→大面（分格区）铺抹、找坡、刮平──→养护──→检查验收

(2) 操作工艺要点

1) 拌制好的混合稠状液体料，在装车时应以连续方式流入料车内，且落差不宜过大，尽量减少或防止气泡破裂。

2) 在浇料前，先在保温的屋面用聚苯乙烯泡沫板设置隔板分格区，隔板高度为所设计保温层厚度，分格区间宜为3000mm×3000mm。

3) 浇注保温物料时，尽量减小落差，缓缓浇料，目的也是防止产生气泡破裂。

4) 当分隔区注满保温物料后，用木质刮板或合金板、塑料板轻轻刮平。有蜂窝的地方可反复划动消除，若有坑或厚度不够的地方应补浇后再刮平，应保证高度偏差在±2mm。

5) 保温层表面必须在浇注后用镘刀刮平，待初凝后加盖塑料布或喷洒表面养护剂，防止表面过快失水而产生裂纹。

6) 48h后，保温层的强度基本达到设计要求，方可进行防水层施工。

6. 质量要求

(1) 主控项目

1) 保温层的厚度、坡度、接槎应符合设计要求。

2) 保温层的物理性能指标应符合设计要求。

(2) 一般项目

1) 保温层表面应平整。

2) 保温层固化后的表面不得有裂纹、掉角、脱落。

(四) 屋面喷涂聚氨酯硬质泡沫施工

屋面喷涂聚氨酯硬泡塑料施工与外墙喷涂施工基本相同,是目前普遍采用的硬泡喷涂成型工艺。

从使用功能划分,屋面喷涂聚氨酯硬泡塑料包括普通保温型和防水-保温一体化功能型。主要区别在于功能不同,在技术配方上有所不同,所喷涂成型制品的物理性能指标也不同,但要求具备的施工条件和操作技术要求完全相同。

虽然是同一种类型喷涂施工方法,就应用在屋面喷涂施工与墙体喷涂施工相对比较而言,屋面喷涂施工技术在操作手法上和工程验收上相对容易些。因墙体为垂直面,涉及喷涂聚氨酯硬泡与基层墙体的粘结力、喷涂成型后聚氨酯硬泡本身表面的平整度,然后是聚氨酯硬泡与外装饰层结合的牢固程度等系列技术问题,要求喷涂施工操作技术熟练,相对要求喷涂设备性能要好些。而屋面(如正置法)是将聚氨酯硬质泡沫喷涂在平面上,再做找平层、防水层,最后按设计要求再进行上人屋面或非上人屋面保护层施工。

屋面聚氨酯硬泡喷涂为两个组分,按固定质量比例混合而成,一个组分是直接将定量的聚醚(或聚醚与聚酯的混合物,或含有其他改性物)、发泡剂、泡沫稳定剂、催化剂等助剂混合成一个组分(可称为组合聚醚、组合料或 A 组分),另一个组分为聚氨酯硬质泡沫专用异氰酸酯(可称为黑料或 B 组分)。施工时是将 A、B 两个组分经机械高速混合喷涂发泡成型。

在《屋面工程技术规范》(GB 50345—2004)明确规定了普通型喷涂聚氨酯硬质泡沫塑料的技术性能指标,但在现场实际施工中,不可能完全与试验室做小样相同的条件,严格来说,室外温度在 15~30℃之间都是非常适合的施工温度,但在温度上下限施工时,对聚氨酯硬泡发泡因素还存在一定区别,至少是发泡速度不同,加之施工时有风、喷涂基面干燥程度等,这些客观因素或多或少都对聚氨酯硬泡产生一定影响,为了克服这些客观影响,除遵守施工的基本条件外,还应通过配方调整来补偿所产生影响的不利因素。

配方是根据制品的性能、应用目的、施工环境温度等因素而确定的。聚氨酯硬泡塑料形成过程相当复杂,是 A 组分和 B 组分通过复杂的放热化学反应和物理变化,在反应过程中,主要有分子链的增长、交链,气体膨胀等反应,是多种化学反应在很短时间内同时发生。

因此,在试验室调整小试样品时,为适应现场喷涂聚氨酯硬泡施工环境必须留有足够保证质量系数,必须根据具体情况灵活调整配方。所谓调整配方,重点是调整 A 组分配方;其次是 A 组分与 B 组分的质量比。一般来说,很难用固定化学配方来满足多种用途和各种环境施工的需要,所以要求施工者在熟练掌握施工方法的同时,进一步掌握各种原料的作用,一旦在施工现场出现异常现象,可根据施工现场实际情况有针对性地调整配方。

1. 施工准备

(1) 技术准备

1) 熟悉和会审图纸，掌握和了解设计意图，掌握屋面构造、构造节点的处理、坡度要求、喷涂规定等，根据喷涂厚度、面积和密度折算用料总量，并根据现场施工环境和具体技术要求预先调配出合格的小试配方，再按小试配方进行批次配料，供给大面积喷涂施工使用。

2) 施工前向操作人员进行技术交底，进行技术和安全培训。

3) 确定质量目标和检验要求。

4) 提出施工记录的内容要求。

5) 掌握天气预报资料。

6) 根据总体工程情况，制定相应具体施工方案。

(2) 原料准备

1) A料组分准备（组合料）

A料组分准备有两种形式。一种方式是将A组分配方的各个单体都分别运到施工现场，现用现配，即后配；另一种方式是将A组分预先配好后再运进现场，即先配。进入现场备用的各种材料一律为镀锌铁桶或专用铁桶密封保存、待用。

①后配：将各原料运到现场后分别摆放，然后应细心检查在拉运当中有无碰坏包装，出现泄漏应立即妥善处理。

原料在储存和运输途中不得雨淋，不得在烈日下暴晒，远离火源，发泡剂桶盖必须封严，防止其蒸发。所有原料都存放在阴凉处，各单体原料应标明材料名称，避免在现场配料时发生用料错误。

现场随配随用A组分的优点：能够保持原有的化学活性不损失，根据施工现场环境等条件可随时调整配方，按工程用料配制，不会造成组合料的剩余。

缺点：容易增加配料时的计量误差，不易搅拌均匀，给喷涂施工带来质量问题；占用场地面积大，不利于现场管理。

②先配：先配的A组分进入现场后，与B组分料按规定配比可直接喷涂施工。

优点：如果计算好总用量，在工厂预先配好，可减少现场随用随配、计量、搅拌等不足环节，使用时比较方便。A料运到现场后，存放在室温条件下，避开高温，盖严。

缺点：要求使用的组合料不得超过储存期，否则难以保证喷涂聚氨酯硬泡成品的质量。工程剩余的材料在有效储存期内尽快用完，否则将造成浪费。

2) B料组分准备（异氰酸酯原料）

异氰酸酯具有活泼的化学性质，当遇有水、潮湿环境时，极易与水分发生反应，生成不溶性的脲类化合物并放出二氧化碳，造成鼓桶并致使材料黏度升高。

进入施工现场后，应存放在干燥、通风、阴凉处，严格密封保存，不得吸潮。尤其是曾经开桶使用余下的料，必须保证容器的干燥密封，有条件最好充干燥氮气保护。

随环境温度降低，物料黏度增大，当储存温度太低（低于0℃）导致出现结晶现象时，必须在最短的时间内将结晶加热熔化，当物料加热时，物料加热温度不得超过70℃。严禁局部过热，并防止加热超过230℃分解并产生有毒气体。

(3) 机具准备

发泡设备为专用配有喷枪的高压发泡机或低压发泡机，牌号较多，档次不同，附属设备为空压机，其中喷枪构造是发泡设备的核心技术。

低压空气喷涂是较普遍使用的一种成型方法。该类发泡设备的价格便宜，在操作使用、泡沫质量、产出泡沫量等方面不如高压发泡设备。

高压发泡机的功能全，操作、调试简单，通常是将两个管式泵直接插入各自的料桶内，用手枪式开关控制喷涂。该类发泡设备的价格高些，但在操作、喷出速度、泡沫质量方面都有很大改善，在同样条件操作的情况下，产出泡沫的体积数量也会增加。

进入现场的发泡设备应调试好，喷枪应达到开关灵活，能正常使用。配套的送料管路长度够用、畅通；备好加料容器、开桶扳手；备用适量清洗液和稳定变压器以及现场用消防设备等。

(4) 现场喷涂施工条件

1) 基层应牢固、干燥，基面应无锈、无油污、无浮尘、无污物。

2) 伸出屋面的管道应在施工前安装牢固。

3) 基层坡度、细部构造等应符合设计要求，但不必作分隔缝和隔气层。

4) 施工气温宜为15～30℃；室外现喷时，风力不宜大于3级；相对湿度宜小于85%。

5) 具有安全、稳定的动力电源。

2. 喷涂聚氨酯硬泡施工工艺

(1) 工艺流程

1) 典型喷涂聚氨酯硬泡成型过程

流动性好的A料和B料的液体物料，经恒定计量流入喷枪，混合后瞬间经空气压力作用，将"雾化"混合物料喷涂在被施工的表面发泡成型，其工艺流程如图8-10所示。

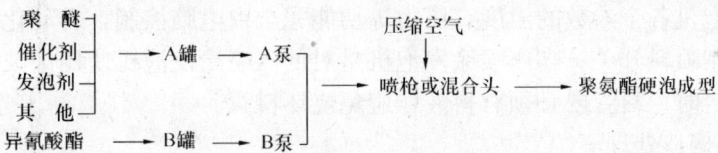

图 8-10 喷涂聚氨酯硬泡工艺流程

2) 施工工艺流程

清理、检查基层──→备料、接电、调试设备──→试喷──→正式喷涂──→泡沫质量检查、验收──→泡沫保护层、防水层施工──→工程验收

(2) 操作工艺

喷涂聚氨酯硬泡发泡方法特别适用于大面积施工，喷涂发泡的特点是反应速度快，发泡不用模具，适用于平面、垂直面、顶面等，包括形状简单或复杂的表面。泡沫厚度不受任何限制，施工无接缝。

1) 简易低压空气喷涂发泡机操作

①加料：根据小试确定合格的配方，按配方中各自物料倍量放大，分别加入带有过滤网的A料和B料罐内。

②调整流量：用质量法分别测试组合聚醚（A组分）和异氰酸酯（B组分）两组分在单位时间的流量，按照小试后的两个组分最佳质量比进行校对调整，并控制两组分实际流量的

比值应等于小配方的质量比,流量误差不超过±1%。

③试喷:将A、B组分的料管分别接到喷枪A、B的活接头上,压缩机的风管接通喷枪。先开空压机风阀,根据现场需喷涂高度或距离,将空气压力与流量调到所需雾化的风压,雾化风压根据物料的流量不同和物料黏度大小变化,一般控制在0.3~0.4MPa。风压太低,物料雾化不佳,泡沫质量低劣;风压过大,使物料吹散,损失增大。

④开始喷涂:机械参数调好后,开动物料计量泵即可喷涂施工。通过试喷后,确定喷枪口与物面距离,即可进行大面喷涂施工,一般为自下而上、左右移动喷涂为宜,应多次分层喷涂,每次喷涂厚度宜在10~15mm,根据防水保温层的厚度可分几遍喷涂完成,直至喷涂到所要求的厚度。

喷涂施工时,当日的施工作业面连同异形部位的细部构造应一次连续地喷涂施工完成。

整体施工完成后在建筑基面上应形成一层无接缝、连续的聚氨酯硬泡壳体。

物料的配方应根据施工的环境温度和工作面温度调整,通常喷涂物料乳白时间宜控制3~7s。如果相对固化时间太短,易堵枪;固化速度太慢容易使物料发生流失或滴落现象,并对连续喷涂不利,易导致前一层泡沫被后一层喷涂吹动、脱落。

⑤停止喷涂:中途休息或喷涂结束后,先停物料泵,然后将喷枪内残留物料用压力风吹净后再停风泵,最后关闭所有电源。

料罐内物料可不必排得太净,尤其是B料(异氰酸酯),少量的余料可以起封泵作用,但料盖应盖严,严禁吸潮,便于下次使用。

停机后拆喷枪,按相应规定对喷枪自清洗或其他清洗方法进行处理,防止物料堵塞,便于下次使用。

2)高压无空气喷涂发泡操作

高压喷涂发泡机各个参数的温度、压力等功能完全由电脑控制,自动化程度高,用手枪式物料混合头控制喷料开关。高压喷涂发泡机是对低压喷涂发泡机使用中缺点的改进。当用设备料管加温物料时,料管内必须有料液,避免烧坏料管。

3)屋面细部构造处理

屋面细部是最容易出现质量问题的部位,主要涉及缝隙密封技术、喷涂聚氨酯硬泡泡沫高度或范围(或屋面与外墙连接喷成整体)、喷涂聚氨酯硬泡的坡度等,要求在达到节能效果的前提下,还必须达到不渗透水、排水顺畅。其中聚氨酯硬泡泡沫施工的具体要求必须按设计要求的节能率进行施工,在无特殊设计要求的情况下,屋面细部构造通常应符合下面要求:

①屋面与山墙、女儿墙间的聚氨酯硬泡体防水保温层应直接连续地喷涂至设计要求高度;

在天沟、檐沟等部位宜铺有胎体增强材料的附加层,附加层收头应用柔性材料密封;

喷涂聚氨酯硬泡体保温层在天沟、檐沟的连接处应连续地直接喷涂。

②无组织排水檐口聚氨酯硬泡体防水保温层收头应连续地喷涂到檐口平面端部,喷涂厚度应逐步连续均匀地减薄至不小于15mm为止;

伸出屋面的管道或通气管应根据泛水高度要求连续地直接喷涂;

出入口聚氨酯硬泡体防水保温层收头应连续地直接喷涂至帽口。

③落水口防水保温层收头构造应符合下列规定:

落水口杯宜采用塑料制品或铸铁；

直式落水口周围直径500mm范围内的坡度不应小于2%；

横式落水口在山墙或女儿墙上应根据泛水高度要求，聚氨酯硬泡体防水保温层应连续地直接喷涂至落水口内。

④平屋面聚氨酯硬泡体防水保温层上的全部雨水均需从落水口排出，应根据当地降水量的大小来确定落水管的最小内径和最大集水面积，一般落水管内径不应小于75mm，单根落水管最大汇水面积宜小于200m^2。

⑤水平伸缩缝防水保温层的构造：在伸缩缝内应填充塑料棒，并用密封膏密封，然后连续地直接喷涂到帽口。

屋面与山墙间变形缝的构造：聚氨酯硬泡泡沫体防水保温层应连续地直接喷涂至设计要求高度。然后在变形缝内填充塑料棒并用密封膏密封，再在山墙上用螺钉固定能自由伸缩的钢板。

4）保护层施工

在喷涂聚氨酯硬泡塑料施工完成后，长时间暴露在阳光下的泡体逐渐会氧化，外观颜色从浅黄色变化到深棕色，降低泡沫本身的强度，也会导致其他物理性能指标下降，应在最短时间内进行保护层施工。

在泡沫喷涂完成后，在泡沫表面自然形成憎水薄膜，作保护层施工时，尽可能做到不损坏泡沫表面光滑的致密层，尤其在采用涂料防护层时更加注意保护。泡沫保护层通常有以下几种处理方法：

①在聚氨酯硬泡塑料体表面上可连续喷（刷）快干型耐紫外线兼有防水功能的防护涂料，如喷（刮）丙烯酸酯类、耐老化的聚脲等防水保护层涂料，在应用前先测试与泡沫间的附着力；

②可刮涂聚合物水泥抗裂砂浆保护层；

③上人面层可按设计要求铺设地砖等刚性的保护层等。

3. 质量标准

(1) 主控项目

1) 聚氨酯硬泡塑料防水保温层不应有渗漏水、露底、断裂等现象。

检验方法：观察检查。

2) 聚氨酯硬泡塑料材料的密度、抗压强度、导热系数、吸水率必须符合设计要求。

检验方法：检查出厂合格证、质量检验报告和现场抽样复验报告。

(2) 一般项目

1) 聚氨酯硬泡塑料防水保温层的厚度应符合设计要求。

检验方法：用钢针插入或尺量。

2) 聚氨酯硬泡塑料防水保温层表面应平整，最大喷涂波纹应小于5mm。

检验方法：观察检查或用钢针插入。

3) 平屋面、天沟、檐沟等的表面排水坡度应符合设计要求。

检验方法：观察检查。

4) 屋面与山墙、女儿墙、天沟、檐沟以及突出屋面结构的连接处的连接方式与结构形式应符合设计要求。

检验方法：观察检查。

5）防水保温层表面的防辐射涂料防护层，不应有漏喷、裂纹、皱褶、脱皮现象。

检验方法：观察检查。

4. 安全技术

特别说明喷涂聚氨酯硬泡喷涂施工不仅是高空作业，而特殊的一面是必须注意安全防火和增强自我保护的意识，在该类产品技术施工中，由于忽视安全技术，已发生许多火灾的沉痛教训。

（1）施工现场安全防火要求

1）在现场喷涂聚氨酯硬泡施工过程中或完成施工后的聚氨酯硬泡塑料上面，不管是普通型还是阻燃型，绝不许乱丢火种，严禁吸烟、乱扔未熄灭烟头、动用明火。

2）绝不允许在与聚氨酯硬泡泡沫接触部位进行电焊、切割等明火作业，严禁在聚氨酯硬泡施工时与其他动火工程交叉作业。

3）当聚氨酯硬泡塑料施工完成后，必须进行明火作业时，应在动火部位的周围必须留出足够的距离或间隔，并备好现场用消防设备；应根据现场具体情况制定严密动火规范和安全使用规范，确保万无一失。

（2）施工现场劳动保护

1）现场喷涂聚氨酯硬泡施工者必须戴好防护面具和劳保服，尤其避免吸入喷出的雾状物料。

2）B组分（异氰酸酯）在低温放置时，人体呼吸吸入和皮肤吸收方面毒性较少，因其挥发性较低，在通常条件下短时间暴露接触（如：少量泄漏、撒落）所产生的毒害性很小。尽管如此，由于异氰酸酯系化合物，仍存在一定毒性，可导致中度眼睛刺激和轻微的皮肤刺激，可造成皮肤过敏。异氰酸酯在空气中最大允许浓度（TLV）为0.02ppm。

3）当现场施工温度低，设备不具加热系统时，需将装有B组分物料的容器敞口加热，当物料温度被加热到40℃以上时（如熔化时）或是工作环境通风不良，将会增加其蒸气毒害性，应避开风向或采取控温加热等措施。

4）在喷涂聚氨酯硬泡施工作业的场所，会导致空气中悬浮粒子浓度增加而产生毒害。操作者必须佩戴防毒面具和有效呼吸器，戴好必要劳保用品（手套、防护镜、工作服等）。当使用活性炭过滤保护（只能对有机溶类的苯类、酮类等有吸附作用）呼吸罩时，必须适当更换活性炭，并配戴保护镜。

避免物料与皮肤直接接触及溅入眼睛内。一旦溅到皮肤上或眼睛内，应立即用清水冲洗，皮肤用肥皂水洗净。

5）在通风不畅的条件下施工时，工作场所必须加强通风，有过敏者应脱离接触。否则，反复吸入超标浓度的蒸气会引起呼吸道过敏，在操作时应小心谨慎。

6）少量聚氨酯硬泡原料的泄漏、洒落物料可用砂土处理，铲入敞口容器中，移离工作区域后用5%的氨水分解，释液放入废水系统，不得随处乱倒，防止污染周围环境。若大量泄漏，将其收入容器并回收后，再在污染地区用氢氧化铵溶液或洗涤剂洗刷。

7）出现污染后，参考相关清除方法：

皮肤污染可用肥皂水洗净，再以1%～10%氨水淋洗，最后再用清水彻底洗净；

眼睛溅入后应立即用水洗3～5分钟，再请医师治疗；

清除衣物的污染可用液体除污剂处理，再用清水洗净。使用一次性无纺布类劳保服可按正常垃圾处理。

（五）聚氨酯彩色防水保温系统施工

聚氨酯彩色防水保温系统，以硬质聚氨酯泡沫塑料为主要防水保温材料，彩色防水涂膜起防水和界面处理作用，纤维增强抗裂腻子起找平和保护层作用。

1. 特点

通过复合材料的结合使用，聚氨酯硬泡与涂膜共同构成保温、防水双重功能，使该系统防水抗渗性能达到最高的同时，又使系统的保温层与墙体基面及保护层之间有极其突出的粘结力。

经过防水涂膜稀浆界面剂处理后，聚氨酯泡沫与墙体基层的粘结牢固，柔性护层与聚氨酯硬泡之间的粘结亦牢固，保证了整个保温系统超强的抗压、抗剪和粘结性能，解决了使用保温系统后再选面砖、石材作为装饰材料时的安全问题。该系统所用材料的检测结果见表8-14～表8-16。

表 8-14 聚氨酯硬泡性能检测报告

项 目	标准要求 M 型	检测结果 M 型
密度（kg/m³）	≥35	41.2
导热系数 [W/(m·K)]	≤0.025	0.022
抗压强度（MPa）	≥0.15	0.20
抗拉强度（MPa）	≥0.2	0.38
粘结强度（MPa）	≥0.2	0.25
吸水率（%）	≤2	0.7
尺寸稳定性（%）	≤1	0.8
氧指数（%）	26	27.4
不透水性（0.3MPa，30min）	不透水	不透水

表 8-15 聚氨酯彩色防水保温系统粘结强度检测报告

项 目	检测结果 检测值	检测结果 平均值	破坏状态
潮湿状态砂浆与保温层粘结强度（MPa）	0.47	0.46	保温层破坏
	0.52		
	0.40		
高温状态（70～80℃）砂浆与保温层粘结强度（MPa）	0.40	0.44	保温层破坏
	0.41		
	0.50		
面砖与保温系统粘结强度（MPa）	0.93	0.74	保温层破坏
	0.47		
	0.82		
技术指标（MPa）	≥0.2		

表 8-16 聚氨酯彩色防水保温系统耐候性检测报告

项　目	检　测　结　果	
耐候性检测报告	热-雨周期循环	热-冷周期循环
	试件经过 80 次热-雨周期循环，5 次热-冷周期循环，表面无起泡、无剥落、无裂缝	
试件及其检测说明	①加热至 70℃（温度上升时间为 1h），保持温度（70±5℃）2h ②喷水 1h，水量 1.5L/（m²·min） ③停顿 2h（干燥）	同一试件放置 48h 后，经过 5 次循环： ①加热至 50℃（温度上升时间为 1h）保持温度（70±5℃）7h ②降温至 -20℃（降温时间为 2h），保持温度（-20±5℃）14h

2. 适用范围

(1) 可适用于多孔黏土砖、钢筋混凝土、加气混凝土砌块、混凝土小型砌块等基层墙体。

(2) 适用于低层、多层、高层建筑的各类围护墙体的外墙和防水等级为Ⅰ、Ⅱ、Ⅲ级的工业与民用建筑的保温防水屋面工程。特别适用于曲面和复杂形状的外墙、屋面的保温及防水。

3. 主要材料的技术性能

(1) 彩色防水涂膜性能指标如表 8-17 所示。

表 8-17 彩色防水涂膜性能指标

项　目		指　标		检测方法
		Ⅰ型	Ⅱ型	GB/T 16777—1997
固体含量（%）		≥65		GB/T 16777—1997
干燥时间（h）	表干时间	≤4		GB/T 16777—1997
	实干时间	≤8		GB/T 16777—1997
拉伸强度	无处理拉伸强度（MPa）	≥1.2	≥1.8	GB/T 16777—1997
	加热处理后保持率（%）	≥80	≥80	GB/T 16777—1997
	碱处理后保持率（%）	≥70	≥80	GB/T 16777—1997
	紫外线处理后保持率（%）	≥80	—	GB/T 16777—1997
断裂伸长率	无处理（%）	≥200	—	GB/T 16777—1997
	加热处理（%）	≥150		GB/T 16777—1997
	碱处理（%）	≥140		GB/T 16777—1997
	紫外线处理（%）	150		GB/T 16777—1997
GB/T 16777—1997		低温柔性（10mm 圆棒）	-10℃无裂纹	—
不透水性（0.3MPa，30min）		不透水	不透水	GB/T 16777—1997
潮湿基面粘结强度（MPa）		≥0.5	≥1.0	JC/T 894—2001

注：Ⅰ型用于屋面工程，Ⅱ型用于墙体工程。

(2) 硬质聚氨酯泡沫塑料技术性能分为 H 型（高密度）、M 型（中密度），其指标如表 8-18 所示。

表 8-18 技术性能指标

项 目	技术指标 H 型	技术指标 M 型	检测方法
密度（kg/m³）	≥55	≥35	GB/T 6343
导热系数[W/(m·K)]	≤0.027	≤0.025	GB 3399
吸水率（%）	≤3		GB/T 8810
抗压强度（MPa）	≥0.3	≥0.15	GB/T 8813
抗拉强度（MPa）	≥0.5	≥0.2	GB 10800—89
粘结强度（MPa）	≥0.2	≥0.2	GB 10800—89
尺寸稳定性（%）	≤1		GB/T 8811
不透水性（0.3MPa，30min）	不透水		GB/T 16777—1997
氧指数（%）	26		GB/T 2406—93

注：H 型硬质聚氨酯泡沫塑料适用于上人屋面；
　　M 型硬质聚氨酯泡沫塑料适用于墙体和不上人屋面防水保温。

（3）纤维增强抗裂腻子技术性能指标如表 8-19 所示。

表 8-19 纤维增强抗裂腻子技术性能指标

项 目			指标	检测方法
可操作时间（h）			≤4	JG 149—2003
拉伸粘结强度（MPa）	与水泥砂浆	原强度	≥0.6	JG/T 24—2000
		耐水	≥0.4	JG/T 24—2000
	与硬质聚氨酯泡沫	原强度	≥0.2	JG/T 24—2000
		耐水	≥0.2	JG/T 24—2000

注：增强抗裂腻子与硬质聚氨酯泡沫塑料之间有涂膜稀浆做界面处理。

（4）聚氨酯彩色防水保温系统物理性能指标如表 8-20 所示。

表 8-20 聚氨酯彩色防水保温系统（外墙外保温）的性能指标

项 目		指标	检测方法
抗冲击强度（J）		≥3.0	JG 149—2003
压剪粘结强度	标准状态 28d（MPa）	≥0.2	HG/T 2727—1995
	耐冻融 10 次	表面无裂纹、空鼓、起壳、剥离现象	JG 149—2003

4. 主要配套材料

与聚氨酯防水保温体系相配套的材料有胶粘剂、密封胶、无纺纤维布、耐碱玻璃纤维网布。

（1）胶粘剂：非溶剂型粘结剂，为合成高分子胶粘剂。

（2）密封胶：聚氨酯建筑密封胶，丙烯酸酯建筑密封胶，氯磺化聚乙烯建筑密封胶。

（3）无纺纤维布、耐碱玻纤网布。

5. 硬质聚氨酯泡沫塑料层厚度选择

（1）夏热冬冷地区的住宅建筑，外墙面硬质聚氨酯泡沫厚度取 15mm 厚，传热系数

$K<1.5[\text{W}/(\text{m}^2\cdot\text{K})]$；屋面硬质聚氨酯泡沫厚度取 25mm 厚，传热系数 $K<1.0[\text{W}/(\text{m}^2\cdot\text{K})]$。

（2）工程对墙面、屋面保温有特殊要求时，可根据表 8-21 和表 8-22 提供的 K、D 值进行选择，并注明厚度。

表 8-21　屋面保温硬质聚氨酯泡沫塑料不同应用厚度

屋面类型		硬质聚氨酯泡沫塑料应用厚度（mm）							
		$\delta=20$		$\delta=25$		$\delta=30$		$\delta=35$	
		K	D	K	D	K	D	K	D
陶粒混凝土找坡平均厚度 80mm $i=2\%$	不上人	0.095	2.92	0.81	3.00	0.71	3.09	0.63	3.17
	上人	0.97	3.30	0.83	3.38	0.73	3.47	0.65	3.55
陶粒混凝土找坡平均厚度 80mm $i=5\%$	不上人	0.87	3.92	0.75	4.00	0.67	4.09	0.59	4.17
	上人	0.89	4.30	0.77	4.38	0.69	4.47	0.62	4.55
结构找坡	不上人	1.04	1.92	0.87	2.00	0.76	2.09	0.67	2.17
	上人	1.06	2.33	0.90	2.41	0.78	2.50	0.69	2.58

注：① 表中硬质聚氨酯泡沫厚度以 δ 表示，单位为 mm。屋面的传热系数以 K 表示，单位为 $[\text{W}/(\text{m}^2\cdot\text{K})]$。热惰性指标以 D 表示。
② 结构找坡屋面板厚度设定为 120mm 厚钢筋混凝土，内表面为 20mm 厚水泥砂浆。
③ 结构找坡，D 值小于 2.5，按《民用建筑热工设计规范》（GB 50176—93）第 5.1.1 条验算，符合屋面隔热要求。
④ 硬质聚氨酯泡沫厚度可根据实际需求计算，最大厚度可达 80mm。
⑤ K 值、D 值，根据《住宅建筑围护结构节能应用技术规程》（DG/TJ 08—206—2002）表 4.7.2、表 4.8.1 计算而得。
⑥ 表中不上人屋面硬质聚氨酯泡沫导热系数 λ 取 $0.025[\text{W}/(\text{m}\cdot\text{K})]$，上人屋面硬质聚氨酯泡沫导热系数 λ 取 $0.027[\text{W}/(\text{m}\cdot\text{K})]$，并考虑系数 1.1。
⑦ 不上人屋面批嵌纤维增强抗裂腻子，材料蓄热系数 S 取 $11.37[\text{W}/(\text{m}^2\cdot\text{K})]$，厚度 δ 取 3mm，导热系数 λ 取 $0.93[\text{W}/(\text{m}\cdot\text{K})]$，则热阻 R 为 $0.003(\text{m}^2\cdot\text{K}/\text{W})$，热惰性指标 D 为 0.03。

表 8-22　墙体保温硬质聚氨酯泡沫塑料不同应用厚度

分类	墙体材料与砌体厚度（mm）	硬质聚氨酯泡沫塑料应用厚度（mm）								
		$\delta=15$			$\delta=20$			$\delta=25$		
		K_p	K_m	D	K_p	K_m	D	K_p	K_m	D
1	240 多孔黏土砖	0.92	1.00	3.71	0.70	0.82	3.80	0.69	0.73	3.88
2	190 双排孔混凝土砌块	1.02	1.07	2.18	0.86	0.90	2.26	0.75	0.78	2.34
3	240 混凝土多孔砖	0.97	1.03	2.89	0.83	0.87	2.97	0.72	0.75	3.06
4	200 钢筋混凝土	1.21	1.22	2.51	1.00	1.00	2.59	0.85	0.85	2.67

注：① 表中硬质聚氨酯泡沫厚度以 δ 表示，单位为 mm。外墙主体部位的传热系数以 K_p 表示，外墙的平均传热系数以 K_m 表示，单位为 $[\text{W}/(\text{m}^2\cdot\text{K})]$。热惰性指标以 D 表示。
② 硬质聚氨酯泡沫厚度可根据实际需求而计算，最大厚度可达 60mm。
③ K_p 值、K_m 值、D 值，根据《住宅建筑围护结构节能应用技术规程》（DG/TJ 08—206—2002）表附录 C 计算而得，导热系数 λ 取 $0.025[\text{W}/(\text{m}\cdot\text{K})]$，并考虑系数 1.1。
④ 不上人屋面批嵌纤维增强抗裂腻子，材料蓄热系数 S 取 $11.37[\text{W}/(\text{m}^2\cdot\text{K})]$，厚度 δ 取 3mm，导热系数 λ 取 $0.93[\text{W}/(\text{m}\cdot\text{K})]$，则热阻 R 为 $0.003(\text{m}^2\cdot\text{K}/\text{W})$，热惰性指标 D 为 0.03。

6. 施工工艺

(1) 工艺流程

基层处理──→刷涂膜稀浆──→喷涂发泡──→刷涂膜稀浆──→批嵌纤维──→增强抗裂腻子──→装饰

(2) 操作工艺

1) 涂刷彩色防水涂膜稀浆

首先做基层处理，使屋面（墙体）基层平整，无浮灰、油污。当基层（包括找坡层）平整度≤10mm，可不加找平层。基层处理合格后涂刷一道彩色防水涂膜稀浆，养护24h。

2) 喷涂硬质聚氨酯泡沫塑料

当基层基本干燥后，通过发泡设备将硬质聚氨酯泡沫塑料喷涂在基面上发泡成型。根据保温层的厚度，一个施工作业面可分几遍喷涂，当日的施工作业面，必须当日连续喷涂完毕。达到喷涂厚度的24h后，可用手提刨刀进行局部修整。

3) 涂刷彩色防水涂膜稀浆

均匀涂刷一道彩色防水涂膜稀浆，可加入适量细砂，增加其粗糙度，涂刷完成后养护24h，使其彻底干燥。

4) 批嵌纤维增强抗裂腻子

纤维增强抗裂胶浆调配搅拌均匀后，用刮刀进行批刮，分二次批嵌，中间铺嵌耐碱玻璃纤维网布。

5) 墙体及屋面装饰

养护一周后，即可进行墙体涂料或贴面装饰。屋面可进行屋面瓦等施工。

(3) 施工注意事项

1) 施工现场温度不宜低于5℃，空气相对湿度不宜大于90%，风力宜小于5级。如在5级以上大风天条件下施工，应采取必要防护措施。施工时，应严格做好门窗及周边环境的防护。

严禁在雨、雪、雾气候条件下施工。

2) 在喷涂硬质聚氨酯泡沫塑料前，应将屋面及墙面上的管线、设施基础、预埋安装构件等预先施工到位。

3) 屋面防水保温首选结构找坡，当必须建筑起坡时应采用陶粒混凝土或憎水珍珠岩作为找坡层，坡度为≥2%，檐沟及天沟的坡度≥1%。

在屋面防水薄弱处（如阴脊、檐沟、阴角、洞口）需附加3~5mm厚纤维增强抗裂腻子，垂直面的泛水上翻250mm。

在门、窗洞口及所有墙面保温系统材料断开处均需在硬质聚氨酯泡沫塑料保温层上附加耐碱玻璃纤维网布，且两边各伸出不小于200mm。

高度在2.4m以下的墙体均需附加耐碱玻璃纤维网布，喷涂料压入纤维增强网布内。需增强部位包括：

系统需设置变形缝处，保温系统与不同材料相接处，基层墙体材料改变处，墙面的连续高、宽每超过23m，且未设其他变形缝时，结构可能产生较大位移的部位，如建筑体型突变或结构系变化处。

四、板状保温材料施工

板（块）状保温材料是在工厂通过模具压制等方式预制成型，运到施工现场后进行拼装或粘贴方式进行施工。

常用的板（块）状保温材料，可分为有机泡沫保温板（如：聚氨酯泡沫板、聚苯乙烯泡沫板、聚乙烯泡沫板、聚氯乙烯泡沫板）、无机材料轻体保温板（如：膨胀蛭石板或块、水泥膨胀蛭石、珍珠岩板、硅藻土胶合块、泡沫玻璃、泡沫石灰块、轻质发泡混凝土块、矿物棉板或毡）、有机与无机材料复合保温板（如：乳化沥青珍珠岩、水泥聚苯颗粒块）和金属与保温材料复合板（如：金属面夹芯板、压型钢板铺设保温棉）等。有些板（块）保温材料，既可用于墙体结构保温工程也可用于屋面保温工程施工。板（块）类保温材料具有外形齐整，密度低（最大不超 300kg/m³），施工方便、速度快，在屋面节能工程的应用中占有一定比例。

（一）金属面（彩板）夹芯板

金属面夹芯板是指上、下两层为金属薄板，芯材为有一定刚度的保温材料，如岩棉、玻璃棉和硬质泡沫塑料等，是在专业自动化生产线上复合而成且具有承载力的结构板材。

我国在 20 世纪 80 年代中期，开始采用较为先进的设备和工艺生产金属面保温板材，目前金属面夹芯板主要有金属面聚氨酯硬泡夹芯板、金属面聚苯乙烯泡沫夹芯板和岩棉（玻璃棉）夹芯板。

由于轻钢结构在民用、工业建筑中应泛的应用，带动了金属夹芯板的应用。目前金属面聚氨酯硬泡夹芯板和金属面聚苯乙烯泡沫夹芯板发展速度快、生产量较大，并且在技术性能和外观上均已达到或接近国外同类产品的水平。

1. 金属面夹芯板主要特点

（1）自重轻、强度高、保温、隔声、耐火、耐老化和高效绝热性。

（2）施工性好，可多次拆卸，变换地点重复安装使用，施工方便、快捷。

（3）带有防腐涂层的彩色金属面夹芯板有较高的耐久使用性。

（4）特别适用于空间结构和大垮度结构的建筑。

2. 适用范围

金属面夹芯板在民用建筑上还很少采用，仅限于装配式冷库和工业建筑厂房等应用。普遍用于冷库、仓库、工厂车间、仓储式超市、商场、办公楼、洁净室、旧楼房加层、活动房、战地医院、展览场馆和体育场馆及候机楼等的建造。

3. 产品分类、规格和技术性能

（1）产品分类

1）按面层材料分有：镀锌钢板夹芯板、热镀锌彩钢夹芯板、电镀锌彩钢夹芯板、镀铝锌彩钢夹芯板和各种合金铝夹芯板。

2）按芯材材质分类有：金属泡沫塑料夹芯板，如金属聚氨酯泡沫夹芯板、金属聚苯泡沫夹芯板；金属无机纤维夹芯板，如金属岩棉夹芯板、金属矿棉夹芯板、金属玻璃棉夹芯板等。

3）按建筑结构的使用部位划分有：屋面板、墙板、隔墙板、吊顶板等。

（2）产品规格、外观质量及允许偏差

1) 产品规格

按行业标准规定的产品规格如表8-23所示。

表8-23 产品规格 （mm）

金属面矿棉、岩棉复合板	厚度：50、80、100、120、150、200 宽度：900、1000 长度：≤12000	金属面聚氨酯泡沫夹芯板	厚度：30、40、60、80、100 宽度：1000 长度：≤12000
金属面聚苯乙烯复合板	厚度：50、75、100、150、200、250 宽度：1150、1200 长度：≤12000		

2) 夹芯板的外观质量

①板面应平整，无明显手感凹凸。

②表面清洁，离板边30mm以内无胶液。

③钢板切口整齐，板边向内弯曲，无明显波浪。

④除切割边外，其余部位钢板无明显划痕。

⑤夹芯板自然侧向直立时，每3000mm板长侧向弯曲度不超过3mm。

3) 夹芯板的尺寸允许偏差

夹芯板的尺寸允许偏差见表8-24。

表8-24 夹芯板的尺寸允许偏差

夹芯板尺寸	长度（mm）	宽度（mm）	厚度（mm）	对角线（%）
允许偏差	±5	±3	±2	2

(3) 主要性能指标

金属复合板执行行业标准JGJ 869—2000金属面岩棉、矿渣棉夹芯板，JG/T 868—2000金属面硬质聚氨酯夹芯板和JC 689—1998金属面聚苯乙烯夹芯板。

1) 夹芯板的芯材密度

芯材的密度对导热系数、强度有直接影响。密度愈大，强度愈高，承重能力愈强。但对导热系数而言，密度愈大，导热系数也随之增大；同时原材料消耗量增加。相反，密度愈小，原材料消耗量小，成本则降低，但产品质地松软，强度也随之降低。

为保证产品质量，在实际生产时夹芯板产品密度可参见表8-25选择。

表8-25 几种绝热材料密度

绝热芯材	密度（kg/m³）	绝热芯材	密度（kg/m³）
聚氨酯硬质泡沫塑料	30~50	岩棉	50~150
聚苯乙烯泡沫塑料	18~30		

2) 夹芯板的面密度

0.6mm厚的彩色钢板聚苯乙烯泡沫夹芯板的面密度如表8-26所示。

表8-26 彩色钢板聚苯乙烯泡沫夹芯板的面密度

板厚（mm）	50	75	100	150	200	250
面密度（kg/m²）	10.00	10.44	10.89	11.79	12.69	13.59

3) 传热系数

彩色钢板聚苯乙烯泡沫夹芯板的传热系数如表8-27所示。

表8-27 传 热 系 数

板厚（mm）	50	75	100	150	200	250
传热系数[W/(m²·K)]	0.74	0.51	0.39	0.27	0.20	0.16

4) 芯材的导热系数

导热系数应考虑在实际应用中的各种影响因素，为保证绝热效果，留有足够余地，导热系数应取高值。但在冷库工程中由于夹芯板长期受到潮湿环境和水蒸气渗透的影响，含湿量将会增加，在低温环境中，必然增大导热系数，为确保冷库能够正常使用，对导热系数应加以修正。

① 金属面聚氨酯硬泡夹芯板

聚氨酯硬质泡沫塑料的导热系数除受密度直接影响外，还与温度、吸湿、老化时间和闭孔率等因素有直接关系。

聚氨酯硬质泡沫塑料的导热系数随时间发生变化，应经300天时效处理后，导热系数才基本趋于稳定。

② 金属面聚苯乙烯泡沫夹芯板

聚苯乙烯泡沫塑料导热系数影响变化的因素与聚氨酯硬质泡沫相似。尤其是块料脱模后，如没经时效和相应其他处理，泡沫内所含的水分必然增加产品导热系数，因此必须充分干燥。

5) 芯材强度

金属面夹芯板强度与金属板的强度有关外，还与芯材的密度有关，芯材强度如表8-28所示。

表8-28 隔热芯材的强度　　　　　　　　　（MPa）

机械强度	芯材种类	聚氨酯硬质泡沫	聚苯乙烯泡沫	岩 棉
抗压强度（在10%变形下的压缩应力）		0.15～0.40	0.10～0.30	
抗弯强度		0.25～0.60		
抗拉强度		0.25～0.70	0.10～0.30	>0.05

6) 结构性能

金属面聚氨酯硬泡夹芯板和金属面聚苯乙烯泡沫夹芯板都具有极好的抗弯承载力。彩板聚苯乙烯泡沫夹芯板的最大允许跨距和荷载见表8-29，用于墙板的夹芯板的允许垂直荷载见表8-30。

7) 芯材与金属板的粘结力

金属面夹芯板的粘结力大小除选用粘结剂类型外，还与金属面板的类型、金属板粘结一侧的清洁度和粗糙程度有关。尤其是金属面聚苯乙烯泡沫夹芯板和金属面岩棉夹芯板与金属面聚氨酯硬泡夹芯板成型工艺不同，因而在生产过程中必须保证粘结剂的使用量。

表 8-29　允许最大跨距和荷载

板厚（mm）	50	75	100	150	200	250	荷载（kN/m²）
允许跨距（m）	3.60	4.20	4.80	6.00	6.90	7.50	0.50
	2.70	3.30	3.60	4.50	5.40	6.00	1.0
	1.80	2.40	3.00	3.60	4.20	4.80	1.5
	1.20	1.80	2.40	3.00	3.60	3.90	2.0

注：①夹芯板允许最大跨度按变形控制，控制值≤1/200。
②荷载值不包括板自重。
③如遇特殊情况应由试验确定。

表 8-30　夹芯板的允许垂直荷载　　　　　　　　　　（kN/m）

板厚（mm） 板高（m）	50	75	100	150	200	250
2.5	14.0	25.0	34.0	50.0	70.0	94.0
3.5	11.0	20.0	27.0	47.0	68.0	88.0
4	8.0	16.0	24.0	42.0	62.0	82.0
5	7.0	14.0	21.0	38.0	58.0	76.0
5.5	6.0	12.0	18.0	35.0	54.0	72.0
6	5.0	10.0	16.0	33.0	50.0	68.0

注：允许垂直荷载与夹芯板的粘结强度及苯板强度有关，表中所列数据是夹芯板（包括苯板）不破坏的情况下板所承担的承载力。

粘结质量应满足如下要求：
①要求彩色钢板与聚苯乙烯泡沫塑料板粘结面积不少于85%；
②夹芯板受力破坏时，不得在粘结界面破坏，应为芯材破坏；
③夹芯板靠边无胶区总长度不得大于板长的10%，无胶区宽度不得大于40mm；
④芯材接头处，聚苯乙烯泡沫塑料板应靠实，出现接头空隙时应用聚苯乙烯泡沫塑料薄片加胶水修补。

几种金属面夹芯板粘结力比较见表8-31。

表 8-31　金属面夹芯板粘结力比较（用聚氨酯粘结剂）

金属面板名称	粘结力（MPa）	金属面板名称	粘结力（MPa）
镀锌钢板	0.20	压花铝板	0.15
彩色喷塑钢板	0.15	不锈钢板	0.10
彩色喷塑镀铝钢板	0.15	铝合金板	0.10

8）隔声性与燃烧性
①聚氨酯硬泡、聚苯乙烯泡沫和岩棉（玻璃棉）都具有很好的隔声性能。
②按国家建筑材料燃烧等级划分要求，聚氨酯硬泡和聚苯乙烯泡沫的燃烧等级为B2级。以它们芯材复合而成的金属面聚氨酯硬泡夹芯板和金属面聚苯乙烯泡沫夹芯板的燃烧等级应为B1级。金属面岩棉夹芯板和岩棉芯材的燃烧等级均为A级。几种芯材的隔声性能和燃烧性能见表8-32。

表 8-32 隔声性能和燃烧性能

材料名称	聚氨酯硬泡	聚苯乙烯泡沫	岩棉
平均隔声量 R（dB）	25～50	20～50	33～50
燃烧性	离火 3s 自熄	离火 3s 自熄	不燃烧

9) 几种芯材其他性能（表 8-33）。

表 8-33 几种芯材其他性能

性能指标＼材料种类	聚氨酯硬泡	聚苯乙烯泡沫	岩棉	备注
吸水率（28d 后）（%）	<0.05	<0.8	不吸水	
尺寸稳定性（70℃48h）（%）	<4	<5		
蓄热系数 [W/(m²·K)]	0.28	0.23	0.56	GBJ 72—84 "冷库设计规范" 第 3.3.3 条条文说明表 3.3.3-1
水蒸气透湿系数 [ng/(Pa·m·s)]	<6.5	<4.5	<13.3	GB 10801—89 "隔热用聚苯乙烯泡沫塑料" 4.3 表 3，GB 10800—89 "建筑物隔热用硬质聚氨酯泡沫塑料" 4.4 表 3
长期工作温度（℃）	−50～110	<70	<600	

10) 聚氨酯硬泡彩钢夹芯板的物理性能和相关夹芯板的参数如表 8-34 和表 8-35 所示。

表 8-34 聚氨酯彩钢夹芯板的物理性能

项目	指标	项目	指标
抗压性(MPa)	≥0.10	20℃时热稳定性(%)	≤2
弹性模量(MPa)	≥3	吸水性(%)	<2
剪切负荷(MPa)	≥0.10	导热系数[W/(m·K)]	≤0.018
粘附性(MPa)	≥0.09	80℃时热稳定性(%)	≤2
密度(kg/m³)	30～45		

表 8-35 相关夹芯板的参数

	聚氨酯	聚苯乙烯	玻璃棉	岩棉
钢板厚(mm)	0.5～0.8	0.5～0.6	0.5～0.6	0.5～0.6
密度(kg/m³)	30～45	15～35	48～64	100～120
导热系数[W/(m·K)]	0.0209	0.039	0.049	0.049
板长(m)	2～18	2～18	2～18	2～18
板厚(mm)	50～100	50～200	50～100	50～100
防火性(级)	B1	B2	B2	B1

(4) 夹芯板的包装、运输和储存

1) 包装：散装时，按板规格分类叠放，角铁护边用绳固定。捆装时，应用型钢及纤维板包装，包装高度不得超过 1300mm。

2) 汽车或集装箱运输，散包装或捆包装均可，火车或船运时，只允许捆包装。在运输中应防火、防雨。

3) 储存：只允许不超过一个月的露天储存时间，应有防雨措施。储存场地必须坚实平整，散装板堆放高度不得超过 1500mm，下部用木条或泡沫板铺垫，垫木间距不得大于 2000mm。

4. 金属面夹芯板施工要点

金属面夹芯板的安装，应由经过技术培训或有施工经验的专业队伍施工，严格按照国家标准设计压型钢板、夹芯板及墙体建筑构造安装。

(1) 建筑构造和技术要求

1) 屋面坡度一般为 1/6～1/20。

2) 按设计要求的尺寸，尽可能采用较长尺寸板材，以便减少接缝。

3) 夹芯板屋面固定及屋面防水构造：在横坡每两块屋面板拼缝处，上层钢板作翻边防水檐 30mm，内用槽形连接板相连，槽形连接板用连接螺栓与屋顶檩条固定，连接螺栓横向间距 1200，在防水檐上盖槽形盖口防水。

4) 夹芯板搭接：夹芯板屋面顺坡长向搭接，上、下两块屋面板应均匀搭在支座上。其搭接长度为：当屋面坡度≤1/10 时，搭接长度为 300mm；屋面坡度＞1/10 时，搭接长度可为 200mm。

5) 夹芯板搭接缝处理：搭接钢板部分用拉铆钉连接，搭接缝用防水材料密封，外露拉铆钉头用密封膏封严。

6) 包边、泛水钢板外理：包边钢板和泛水钢板搭接处应尽可能为背风向安装，并且搭接长度≥60mm，拉铆钉中距≤500mm。

7) 门口、窗口连接外理：门口两侧应设有通天槽钢龙骨，门框与槽钢龙骨应连接牢固；窗框四周预安槽形连接件，待窗口找正后，用拉铆钉将槽形连接件固定在夹芯板上，门窗框口两侧用角铝包角。

8) 夹芯板墙面搭接应向下压槎，搭接长度≥50mm，用拉铆钉连接，拉铆钉中距≤300mm。

9) 避雷针安装连接：避雷针应与主体结构连接，不得用金属夹芯板作为接地，应按设计要求安全安装。

(2) 夹芯板的连接配件和密封材料

金属面夹芯板施工时，往往多数是屋面、墙体、门窗同时进行，会涉及各种用途的连接件和密封材料，在施工前按需要量仔细计算并备齐全。

1) 铝合金连接件：角铝、槽铝、门框铝、窗框铝等。

2) 连接螺栓：屋面和墙面用直径 6mm、8mm 镀锌六角螺栓（配有防水密封圈、镀锌钢垫圈）。屋面用直径 6mm、8mm 槽形挂钩螺栓（配有防水密封圈、镀锌钢垫圈）。锚固用 M8 胀管螺栓（用于砖墙及混凝土墙锚固）。

3) 铝质抽芯拉铆钉：直径 4mm×12mm、直径 5mm×12mm、直径 5mm×18mm。

4) 密封材料：丙烯酸、硅酮或聚硫类优质密封胶；现场浇注密封用聚氨酯硬泡料等。

5) 泛水及天沟：选用彩色钢板或 24 号镀锌铁皮，镀锌铁皮表层刷防锈底漆一遍，刮腻子、调合漆两遍。

5. 质量标准

参照本节（二）金属板材（压型钢板）铺设保温棉屋面质量标准。

6. 安全技术

（1）施工人员操作时，必须穿胶鞋，防止滑伤。

（2）施工现场严禁吸烟。

（3）施工现场必须戴安全帽，高空作业必须系安全带。

（4）合理安排施工工艺流程，避免高低空同时作业。

（5）屋面施工材料必须随时捆绑固定，做好防风工作。

（6）电动工具必须设漏电保护装置。

（7）屋面安装要采取齐全、有效的安全措施，严防高空坠落物体伤人事故的发生。

（二）金属板材（压型钢板）铺设保温棉屋面施工

金属板材保温屋面有多种安装形式，基本是大同小异。本节介绍的施工工艺是彩色涂层钢板屋面咬合锁边，内填保温棉，有内衬板的屋面系统安装法。

1. 施工准备

（1）技术准备

1）熟悉与会审施工图纸，掌握材料型号、规格、尺寸、构件连接、安装程序要求、施工要领。对技术措施、质量要求和成品保护进行认真技术交底。

2）计算好工程总量，编制施工机具设备需量计划，掌握专用工具的使用方法，做好各种加工半成品技术资料准备和申请计划。

3）施工单位人员结合具体工程实际情况进行技术、安全岗前培训。

（2）材料准备

系统的板材、配件和保温材料进场后，仔细核对尺寸、规格、数量，应与图纸设计要求一致。

1）彩色涂层钢板

①规格：宽度为600mm、620mm、650mm、720mm、750mm、900mm等；长度依据设计要求。

②质量：边缘整齐，表面光滑，色泽均匀，不得有扭翘、锈蚀等缺陷，必须有出厂合格证及检测报告。

压型钢板的堆放场地应平坦、坚实。分层堆放，每隔1~2m加放垫木。

2）保温隔热材料

保温材料的导热系数、厚度、密度，应有出厂质量证明及检测报告，并与设计相符。

3）檩条及系杆（金属板材屋面支撑系统）

C形或Z形檩条可替代角钢、槽钢、钢管等传统钢檩条，采用高强度钢板经冷压镀锌成型。型钢壁厚均匀，规格尺寸可调，刚度、抗压强度必须符合设计要求。通常在加工厂将檩条长度裁好，冲孔、喷漆同时完成，运到工地直接安装。

4）紧固件

主要有膨胀螺栓、铆钉、自攻螺钉、垫板、垫圈、螺帽等，安装所需的连接件，必须是镀锌件。

(3) 机具准备

手动切机、电动锁边机、电动扳手、定位扳手、电焊机、手提电钻、拉铆枪、专用钉书机、裁纸刀、云石锯、钳子、胶锤、钢丝线、紧线器、钢丝绳及吊装设备。

(4) 作业条件

1) 屋面钢结构已安装施工完毕并验收合格。

2) 用于安装屋面板的脚手架搭设完毕。

2. 施工工艺

(1) 工艺流程

测量放线──→内天沟吊装──→屋面衬板吊装──→檩条吊装、安装──→屋面衬板安装──→滑动支架安装──→保温材料铺设──→屋面板吊装、安装──→外檐沟安装──→屋脊盖沿、封檐压型钢板安装

(2) 操作工艺

屋面安装的紧固、保温、密封是三个关键要素。施工时，板材搭接、采光板固定、檐沟安装、屋脊盖沿等安装节点要进行周密的布置，对连接紧固件的数量、间距、连接质量进行重点检查。

1) 测量放线

使用紧线器拉钢丝线测放出屋面轴线控制线的数量和位置，依据以上基准线在每个柱间钢梁上弹出用于焊接屋面檩托的控制线。并认真校核主体结构偏差，确认对屋面次钢结构檩条的安装有无影响。

2) 内天沟安装

①天沟安装时，首先铺设保温材料（如保温棉），将保温棉带铝箔一面朝下即朝向屋内，铺设在双檩条间，然后天沟压在其上，正好卡在双檩条之间，找正位置用自攻螺钉连接，保温棉用订书钉连接，钉住铝箔。天沟后一块压住前一块，互相搭接，用定位孔定位后，相互搭接处用不锈钢焊条焊接，天沟落水口等装完后，用云石锯在相应位置开泄水口，后将落水斗搭接焊于其上，在落水斗下安装落水管。

②内天沟分段安装时，搭接要工整，顺直；排水通畅，无积水。天沟纵向坡度不应小于1‰；天沟采用镀锌钢板制作时，应伸入压型钢板的下面，其长度不应小于100mm。

3) 屋面衬板吊装

常用的吊装方法有逐件流水吊装、节间综合吊装、扩大节间综合吊装。根据吊装方法安排吊装机械、吊装顺序、机械位置和行驶路线，按柱间、同一坡向分次吊装，每次6~7块衬板。

4) 檩条吊装、安装

屋檩安装时，首先按图将所需檩条运至安装位置下方，檩条使用吊装设备按柱间、同一坡向分次吊装。每次成捆吊至相应屋面梁上，每捆8~9根檩条，水平平移檩条至安装位置，檩托板与另一根檩条采用套插螺栓连接。屋面檩条撑安装，用小锤将探出头砸弯、固定。

5) 屋面衬板安装

衬板安装前，预先在板面上弹出铆钉的位置控制线及相邻衬板相互搭接位置线。压型板的横向搭接不小于一个波距，纵向搭接不小于120mm。安装时4~6人一组配合安装，使用自攻螺钉进行屋面衬板固定。

6) 滑动支架安装

滑动支架按设计间距，采用自攻螺钉与檩条连接，位置必须准确，固定牢固。

7) 保温材料铺设

保温棉顺坡度方向依照排板图铺设，相互间用钉书钉钉住。保温棉安装时，要填塞饱满，不留空隙。

在连接保温棉时，保温棉的双面胶胶带要揭掉，破损的保温棉不能使用。在铺设保温棉时应在纵向、横向同时均拉，拉保温棉时的张力不可太大，防止拉断，并应达到平整、无褶皱。

8) 屋面板吊装、安装

①依据屋面板板型、制作卡模，采用垂直运输设备逐块吊装。

②铺设压型钢板屋面时，相邻两块板应顺年最大频率风向搭接，可避免刮风时冷空气灌入室内。

③屋面板端部通过板上的与檩条预钻孔相配就位和排列。

④所有的板材在建筑长度上的位置和排列需保持 300mm 的模数。

⑤压型板应采用带防水垫圈的镀锌自攻螺钉固定，固定点应设在波峰上。所有外露的自攻螺钉均应涂抹密封材料保护。

⑥金属板材屋面与立面墙体及突出屋面结构等交接处，均应做泛水处理。两板间应放置通长密封条。螺栓拧紧后，两板的搭接口处应用密封材料封严。

⑦铺设首张板：首先定位第一张板，根据排板图及相应的檩条上的孔位定屋面板位置，第一张板由山墙边靠近天沟处起装，用钢筋销子调整孔位，在靠近板内一排孔上打自攻螺钉，在天沟边上安装橡胶泡棉堵头，上下四周均用密封胶条，堵头用自攻螺钉与天沟及檩条固定。

⑧屋面板与檩条连接：相邻一张板边相应地压在第一张板边上，在每个檩条相应的板材搭接处安装滑动支架，支架与檩条用自攻钉固定之后，支架勾住板边，后一张板压在其上。根据施工季节的不同，板材与滑动支架连接的位置也要相应调整，春秋季节可安放在滑动支架的中间，夏冬季可安装在滑动支架的任何一侧边缘。

⑨屋面板的搭接：屋面板长度方向的搭接均采用螺栓连接，连接处压密封胶条及打密封胶，防止渗漏，其接缝应咬合严密、顺直。

板与板连接接头处的螺栓拧紧力不能过大，防止螺栓被拧断，使该处成为漏水点。

屋面板水平、垂直方向的螺钉要保证在一条线上，并且螺钉等距。

屋面板材连接接头置于檩条正上方，相应两条板材长度方向的搭接缝应错开一个檩条距离且均匀布置。压型板与泛水的搭接宽度不小于 200mm；压型钢板屋面的泛水板与突出屋面的墙体搭接高度不应小于 300mm，安装应平直。

在安装了几块屋面板后要用仪器检查屋面板的平整度，以防止屋面凸凹不平，出现波浪。

⑩采光板的安装：采光板与屋面板间连接采用螺栓、密封胶条。安装时必须在其下及四周增加堵头，挡住保温棉外露，另外在采光板两侧各加一固定板，用于固定采光板与相邻屋面板，用自攻钉固定，采光板与上下两张板的压紧顺序依照屋面坡度方向，从上至下一块压一块，在采光板上部需设不锈钢分水岭。

采光板与普通板的接头处压边1～2mm的间隙，必须用密封胶封严。采光板下部的单面胶条不能漏压、挤出。

⑪脊瓦（屋脊盖沿）、封檐压型钢板安装：屋脊盖沿下要塞实保温棉，两侧屋面板在内侧用橡胶泡棉堵头，保温棉堵头用密封胶带粘住，屋脊盖沿与屋面板连接用支件。

在安装屋檐饰边前，预制橡皮防水块安装应充满整个屋面板皱褶空隙。脊瓦、封檐搭接要严密，顺直。

⑫屋面板锁边：屋面板间侧边的直立拼缝采用锁边机械锁边，操作前，首先用手动咬边机咬半米左右长度，然后把电动锁边机垫平放置于已锁完处，辊轮加紧锁紧处，开动锁边机，让其均匀往前锁边。

9）外檐沟安装

①首先安装预制成型的角部密封圈，以便与山墙饰边和排水天沟轮廓相配。

②在安装排水天沟之前，用预制成型的橡胶密封圈完全填满屋面板褶皱下的空隙。

③在安装排水沟之前，先将预制成型的墙面密封钢条安装在墙面褶皱中。预制成型的墙面密封钢条可由0.6mm镀锌钢板制成。

④檐沟安装时，压型钢板应伸入檐沟内，其长度不应小于150mm。

3. 质量标准

(1) 主控项目

1）金属板材及保温材料等辅助材料进场后，其规格、品种、质量、颜色、线条必须符合设计要求。

检验方法：检查出厂质量证明书及技术性能检测报告。

2）金属板材安装时的连接、保温、密封处必须符合设计要求，不得有渗漏现象。

检验方法：观察检查和雨后或淋水检验。

3）压型金属板安装的主控项目：压型金属板、泛水板和屋脊沿等固定可靠、牢固，防腐涂层和密封材料敷设完好，连接件数量、间距应符合设计要求和现行国家钢结构及屋面施工规范有关标准规定。

检查数量：全数检查。

检验方法：全数检查及尺量。

4）压型金属屋面板应在支承构件上可靠搭接，搭接长度应符合设计要求，且不应小于表8-36所规定的数值。

检查数量：按搭接部位总长度抽查10%，且不应少于10m。

检验方法：观察和用尺量。

表8-36 压型金属屋面板应在支承构件上的搭接长度

项 目		搭接长度（mm）
相邻两块压型金属板搭接（截面高度≥70mm）		375
相邻两块压型金属板搭接（截面高度≥70mm）	屋面坡度<1/10	250
	屋面坡度≥1/10	200
屋面压型板与泛水板的搭接		200
压型钢板屋面的泛水板与突出屋面的墙体搭接高度		300

（2）一般项目

1）金属板材屋面安装应平整、顺直，固定方法正确，密封完整；板面不应有施工残留物和污物。不应有未经处理的错钻孔洞。排水坡度应符合设计要求。

检查数量：按面积抽查10%，且不应小于10mm²。

检查方法：观察和尺量检查。

2）金属板材屋面的檐口线的下端应呈直线，泛水段应顺直，无起伏现象。

检查数量：全数检查。

检验方法：观察检查。

3）压型金属板屋面安装的允许偏差应符合表8-37规定。

检查数量：檐口与屋脊的平行度：按长度检抽查10%，且不应少于10m；其他项目：每20m长度应抽查1处，不应少于2处。

检验方法：用拉线、吊线和钢尺检查。

表8-37 压型金属板屋面安装的允许偏差

项 目		允许偏差（mm）
屋 面	檐口与屋脊的平行度	12.0
	压型金属板波纹对屋脊的垂直度	$L/800$，且不应大于25.0
	檐口相邻两块压型金属板端部错位	6.0
	压型金属板卷边板件最大波浪高	4.0

注：L为屋面半坡与半坡长度。

4．安全技术

参考金属面夹芯板安装的安全技术要求。

（三）金属板材保温层面出现漏水原因及防治

1．轻钢结构金属板屋面漏水原因

（1）材料固有特性引发漏水

屋面金属板自身导热系数大，当环境温度发生较大变化时，造成彩钢板收缩变形产生较大位移，在接口部位极易产生渗漏隐患；钢结构体系中，结构自身在温度变化、风载、雪载等外力的作用，易发生弹性变形，在彩钢板连接部位产生位移而造成漏水隐患；特殊部位所使用材料不同，热膨胀系数有极大差异，导致应力变化不同步，比如屋面采光带等部位，极其容易产生漏水；水分毛细渗透现象造成渗水。

（2）密封（防水）材料选用不当引发漏水

在连接部位密封施工质量欠缺、密封胶选用不当或质量不合格，造成使用寿命短、粘结力差、易老化，在结构发生变形时极易撕裂，造成漏水。

（3）接缝不严产生漏水

在搭接缝处、伸出屋面的管道根部（或风机口、空调系统进出口）、天沟处、金属板与混凝土连接处、屋面采光带等，该类金属屋面不同于有柔性防水层的屋面，因接缝不严或安装不当，往往经常出现渗水。

2．轻钢结构金属板屋面漏水防治

（1）合理进行结构设计，充分考虑建筑物所在区域气候特征，采用适合的屋面坡度、房屋结构。

(2) 选用适合金属板屋面的防水材料,防水材料应具有较高的粘结强度及耐高温性能,能长年抵抗强烈紫外线及酸碱腐蚀,对板材无腐蚀。

(3) 采用优质粘结强度的自粘型密封粘结胶带(如以丁基橡胶和聚异丁烯为主要原料共混而成的无溶剂的自粘胶带)进行处理。

该类防水密封胶带具有极强的粘结强度、抗拉强度,延伸率高,对于界面变形适应性很好,耐腐蚀,耐老化,化学性能稳定,耐高低温。胶带主要技术性能指标参见表 8-38。

表 8-38 技术性能指标

项 目	指 标	项 目	指 标
剥离强度（N/cm）	4～12	耐酸性（23℃,7d）	剥离强度保持率≥70%
耐温（℃）	-40～120	耐碱性（23℃,7d）	剥离强度保持率≥70%
耐水性（70℃,7d）	剥离强度保持率≥70%	使用耐久性	≥15 年

在使用前,应将被粘物上的油、灰尘等污垢清除干净,控制基层含水率≤10%。粘贴时对准应用部位且一次粘贴到位。

1) 用于屋面彩板纵向搭接的处理方式如图 8-11 所示。

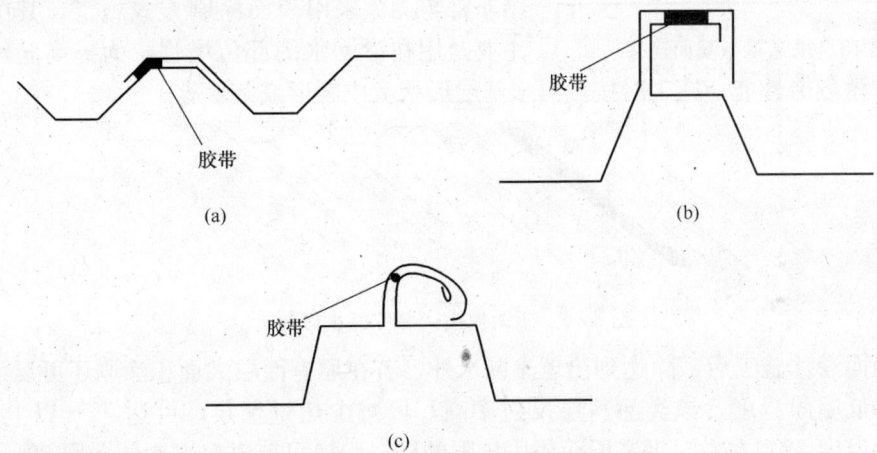

图 8-11 屋面彩板纵向搭接

2) 屋面彩板横向搭接如图 8-12 所示。

3) 采光板与采光板、彩钢板与屋面等处连接如图 8-13、图 8-14、图 8-15 所示。

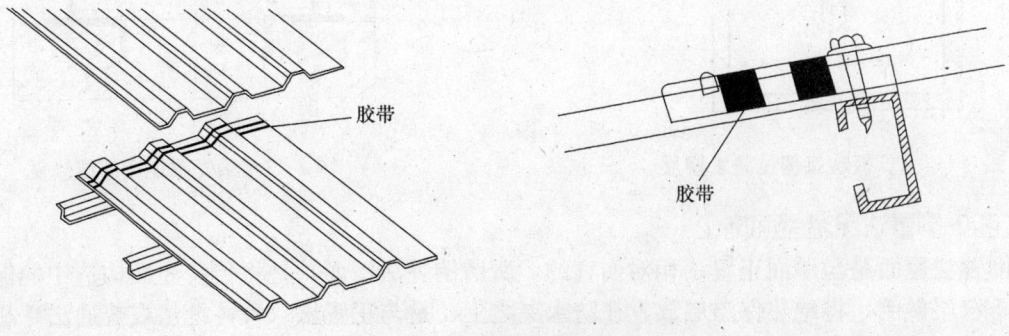

图 8-12 屋面彩板横向搭接

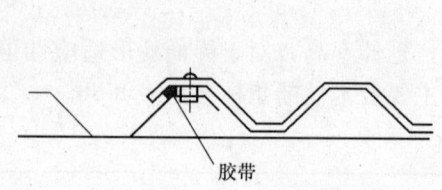

图 8-13 采光板与采光板连接

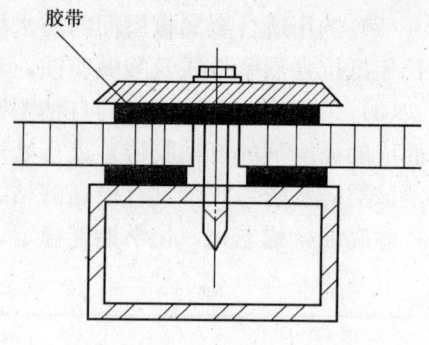

图 8-14 阳光板工程

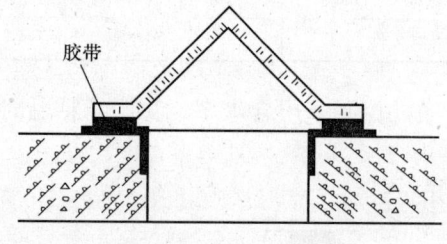

图 8-15 采光罩与基面连接

4) 单面防水胶带，应用于钢结构屋面防水修复工程如图 8-16、图 8-17、图 8-18 所示。

(4) 采用防热隔水系统，是采用纯丙烯酸乳液、优质颜料填料和具有卓越隔热效果的微孔隔热材料组成的防水涂料，辅以聚酯布，整个体系与基层粘结非常牢固。采用表面涂刷方式施工，其中聚酯布主要是用在渗漏水的部位增强，为提高防水系统的抗拉强度和耐疲劳性能，施工时按渗漏水基层形状裁成圆形或条形等。

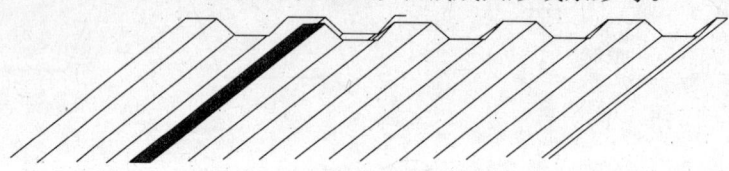

图 8-16 彩钢板搭接部位漏水修复

通过表面涂抹施工后，除达到治理渗漏水外，若在原有面层大面积涂刷还可反射大部分太阳光，降低屋面温度，该类涂料层反射率高，可减少热量聚集，可达 75% 以上反射率，可降低屋面温度 23℃ 左右，提高屋面使用年限的同时，还可节省房屋空调费用 20%～70%。

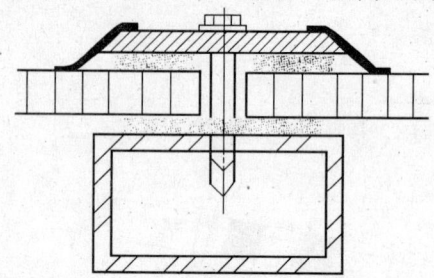

图 8-17 PC 板连接部位漏水修复

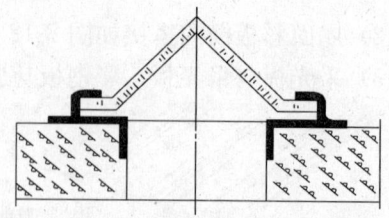

图 8-18 采光罩连接部位修复

(四) 倒置法保温屋面施工

倒置法屋面是与屋面正置法相对而言的，所谓倒置法屋面，是将传统屋面构造中的保温层与防水层颠倒，将绝热保温层放置在防水屋之上，是与正置法（称传统法或普通法）相反的一种施工方法。

1. 倒置法保温屋面的特点
（1）具有良好的隔热效果

倒置式屋面为外隔热保温形式，在高温季节，防水层上面的保温材料、卵石的热阻作用，对室外综合温度波首先进行了衰减，使其后产生在屋面材料上的内部温度低于传统保温隔热屋顶内部温度，减少了太阳光的直接照射，也就是说，在夏季，热量经室外向室内传导，但传至绝热层时，绝热层阻挡了热能向室内传送，起到了隔热作用，所以，屋面所蓄有的热量始终低于传统屋面的蓄热量，向室内散热小，降低空调费用。

（2）具有良好保温效果

倒置式屋面在冬季，处在外冷内热状态，热能由内向外传导，因防水材料上层有保温层的保护，阻挡室内热量损失，外冷的低温又被保温层阻挡而不能进入室内，减少了能耗。

（3）可有效延长屋面防水层寿命

保温层设在防水层之上，大大减少防水层受太阳直接照射的影响，使防水层不易老化，因而能长期保持其柔软性，使其基本处于相对恒定状态，可延长防水材料使用寿命2~4倍，减少维修次数。

倒置式屋面构造使围护结构水蒸气渗透传湿过程通顺，不易使水蒸气在屋面内部集聚而避免了传统屋面防水层下面水蒸气凝结、蒸发，造成防水屋鼓泡而过早失效的通病。因此，倒置式保温屋面可取消传统保温屋面内加设的排气道及排气孔。

（4）保护防水层免受外界损伤

由于保温层具有一定缓冲性，防水层不易受到外界损伤，同时衰减外界对屋面冲击而产生的噪声。

（5）取消隔气层，施工方便，维修容易

1）对于高湿高温建筑或其他应设置隔气层的建筑采用倒置式保温层屋面可取消传统保温屋面中所设置的隔气层，可用防水层替代隔气层。

2）省掉传统屋面中的隔气层及保温层上的找平层，施工简化、经济。一旦出现个别地方渗漏，只要揭开几块保温板，就可以进行修复。

（6）施工时不受季节、环境温度限制，施工质量易于保证

保温层为拼铺，即使在负温下也可施工。一旦赶上下雨时也可施工，保温层是憎水材料，雨水可沿排水坡度正常排走。

2. 适用范围

适用民用住宅、工业建筑及高层建筑屋面的防水保温工程。

3. 施工准备

（1）技术准备

根据设计图纸内容，掌握施工图中施工部位、细部构造做法、质量要求等，编制专项施工方案。

（2）材料准备

1）防水材料准备

防水层质量必须可靠，因其直接涉及倒置式屋面的工程质量。按《屋面工程质量验收规范》（GB 50207—2002）规定：Ⅰ级防水等级的设防应是三道或三道以上防水设防；Ⅱ级防水等级应是二道防水设防。

按照倒置式屋面基层防水层的要求，防水材料必须选用符合现行国家标准的合成高分子防水涂料、高聚物改性沥青防水涂料和柔性防水卷材构成复合防水。不得使用一般刚性防水涂料，可选用水泥基渗透结晶型防水涂料为一道防水，共同构成刚柔结合防水层。

2) 保温材料的准备

保温层应采用吸水率低且长期浸水不腐烂的憎水保温材料，保温层可采用干铺或粘贴保温板或现喷保温材料，如挤塑聚苯乙烯泡沫、现喷聚氨酯硬质泡沫或泡沫玻璃等。

3) 隔离层、保护层材料

聚酯无纺布（隔离层）、卵石或其他刚性保护层材料。

按工程面积计算材料的总用量，备齐保温材料、隔离层及保护层材料，经检查材料的性能指标合格后，可进入现场，按类堆放。

(3) 机具准备

除垂直、平行运输工具外，还应备齐高压吹风机、平铲、扫帚、滚刷、剪刀、卷尺、粉线等工具。

(4) 施工条件

1) 屋面结构封顶后，首先将屋顶彻底清理干净。

2) 基层应达到变形小、基面牢固、平整、不开裂，坡度应符合排水要求。

3) 结构层的现浇混凝土、屋面找平层厚度和技术要求均应符合有关规定。

4) 天沟、檐口的排水坡度，必须符合设计要求。天沟、檐口、檐沟、落水口、泛水、变形缝和伸出屋面管道的防水构造，必须符合设计要求。

5) 防水层应平整，不得有积水、结冰、霜冻现象。对于檐口抹灰、薄钢板檐口安装等项，应严格按照施工顺序，在找平层施工前完成。

4. 施工工艺

(1) 工艺流程

屋面基面处理──→节点增强处理──→防水层施工（蓄水或淋水试验）──→保温层铺设──→现场清理──→保护层施工──→检查验收

(2) 防水层操作工艺

1) 屋面防水层的操作工艺应根据所选用防水材料的技术要求，按《屋面工程技术规范》(GB 50345—2004) 具体要求，采用其相应的施工方法。

2) 屋面防水层的施工质量，根据所选用防水材料的类型，按《屋面工程质量验收规范》(GB50207—2002) 中相应内容进行工程验收。

(3) 保温层操作工艺

保温层施工的条件，是在防水层上不得有渗漏或积水现象，一般是在防水层上存水24h试漏，经检查防水层无渗漏后，视为施工质量合格，确认防水层施工完全达到标准并经验收后，方可进行保温层施工。

1) 屋面的保温层可采用干铺法或粘贴法进行铺设。当粘贴保温层时，应采用对防水层无腐蚀并与防水层材性相容的胶粘剂，不得采用对聚苯泡沫板有溶解性的溶剂粘贴。

挤塑聚苯乙烯泡沫板膨胀性极低，基本上不需要留伸缩缝，可直接板接板铺设，或斜缝排列，遇到屋面突出处应将泡沫板量好尺寸并切割后再铺设。

一般泡沫板与防水层之间不需要做任何贴合处理，如果为了避免在后续施工过程中发生走位影响整体施工，可以在泡沫板与防水层之间采用适当点粘或机械固定。铺板时应特别注意对已做好的防水卷材的保护，一旦发现防水层损坏，应立即进行修补。

2）聚苯乙烯泡沫板拼接处，无论是平头、企口或底面侧边开有凹槽，板材拼缝处可以灌入密封材料或用同类材料碎屑使其连成整体，表面应平整，使渗流下来的雨水能够顺着凹槽或表面流向排水口，从而避免雨水的积存。

3）板状保温材料的铺设应平稳，紧粘（靠）防水卷材层，拼缝要严密，找坡正确。

4）喷涂硬质聚氨酯泡沫施工时，走速均匀，必须保证设计规定的排水坡度。

（4）保护层施工

在保温层整体完工检查合格并经验收后，再进行保护层施工。

板状保温材料质轻，为防止被风吹起或被人践踏而破坏，必须加保护层。保护层有上人屋面与不上人屋面之分。

1）非上人屋面

①采用水泥砂浆抹面。水泥砂浆抹面厚度宜为2cm，砂浆保护层需要设分格缝，分格缝间距2m，缝宽3～5mm。砂浆中最好掺入膨胀剂、纤维等防止砂浆表面出现裂纹，所设置的分格缝嵌填密封材料。

②非上人屋面多数采用干铺卵石，粒径在5mm以上，满铺。当采用卵石做保护层时，卵石应分布均匀，单位面积内的荷载量符合设计要求，防止过载，保证大风力时保温层不被刮起和保证保温层在积水状态下不浮起。做保护层时应避免损坏保温层和防水层。

在卵石与保温层之间应加铺耐穿刺、耐久件及防腐性能好的纤维织物衬垫材料为隔离层，如铺设250g/m²的聚酯纤维无纺布等材料，然后在聚酯纤维无纺布上压一层卵石或铺设其他形式刚性保护层。

在穿屋面管、女儿墙泛水的竖向防水层，收头高度超过保护层25cm。

干铺卵石时檐口与排水口需做适当的堵头。落水管、排水管易被卵石堵塞，在进行保温层和保护层施工时，可用金属网罩对排水管和落水管等管口进行隔离，防止堵塞，要保证雨水口的畅通。

2）上人屋面

一种是铺砌块，如石材、瓷砖、预制混凝土砖等，另一种为现浇细石混凝土。

①当采用不配筋的细石混凝土为保护层时，应设置分格缝，厚度4cm，留分格缝，间距1.2～1.5m，缝宽5mm，最后将分格缝用密封膏密封。

配钢筋时，保护层厚度按设计要求确定，灌浆时钢筋网应适当垫高，确保抗拉作用。

②采用混凝土块材为保护层时，应用水泥砂浆座浆平铺，板缝用砂浆勾缝处理。

5. 倒置式屋面施工质量要求与工程验收

（1）质量标准

1）主控项目

①板材的强度、吸水率，必须符合设计要求。

检验方法：检查出厂合格证、质量检验报告和现场抽样复验报告。

②保温层的含水率必须符合设计要求。

检查方法：检查现场抽样检验报告。

2）一般项目

①倒置式屋面保护层采用卵石铺压时,卵石应分布均匀,卵石单位质量应符合设计要求。

检验方法:观察检查和按堆积密度计算其质量。

②保温板紧贴(靠)基层,铺平垫稳,拼缝严密,找坡正确;铺设时应满铺不露底,边角搭接应符合设计要求。

检验方法:观察检查。

③保温层厚度允许偏差±5%,且不得大于4mm。

检验方法:用钢针插入和尺量检查。

(2)工程质量验收

1)屋面防水工程应符合《屋面工程质量验收规范》(GB 50207—2002),或相应质量评定标准。

2)保温工程应提交的技术资料:工程设计图和屋面设计工程变更单;施工方案的技术底记录;防水材料、保温材料出厂质量证明文件和复试报告;施工检验记录、试水记录、隐蔽工程验收记录。

五、节能防水透气膜施工

节能防水透气膜,又称防风防雨透气膜、防水透气膜。防水透气膜是经闪蒸法工艺制成的高密度聚乙烯无纺布,利用聚乙烯无纺布纤维骨架结构的特殊性能,将其铺在建筑围护结构保温层之处。

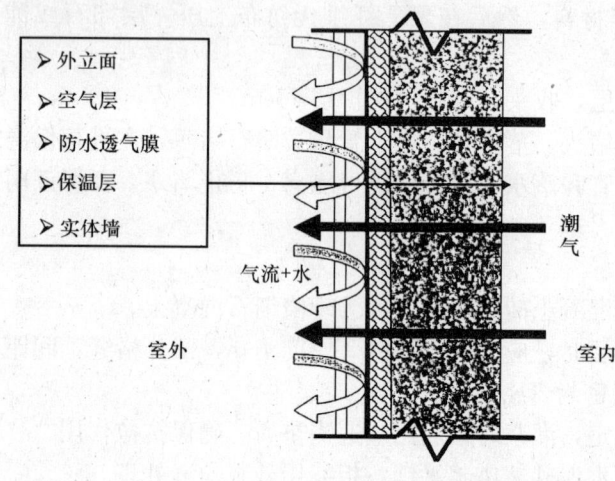

图8-19 防水透气膜外墙应用示意图

通过聚乙烯无纺布对围护结构的包裹,有效阻隔风雨对建筑结构的渗漏、侵袭。在加强建筑的气密性、水密性的同时,又可提供独一无二的透气性,使围护结构内部潮气迅速排出,有效避免霉菌和结露的形成,从而保护围护结构热工性能,达到节约能耗、提高建筑节能耐久性、维护居住环境空气质量的作用,施工简便、快速。按使用功能的特点形象地称之为具有"可呼吸"功能的节能防水透气膜,防水透气膜外墙和屋面应用示意如图8-19和图8-20所示。

在节能建筑中,水分、冷气或多或少通过大面露层向室内渗入,墙体、门窗、屋面等难以做到很严密,气流及水气容易侵入围护结构,建筑的能耗、耐久性及舒适性产生严重影响。为了降低透过的水气,避免内部结露,不影响建筑使用性能,根据节能建筑的要求,在围护结构中增加防水透气膜,克服通常防水材料只防水不透气的弊病,使防水透气膜在节能建筑上被广泛、大量应用,未来前景还会更好。

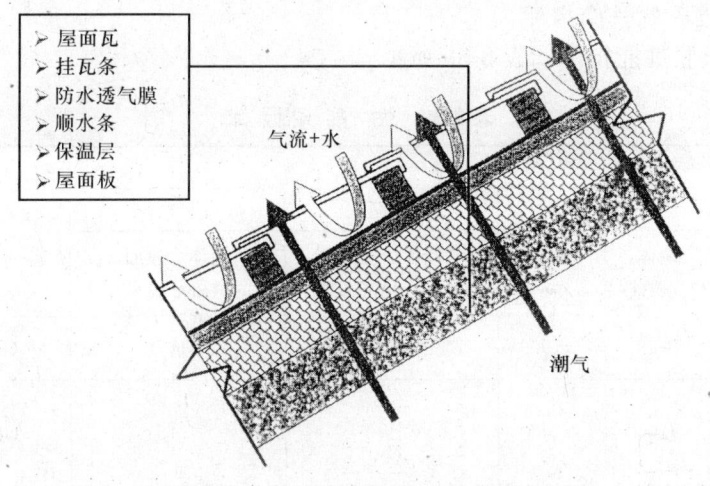

图 8-20　防水透气膜屋面应用示意图

1. 节能防水透气膜类型及功能

节能防水透气膜主要有标准型、反射型和隔气型。各类型产品均可用于墙体和屋面围护结构的节能防水工程。

(1) 标准型防水透气膜

1) 外墙防水透气膜：适用于幕墙、压型钢板、钢（木）结构、砌体和实体墙等。其性能均衡，具有良好的防风、防水、透气性。

2) 屋面防水透气膜：适用于各种有檩及无檩的坡屋面及压型钢板屋面体系，作为具有透气功能的防水层使用。

(2) 反射型防水透气膜

表面有金属反射涂层，适用于各种墙体及坡屋面体系，除具有防水透气的功能外，还可起到保温隔热的作用，可进一步提高墙体及屋面的保温隔热功效。

(3) 隔气膜

用于墙体或屋面保温层的内表面，其不透气，可阻止室内水蒸气向围护结构内渗透，从而有效地保证保温材料的热工性能及结构的耐久性。

(4) 其他配套用产品

胶带：用于防水透气膜搭接或修补撕裂处；丁基胶带：将防水透气膜与基层粘结固定或修补穿透点（连接件、管子等）；柔性泛水：处理洞口有转角或弧形边的泛水；直线泛水：处理洞口直线泛水；带垫钉：将防水透气膜固定在基层（基层为木质、石膏板、水泥制品、金属制品或砌体等），钉身部分可选用直钉、自攻钉、水泥钉等；U形金属钉：将防水透气膜固定在木质、石膏板或水泥制品等基层。

2. 应用范围

(1) 适用于全国各地区的各类民用和工业建筑中复合型外墙和复合型坡屋顶。

(2) 适用于既有建筑的外墙、坡屋顶节能改造工程。

(3) 适用于各种矿物棉保温材料（包括玻璃棉、岩棉、矿渣棉）及开孔泡沫、低密度泡沫、安装有间隙的泡沫等。

(4) 隔气层适用于有隔气要求的采暖建筑及纺织、食品加工等行业的工业厂房。

3. 节能防水透气膜性能指标

节能防水透气膜性能指标如表 8-39 所示。

表 8-39 性 能 指 标

性能		防水透气膜				检验方法
		标准型		反射型	隔气膜	
		墙体 (1060B 膜)	屋面 (supro 膜)	墙体、屋面 (Thrpma-Wrap 膜)	墙体、屋面 (SD2 膜)	
防风性（s/100mL）		≥28	≥1500	≥2500	不透气	GB/T 5402—2003
透水蒸气性 [g/(m²·24h)]		≥1000	≥1000	≥140	<15	GB/T 1037—1998
不透水性 (200cm 高度水柱)		≥150	≥200	≥200	≥200	规定水柱下作用 2h 背面无渗漏
拉伸强度 (N/50mm)	纵向	≥300	≥400	≥240	≥120	GB/T 1824—2000 （拉伸速度 100mm/min）
	横向	≥300	≥400	≥240	≥120	
断裂强度 (N)	纵向	≥200	≥300	≥200	≥130	
	横向	≥200	≥250	≥200	≥160	
厚度（mm）		≥0.17	≥0.49	≥0.23	≥0.25	卡尺量
质量（g/m²）		≥61	≥145	≥84	≥108	天平秤
紫外线暴晒（d）		≥120	≥120	≥270	≥120	耐老化试验

4. 技术要求

（1）基层要求及防水透气膜的设计

应用防水透气膜的基层应通过验收合格。防水透气膜的设计应根据基层构造实际种类，提出具体技术要求。

（2）防水透气膜铺设位置要求

1）外墙采用

当复合外墙采用时，防水透气膜应设置于防水防护层之内，保温层或隔热层的外侧。

当采用双层砌体复合墙时，防水透气膜应该置于中空夹层中的保温（隔热）材料之外。

2）屋顶采用

①块瓦屋面：防水透气膜应设置于块瓦和挂瓦条之下，可起防水作用。流动的空气层设于防水透气膜上方。依据膜与顺水条的位置关系，分为松铺膜法和平铺膜法。

松铺膜法：将防水透气膜铺于挂瓦条与顺水条之间，两顺水条之间防水透气膜自然下垂。当顺水条下基层不易吃钉（如混凝土或水泥），且平整度难以保证时，采用此法安装较为方便，防水更有保障。

平铺法：将防水透气膜铺于顺水条之下。当顺水条下基层易吃钉时（如木结构），采用此法安装较为简便。

②沥青瓦屋面：在望板以上，防水透气膜可替代瓦下连续的满铺防水卷材。

③压型钢板屋面：防水透气膜应设在压型钢板下方，压型钢板的凸起波峰部分可作为通风层使用。

3）防水透气膜外侧防护构造要求

防水透气膜外侧防护构造应具有透气功能，如：砌体或挂网抹灰；有缝隙的装配式面板（如敞开式幕墙）；不透气的面板（封闭式幕墙）+可流动的空气层（或有构造缝隙的空气层）。

4）隔气膜

隔气膜作为隔气层设置在复合外墙墙体内侧，可与防水透气膜组合使用，也可单独使用。

(3) 防水透气膜铺设搭接宽度、固定方式和密封

1）防水透气膜铺设应上下顺水搭接。短边搭接宽度≥100mm；长边搭接宽度≥100mm；起始和收头预留宽度≥50mm；以阴阳角、屋面正脊为中心，两侧搭接宽度≥150mm。

2）防水透气膜固定应符合如下要求：

①防水透气膜搭接、穿孔部位、起始及收头应采用丁基胶带固定。

②膜与基层临时固定，可兼作永久固定。当外部设有外墙龙骨或横向挂瓦条且施工安排紧凑时，可减少临时固定。

③风压影响较小的部位可用丁基胶带点粘，防水透气膜可借助其他墙体或屋面材料的连接件（如幕墙的连接件）与基层固定。

钉固定必须采用带垫钉或在穿钉处预先粘贴丁基胶带再施钉。

防水透气膜与基层固定方式根据基层而决定，其固定方式非常方便、灵活，固定方法参见表 8-40。

表 8-40　防水透气膜与基层固定方法

基层构造	固定方式	固定件数量
定向刨花板、纸面防水石膏板、硬质泡沫保温层、水泥制品等	U形金属钉	机械（钉）固定、点粘每平方米不少于7个；当无局限固定方法的平铺法宜用梅花形状固定
定向刨花板、纸面防水石膏板、硬质泡沫保温层、水泥压力板、砂浆抹灰层、砖砌体、混凝土、金属制品等	带垫钉	
矿物棉保温层	岩棉钉	
定向刨花板、纸面防水石膏板、硬质泡沫保温层、水泥压力板、砂浆抹灰层、砖砌体、混凝土、金属制品、龙骨	双面丁基胶带点粘	

3) 防水透气膜密封应符合如下规定:

①防水透气膜间搭接缝应密封,且宽度应≥20mm。胶带覆盖密封应以防水透气膜搭接缝为中心,搭接缝密封总宽度应≥50mm。

②用在木结构、墙体基层应满粘密封。

③丁基胶带除可做防水透气膜与基层的固定外,在防水透气膜的穿洞及开口处也用于密封。

④防水透气膜铺设在洞口处应设置泛水。

5. 节能防水透气膜施工

(1) 施工准备

1) 技术准备

施工前,应认真会审设计图纸,向施工者技术交底,掌握施工验收标准及节点构造等技术要点。施工人员应进行培训,经考试合格后方可上岗作业。施工单位依据施工图纸及现场具体情况,应制订相应完整的施工方案。

2) 材料准备

按工程用量和设计、技术要求,防水透气膜及配套用附件数量、类型、规格准备齐全,分类存放。

进入现场的防水透气膜及配套材料应堆放在指定的存放地点,防止雨淋,远离高温。

3) 工具准备

剪刀、美工刀、量具、压辊、固定用器具等。

4) 施工条件

①基层应通过验收合格;门、窗框应安装完毕,并经验收合格。

②具备运送材料的通道或吊运设备。施工现场应具备脚手架或安全网等安全施工设施,墙体脚手架里侧与基层墙面距离应适当。

③施工现场不得与其他高温、明火工作交叉进行。

④基层必须干燥、干净、稳固。

⑤掌握施工期间天气预报。施工环境温度应在-5~40℃范围内,不得在雨雪中和五级以上大风天气施工。

(2) 施工工艺

1) 工艺流程

检查基层──→确定位置、预留搭接、铺设──→膜间粘贴搭接(与基层固定,搭接缝表面覆盖密封)──→细部构造节点处理──→验收

2) 操作工艺要点

①检查基层,基层应达到干燥、干净、稳固。防水透气膜铺设前,必须按设计要求的正反面朝向铺设,印字面应朝外。

②屋面铺设时,为开卷方便,可在卷材的中心穿入一根直径约250mm的铁管或圆木棍作为放卷轴。一般由两人把持放卷,保持防水透气膜对齐和拉紧。

③铺设防水透气膜应符合下列规定:

应先在墙角或屋面平行层脊檐口一侧的最低起始处,水平开卷铺向收头处;

屋面应平行于屋脊顺流水方向搭接。铺贴天沟、檐沟时，宜顺天沟，檐沟方向，在屋脊、天沟减少搭接；

在屋脊和天沟应叠层铺贴，搭接缝宜留在屋面或天沟侧面，不宜留沟底和屋脊；

前后两卷短边搭接应平直且不应小于100mm搭接宽度，顺水搭接。在檐口或收头处应预留出不应小于50mm宽度，并用丁基胶带粘贴固定；

前后两卷长边搭接宽度应不小于100mm搭接宽度，顺水搭接。相邻两幅膜纵向搭接缝应互相错开；

防水透气膜搭接处，先密封短搭接边，后密封长搭接边，密封后随即用压辊压实，防水透气膜互相间搭接紧密，无褶皱。

在基础部分应将防水透气膜平整地搭接于披水板之上，用胶带加以密封严实。

④防水透气膜固定方法，应根据基层具体结构类型选择相应固定钉的类型和间距，且应符合规定。

⑤门窗洞口施工应采取如下技术措施：

遇有门窗洞口应水平展开直接铺过，不得间断；

在越过门窗洞口部位的防水透气膜上施以"1"字形的切口，即先沿洞口上皮水平切裁，再从上皮中部自上而下竖直切裁约洞口高度的2/3，并在此处应分别沿与洞口两底角延长线切割裁至底角。洞口四周裁开的防水透气膜内留宽度与窗台宽度约相等后翻入洞口内，并在洞口后部临时固定。

在窗台部位，应切割一宽度不小于200mm、长度应比窗台宽度长500mm的柔性泛水条，先沿窗台水平粘贴固定，再将两侧预留不小于250mm部分沿窗框两侧向上卷起，分别用力粘牢。在窗框上部应采用同样规格柔性条沿窗外框用力密封。应在窗楣与窗框相交处覆盖窗框两侧泛水，与窗框、洞口底角两边紧密粘结。

穿墙管周围应采用略小管直径孔的膜套到管根部，然后用胶带严实密封。

6. 质量标准及检验方法

（1）主控项目

1）防水透气膜工程所用主要材料性能指标应符合表8-39的要求。

检验方法：检查出厂合格证、质量检验报告和现场抽样复验报告。

2）防水透气膜不得有渗漏或积水现象。

检验方法：雨后或淋水检验。

3）防水透气膜在天沟、檐沟、檐口、落水口、泛水、变形缝、管道等细部构造做法，必须符合设计要求。

检验方法：观察检查和检查隐蔽工程验收记录。

（2）一般项目

1）铺贴方向正确，搭接宽度允许偏差为-10mm。

检验方法：观察和尺量。

2）相邻两幅搭接缝应错开，铺贴应张紧、顺直，不得扭曲、褶皱，膜表面无伤痕、破裂。

检验方法：观察检查。

3）搭接部位粘贴牢固。

检验方法：现场抽查。

4) 与基层固定牢固，密封点、搭接缝表面覆盖密封严实。

检验方法：现场观察、抽查。

7. 成品保护

(1) 防护透气膜施工完成后，不得随意踩踏。

(2) 严禁锐物刮伤和重物撞击。

(3) 保持表面清洁，不得堆放重物、垃圾、有突出尖锐物及化学物品。

(4) 严禁电焊或其他等接触高温作业，必须时应采取有效保护措施。

(5) 防水透气膜受意外破损，应及时用同类膜修补、密封。

8. 施工安全

(1) 施工者应穿戴好劳保用品。

(2) 施工现场严禁吸烟、动火。

(3) 吊装设备安装应牢固、安全、可靠。

(4) 施工现场应有安全防护设施，酒后不得施工。

(5) 严禁向下抛扔重物和卷材碎块，工程结束现场干净，应做到文明施工。

9. 节能防水透气膜部分细部节点构造

节能防水透气膜建筑节点构造如图 8-21～图 8-36 所示。

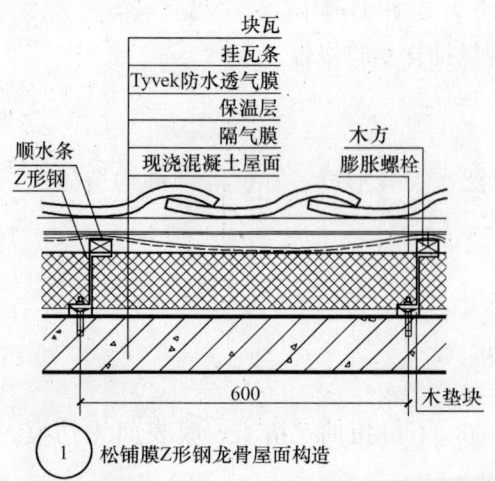
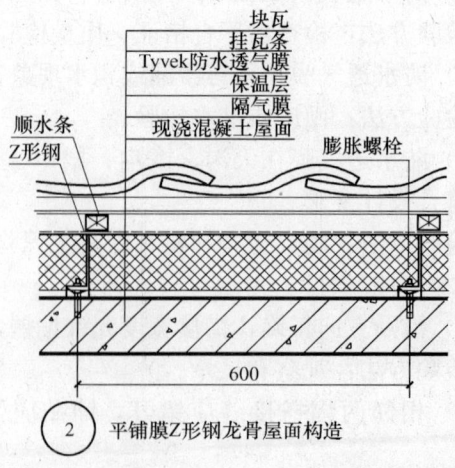

图 8-21　Z 形钢龙骨无檩屋面构造

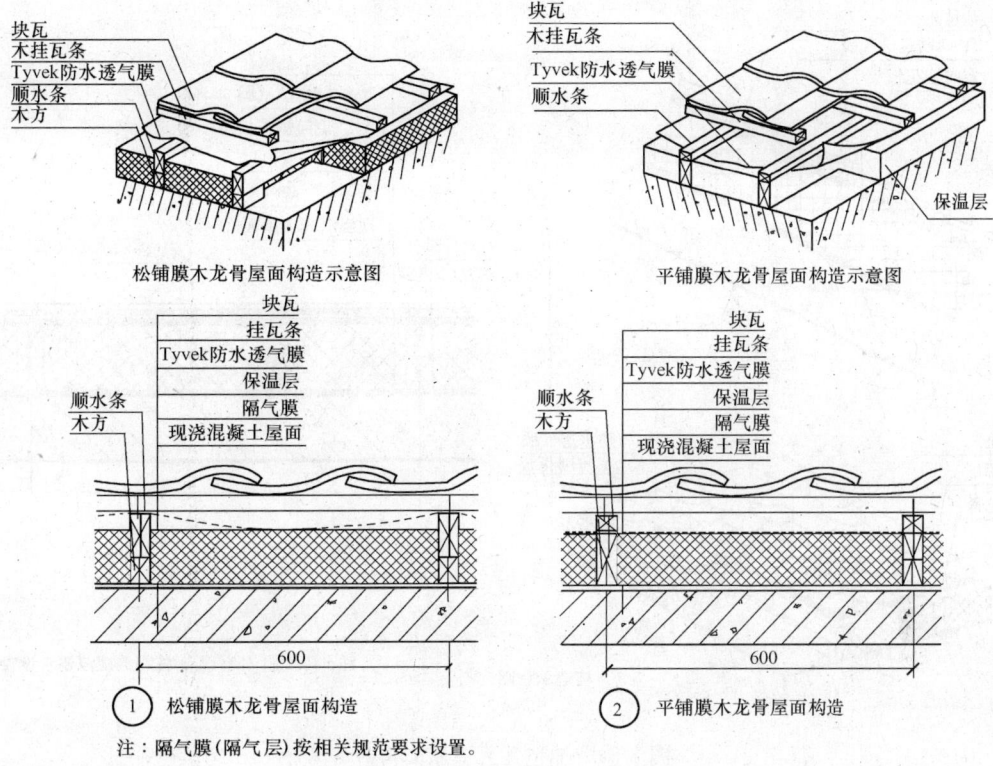

图 8-22　木龙骨无檩屋面构造

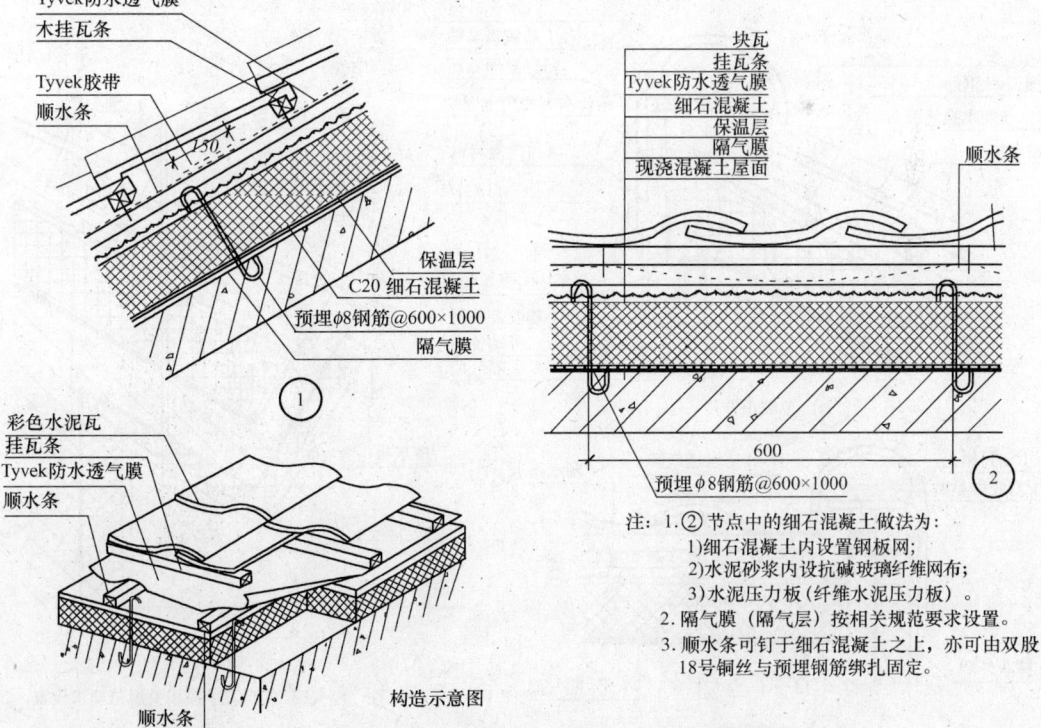

图 8-23　钢筋绑扎木龙骨无檩屋面构造

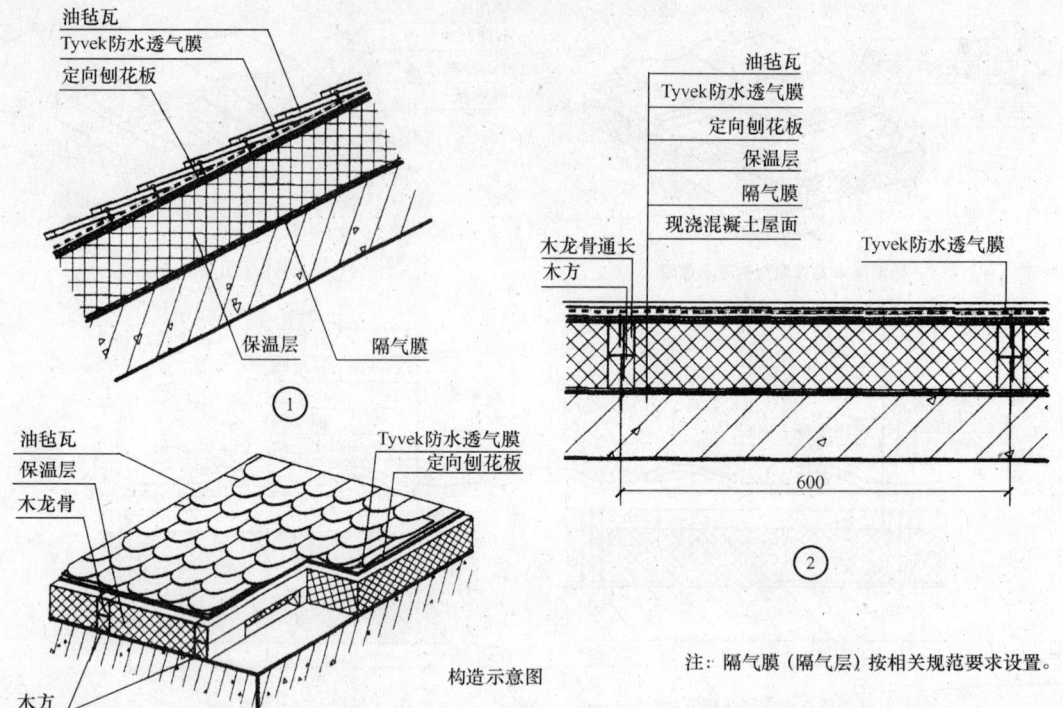

图 8-24　油毡瓦无檩屋面构造

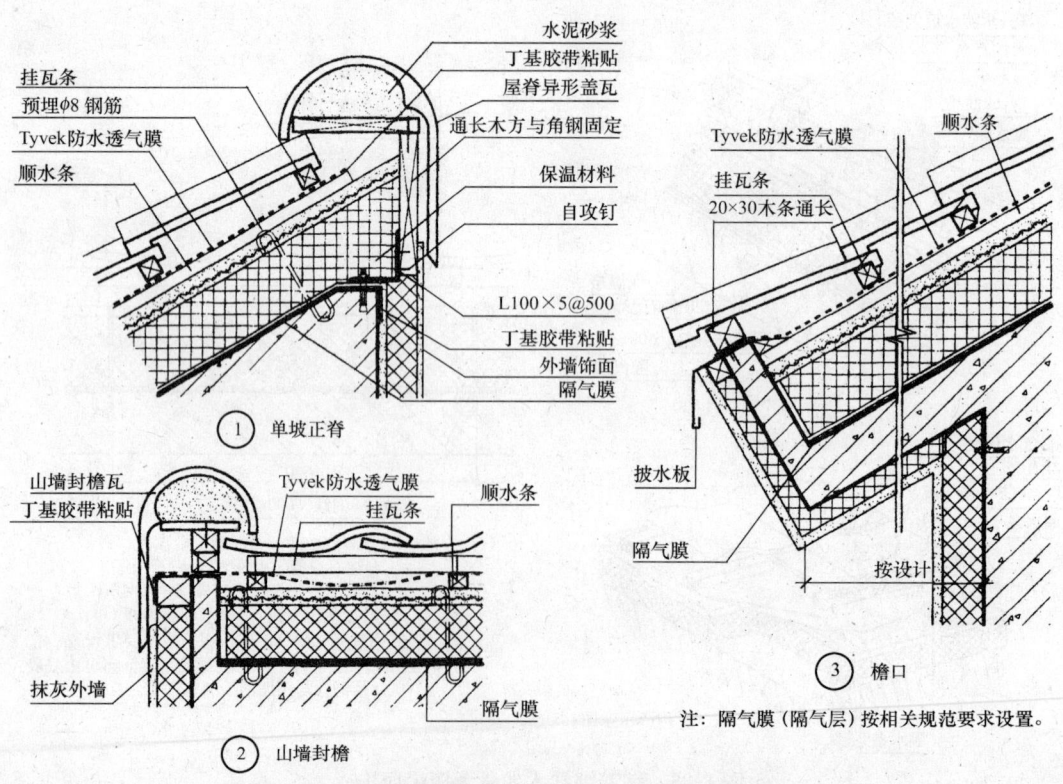

图 8-25　松铺膜无檩屋面单坡正脊、硬山及檐口构造

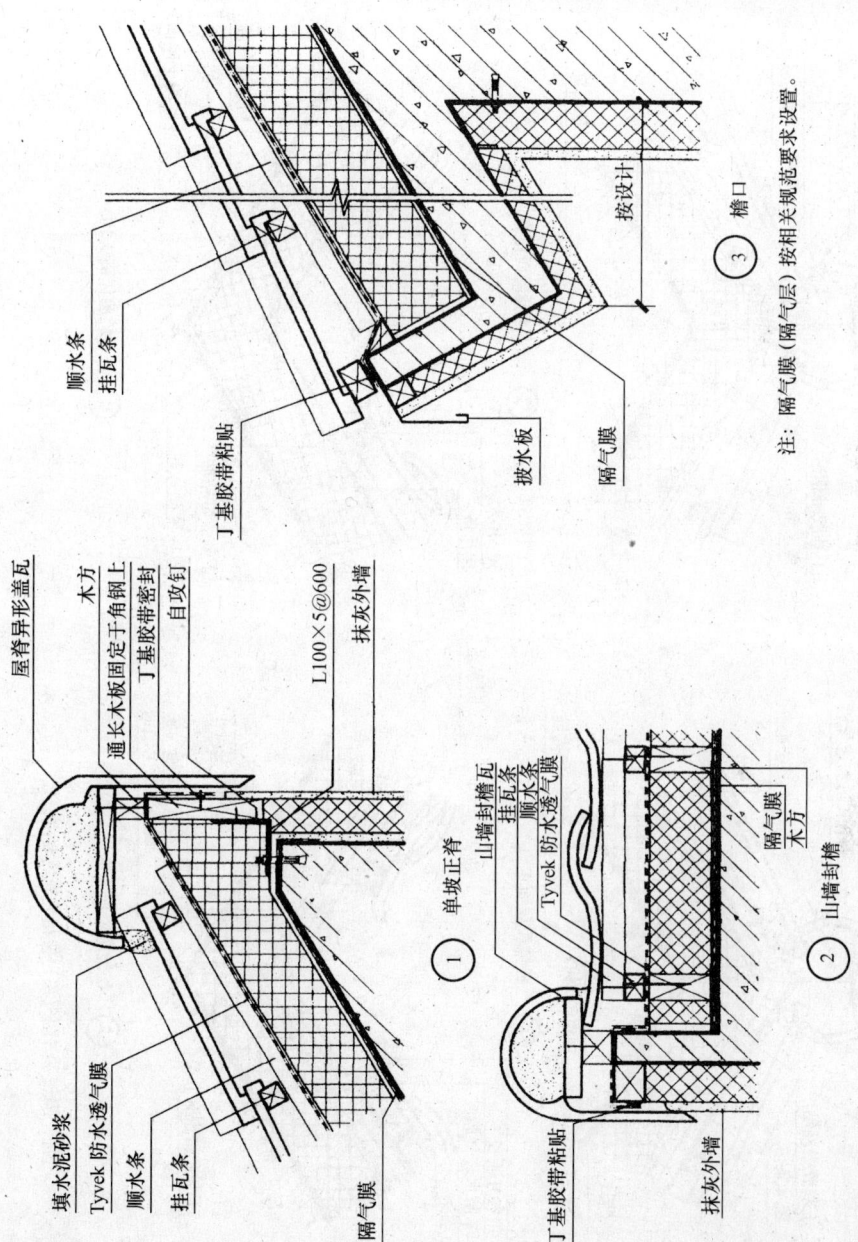

图 8-26 平铺膜无檩呈面单坡正脊、硬山及檐口构造

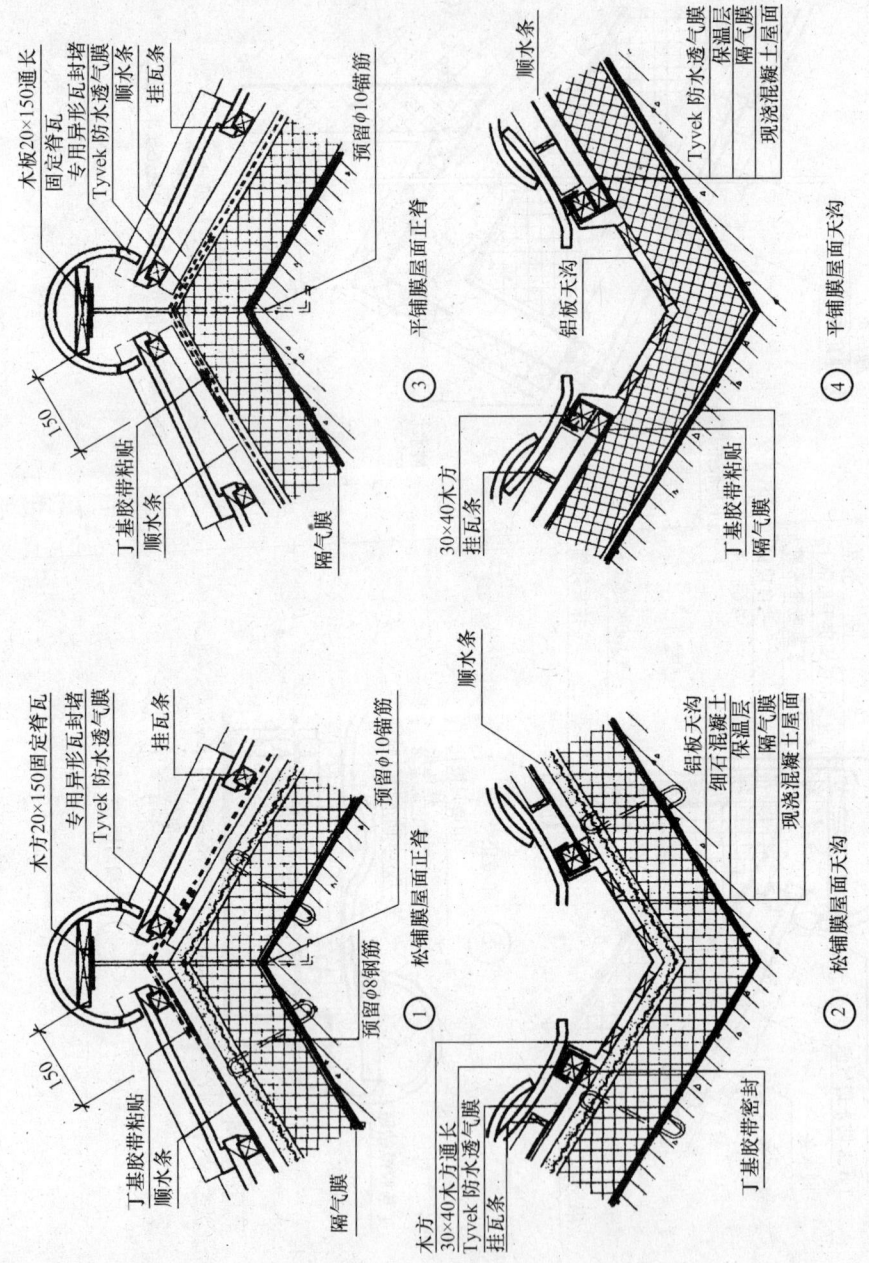

图 8-27 无檩屋面正脊及天沟构造

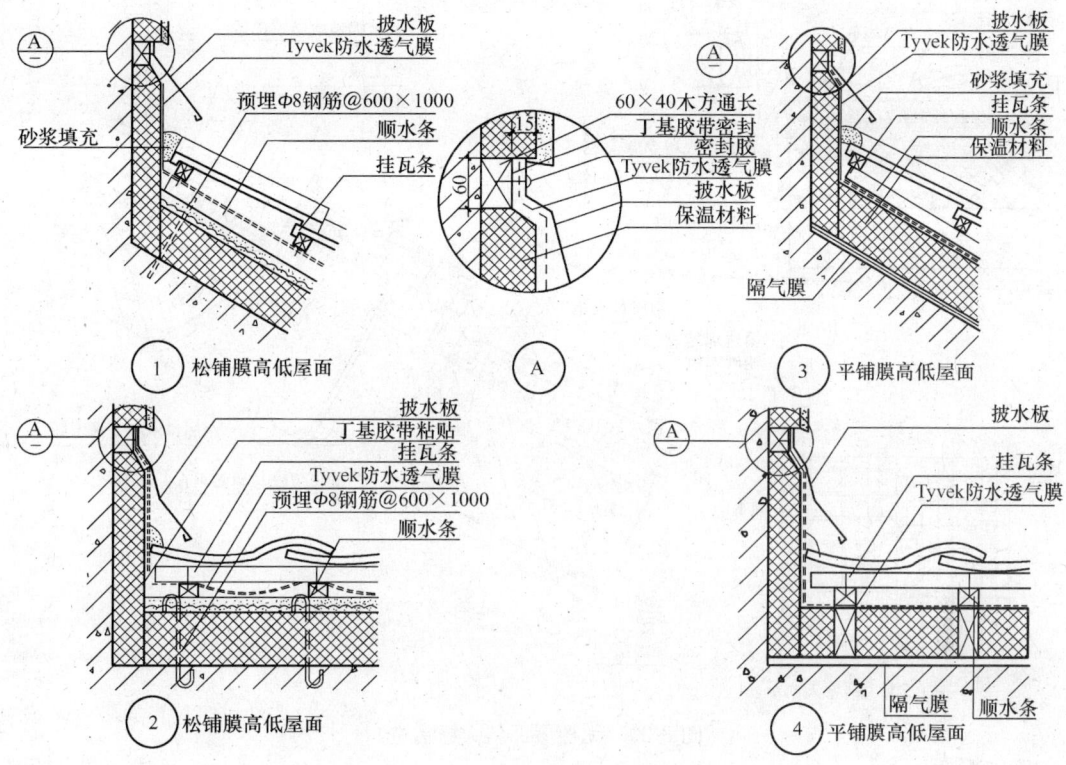

图 8-28 无檩屋面高低屋面构造

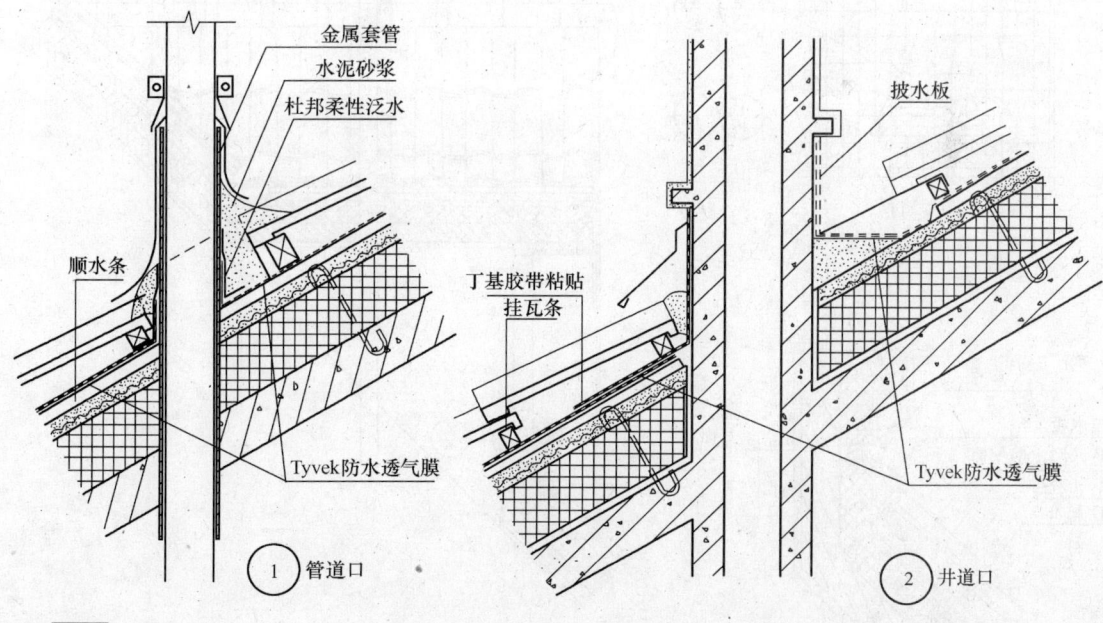

注：将Tyvek弹性防水材料剪开一个比通风口小的口，样子如左图所示，套在套管外围用胶带固定。

图 8-29 无檩屋面管道及烟囱构造

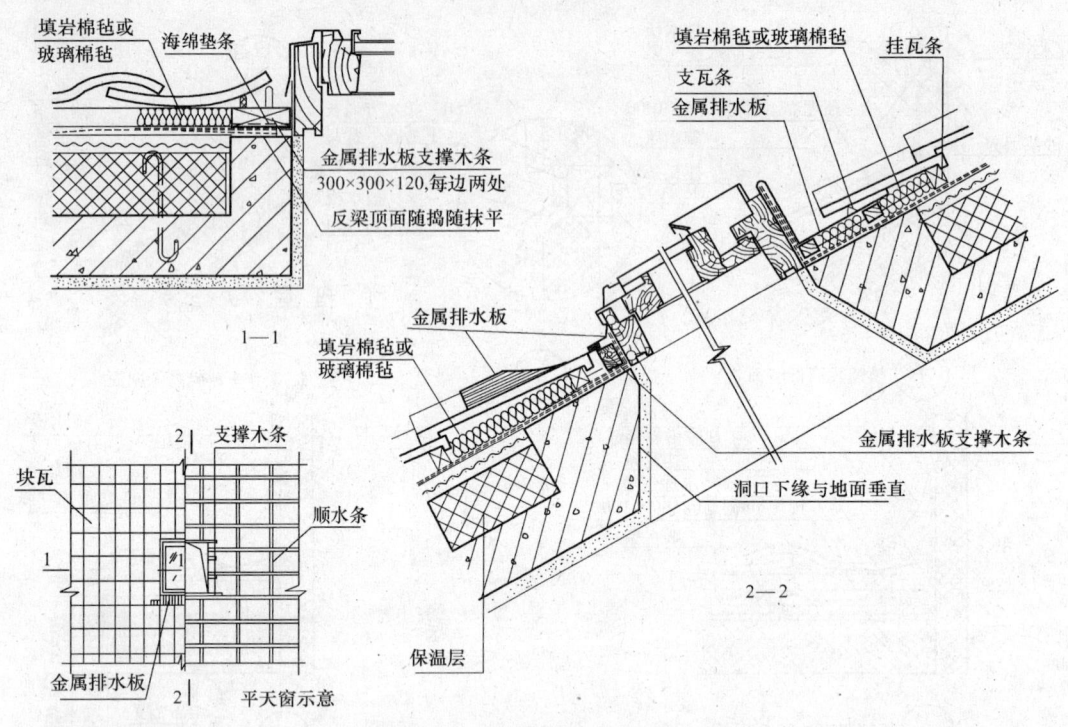

图 8-30　无檩屋面斜天窗构造

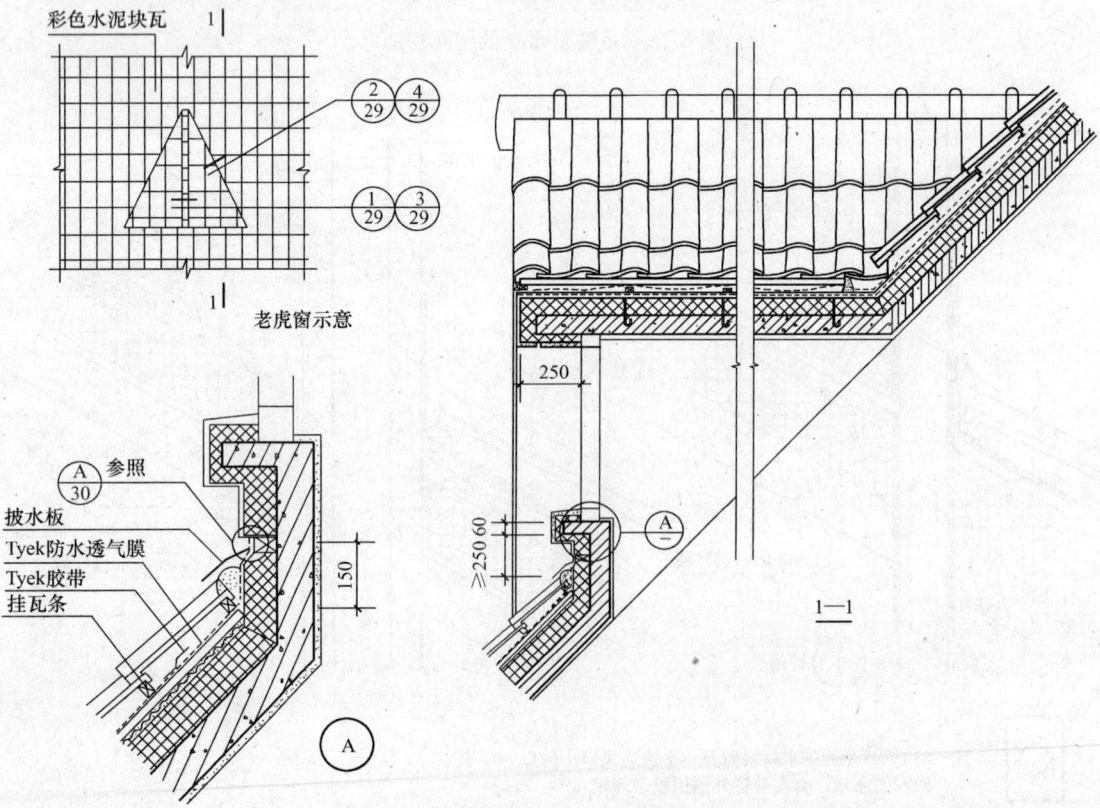

图 8-31　无檩屋面老虎窗构造

第八章 屋面节能保温系统

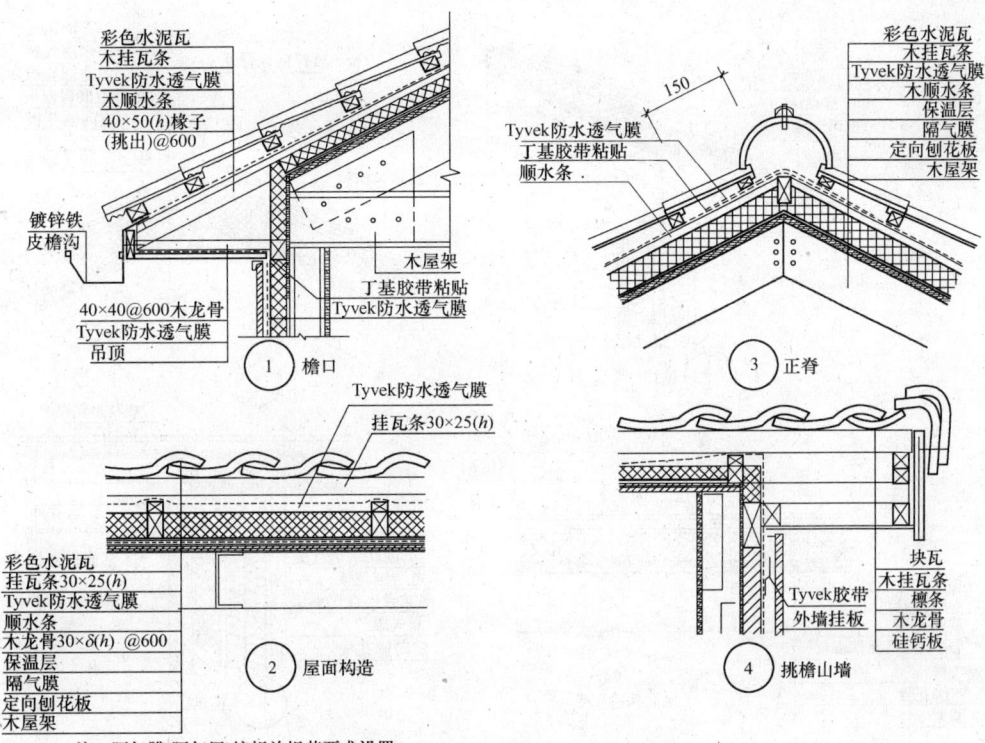

图 8-32 松铺膜有檩屋面构造

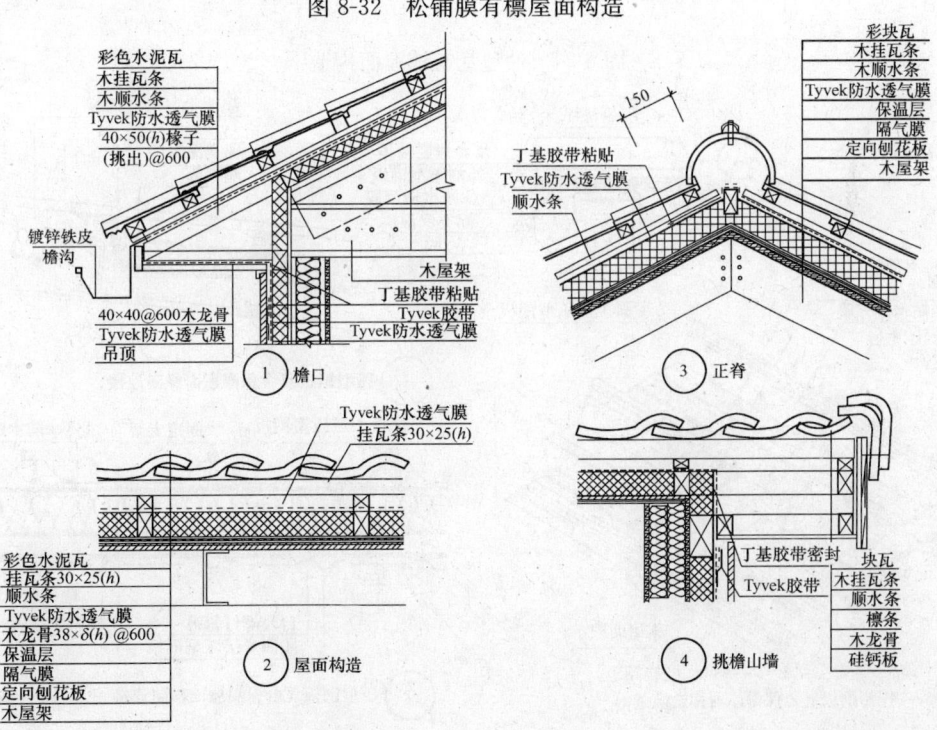

图 8-33 平铺膜有檩屋面构造

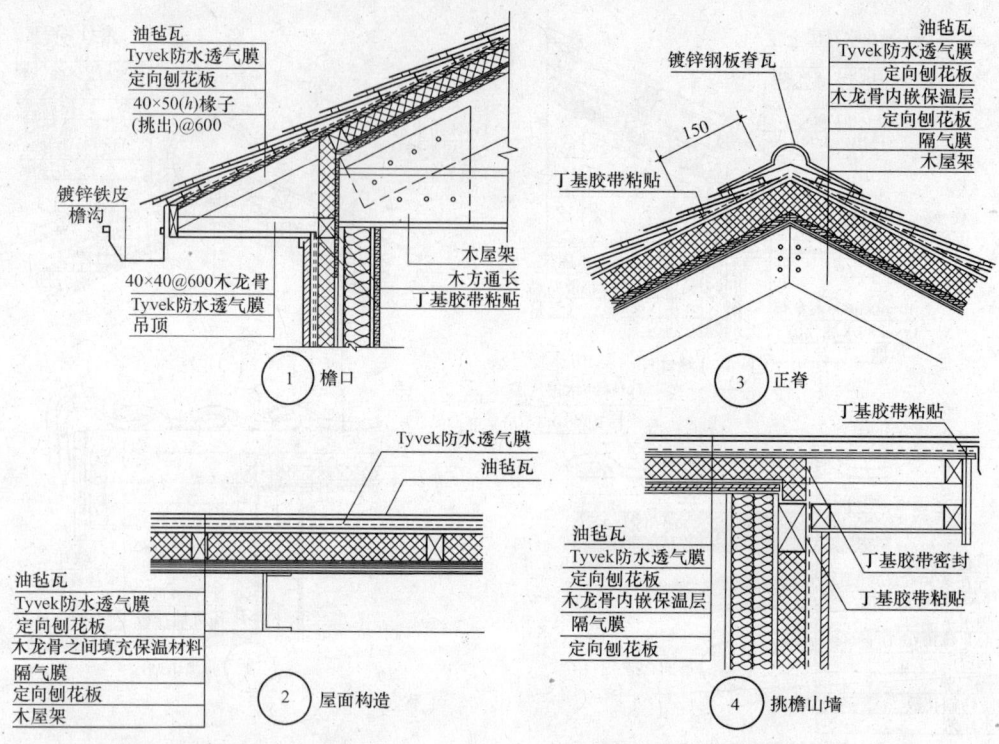

注：隔气膜（隔气层）按相关规范要求设置。

图 8-34　油毡瓦有檩屋面构造

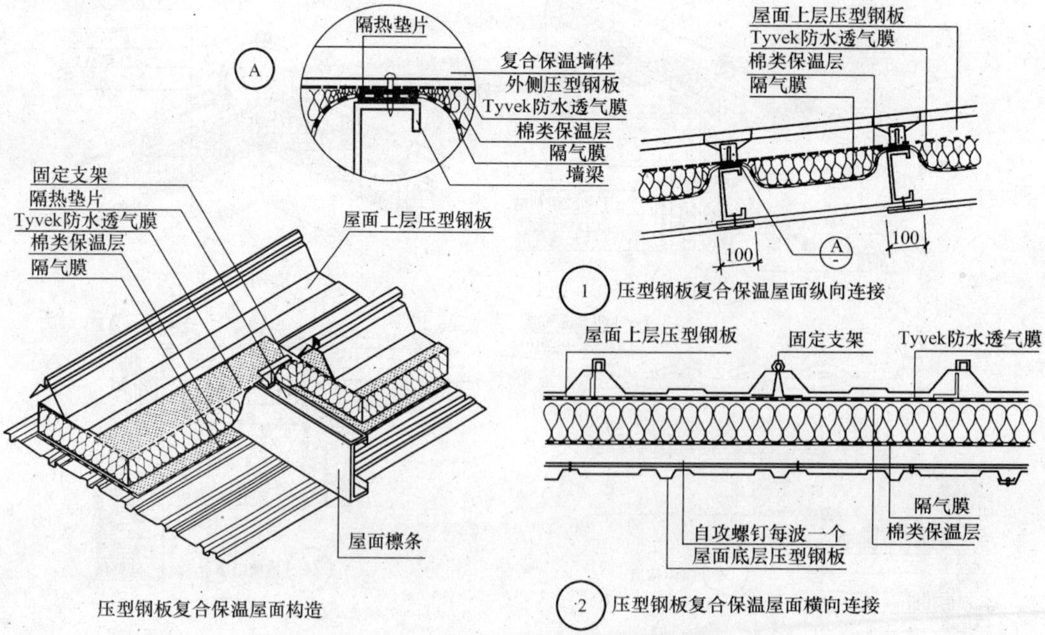

注：隔气膜（隔气层）按相关规范要求设置。

图 8-35　压型钢板复合保温屋面构造

第八章 屋面节能保温系统

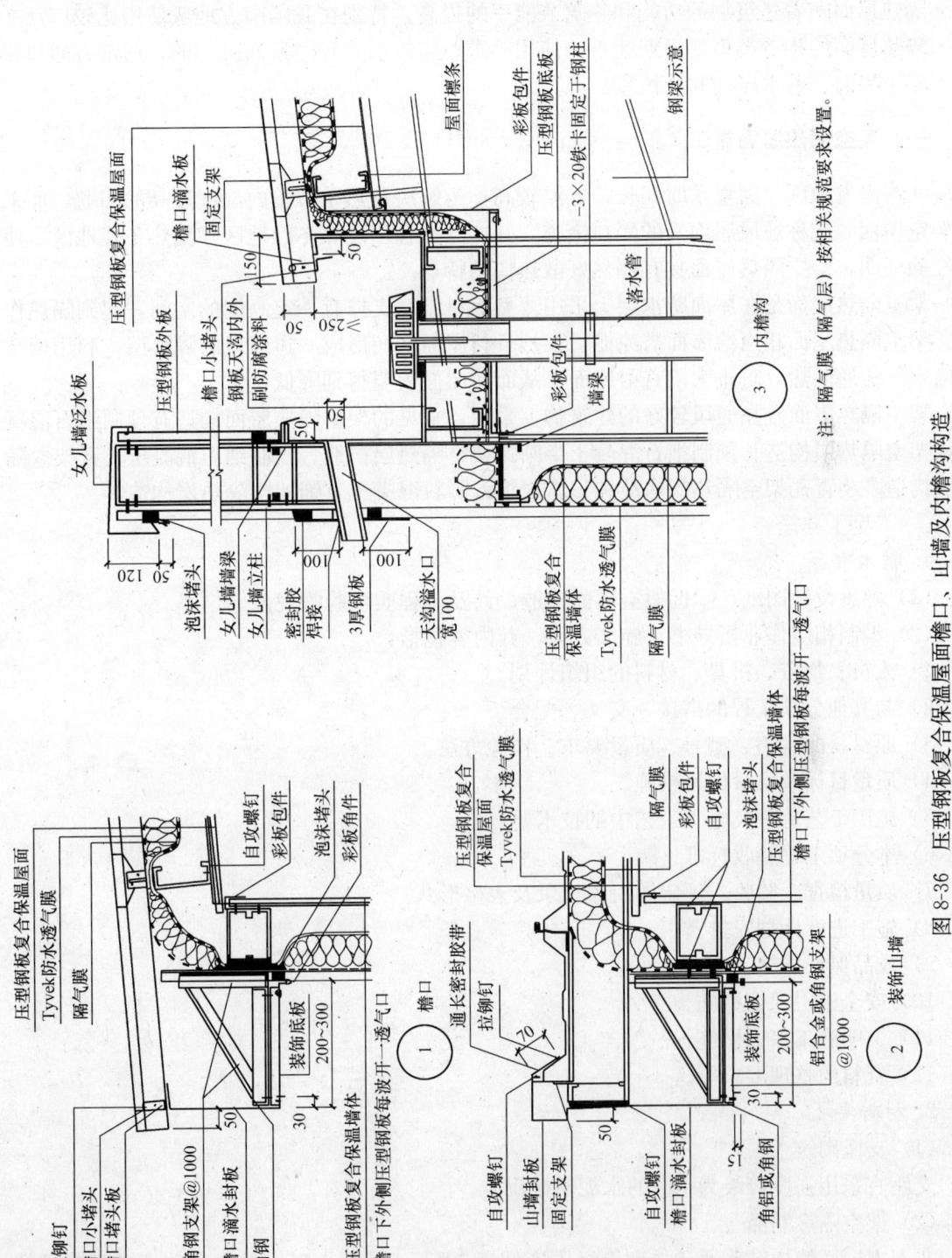

图 8-36 压型钢板复合保温屋面檐口、山墙及内檐沟构造

第三节 节能隔热屋面

隔热屋面随着建筑物的功能和建筑节能率的提高，特别在我国南方地区使用比较广泛。隔热屋面的构造类型是根据建筑的使用要求、结构形式等因素而决定的，通常有通风屋面、架空屋面、蓄水屋面和种植屋面等。

一、架空隔热屋面施工

我国南方地区，因夏季时间长，气温较高，为解决炎热季节室内温度过高的问题，而采用架空屋面（或称通风屋面）的隔热措施，其广泛适合于夏热冬冷地区和夏热冬暖地区，使用经验证明，架空隔热屋面具有隔热好散热快的特点。

架空隔热屋面是在屋面防水层上采用薄型板材制品支撑有一定高度的空间，起到隔热作用。架空隔热屋面相当给屋面搭凉棚，在烈日与屋面之间形成一道通风的隔热层，利用架空层内空气流通散热，防止太阳直射屋面，从而使屋面表温得到降低。

架空隔热屋面宜在通风较好的建筑物上采用，常见的架空隔热屋面构造有预制细石混凝土板架空隔热层构造、预制细石混凝土半圆弧架空隔热层构造、预制细石混凝土大瓦架空隔热层构造、小青瓦架空隔热层构造和珍珠岩板、陶粒混凝土直铺架空隔热层构造等。

（一）施工准备

1. 技术准备

（1）熟悉设计图纸，掌握架空屋面构造设计及工程质量验收规范。

（2）编制相应作业指导书、施工方案，其内容包括：

1）人员、物资、机具、材料的组织计划。

2）与其他分项工程的搭接、交叉、配合。

3）原材料的规格、型号、质量要求、检验方法。

4）质量目标及质量保证措施。

5）施工工艺流程及施工工艺中的技术要点。

6）本分项工程验收标准。

7）质量检查、验收、评定的组织记录及表格形式。

8）施工进度计划安排。

9）成品保护措施。

10）安全施工保证措施。

11）文明施工保证措施。

12）资料的整理要求等。

2. 材料要求

（1）支座砌筑

支座宜采用强度等级为 M5 的水泥砂浆砌筑。

（2）架空隔热制品

非上人屋面的烧结普通砖强度等级不应低于 MU7.5；上人屋面的烧结普通砖强度等级不应低于 MU10。

混凝土板的强度等级不应低于C20，板内宜加放钢丝网片。

3. 机具准备

垂直运输和水平运输机具及瓦工工具。

4. 作业条件

架空隔热层施工前，屋顶设备、管道、水箱等安装和防水层（或保护层）达到质量验收合格。

(二) 施工工艺

1. 工艺流程

基层清理──→弹线分格──→软质基层防水加强处理──→砖墩砌筑──→铺设隔热板──→表面勾缝──→养护

2. 操作工艺

(1) 基层处理

在施工前应将屋面余料、杂物等清扫干净，并根据架空板的尺寸弹出支座中线，做好隔热板的平面布置。

(2) 弹线分格

1) 弹线分格应按设计要求进行，当屋面宽度大于10m时，架空屋面应设置通风屋脊；架空隔热层的进风口，宜设置在当地炎热季节最大频率风向的正压区，出风口宜设置在负压区。

2) 隔热层的架空高度，应按屋面宽度或坡度大小的变化确定。通常架空屋面的隔热层高度宜在180～300mm间调整。架空高度过低，隔热效果不理想，过高，会增加基层荷载，影响架空结构稳定性。

3) 架空屋面的坡度不宜大于5%。

4) 架空板与女儿墙的距离不宜小于250mm。如果距离过小，易出现堵塞和不便于清理杂物。但也不能过宽，防止降低隔热效果。

(3) 支座（支墩）底部防水层加强处理

支座底部的防水层承受支座的重压，极易遭到损坏，应在支座原有防水层上用相同的材料附加防水层作加强处理，加强防水层的宽度不应小于支座底面边线150mm。

(4) 砖墩砌筑

砌墩时灰缝应饱满、平滑。

(5) 铺设架空隔热板

铺设架空板时，用靠尺控制板缝顺直、坡度和平整，并将灰浆刮平，并随时扫净掉在屋面防水层上的落灰、杂物等，以保证架空隔热层气流畅通。

(6) 表面勾缝

板缝隙宜用水泥砂浆或水泥混合砂将反复压光嵌填，并按设计要求留变形缝。

(7) 养护

在养护期间应保证缝隙湿润，直至达到规定强度为止。

3. 施工注意事项

施工基层有卷材、涂膜外露防水层时极易损坏，施工人员应穿软底鞋在防水层上操作，施工机具和材料应轻拿轻放，不得在防水层上拖动、撞击，严禁损坏已完工的防水层。

(三) 质量标准

1. 主控项目

架空隔热制品的质量必须符合设计要求,严禁有断裂和露筋等缺陷。

检验方法:观察检查和检查构件合格证或试验报告。

2. 一般项目

(1) 架空隔热制品的铺设应平整、稳固,缝隙勾填应密实;架空隔热制品距山墙或女儿墙不得小于 250mm,架空层中不得堵塞,架空高度及变形缝做法应符合设计要求。

检验方法:观察和尺量检查。

(2) 相邻两块制品的高低差不得大于 3mm。

检验方法:用直尺和楔形塞尺检查。

(四) 安全技术

施工四周应设防护设施,施工人员要穿戴防护用具,高空作业、屋檐作业要系好安全带。

二、蓄水隔热屋面施工

蓄水屋面就是在刚性防水层面层上蓄一层薄水,利用水蒸发带走大量水层中的热量,大量消耗晒到屋面的太阳辐射热,从而有效地减弱了屋面的传热量和降低屋面温度。

一般蓄水屋面是借助屋面四周女儿墙作蓄水池壁构成屋面蓄水区,这些水增大了整个屋面的热阻和温度的衰减倍数,可降低屋面内表面的最高温度。又因为水在蒸发时吸收大量的汽化热,而这些热量大部分从屋面所吸收的太阳辐射中摄取,所以大大减少了经屋顶传入室内的热量,相应地降低了屋面的内表面温度,从而达到利用蓄水来提高屋面的隔热能力。

用水隔热是利用水的蒸发耗热作用,蒸发量的大小与室外空气的相对湿度和风速之间的关系最密切。我国南方地区中午前后风速较大,在 14 点左右水的蒸发作用最强烈,从屋面吸收而用于蒸发的热量最多。而这个时刻内的屋顶室外综合温度恰恰最高,即屋面传热量强烈的时刻。在温度高、风速大时,从屋面吸收而用于蒸发的热量最多,因为蒸发耗热多而大大削弱屋顶传热作用,隔热效果就更好。因此,在夏季气候干热,白天多风的地区,用水隔热的效果非常显著。

蓄水屋面也有缺点,屋顶蓄水后夜间的外表面温度始终高于无水层面;屋顶蓄水增加了屋面荷重;为防止渗水,还要加强屋面的防水措施,并对屋面防水工程要求更加严格。

(一) 一般规定

1. 蓄水屋面工程应根据工程特点、地区自然条件等,按照屋面防水等级的设防要求进行防水构造设计,重点部位应有详图。当屋面防水等级为Ⅰ级、Ⅱ级时不宜采用蓄水屋面。

2. 蓄水屋面施工前,施工单位应进行图纸会审,并应编制蓄水屋面工程施工方案或技术措施。

3. 防水层应由经资质审查合格的防水专业队伍施工,作业人员应持有当地建设行政主管部门颁发的上岗证。

4. 蓄水屋面的防水层应为柔性防水层上加做细石混凝土防水层。

5. 蓄水屋面的泛水或隔墙均应高出蓄水层表面 100mm,并在蓄水层表面处留置溢水口;过水孔应设在分仓墙底部,排水管应与落水管连通;分仓缝内应嵌填沥青麻丝,上部用卷材封盖，然后加扣混凝土盖板。

6. 蓄水屋面适用于南方气候炎热地区屋面防水等级为Ⅲ级的工业与民用建筑的屋面，不宜在寒冷地区、地震设防地区和振动较大的建设物上使用。

7. 蓄水分区的隔墙可为混凝土，也可为砖砌体，并可兼做人行通道，池壁应高出溢水口至少120mm。

8. 蓄水屋面的蓄水深度宜为150～200mm；蓄水屋面的每块盖板应留出20～30mm间隙，以利于下雨时蓄水。

9. 防水混凝土层立面与平面应一次浇筑完毕，不得留施工缝。

10. 刚性防水层完工后应及时养护，蓄水后不得断水。

(二) 施工准备

1. 技术准备

(1) 施工前认真熟悉图纸，根据整体工程概况编制相应施工方案，并进行技术交底。

(2) 屋面防水工程应由通过资格审查的防水专业队伍施工，并应持证上岗。

2. 材料准备

所用材质的质量、技术性能必须符合设计要求和施工验收规范的要求。

1) 蓄水屋面防水层应采用耐腐蚀、耐霉烂、耐穿刺性能好的材料，不宜选用水溶性胶粘剂及低延伸率的材料。

2) 对刚性细石混凝土防水层技术要求如下：

①细石混凝土强度等级不得低于C20。

②水泥：强度等级不应低于42.5级的普通硅酸盐水泥或硅酸盐水泥。

水泥储存时防止受潮，使用水泥的存放期不得超过三个月，当超过存放期限时，应重新检验确定水泥强度等级，受潮结块的水泥不得使用。

③水灰比：0.5～0.55。

④砂：中砂或粗砂，含泥量不大于2%。

⑤石：粒径宜为5～15mm，含泥量不大于1%。

防水层的细石混凝土和砂浆中，粗骨料的最大粒径不宜大于15mm，含泥量不应大于1%；细骨料应采用中砂或粗砂，含泥量不应大于2%；拌合用水应采用不含有害物质的洁净水。

⑥其他材料：水管、混凝土外加剂（如膨胀剂、水泥防水剂等）、柔性防水材料（如聚氨酯防水涂料、改性沥青防水卷材等。）

外加剂应分类保管，不得混杂。进入现场后，应存放于阴凉、通风、干燥处。运输时避免雨淋、日晒和受潮。

3. 机具准备

机具根据工程量大小相应增减，主要机具见表8-41。

表8-41 主 要 机 具

序号	名称	型号	数量	单位	备注
1	运输小车		3	辆	
2	铁管		3	根	混凝土抹平压实

续表

序号	名称	型号	数量	单位	备注
3	铁抹子		4	个	混凝土抹平压实
4	木抹子		4	个	混凝土抹平压实
5	混凝土搅拌机	JZC350	1	台	混凝土搅拌
6	平板振动器	ZF15	2	台	混凝土振动
7	直尺		1	把	尺寸检查
8	坡度尺		1	把	坡度检查
9	锤子		3	把	
10	剪刀		4	把	
11	卷扬机			台	垂直运输
12	硬方木				
13	圆钢管				

4．作业条件

(1) 蓄水屋面的结构层施工完毕，应符合设计要求并验收合格。

(2) 所有设计洞口已预留，所设置的给水管、排水管和溢水管各类水管在防水层施工前应安装完毕。

(3) 防水层施工环境温度宜在 5～35℃，避免在负温或烈日暴晒下施工。

(三) 施工工艺

1．工艺流程

结构层、隔墙施工──→板缝等细部节点密封处理──→各种水管安装与密封──→落水口等细部构造节点处理──→防水层施工（柔性、刚度）──→蓄水养护

2．操作工艺

(1) 屋面结构层、隔墙

结构层的质量按高标准、严要求进行施工，混凝土的强度、密实性必须符合现行国家规范的规定。隔墙位置应符合设计和规范要求。

(2) 结构层细部节点处理

刚性防水层对基层结构变形的应变能力差，所以基层结构宜为整体现浇钢筋混凝土面板。当屋面结构层为装配式钢筋混凝土面板时，其板缝应以强度等级不小于 C20 细石混凝土灌缝，以提高结构层的整体强度，灌缝的细石混凝土宜掺膨胀剂（用等量取代水泥的方法加入微膨胀剂）。灌缝前，应将缝壁清理干净，并充分浇水湿润，冲净尘土。灌缝时，缝底采用吊模防止漏浆，并将细石混凝土捣固密实，并充分养护。

屋面结构层的节点、接缝必须以优质密建筑密封材料嵌封饱满、严密，对蓄水屋面的全部节点采取刚柔并举、多道设防的措施进行密封。

结构层嵌填完密封材料后，经蓄水试验并确认无渗漏后再在其上部做找平层和防水层。

(3) 水口安装

蓄水屋面的所有孔洞应预留，不得后凿。所设置的给水管、排水管和溢水管等，应在防水层施工前安装完毕，不得在防水层施工后再在其上凿孔打洞。防水层完工后，再将排水管

与落水管连接，然后加防水处理。

(4) 防水层施工

蓄水屋面防水层的施工质量非常重要，它面对不是排出来自自然界的雨水，而是长期储水而不产生渗漏。

防水层施工前，必须对基层处理，将基层突出物、灰渣等彻底铲平，并将灰渣、杂物清理干净，保证其层达到干燥和具备防水层施工的条件。

屋面结构层如果采用整体现浇混凝土时，屋面的结构刚度高，整体性好，防水层受屋面结构变形的影响很小，可直接铺抹水泥砖浆找平层；如果采用预制钢筋混凝土板时，防水层受屋面结构局部变形的影响较大，故必须预先对板的中缝和端缝按要求进行灌缝处理，然后再铺抹水泥砂浆找平层。

屋面所设置的给水管、排水管、溢水管等安装好后再进行防水层施工。

突出屋面结构的连接处，以及落水口、阴阳角转角处，均应按卷材的类型做成相应的圆弧，在内部排水的落水口周围直径500mm范围内坡度达到设计要求。

为了保证防水的可靠性，蓄水屋面宜做多道设防，采用刚柔复合防水的施工方法。当采用卷材或涂膜防水层时，宜抹水泥砂浆保护层加以保护；采用刚柔复合防水层时，在柔性防水层施工完成后再做隔离层，然后再浇补偿收缩混凝土防水层，使防水性能更加可靠。

柔性防水材料包括延伸率相对较大的卷材和涂料，卷材有高聚物改性沥青防水卷材、合成高分子防水卷材等；防水涂料有聚氨酯（聚脲类）等防水涂料。防水材料施工时应采用满粘法。

1) 柔性防水卷材层施工

蓄水屋面宜采用空铺法施工，在突出屋面的连接处和基层的转角处，距屋面周边基层不小于800mm的范围内应满粘，卷材与卷材之间的搭接边也应满粘。

卷材铺贴的顺序应从屋面最低标高处向上铺贴至最高标高处，立面与平面一次完成。短边顺水搭接，相邻两幅卷材短边的搭接缝应错开1.5m以上距离，高聚物改性沥青防水卷材和合成高分子卷材短边搭接宽度不得小于80mm，长边搭接宽度不得小于100mm。

屋面落水口为重要排水节点部位，也是容易出现渗水地方，屋面落水口的排水方式分为内排水和外排水两种形式，相应的防水构造分为直式落水口防水构造和横式落水口防水构造两种形式，如图8-37所示。

落水口杯应牢固地固定在承重结构上。落水口周围直径500mm范围内坡度不应小于5%，施工时落水口杯的埋设标高应考虑水落口设防时增加的附加层、柔性密封层的厚度及排水坡度加大的尺寸，使排水坡度符合要求，有利于排水。

在落水口周围应用防水涂料或密封材料涂封，涂层厚度不小于2mm。为防止落水口杯与混凝土基层四周出现收缩裂缝，应在落水口杯与基层的接触处预留宽20mm、深20mm的凹槽，槽内嵌填密封材料，避免雨水在接触点处发生渗漏现象。

用防水卷材做落水口四周的附加防水层时，先裁一条150mm宽，长比落水口杯内径大出100mm的搭接宽度的卷材条，在卷材底面涂刷卷材粘结剂，落水口杯内壁50mm深度范围内和四周基层涂刷基层粘结剂，待粘结剂基本干燥后，将卷材条弯成圆筒状，伸入落水口杯内壁50mm处，沿落水口杯内壁，用手用力挤压卷材，使卷材牢固粘贴在落水口杯内壁，

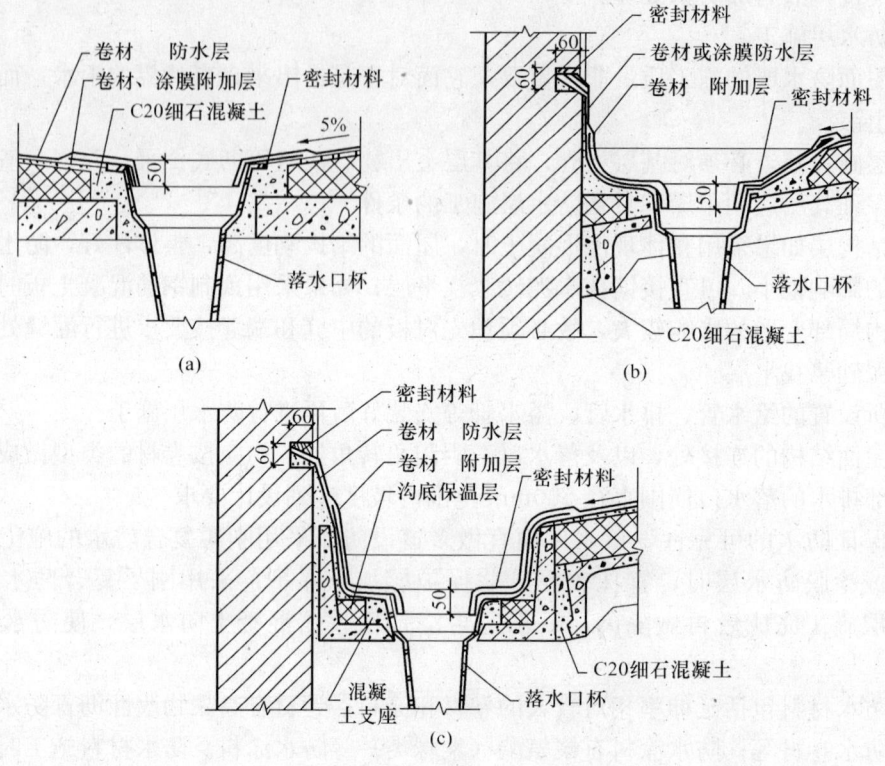

图 8-37 典型落水口构造
(a) 普通落水口构造；(b) 女儿墙内落水口构造；(c) 女儿墙内天沟落水口构造

卷材搭接部分应粘结牢固。露出杯口的卷材用剪刀剪出若干裁口，翻开展平，粘贴在四周基层平面上，然后在卷材边缘嵌填密封材料，如图 8-38 所示。

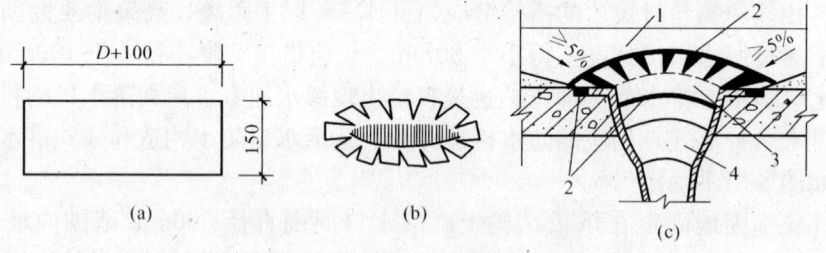

图 8-38 落水口杯附加防水层
(a) 附加卷材条；(b) 粘贴方法；(c) 嵌填密封材料
1—找平层；2—密封材料；3—卷材；4—落水口杯

然后裁剪一块直径比落水口杯口径大出 300~400mm 的圆形卷材片，以落水口杯圆周为界限，裁成"米"字形，在卷材片底面和落水口内壁及四周基层涂刷卷材粘结剂，将卷材片牢固地粘贴在落水口周围基层上，"米"字形三角片向下插入落水口杯内壁，粘贴牢固，并用密封材料进行封边处理，如图 8-39 所示。

落水口的附加防水层与伸出屋面管道的附加防水层一样，宜做涂膜附加防水层，避免用

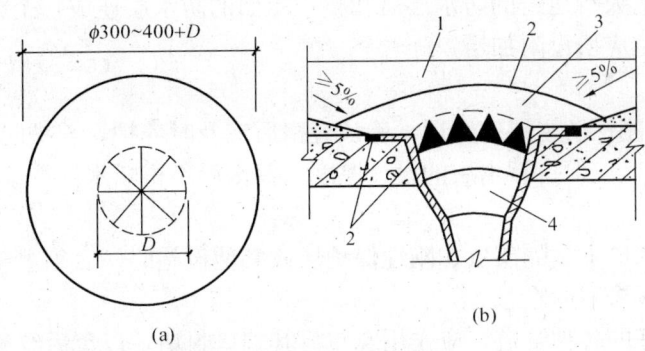

图 8-39 落水口附加增强处理
(a) 圆形卷材片；(b) 粘结方法
1—找平层；2—密封材料；3—附加卷材；4—落水口杯

卷材做附加防水层出现较多裁口、整体性差的缺点，充分发挥不同防水材料进行互补性多道设防的防水措施，增强细部构造处的防水能力。

2) 刚性防水层施工

浇筑防水混凝土宜掺入适量的膨胀剂、减水剂等外加剂，以减少混凝土的收缩。

浇筑防水混凝土时，必须经机械搅拌、振捣，随捣随抹，抹压时不得洒水、撒干水泥或水泥浆。每个蓄水区的防水混凝土必须一次浇筑完毕，严禁留设施工缝；立面与平面的防水层必须同时做好。

防水层施工完毕后，管道、洞口不得移位安装和重新设置。各种管道的密封防水处理应符合密封防水的施工要求。

(5) 蓄水区和分仓缝施工

每个蓄水区的防水混凝土必须一次浇筑完毕，严禁留设施工缝。防水混凝土施工时，应保证每个蓄水区的防水混凝土收缩均匀一致，使其成为整体无缝的防水层。蓄水区立面与平面的防水层必须同时做好。

如工程实际情况需分体浇筑时，待平面防水层浇筑后，可在平面与立面交界处施工缝的中心线部位贴放闭环遇水膨胀橡胶或止水带。

分仓墙的厚度宜为 150～2000mm，分仓墙应设置在板端缝承重墙部位。混凝土浇筑养护后，分仓缝内填塞沥青麻丝，顶部用卷材封盖，做防水处理，最后加扣混凝土盖板。

防水混凝土刚性防水层蓄水屋面的分仓墙也可用砖进行砌筑，砌筑用水泥砂浆的强度为 M10，在砂浆中按水泥质量的 10% 掺入膨胀剂。砌筑前，先将砖块吸水至饱和状态，再用 M10 水泥砂浆打底，厚度不少于 10mm，然后用单砖砌筑到设计高度，砖缝间的砂浆必须饱满，严禁出现通缝现象，饱满度应达到 85% 以上。在墙的顶部可设置直径为 6mm 或 8mm 的钢筋砖带，也可采用钢筋混凝土压顶，以增加其整体性。在分仓墙的迎水面应用掺入膨胀剂、强度等级为 M10 的水泥砂浆抹面，厚度为 20～30mm，防止太薄而暴皮掉落，从而失去防水作用。

用柔性材料作蓄水屋面防水层时，不宜采用外露防水形式，而应用掺 10% 膨胀剂、强度为 M10 的水泥砂浆作保护层，厚度宜为 20～30mm。

设置在承重墙上人行通道的防水层需和整个屋面的防水层连成一个整体。用柔性材料作防水层时，通道部位应增设附加层。

(6) 蓄水养护

1) 蓄水屋面的刚性防水层完工后，确认合格后应及时养护，养护时间不得小于14d。

2) 屋面蓄水后，应保持蓄水层的设计厚度，蓄水后不得断水，严禁蓄水屋面干涸。

3. 成品保护

(1) 在柔性防水层上做隔离层、刚性保护层或其他设施时，必须严防施工机具或材料损坏防水层，以免留下渗漏的隐患。

(2) 对已安装好的各种管道，应先用麻布将其端口封堵，以免后续施工时杂物落入管道而堵塞水管。完工后将麻布清除，保证管道畅通。

(3) 蓄水屋面工程竣工后，应由使用单位指派专人负责屋面管理。严禁在屋面防水层上凿孔打洞，避免重物冲击，不得任意在屋面防水层上堆放杂物及增设构筑物，并应确保屋面排水系统畅通。要经常检查屋面防水节点的变形情况，同时应定期清理杂物，查看蓄水深度，严防干涸。发现问题及时维修，并做好维修保养记录。

(四) 质量标准

1. 主控项目

(1) 蓄水屋面上设置的溢水口、过水孔、排水管、溢水管，其大小、位置、标高的留设必须符合设计要求。

检验方法：观察和尺量检查。

(2) 蓄水屋面防水层施工必须符合设计和规范 (GB 50345—2004) 要求，不得有渗漏现象。

检验方法：蓄水至规定高度，24h 观察检查。

(3) 原材料、外加剂、防水卷材、混凝土防水性能和强度，必须符合施工规范要求。

检验方法：检查产品出厂合格证、混凝土配合比和试验报告。

2. 一般项目

(1) 蓄水屋面的坡度必须符合设计要求。

检验方法：用坡度尺检查。

(2) 细石混凝土防水层的外观质量应符合设计及施工规范要求，厚度一致，表面平整，压实抹光，无裂缝、起壳、起砂等缺陷。

检验方法：观察检查。

(五) 安全技术

1. 存放材料仓库，保持通风良好，应备有消防器材。

2. 采用热熔法铺贴卷材，点燃焰炬时，开关不要过大，喷火口要朝向下风向。

3. 屋面施工时，四周应搭设好安全防护网；施工者要穿戴防护用具，高空作业，要系好安全带。

4. 清扫垃圾时，应清理到规定地点，不得随意堆放。

三、种植隔热屋面施工

种植屋面不仅具有隔热、保温节能作用，而且具有环保和减噪功能。

种植屋面的灌木、草坪等绿色植物层，形成多层遮阳伞，不仅遮挡日光直射，而且植物不断地从周围环境中吸收大量的热量，其中大部分用于蒸发作用和光合作用，所以绿地温度增加并不强烈，一般绿地中的地温比空旷场低 10～17.8℃。在植物枝叶间蓄存的凉空气，起到了降温隔热作用，又增加了绿地，等于建造了"空中花园"，不但美化了城市环境，而且提高了城市绿化覆盖率，改善生态环境，减轻大气污染，减缓城市的"热岛效应"。

据有关资料介绍，夏季种植屋面与普通隔热屋面比较，表面温度平均可低 6.3℃，屋面下的室内温度相比要低 2.6℃，并且还可明显降低建筑物周围环境温度，因此，种植屋面在夏季隔热效果显著，可节省大量空调能耗。

冬季种植屋面具有保温功能，因其中采用比例较大的轻质种植土，特别在干旱地区，入冬后草木枯死，土壤干燥，保温效果更好。保温效果随土层厚度的增加而增加。种植屋面有很好的热惰性，不随大气气温骤然升高或骤然下降而大幅波动。

另外，屋面绿化可使城市中的灰尘降低 40% 左右，不但可吸收诸如 SO_2、HF、Cl_2、NH_3 等有害气体，还可杀灭空气中多种细菌，使空气新鲜清洁。并对噪声有吸附作用，最大减噪量可达 10dB。

种植屋面隔热保温效果明显，不论北方或南方都可适用。随着城市化进程的高速发展和建筑面积的急剧增加，"城市热岛"现象更为严重。城市建筑实行屋面绿化，可以大幅度降低建筑能耗，减少温室气体的排放，同时可增加城市绿地面积，美化城市，改善城市气候环境。

种植屋面技术要求比较高，涉及建筑、农林和园艺等专业学科，必须综合考虑设计、选材、施工和管理维护等方面问题。

为了保证种植屋面上的植物能良好生长，需要定期浇灌，因此要求屋面能顺利排除积水，在这种情况下，必须保证屋面不得出现渗漏，保证房屋建筑的使用功能。如是一旦出现渗漏现象，翻工重做工程量大，费用也较昂贵。

（一）种植屋面构造

种植屋面上的种植介质四周应设围护（挡）墙，不得利用女儿墙的边墙为护墙。护墙内侧堆积少量卵石，阻止种植土流失。冬季种植土产生小的冻胀力，由靠墙的卵石滑动缓解推力。挡墙下部应设泄水孔（管）和排水孔（管）。泄水管留设位置应正确，既要防止堵塞，又要防止种植介质的流失，并能及时排出过多水分。

种植屋面坡度应在 1%～3% 之间，屋面坡度太大易使种植介质流失，也易形成半干半湿屋面，影响植物生长。当屋面坡度较大时，可做成梯田式，利用排水层和覆土找坡。

（二）种植屋面构造层次

种植屋面的构造层次较多，种植屋面种植的构造根据所处在干旱地区、温暖地区、多雨地区、寒冷地区和坡度屋面的不同而有所区别。

1. 种植土

种植土是植物依赖生存的土壤层，要求土层自重轻、蓄水多、不易板结。一般采用野外可耕作的土壤为基土，再掺入松散物混合而成种植土。种植土应根据种植植物的要求，选择综合性能良好的材料，如蛭石、珍珠岩、稻壳、麦糠、锯末等轻质、松散的材料。介质层厚度应根据不同介质和植物种类确定。

2. 隔离过滤层

种植土与蓄水层之间设一道隔离层。隔离层的作用是防止土壤进入蓄水层，并能阻止部分植物根扎入蓄水层。一般隔离层可采用无纺布、玻璃丝布等，种植土中的过多雨水通过隔离层渗入蓄水层和排水层。

3. 蓄水层

蓄水层可用一定厚度的开孔泡沫塑料或海绵状毡铺成，干旱时通过毛细管作用供应植物慢慢吸收水分。

4. 排水层

蓄水层下面是排水层。排水层采用一定粒径碎石、卵石、塑料或橡胶专用排水板，当水量过多时，可从缝隙缓流到排水口排出。

5. 保护层（耐根系穿刺层）

保护层用来保护防水层，它处在防水层与排水层之间。保护层可防止铺放排水的卵石伤害防水层，又可防止植物根扎伤防水层。保护层可选用聚乙烯卷材、聚乙烯土工布等。

6. 防水层

种植屋面的防水层承受种植介质的重压和植物根系的爬扎，因长期隐蔽在潮湿、水浸的环境中，所以应采用耐腐蚀、耐霉烂、耐穿刺性能好的材料并应两道设防。

如合成高分子卷材和涂料复合使用，上为宽幅聚乙烯卷材，下为聚氨酯涂膜或硅橡胶涂膜；亦可采用聚酯胎的 SBS、APP 改性沥青卷材，满粘法粘结，覆面材料为金属箔。

7. 砂浆找平层

种植屋面的屋面板最好是现浇钢筋混凝土板，水泥砂浆找平层直接抹在板上。

8. 保温层

如在构造层中设置保温层，保温层的材质宜选用挤塑聚苯乙烯泡沫板或硬质聚氨酯泡沫。

（三）施工准备

1. 技术准备

（1）根据设计施工图做好人行通道、挡墙，种植区的测量放线工作。

（2）掌握各构造层次、细部构造处理等关键技术操作要点。

（3）施工前根据设计施工图和标准图集的要求，对相关的作业班组讲行技术、安全交底。

2. 材料准备

（1）材料品种规格

防水层材料（防水卷材、防水涂料、粘结剂、密封材料等）；种植介质（种植土、锯木屑、膨胀蛭石或珍珠岩）；水泥：32.5 级以上的普通硅酸盐水泥或矿渣硅酸盐水泥；中砂；10～30mm 卵石；烧结普通砖；密目钢丝网片等。

（2）质量要求

防水层应采用耐腐蚀、耐霉烂、耐穿刺性能好和对基层伸缩或开裂变形适应性强的卷材（如聚酯胎高聚物改性沥青防水卷材、合成高分子防水卷材等）或涂料（如聚氨酯、聚脲防水涂料等）作柔性防水层。

1）高聚物改性沥青防水卷材规格、外观和技术性能如表 8-42、表 8-43 和表 8-44 所示。

表 8-42 高聚物改性沥青防水卷材规格

厚度（mm）	宽度（mm）	长度（m） SBS 改性沥青卷材	长度（m） APP 改性沥青卷材	要求
2.0	≥1000	15	15	热熔施工，卷材厚度不得小于 3mm
3.0	≥1000	10	10	
4.0	≥1000	7.5	10、7.5	

表 8-43 高聚物改性沥青防水卷材外观质量

项目	质量要求	项目	质量要求
孔洞、缺边、裂口、	不允许	撒布材料粒度、颜色	均匀
边缘不整齐	不超过 10mm	每卷的接头	不超过 1 处，较短边的一般不应小于 2500mm；接头处应加长 1500mm
胎体露白、未浸透	不允许		

表 8-44 高聚物改性沥青防水卷材物理性能

项目		性能要求 聚酯毡胎体	性能要求 玻璃纤维胎体	性能要求 聚乙烯胎体
拉力（N/50mm）		≥450	纵向≥350，横向≥250	≥100
延伸率（%）		最大拉力时，≥30	—	断裂时，≥200
耐热度（2h）（℃）		SBS 卷材 90，APP 卷材 110，无滑动、流淌、滴落		PEE 卷材 90，无流淌、起泡
低温柔度（℃）		SBS 卷材-18，APP 卷材-5，PEE 卷材-10 3mm 厚 $r=15$mm；4mm 厚 $r=25$mm；3s 弯 180°，无裂纹		
不透水性	压力（MPa）	≥0.3	≥0.2	≥0.3
	保持时间（m）	≥30		

2) 合成高分子防水卷材的外观质量和物理性能如表 8-45 和表 8-46 所示。

表 8-45 合成高分子防水卷材外观质量

项目	质量要求	项目	质量要求
折痕	每卷不超过 2 处，总长度不超过 20mm	凹痕	每卷不超过 6 处，深度不超过本身厚度的 30%；树脂类深度不超过 15%
杂质	大于 0.5mm 颗粒不允许，每 1m² 不超过 9mm²	每卷卷材的接头	橡胶类每 20m 不超过 1 处，较短的一段不应小于 3000mm，接头处应加长 150mm；树脂类 20m 长度内不允许有接头
胶块	每卷不超过 6 处，每处面积不大于 4mm²		

表 8-46 合成高分子防水卷材物理性能

项目	性能要求 硫化橡胶类	性能要求 非硫化橡胶类	性能要求 树脂类	性能要求 纤维增强类
断裂拉伸强度（MPa）	≥6	≥3	≥10	≥9
扯断伸长率（%）	≥400	≥200	≥200	≥10
低温弯折（℃）	−30	−20	−20	−20

续表

项 目		性 能 要 求			
		硫化橡胶类	非硫化橡胶类	树脂类	纤维增强类
不透水性	压力（MPa）	≥0.3	≥0.2	≥0.3	≥0.3
	保持时间（min）	≥30			
加热收缩率（%）		<1.2	<2.0	<2.0	<1.0
热老化保持率 (180℃，168h)	断裂拉伸强度	≥80%			
	扯断伸长率	≥70%			

3) 合成高分子防水涂料物理性能如表 8-47 所示。

表 8-47 合成高分子防水涂料物理性能

项 目		性 能 要 求		
		反应固化型	挥发固化型	聚合物水泥涂料
固体含量（%）		≥94	≥65	≥65
拉伸强度（MPa）		≥1.65	≥1.5	≥1.2
断裂延伸率（%）		≥350	≥300	≥200
柔性（℃）		-30，弯折无裂纹	-20，弯折无裂纹	-10，绕10mm圆棒无裂纹
不透水性	压力（MPa）	≥0.3		
	保持时间（min）	≥30		

4) 种植介质要符合设计要求，满足种植要求；水泥应有合格证并经现场取样试验合格；砂、卵石、烧结砖应符合相关规范要求；钢丝网片要满足泄水孔处拦截过水的砂卵石的需要。

3. 机具准备

施工前备好混凝土保护层施工和防水材料施工工具，机具根据工程量大小相应增减，其中混凝土保护层施工工具如表 8-48 表示。

表 8-48 混凝土保护层施工工具

序号	名 称	数 量	单 位	规格型号	备 注
1	搅拌机	1	台	250L	
2	砂浆搅拌机	1	台	50L	
3	手提圆盘锯	1	台		预制走道板时用
4	卷扬机	1	台		
5	配电箱	1	个		施工用电
6	水平仪	1	台		测量平整度
7	钢卷尺	2	把	5m	
8	台秤	2	台	500kg	混凝土砂浆计算
9	混凝土试模	1	组	150mm×150mm×150mm	
10	坍落度筒	1	个	30cm	
11	天平	1	台	1000g	测砂石含水率
12	塔尺	1	根	5m	

4. 施工条件

(1) 按设计要求进场防水材料的规格、性能指标必须达到现行国家标准要求。

(2) 所需要的砂、卵石、烧结普通砖、水泥、种植介质，按要求的规格、质量、数量准确就绪。

(3) 防水层施工环境温度宜在5～35℃，避免在负温或烈日暴晒下施工。

(四) 施工工艺

1. 工艺流程

屋面防水层施工──→保护层施工──→人行道及挡墙施工──→泄水孔前放置过水砂卵石──→种植──→放置种植介质──→完工清理──→验收

2. 操作工艺

(1) 屋面结构层、找坡层、找平层要求

1) 屋面结构层

屋面结构层应根据种植植物的种类和荷载进行设计与施工。一般采用强度等级不低于C20和抗渗等级不小于P6的现浇钢筋混凝土作屋面的结构层。如果采用预制的钢筋混凝土板时，应用强度等级不低于C20的细石混凝土将板缝灌填密实，当板缝宽度大于40mm或上窄下宽时，应在板缝中放置构造钢筋后再灌填细石混凝土，以便提高结构的整体刚度，同时在板端缝处再嵌密封材料。

2) 找坡层

为了能够及时排除种植屋面的积水，确保植物正常生长，屋面宜采用结构找坡。当用材料找坡时，应选用陶粒、加气混凝土、泡沫玻璃等有一定强度的轻质材料为找坡层。在寒冷地区还可加厚找坡层或采用具有一定强度、导热系数小和吸水率低的保温材料起到保温作用，种植屋面坡度宜控制在3‰以内，以便多余水的排除。

3) 找平层

为便于铺设卷材或涂刷涂膜防水层，在找坡层或保温层上做水泥砂浆找平层。找平层应压实平整，待找平收水后，再进行二次压光和充分保湿养护。找平层不得有酥松、起砂、起皮和空鼓等不良现象。

(2) 防水层施工

种植屋面的四周砌筑挡墙，柔性防水层应连续铺设至挡墙的上部。挡墙下部留置的泄水孔位置应准确，做好防水密封处理。泄水孔应与落水口连通，不得有堵塞和流水不畅现象，应能及时排除种植屋面的积水。

根据设计图纸要求，按《屋面工程技术规范》(GB 50345—2004) 相应施工工艺标准进行施工，可选用的材料有卷材料、涂料。选用卷材防水层时，应优先选用空铺法、点粘法或条粘法进行铺设，在卷材的接缝、防水层周边必须满粘；当用选用柔性涂膜和卷材共同构成防水层时，卷材应在柔性涂膜之上，两者材料间应满粘。

如采用油溶性聚氨酯防水涂料施工时，其反应固化成膜是非水固化反应，当基层含水分偏高或环境周围湿度过大时，施工会使聚氨酯涂料中异氰酸根 (—NCO) 优先与水分、潮气反应，并放出二氧化碳，使涂膜出现气孔、气泡影响涂膜质量，所以油溶性聚氨酯对基层含水率要求较严格，规定基层含水率应在9‰以下时方可进行施工。当使用水乳固化聚氨酯防水涂料时，其反应过程是水交联固化过程，所以对基层含水率大大放宽，但基层不得过度潮湿或有明水。

单组分聚氨酯防水涂料施工前应稍加搅拌，避免物料中的填料沉淀，桶内上下搅匀即可；双组分聚氨酯施工前，应将两个组分按规定的质量比例放入圆桶内（在方桶内搅拌易有死角，搅拌时间相对延长），用带叶片的手电钻充分混合均匀后，进行刮涂施工。

混匀后双组分的材料应在尽短时间内用完，物料应随拌随用；单组分开桶后也应在规定时间内使用。在刮涂施工时，当发现涂料出现明显交联反应，即混合物料变成稠度很大时，不得再继续使用，否则影响与前道涂层的粘结力，降低防水工程质量。

在大面积施工前，首先对细部构造作附加增强层预先处理，细部构造是容易出现渗漏水的关键部位，一旦处理不妥，必然留下渗漏水的隐患。

凸出地面的管根、地漏、排水口、变形缝等细部构造做密封和附加增强防水层，同时保证四周加宽应大于 200mm。

涂料防水层的施工缝，接缝宽度不应小于 100mm，施涂前应将其甩槎表面处理干净；

在阴阳角处，应以阴阳角为中心铺贴不小于 500mm 宽的纤维胎体增强布；按由下而上的顺序铺贴纤维胎体增强布，胎体布应紧贴阴角，不得吊空。

在所有细部构造处理时，应增涂 2~4 遍防水涂料，确保万无一失。

在大面积涂刷施工前，首先宜用低含固量涂料徐刷基层即打底层，待打底层固化后再大面涂刷。凡是防水涂料都有一个共性，即不论厚质涂料还是薄质涂料，防水涂膜在满足厚度要求的前提下，涂刷遍数越多对成膜的密实度越好，在涂刷时应多遍涂刷，不得一次或少次成膜。因此要求防水涂料在施工时，应该通过多遍数刮涂的方法来施工。

同层每道涂刷宜按一个方向，后遍涂刷应在前遍成膜固化后进行，前后二道涂刷方向应垂直，这样不仅增加与基层的的粘结力，也使涂层表面平整，减少渗漏机会。同层涂膜施工时，涂膜的先后搭接宽度宜为 30~50mm。

在种植屋面上，应根据覆盖土厚度确定是否设置耐根系穿刺防水层，当覆盖土厚度在 1m 以下时，应在防水层上空铺或点粘一道具有耐根系穿刺功能的材料，如铅锡合金卷材、高密度聚乙烯土工膜、低密度聚乙烯土工膜、热塑性聚烯烃卷材、聚氯乙烯卷材等。

耐根系穿刺防水层的接缝应采用焊接法施工，必须使接缝焊接牢固，封闭严密。对热塑性材料采用单缝焊接时，搭接宽度为 60mm，其有效焊接宽度不应小于 25mm；采用双缝焊接时，搭接宽度为 80mm，其有效焊接宽度为 10mm×2＋空腔宽度；铅锡合金卷材（0.5~1.0mm 厚）的接缝，采用专用的焊条和工具进行焊接。

无机防水涂料也具有耐根系穿刺作用，它们直接在混凝基层上施工或掺混在混凝土当中，视为刚性防水材料，如表面涂刷的水泥基渗透结晶型防水涂料（刚性防水涂料）、掺混用水泥防水剂等。

如采用水泥基渗透结晶型防水涂料涂刷施工时，在基层有超过 0.4mm 宽的裂缝或施工缝时，先凿成 U 形槽，再经槽湿润后，用水泥基渗透结晶型防水涂料的半干料密封好后，再进行大面积整体涂刷施工。

整体涂刷用水泥基渗透结晶型防水涂料施工时，要求施工的基面达到潮湿无明水，将粉料与净水按规定的质量比进行充分搅均匀后，用力涂刷在基层上。当涂第二遍时，必须在前一遍涂层未完全凝固时接涂，如果前一遍涂层已凝固时，应将涂层湿润后才能接涂第二遍，其目的是保持能在潮湿环境下具有连续渗透作用而不分层。在涂刷过程中，要求涂均匀，不得有沉积涂料，每平方米用料量必须在0.8kg以上，且在终凝后3~4h必须用净水喷雾或透气草袋等铺盖方式连续养护3~4d，但不得用塑料类不透气材料养护，以免影响空气流通。

种植屋面防水层施工完成后，应按相关材料特性进行养护，在覆盖种植介质前进行蓄水或淋水试验。平屋面宜进行蓄水试验，其蓄水时间不应少于24h坡屋面宜进行淋水试验。

（3）保护层施工

保护层施工前，屋面的防水层的蓄水实险已完成，并经检验合格后，才可进行保护层施工。

在种植屋面采用柔性防水材料时，表面必须设置细石混凝土保护层，以抵抗植物根系的穿刺和种植工具对它的损坏。

在细石混凝土保护层施工前，首先将防水层表面上的垃圾、杂物等彻底清理干净。

按设计或不大于6m的间隔进行分格缝留置，用上口宽为30mm，下口宽为20mm的木板或泡沫板作为分格板，按设计要求配置钢筋网片。

按各材料的配合比拌好细石混凝土，按先远后近、先高后低的原则逐格施工细石混凝土。

按分格板高度，摊开抹平，用平板振动器十字交叉来回振实，直至混凝土表面泛浆后再用木抹子将表面抹平压实，在铺设、振动混凝土时不得造成钢筋间距及位置错位。待混凝土初凝以前，再进行第二次压浆抹光。

混凝土初凝后，及时取出分格缝隔板，用铁抹子二次抹光，并及时修补分格缝缺损部分，做到平直整齐，待混凝土终凝前进行第三次压光。

混凝土终凝后，必须立即进行养护，可蓄水养护或用稻草、麦草、锯末、草袋等覆盖后浇水养护不少于14d，也可涂刷掘凝土养护剂。

在混凝土终凝养护完成后，用水冲洗分格缝并达到干燥后进行，使分格缝达到相互贯通并彻底清理干净。发现有缺边损角应补好，再用吹尘机具吹干净，按嵌缝材料的技术要求进行嵌缝施工。

（4）人行通道及挡墙施工

1）中南地区人行通道及挡墙施工（如图8-40所示）。

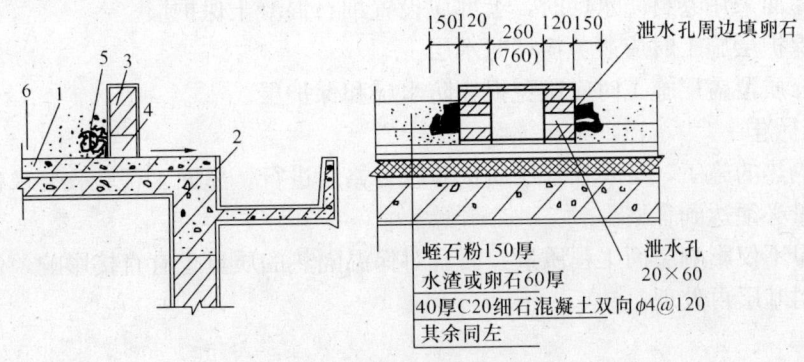

图8-40 砖砌挡墙构造

1—保护层；2—防水层；3—砖砌挡墙；
4—泄水孔；5—卵石；6—种植介质

砖砌挡墙的墙身高要比种植介质面高100mm,距挡墙底部高100mm处按设计要求留设泄水孔。

2) 采用预制槽形板作为分区挡墙和走道板,如图8-41所示。

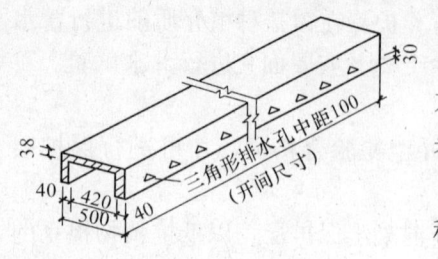

图8-41 预制槽形板构造

(5) 排水层

在南方多雨地区,当降雨量超过一定限度时,如果不设排水层,土中含水长期超饱和,植物易烂根,必须考虑排水层设施。在北方少雨地区可不考虑设置排水层。

排水层设置在耐根系穿刺防水层或保护层之上,当种植介质层的厚度在1000mm以上,宜选用粒径为30~60mm、厚度为80mm以上的卵石或专用的橡胶排水板做排水层;当种植介质层的厚度为200~600mm时,通常是种植草坪或灌木,宜选用专用塑料排水板或橡胶排水板做排水层。排水层的作用是将通过过滤层的水,从排水层的空隙中汇集到泄水孔而排除。为了防止种植介质流失,可采用两种方法:

1) 泄水孔前放置过水砂卵石:在每个泄水孔处先设置钢丝网片,泄水孔四周堆放过水的砂卵石,并完全覆盖泄水孔,防止种植介质流失或堵塞泄水孔。

2) 隔离过滤层:在排水层上,铺设单位面积质量不低于250g/m² 的聚酯纤维或聚丙烯纤维土工布,除能够滤出多余的水外,同时保护介质材料不发生流失。

(6) 种植介质

种植介质的成分及粒度配置应合理,能够促进植物根系发育和生长,一般人工合成无机栽培材料种植介质的堆积密度仅为450kg/m³ 左右。

种植介质的厚度,应根据屋面结构的承载能力以及介质的堆积密度和种植植物的种类来计算确定。一般草坪为200~300mm;小灌木为300~400mm;大灌木为400~600mm;乔木为1000mm以上。

在砌筑挡墙及覆盖种植介质时,特别注意不得损害防水层。覆盖层的厚度、质量应严格控制在设计要求的范围之内,严防超载而影响屋面结构整体稳定性。

3. 成品保护

(1) 种植屋面采用卷材防水层时,上部应设置细石混凝土保护层。

(2) 屋面保护层施工时应避免损坏防水层。

(3) 种植介质覆盖层施工时应避免损坏防水层和保护层。

(五) 质量标准

屋面保温隔热的施工,必须在基层质量验收合格后进行。屋面工程验收要求敷设保温隔热层的基层质量必须达到合格。

基层的质量不仅影响屋面工程质量,而且对保温隔热的质量也有直接影响,保温隔热层敷设后已无法对基层再处理。

1. 主控项目

(1) 种植屋面挡墙泄水孔的留设必须符合设计要求,并保持畅通,不得堵塞。

检验方法:观察和尺量检查。

(2) 种植屋面防水层施工必须符合设计要求,不得有渗漏现象,并应进行蓄水试验,经检验合格后方能覆盖种植介质。

检验方法：蓄水至规定高度，24h 后观察检查。

2. 一般项目

(1) 种植介质表面平整且比挡墙墙身应低 100mm。

(2) 严格按设计的要求控制种植介质的厚度，不能超厚。

第四节　屋面节能工程施工验收

一、一般规定

1. 本节适用于建筑屋面的节能工程，包括采用松散保温材料、现浇保温材料、板材、块材等保温隔热材料的屋面节能工程的质量验收。

2. 屋面保温隔热工程的施工，应在基层质量验收合格后进行。

3. 屋面保温隔热工程采用的保温材料，进场时应对其下列性能进行复验：

(1) 板材、块材及现浇等保温材料的导热系数、密度、压缩（10%）强度、阻燃性；

(2) 松散保温材料的导热系数、干密度和阻燃性。

4. 屋面保温隔热工程应对下列部位进行隐蔽工程验收，并应有详细的文字和图片资料：

(1) 基层；

(2) 保温层的敷设方式、厚度和缝隙填充质量；

(3) 屋面热桥部位；

(4) 隔气层。

5. 屋面保温隔热层施工完成后，应及时进行找平层和防水层的施工，避免保温层受潮、浸泡或受损。

6. 建筑屋面节能工程的检验批划分参照《屋面工程质量验收规范》GB 50207—2002 执行。

7. 建筑屋面节能工程的检查数量应按下列规定执行：

(1) 按屋面面积每 $100m^2$ 抽查一处，每处 $10m^2$，且不得少于 3 处；

(2) 热桥部位的保温做法全数检查；

(3) 保温隔热材料进场复检按同一单体建筑、同一生产厂家、同一规格、同一批材料为一个检验批，每个检验批随机抽取一组。

二、屋面保温层工程检验及验收

1. 适用范围

适用于防水等级Ⅰ～Ⅳ级的卷材屋面防水工程的质量验收。

2. 检验批的划分

按不同材料、工艺的找平层面积每 $100m^2$ 为一个检验批。

3. 检查数量

每一检验批抽查一处，每处不小于 $10m^2$，但不少于 3 处。

4. 主控项目

（1）卷材防水层所用卷材及其配套材料、卷材厚度必须符合设计要求或规范规定。

检验方法：检查出厂合格证、质量检验报告和现场抽样复验报告。

（2）卷材防水层不得有渗漏或积水现象。

检验方法：雨后或持续淋水 2h 以后观察检查、蓄水检验。

（3）卷材防水层在天沟、檐沟、檐口、落水口、泛水、变形缝和伸出屋面管道的防水构造，必须符合设计要求和规范规定。

检验方法：全数观察检查和检查隐蔽工程验收记录。

（4）卷材防水层上必须设置保护层（架空隔热屋面和倒置式屋面除外）。卷材防水层上的撒布材料和浅色涂料保护层应铺撒或涂刷均匀，粘结牢固；水泥砂浆、块材和细石混凝土保护层与卷材防水层间应设置隔离层；刚性保护层的分格缝留置和嵌缝应符合设计要求和规范规定。

检验方法：观察检查和检查隐蔽工程验收记录。

5. 一般项目

其允许偏差的检验方法、检查点数按下列规定。

（1）卷材防水层的搭接缝应粘（焊）结牢固，密封严密，不得有褶皱 QD、翘边和鼓泡等缺陷；防水层的收头应与基层粘结并固定牢固，缝口严密，不得翘边。

检验方法：观察检查。

（2）排气屋面的排气道应纵横贯通，不得堵塞。排气管应安装牢固，位置正确，封闭严密。

检验方法：观察检查和检查隐蔽工程验收记录。

（3）卷材的铺贴方向应正确并符合设计要求和规范规定。

检验方法：观察检查。

（4）卷材搭接宽度应符合设计和规范规定，允许偏差为 $-10mm$。

检验方法：观察和尺量检查和检查隐蔽工程验收记录，每处检查 2 点。

6. 检查验收

屋面保温层工程检验批质量验收记录按表 8-49 填写。

三、蓄水屋面工程检验及验收

1. 适用范围

适用于隔热屋面的蓄水屋面工程的质量验收。若蓄水屋面在卷材、涂膜等防水层上面再做蓄水屋面时，应在防水层验收合格后方可进行蓄水屋面的施工及验收。

2. 检验批的划分

按蓄水屋面面积每 $100m^2$ 划分为一个检验批。

3. 检查数量

每一检验批抽查 1 处，但不少于 3 个蓄水区；口、孔、管全数检查。

4. 主控项目

（1）蓄水屋面上设置的溢水口、过水孔、排水管、溢水管，其大小、位置、标高的留设必须符合设计要求。

表 8-49　屋面保温层工程检验批质量验收记录

工程名称				分项工程名称		验收部位	
施工单位				专业工长		项目经理	
施工执行标准名称及编号							
分包单位				分包项目经理		施工班组长	
主控项目		项目		施工单位检查记录		监理（建设）单位验收记录	
主控项目	1	材料堆积或表观密度、导热系数、板材强度、吸水率					
主控项目	*2	保温层的含水率					
一般项目	1	保温层的铺设	松散保温材料				
一般项目	1	保温层的铺设	板状保温材料				
一般项目	1	保温层的铺设	整体现浇保温层				
一般项目	2	倒置式屋面卵石保护层铺压、质量					
一般项目		项目	允许偏差（设计厚度%）（mm）	实测偏差 1 2 3 4 5 6 7 8 9 0			
一般项目	3	厚度	松散和整体现浇保温层设计厚（mm）	+10～-5 ～			
一般项目	3	厚度	板状保温材料设计厚（mm）	±5且不大于4mm ～			
施工单位检查评定结果	专业质量检查员：　　　　　　　　　　　　　　　　年　月　日						
监理（建设）单位验收结论	监理工程师：（建设单位专业技术负责人）　　　　　　年　月　日						

注：1. 序号3中，按设计厚度填写，允许偏差栏中上格为设计厚度允许偏差的百分比，下格为厚度的允许偏差数值。
　　2. 板状保温材料且不大于4mm是指负误差时不得超过4mm。

检验方法：观察和尺量检查。

(2) 蓄水屋面防水层施工必须符合设计要求，严禁有渗漏现象。

检验方法：蓄水至规定高度 24h 后观察检查。

5. 检查验收

蓄水屋面工程检验批质量验收记录按表 8-50 填写。

四、种植屋面工程检验及验收

1. 适用范围

适用于隔热屋面的种植屋面工程的质量验收。应在屋面防水层验收合格后方可进行种植屋面的施工和验收。

2. 检验批的划分

按种植屋面面积每 100m² 划分为一个检验批。

3. 检查数量

每一检验批抽查 1 处，每处不小于 10m²，但不少于 3 处。挡墙泄水孔全数检查。

4. 主控项目

(1) 种植屋面挡墙泄水孔的留设必须符合设计要求，并严禁堵塞。

检验方法：观察和尺量检查。

(2) 种植屋面防水层施工必须符合设计要求，严禁有渗漏现象。

检验方法：蓄水至规定高度 24h 后观察检查。

5. 检查验收

种植屋面工程检验批质量验收记录按表 8-51 填写。

五、架空屋面工程检验及验收

1. 适用范围

适用于架空屋面工程的质量验收。

2. 检验批的划分

按架空屋面面积每 100m² 划分为一个检验批。

3. 检查数量

每一检验批抽查一处，每处不小于 10m²，但不少于 3 处。

4. 主控项目

架空隔热制品的质量必须符合设计要求，严禁有断裂和露筋等缺陷。

5. 检查验收

架空屋面工程检验批质量验收记录按表 8-52 填写。

六、防水透气膜工程检验及验收

1. 适用范围

适用于采用防水透气膜屋面工程的质量验收。

2. 检验批的划分

按防水透气膜屋面面积每 100m² 划分为一个检验批。

3. 检查数量

每一检验批抽查1处，每处不小于10m^2，但不得少于3处。

4. 主控项目

（1）工程所用材料的性能应符合设计要求。

（2）防水透气膜不得有渗漏或积水现象。

（3）细部构造如天沟、檐沟、檐口、落水口、泛水、变形缝、管道等的做法，必须符合设计要求。

5. 检查验收

防水透气膜工程检验批质量验收记录按表8-53填写。

表8-50 蓄水屋面工程检验批质量验收记录

工程名称				分项工程名称		验收部位	
施工单位				专业工长		项目经理	
施工执行标准名称及编号							
分包单位				分包项目经理		施工班组长	
主控项目		项目		施工单位检查记录		监理（建设）单位验收记录	
	1	预留口、孔、管的大小、位置、标高					
	2	渗漏、防水层施工					
施工单位检查评定结果	项目专业质量检查员： 年 月 日						
监理（建设）单位验收结论	监理工程师： （建设单位项目专业技术负责人） 年 月 日						

表 8-51 种植屋面工程检验批质量验收记录

工程名称			分项工程名称		验收部位	
施工单位			专业工长		项目经理	
施工执行标准名称及编号						
分包单位			分包项目经理		施工班组长	

主控项目		项目	施工单位检查记录	监理（建设）单位验收记录
	1	挡墙泄水孔的留设		
	2	种植屋面防水层施工、渗漏		

施工单位检查评定结果	项目专业质量检查员：　　　　　　　　　　　　　　　　年　月　日
监理（建设）单位验收结论	监理工程师： （建设单位项目专业技术负责人）　　　　　　　　　年　月　日

第八章 屋面节能保温系统

表 8-52 架空屋面工程检验批质量验收记录

工程名称			分项工程名称		验收部位	
施工单位			专业工长		项目经理	
施工执行标准名称及编号						
分包单位			分包项目经理		施工班组长	

主控项目		项　目		施工单位检查记录		监理（建设）单位验收记录
		*架空隔热制品的质量				
一般项目	1	铺设质量				
		项　目	允许偏差 (mm)	实测偏差 (mm) 1 2 3 4 5 6 7 8 9 0		
	2	相邻两块制品高低差	3			

施工单位检查评定结果

　　项目专业质量检查员：　　　　　　　　　　　　　　　　　　　年 月 日

监理（建设）单位验收结论

　　监理工程师：
　　（建设单位项目专业技术负责人）　　　　　　　　　　　　　　年 月 日

表 8-53 防水透气膜工程检验批质量验收记录

工程名称			分项工程名称		验收部位	
施工总承包单位（全称）				项目经理		
分包单位（全称）				分包项目经理或施工专业组长		
施工执行标准名称						

项目		本规程质量验收规定	施工单位检查记录	监理（建设）单位验收记录
主控项目		细部构造		
		渗漏、积水		
		材料性能指标		
一般项目		铺贴方向		
		搭接宽度		
		搭接缝、起始与收头粘贴（固定）		

施工单位检查评定结果 技术负责人： 项目专业质检员： 年　月　日	分包单位检查评定结果 项目专业负责人： 年　月　日
监理（建设）单位验收结论 　　临理工程师： 　　（建设单位专业技术负责人） 年　月　日	

第九章　节能门窗系统

节能门窗一般由框材料、镶嵌材料（玻璃及其制品）和密封材料构成。在建筑围护结构的门窗、墙体、屋面、地面四大围护系统中，门窗的绝热性能最差，直接影响室内热环境质量和建筑耗能，是建筑节能的主要环节。

建筑门窗包括金属门窗、木质门窗、铝合金门窗、塑料门窗、玻璃钢门窗、两种材料或两种以上材料一体的复合门窗，还有特种门窗（防盗门、钢制防火门、卷帘门窗、自动门、全玻璃门、旋转门）以及其他与空气接触的凸窗、天窗和倾斜窗等。

节能建筑外窗要求其有良好的透光性，特别在东方地区，近几年新盖居住楼侧重考虑得到更好的采光，很多采用大型落地窗，室内敞亮、外观豪华。大型落地窗必须适合当地使用的气候条件，从窗型结构组成到安装质量相对严格，如果窗户的保温性能不好，它的能耗损失也相对加大。门窗传热特点与其他几个围护结构系统相比，有很大区别，并与不同地区的气候有密切关系。

节能建筑门窗是指达到现行节能建筑设计标准的门窗，即门窗的保温隔热性（传热系数）和空气渗透性（气密性）两项物理性达到或高于所在地区节能设计标准。节能门窗可以是单层、双层，在高纬度严寒地区，节能率要求达到65%以上的地区，应采用三层玻璃（两中空）、双框双层玻璃。

就典型的围护系统而言，门窗的能耗约为墙体的4倍、屋面的5倍、地面的20多倍，约占建筑围护系统即整个建筑总能耗的40%～50%。

据统计，在采暖或空调的条件下，冬季单玻窗所损失的热量占供热负荷的30%～50%，夏季因太阳辐射热透过单玻窗射入室内而消耗的冷量占空调负荷的20%～30%。因此，增强门窗的保温隔热性能，减少门窗能耗，是改善室内热环质量和提高建筑节能水平的重要环节。另一方面，建筑门窗承担着隔绝与沟通室内外两种环境两个互相矛盾的任务，不仅要求它具有良好的绝热性能，同时在技术处理上相对于其他围护难度更大，涉及的问题也更为复杂。

从建筑节能的角度来看，建筑外窗一方面是能耗大的构件，另一方面它也是得热构件，即通过太阳光透射入室内而获得太阳热能，因此，应该根据当地的气候条件、建筑的功能要求以及其他围护部件的情况等因素来选择适当的门窗材料、窗型和相应的节能技术，这样才能取得良好的节能效果。单独选用节能型材、节能玻璃、五金配件是不能节能的，其中很重要的一点，那就是必须是它们之间最佳技术的组合。

我国随着建筑节能工作的推进及人们经济实力的增强，对节能门窗的要求也越来越高，损耗大、使用寿命短、浪费资源的门窗材料已逐步淘汰，相继而来的是节能门窗呈现出多功能、高技术化的发展趋势。从表9-1可以看出我国门窗技术发展的历程，人们最初对门窗的功能要求从简单的透光、挡风、挡雨发展到节能、舒适、安全、采光灵活等，在技术上从使用普通的平板玻璃发展到使用中空隔热技术（中空玻璃、夹层玻璃）和各种高性能的绝热制膜技术（阳光控制镀膜玻璃、低辐射镀膜玻璃、热反射玻璃等）。

表 9-1 节能门窗的功能和技术性能变化

年 代	功能要求	窗户构造	传热系数 K [W/(m·K)]	特 点
20 世纪 70 年代以前	透光、挡风、挡雨	单玻璃	5.4～6.4	绝热性能差，能耗大
20 世纪 70 年代	限制能耗	单框双玻璃 空气层 6～12mm	3.0～4.4	绝热性能明显增强
20 世纪 80 年代	节能、舒适	单框中空玻璃	2.3～2.8	性能显著提高
		单玻+镀膜玻璃		绝热好、采光好
20 世纪 90 年代	高效节能、舒适	单玻+低辐射玻璃	1.8	绝热、采光性能进一步改善

我国现阶段在建筑门窗节能方面技术与发达国家相比还有一定差距，据有关资料介绍，在建筑能耗方面，我国居住建筑的单位总能耗为国外发达国家的 3 倍左右，外窗为 1.5～2.2 倍，门窗空气渗透为 3～6 倍。而德国北方地区要求外窗的传热系数降至 1.08W/(m·K)，法国的要求为 2.25～2.45W/(m·K)。

我国在现有的中英合作建筑节能示范工程中，传热系数最低的才 2.05W/(m·K)。在《夏热冬冷地区居住建筑节能设计标准》中规定窗的最低传热系数为 2.5W/(m·K)。

中空玻璃具有突出的保温隔热性能，是提高建筑门窗保温隔热性能的重要材料。我国的生产规模和技术进展很快，但与发达国家仍然还有一定差距。如国外产品的品种从双层到四层中空玻璃，间隔气体从使用一般的空气，到使用阻热性能更好的惰性气体、氟硫化合物，从而显著地提高该产品的隔热性能，传热系数最低可达 1.3～1.8W/(m·K)。我国现生产的主要品种是双层中空玻璃，间隔气体为空气，传热系数在 3.0W/(m·K) 以下。

针对炎热地区夏季防热问题，西方发达国家在 20 世纪 80 年代开发了低辐射玻璃，其可见光透过率高达 70%～85%，太阳能反射率 50% 以上，用此产品产生的建筑门窗具有良好的保温隔热性能和采光等性能。此外，发达国家还研制成功了一种智能玻璃，这种玻璃在低电压作用下可调节其颜色的深浅，从而达到随意调节太阳光的入射量，更好的解决了采光与隔热的问题，同时也使得它在不同的季节都能取得更加节能效果，而我国现应用量很少。

另外，发达国家已有兼具防热与保温的多功能节能窗，在一定程度上解决了采光、通风、隔热、保温等功能的兼顾问题，使用也方便。而我国目前暂无综合性能好的、定型的用于民用建筑的门窗产品。

我国门窗行业必须实现技术创新，质量升级，综合配套，走产业化的发展道路，应重点开发和推广下列技术：

1. 建筑门窗全周边高性能密封技术

降低空气渗透热损失，提高气密、水密、隔声、保温、隔热等主要物理性能。在密封材料和密封结构及室内换气构造上有较大突破。

2. 高性能玻璃及安装技术

高性能中空玻璃和经济型双玻系列产品工艺技术和产品性能上要有较大突破。重点解决热反射和低辐射中空玻璃、高性能安全中空玻璃以及经济型双玻的结露温度及耐冲击性能和安装技术，实现隔热与有效利用太阳能的科学结合。

3. 铝合金专用型材及镀锌彩板专用异型材断热技术

重点解决断热材料国产化和耐火、防有害窒息气体安全问题，降低材料成本，扩大推广面。

4. 复合型门窗专用材料开发和推广应用技术

重点开发玻璃钢、铝塑、钢塑、木塑复合型门窗专用材料和复合型配套附件及密封材料。

5. 门窗窗型保温隔热技术

要以建筑节能技术为动力，对我国住宅窗型结构、开启形式和窗体构造进行技术改造和创新。改变单一的推拉窗型，发展平开，特别是复合内开窗及多功能窗。改善高密封窗的换气功能和安全性能，发展断热高效节能豪华型铝合金窗和豪华型多功能的产品。

6. 门窗成套技术

开发多功能系列化，各具地域特色的成套产品；要在提高配套附件质量、品种、性能上有较大突破。发展多元化、多层次节能产品产业化生产体系。

7. 太阳能开发及利用技术

建筑门窗改变消极保温隔热单一节能的技术观念。要把节能和合理利用太阳能、地下热（水）能、风能结合起来，开发节能和用能（利用太阳能、冷能、风能、地热能）相结合的门窗产品。

8. 改进门窗安装技术

提高门窗结构与围护结构的一体化节能技术水平，改善墙体总体节能效果。重点解决门窗锚固及填充技术和利用太阳能、空气动力节能技术。

第一节 常用门窗的基本性能

建筑外窗的保温、气密、水密、抗风压和隔声，即隔热保温性能、空气渗透性能、雨水渗透性能、抗风压性能和空气隔声性能的五大主要性能指标，是对各类门窗的基本要求，必须保证，其中前两个性能直接影响建筑门窗的节能效果。

一、窗户的基本性能

（一）建筑窗户的隔热保温性

窗户的隔热性能是指减少窗户传热，要求窗户具有一定热阻，通常用传热系数 K 值来表示，其值愈小，保温性愈好。国家标准《建筑外窗保温性能分级及检测方法》（GB/T 8484—2002）中将其分为五个等级（表 9-2）。

表 9-2 窗户保温性能分级

等 级	传热系数 K [W/m² · K]	传热阻 R [m² · K/W]
Ⅰ	≤2.00	≥0.500
Ⅱ	>2.00，≤3.00	<0.500，≥0.333
Ⅲ	>3.00，≤4.00	<0.333，≥0.250
Ⅳ	>4.00，≤5.00	<0.250，≥0.200
Ⅴ	>5.00，≤6.40	<0.200，≥0.156

影响窗户保温隔热性能的主要因素有窗框材料、镶嵌材料的热工性能和光物理性能及窗型等。窗框材料的导热系数越小，则窗的传热系数越小，镶嵌材料也是如此。当在镶嵌材料之间形成空气间层时，如中空玻璃、三层或三层以上的玻璃，因热工性能优于单层玻璃，所以其导热系数更小，保温隔热性能大大提高。同理，在同等使用条件下，将窗框材料导热系数缩小，可将三层玻璃降为二层使用，也可达到同等效果。或者是双框双玻窗，通过几种低导热材料性能与其组合施工技术实现最佳效果。

玻璃的光学物理性能是指玻璃对光波的透过、吸收、反射等性能。一般要求它对可见光有良好的透过率，而对红外光有最大的反射率或适宜的吸收率。另外窗户的窗型对其保温性能影响也很大。

(二) 建筑窗户的空气渗透性

建筑窗户的空气渗透性是指空气通过关闭状态窗户的本身性能，是表征窗户节能的重要性能指标之一。

由于窗户在框与扇和扇与扇之间以及扇框与镶嵌材料之间都存在缝隙，如密封不好，空气就会自由通过这些缝隙，产生能量损失。另外，在建筑施工中，窗框与窗墙之间缝隙，也需加以密封，否则同样影响气密性。因此，提高窗户的气密性是降低门窗的能耗的重要方法。国家标准《建筑外窗空气渗透性能分级及其检测方法》(GB7107—2002) 中，将外窗的气密性分为五个等级（表9-3）。

表 9-3　窗户的空气渗透性能分级

等级	I	II	III	IV	V
q_o [m³/m·h]	0.5	1.5	2.5	4.0	6.0

(三) 建筑窗户的雨水渗透性

建筑窗户的雨水渗透性是指在风雨同时作用下，雨水透过关闭外窗的性能。如果防止雨水渗透，除提高密封性能外，还要求窗户材料本身要有良好的耐水性能。国家标准《建筑外窗雨水渗漏性能分级及其检测方法》(GB7180—2002) 中，将窗户的雨水渗透性能分为六个等级(表9-4)。

表 9-4　窗户的雨水渗透等级

等级	I	II	III	IV	V	VI
V_p (Pa)	500	350	250	150	100	50

(四) 建筑外窗的抗风压性能

建筑外窗的抗风压性能是指窗户抵抗风（压）力而产生变形的能力，其性能越好，则抗风能力越强。当窗户受风压作用产生变形后，它的空气渗透性能和雨水渗漏性能就会大大降低，若变形严重，在窗框与窗扇之间出现缝隙，则会导致大量空气对流，增加能耗，同时造成雨水渗入室内，污染或损坏室内设施，节能效果也大大降低。国家标准《建筑外窗抗风压性能分级及检测方法》(GB7106—2002) 中，将建筑外窗的抗风压性能分为六个等级（表9-5）。

表 9-5　窗的抗风性能等级

等级	I	II	III	IV	V	VI
W_G (Pa)	3500	3000	2500	2000	1500	1000

(五) 常用门窗综合性能

1. 复合材料窗

复合材料窗是指窗的框材由两种或两种以上单一材料所构成，这样复合方式可具有各方面综合性能。例如，钢塑窗、铝塑窗、木塑窗等。几种钢塑窗的综合性能如表 9-6 所示。

表 9-6 钢塑窗的综合性能

窗型 \ 综合项目	抗风强度 (kPa)	保温性 [W/(m²·K)]	气密性 [m³/(m·h)]	水密性 (Pa)	防火性	防盗性
高保温窗型（三玻或两玻一膜）	>3.5（Ⅰ级）	2.3（Ⅰ~Ⅱ级）	<0.5（Ⅰ级）	Ⅱ~Ⅲ级	优	优
中保温（双玻）	>3.5（Ⅰ级）	3.0（Ⅱ级）	<0.5（Ⅰ级）	Ⅱ级	优	优
低保温窗型（双玻）	>3.0（Ⅱ级）	3.3（Ⅱ级）	1.40（Ⅱ级）	Ⅱ~Ⅲ级	优	优

2. 几种门窗综合性能比较

几种门窗性能的比较如表 9-7 和表 9-8 所示。

表 9-7 各种材料性能比较

材料	强度性能	隔热性能	形成复合型材断面	抗辐射能力	耐潮湿环境能力	耐燃能力
木	优	优	易	良	差	差
塑	差	优	易	差	优	差
钢	优	差	难	优	优	优
铝	良	差	较易	优	优	良
玻璃钢	优	良	易	优	优	良

表 9-8 各种材料门窗使用性能比较

品种	外观效果	抗风压性能	保温性能	采光性能	组装难易	维修难易	防火性能	安全性能
木窗	良	优	优	一般	易	易	差	差
塑窗	良	差	优	一般	难	难	差	差
钢窗	差	优	差	好	难	较易	优	优
铝窗	优	优	差	较好	易	易	良	良
玻璃钢	优	优	优	较好	较易	一般	一般	优

二、常用门窗的传热系数

(一) 木窗类

由于木材本身导热系数低，因此制作成的木门窗具有十分优异的保温隔热性能。如单层玻璃窗的传热系数为 $5.0 W/(m^2·K)$ 左右，当采用双玻，窗框比为 35%，玻距为 15~25mm

时,其传热系数仅达 2.3~2.4W/(m²·K),木窗的保温隔热性能是其他各类窗型难以达到的水平。木门窗是我国目前主要品种之一,但其耗用木材,使用年限短,易变形而引起气密性不良,导致使用受限。

(二) 钢窗类

钢类门窗包括实、空腹钢窗和彩板钢窗。因钢材本身传热性较好,因此制成的钢窗保温隔热性能较差。往往经过断热等特殊处理或钢塑复合,可明显提高隔热保温性能。另外,钢窗突出的性能是强度高,抗风压性能好,适合在风速特别大的地区,或超高层建筑上可以选择使用。几种钢窗和金属门的传热系数如表9-9和表9-10所示。

表 9-9 钢窗的传热系数

窗框材料	窗户类型	空气层厚度 (mm)	窗框窗洞面积比 (%)	传热系数 [W/(m²·K)]
普通钢窗	单框双玻窗	6~12	12~30	3.9~4.5
		16~20		3.6~3.8
	双层窗	100~140		2.9~3.0
	单框中空玻璃	6		3.6~3.7
		9~12		3.4~3.5
	单框单玻+单框双玻窗	100~140		2.4~2.6
彩板钢窗	单框双玻窗	6~12		3.4~4.0
		16~20		3.3~3.6
	双层窗	100~140		2.5~2.7
	单框中空玻璃	6		3.1~3.3
		9~12		2.9~3.0
	单框单玻+单框双玻窗	100~140		2.3~2.4

表 9-10 金属门的传热系数

门框材料	类型	玻璃比例(%)	传热系数 [W/(m²·K)]
金属	单层板门	—	6.5
	单层玻璃门	不限制	6.5
	单框双玻门	<30	5.0
	单框双玻门	30~70	4.5
无框	单框玻璃门	100	6.5

(三) 铝合金窗

铝合金材质的本身导热性能良好,在制门窗时必须进行断热处理,否则难以获得较好的保温隔热性。由于铝合金窗的抗风压性能较好,又具有良好的耐久性和装饰性,经断热处理或与其他材料复合后,是我国门窗市场主要品种之一。其中断热中空玻璃窗的保温性能比不断热的提高约30%,如表9-11所示。

表 9-11　铝合金窗的传热系数

窗框材料	窗户类型	空气层厚度（mm）	窗框窗洞面积比（%）	传热系数 [W/(m²·K)]
普通铝合金	单框双玻窗	6～12	12～30	3.9～4.5
		16～20		3.6～3.8
	双层窗	100～140		2.9～3.0
	单框中空玻璃窗	6		3.6～3.7
		9～12		3.4～4.5
	单框单玻+单框双玻窗	100～140		2.4～2.6
中空断热	单框双玻窗	6～12		3.1～3.3
		16～20		2.7～3.1
	单框中空玻璃窗	6		2.7～2.9
		9～12		2.5～2.6

(四) 塑料门窗

1. PVC 塑料门窗

PVC 塑料框材质本身的传热性能差，通过与钢材复合后，用其制作的塑料门窗的隔热保温性能十分优良，同时气密性、装饰性也较好，节能效果突出，通过大面积应用结果证明，节能效果良好。几种 PVC 塑料窗、塑料门的传热系数如表 9-12 和表 9-13 所示。

表 9-12　塑料窗的传热系数

窗户类型		空气层厚度（mm）	窗框窗洞面积比（%）	传热系数 [W/(m²·K)]
单框单玻窗		—	30～40	4.7
单框双玻窗		6～12		2.7～3.1
		16～20		2.6～2.9
双层窗		100～140		2.2～2.4
单框中空玻璃窗	双层	6		2.5～2.6
		9～12		2.3～2.5
	三层	9+9, 12+12		1.8～2.0
单框单玻+单框双玻		100～140		1.9～2.1
单框低辐射中空玻璃窗		12		1.7～2.0

表 9-13　塑料门的传热系数

门框材料	类型	玻璃比例（%）	传热系数 [W/(m²·K)]
塑（木）类	单层板门	—	3.5
	夹板门	—	2.5
	双层玻璃门	不限制	2.5
	单层玻璃门	<30	4.5
	单层玻璃门	30～60	5.0

塑料窗由于塑料自身的强度不高,刚性差,且抗风压性能差,所以很少使用单纯的塑料窗。

在实际应用时,为了提高塑料窗抗风压性能,在型材内腔增加金属加强筋,或加工成塑钢复合型材,这样可明显地提高其抗风压性能。

塑料钢窗的隔声性能较好,普通窗隔声达 25dB 以上。

2. 玻璃纤维增强塑料窗(玻璃钢窗)

玻璃钢节能门窗采用玻璃钢拉挤中空型材,经定长切割后,再经机械加工,装配上连接件、密封件、玻璃及其他五金件,经过表面处理而制成的门窗。

玻璃钢门窗是继木、钢、铝、塑之后的又一新型节能门窗,它综合了其他门窗的优点,既有钢、铝门窗的坚固性,又有塑钢门窗的防腐、节能、保温性能,且在炎热气候条件下无膨胀,在寒冷气候下无收缩,轻质高强,无须加钢衬补强,耐老化,使用寿命长,其综合性能优于其他类门窗,可认为是很有发展前途的门窗。

玻璃钢窗的力学性能和物理性能(JG/T 186—2006)。

(1) 力学性能

1) 平开窗、平开下悬窗、上悬窗、中悬窗、下悬窗的力学性能如表 9-14 所示。

表 9-14 平开窗、平开下悬窗、上悬窗、中悬窗、下悬窗的力学性能

项 目	技 术 要 求			
锁紧器(执手)的开关力	不大于 80N(力矩不大于 10N·m)			
开关力	平合页	不大于 80N	摩擦铰链	不小于 30N 不大于 80N
悬端吊重	在 500N 力作用下,残余变形不大于 2mm,试件不损坏,仍保持使用功能			
翘曲	在 300N 力作用下,允许有不影响使用的残余变形,试件不损坏,仍保持使用功能			
开关疲劳	经不少于 10000 次的开关试验,试件及五金件不损坏,其固定处及玻璃压条不松脱,仍保持使用功能			
大力关闭	经模拟 7 级风连续开关 10 次,试件不损坏,仍保持开关功能			
角连接强度	窗框不小于 2000N,窗扇不小于 2500N			
窗撑试验	在 200N 力作用下,不允许位移,连接处型材不破裂			
开启限位装置(制动器)受力	在 10N 力作用下开启 10 次,试件不损坏			

注:大力关闭只检测平开窗和上悬窗。

2) 推拉窗的力学性能如表 9-15 所示。

表 9-15 推拉窗的力学性能

项 目	技 术 要 求			
开关力	推拉窗	不大于 100N	上下推拉窗	不大于 135N
弯曲	在 300N 力作用下,允许有不影响使用的残余变形,试件不损坏,仍保持使用功能			
扭曲	在 200N 力作用下,试件不损坏,允许有不影响使用的残余变形			
开关疲劳	经不少于 10000 次的开关试验,试件及五金件不损坏,其固定处及玻璃压条不松脱,仍保持使用功能			
角连接强度	窗框不小于 2500N,窗扇不小于 1400N			

注:没有凸出把手的推拉窗不做扭曲试验。

(2) 物理性能

1) 抗风压性能

抗风压性能以安全检测压力值 P_3 进行分级,其分级指标值 P_3 列于表 9-16。

表 9-16 抗风压性能分级

分级代号	1	2	3	4	5	6	7	8	×·×
分级指标值 P_3	$1.0 \leqslant P_3 < 1.5$	$1.5 \leqslant P_3 < 2.0$	$2.0 \leqslant P_3 < 2.5$	$2.5 \leqslant P_3 < 3.0$	$3.0 \leqslant P_3 < 3.5$	$3.5 \leqslant P_3 < 3.5$	$4.0 \leqslant P_3 < 4.5$	$4.5 \leqslant P_3 < 5.0$	$P_3 \geqslant 5.0$

注:表中×·×表示用≥5.0kPa的具体值取代级代号。

2) 气密性能

单位缝长空气渗透量 q_1 和单位面积空气渗透量 q_2 分级指标值如表 9-17 所示。

表 9-17 气密性能分级

分级	3	4	5
单位缝长分级指标值 q_1 [m³/(m·h)]	$2.5 \geqslant q_1 > 1.5$	$1.5 \geqslant q_1 > 0.5$	$q_1 \leqslant 0.5$
单位面积分级指标值 q_2 [m³/(m²·h)]	$7.5 \geqslant q_2 > 4.5$	$4.5 \geqslant q_2 > 1.5$	$q_2 \leqslant 1.5$

3) 水密性能

分级指标值 ΔP 如表 9-18 所示。

表 9-18 水密性能分级

分级	1	2	3	4	5	××××
分级指标值 ΔP	$100 \leqslant \Delta P < 150$	$150 \leqslant \Delta P < 250$	$250 \leqslant \Delta P < 350$	$350 \leqslant \Delta P < 500$	$500 \leqslant \Delta P < 700$	$\Delta P \geqslant 700$

注:××××表示用≥700Pa的具体值取代分级代号。

4) 保温性能

分级指标值 K 如表 9-19 所示。

表 9-19 保温性能分级

分级	7	8	9	10
分级指标 K 值	$3.0 > K \geqslant 2.5$	$2.5 > K \geqslant 2.5$	$2.0 > K \geqslant 1.5$	$K < 1.5$

5) 空气声隔声性能

分级指标值 R_W 如表 9-20 所示。

表 9-20 空气声隔声性能分级

分级	2	3	4	5	6
分级指标值 R_W	$25 \leqslant R_W < 30$	$30 \leqslant R_W < 35$	$35 \leqslant R_W < 40$	$40 \leqslant R_W < 15$	$R_W \geqslant 45$

6) 采光性能

分级指标值 T_r 如表 9-21 所示。

表 9-21 采光性能分级

分级	1	2	3	4	5
分级指标值 T_r	$0.20 \leqslant T_r < 0.30$	$0.30 \leqslant T_r < 0.40$	$0.40 \leqslant T_r < 0.50$	$0.50 \leqslant T_r < 0.60$	$T_r \geqslant 0.60$

第二节　节能门窗设计选用要点

北方在冬季希望能有温和阳光的热量，通过窗户照入室内（窗户的传热过程是辐射传热、对流传热和导热的综合传热过程。辐射传热是指以电磁波的形式把热从一个物体传向另一个物体的现象；对流传热是指具有热能的气体或液体在移动的同时所进行的热交换；导热是指物体内部的热由高温侧向低温侧传递的过程）。重点是冬天室内热量不向室外传递，控制室外低温寒气进入室内。

我国的夏热冬冷地区突出表现在夏季时间长，太阳辐射强度大，因而与北方节能方式有所区别。在该地区窗户节能侧重在夏季防热上，同时兼顾窗户的冬季保温。

夏热冬冷地区的夏季，白天的太阳辐射热透过窗户射入室内，加热室内空气，使室内气温升高。傍晚室外空气温度开始下降，此时室内温度高于室外温度，室内热量开始通过窗内表面向外表面传递，或在开窗的情况下通过室内外空气的对流换热，使室内气温降低。

在冬季，室内气温高于室外气温，热流的基本流向是室内热量通过窗内表面向室外表面传递，白天太阳辐射（直射）热仍然是从室外到室内。

在夏热冬冷地区的夏天，应采取加强窗户内、外的遮阳措施；采用各种特殊的低辐射玻璃、热反射玻璃或贴热反射膜等措施阻挡太阳辐射热射入室内，同时考虑采光问题；提高窗户热阻，改善外窗保温性能；控制建筑朝向及窗墙面积比等方式的节能措施。

在门窗材质设计时，木、钢、铝、塑门窗性能受其框材性能的制约，门窗的材质不同，性能就不同，组成窗就有各自的优点、不足和适用范围。从建筑节能角度看，注重门窗的保温隔热性能的同时，也应考虑其他性能，应根据工程所在地区气候等实际情况，选择综合性能相适宜的门窗材质与类型。

每类窗均有高、中、低不同档次的门窗，其区分主要表现在型材及五金配件的档次，组装加工的精密程度，物理性能的等级，型材表观的处理等。

建设部早在 2001 年就发布化学建材技术产品的公告，应"采取切实措施，积极推广应用公告中列为优先选用和推荐使用的新技术、新产品；严格控制限制使用类的技术与产品的应用范围。凡使用了限制使用类技术与产品的工程，不得参加工程评优活动；凡列入淘汰类的技术与产品，设计与施工单位不得选用"。

在设计建筑节能的城镇住宅建筑和公共建筑外门窗时，要重点考虑门窗的传热系数和空气渗透性能。在寒冷地区和严寒地区应符合现行 JGJ26《民用建筑节能设计标准》（采暖居住建筑部分）的要求；旅游旅馆应符合 GB50189 的要求；过渡地区和炎热地区应符合国家或当地建筑节能设计要求。其他性能应符合现行 JG/T 3017、JG/T 3018 的要求。

一、钢门窗

（一）钢门窗的基本特点与适用范围

钢门窗产品的品种较多，不同品种的门窗有不同的加工方法，使用不同的材料，有不同的结构特征，侧重不同的使用性能。

按材料可分为普通碳素钢门窗、镀锌钢门窗、彩板门窗、不锈钢门窗等。

钢门窗的基本特点与适用范围如表 9-22 所示。

表 9-22　钢门窗的基本特点与适用范围

门窗类型	基本特点	适用范围
普通碳素钢门窗	强度高，型材断面小，焊接性能好，良好的机加工性能，有利于进行防盗防火设计，有需要防腐处理，有多种漆饰方法可选，价格、难度、效果差异较大	空气湿度小、强度要求高的各种住宅、工业及公共建筑
镀锌钢门窗	与普通碳素钢门窗相同，防腐性能有很大改善	各种住宅、工业及公共建筑
彩板门窗	有白、红、茶、蓝、绿多种颜色可以选择，保持了钢门窗的主要特征，因带漆加工不可焊接，采用组装工艺，与普通碳素钢门窗相比，组装强度下降，防腐性能好	各种住宅、工业及公共建筑
不锈钢门窗	有极强的防腐性能，独特不锈钢的光泽，保温性能优于同结构普通钢门窗，有焊接和插接两种形式	主要用于防腐蚀要求高的部位或有装饰要求的场所
冷弯型材门窗	冷弯有轧制和折弯两种工艺。轧制效率较高，适用于定型产品。折弯灵活性强，效率略低。窗的型材绝大多数都采用轧制工艺，并以封闭的异形管材为主，也叫实腹型材。封闭形式有焊接、咬口两种。各种钢制门框以开口料居多，有采用轧制的，也有采用折弯工艺的	用于各种空腹门窗型材生产，如彩板门窗、不锈钢门窗、防火门框、防盗门框等

（二）钢门窗设计选用要点

钢门窗设计选用要点如表 9-23 所示。

表 9-23　设计选用要点

项目		等级指标		备注
		高档窗	普通窗	—
抗风压		≥3.5kPa	符合当地要求	—
气密		≤0.5m³/（h·m）	符合当地要求	—
水密		≥500Pa	符合当地要求	—
保温		按JGJ26要求，多腔材料优先	按JGJ26要求	寒冷、严寒地区优先考虑热断桥结构
隔声		≥30dB	≥25dB	
防火、防盗		性能符合设计要求	性能符合设计要求	以满足防火设计为前提，优先考虑焊接工艺
玻璃		Low-E玻璃，充氩气中空玻璃	浮法玻璃，中空玻璃	符合安全设计，有关夹层玻璃、钢化玻璃等可选项
防腐		彩板、不锈钢、镀锌钢板或有镀锌工艺	材料为冷轧板，采用涂、浸漆工艺	
五金件	门	完善的智能化自动控制系统	手控、电动控制	手控、电动机构
	窗	外观精美，多点锁紧。平开下悬机构等	不锈钢或其他达标材料	不锈钢或其他达标材料
表面处理		氟碳喷涂、粉末喷涂	普通涂装、喷漆、浸漆工艺	彩板门窗、不锈钢门窗除外
外观质量		参照该产品的检验规则或相关标准	参照该产品的检验规则或相关标准	窗常用标准 GB5827.1、GB5827.2、JG3041、JG/T3004.1、JG3014.1、JG/T41 门常用标准 GB17565、GB12955、JG/T3054、JG3014.1、JG/T41

二、铝合金门窗

铝合金门窗采用铝合金挤压型材做框料制作的门窗称为铝合金门窗，简称铝门窗。

（一）设计选用要点

1. 铝门窗的等级、技术要求及适用范围如表 9-24 所示。

表 9-24　质量分级、技术要求及适用范围

技术要求 质量等级	抗风压性能 （kPa）	空气渗透性能 [m³/(m·h)]	雨水渗漏性能 （Pa）	保温性能	隔声性能 （dB）	色彩、色差、光亮度造型制作	牢固、不腐蚀、不老化、不褪色、不失光	适用范围
高档窗	≥3.5	≤0.5	≥500	满足 JGJ 26 标准	≥35	优等	优等	高档楼、堂、馆所，别墅、豪华住宅
中档窗	≥3.0	≤1.5	≥3500		≥30	较好	良好	公共建筑、宾馆、写字楼、公寓楼
普通窗	符合当地要求	符合当地要求	符合当地要求		≥25	一般	一般	一般性低层住宅

2. 不同档次铝窗的开启形式与材料的选择如表 9-25 所示。

表 9-25　不同档次铝窗的开启形式与材料的选择

门窗类别		项目选择内容	高档窗	中档窗	普通窗
		开启形式	平开下悬	平开下悬、平开、推拉	平开、推拉
		铝窗系列	平开下悬50系列以上	平开40系列、推拉70系列以上	达标系列
材料及配件	铝型材	类别	断热型	断热及普通型	普通型
		表面处理	氟碳喷涂、粉末喷涂	粉末喷涂电泳涂漆、氧化AA15级	氧化AA10级
		精度等级	高精级	高精级、普通级	普通级
		受力杆件最小壁厚	≥1.8mm（窗）	≥1.6mm（窗）	≥1.4mm（窗）
	玻璃	种类	Low-E中空、充氩气中空	中空奥氏体不锈钢	中空或单玻
	五金件	材质	奥氏体不锈钢		其他达标材料
		结构	多点锁紧	两点以上锁紧	符合标准
		外观	精美	较好	一般
	密封件	密封条	三元乙丙胶条、硅橡胶条	优质橡胶条（氯丁橡胶）	橡胶条
		密封胶	硅酮中性胶	中性密封胶	密封胶
		毛条	优质品	较优质品	达标品

注：1. 表中所列选择内容系指最下限要求。
　　2. 受力杆件型材壁厚，除满足表中数据要求外，尚应满足抗风压强度计算及工艺要求。
　　3. 断热铝型材隔热条不准使用 PVC 塑料。
　　4. 使用热反射镀膜玻璃的反射率，在有关反射限制时应控制在 30% 以下，在主干道、立交桥、高架路两侧的建筑物 20m 以下，其余路段 10m 以下，应控制在 12% 以下。
　　5. 铝型材表面处理最好的为氟碳烤漆，其次为静电粉末喷涂处理，再次为电泳涂漆，凡有酸雨及沿海地区，以选用上述三种表面处理型材为宜。
　　6. 中空玻璃必须双道密封。

（二）木包铝保温窗

1. 适用范围
适用于工业与民用建筑。

2. 木包铝保温窗特性
（1）木包铝保温窗运用等压原理，采用空心结构密闭，提高了气密性和水密性，有效阻止了热量传递。靠近室内一侧用木材镶嵌，再配以 5mm＋9mm＋5mm 或 5mm＋12mm＋5mm 的热反射中空玻璃，更进一步阻止热量在窗体上的传导，从而使窗体的导热系数 K 值达到 2.7W/（m^2·K）的国标二级标准。

（2）木包铝保温窗以闭合型截面为基础，采用内插连接件配合挤压工艺组装，窗体的机械强度高，刚性好。

（3）木包铝保温窗加镶的木材，采用高档优质木材，并选用独特加工工艺，不干裂、不变形。采用进口配件，性能优越。

（4）因木包铝保温窗镶嵌的木材质地细腻，纹理样式丰富多彩，外观采用流线形设计，加配圆弧扣条，窗型自然秀丽，淳朴典雅。根据室内装饰要求，包 100mm 厚原木，与室内装饰浑然一体。

3. 技术性能指标
平开铝木复合断热窗（内开、中空）技术性能指标如表 9-26 所示。

表 9-26　技术性能指标

项　目	指　标	检测结果
抗风压（Pa）	≥3500	≥3500
空气渗透 [m^3/（m·h）]	≤0.5	≤0.5
雨水渗透（Pa）	≥500	≥500
保温性能 [W/m^2·K]（中空 Low-E）	＞2.0，≤3.0	2.7
空气隔声性能（dB）	≥30	32

4. 构造节点
木包铝保温窗构造节点如图 9-1 所示。

（三）断热外平开铝合金节能窗

1. 适用范围
断热外平开铝合金节能窗，适用于建筑物外围护结构用窗。窗型材可粉末喷涂、表面阳极氧化处理、仿真木纹等表面处理。

2. 结构特点
窗框、窗扇采用断热铝合金型材，配中空玻璃；窗框扇采用内置自定位角码的连接方式，使框扇连接更加牢固，且具有安装、加工的可调性；利用等压原理及采用优质耐候的密封胶条进行密封，提高整窗的水密性及气密性；窗框可设计为无中梃结构，开启窗扇后不影响视线。

窗型可采用两点锁的锁紧方式，更具有安全性，可装配多种执手；装配可调支撑，窗扇可在 180°内任意定位；开启方式为固定、平开和上悬等；玻璃可选 20mm 以内的中空玻璃；可按需要装配通风器及纱窗，装配电动装置实现天窗及高空开启的需要。

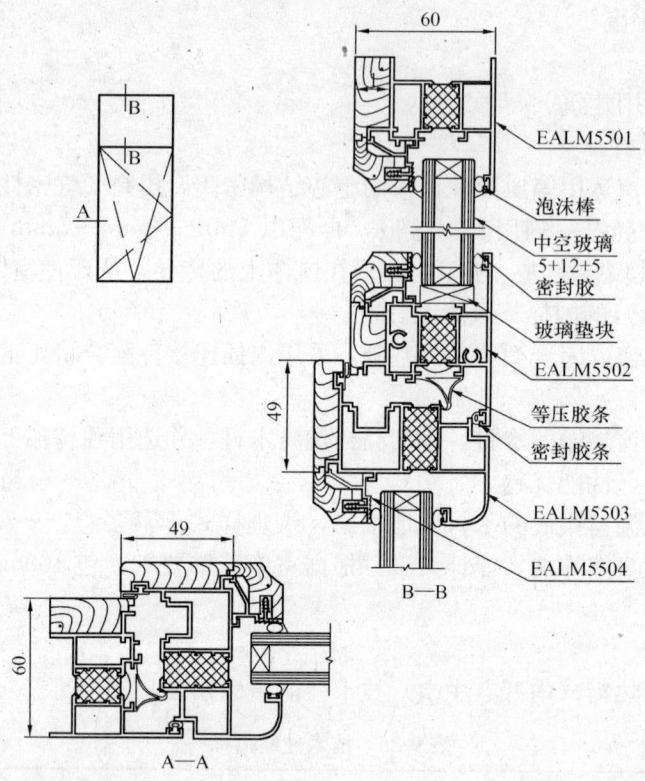

图 9-1 木包铝保温窗构造节点图

3. 技术性能指标

技术性能指标如表 9-27 所示。

表 9-27 技术性能指标

项 目	指标	项 目	指标
抗风压（Pa）	≥3500	保温性能 [W/($m^2 \cdot K$)]（中空 Low-E）	≥2.53
气密性能 [m^3/(m·h)]	≤0.05	隔声性能（dB）	≥30
水密性能（Pa）	≥500		

4. 设计选用要点

平开窗扇开启宽度不宜小于 350mm，亦不宜大于 700mm；窗框或扇压线全部采用室内安装；采用上下两点锁的锁紧方式；铝合金型材设计为腔体结构，在不同地区、不同标高及不同风压情况下可按结构设计进行加强处理，同时可以采用安全玻璃，提高整窗强度；特殊情况下使用，窗型设计以计算为主。

适合北方地区节能门窗系列有 50 系列平开窗、55 系列平开门、平开窗和 63 系列内开门、窗。

在南方地区节能、遮阳系列有 45 系列内平开、外平开窗；55 系列平开门、平门窗；80 系列推拉门、窗；95 系列推拉门；垂直上下提拉窗。

三、塑料门窗

常用塑料门窗按材质可分为 PVC 塑料门窗和玻璃纤维增强塑料（玻璃钢）门窗。

（一）PVC 塑料门窗

在各类建筑窗中，PVC 塑料窗在保温节能方面有优良的性能价格比，因此在市场占有较大份额。在严寒地区宜选用平开窗。

PVC 塑料门窗主要指增塑聚氯乙烯（PVC）树脂（或用 UPVC 表示）为主要原料，按比例加入光稳定剂、热稳定剂、改性剂、填充剂，通过机械混合塑化、挤出，成型为各种不同断面结构的型材，或称受力杆件。

在白色型材上覆膜、喷涂，可以获得多种质感和多种表面色彩的装饰效果。此外也有在 UPVC 树脂粉中加入色料混合挤出的本体染色技术。但对此技术仍有不同看法，故在选用时应慎重，要查验该种型材经人工加速老化试验后的颜色变化情况。

通过对型材的切割、穿入增强型钢、焊接，装上五金件、密封胶条、毛条、玻璃等成为成品窗。

为增加窗的刚性，在窗框、窗扇、窗梃型材的受力杆件中，应根据抗风压强度的设计计算和其他使用要求，确定使用何种增强型材。特别在风速较大的地区或高层建筑中，必须按照国标 GB 7106 进行计算，确定型材选型、加强筋尺寸等有关参数，这样才能保证其抗风压性能要求。

窗的五金件是保证窗发挥正常功能的重要零件，其质量、自身强度及其与窗构件的连接强度必须与窗的功能要求相匹配。

PVC 塑料窗力学性能标准执行 JG/T 3108，其中角强度平均值不低于 3000N，最小值不低于平均值的 70%。PVC 塑料门执行 JG/T 3017 标准。

1. 塑料门窗基本尺寸

（1）外形尺寸

塑料门窗的宽度和高度尺寸，主要根据门窗框厚度、门窗的力学性能和建筑物理性能以及洞口安装要求确定。按 GB 5824 要求，洞口尺寸一般以 300mm 为模数。组合窗口尺寸亦应符合 GB 5824 的规定。

（2）接口尺寸

门窗的宽、高实际尺寸应根据预留洞口尺寸和墙体饰面材料的厚度确定。门窗边框和上框与洞口间隙应符合表 9-28 要求。

表 9-28 门窗边框和上框与洞口间隙要求

墙体饰面材料	洞口与窗框间隙（mm）
清水墙	10
墙体外饰面抹水泥砂浆或贴马赛克	15～20
墙体外饰面贴釉面瓷砖	20～25
墙体外饰面贴大理石或花岗石岩板	40～50

窗下框与洞口间隙可根据要求选定。无下框平开门门框的高度应比洞口高度大 10～15mm；带下框平开门或推拉门门框高度应比洞口高度小 5～10mm。

2. 塑料窗选用要点

成品塑料窗选用要点如表 9-29 所示。

表 9-29　成品塑料窗选用要点

项目＼档次	高档窗	中档窗	普通窗	备 注
抗风压（Pa）	≥3500	≥3000	≥2500	抗风压强度应按建筑物重要性、所在地区基础风压、周围环境、高度等计算确定
水密性（Pa）	≥500	≥350	≥250	
气密性 [$m^3/(m·h)$]	≤$0.5q_o$	≤$1.5q_o$	≤1.5~$2.5q_o$	六层及以下：≤2.5；七层及以上：≤1.5
保温性能 [$W/(m^2·K)$]	1.5~2.5	单玻窗≤4.5	不规定	窗的保温性能，应满足当地的建筑节能标准
隔声性能（dB）	≥35	≥30	≥25	
焊角强度（N）（主型材）	≥3500	≥3000	≥3000	只适用 PVC 塑料窗
玻璃安装：安全深度（mm）	≥21	≥18	无标准	
单层玻璃厚度（mm）		≥4	≥3	
中空玻璃空气层厚度（mm）	≥12	≥9	无规定	
型材表面处理	白色／双色共挤／表面覆膜／外覆彩色铝合金型材	白色／双色共挤／表面喷涂／本体染色	白色	
开启方式	平开下悬	平开下悬、平开、推拉	平开、推拉	
五金件	进口高档五金件，可配智能化系统和换气装置	国产防腐材料五金件	国产普通五金件	
密封胶条	三元乙丙密封胶条	改性聚氯乙烯或橡胶密封条	橡胶密封胶条	
密封毛条	平板加片型硅化密封毛条	平板加片型硅化密封毛条	平板加片型硅化密封毛条	推拉窗用

注：1. 高档 PVC 窗型材耐老化时间按 GB/T 8814《PVC 塑料窗》规定人工加速老化试验，应≥6000h，中档及普通窗应≥4000h。
2. 高档 PVC 窗主型材可视面壁厚应≥2.5mm，中档窗≥2.3mm，普通窗≥2.2mm。
3. 高档 PVC 窗型材腔体数量为 3~4 个，中档窗为 2~3 个，普通窗为 2 个。

(二) 玻璃钢窗

玻璃钢门窗一般系采用热固性不饱和聚酯为基体材料，加入一定量矿物填料，以玻璃纤维无捻粗砂和其他织物为增强材料，拉挤时，经模具加热固化成型材。型材表面经打磨后，可用静电粉末喷涂、表面覆膜等多种技术工艺，获得多种色彩或质感的装饰效果。

玻璃钢门窗型材有很高的纵向强度，一般情况下，可以不用增强型钢。根据使用要求确定采取适当增强方式，有的型材横向强度较低。玻璃钢门窗框角梃连接为组装式，连接处需密封胶密封，防止缝隙渗漏。玻璃钢门窗性能执行 JG/T 186 标准。

1. 玻璃钢门窗分类

玻璃钢门窗按开启形式分类，其开启形式与代号如表 9-30 所示。

表 9-30 开启形式与代号

开启形式	平开	推拉	上下推拉	平开下悬	上悬	中悬	下悬	固定
代号	P	T	ST	PX	S	C	X	G

注：1. 固定窗与上述各类窗组合时，均归入该类窗。
　　2. 纱窗代号为 S。

2. 玻璃钢门窗材料

(1) 窗用型材外壁厚不应小于 2.2mm。

(2) 型材涂层附着力不应大于 GB/T 9286 规定的 1 级。

(3) 窗用型材横向弯曲强度不应小于 50MPa。

(4) 型材表面应选择用于玻璃钢材质的户外涂料进行涂装处理。涂层耐老化性能按 GB/T 1865 规定的试验方法做 1000h 老化试验后，涂层不得出现气泡、裂纹、斑点、条纹、分离等明显缺陷，颜色变化应符合规定的要求。

(5) 紧固件应采用机制不锈钢自攻螺钉。

(6) 窗用密封毛条应采用经紫外线稳定性处理和硅化处理的平板加片型。

(7) 窗用其他材料及五金件配件应符合设计的要求。密封胶条要求：工作范围 2~4mm；工作温度范围 −40~70℃；回弹恢复大于或等于 70%；老化恢复大于或等于 60%（将试样压缩至工作状态，放置在 70℃的烘箱里，在 70℃条件下保持 504±2h 后取出，放置 2h 冷却到环境温度，松开试样测量其自高度）。

(8) 要求外观质量：窗构件可见表面应平滑，颜色基本均匀一致，无裂纹、无气泡，不应有严重影响外观的擦、划等缺陷。

3. 玻璃钢门窗的尺寸及性能

(1) 产品外形尺寸可按 GB 5824《建筑门窗洞口尺寸系列》所列尺寸。用尼龙胀口管或钢固定片与墙体连接。门窗与墙体间隙用软质保温材料充填，嵌建筑密封膏。

接口尺寸：窗按理论洞口尺寸宽、高各减 30mm；门按理论洞口尺寸宽减 30mm、高减 10mm。产品质量根据选用的系列不同，洞口的大小不同而变化。

(2) 玻璃钢门窗主要技术性能指标如表 9-31 所示。

表 9-31 技术性能指标

名称	风压（MPa）	气密（m²/m·h）	水密（Pa）	保温 [W/(m²·K)]	隔声（dB）
TSC70	≥3500	≤1.5	≥250	2.8	33
TSC66			≥350	≤4.0	
TSC75				3.05	
PSC50		≤0.5	≥250	2.24	
PSC58			≥350	3.18	

四、采光天窗

采光天窗具有良好的节能效果，能够充分利用太阳光能，降低室内照明的电能消耗和空调能耗，特别是大型的展览馆、体育馆、火车站等节能效果突出。天窗采用彩色钢板经压型、聚氨酯发泡制作而成，以阳光板为采光材料，可分别制成有三角形、一字形和圆拱形。

1. 适用范围

适用于公共建筑、民用建筑、工业厂房的顶部采光、通风、排烟；适用于屋面坡度为 2‰～10‰ 的钢筋混凝土屋面，彩色压型钢板屋面及其他类型屋面；适用于基本风压 ≤0.7kPa 的地区。

2. 技术性能指标

采光天窗的技术性能如表 9-32 所示。

表 9-32 技术性能指标

种类	宽度（mm）	长度（mm）	最大开启角度	抗风压强度（Pa）	质量（kg/m²）	透光率（%）	颜色	平均热阻 [W/(m²·K)]
三角形	1000 1200 1500	1000 1200 1500 3000	60°	3690	25～40	69～82	绯红、灰白、银灰、象牙白	3.2
一字形	1000 1200 1500	1000 1200 1500 3000	90°					
圆拱形	1000 1200 1500 3000	1000 1200 1500 3000 9000 12000	45°					

3. 开启控制方式

（1）电动开窗机采用 220/380V 交流电源，单樘功率 80～120W，启闭时间为 6～8s。

（2）天窗启闭宜成组分区域控制，一般每组 8～12 樘天窗。天窗启闭为两种控制方式：一种是按钮开关控制，按顺序开启或关闭一组天窗，运行结束后自动断电。另一种是微机集中控制，可选择任意位置的单樘或多樘天窗顺序启闭。当发生火灾或停电时用备用电源启闭。

4. 天窗所用材料性能

透光材料采用不着色聚碳酸酯（简称 PC）阳光板；窗体表面采用厚度为 0.8mm 彩色钢板，保温材料采用聚氨酯树脂发泡（密度为 50kg/m³）；天窗开启部分采用壁厚 1.2mm、抗拉强度为160N/mm² 的铝合金型材；密封材料采用耐低温的三元乙丙橡胶密封条，五金件、标准件采用镀锌或喷涂处理。

5. 设计选用技术要点

采光面积一般取建筑面积的1/8；压型钢板屋面宜选用圆拱形天窗，减少屋面开洞数量。跨度较大时，应顺坡布置，较小时可顺屋脊布置；窗基座最好用钢板轧制，较长时应考虑分段加强，并严格控制上表面平整度。

天窗构造节点分别如图9-2至图9-4所示。

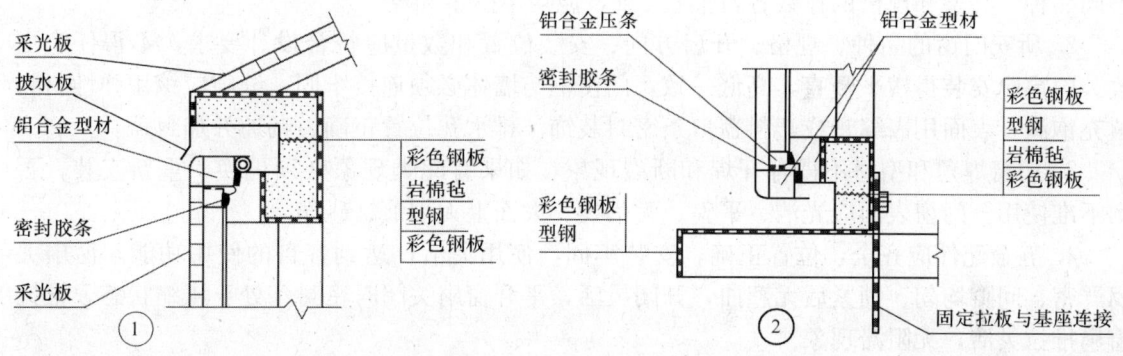

图9-2 圆拱形天窗构造节点

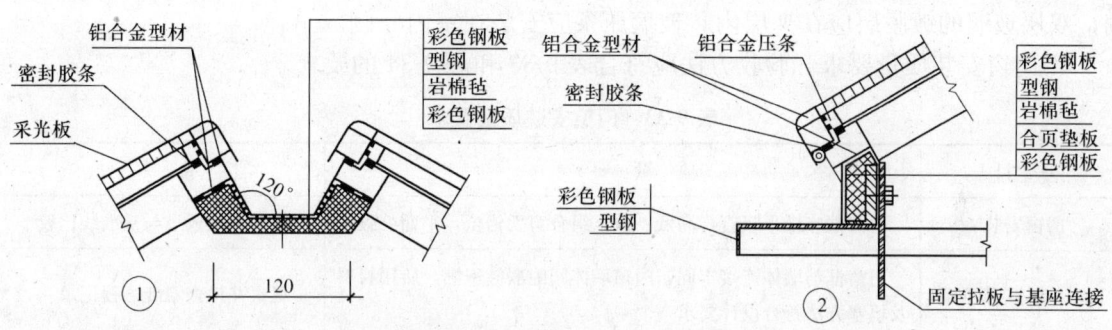

图9-3 三角形天窗构造节点

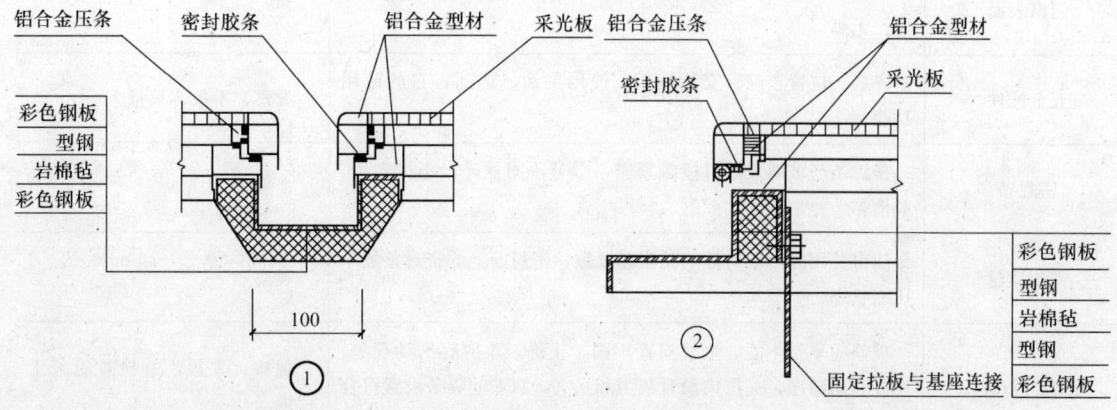

图9-4 一字形天窗构造节点

第三节 节能门窗工程验收

一、门窗安装质量要求

1. 门窗施工安装工程质量应按有关标准规定根据设计图纸进行验收。在安装结束后,施工安装单位应进行全面自检,自检合格后,由验收部门进行抽检或普检。检查数量按门窗不同品种、类型和规格的樘数各自抽查5%,但均不少于3樘。

2. 所安门窗的品种、规格、开启方向、安装位置和数量应符合设计要求,不得任意更改。门窗应安装得横平竖直,高低一致,门窗框与墙体必须连接牢固,缝隙应该用弹性材料填充饱满,表面用嵌缝膏或塑料盖口条密封装饰。排水孔位置正确、畅通并加封盖。

3. 门窗焊角和型材不得有开焊和断裂现象,如果有此类现象必须更换,重新安装,否则不准使用。门窗表面应光洁、平整、无污物、大面上无划痕、碰伤。

4. 五金配件应齐全,位置正确,安装牢固,使用灵活,达到各自的使用功能。窗扇关闭严密、间隙均匀、锁紧后无翘曲,开闭灵活,平开窗扇关闭时密封条处于压缩状态,推拉窗扇推拉灵活,无阻滞现象。

5. 玻璃压条安装得平直、牢固,不得有松动现象。玻璃表面应洁净,无污物。双层玻璃内外表面均应洁净,玻璃夹层内不得有灰尘和水气。单层镀膜玻璃的镀膜层应朝向室内侧,双层玻璃的镀膜层应在夹层内。玻璃压条应安装在室内一侧。

6. 门窗安装质量要求和验收方法应符合表9-33和表9-34的要求。

表9-33 门窗安装质量要求

项 目	质 量 要 求	检 验 方 法
门窗安装	门窗框应横平竖直,高低一致,组合窗无错位,平面一致	观察,钢板尺与基准线比较
门窗与墙体连接间隙	门窗框与墙体连接牢固,门窗墙体间隙嵌缝饱满,所用材料及填塞方法符合设计要求	观察并检查隐蔽工程记录
接缝	墙体与门窗接缝有嵌缝膏密封、严密无缝	观察
门窗表面	平整、洁净、大面无划痕、碰伤,型材无开焊和裂缝、焊瘤、无刺	观察
五金配件	齐全、位置正确,安装牢固,使用灵活、达到各自的使用功能	观察、手扳、尺量
密封条	密封条与玻璃及槽口接触紧密,平整不露框外,不得卷边、脱槽	观察
密封质量	门窗关闭时,扇与框间无明显缝隙,密封面上的密封条处于压缩状态	观察
玻璃(双玻)	玻璃应平整牢固,垫块安置牢固、正确,不应有松动现象,内外表面洁净,夹层内没有灰尘和水气,双玻间隔条设置符合设计要求,单面镀膜玻璃,应在最外层,双玻镀膜应在夹层内	观察、手扳,并检查隐蔽工程记录

续表

项 目	质 量 要 求	检 验 方 法
玻璃压条	压条必须与玻璃全部贴紧,压条与型材接触处无明显缝隙,接头缝隙应<1mm	观察
拼樘料	应与门窗框连接紧密,不得松动;拼樘组装螺钉数量符合设计要求。内衬增强型钢两端与洞口固定牢靠,拼料与窗框间应用嵌缝膏密封	观察、手扳
平开门窗窗扇	关闭严密,搭接均匀,开关灵活,关闭无回弹、阻滞现象,开关力≤80N	观察,开闭检查,深度尺、弹簧秤检测
推拉门窗窗扇	关闭严密,间隙均匀,扇框搭接量符合设计要求,门窗扇推拉灵活,开关力应≤100N,无阻滞现象	观察,开闭检查
排水孔	位置正确、畅通	观察

表 9-34 门窗安装质量的允许偏差

	项 目		允许偏差限值 (mm)	检验方法
平开窗	门窗与框搭接宽度差		≤2.5	用深度尺或钢板尺检查
	同樘门窗相邻扇的横角高度差		±2.0	用拉线或钢板尺检查
	门窗框铰键部位的配合间隙		+2.0 -1.0	用塞尺检查
推拉门窗	门扇与框搭接宽度		+1.5 -3.5	用深度尺或钢板尺检查
	门窗与框或相邻扇立边平行度		±2.0	用钢板尺检查
	门窗框两对角线长度差	≤2000mm >2000mm	±3.0	用钢卷尺量内角检查
	窗框≤2000mm(含拼樘料) 正侧面的垂直度 (>2000mm)		±2.0 ±3.0	用线垂、水平靠尺检查
	门窗框(含平开≤2000mm拼樘料) 的水平度推拉窗>2000mm		±3.0 ±2.5	用水平仪检查
	同层门窗下横框标高差		±5.0	用钢板尺检查与基准线比较
	门窗竖向偏离中心		±5.0	用线垂或钢板尺检查
	双层门窗内外框、梃中心距		±4.0	用钢板尺检查

二、施工质量验收一般规定

1. 本节适用于建筑门窗节能工程，包括金属门窗、塑料门窗、木质门窗、各种复合门窗、特种门窗，以及门窗玻璃安装等节能工程的施工质量验收。

2. 严寒、寒冷地区的建筑外窗不应采用推拉窗。其他地区设有空调的房间，其建筑外窗不宜采用推拉窗。当必须采用时，其气密性和保温性能指标应在原要求基础上提高一级。

3. 严寒、寒冷地区的建筑外窗不宜采用凸窗。夏热冬冷地区当采用凸窗时，其气密性和保温性能应符合设计和产品标准的要求。凸窗凸出墙面部分应采取节能保温措施。

4. 建筑外窗进入施工现场时，应按下列要求进行复验：
（1）严寒、寒冷地区应对气密性、传热系数和露点进行复验；
（2）夏热冬冷地区应对气密性、传热系数进行复验；
（3）夏热冬暖地区应对气密性、传热系数、玻璃透过率、可见光透射比进行复验。

5. 外门窗工程施工中，应对门窗框与墙体缝隙的保温填充进行隐蔽工程验收，并应有详细的文字和图片资料。

6. 金属外门窗隔断热桥措施应符合设计要求和产品标准的规定。

7. 外门窗工程的检验批应按下列规定划分：
（1）同一品种、类型、规格和厂家的金属门窗、塑料门窗、木质门窗、各种复合门窗、特种门窗及门窗玻璃每100樘应划分为一个检验批，不足100樘也应划分为一个检验批。
（2）同一品种、类型和规格的特种门每50樘应划分为一个检验批，不足50樘也应划分为一个检验批。
（3）对于异型或有特殊要求的门窗，检验批的划分应根据其特点和数量，由监理（建设）单位和施工单位协商确定。

8. 检查数量：
（1）建筑门窗每个检验批应至少抽查5%，并不少于3樘，不足3樘时应全数检查；高层建筑的外窗，每个检验批应至少抽查10%，并不得少于6樘，不足6樘时应全数检查。
（2）特种门每个检验批应至少抽查50%，并不得少于10樘，不足10樘时应全数检查。

三、主控项目

1. 建筑外窗的气密性、传热系数、露点、玻璃透过率和可见光透射比应符合设计要求和相关标准中对建筑物所在地区的要求。
检验方法：检查产品技术性能检测报告，进场复验报告和实体抽样检测报告。
检查数量：同本节二、8。

2. 建筑门窗玻璃应符合下列要求：
建筑门窗采用的玻璃品种、传热系数、可见光透射比和遮阳系数应符合设计要求。镀（贴）膜玻璃的安装方向应正确。
检验方法：观察，检查施工记录，检查技术性能报告。
检查数量：同本节二、8。

3. 中空玻璃的中空层厚度和密封性能应符合设计要求和相关标准的规定。中空玻璃应采用双道密封。

检验方法：检查产品合格证、技术性能报告，观察。

检查数量：同本节二、8。

4. 外门窗框与副框之间应使用密封胶密封；门窗框或副框与洞口之间的间隙应采用符合设计要求的弹性闭孔材料填充饱满，并使用密封胶密封。

检验方法：检查隐蔽工程验收记录，观察及启闭检查。

检查数量：同本节二、8。

5. 严寒、寒冷地区的外门安装，应按照设计要求采取保温、密封等节能措施。

检验方法：观察检查。

检查数量：全数检查。

6. 外窗的遮阳设施，其功能应符合设计要求和产品标准；遮阳设施安装的位置、可调节性能应满足使用功能要求，安装牢固。

检验方法：检查产品合格证、技术性能报告，观察。

检查数量：全数检查。

7. 凸窗周边与室外空气接触的围护结构，应采取节能保温措施。

检验方法：检查保温材料厚度。

检查数量：全数检查。

8. 特种门的节能措施，应符合设计要求。

检验方法：对照设计文件观察检查。

检查数量：全数检查。

四、一般项目

1. 门窗扇和玻璃的密封条，其物理性能应符合相关标准中对建筑物所在地区的规定。密封条安装位置正确，镶嵌牢固，接头处不得开裂；关闭门窗时密封条应确保密封作用，不得脱槽。

检验方法：检查产品合格证、技术性能报告，观察及启闭检查。

检查数量：同本节二、8。

2. 外窗遮阳设施的角度、位置调节应灵活，调节到位。

检验方法：观察；尺量。

检查数量：同本节二、8。

五、木门窗工程验收

1. 适用范围

适用于木门窗安装工程的质量验收。

2. 检验批的划分

同本节二、7。

3. 检查数量

同本节二、8

4. 主控项目

(1) 木门窗的品种、类型、规格、开启方向、安装位置及连接方式必须符合设计要求。

检验方法：观察；尺量检查；检查成品门窗的产品合格证书。

(2) 木门窗框的安装必须牢固。预埋木砖的防腐处理、木门窗框固定点的数量、位置及固定方法必须符合设计要求。

检验方法：观察；手扳检查；检查隐蔽工程验收记录和施工记录。

(3) 木门窗扇必须安装牢固、开关灵活、关闭严密、无倒翘。

检验方法：观察；开启和关闭检查；手扳检查。

(4) 木门窗配件的型号、规格、数量必须符合设计要求，位置正确，安装牢固，功能满足使用要求。

检验方法：观察；开启和关闭检查；手扳检查。

5. 一般项目

抽查样本的80%以上，其余样本不得有影响使用功能或明显影响装饰效果的缺陷，其中有允许偏差的检验项目，其最大偏差不得超过规定允许偏差值的1.5倍，其检验方法检查点数按下列规定：

(1) 木门窗表面应洁净，不得有划痕、锤印。

检验方法：观察。

(2) 木门窗与墙体间缝隙的填嵌材料应符合设计要求，填嵌应饱满。严寒、寒冷地区外门窗（或门窗框）与砌体间空隙应填充保温材料。

检验方法：轻敲门窗框检查；检查隐蔽工程验收记录和施工记录。

(3) 木门窗批水、盖口条、压缝条、密封条的安装应顺直，与门窗结合牢固、严密。

检验方法：观察手扳检查。

(4) 门窗槽口对角线长度差：用钢尺检查。

(5) 门窗框的正、侧面垂直度：用1m垂直检测尺检查。

(6) 框与扇、扇与扇接缝高低差：用钢直尺和塞尺检查。

(7) 双层门窗内外框间距：用钢尺检查。

(8) 门窗扇对口缝：用塞尺检查。

(9) 工业厂房双扇大门对口缝：用塞尺检查。

(10) 门窗扇与上框间留缝：用塞尺检查。

(11) 门窗扇与侧框间留缝：用塞尺检查。

(12) 窗扇与下框间留缝：用塞尺检查。

(13) 门扇与下框间留缝：用塞尺检查。

(14) 无下框时外门扇与地面间留缝：用塞尺检查。

(15) 无下框时内门扇与地面间留缝：用塞尺检查。

(16) 无下框时卫生间门扇与地面缝：用塞尺和钢直尺检查。

(17) 无下框时厂房大门扇与地面间留缝：用塞尺和钢直尺检查。

序号 (5) 正、侧面各检一点，序号 (4)、(6) 各检一处的一点，序号 (7) ~ (14) 各检最大或最小一点。

6. 检查验收

木门窗工程验收按表9-35填写。

表 9-35 木门窗安装工程检验批质量验收记录

工程名称			分项工程名称										验收部位		
施工单位			专业工长										项目经理		
施工执行标准名称及编号															
分包单位			分包项目经理										施工班组长		

	序号	项目	施工单位检查评定记录										合格率 %	监理（建设）单位验收记录	
主控项目	1	木门窗品种、类型													
	2	木门窗框的安装													
	3	木门窗扇的安装													
	4	木门窗配件													
一般项目	1	木门窗表面洁净													
	2	木门窗与墙体缝隙													
	3	木门窗批水、盖口条													
	序号	项目	允许偏差（mm）		实测偏差（mm）										
			普通	高级	1	2	3	4	5	6	7	8	9	0	
	4	对角线	3	2											
	5	垂直度	2	1											
	6	框与扇	2	1											
	7	双层框间距	4	3											
	序号	项目	留缝限值（mm）		实测偏差（mm）										
			普通	高级	1	2	3	4	5	6	7	8	9	0	
	8	对口缝	1～2.5	1.5～2											
	9	双扇大门对口缝	2～5	—											
	10	扇与上框	1～2	1～1.5											
	11	扇与侧框	1～2.5	1～1.5											
	12	扇与下框	2～3	2～2.5											
	13	门扇与下框	3～5	3～4											
	14	无下框与地面缝（外门）	4～7	5～6											
	15	无下框内门	5～8	6～7											
	16	无下框卫生间门	8～12	8～10											
	17	无下框厂房大门	10～20	—											

施工单位检查评定结果	项目专业质量检查员： 年 月 日
监理（建设）单位验收结论	监理工程师（建设单位项目专业技术负责人）： 年 月 日

六、塑料门窗工程验收

1. 适用范围

适用于塑料门窗安装工程的质量验收。

2. 检验批的划分

同本节二、7。

3. 检查数量

同本节二、8。

4. 主控项目

（1）塑料门窗的品种、类型、规格、尺寸、开启方向、安装位置、连接方式及填嵌密封处理必须符合设计要求，内衬增强型钢的壁厚及设置必须符合国家现行产品标准的要求。

检验方法：观察；尺量检查；检查产品合格证书、性能检测报告、进场验收记录和复验报告；检查隐蔽工程验收记录。

（2）塑料门窗框、副框和扇的安装必须牢固。固定片或螺栓的数量与位置必须正确，连接方式必须符合设计要求。固定点距窗角、中横框、中竖框150～200mm；固定点间距不大于600mm。

检验方法：观察；手扳检查；检查隐蔽工程验收记录。

（3）塑料门窗拼樘料内衬增强型钢的规格、壁厚及设置必须符合设计要求，型钢应与型材内腔紧密吻合，其两端必须与洞口固定牢固。窗框必须与拼樘料连接紧密，固定点间距不大于600mm。

检验方法：观察；手扳检查；尺量检查；检查进场验收记录。

（4）塑料门窗扇开启灵活，关闭严密，无侧翘。推拉门窗扇必须有防脱落措施。

检验方法：观察；开启和关闭检查；手扳检查。

（5）塑料门窗配件的型号、规格、数量必须符合设计要求。安装牢固，位置正确，功能满足使用要求。

检验方法：观察；手扳检查；尺量检查。

（6）塑料门窗框与墙体间缝隙，必须采用闭孔弹性材料，外墙门窗用有保温性能的材料填嵌饱满，表面用密封胶密封。密封胶粘结牢固、表面光滑、顺直、无裂纹。

检验方法：观察；检查隐蔽工程验收记录。

5. 一般项目

抽查样本的80%以上，其余样本不得有影响使用功能或明显影响装饰效果的缺陷，其中有允许偏差的检验项目，其最大偏差不得超过规定允许偏差值的1.5倍。其检验方法检查点数按下列规定：

（1）塑料门窗表面应洁净、平整、光滑、大面应无划痕、碰伤。

检验方法：观察。

（2）塑料门窗的密封条不应脱槽。旋转窗间隙应均匀。

检验方法：观察。

（3）塑料门窗扇的开关力应符合下列规定：

1) 平开门窗扇平铰链的开关力应不大于80N；滑撑铰链的开关力应不大于80N，并不小于 30N。

2) 推拉门窗扇的开关力应不大于 100N。

检验方法：观察，用弹簧秤检查。

(4) 玻璃密封条与玻璃及玻璃槽口的接缝应平整，不得卷边、脱槽。

检验方法：观察。

(5) 排水孔应畅通，位置和数量应符合设计要求。

检验方法：观察。

(6) 门窗槽口宽度、高度：用钢尺检查。

(7) 门窗槽口对角线长度差：用钢尺检查。

(8) 门窗框的正、侧面垂直度：用 1m 垂直检测尺检查。

(9) 门窗横框的水平度：用 1m 水平尺、塞尺检查。

(10) 门窗横框的标高：用钢尺检查。

(11) 门窗竖向偏离中心：用钢直尺检查。

(12) 双层门窗内外框间距：用钢尺检查。

(13) 同樘平开门窗相邻扇高度差：用钢直尺检查。

(14) 平开门窗铰链部位配合间隙：用塞尺检查。

(15) 推拉门窗扇与框搭接量：用钢直尺或深度尺检查。

(16) 推拉门窗扇与竖框平行度：用 1m 水平尺和塞尺检查。

序号 (6)、(8)、(10)、(12)、(15) 各检两点，其他各序号均检一点。

6. 检查验收

塑料门窗工程验收按表 9-36 填写。

七、涂色镀锌钢板门窗工程验收

1. 适用范围

适用于涂色镀锌钢板门窗安装工程的质量验收（其他金属门窗可参照）。

2. 检验批的划分

同本节二、7。

3. 检查数量

同本节二、8。

4. 主控项目

(1) 涂色镀锌钢板门窗的品种、类型、规格、尺寸、性能、开启方向、安装位置、连接方式以及防腐、填嵌、密封等处理，必须符合设计要求。

检验方法：观察；尺量检查；检查产品合格证书、性能检测报告、进场验收记录和复验报告；检查隐蔽工程验收记录。

(2) 涂色镀锌钢板门窗框的安装必须牢固。预埋件的数量、位置、埋设方式、与框的连接方式必须符合设计要求。

检验方法：观察；手扳检查；检查隐蔽工程验收记录。

(3) 涂色镀锌钢板门窗扇必须安装牢固，开启灵活，关闭严密，无倒翘。推拉门窗扇必须有防脱落措施。

表 9-36 塑料门窗安装工程检验批质量验收记录

工程名称		分项工程名称		验收部位	
施工单位		专业工长		项目经理	
施工执行标准名称及编号					
分包单位		分包项目经理		施工班组长	

<table>
<tr><td colspan="2">　</td><td>序号</td><td>项目</td><td colspan="2">施工单位检查评定记录</td><td>合格率 %</td><td>监理（建设）单位验收记录</td></tr>
<tr><td rowspan="6">主控项目</td><td></td><td>1</td><td>品种、类型、规格</td><td colspan="2"></td><td></td><td></td></tr>
<tr><td></td><td>2</td><td>框、副框的扇安装必须牢固</td><td colspan="2"></td><td></td><td></td></tr>
<tr><td></td><td>3</td><td>拼樘料内衬增强型钢</td><td colspan="2"></td><td></td><td></td></tr>
<tr><td></td><td>4</td><td>开启灵活，关闭严密</td><td colspan="2"></td><td></td><td></td></tr>
<tr><td></td><td>5</td><td>门窗配件的型号、规格、数量</td><td colspan="2"></td><td></td><td></td></tr>
<tr><td></td><td>6</td><td>框与墙体间缝隙</td><td colspan="2"></td><td></td><td></td></tr>
<tr><td rowspan="23">一般项目</td><td></td><td>1</td><td>门窗表面应洁净，平整</td><td colspan="2"></td><td></td><td></td></tr>
<tr><td></td><td>2</td><td>密封条</td><td colspan="2"></td><td></td><td></td></tr>
<tr><td></td><td>3</td><td>开关力</td><td colspan="2"></td><td></td><td></td></tr>
<tr><td></td><td>4</td><td>玻璃密封条与玻璃</td><td colspan="2"></td><td></td><td></td></tr>
<tr><td></td><td>5</td><td>排水孔</td><td colspan="2"></td><td></td><td></td></tr>
<tr><td></td><td>序号</td><td>项目</td><td>允许偏差（mm）</td><td>实测偏差（mm）
1 2 3 4 5 6 7 8 9 0</td><td></td><td></td></tr>
<tr><td></td><td rowspan="2">6</td><td rowspan="2">门槽口宽度、高度</td><td>≤1500mm</td><td>2</td><td></td><td></td></tr>
<tr><td></td><td>>1500mm</td><td>3</td><td></td><td></td></tr>
<tr><td></td><td rowspan="2">7</td><td rowspan="2">对角线长度差</td><td>≤2000mm</td><td>3</td><td></td><td></td></tr>
<tr><td></td><td>>2000mm</td><td>5</td><td></td><td></td></tr>
<tr><td></td><td>8</td><td>正侧垂直度</td><td colspan="2">3</td><td></td><td></td></tr>
<tr><td></td><td>9</td><td>横框的水平度</td><td colspan="2">3</td><td></td><td></td></tr>
<tr><td></td><td>10</td><td>横框的标高</td><td colspan="2">5</td><td></td><td></td></tr>
<tr><td></td><td>11</td><td>竖向偏离中心</td><td colspan="2">5</td><td></td><td></td></tr>
<tr><td></td><td>12</td><td>内外框间距</td><td colspan="2">4</td><td></td><td></td></tr>
<tr><td></td><td>13</td><td>相邻扇高差</td><td colspan="2">2</td><td></td><td></td></tr>
<tr><td></td><td>14</td><td>铰链间隙</td><td colspan="2">+2－1</td><td></td><td></td></tr>
<tr><td></td><td>15</td><td>扇、竖框搭接量</td><td colspan="2">+15－25</td><td></td><td></td></tr>
<tr><td></td><td>16</td><td>推拉门窗与竖框平行度</td><td colspan="2">2</td><td></td><td></td></tr>
</table>

施工单位检查评定结果	项目专业质量检查员：	年 月 日
监理（建设）单位验收结论	监理工程师 （建设单位项目专业技术负责人）：	年 月 日

检验方法：观察；开启和关闭检查；手扳检查。

（4）涂色镀锌钢板门窗配件的型号、规格、数量必须符合设计要求，安装牢固，位置正确，功能满足使用要求。

检验方法：观察；开启和关闭检查；手扳检查。

5. 一般项目

抽查样本的80%以上，其余样本不得有影响使用功能或明显影响装饰效果的缺陷，其中的允许偏差的检验项目，其最大偏差不得超过规定允许偏差值的1.5倍。其检验方法检查点数按下列规定：

（1）涂色镀锌钢板门窗表面应洁净、平整、光滑、色泽一致、无锈蚀。大面无划痕、碰伤。漆膜或保护层应连续。

检验方法：观察。

（2）涂色镀锌钢板门窗框与墙体之间的缝隙应填嵌饱满（外门窗应填嵌保温材料），并采用密封胶密封；密封胶表面应光滑、顺直、无裂纹。

检验方法：观察；轻敲门窗框检查；检查隐蔽工程验收记录。

（3）涂色镀锌钢板窗扇的橡胶密封条（毛毡密封条）应安装完好，不得脱槽。

检验方法：观察；开启关闭检查。

（4）有排水孔的门窗，排水孔应畅通，位置和数量应符合设计要求。

检验方法：观察。

（5）门窗槽口宽度、高度：用钢尺检查。

（6）门窗槽口对角线长度差：用钢尺检查。

（7）门窗框的正、侧面垂直度：用1m垂直检测尺检查。

（8）门窗横框的水平度：用1m水平尺和塞尺检查。

（9）门窗横框标高：用钢尺检查。

（10）门窗竖向偏离中心：用钢尺检查。

（11）双层门窗内外框间距：用钢尺检查。

（12）推拉门窗扇与框搭接量：用钢直尺检查。

序号（5）、（6）、（7）、（9）、（11）各检两点，其他各序号均检一点。

6. 检查验收

涂色镀锌钢板门窗工程验收按表9-37填写。

八、特种门工程验收

1. 适用范围

适用于防火门、防盗门、自动门、全玻门、旋转门、金属卷帘门等特种门安装工程的质量验收。

2. 检验批的划分

同一品种、类型和规格的特种门每50樘应划分为一个检验批，不足50樘也应划分为一个检验批。

3. 检查数量

特种门每个检验批应至少抽查50%。并不得少于10樘，不足10樘时全数检查。

表 9-37　涂色镀锌钢板门窗安装工程检验批质量验收记录

工程名称				分项工程名称			验收部位	
施工单位				专业工长			项目经理	
施工执行标准名称及编号								
分包单位				分包项目经理			施工班组长	

	序号	项目	施工单位检查评定记录	合格率 %	监理（建设）单位验收记录
主控项目	1	品种、类型、规格			
	2	门窗框的安装必须牢固			
	3	门窗扇必须安装牢固			
	4	配件的型号、规格、数量			
一般项目	1	表面应洁净、平整、光滑			
	2	框与墙体之间缝隙			
	3	密封条			
	4	排水孔			

	序号	项目	允许偏差（mm）	实测偏差（mm） 1 2 3 4 5 6 7 8 9 0		
一般项目	5	槽口	≤1500mm　2			
			>1500mm　3			
	6	对角线	≤2000mm　4			
			>2000mm　5			
	7	正、侧面垂直度	3			
	8	横框的水平度	3			
	9	横框的标高	5			
	10	竖向偏离中心	5			
	11	双层门窗	4			
	12	推拉门窗	2			

施工单位检查评定结果	项目专业质量检查员：　　　　　　　　　　　　　　年　月　日
监理（建设）单位验收结论	监理工程师 （建设单位项目专业技术负责人）：　　　　　　　年　月　日

4. 主控项目

(1) 特种门的质量和各项性能必须符合设计要求。

检验方法：检验生产许可证、产品合格证书和性能检测报告。

(2) 特种门的品种、类型、规格、尺寸、开启方向、安装位置及防腐处理必须符合设计要求。

检验方法：观察；尺量检查；检查进场验收记录和隐蔽工程验收记录。

(3) 带有机械装置、自动装置或智能化装置的特种门，其机械装置、自动装置或智能化装置的功能必须符合设计要求和有关标准的规定。

检验方法：启动机械装置、自动装置或智能化装置，观察。

(4) 特种门的安装必须牢固。预埋件的数量、位置、埋设方式与框的连接方式必须符合设计要求。

检验方法：观察；手扳检查；检查隐蔽工程验收记录。

(5) 特种门的配件必须齐全，安装牢固，位置正确，功能必须满足使用要求和特种门的各种性能的要求。

检验方法：观察；手扳检查；检查产品合格证书；性能检测报告和进场验收记录。

5. 一般项目

抽查样本的80%以上，其余样本不得有影响使用功能或明显影响装饰效果的缺陷，其中有允许偏差的检验项目，其最大偏差不得超过规定允许偏差值的1.5倍。其检验方法检查点数按下列规定：

(1) 特种门表面装饰应符合设计要求。

检验方法：观察。

(2) 特种门表面应洁净，无划痕、碰伤。

检验方法：观察。

一般项目中序号（3）～（13）为推拉自动门安装留缝限值、允许偏差及感应时间限值的检验方法，序号（14）及以下为金属框架玻璃旋转门和木质旋转门允许偏差及检验方法，应符合下列规定：

(3) 门槽口宽度、高度：用钢尺检查。

(4) 门槽口对角线长度差：用钢尺检查。

(5) 门框的正、侧面垂直度：用1m垂直检测尺检查。

(6) 门构件装配间隙：用塞尺检查。

(7) 门梁导轨水平度：用1m水平尺和塞尺检查。

(8) 下导轨与门梁导轨平行度：用钢尺检查。

(9) 门扇与侧框留缝：用塞尺检查。

(10) 门扇对口缝：用塞尺检查。

(11) 开门响应时间：用秒表检查。

(12) 堵门保护延时：用秒表检查。

(13) 门窗全开启后保持时间：用秒表检查。

(14) 门扇正、侧面垂直度：用1m垂直检测尺检查。

(15) 门扇对角线长度差：用钢尺检查。

（16）相邻扇高度差：用钢尺检查。

（17）扇与圆弧边度差：用塞尺检查。

（18）扇与上顶间留缝：用塞尺检查。

（19）扇与地面间留缝：用塞尺检查。

序号（3）、（5）、（6）及（14）每处（间）各检两点，其他均检一点。

6. 检查验收

特种门工程验收按表 9-38 填写。

九、门窗玻璃工程验收

1. 适用范围

适用于平板、吸热、反射、中空、夹层、夹丝、磨砂、钢化、压花玻璃等玻璃安装工程的质量验收。

2. 检验批的划分

同本节二、7。

3. 检查数量

同本节二、8。

4. 主控项目

（1）玻璃的品种、规格、尺寸、色彩、图案和涂膜朝向必须符合设计要求。单块玻璃大于 $1.5m^2$ 时，必须使用安全玻璃。

检验方法：观察；检查产品合格证书、性能检测报告和进场验收记录。

（2）门窗玻璃裁割尺寸正确。安装后的玻璃必须牢固，严禁有裂纹、损伤和松动。

检验方法：观察；轻敲检查。

（3）玻璃的安装方法必须符合设计要求。固定玻璃的钉子或钢丝卡的规格、数量必须保证玻璃安装牢固。

检验方法：观察；检查施工记录。

（4）镶钉木压条接触玻璃处，与裁口边缘平齐。木压条必须互相紧密连接，并与裁口边缘紧贴，割角整齐。

检验方法：观察。

（5）密封条与玻璃、玻璃槽口的接触紧密、平整。密封胶与玻璃、玻璃槽口的边缘粘结牢固，接缝平齐。

检验方法：观察。

（6）带密封条的玻璃压条，其密封条必须与玻璃全部贴紧，压条与型材之间无明显缝隙，压条接缝不大于 0.5mm。

检验方法：观察；尺量检查。

5. 一般项目

抽查样本的 80% 以上，其余样本不得有影响使用功能或明显影响装饰效果的缺陷，其中有允许偏差的检验项目，其最大偏差不得超过规定允许偏差值的 1.5 倍。其检验方法检查点数按下列规定：

（1）玻璃表面应洁净，无腻子、密封胶、涂料等污渍。中空玻璃内外表面均应洁净，玻

表 9-38 特种门安装工程检验批质量验收记录

工程名称				分项工程名称			验收部位	
施工单位				专业工长			项目经理	
施工执行标准名称及编号								
分包单位				分包项目经理			施工班组长	

	序号	项目			施工单位检查评定记录		合格率 %	监理（建设）单位验收记录
主控项目	1	特种门质量和各种性能						
	2	特种门的品种、类型、规格						
	3	带有不同装置的特种门						
	4	特种门安装必须牢固						
	5	特种门配件						
一般项目	1	表面装饰符合设计						
	2	表面洁净、无划痕、碰伤						
	序号	项目	允许偏差（mm）		实测偏差（mm） 1 2 3 4 5 6 7 8 9 0			
	3	门槽口宽度、高度	≤1500mm	1.5				
			>1500mm	2				
	4	对角线长度差	≤2000mm	2				
			>2000mm	2.5				
	5	正侧垂直度	1					
	6	装配间隙	0.3					
	7	梁导轨水平度	1					
	8	下导轨	1.5					
	9	扇框间缝（留缝限值）	1.2~1.8					
	10	扇对口缝（留缝限值）	1.2~1.8					
	序号	项目	允许偏差			实测偏差（mm）		
			金属(mm)	木质(mm)	感应限制(s)	1 2 3 4 5 6 7 8 9 0		
	11	开门响应时间			≤0.5			
	12	堵门保护延时			16~20			
	13	扇全开保持时间			13~17			
	14	正侧面垂直度	1.5	1.5				
	15	对角线	1.5	1.5				
	16	相邻扇高度差	1	1				
	17	扇与圆弧边留缝	1.5	2				
	18	扇与上顶间留缝	2	2.5				
	19	扇与地面间留缝	2	2.5				

施工单位检查评定结果	项目专业质量检查员：	年 月 日
监理（建设）单位验收结论	监理工程师： （建设单位项目专业技术负责人）：	年 月 日

璃中空层内不得有灰尘和水蒸气。

检验方法：观察。

（2）门窗玻璃不应直接接触型材。单面镀膜玻璃的镀膜层及磨砂玻璃的磨砂面应朝向室内。中空玻璃的单面镀膜玻璃应在最外层，镀膜层应朝向室内。

检验方法：观察。

（3）腻子应填抹饱满，粘结牢固；腻子边缘与裁口平齐。固定玻璃的卡子不应在腻子表面显露。

检验方法：观察。

6. 检查验收

门窗玻璃工程验收按表9-39填写。

表9-39 门窗玻璃安装工程检验批质量验收记录

工程名称			分项工程名称		验收部位	
施工单位			专业工长		项目经理	
施工执行标准名称及编号						
分包单位			分包项目经理		施工班组长	

	序号	项目	施工单位检查评定记录	合格率 %	监理（建设）单位验收记录
主控项目	1	玻璃的品种			
	2	玻璃裁割尺寸正确			
	3	玻璃安装方法			
	4	木压条			
	5	密封条与玻璃			
	6	带密封条的玻璃压条			
一般项目	1	玻璃表面洁净			
	2	门窗玻璃不应直接接触型材			
	3	腻子填抹			

施工单位检查评定结果	项目专业质量检查员：	年 月 日
监理（建设）单位验收结论	监理工程师 （建设单位项目专业技术负责人）：	年 月 日

第十章　地源热泵节能系统

第一节　地源热泵系统技术

在日常生活中，人们总是需要室内舒适的生活与工作环境，在炎热夏季常采用的中央空调或分体空调，控制房间所需凉爽的温度。到了寒冷的冬季又需要采暖系统控制室内温暖的室温。

冬季采暖，传统方式主要靠烧煤、煤气、液化气、燃油及天然气等有限矿物质能源，这类资源在开采、运输及能源转换过程中产生粉尘、二氧化碳、氮化物等有害物，不仅对人类的生存环境产生严重污染，而且大量浪费有限资源。当代的热泵技术，是近百年逐渐发展起来的成熟节能技术，它完全克服了传统方式利用有限能源的所有缺点，目前在我国具备条件地区已开始使用，发展热泵技术将会改变沿袭多年的传统供暖方式。

热泵技术是利用空气或地下土壤、地下储藏的水作为冷热源，进行能量转换。无论空气，还是地表土壤和水体是一个巨大的动态能量平衡系统，从能源角度来说，热泵技术相当于利用了可再生的能源。

地源热泵技术是利用浅层常温土壤或地下水温度相对稳定的特性，通过输入少量的高品位能源（如电能），运用埋藏于建筑物周围的管路系统与建筑物内部进行热交换，实现低品位热能向高品位转移的系统。利用地温能源，冬天通过热交换将地下水或土壤中的热量提供给室内采暖，俗称低温辐射地板供暖（热水）；而夏天则利用地下土壤或地下水带走热量，达到制冷效果，俗称空调。此外，热泵技术可提供四季生活热水，其中夏季利用热回收技术，可提供免费生活用水，给我们工作和生活提供很多方便。

地源热泵主要有三种形式：利用土壤作为冷热源的土壤源热泵；利用地下水为冷热源的地下水源热泵；利用地表水为冷热源的地表水热泵。各地区可根据当地条件，因地制宜地选择适用的地源热泵技术系统。

水源热泵系统在工作时以水为热源，水作为热源的优点是：水的比热大，传热性能好，传递一定热量所需的水量较少，换热器的尺寸可以较小，另外，热源系统的能效比较高。在易于获得大量的温度较为稳定的水的地方，水是热泵理想的热源。当地下水以及江河湖海的地表水在一年内温度变化较小，都可作为热泵的水源。

热泵技术虽是成熟节能技术，但在暖通空调工程中运用热泵节能的经济性评价问题相对复杂，影响因素较多。其中主要有地区气候特性、低位热源特性、负荷特性、系统特性、设备价格、设备使用寿命、燃油价格和电力价格等因素。在地域基本条件上，在富水和次富水地区、在夏热冬冷地区非常适宜应用热泵系统技术。

一、热泵系统工作原理

地源热泵的工作原理是，通过向机房中的热泵机组输入一定电能，驱动其压缩机做功，液体蒸发冷却作为手段（机组中充有制冷介质），通过气液的高压蒸发，从低温介质吸收热量传递到高温介质，同样也可以实现从高温物体放出热量，通过反复发生吸热或冷凝放热的物理过程，从而将地源系统中的能量提取和传导到用户系统，实现热量交换和传递转移。

而热泵是一种能够实现能量从低品质到高品质的设备，在提供一定动力的条件下，热泵作为能量转移的工具，能够把大量的能量从低品质向高品质转化，例如在冬季，它能够从0℃的水中提取热量制造50℃的生活热水。

热泵工作的热力学原理与制冷机相同。热泵是以冷凝器放出来的热量来供热的制冷系统。一套热泵（或制冷）系统与环境之间的能量交换就是消耗一定的高位能（比如机械功），从低温环境吸取热量，然后连同高位能所转化的热量，一起输送到高温环境中。

如果着眼点在于获得热量，那就是热泵；如果要求带走某个空间或物体的热量，从而使该空间或物体维持较低的温度，那就是制冷装置。同时利用这一套装置的冷凝器放热来获取热量和蒸发器吸热来维持低温，它即可称为热泵又可称为制冷机。

热泵系统可供夏季供冷、冷季供热。在冬季时蒸发器为冷凝器使用，而在夏季时冷凝器作为蒸发器使用。而这两个换热器的安装位置本身不能改变，而是通过改变系统内制冷剂的流向来实现，这里能够实现制冷剂流向改变的最重要的部件是四通换向阀。系统工作原理如图 10-1 和图 10-2 所示。

二、热泵系统构成与热泵分类

1. 热泵系统的构成

热泵系统由三个主要部分构成。一是热泵驱动能源（电能、汽油、柴油、煤气、煤等）和驱动装置（电动机、燃料发动机、汽轮机等）；二是热泵的工作机，一般来说，制冷机可作为这种热泵系统的工作机，制冷机的冷凝器中释放的热量不是简单地向大气排放，而要加以利用，通过供热系统向热用户供热；三是低温热源（空气、水、地热、工业废热、太阳能等），热泵从低温热源吸取热量，使其温度品位升高，转为可利用的热能。

2. 热泵的分类

热泵的种类很多，分类方法各不相同。通常热泵装置有以下几种类型：

（1）按热泵所使用的低位热源种类分类

使用室外大气作为低位热源的空气热源热泵（或称风冷热泵）；

使用地表水（河水、湖水、海水）、地下水（深井水、泉水、地下热水等）、生活废水和工业温水（工业设备冷却水、生产工艺排放的废温水）的水源热泵；

使用大地岩土作为低位热源的土壤源热泵以及在夏季能空调制冷、冬季满足地板低温供暖和全年四季提供生活用热水三位一体的单台热泵机组和太阳能热泵等。

根据热泵热源的不同又将水源热泵和土壤源热泵统称为地源热泵。

（2）按热泵驱动分类

主要可分为机械压缩式热泵和吸收式热泵。

机械压缩式热泵是一种用机械能驱动的热泵。按驱动装置的形式，压缩式热泵又分为电驱动的热泵、柴油驱动的热泵、汽油驱动的热泵、燃气驱动的热泵、蒸汽驱动的热泵等。

吸收式热泵是一种以热能直接驱动的热泵。

（3）根据热泵系统低温端与高温端所使用的载热介质分类

第十章 地源热泵节能系统

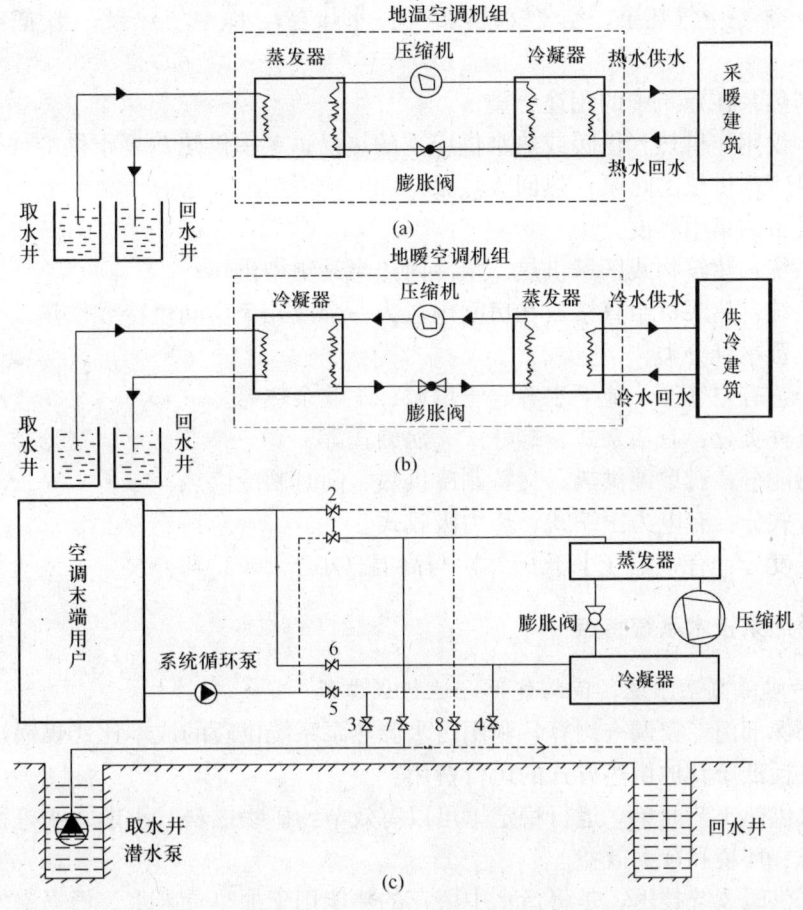

图 10-1 工作原理
(a) 冬天制热时；(b) 夏天制冷时；(c) 空调系统流程图
夏季运行时：阀 1，2，3，4 开；阀 5，6，7，8 关；冬季运行时：阀 1，2，3，4 关；阀 5，6，7，8 开

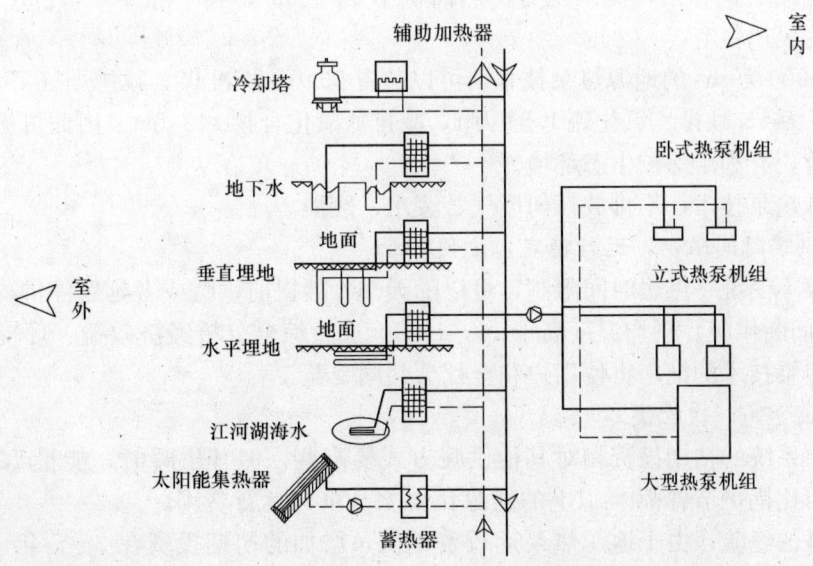

图 10-2 地源热泵、太阳能热泵示意图

通常有：空气-空气热泵；空气-水热泵；水-水热泵；水-空气热泵；土壤-空气热泵；土壤-水热泵。

（4）根据热泵在建筑中的用途分类

通常有：仅用作供热（供暖或热水供应）的热泵；冬季供热、夏季供冷（全年空调）的热泵；同时供冷与供热的热泵；热回收热泵。

（5）按设备的集中程度分类

集中式系统：建筑物或区域供热、供冷由热泵站集中供热；

分散式系统：热泵机组直接放在房间内，为一个或几个房间供冷或供热。

（6）按装置本身分类

按热源分：有空气源、地下水源、土壤源、工业余热等。

按压缩机种类分：有活塞式、螺杆式、涡旋式等。

按热泵功能分：有单纯供热、交替制冷供热、同时制冷供热。

按驱动方式分：有电力压缩式、热力吸收式。

按供热温度分：有中温（小于65℃）与高温（小于100℃）。

三、应用热泵技术系统特点

1. 利用污水源热泵系统，节约能源，运行成本低

（1）据环保部门专家调查测算，利用污水源热泵系统供暖的成本比燃煤锅炉运行费用低25%以上，更远低于其他供热方式的运行费用。

（2）污水供热工艺简单，运行稳定，可以有效节约矿物燃料、土地、水等稀缺资源，具有较好的经济、环境和社会效益。

（3）污水供暖系统技术，是将污水中留存的热能用于加热自来水。根据室外季节温度变化，通过对污水热（冷）能量转化，能够提供给室内舒适环境温度。

2. 保护环境，提高空气质量

据沈阳应用实例介绍，沈阳现有供热面积1.58亿m^2，其中除4000万m^2为公共建筑外，其余均为民用住宅。

每应用1000万m^2的地源热泵技术，可以节省56万t标准煤，减排烟气75亿Nm^3，减排颗粒物2.5万t，减排二氧化硫1.34万t，减排氮氧化合物143万t。由此可见，空气质量得到明显改善，有利于保护生态环境。

利用地源热泵技术，不排放任何废气、废水、废渣。

3. 不受供暖时间限制，运行稳定，方便计费

地源热泵不受统一供暖时间限制，可以随天气冷暖提前供暖或者延后停供，而且可以实现24小时不间断供暖。平均温度高于16~18℃。通过综合分析经济效益、环境效益和社会效益，地源热泵技术的推广将使用户和全社会共同受益。

4. 初期投资高，回收快

地源热泵系统的初期投资相对其他供暖方式要高些，但其供暖时，能量70%以上来自浅层地能，可比锅炉节省70%以上的能源和40%~60%运行费用。

根据国外的经验，由于地源热泵运行费用低，增加的初期投资在3~7年内可以收回。地源热泵系统在整个服务周期内的平均费用，要低于传统的供暖方式。

5. 冬暖夏凉，按季选用

由于地表温度全年波动较小，冬暖夏凉，所以"地热"既可以在冬季作为地源热泵供暖的热源，又可以在夏季作为地源热泵制冷的冷源。即，地源热泵通过一套热量置换系统，冬季从土壤中采集热量，提高温度后供给室内采暖；夏季从土壤中采集冷量，把室内多余热量释放到地层中去。

另外，在热泵中，单台热泵的优点是可实现地板采暖、中央空调、生活热水三位一体功能，所有的制冷剂内置，对外接口只有水管路接口，机组内已预先安装了水泵、流量开关、膨胀罐等，安装方便。

一般热泵通常转移 3kW 的能量需要 13kW 的电能，即空调能效比。这个空调能效比是在空调工况条件运行的。当采用热泵制取地板采暖用的热水时，制取热水的温度比空调所需的温度要低。也就是说在同样的外界环境下，制取地板采暖用的热水比制取空调的热量要容易，即能效比要高得多。据有关资料介绍，采暖空调工况下，用来制取地板采暖需要的热量相比采用空调采暖用的电量约少 20%。如果用热泵和燃气锅炉或者电采暖比较会更节省。采用空气源热泵采暖的费用是电采暖的 1/3，是燃气费用的 2/3；采用地源热泵采暖是电采暖的 1/4。

在获取生活用水时，可根据不同季节采用不同的调整技术，做到合理利用能源和设备，在夏季热泵的主要用途是用来制冷，夏季把外部的冷量转移到房间内的同时需要排除大量的热量，可把这部分需要排除的热量通过专用设备把它们回收起来，满足生活热水需要。如 100m² 左右的公寓，在夏季开空调的同时，大约需要 10kW 左右的冷量，在一般条件下得到 10kW 冷量的同时，会排掉 13kW 左右的热量，把这些热量通过设备回收制成热水，在 1 小时内可将 280L10℃的冷水加热到 50℃，可用恒温水箱把这些水储存起来待用。

在冬季，热泵在制取低温热水的同时，也能够提供生活热水，而且不需要增大设备或追加投资，通过对机组改造，在机组冬天制热时，机组首先满足生活热水，同时提供地板采暖需要的低温热水。而且两个系统各自独立，不会造成交叉污染。在冬天负荷小的地区，配备设备也不会闲置。

在春秋季节，不需要地板采暖，也不需要空调制冷的时候，热泵系统能够作为独立的生活热水供应设备，且保证水箱内的水温恒定。

热泵系统由人性化智能控制，综合控制器能够根据室外环境温度自动选择采暖或空调制冷。总线式的控制器，通过各个温控器和主机之间的通信，能够做到联动控制和自动切换的功能。安装普通空调系统和地板采暖的住宅，在采用了一个房间温控器同时控制地板采暖和空调，同时还有总线可控制主机。在使用过程中只是按各季节需要而选择相应模式即可，如选用冬季采暖、夏季制冷、秋季生活用热水模式，操作很简单，全年只需按下三个单按钮。

由于其节能和环保的双重效益，国际上将地下蓄能技术和高效热泵同时列入 21 世纪最有发展前途的 50 项新技术之中。

沈阳市自 2000 年开始，在富水和次富水地区采用地源热泵系统供暖技术，尤其是采用水源热泵技术。水源热泵就是从水井中抽取地下水，经过换热后，通过回灌井回灌到原来的地下水层，在此回灌过程中，提取热能和冷能，实现供暖和制冷。由于利用地下水为冷、热源，在提取能量实现供热和制冷的同时，还可提供生活热水，不仅清洁、环保、可再生，而且节能。

2006 年 9 月，沈阳市被国家建设部正式确定为全国地源地泵技术推广试点城市之一，据不完全统计，沈阳地源热泵供暖面积，目前已经超过电供热、油供热和燃气供热面积，仅次于锅炉房供热和热电联产供热。

截至 2005 年年底，沈阳市供热总面积为 14620 万 m^2，其中地源热泵供热面积超过 300 万 m^2，占总量 2.05%。到 2007 年年底全市完成地源热泵技术应用面积 1500 万 m^2，其中 500 万 m^2 为改造现有建筑，1000 万 m^2 为新建项目。

从 2008 年起，每年不少于 1600 万 m^2，其中新建 1000 万 m^2，改建、改造 600 万 m^2。

至 2010 年年底，计划全市实现地源热泵技术应用面积约在 6500 万 m^2，这种建筑供暖（冷）方式约占全市供暖面积的 1/3。

应用地源热泵技术，主要在于具有环保、节能降耗、节水、节资等多种优点，有助于实现"十一五"期间单位 GDP 能耗降低 20% 的目标。

另外，有关资料介绍，为节省资源、能源，沈阳污水源热泵技术已开始起步，在近期欲大面积推广污水供暖系统技术。

一般夏季污水的温度低于室外温度，而冬季污水温度则高于室外温度，用热泵对污水中难以直接利用的热能进行利用，将起到调节温度的作用。

根据沈阳市 7 座污水处理厂常年测量的数据显示，冬季污水处理厂污水水温为 11℃ 左右，高出正常气温 20℃ 左右；夏季污水水温为 21℃ 左右，比正常的气温则要低 10℃ 左右。

目前，沈阳市已建成 8 座污水处理厂，基本分布在沈阳浑河沿线，其中 7 座污水处理厂正式投入使用，设计污水处理能力 134 万 t/d，实际处理能力 108 万 t/d。

按目前污水处理量，6 座污水处理厂可为住宅实现供热面积约 780 万 m^2。$1m^2$ 供热需要标煤 35kg，如果这些污水处理厂所产生污水热能被完全利用，每年可节省燃煤近 3 亿 kg。

第二节 地源热泵的设计

地源热泵空调系统的设计包括建筑物内部空调系统的设计和低温热源侧换热系统的设计两大部分。前者可参考常规空调设计规范、设计标准和设计手册、措施等资料，后者将作为重点进行详细阐述。低温热源侧换热系统的设计应注意如下问题：

1. 在选择和设计地源热泵空调之前，应充分了解和掌握地下水可采用的水量、水温及水质等水文地质资料作为科学决策的依据和设计的原始资料。
2. 确定低温热源侧换热系统的形式和组成。
3. 低温热源侧换热系统的设计与施工。
4. 机房的合理化设计。

一、地源热泵设计的条件

工程场区的调查与地下水水文地质勘察是地源热泵空调系统设计的第一步。所谓工程场区的调查与地下水水文地质勘察，就是为了了解和掌握工程场区地下水的类型、分布、特征、水质、富水地段、富水程度、开采条件及工程场地状况等资料，作为地源热泵空调系统的选择、设计依据。并为地源热泵空调项目的可行性评审提供依据。

1. 工程场区的调查

主要查明和了解工程场区地貌、地下水分布及运动规律等。主要包括如下几个方面：

（1）场地规划面积、形状及坡度；

(2) 场地内已有建筑物和规划建筑物的用途、占地面积及其分布情况；
(3) 树木植被、池塘、排水沟及架空输电线、电信电缆的分布；
(4) 场地内已有的、计划修建的地下管线和地下构筑物的分布及其埋深；
(5) 水井的位置、类型、结构、水温、水量和水质等。

2. 地下水勘察

地源热泵空调系统方案设计前，应根据地源热泵系统对水量、水温和水质的要求，对工程场区的水文地质条件进行勘察。

地下水水文地质勘察手段主要有物探和钻探。

所谓物探，就是地球物理勘探。是指用物理探测仪测定地下岩土的性质、构造及水文地质特性。物探的方法很多，如磁法、重力法、电法都是经常使用的方法。

在地源热泵系统中，主要以电法勘察为主。电法又以直流电法中的电阻率法、自然电位法应用最广。勘察时应包含下列内容：
(1) 含水层的分布及其深度、厚度等；
(2) 地下水的矿化度和咸、淡水区的分布范围；
(3) 钻孔的地层剖面和咸、淡水区的分界面；
(4) 地下水水位、流向、渗流速度及其与地表水的水力联系。

在调查和物探工作的基础上，应进行水文地质钻探。钻探是利用钻机向地下钻孔，可从井孔内采取岩心，进行观测和试验，了解地下深部的地质、水文地质情况的一种勘察工作。通过钻井可以更直接、准确地了解工程场区详细的水文地质资料。

国内的一些地源热泵空调工程，由于不注重工程场区调查与地下水水文地质勘察，不做勘测井等，导致低温热源侧的诸如水温过低、水量不足、地下水不能完全回灌及水质砂量大等问题出现，造成系统失败或者运行不理想。

为杜绝上述现象，在设计之前，就应首先做好工程场区调查与地下水水文地质勘察工作，并对地下水的可利用性做出可靠评审，提出合理利用方案，为系统的设计提供科学依据。

二、地源热泵系统的形式与组成

地源热泵空调系统，按照低温热源侧的形式不同，可分为地埋管换热系统、地下水换热系统、地表水换热系统及污水换热系统。

1. 地埋管换热系统

地埋管换热系统，是指传热介质与岩土体换热，由埋于地下的密闭循环管组构成的换热器，又称土壤热交换器。根据管路埋置方式不同，分为水平地埋管换热器和竖直地埋管换热器。

(1) 土壤热交换器的选型

在现场勘测结果的基础上，第一步工作是确定地埋管换热器是采用水平地埋管换热器还是采用竖直地埋管换热器。水平地埋管换热器是指换热管路埋置在水平管沟内的地埋管换热器，又称水平土壤换热器。它的优点是在软土地区工程造价较低，缺点是传热条件易受到外界气候的影响，且占地面积大，不太适合我国地少人多的国情。但当工程场区可利用地表面积较大，浅层岩土体的温度及热物性受气候、雨水、埋设深度影响较小时，宜采用水平地埋管换热器。

竖直地埋管换热器是指换热管路埋置在竖直钻孔内的地埋管换热器，又称竖直土壤换热器。由于其具有占地面积小，工作性能稳定等优点，已成为我国地埋管换热系统工程应用的主导形式。根据竖直钻孔中布置的埋管形式的不同，竖直地埋管换热器又可以分为 U 形地埋管换热器与套管式地埋管换热器。由于套管式换热器工程造价高，施工难度大，在实际工程中很少采用。

竖直 U 形地埋管换热器是采用在已钻好的地埋孔中插入一组或两组 U 形管，并用回填材料把地埋孔封实的方法，依靠 U 形管内的传热介质与外界土壤进行热交换的换热器。一般的钻孔深度在 60~120m。由于地埋管换热器换热效果受岩土体热物性及地下水流动情况等地质条件影响非常大，使得不同地区，甚至同一地区不同区域岩土体的换热特性差别都很大。这就需要在选择单 U 形换热管还是双 U 形换热管时，要充分考虑工程场区的地址条件。实践与计算结果表明，尽管单 U 形地埋管的钻孔内热阻比双 U 形地埋管大 30% 以上，但是双 U 形地埋管的换热能力仅仅提高 15%~20%。这是因为钻孔内热阻仅仅是地埋管传热总热阻的一部分，钻孔外的岩土层热阻，对于双 U 形地埋管与单 U 形地埋管来讲，几乎是一样的。在一般的地质条件下，考虑到双 U 形地埋管管材用量大，系统安装复杂，循环水泵运行功率大等问题后，采用双 U 形地埋管是得不偿失的。但是对于地下多为较硬的岩石层或工程场区小，地埋管空间不足的项目，双 U 形地埋管换热器还是拥有广阔的应用空间。

(2) 连接方式

地埋管换热器各钻孔之间既可以采用串联方式，也可以采用并联方式。在串联系统中只有一个流体通道，而在并联系统中流体在管路中可有两个或更多的流体通道。

并联管路垂直式热交换器与串联管路垂直式热交换器相比，U 形管管径可以更小，从而可以降低管路费用、防冻液费用；由于较小的管路更容易制作、安装，同时也可以减少人工费用。U 形管的管径的减小使得钻孔的孔径也相应变小，钻孔成本也响应降低。在并联管路换热器中，同一环路集管连接的所有钻孔的换热量是基本相同的。而在串联管路换热器中，由于各个钻孔的传热温差不一样，致使每个钻孔的换热量是不同的。采用并联管路还是串联管路取决于系统大小、埋管深浅及安装成本等因素。

串联系统的优点是具有单一的流体通道和同一型号的管路，由于串联系统管路管径大，因此对于单位长度的埋管来说，串联系统的换热能力比并联系统的高。但串联系统的缺点同样明显，管路不能太长、管内充注防冻液多、管路成本及安装成本高等。

并联系统的优点是每个环路都具有相同的流量，管内阻力均衡。但使用时应注意每个管路长度应尽量一致，且管内保持较高的水流速度以排走空气。

为确保系统及时排气和加强换热，双 U 形地埋管换热器内管道流速不宜小于 0.4m/s，单 U 形地埋管换热器内管道流速 0.6m/s。为了减少供、回水管件的热传递及水力平衡，可选用较大管径的管道作为供、回水环路集管，每对供、回水环路的集管连接的地埋管环路数宜相等，且间距不应小于 0.6m。

(3) 竖直地埋管换热器的设计计算

1) 竖直地埋管换热器的热阻值计算宜符合下列要求：

① 传热介质与 U 形管内壁的对流换热热阻的计算：

$$R_\mathrm{f} = \frac{1}{\pi d_\mathrm{i} K}$$

式中　R_f——传热介质与 U 形管内壁的对流换热热阻（m·K/W）；

d_i——U 形管的内径（m）；

K——传热介质与 U 形管内壁的对流换热系数 [W/(m²·K)]。

② U 形管的管壁热阻可按下列公式计算：

$$R_{pe} = \frac{1}{2\pi\lambda_p}\ln\left[\frac{d_e}{d_e - (d_o - d_i)}\right]$$

$$d_e = \sqrt{n}\ d_o$$

式中　R_{pe}——U 形管的管壁热阻（m·K/W）；

　　　λ_p——U 形管的导热系数 [W/(m·K)]；

　　　d_o——U 形管的外径（m）；

　　　d_e——U 形管的当量直径（m），对于单 U 形管，$n=2$；对于双 U 形管，$n=4$。

③ 钻孔灌浆回填材料的热阻的计算：

$$R_b = \frac{1}{2\pi\lambda_b}\ln\left(\frac{d_b}{d_e}\right)$$

式中　R_b——钻孔灌浆回填材料的热阻（m·K/W）；

　　　λ_p——灌浆材料的导热系数 [W/(m·K)]；

　　　d_b——钻孔的直径（m）。

④ 地层热阻，即从孔壁到无穷远处的热阻可按下列公式计算：

对于单个钻孔

$$R_s = \frac{1}{2\pi\lambda_s}I\left(\frac{r_b}{2\sqrt{at}}\right)$$

$$I_{(u)} = \frac{1}{2}\int_u^\infty \frac{e^{-s}}{s}ds$$

对于多个钻孔

$$R_s = \frac{1}{2\pi\lambda_s}\left[I\left(\frac{r_b}{2\sqrt{at}}\right) + \sum_{i=2}^N I\left(\frac{x_i}{2\sqrt{at}}\right)\right]$$

式中　R_s——地层热阻（m·K/W）；

　　　I——指数积分公式；

　　　λ_s——岩土体的平均导热系数 [W/(m·K)]；

　　　a——岩土体的热扩散率（m²/s）；

　　　r_b——钻孔的半径（m）；

　　　t——运行时间（s）；

　　　x_i——第 i 个钻孔与所计算钻孔之间的距离（m）。

⑤ 短期连续脉冲引起的附加热阻的计算：

$$R_{sp} = \frac{1}{2\pi\lambda_s}I\left(\frac{r_b}{2\sqrt{at_p}}\right)$$

式中　R_{sp}——短期连续脉冲负荷引起的附加热阻（m·K/W）；

　　　t_p——短期脉冲负荷连续运行的时间（h）。

2）竖直地埋管换热器钻孔的长度可按下列公式计算：

制冷工况：

$$L_c = \frac{1000Q_c[R_f + R_{pe} + R_b + R_s \times F_c + R_{sp} \times (1-F_c)]}{(t_{max} - t_\infty)}\left(\frac{EER+1}{EER}\right)$$

$$F_c = T_{c1}/T_{c2}$$

式中 L_c——制冷工况下，竖直地埋管换热器所需钻孔的总长度（m）；
　　Q_c——地源热泵机组的额定冷负荷（kW）；
　　EER——地源热泵机组的制冷性能系数；
　　t_{max}——制冷工况下，地埋管换热器中传热介质的设计平均温度，通常取37℃；
　　t_∞——埋管区域岩土体的初始温度；
　　F_c——制冷运行份额；
　　T_{c1}——一个制冷季中地源热泵机组的运行小时数，当运行时间取一个月时，T_{c1}为最热月份地源热泵机组的运行小时数；
　　T_{c2}——一个制冷季中的小时数，当运行时间取一个月时，T_{c2}为最热月份的运行数。

供热工况：

$$L_h = \frac{1000Q_h[R_f + R_{pe} + R_b + R_s \times F_h + R_{sp} \times (1-F_h)]}{(t_\infty - t_{min})}\left(\frac{COP-1}{COP}\right)$$

$$F_h = T_{h1}/T_{h2}$$

式中 L_h——供热工况下，竖直地埋管换热器所需钻孔的总长度（m）；
　　Q_h——地源热泵机组的额定热负荷（kW）；
　　COP——地源热泵机组的供热性能系数；
　　t_{min}——供热工况下，地埋管换热器中传热介质的设计平均温度，通常取$-2\sim5$℃；
　　F_h——供热运行份额；
　　T_{h1}——一个供热季中地源热泵机组的运行小时数，当运行时间取一个月时，T_{h1}为最冷月份地源热泵机组的运行小时数；
　　T_{h2}——一个供热季中的小时数，当运行时间取一个月时，T_{h2}为最冷月份的运行数。

3) 地埋管换热器系统的水力计算

传热介质不同，其摩擦阻力也不同，水力计算应按选用的传热介质的水力特性进行计算。国内已有的塑料管比摩阻均是针对水而言，对添加防冻剂的水溶液，目前尚无相应的数据，地埋管压力损失可参照以下方法进行计算。

① 确定管内流体的流量、公称直径和流体特性。
② 根据公称直径，确定地埋管的内径。
③ 计算地埋管的断面面积 A

$$A = \frac{\pi d_j^2}{4}$$

式中 A——地埋管的断面面积（m^2）；
　　d_j——地埋管的内径（m）。

④ 计算管内流体的流速 V

$$V = \frac{G}{3600A}$$

式中 V——管内流体的流速（m/s）；
　　G——管内流体的流量（m^3/h）。

⑤ 计算管内流体的雷诺数 Re，Re应该大于2300以确保紊流。

$$Re = \frac{\rho V d_j}{\mu}$$

式中 Re——管内流体的雷诺数（m/s）；
　　　ρ——管内流体的密度（kg/m³）；
　　　μ——管内流体的动力黏度（Pa·s）。

⑥ 计算管段的沿程阻力 P_Y

$$P_d = 0.158\rho^{0.75}\mu^{0.25}d_j^{1.25}V^{1.75}$$

$$P_Y = P_d L$$

式中 P_Y——计算管段的沿程阻力（Pa）；
　　　P_d——计算管段单位管长的沿程阻力（Pa/m）；
　　　L——计算管段的长度（m）。

⑦ 计算管段的局部阻力 P_j

$$P_j = P_d L_j$$

式中 P_j——计算管段的局部阻力（Pa）；
　　　L_j——计算管段管件的当量长度（m）。

管件的当量长度列于表 10-1。

⑧ 计算管段的总阻力 P_Z

$$P_Z = P_Y + P_j$$

式中 P_Z——计算管段的总阻力（Pa）。

表 10-1　管 件 当 量 长 度 表

名义管径		弯头的当量长度 (m)				T形三通的当量长度 (m)			
in	mm	90°标准型	90°长半径	45°标准型	90°标准型	旁流三通	直流三通	直流三通后缩小 1/4	直流三通后缩小 1/2
3/8″	DN10	0.4	0.3	0.2	0.7	0.8	0.3	0.4	0.4
1/2″	DN12	0.5	0.3	0.2	0.8	0.9	0.4	0.4	0.5
3/4″	DN20	0.6	0.4	0.3	1.0	1.2	0.4	0.6	0.6
1″	DN25	0.8	0.5	0.4	1.3	1.5	0.5	0.7	0.8
5/4″	DN32	1.0	0.7	0.5	1.7	2.1	0.7	0.9	1.0
3/2″	DN40	1.2	0.8	0.6	1.9	2.4	0.8	1.1	1.2
2″	DN50	1.5	1.0	0.8	2.5	3.1	1.0	1.4	1.5
5/2″	DN63	1.8	1.3	1.0	3.1	3.7	1.3	1.7	1.8
3″	DN75	2.3	1.5	1.2	3.7	4.6	1.5	2.1	2.3
7/2″	DN90	2.7	1.8	1.4	4.6	5.5	1.8	2.4	2.7
4″	DN110	3.1	2.0	1.6	5.2	6.4	2.0	2.7	3.1
5″	DN125	4.0	2.5	2.0	6.4	7.6	2.5	3.7	4.0
6″	DN160	4.9	3.1	2.4	7.6	9.2	3.1	4.3	4.9
8″	DN200	6.1	4.0	3.1	10.1	12.2	4.0	5.5	6.1

（4）地埋管管材与传热介质

1）地埋管管材

对于地源热泵系统而言，地埋管管材的合理选择，对于整个系统的安装、运行及维护等，都起着非常关键的作用。地埋管应选用化学稳定性好、耐腐蚀、导热率大及流动阻力小的塑料管材及管件，宜采用聚乙烯管（PE80 或 PE100）或聚丁烯管（PB），不宜采用聚氯乙烯（PVC）管。管件与管材应为相同材料。管材的公称压力及使用温度应满足设计要求，公称压力应考虑静水压头和管道的增压，不应小于 1.0MPa。表 10-2、表 10-3 为 PE 管和 PB 管的外径及公称壁厚。

2）传热介质

传热介质应以水为首选，也可选用下列要求的其他介质：

① 安全、无毒、腐蚀性差。不燃或不易燃烧，与地埋管管材无化学反应。

② 具有良好的传热性能、较低的摩擦阻力及冰点。

③ 易于购买、运输及储藏。

我国目前的地埋管系统中一般以水作为传热介质。在水有可能冻结的场合，应添加一定量的防冻液。添加防冻液后的传热介质的冰点宜比设计运行最低水温低 3～5℃，防止结冰。表 10-4 为不同防冻液的比较。

3）回填

地埋管换热器 U 形管安装完毕后，应进行灌浆回填。回填材料应细小、松散、均匀，且不应含石块及土块。一般采用膨润土和细砂的混合浆或专用灌浆材料。回填压实过程应均匀，回填材料应与管道接触紧密，且不得损伤管道。

表 10-2　聚乙烯（PE）管外径及公称壁厚　　　　　　　　（mm）

公称外径 dn	平均外径		公称壁厚/材料等级		
	最小	最大	公称压力		
			1.0MPa	1.25MPa	1.6MPa
20	20.0	20.3	—	—	—
25	25.0	25.3	—	$2.3^{+0.5}$/PE80	—
32	32.0	32.3	—	$3.0^{+0.5}$/PE80	$3.0^{+0.5}$/PE100
40	40.0	40.4	—	$3.7^{+0.6}$/PE80	$3.7^{+0.6}$/PE100
50	50.0	50.5	—	$4.6^{+0.7}$/PE80	$4.6^{+0.7}$/PE100
63	63.0	63.6	$4.7^{+0.8}$/PE80	$4.7^{+0.8}$/PE100	$5.8^{+0.9}$/PE100
75	75.0	75.7	$4.5^{+0.7}$/PE100	$5.6^{+0.9}$/PE100	$6.8^{+1.1}$/PE100
90	90.0	90.9	$5.4^{+0.9}$/PE100	$6.7^{+1.1}$/PE100	$8.2^{+1.3}$/PE100
110	110.0	111.0	$6.6^{+1.1}$/PE100	$8.1^{+1.3}$/PE100	$10.0^{+1.5}$/PE100
125	125.0	126.2	$7.4^{+1.2}$/PE100	$9.2^{+1.4}$/PE100	$11.4^{+1.8}$/PE100
140	140.0	141.3	$8.3^{+1.3}$/PE100	$10.3^{+1.6}$/PE100	$12.7^{+2.0}$/PE100
160	160.0	161.5	$9.5^{+1.5}$/PE100	$11.8^{+1.8}$/PE100	$14.6^{+2.2}$/PE100
180	180.0	181.7	$10.7^{+1.7}$/PE100	$13.3^{+2.0}$/PE100	$16.4^{+3.2}$/PE100
200	200.0	201.8	$11.9^{+1.8}$/PE100	$14.7^{+2.3}$/PE100	$18.2^{+3.6}$/PE100
225	225.0	227.1	$13.4^{+2.1}$/PE100	$16.6^{+3.3}$/PE100	$20.5^{+4.0}$/PE100
250	250.0	252.3	$14.8^{+2.3}$/PE100	$18.4^{+3.6}$/PE100	$22.7^{+4.5}$/PE100
280	280.0	282.6	$16.6^{+3.3}$/PE100	$20.6^{+4.1}$/PE100	$25.4^{+5.0}$/PE100
315	315.0	317.9	$18.7^{+3.7}$/PE100	$23.2^{+4.6}$/PE100	$28.6^{+5.7}$/PE100
355	355.0	358.2	$21.1^{+4.2}$/PE100	$26.1^{+5.2}$/PE100	$32.2^{+6.4}$/PE100
400	400.0	403.6	$23.7^{+4.7}$/PE100	$29.4^{+5.8}$/PE100	$36.3^{+7.2}$/PE100

表 10-3 聚丁烯（PB）管外径及公称壁厚　　　　　　　　　（mm）

公称外径 dn	平均外径		公称壁厚
	最小	最大	
20	20.0	20.3	$1.9^{+0.3}$
25	25.0	25.3	$2.3^{+0.4}$
32	32.0	32.3	$2.9^{+0.4}$
40	40.0	40.4	$3.7^{+0.5}$
50	50.0	50.5	$4.6^{+0.6}$
63	63.0	63.6	$5.8^{+0.7}$
75	75.0	75.7	$6.8^{+0.8}$
90	90.0	90.9	$8.2^{+1.0}$
110	110.0	111.0	$10.0^{+1.1}$
125	125.0	126.2	$11.4^{+1.3}$
140	140.0	141.3	$12.7^{+1.4}$
160	160.0	161.5	$14.6^{+1.6}$

表 10-4 地源热泵系统不同防冻液的比较

防冻液	传热能力 (%)*	泵的功率 (%)*	腐蚀性	有无毒性	对环境的影响
氯化钙	120	140	不能用于不锈钢、铝、低碳钢、锌或焊接锌	粉尘对皮肤、眼睛有潜在的刺激作用，强烈的咸味会使地下水受到污染	影响地下水的质量
乙醇	80	110	须使用防腐剂降低腐蚀性	蒸气刺激咽喉和眼睛，大量的吸入会引起疾病。长期暴露会对肝脏造成损害	不能使用
乙二醇	90	125	需要加入防腐剂来保护低碳钢、铸铁、铝及焊锡	对眼睛或皮肤有刺激。少量摄入毒性不大，长期暴露会引起损害	与 H_2O 和 CO_2 在一起发生分解，形成不稳定的有机酸
甲醇	100	100	使用杀虫剂来防止污染	皮肤接触或摄入都有很大的毒性	能分解成 H_2O 和 CO_2，形成不稳定的有机酸
乙酸钾	88	115	需加防腐剂来保护铝和低碳钢。管道注意防漏	无毒，但对皮肤和眼睛有微量刺激	见甲醇
碳酸钾	110	130	需加防腐剂来保护铜和低碳钢。但对于锡、青铜、锌没有合适的保护措施	腐蚀特性不易处理，长期摄入有危害	无影响
丙二醇	70	135	对于铸铁锡、铝需加防腐剂	无毒	见乙二醇
氯化钠	110	120	对于低碳钢、铜和铝没有合适的保护措施	粉尘对皮肤、眼睛有潜在的刺激作用，强烈的咸味会使地下水受到污染	溶解度高、流动性好。对地下水有影响

*与甲醇相比，甲醇为100。

2. 地下水换热系统

地下水是指埋藏和运移在地表以下含水层中的水体。地下水分布广泛，水质比地表水好，水温随气候变化比地表水小，是地源热泵中央空调可以利用的较为理想的水源。地下水按埋藏条件分为上层滞水、潜水、层间水、裂缝水和溶洞水五类。地下水地源热泵系统主要利用潜水和浅层层间水。

地下水换热系统是地下水源热泵空调系统的重要组成部分，其设计与施工的合理性将直接影响到用户的使用效果。地下水换热系统应根据水文地质勘察资料进行设计。必须采取有效、可靠的回灌措施，确保置换冷量或热量后的地下水能够完全回灌到同一含水层，并不得对地下水资源造成污染及浪费。对水源系统的原则要求是水量充足，水温适度，水质适宜，供水稳定。水源的水质，应适宜于水源热泵机组、管道和阀门的材质，不能产生严重的腐蚀损坏。水源供水系统供水保证率要高，供水功能具有长期可靠性，能保证水源热泵中央空调系统长期和稳定运行。其按照循环方式可以分为间接地下水系统与直接地下水系统。

间接地下水换热系统是指由抽水井取出的地下水经中间热交换器热交换后返回地下同一含水层的地下水换热系统。有些水源矿化度较高，对金属的腐蚀性较强，如直接进入热泵机组会因腐蚀作用减少热泵机组的使用寿命。如果通过水处理的办法减少矿化度，则费用很大。通常采用加装板式换热器进行中间换热的方式，把水源水与机组隔离开，使热泵机组彻底避免了热源水可能产生的腐蚀作用。由于充当中间热交换器的板式换热器将地下水系统与热泵机组的热源循环水系统分成完全独立的两个水系统，有效的避免了由于热源水水质问题造成的热泵机组换热器结垢及腐蚀问题。当水源水的矿化度小于 350mg/L 时，水源系统可以不加换热器，采用直供连接。当水源水矿化度为 350~500mg/L 时，可以安装不锈钢板式换热器。当水源水矿化度＞500mg/L 时，应安装抗腐蚀性强的钛合金板式换热器。也可安装容积式换热器，费用比板式换热器少，但占地面积大。

直接地下水换热系统是指由井水抽出的地下水，经处理后直接流经水源热泵机组热交换后返回地下同一含水层的地下水换热系统。目前国内大部分的水源热泵工程采取的都是这种方式。与地埋管换热系统一样，热源井合理的设计与施工也是整个热泵空调系统成败的关键。热源井是用于地下含水层中取水或向含水层灌注回水的井，是抽水井和回灌井的统称。它的作用是向水源热泵机组或板式换热器提供符合换热条件的地下水并回灌到地下。

(1) 热源井的设计

热源井的主要形式有管井、大口井、辐射井等。

1) 管井

管井是用凿井机械开凿至地下含水层，用井壁管保护井壁，垂直地面的直井。在比较大的工程项目中，由于要保证水源热泵机组的用水量，通常要有很多管井组成井群。管井是地下水源热泵空调系统中最为常见的热源井。

2) 大口井

一般来讲，井径大于 1.5m 的井称之为大口井。它具有结构简单、施工方便、使用年限长、容积大等优点。但是大口井深度小，对潜水水位变化适应能力差。

3) 辐射井

辐射井是由集水井与若干呈辐射状铺设的水平集管（辐射管）组合而成。辐射管可以单层铺设，也可多层铺设。辐射井具有管理集中、占地面积小等优点。但是施工技术难度大、成本高。

热源井的形式及适用范围如表 10-5 所示。

表 10-5 热源井的形式及适用范围

形式	规格	井深	适用范围				
			地下水类型	地下水埋深	含水层厚度	水文地质特征	出水量
管井	井径50～600mm	20～1000m	潜水、承压水、裂隙水、溶洞水	200m以内	大于5m或有多个含水层	砂、卵石、砾石地层及构造裂缝隙、岩溶裂隙地带	单井出水量20～300m³/h
大口井	井径1.5～10m	20m以内	潜水、承压水	10m以内	5～15m	砂、卵石、砾石地层	单井出水量50～400m³/h
辐射井	集水井井径 4～6m,辐射管直径50～300mm	集水井井深3～12m	潜水、承压水	12m以内	2m以上	补给良好的粗砂、砾石层,但不可含有飘砾	单井出水量200～2000m³/h

(2) 管井的构造

管井主要由井室、井壁管、过滤器、沉淀管等部分组成。管井的直径规格有 200mm、300mm、400mm、450mm、500mm、550mm、600mm、650mm 等。

1) 井室

井室的功能是安装井泵电动机、井口阀门、压力表等,保护井口免受污染和提供运行管理维护的场所。按其形式可分为地面式、地下式和半地下式。

2) 井壁管

井壁管不透水,它主要安装在不需要进水的岩土层。作用是加固井壁、隔离不良含水层。井壁管应满足如下要求:

① 井壁管应具有足够的强度,能经受地层和人工填充物的侧压力,不易弯曲,内壁平滑圆整。当井深小于 250m 时,井壁管一般采用铸铁管;当井深小于 150m 时,一般采用混凝土管;当井深较小时,可采用塑料管;对于地下水源换热系统,一般采用铸铁管。

② 井壁管的内径应按照出水量要求、水泵类型、抽水管外形尺寸等因素确定,通常大于或等于过滤器的内径。当采用潜水泵或深水泵扬水时,井壁管内径要大于潜水泵井下部分最大外径 100mm。

③ 在井管壁与井壁间的环形空间内应添入不透水黏土,形成黏土封闭层。防止不良地下水沿着井壁管和井壁之间的环形空间流向填砾层,进入井中。

3) 过滤器

过滤器又称花管,它是带有孔眼或缝隙的管段,与井壁管直接连接,安装在含水层中。集取地下水进入井中和阻挡含水层中的砂砾进入井中。过滤器的类型有很多,常见的有由金属管材或非金属管材加工制造而成并在管上钻梅花形圆孔或条孔的过滤器;以圆孔、条孔滤水管为骨架,在滤水管外壁铺设若干垫筋,外面用直径 2～3mm 的镀锌钢丝缠绕而成的缠丝过滤器;以圆孔、条孔滤水管为骨架,在滤水管外壁铺设若干垫筋,外面包裹铜网或棕树皮或尼龙罗底布,再用钢丝缠绕而成的包网过滤器。

在过滤器的选型时应注意：

① 在各类砂、砾石和卵石含水层应选用填砾过滤器。

填砾过滤器是指在过滤器周围回填一定规格的砾石层，形成填砾过滤器。反之为不填砾过滤器。

② 在保证强度的要求下，应尽量采用较大孔隙率的过滤器。

过滤器的孔隙率是指过滤器管壁空隙面积占整个管壁面积的百分比。各种管材允许的空隙率为：钢管 30%～35%，铸铁管 18%～25%，钢筋混凝土管 10%～15%，塑料管 10%。

③ 在细砂较多的地区，应选用双层填砾过滤器。

4) 沉淀管

沉淀管位于管井的底部，用于沉淀进入井内的细小泥砂颗粒和来自地下水析出的其他沉淀物。沉淀管的长度视井深和井水沉砂的可能性而定，一般为 2～10m。

(3) 地下水回灌技术

1) 回灌的意义及方法

所谓回灌就是将从水井抽出的地下水经过热泵机组交换热量后，再通过回灌井注入地下同一含水层中。这样做可以补充地下水源，调节水位，维持水储量平衡。同时回灌储能，提供冷热源，如冬灌夏用，夏灌冬用；还可以保持含水层水头压力，防止地面沉降。

我国是世界上水资源严重短缺的国家，全国有 300 多个城市缺水。区域遍及内陆、高原及沿海。由于有些城市过度开采地下水，已经造成了地面沉降，沿海地区更是导致了海水入侵。所以，为有效的保护地下水资源，确保水源热泵系统长期可靠地运行，地下水源热泵系统工程中必须采取回灌措施。

地下水源热泵空调系统的地下水回灌分为三种方式，即无压（自流）回灌、加压（正压）回灌及负压（真空）回灌。

无压回灌是指回灌水依靠自身重力经回灌井流回到含水层内。无压回灌适于井中有回灌水位和静水位差，含水层渗透性好的区域。它的优点是系统简单、工程造价低廉。目前国内大部分的地下水源热泵空调系统采用的都是这种回灌方式。

加压回灌是通过增加回灌水压力的方法将回灌水经回灌井注回到含水层内。它适用于渗透性差的含水层及承压含水层。由于其回灌时带有一定的压力，能有效的避免回灌井的堵塞问题，同时能保证良好的回灌率。但对回灌井冲击大，井管易老化。

负压回灌是指水泵在密闭的回灌井中抽水，此时，井管和系统管路内都充满了抽上来的地下水。停泵，迅速关闭水泵出口的控制阀，这时井管和系统管路内的地下水由于重力作用迅速下沉，并在井管和系统管路内部形成一定的真空度。在这种真空状态下开启回灌井的控制阀，由抽水井抽取上来的地下水由于虹吸作用迅速进入井管内，克服阻力渗透到回灌含水层中。负压回灌适用于地下水位埋藏较深、含水层渗透性好的区域或者要求对井管冲击小的系统。

回灌量大小与水文地质条件、成井工艺、回灌方法等因素有关，其中水文地质条件是影响回灌量的主要因素。一般来讲，出水量大的井回灌量也大。在基岩裂隙含水层和岩溶含水层中回灌，在一个回灌年度内，回灌水位和单位回灌量变化都不大。在砾卵石含水层中，单位回灌量一般为单位出水量的 80% 以上。在粗砂含水层中，回灌量是出水量的 50%～70%。细砂含水层中，单位回灌量是单位出水量的 30%～50%。抽灌比是确定抽灌井数量的主要依据。

2) 防止回灌井堵塞的技术措施

为预防和处理管井堵塞,主要采用回扬的方法,所谓回扬即在回灌井中开泵抽排水中堵塞物。每口回灌井回扬次数和回扬持续时间主要由含水层颗粒大小和渗透性而定。在岩溶裂隙含水层进行管井回灌,长期不回扬,回灌能力仍能维持。在松散粗大颗粒含水层进行管井回灌,回扬时间一周1~2次;在中、细颗粒含水层里进行管井回灌,回扬间隔时间应缩短,每天应1~2次。在回灌过程中,掌握适当回扬次数和时间,才能获得好的回灌效果,如果怕回扬多占时间,少回扬甚至不回扬,结果管井和含水层受堵,反而得不偿失。回扬持续时间以浑水出完,见到清水为止。对细颗粒含水层来说,回扬尤为重要。实验证实:在几次回灌之间进行回扬与连续回灌不进行回扬相比,前者能恢复回灌水位,保证回灌井正常工作。

3. 地表水换热系统

选用地表水换热系统,在设计取水量时要考虑水温因素和需水量的保证率,取水构筑物标高与洪水季节水位的关系。施工应同时考虑供水管和排水管的布置方位。

(1) 地表水换热系统按形式可以分为开式地表水换热系统与闭式地表水换热系统。开式地表水换热系统是地表水在循环泵的驱动下,经过处理后直接流经地源热泵机组或通过中间换热器进行热交换的系统。闭式地表水换热系统是将封闭的换热盘管按照特定的排列方法放入具有一定深度的地表水中,传热介质通过换热管管壁与地表水进行热交换的系统。地表水换热盘管的换热量应满足地源热泵系统的最大吸热量或释热量的需要。闭式地表水换热系统宜为同程系统,每个环路集管内的环路数宜相同,且并联连接。环路集管布置应与水体形状相适应,供、回水管应分开布置。换热盘管应牢固安装在水体低部,材料一般为塑料制品。地表水的最低水位与换热盘管的距离不应小于1.5m,换热盘管设置处水体的静压应在换热盘管的承压范围内。

(2) 根据地表水形式的不同又可以分为湖水源热泵空调系统、河水源热泵空调系统以及海水源热泵空调系统等。

湖水源热泵空调系统与河水源热泵空调系统类型相似,其设计时应注意到水口位置、取水构筑物形式的合理选择、热源水的水质等问题。水口应选择在地形地质良好,便于施工的区域。不能在游荡性河段、湖岸浅滩处或淤泥、水草等杂物多的区域设置水口。能够保证无论在洪水位、常水位或枯水位都能取到满足热泵机组运行的水量。取水口应设置可拆卸的过滤器,并定期清洗,以免热源水中的杂物进入换热系统中。

海水约占自然界水总储量的96.5%,是一个巨大的可再生能源库。我国一些沿海城市利用海水做工业冷却水源已有多年历史,但是海水源热泵系统还处于起步阶段。在国外,海水源热泵水源经过几十年的发展,技术已经日臻成熟。世界上已有很多大型的海水源热泵系统成功运行。近些年,国内的一些企业、高校把海水源热泵系统作为专项课题研究,并已取得了一些可喜成果。海水不同于陆地地表水,其含盐高、腐蚀大、微生物多等特点给系统的安全、稳定运行造成很大障碍。与海水接触的所有设备、部件及管道应具有防腐、防生物附着的能力。与海水连通的所有设备、部件及管道应具有过滤、清理的能力。海水取水构筑物应能够承受海水潮汐运动产生的巨大冲击力。海水源热泵换热系统的换热器需采用特殊材料,若用普通的钢制材料,使用1~2后年便会因腐蚀而产生漏水现象,需要更换。大量的海洋生物及海水潮汐运动产生的淤泥会附着在取水构筑物与换热器中,造成换热系统堵塞,整个海水源空调系统失效。

4. 污水换热系统

一般的污水是指生活污水和工业废水的统称。由于其水质差、成分复杂，不经过处理，往往难以直接加以利用。国外一些污水源热泵经常选用经过污水处理厂处理过的污水或中水作为它的热源水。一般来讲，污水源热泵空调系统中，污水往往不直接流经热泵机组，而是通过板式换热器等中间换热装置将热泵机组与污水分隔开来。在选择换热器时，应充分考虑到污水流过换热器后，在换热器表面上形成结垢、微生物结膜、油膜等问题以及造成换热器的堵塞和腐蚀问题。并且污水的导热率低、流动阻力大，污水源热泵空调系统的中间换热器换热面积在选择时要比其他形式的地源热泵空调系统的中间换热器面积大些。并且换热器表面结垢会导致热泵机组的耗功加大，使整套热泵系统的运行费用增加。

三、机房的布置

1. 概述

（1）机房的位置

机房的位置在一个大中型的建筑物中是个相当重要的问题。它既决定投资的多少又影响能耗的大小。布置不好或处理不当其噪声振动还会严重地干扰周围环境。一般来说地源热泵空调系统的机房通常布置在地下室、半地下室或者室外单独新建，且尽量靠近负荷中心。

机房设置应考虑管道布置分配方便，经济技术合理，有良好的通风，大、中型机房应设置观察控制室、维修间及洗手间等辅助房间。机房内应有给排水设施，留出不小于冷凝器、蒸发器长度的维修距离，同时做好消声隔振处理。机房的主要通道的宽度不应小于1.5m，热泵机组与墙之间的净距不应小于1.0m，与上方管道、烟道或电缆桥架的净距不应小于1.0m。与热泵机组或其他设备之间的净距不应小于1.2m，与配电柜的距离不应小于1.5m。

（2）机房内设备的布置

地源热泵空调机房除了需要布置热泵机组外，还应布置循环水泵、旋流除砂器、电子水处理仪、软化水箱、集污过滤器、定压系统及阀门管件等。

（3）设备层

布置原则

20层以内的高层建筑：宜在上部或下部设一个设备层；

30层以内的高层建筑：宜在上部和下部设两个设备层；

30层以上超高层建筑：宜在上、中、下分别设设备层。

设备层内管道布置原则：

离地 $h \leqslant 2.0 \mathrm{m}$ 布置空调设备、水泵等；

$h = 2.5 \sim 3.0 \mathrm{m}$ 布置冷、热水管道；

$h = 3.6 \sim 4.6 \mathrm{m}$ 布置空调、通风管道；

$h > 4.6 \mathrm{m}$ 布置电线电缆。

2. 机房内部主要设备的选型计算

（1）地源热泵机组

地源热泵机组是整个地源热泵空调系统的核心设备，是整个循环系统的心脏。它的性能决定着整个地源热泵空调系统的成败。地源热泵机组选型的合理性直接影响着工程初始投资、工程造价、施工周期、运行管理费用以及其他辅助设备的选型等，是系统工程设计的关键。

地源热泵机组将低温热源（如土壤、地下水等）中的低品位的热能进行热交换，转化为高品位热能从而加以直接利用，达到冬季采暖、夏季制冷的目的。以冬季采暖为例，整个地源热泵空调系统按能量转化形式可分为三个过程。

第一过程：机组将地下水的低品位能量进行热交换。能量热交换是由制冷剂完成的。制冷剂在蒸发器内气化蒸发吸收了地下水的热量后进入压缩机。

第二过程：机组将得到的低品位能量转化为高品位的能量。这一过程是通过压缩机完成的。低温低压的制冷剂气体由蒸发器被吸入压缩机中，经压缩机压缩后变为高温高压的气体。

第三过程：末端系统将机组得到的能量释放给房间的过程。这一过程是由循环水系统完成的。由压缩机排出的高温高压的气体，在冷凝器内与循环水进行热交换。制冷剂气体放出热量后，冷凝成为液体，经节流后，再次到蒸发器内吸收热量。而循环水则吸收了制冷剂气体的热量升温成高温循环水。高温循环水被送到房间将热量放出后，再回到冷凝器吸收热量。

以上三个过程是一套典型的地源热泵空调系统冬季采暖的能量转换过程。在系统制冷运行时，只需要切换站内的八个能量转换阀门，即可完成空调系统由采暖运行到制冷运行的切换。在整个能量转化的过程中，压缩机的功耗仅为1kW，但可回收地下水的热量为3.6～5.2kW。由此可见，热泵为一节能技术。

一般来讲，各个地源热泵机组生产厂家提供的产品样本对产品的各项性能指标都有详尽的阐述，选型时只需按工程需求查阅产品样本相关数据即可。

（2）循环水泵的选型

在一套完整的水源热泵空调水系统中，水泵是必不可少的附属设备之一。它的作用就是通过水泵的泵口压力，推动载冷剂流动，使之与地源热泵机组的冷凝器或蒸发器进行热交换。对于土壤式地源热泵来讲，低温热源侧的循环水泵应能够兼容防冻液的使用工况。而对于地下水或地表水源热泵来讲，低温热源侧的水泵为潜水泵。而使用侧的循环水泵均为清水循环泵。

一般来讲，除了空调冷水和空调热水的流量的管网阻力相吻合的情况下，两管制空调水系统应分别设置冷水和热水循环泵。国内大部分的两管制空调工程在循环水泵的选择上只选择一组冷、热水共用水泵，其水量与阻力的差异忽略不计。

单式泵系统及复式泵系统中的一级泵，应该与热泵机组的台数和流量相对应。复式系统中的二级泵台数应按系统的分区和每个分区的流量调节方式确定，每个分区不宜少于两台。

（3）水泵的选型计算

一般采讲，空调水系统的使用侧为闭式系统。循环水泵推动液体载冷剂流动所需要克服的阻力不包含系统内的静压力，而是由系统内的管路和阀件阻力、自控阀及过滤器阻力、地源热泵机组换热器阻力、末端设备换热器阻力组成。

在单式泵系统中，循环水泵通常选用转数为1480r/min或2960r/min的离心式清水泵。水泵的流量应为冷水机组额定流量的1.1～1.2倍（单台工作取1.1，两台并联工作取1.2）。

在复式泵系统中，系统的一级泵选型参照单式泵系统，闭式二级泵扬程应按管路和阀件阻力、自控阀及过滤器阻力、末端设备换热器阻力之和计算。开式系统的二级泵扬程除了闭式二级泵的阻力项之外，还应包括从蓄水池或蓄冷水池最低水位到末端设备之间的高度差。

水泵的接口管径宜比管路的管径小，因为循环水经过水泵时的流速过大，而系统对循环水的流速有严格的限制，此做法能有效的避免因系统流速过大引起的管路振动问题。

水泵在安装施工时应注意，水泵的入口处应安装过滤装置，常规做法是根据管路口径选择相对应的 Y 形过滤器。在水泵的出口加装单向阀，用来防止放水时由于水的静压造成水泵叶轮反转而使电机损坏。当水泵入口承受较高的静压时，在选型及订货时应明确提出水泵的承压要求。

在地埋管换热系统中，低温热源侧的水系统同样为闭式循环，循环水泵的选型计算与使用侧的循环水泵选型基本一致。但根据许多工程的实际情况，低温热源侧的循环水泵扬程一般不超过 32m。扬程过高时，应加大水平连接管管径，减小比摩阻。虽然管径引起的投资增加不多，但水泵增加的能耗是长期的。为了减少能耗，节省运行费用，可采用水泵台数控制或者水泵的变流量调节的方式。

（4）潜水泵的选择

潜水泵用于提取深层地下水，是直接地下水换热系统与开式地表水换热系统不可缺少的组成部分。按照取水水源不同，可将潜水泵分为井用潜水泵、混流潜水泵与污水污物潜水泵。井用潜水泵用于城乡自来水、企业工厂给排水等；混流潜水泵主要用于农田水利排灌、临时排涝及地表取水等；污水污物潜水泵主要用于城市污水处理、企业工厂污水处理等环保工程。一般来讲，除了污水源热泵空调系统外，井用潜水泵即可满足地源热泵空调系统运行要求。

井用潜水电泵由水泵和电机两部分组成，电机位于电泵的下部，两部分通过联接段和联轴器连接在一起工作。目前市场上销售的井用潜水电泵主要有水浸和油浸两种，水浸电机工作前由用户将电机腔内充满洁净的清水，油浸电机生产厂家出厂时已充好油脂，用户可直接使用。潜水泵的选择应根据抽水作业的实际，计算出每小时用水量及送水需要的扬程，对照产品样本，确定选用的型号。一般来讲，潜水泵选型时的计算流量应是系统设计流量的 1.1～1.2 倍。扬程并不太容易计算准确，需要根据井的深度、下泵的位置、需要克服的换热器阻力以及系统摩擦阻力等因素综合来考虑。可以参照上述循环水泵的选型。

（5）旋流除砂器

在直接地下水换热系统和开式地表水换热系统中，水泵抽出的地下水或地表水往往含有较多的泥砂和杂物。这些含有杂质的循环水不仅换热效果不好，而且进入热泵机组的换热器后，势必会造成热泵机组换热器堵塞或损坏。

旋流除砂器是一种有效的除砂过滤装置，它由筒体、滤管、进出水口、排污口等部件组成，均为钢制材料。具有占地面积小、除砂效率高、清污方便等优点，被广泛使用在各个地源热泵空调系统中。在系统初始运行时，系统中悬浮物等污物会附着在滤管上，造成滤管堵塞，这时需要停泵进行清理。待旋流除砂器进入正常工作状态后，只需定期从排污口排污即可。

旋流除砂器在选型时应根据厂家提供的设备工作流量、除污性能等因素考虑。旋流除砂器由于安装方便、占地面积小，也可作为一个活动的管道支架，对系统管路起支撑作用。

（6）电子水处理仪

电子水处理仪是利用高频电磁场作用流经处理仪的水，改变水的团链大分子结构，使其成垢离子间的排列顺序发生扭曲变形。此时水分子的电子处于高能位状态，导致水分子电位下降，使水中 Ca^{2+}、Mg^{2+} 等盐类离子及带电粒子间静电引力减弱，形成电磁极化水，难以相互聚集。水分子与器壁间电位差减少，各类盐类离子趋于分散，不向器壁聚集。形成的电磁极化水，流经受热体时，形成针状结晶，成为松软的砂状软垢，便于沉淀，不易板结于受热面，可以随着水流通过排污渠道顺利排出，防止新垢生成。电磁极化水渗透性和偶极距增大可以侵润老垢，使之龟裂、脱落，最终除掉。

此外，电磁极化水还可以有效的杀灭水中的菌类、藻类等，有效的抑制水中微生物的繁殖。同时对金属器壁的离解，对无垢系统起防蚀作用。

电子水处理仪适用于电站、钢厂、纺织厂、商场、饭店、写字楼等冷却循环水系统、冷冻循环水系统或供热循环水系统的防垢、除垢、杀菌及灭藻处理。

电子水处理仪在选型时注意系统的介质工作流量应在电子水处理仪工作流量区域范围内。

(7) 水过滤器

由于运行在水源热泵空调系统中的水中难免含有杂质，而这些杂质对系统来讲是十分有害的，这就需要在系统上安装水过滤装置来把杂质过滤掉。一般来讲，水过滤器按结构形式大致可以分为三种，反冲洗式过滤器、刷洗式过滤器及压差自清式过滤器。

(8) 其他附属设备的选型

其他设备包括蝶阀、单向阀等，阀门的选择一般按照接管管径来选择，一般产品供应商会根据用户提出的要求来选择适合于工程的产品。

第十一章　管道保温节能系统

　　管道保温技术发展较快,主要基于合成材料充足和生产管道技术水平提高,不但制造管道质量有所保证,而且安装配件也先进、合理。不但在安装时方便,而且节能效果也明显增加。

　　就热力供暖管道而言,20世纪70年代以前的地下采暖管道,多数采用珍珠岩、蛭石粉与水泥压制成保温瓦块,将瓦块逐个用铁丝绑扎,再在外表面包缠玻璃丝布,然后涂刷防腐漆。在地下供暖管铺装时,将管道安放在地沟后,再加盖水泥盖板。夏季雨水进入地沟内浸泡后,大大降低冬季供暖效果,每年换季需维修,这种传统保温管道材料使用和安装方法能耗损失很大。

　　80年代初,聚氨酯硬质泡沫开始用在石油管道输送石油的保温,那时还采用一模接一模的模浇成型的方法施工,模具根据管道直径大小设定,一般模具在1m左右的长度。发泡过程为支模、模具涂脱模剂、注料、合模、泡沫固化、卸模、防护层,虽然在管道上应用了聚氨酯硬泡施工技术,但施工速度慢,即使制造好保温管还需另加外防护保护层。

　　80年代末,聚氨酯硬质泡沫原料充足供应,加之对聚氨酯硬泡保温技术积极推广应用,通对聚氨酯硬泡技术性能和施工技术的总结和肯定,不但用在石油管道,也大量用在热力供暖管道上,在施工技术上出现飞跃发展。现已发展成采用预制好无缝、防水、防腐、防撞击的玻璃钢(如氯磺化玻璃钢)或硬质塑料(如高密度聚乙烯)的整体外壳,在外壳与管道之间用机械一次性注入约15延长米聚氨酯泡沫原料发泡,大大提高制造热力供暖管道生产速度。应用预制成型的保温管道具有整体性、节能效果非常显著、安装快速等特点。同时,使用年限长,大大减少维修量,甚至是终身受益。在现场安装时,因采用直埋技术,取消了地沟、盖板等浪费能源的传统做法。

　　高温(本章指120℃至250℃间)管道采用无酸性腐蚀,且经改性的闭孔酚醛树脂泡沫或改性聚氨酯(聚异氰脲酸酯)硬质泡沫,或复合保温材料(内层用耐高温材料与外层通用型保温材料复合方式)保温管道等。

　　橡胶(塑)泡沫、挤出聚乙烯泡沫(XPE)、聚氯乙烯泡沫、聚氯乙烯与丁腈橡胶共混泡沫(PVC/NBR)为韧性保温材料。尤其是橡胶(塑)泡沫,可分别有管材和板材,可应用于任何形状管道或异型阀门。

　　在采暖通风与空调的管道材质上,为了防火、降噪而使用复合离心玻璃棉板为保温介质。市场上相继出现阻燃、轻质、安装方便、使用寿命长的采用铝箔与泡沫板复合为保温介质的风管,如:聚氨酯泡沫(PUF、PIR)板、挤出聚乙烯泡沫、橡胶(塑)泡沫板、酚醛树脂泡沫(PF)板。施工时采用粘结方式或按设计要求配有铝箔或其他金属外壳等,其中聚氨酯硬泡自成风管体系,不必加骨架。因风管管道多用于居民住宅室内或人流密集的商场等场所,要求制造管道材质或整体管道达到外型美观、高效节能的同时,必须达到相关规定的防火功能。

　　高温管道常采用预制纤维状矿物棉、硅酸盐类保温膏、泡沫玻璃和耐温涂料等保温,该类材料主要以无机类为主体材质而制成的保温材料,主要应用对象是工业管道、设备保温。其中高温管道采用玻璃棉与铝箔单面复合产品形式，从外观、物理性能和施工方法都很优异。

第一节 橡塑（胶）泡沫管道保温施工

橡塑（胶）泡沫广泛应用于商业和民用建筑中供暖、制冷及冷暖交替的风管、水管系统。同时应用于石油、化工、造纸等设备及管道的保温、隔热。尤其在医药、食品、电子等洁净度高的环境中使用，更有其无可取代的优点。根据应用目的可选择各种规格、形状、技术性能的管材、板材等系列产品。

橡胶泡沫与橡塑泡沫为同类两种产品，在安装方式上大同小异，均采用专用胶水进行粘贴固定、密封方法。在阀门、大直径弯头等异型保温时，几乎都是采用板材切割粘贴。为了切割板材时不浪费材料，安装达到严密，在具体操作过程中，应保证操作工艺的合理性。

一、橡塑泡沫管道保温

1. 橡塑泡沫规格及专用性能

（1）橡塑泡沫标准规格

橡塑泡沫管材、板材的规格列于表 11-1、表 11-2。

表 11-1 管材规格（标准长度 2m）

保温管内径 (mm)	对应金属管规格 铜管（英寸）	对应金属管规格 镀锌管 DN	保温管规格（mm） 6（S）系列	9（N）系列	13（T）系列	19（NT）系列	25（TF）系列	32（TT）系列
6	1/4″			9×6	13×6			
10	3/8″	6	6×10	9×10	13×10			
12	1/2″		6×12	9×12	13×12	19×12		
15	5/8″	8	6×15	9×15	13×15	19×15		
19	3/4″		6×19	9×19	13×19	19×19	25×19	32×19
22	7/8″	15	6×22	9×22	13×22	19×22	25×22	32×22
25	1″		6×25	9×25	13×25	19×25	25×25	32×25
28	1 1/8″	20	6×28	9×28	13×28	19×28	25×28	32×28
32	1 1/4″			9×32	13×32	19×32	25×32	32×32
35	1 3/8″	25		9×35	13×35	19×35	25×35	32×35
38	1 1/2″			9×38	13×38	19×38	25×38	32×38
42	1 5/8″	32		9×42	13×42	19×42	25×42	32×42
45	1 3/4″				13×45	19×45	25×45	32×45
48	1 7/8″	40			13×48	19×48	25×48	32×48
54	2 1/8″				13×54	19×54	25×54	32×54
57	2 1/4″				13×57	19×57	25×57	32×57
60	2 3/8″	50			13×60	19×60	25×60	32×60
76		70				19×76	25×76	32×76
89		80				19×89	25×89	32×89
108						19×108	25×108	32×108
114		100					25×114	32×114
125							25×125	32×125
133							25×133	32×133
140		125					25×140	32×140

注：管材产品规格表示方法举例：19×89，表示内径为 89mm 的 19（NT）系列管材。

表 11-2 板材规格

板材系列	6 (S)	9 (N)	13 (T)	19 (NT)	25 (TF)	32 (TT)
板材厚度（mm）	6	9	13	19	25	32
厚度公差范围（mm）	+1.5	+1.5	+1.5	+1.5	+1.5	+1.5
板材宽度（mm）	30	20	14	10	8	6
板材厚度（mm）	1000±10					

注：板材产品规格表示方法：KF19，表示 19（NT）系列板材，其标准厚度为 19mm。

（2）橡塑泡沫专用性能

1) 用于工业、商业、民用和公共建筑冷热水、空调系统橡塑泡沫的技术性能指标如表 11-3 所示。

表 11-3 技术性能指标

性能	指标	检测方法
工作温度范围（℃）	−50℃～+116℃	
导热系数 [W/(m·K)]		BS874 Part 2 1986
−20℃	0.033	
0℃	0.035	
20℃	0.037	
防水性能	Class P	BS476 Part 15 1979
	Class P	BS476 Part 17 1987
	Class P	BS476 Part 6 1989
湿阻因子	≥7500	DIN 52615
透湿系数 [g/(m·s·Pa)]	≤2.6×10^{-11}	BS 4370
		DIN 52615
密度（kg/m^3）	40～70	
体积吸水率（28d）	<1.1	
降噪性能（dB）	~35	DIN 4109
抗臭氧能力	良好	
弹性	极佳	
抗紫外线能力	良好	
耐油污能力	良好	
耐腐性能	合格	
防霉性能	无霉菌生长	

2) 环保型绝热产品，不含 PVC、氯、溴和石棉等物质，使得它生成的烟是透明无毒的，因此在发生火灾的情况下，也不会产生有毒的二氧化物气体。

特别适合用于人流密集、疏散困难和排放物有特殊要求的场所，如：食品工业、舰船、地铁、机场、计算机中心、医院、社区中心、商场、剧场和展览中心等。

3) 可在高温条件使用，在外层覆涂 UV 防太阳照射的耐老化层，有效抵御自然界紫外线的侵袭。

4) 泡沫外层有坚硬保护层，能有效抵御温度、湿度、酸碱度以及紫外线所造成的破坏，适合在恶劣环境中绝热保温工程应用。

2. 橡塑泡沫设计选用原则

橡塑泡沫选择时，除了要满足绝热对象的介质运行工况和环境要求外，还需要绝热材料本身与之相配套适应，绝热材料的选择由多方面综合因素确定。

中央空调的保温分保冷和保热两种情况。保冷层的厚度计算有防结露法、经济厚度法、允许冷损失法、允许温降法等，其中防结露法是最基本也是最常用的方法。保温层的计算有经济厚度法、表面温度法、允许热损失法、允许温降法等。在空调热水管中允许热损失法是最常用的方法。在双管制的系统中，冷热水管共用，一般满足保冷的厚度均可以满足保热的要求。

3. 安装要点

(1) 工具准备

常用的施工工具有：1.2m 长角钢或直钢尺、圆规、切割刀、切割工作台、白色水笔或粉笔、大剪刀、卡钳或皮尺、硬毛小刷、分装胶水用盖子上开小孔的可挤塑料瓶等。

(2) 胶水粘结操作基本条件

针对泡沫特性，应使用配套专用的胶水。在临使用前，将胶水翻转，搅拌，摇匀，达到稀稠均匀。

将两粘合表面薄薄均匀地涂上一层胶水，切勿太厚太稠。

晾置两粘合表面约 3~5min；由于风力温度及湿度等因素，晾置时间以手触涂胶面不粘为基准。然后用手挤压两粘合面，达到接口粘合密实牢固。

两粘合面 24h 左右可以达到完全融合，并随时间延长粘结强度达到牢固。在 24~36h 强度达到最大。

标准条件下胶水用量：

粘贴板材：6~8m^2/kg；

粘结管材：管壁厚度 9mm，约 100m/kg；

　　　　　管壁厚度 13mm，约 70m/kg。

二、橡胶泡沫管道保温

1. 管道保温

(1) 对内径小于 100mm 的小型绝热管道，在绝热管道的内表面已涂有一层滑粉，按事先预制保温管的规格与对应管道规格，直接对准套入即可。对于小管径管道安装保温层很方便，不会因摩擦力过大而损坏保温层。然后在两个对接端涂上粘结剂。

(2) 对于大管径或现有固定管道保温时，利用保温管材或板材的可挠性使它用于大型管道、风管、箱柜及不规则容器的曲线及表面上。

保温管材安装前，用锋利的刀具将绝热管材纵向割开，然后套在管子上。再将割开的边缘或结合处用粘结剂封口。在对接端均匀薄涂粘结剂，待粘结剂达到手触不粘时，然后将接合处紧密对严压合；应用板材时，先按实际需要量好所需板材尺寸，适当留出 5~10mm 进行切割。将粘结剂涂在需要粘结的两个表面上，待粘结剂达到不粘手时，将保温板材紧紧压合管道的表面，但不得拉伸板材。

2. 管件保温

对三通管、弯管、十字管及预装管道上任何形状的管件，使用锐利的刀具将绝热材料切割成所需形状，在切割时尽可能少压绝热材料，以免产生不规则的切口。常用管件通常为 45°或 90°的切口，用斜切匣提供较准确的切口。在装配管件套做好之后，套在管件上，然后用粘结剂涂刷在所有接口表面上，粘结剂触干后，将接合处压合在一起。

无论安装管材还是板材，凡是涂上粘结剂后，必须准确对准所粘部位再粘贴，因为粘结剂能立刻粘合，一经接触，再重新移位很难。安装时所有的割隙接头都应粘结密封。保温层厚度大，需重叠保温时，每层的割口应相互错开。

安装时，先了解管材规格，应按由大到小，先弯头、三通，后管，再阀门、法兰的顺序进行安装。

3. 质量标准

参照橡塑泡沫施工质量标准。

第二节　泡沫塑料、玻璃棉管道（风管）保温施工

在通风管道上，常用的绝热保温材料有聚氨酯硬质泡沫、挤出聚乙烯泡沫、复合离心玻璃棉板和酚醛树脂泡沫与铝箔复合预压而制成的板材，可按需要的规格、尺寸进行切割加工；在热力供暖管道（热水）上，主要采用浇注聚氨酯硬质泡沫保温；室内小直径管道也用挤出聚乙烯泡沫和聚氯乙烯泡沫等。各类绝热保温材料是根据具体用途选择，它们在应用上有其共同特点外，也存在各自优势。

一、聚氨酯硬质泡沫空调风管

聚氨酯硬质泡沫（PIR）空调保温风管，可由难燃聚氨酯硬泡配以双面铝箔为主体材料，在连续生产线上通过一次压制成型的夹心板，其最大特点可直接用压制成型夹心板材的自身支撑通风管道，风管是经保温风管板材与相关配件按设计规格进行组装而成。

（一）聚氨酯硬泡风管产品特点

1. 良好保温性能，环保节能

可有效起到保温隔热功能，防止风管表面结露，避免冷凝水对室内装饰及相关设施的危害，同时获得很高的节能效应。

2. 通风量低，送风质量高，清洁卫生

空调保温风管系统的专用法兰可保证极佳的气密性能，减少泄漏。法兰用量少，使得线形摩擦损失极低，表面光滑的铝箔和极低漏风量，不但能保证输送风介质卫生，也可避免造成二次污染。不吸水的保护层不产生积水、不滋生细菌、不传播疾病等。

3. 安装方便、更安全

克服传统风管先制管后保温的烦琐过程，制管保温一次完成，且安装速度快，施工效率是传统产品的几倍，节省人工成本。因安装工艺过程简单，减少烦琐操作过程，使得安装安全。

风管板材在具有难燃效果的同时，又在双面复合铝箔，达到消防安全。

4. 吸声、隔声

因采用夹芯板结构，具有良好的隔声吸声功能，振动和回声被隔热材料吸收，因而最大限度地减少噪声，增加环境的舒适度。

5. 维修保养方便，使用寿命长

风管任何一端有意外损坏，均可随意进行切割粘贴修补。使用寿命可达20年以上，是传统风管使用的3倍年限。

6. 质重轻，美观

风管板材质量是铁皮风管质量的 10%。可有效减低建筑负荷。搬运、安装变得更加方便和高效，不仅节约安装费用与投资，更缩小了安装空间。且风管棱角清晰、美观大方。

(二) 应用范围

适用于工业、民用建筑中各种空调通风工程安装的要求。适用于航天制造、食品加工、电子工业、医药业、购物中心、体育娱乐场馆、酒店等多个领域。

(三) 保温风管制作

PIR 空调保温风管是在夹芯板基础上加工制作的，所以制作程度简单方便，耗工量少，其工艺过程主要用专用的刀具切割、粘贴、组合而成。

1. 风管系统安装主要构成

风管板材、风管附件：法兰专用胶和板材专用胶等。

2. 风管系统安装附件

各种法兰、工字形插条、号码、铝保护碟、快速固定胶粒，补偿角等。板材专用胶不仅将板材粘结牢固，而且胶膜具有阻燃性；专用法兰胶具有阻燃和膨胀双重效果，可保证板材和法兰的牢固粘结。

3. 风管制作专用工具

铝质压尺、手动压槽机、V 形刀、45°左右开料刀、直型开料刀和工具箱等。

4. 拼接时先用专用工切割，板材粘结前，所有需粘结的表面必须除尘去污，切割的坡口涂满粘结剂，并覆盖所有切口表面。风管粘合成型后，风管所有接缝必须封闭严实，风管加固应根据材料生产厂提供的具体要求正确使用。

(四) 质量标准

1. 管道防火性能、绝热材料的物理性能指标必须达到设计要求。

2. 绝热材料与风管、部件及设备表面应紧密贴合，无空隙。绝热层纵、横的接缝，应错开。

3. 板材所采用的专用连接构件，连接后板面平面度的允许偏差为 5mm。采用法兰连接时，其连接应牢固，法兰平面度的允许偏差为 2mm。

4. 风管的连接处，接缝应牢固，无孔洞和开裂。采用插连接的接口应匹配、无松动。采用法兰连接时，不得产生热桥。支吊架安装符合设计要求。

5. 风管两端面应平行，无明显扭曲。

6. 矩形风管两条对角线长度之差不应大于 3mm；圆形法兰任意正交两直径之差不应大于 2mm。

二、挤出聚乙烯泡沫空调风管

挤出聚乙烯泡沫保温板，是通过加工热合、切割、定型生产过程，在挤出泡沫一面涂胶另一面覆铝箔，预制成铝箔保温板和保温管。施工时主要利用涂胶面与被保温物进行粘贴，然后在挤出泡沫外表面再用胶带包扎。挤出泡沫具有卓越缓冲性、柔韧性、绝热性、耐火和施工方便等特点。因产品具有二次加工性能，可任意裁剪，可分别用于方形风管和圆形管道粘贴保温。

（一）风管设备及冷水箱保温厚度选择

冷冻水管道（介质温度7℃）保温层的厚度涉及吸水率、环境温度、相对湿度、管径、导热系数等因素；保温管所用保温层厚度规律是温度越高则越厚、介质温度越低则越厚、相对湿度越大则越厚、管道直径越大则越厚。

一般来说，当管道外径超过108mm的钢管保温时，宜选用板材进行施工。保温层厚度超过30mm时，应采用重叠多层包装达到所需厚度。

1. 保温厚度

风管保温厚度除按设计要求外，还应参考国内各地区所属气象区域因素。风管及冷水箱保温厚度如表11-4所示。

表11-4 风管及冷水箱保温厚度 （mm）

气象属区	风管	冷水箱
Ⅰ	25	30
Ⅱ	35	50
Ⅲ	55	75

2. 冷冻水管保温厚度的选择

（1）先按下式计算出指数：

$$A = \frac{t_W - t_N}{t_W - t_L}$$

式中 t_W——最热月平均室外温度（℃）；

t_N——管内介质温度（℃）；

t_L——最热月平均相对温度下相应的露点温度（℃）。

（2）根据 A 值对照图11-1选择出冷热水管保温厚度。

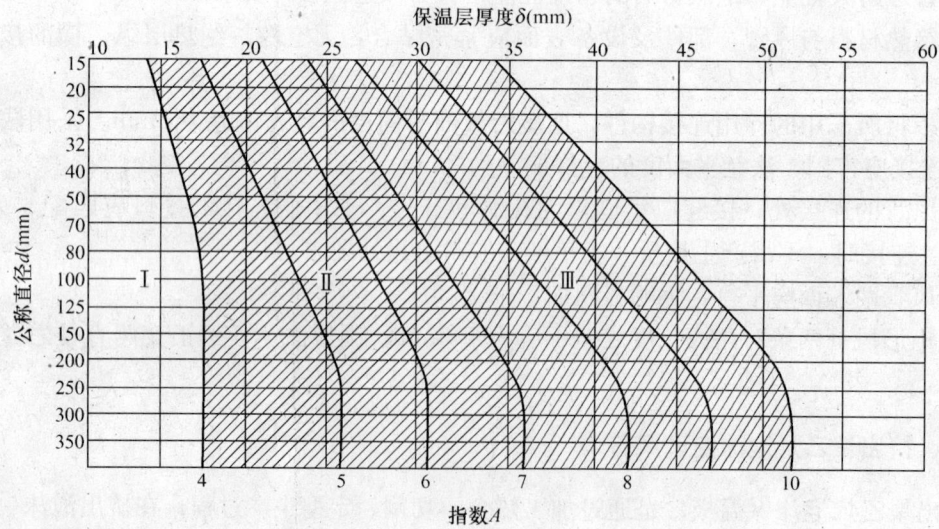

图11-1 高倍率独立气泡型聚乙烯泡沫塑料（自熄）用于空调水管保温厚度选择图

注：1. 按当地的空气参数计算 A 值，酌情选择保温层厚度。
　　2. 也可以按当地气象属区（GB/T 613）酌情选择保温层厚度。
　　3. 本图适用于工作介质温度 $t_N = 7 \sim 60$℃。

(3) 湿度较大的（Ⅲ类）气象属区聚乙烯冷冻保温管壳规格如表 11-5 所示。

表 11-5　聚乙烯（45 倍）泡沫塑料（阻燃型）保温管壳规格

公称直径	金属管规格 （mm）	保温管管径（mm） （内径/外径）	保温厚度 （mm）	保温管长度 （mm）	容积计算	
					m³/根	根/m³
DN 15	21.25×2.25	22/82	30	1000	0.00489	204.5
DN 20	26.75×2.75	27/87	30	1000	0.00537	186
DN 25	33.5×3.25	33/93	30	1000	0.00593	168.6
DN 32	42.25×3.25	42/102	30	1000	0.00678	147.5
DN 40	48×3.5	48/108	30	1000	0.00735	136
DN 50	60×3.5	60/140	40	1000	0.0126	79.4
DN 70	75.5×4	76/156	40	1000	0.0146	68.6
DN 80	88.5×4	89/169	40	1000	0.0162	61.7
DN 100	114×4	114/214	50	1000	0.0258	38.8
DN 125	140×4	140/240	50	1000	0.0298	33.5
DN 150	165×4.5	165/265	50	1000	0.0338	29.6
DN 200	219×6	219/319	50	1000	0.0422	23.7
DN 250	273×6	273/373	50	1000	0.05071	19.7
DN 300	325×6	325/425	50	1000	0.0589	17

(4) 包扎泡沫外防护层

挤出聚乙烯泡沫保温板自身具有防水功能，施工中不需做防水层、隔气层。但其抗压强度低，为抵抗外来压力，宜选用难燃或不燃的材料作为挤出聚乙烯泡沫保温板的外防护层。

外防护层材料为软质材料，施工时采用缠绕法，然后用胶粘剂、铝箔胶带封口，常用的几种外防护层材料如表 11-6 所示。

表 11-6　几种外防护层材料

品　种	色　泽	宽度（m）	规格（m²/卷）	使用温度（℃）	阻燃性（氧指数）
玻璃布复合铝箔	银色	1	50	−70～100	＞30
无光泽 PVC 软质卷材	红、黄、绿、蓝等	1.1	25	−40～80	27～30
仿金属带不干胶 PVC	红、黄、绿、蓝等	1.1	25	−40～80	27～30
仿金属软质 PVC 卷材	银白色	1.1	25	−40～80	27～30
玻璃纤维布	白色	自选	自选	−70～100	＞30

(二) 操作方法

冷冻水管、空调风管保温构造分别如图 11-2、图 11-3 所示。

1. 圆形冷冻水管

在保温施工前，将风管、水管表物污物、灰尘处理干净后，按工程要求需涂刷防腐漆时，应均匀涂刷防锈漆，不得有漏刷。待防锈漆干燥后，按设计规定厚度、密度的泡沫板材或合适规格的管材，粘贴或套在圆管上与管道固定，然后用铝箔胶带封贴接口。在管与管对接处，先用专用胶带包缠一周后，再将露出部分用铝箔胶带封贴。法兰及保温板对接处，用专用胶带包裹，两边露出部分用两边粘胶带封贴。

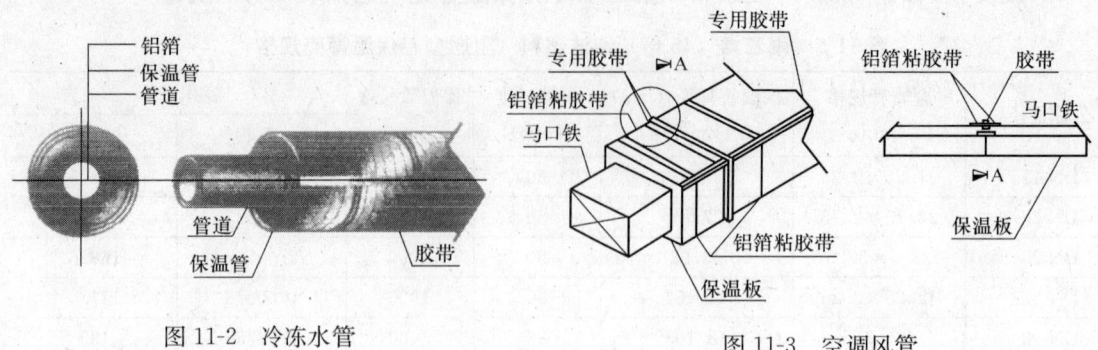

图 11-2　冷冻水管　　　　　　　图 11-3　空调风管

2. 方形空调风管

方形风管施工只能采用泡沫板材。首先彻底清除风管表面灰尘和所有异物后，按方管尺寸裁好板材，揭开涂胶隔离纸后，对准风管表面位置粘贴，或用胶水粘，并用橡胶锤或木锤、木棍等工具挤压，使其粘牢。

保温板边缘露出外，用铝箔胶带封贴。法兰及保温板对接处，用专用胶带包裹后，再将两边露出部分用两边胶带封贴。

（三）质量标准

1. 风管的覆面材料必须为不燃材料。
2. 采用法兰连接时，法兰与风管板材的连接应可靠牢固。
3. 覆面材料纵、横向的接缝应错开。粘贴、搭接达到紧密牢固，无松动，不得产生热桥。绝热层粘贴后，如需进行包扎或捆扎，包扎的搭接处应均匀、贴紧。

三、玻璃棉复合板空调风管

（一）玻璃棉复合空调风管特点

1. 风管耐温、不燃

采用离心玻璃棉板为基材，最高使用温度为 300℃，燃烧性能为 A 级（不燃），各种性能指标均通过国家权威部门检测。

2. 消声降噪

复合玻纤板的内部组成材料主要为离心玻璃棉，玻璃棉的纤维均匀决定了板材的质量标准，不仅可消除机械噪声，而且能消除因空气流动和环境产生的二次噪声，无须安装消声设备，节省工程投入，节约建筑物室内有限空间。

3. 防潮抗腐

风管的防潮性能直接关系到风管的使用效果和使用寿命。通过采用高效防潮贴面材料，制作中连接处理，有效克服常规风管难以解决的热桥现象。即使在游泳池、洗浴室等空气湿度较大的公共设施，同样可以满足设计和使用要求。

风管经过特殊的抗菌防霉处理，可有效抑制各种微生物在风管内的生长繁殖，使风管寿命提高。

4. 风管质量轻

因风管质量轻，不需另外保温，风管可贴梁、贴壁、贴顶吊挂。能有效提高建筑物的使用空间，给工程施工和维修带来方便，缩短工期，而且减轻建筑物的承重。

5. 空气洁净

严格的操作规程和保护措施，可有效防止玻璃棉纤维飞散和有较强的屏蔽能力。确保在使用过程中不会出现开裂、起毛、分层现象，加之抗菌防霉处理，从而杜绝二次污染，达到空气洁净的目的。

（二）复合玻纤与镀锌钢板及玻璃钢风管性能比较如表 11-7 所示。

表 11-7 不同风管性能比较

性 能	镀锌钢板风管	双层玻璃钢风管（夹层保温）	复合玻纤风管	备 注
保温	外加保温层，搭界处不严密，热桥现象严重。法兰处仍有结露滴水现象，导热系数为 0.045 [W/(m·K)]	中间夹层保温材料，厚度较小，导热系数为 0.8 [W/(m·K)]	风管保温为一体，无热桥现象，无结露现象，导热系数为 0.039 [W/(m·K)]	
消声	系统中必须装配消声器，但消声器只能消除机械噪声，不能消除空气的动力噪声	系统中必须装配消声器，但消声器只能消除机械噪声，不能消除空气的动力噪声	不必装配消声器、消声弯头等附件。能消除空气中的动力噪声	
承压	0.2MPa	0.3MPa	0.2MPa	系统压力为 0.01MPa
防火	内表面为不燃材料，外表面为难燃材料	均为不燃材料	均为不燃材料，防火等级为 A 级	
质量	51.1kg（不含保温）	88.59kg（不含保温）	25.14（全部在内）	风管尺寸：1250mm×400mm×1200mm
漏风量	8%	2%	<2%	
综合阻力	粗糙度 $K=0.15$，小于 5%	表面光滑阻力小	粗糙度 $K=0.015$，小于 6%	综合阻力基本相同
防潮	保温材料吸水率<10%	保温材料吸水率<10%	保温材料吸水率<2%	
寿命	铁皮表面易锈蚀，一般寿命为 6~8 年	4~5 年后板材粉化	无锈蚀现象，一般寿命约在 18 年左右	
厚度	铁皮加保温层总厚度约 45mm	加保温层总厚度 8~20mm	风管保温一体化总厚度为 25mm	

（三）设计要求

连接部位通过采用雌雄接口实现的承插式连接，玻纤风管的壁厚一般为 25mm 和 30mm，其实际面积按外表展开面积计算。矩形玻纤风管规格按矩形钢板风管标准规格选用。

（四）风管制作

主要采用厚度为 25mm、体积质量为 70~80kg/m³ 的离心玻璃棉板为主要基材，在施工现场进行放样、切割、粘贴、支撑、封带等精细的制作，采用雌雄接口实现承插式连接。

1. 工具及附件

铝质压尺、手动开槽机、特制刀片、外扒钉针枪；垫片、加强框、支撑管；专用修补液、专用胶、专用热敏胶带。

2. 风管制件主要步骤

（1）放样

按照工程图纸要求的规格制定板材的加尺寸。

(2) 切割

用专用刀具在复合玻纤板上开出预定尺寸的沟槽，开槽时应根据槽的形状正确使用工具，开槽应平直、无缺损。

(3) 粘贴

将板材沿沟槽按照预定尺寸弯折成风管形状；在折角处和复合缝处涂上密封胶，用粘合剂粘好。

(4) 封带

用专用热敏胶带密封复合缝，采用专用钉进一步加固。使用热敏胶带时，熨斗的表面温度要达到适用温度，热量和压力要能使胶带表面出现显示；使用压敏胶带前，必须清洁风管表面需粘结的部位并保持干燥后，方可进行粘合。

(5) 支撑

大型风管、异型风管制作过程中，需要适当添加内部支撑以增强风管质量。

(6) 吊装

将粘结好的风管作为风道的预制件，通过悬挂和支撑系统牢固地固定在建筑结构上。

四、聚氨酯硬泡热力供暖（热水）直埋管道安装

聚氨酯硬泡热力供暖直埋管道安装，是指公用与民用建筑庭院或小区热水采暖管网、空调制冷管网等直埋管道工程安装。

保温管道由保护层、聚氨酯硬质泡沫和管道在工厂已预制完毕，其中对制造保温管所用的泡沫物理性能指标、保温壳原料的质量、采用阀门、焊条以及连接方式等都有很严格、细致的技术质量要求。

直埋供热管道安装除阀门与直埋管道采用法兰连接外，其他均采用焊接，按《工业管道工程及施工验收规范》（GBJ 235）、《现场设备、工业管道焊接及验收规范》（GBJ 236）和《城市热网工程施工及验收规范》进行施工。

安装时，为了防止破坏预制保温构造，所有三通、弯管、异径管、排气管、泄水管等，应在每段（或根）预制保温管的端部设置。

排气管、泄水管，宜在预制保温管端部未保温处开孔设置，应尽量躲开两管的连接焊缝处。

关于管道补偿设计应用问题，当管道内介质工作温度与安装温度的温差小于75℃时，宜采用无补偿直埋方式（不预热）；当管道内介质工作温度与安装温度的温差大于75℃，且介质工作温度小于95℃时，采用无补偿直埋方式，但必须采用预热安装工艺。如采用一次性补偿法安装工艺，一次性补偿器宜采用E形接头。

高温水热网管道可采用无补偿和有补偿直埋方式。当采用有补偿敷设方式时，在尽量利用自然补偿的前提下，补偿器宜采用几形。有补偿直埋管道，应设置固定支架。

当选用几形补偿器时，如图11-4所示，其长臂尺寸采用最大安装长度 L_{max}，外伸臂长度按下式计算：

$$A = 0.324\sqrt{D \cdot f}$$

式中 A——外伸臂长度（m）；

　　D——钢管外径（cm）；

　　f——钢管的膨胀量（cm）；

$$f = f_1 + f_2$$

几形补偿器的净距 $B \geqslant 0.5A$

当选用 L 形补偿器时，如图 11-5 所示，其长臂 B 取最大安装长度 L_{max}，短臂按下式计算：

$$A = 0.65\sqrt{D \cdot f}$$

式中 A——短臂长度（m）；

　　D——钢管直径（cm）；

　　f——钢管的膨胀量（cm）。

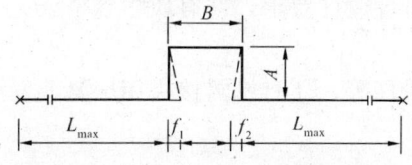

图 11-4　几形补偿器

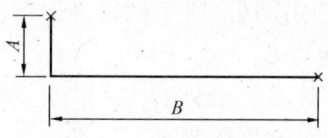

图 11-5　L 形补偿器

当选用 Z 形补偿器时，如图 11-6 所示，其两个长臂 B 取管道最大安装长度 L_{max}，短臂 A 按下式计算：

$$A = 0.52\sqrt{D \cdot f}$$

式中 A——短臂长度（m）；

　　D——钢管直径（cm）；

　　f——钢管的膨胀量（cm）。

直埋热力管道无补偿敷设时，从干管接出的支线长度不超过 8m 时，可采用直线连接，如超过（出）8m，应在 8m 距离内的管段上设置 Z 形弯管。如图 11-7 所示。

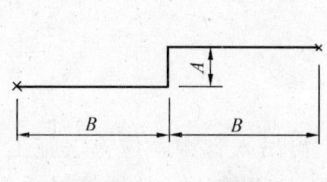

图 11-6　Z 形补偿器

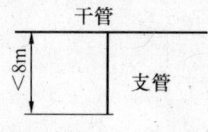 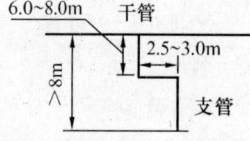

图 11-7　无补偿管道

（一）施工准备

1. 技术准备

认真熟悉设计图，掌握管道走向、管道有否变径、坡度要求，管间对焊误差控制范围，套管安装质量要求以及法兰、阀门的安装顺序及质量控制要求，以及相关注意事项等。

施工者除应熟悉安装技术要点外，还要求参加施工的施焊、吊装人员必须经过相应考核，取得证书后方可上岗作业。

2. 安装材料、配件准备

（1）保温管道中和接头所用聚氨酯硬泡技术性能指标。

技术性能指标列于表 11-8。

表 11-8 技术性能指标

性能	指标	性能	指标
密度（kg/m³）	60～70	闭孔率（%）	≥90
导热系数［W/(m·K)］	<0.035	抗压强度（MPa）	≥0.2
吸水率（%）	0.03～0.10		

（2）预制保温管保护壳及其厚度选择

预制保温管保护壳的厚度，是根据管道埋深、外压力、动荷载及地区土壤自然条件由设计部门来确定。

（3）阀门选择

分段阀和分支阀选用调节阀或蝶阀，采用法兰盘连接，法兰衬垫采用橡胶石棉垫，厚度为 2～3mm，耐温 150℃，泄水阀和排气阀均采用闸板阀，耐工程压力为 1.6MPa。

在施工中所用的管道材料、焊条、阀门、管件等须符合设计要求，并有质量合格证。

3. 机具准备

焊机、焊条、吊装工具、尼龙或橡胶吊带、吊钩、撬杠等，还有密封接头用聚氨酯发泡浇注料、料桶及搅拌器等。

4. 安装条件

沟槽开挖的纵横断面应严格达到设计要求。管道接口处应设置工作坑，坑长不小于 1.5m；管底距坑底不小于 0.5m。

沟槽开挖施工必须做好排水，一般采用排水沟、集水井等办法处理，沟内不得有存水。

埋管沟槽深度、宽度符合要求，具备焊工施焊的基本条件。不得在雨天施工，必须施工时应具有施焊安全等保障措施。

预制管安装前，沟底铺 200mm 厚的细砂或中砂，按设计要求平整、找坡。

（二）管道安装

1. 安装程序

吊管道──→管道焊接──→接头套管安装焊接──→接头打孔、发泡、密封──→回填砂层、土层──→砌井──→冲洗、试压、试运行

2. 操作方法

（1）吊管道

宜采用先将管道焊成较长一段（按当地具体情况定），再吊入管沟就位方法施工。

管道下沟前，应将管道内杂物清扫干净，不得有泥土、垃圾等物，整体管材质量应符合设计要求。

吊入管道时应按保温管的承重能力核算起吊间距，并匀布设置吊点，用尼龙或橡胶吊带进行吊装。

单根预制保温管或管件吊装时，吊点的位置应按平衡条件选择，用扩口吊钩或用柔性吊带起吊，稳起稳放保护管道不受损伤。

（2）管道焊接

将管口内外清扫干净后方可进行管口周围焊接，在焊接底面时更加注意，防止出现漏焊和虚焊。

当间断施工时，管口应用堵板封闭，严禁将施工工具和焊条放入管内。雨季使用堵板堵

严管口，防止流砂进入管内，清扫管道工作要建立清检记录。

检查焊接质量时，对焊缝除进行外观检查外，尚应进行无损探伤检验，检验程序和要求参照《城市供热管网工程施工验收规范》（JJ28）中固定焊缝探伤比例10%～15%，转动焊缝为5%，探检手段为X射线探伤仪。焊缝符合GB 3323中Ⅲ级为合格。如采用无损探伤应在质检人员参加下进行。

管道焊口保温的施工质量要与预制保温管质量相同，并达到设计要求。

(3) 聚乙烯硬质塑料保护壳接头套管的安装和焊接

接头套管安装是预制保温管施工安装的主要组成部分，由于套管形式和焊接方法不同，具有多种成熟安装技术，其中热空气焊接方法如下：

在接头套管安装前，首先将接头部分油污杂物等清理干净，并用工业乙醇擦洗接头部分并使其干燥。

外套管塑料壳与原管道塑料外壳的搭接长度应符合施工设计要求，安装前做好标记，以保持两端搭接均匀。

外套管的焊接材料应与预制保温管材质相同，并应有焊接材料出厂合格证。焊接时，焊条应与焊缝垂直，并给焊条施加约0.1MPa压力。将焊接温度控制在200～220℃之间，保持焊接速度控制在9～15m/h。

为防止局部过热而导致塑料分解，焊接时要不断摆动焊枪，焊条和母管同时均匀受热，从而保证焊接质量，焊条焊后的伸长，一般控制在15%以内。

接头焊管质量达到焊接表面饱满、均匀、平整光滑，不能有皱纹、裂缝和咬肉现象。当产生焊条烧焦时，必须用刀铲除，焊接完毕应自然冷却。

(4) 接头内聚氨酯发泡

接头内聚氨酯发泡保温时，先在外套管两端上部适当各钻一孔，孔直径大小适当，既考虑注料方便，又考虑注料完成后封堵方便。其中一孔用于浇注聚氨酯发泡材料，另一孔为发泡时排出产生的气体。注入聚氨酯泡沫原料时，套管内应干燥，发泡温度应保持在15～35℃之间，所浇注的聚氨酯泡沫原料应控制好发泡速度和流动指数，将双组分材料混合搅拌均匀后准确注入孔内发泡。

聚氨酯发泡完成后，泡沫应充满整个接头部位的环形空间，不应有空隙，且泡沫密度应控制在60～70kg/m^3之间，发泡完成后，应用外壳相同材料堵严浇注料孔和发泡排气孔。

(5) 开槽回填

验收合格后，在原有已填入砂层上继续在管道四周充填中、细砂，控制好回填高度。管顶距地面不小于600mm，其中管顶部填砂厚度为200mm，不得小于100mm。

(6) 砌井

按设计要求砌井。

(7) 管网冲洗、试运行

当管网工程全部完成后，管网采用全系统冲洗。先冲洗送水管，后冲洗回水管，送、回水管分别在分段阀前和末段设临时冲洗管头，试验结束后将水安全排至排水沟内。冲洗流速不应小于1.0m/s，管内冲洗见清水为止。

水压试验时，管线长度和试验压力应符合设计要求。

外套管气密性试验是在接头套管安装完，尚未进行聚氨酯树脂发泡前进行，试验压力为

20kPa，持续 5min，用肥皂水涂于接口处检查无漏气现象即为合格。

3. 质量标准

(1) 管材、管件的坡口、尺寸及组对的错口偏差不得超过管壁厚的 1/5，且不大于 2mm。

(2) 管道焊口保温层施工的质量要与预制保温管质量相同，并达到设计要求。

(3) 管道试漏、试压、回填等达到设计要求。

4. 安全注意事项

(1) 在管沟开挖中，如遇有地质条件变化，施工单位应立即通知设计单位，并根据设计单位提出处理措施进行施工。

(2) 沟槽采用爆破施工时，应采取相应措施，防止对周围建筑物、构筑物、道路、管线有影响和防止塌方、滑坡等现象发生。

(3) 吊装管道时，固定稳吊具、管道，防止作业时发生倾斜、滑落伤人。管道在夜间施工时，应设置照明设施，并设置标志。

(4) 焊工必须穿戴好劳保用品。

第三节　硅酸盐复合保温膏管道保温

无机管道保温材料有很多种，常用的有矿物棉（玻璃棉、岩棉、矿渣棉）或毡、泡沫玻璃、珍珠岩、硅酸钙（镁）、海泡石等，无机材料的突出特点是与高温介质接触环境下不易分解、长期稳定。该类材料是以传统保温材料为基础，可按各类管道规格预制成型，经过生产技术改进，施工时复合外防水层、保护层，可用于建筑节能保温，更是过热管道保温应用首选材料。

无机保温材料在材质上有区别，大部分预制成一定形状的制品到现场施工时进行包扎，膏状（或涂料）材料，在施工现场用涂抹形式进行施工。本节仅介绍硅酸盐复合保温膏管道保温施工。

硅酸盐复合保温膏是以天然硅酸铝纤维为主体原料，掺入适量的无机填充辅料与粘结剂，经加工制成一种稠状膏体涂料，将其涂抹在管道（设备）表面，干燥后形成微孔网状并富有一定弹性、强度的结构保温层。

由于材料是纤维、粘结剂和填充料复合而成，干固后所形成保温层整体性好无接缝，不开裂。不仅适用管道节能保温，尤其适用异型管道、阀门、罐体等异型部件或设备保温，在施工过程中无尘、无毒、无刺激，不腐蚀管道和设备。

一、施工准备

1. 技术准备

施工前，了解保温材料的技术性能指标，还应了解工程是否对保温材料还有其他特殊要求，掌握设计对工程的质量要求。

2. 材料准备

材料不得对管道有任何腐蚀性，且应为环保型，所用保温材料的物理性能指标应符合设计要求。

按工程总用量备料，应用近期生产的材料，超过储存期材料应用前先试验。可按工程进度进料，材料进场宜存放在 5~30℃ 环境，防止雨淋和阳光暴晒。

3. 工具准备

分料桶、常用瓦工工具、硬毛刷等。

4. 施工条件

施工环境温度宜在5℃以上，严禁雨天无任何遮挡的室外施工。适用带温管道、设备等设施施工。

设备管道安装完毕，经打压合格后方可施工。

二、施工工艺

1. 工艺流程

清理基面──→打底──→加厚──→抹光

2. 操作工艺

施工前，先将设备、管道表面浮尘、浮锈等脏物清理干净。

(1) 打底施工时，设备在冷状保温时可直接用抹子将涂料在基层表面薄抹1~3mm厚，增加与管道粘结强度。设备管道在热态时，需将涂料加适量清水稀释调匀后，用毛刷或抹子在基层表面反复轻涂，达到附着呈现麻状白膜，待底层干燥后，再将未稀释的保温涂料涂抹第二层，厚度3~5mm，并保持拉毛。

(2) 加厚施工时，在底层干燥后，将涂料分层涂抹，每层厚度可控制在10mm左右，每次都在前道干燥后再进行下道涂抹，依次涂抹到最终设计厚度。涂抹时，将膏体按经纬交叉方式逐层涂抹，使涂料内纤维定向排列，以增加涂层的包裹强度，同时在操作时轻涂轻抹，防止因操作压实增大密度而降低绝热保温效果。

低温设备及管道防凝露保冷层厚度、热力设备及管道保温层厚度可分别按表11-9和表11-10选用。

表11-9　低温设备及管道防凝露保冷层选用参考厚度　(mm)

公称直径及外径 (mm)		北　京 介质温度（℃）								西　安 介质温度（℃）							
		-15	-10	-5	0	5	10	15	20	-15	-10	-5	0	5	10	15	20
15	18	32	30	27	24	21	18	14	9	27	24	22	20	17	14	11	7
20	25	35	32	29	26	23	19	15	10	29	26	23	21	18	15	12	8
25	32	37	34	31	28	24	20	16	10	31	27	25	22	20	16	12	8
32	38	38	35	32	28	24	20	16	10	32	28	25	22	20	16	12	8
40	45	39	36	33	29	25	21	17	11	33	29	26	24	21	17	13	9
50	57	42	38	35	31	26	22	17	11	35	30	27	24	21	17	13	9
65	76	44	40	36	32	27	23	18	11	36	31	28	25	22	18	14	9
80	89	45	41	37	33	28	24	18	12	37	32	29	23	22	19	14	9
100	108	47	43	39	34	29	24	19	12	38	34	30	27	23	19	14	9
125	133	48	44	40	35	30	25	19	12	40	35	31	28	24	20	15	10
150	159	50	45	41	36	31	25	19	12	41	36	32	28	24	20	15	10
200	219	52	48	43	38	32	26	20	13	43	37	33	29	25	21	16	10
250	273	54	49	44	38	33	27	20	13	44	38	34	30	25	21	16	10
300	325	54	49	44	38	33	27	20	13	44	38	34	30	25	21	16	10
350	377	55	50	45	39	34	28	21	14	45	39	35	31	26	22	16	11
400	426	56	50	45	39	34	28	21	14	45	39	35	31	26	22	16	11
450	480	57	51	46	40	34	29	21	14	46	40	36	31	27	22	16	11
平　壁		63	57	50	48	36	29	22	15	50	43	38	33	28	22	17	11

计算参数：

1. 环境温度：

　北京 33.2℃

　西安 35.2℃

2. 露点温度：

　北京 28.2℃

　西安 29.3℃

外表面换热系数：

8.14W/(m²·K)

表 11-10 热力设备及管道保温层选用参考厚度 (mm)

运行及方式		室外安装						地沟内安装						室内安装					
介质温度（℃）		50	100	150	200	250	300	50	100	150	200	250	300	50	100	150	200	250	300
最大允许热损失（W/m²）		116	163	203	244	279	308	116	163	203	244	279	308	116	163	203	244	279	308
公称直径 (mm)	管道外径 (mm)	环境温度：－14.2℃，$\alpha=23.26W/(m^2 \cdot K)$						环境温度：20℃、30℃、40℃ $\alpha=11.63W/(m^2 \cdot K)$						环境温度：20℃ $\alpha=11.63W/(m^2 \cdot K)$					
15	18	19	25	31	35	41	47	7	15	21	27	32	38	7	17	24	29	35	41
20	25	20	27	33	38	44	51	7	16	22	29	35	41	7	19	26	32	38	44
25	31	21	29	35	41	47	54	8	17	24	31	37	44	8	20	27	34	40	45
32	38	22	30	36	42	49	56	8	17	24	32	38	46	8	20	28	35	41	48
40	45	23	31	38	44	51	58	8	18	25	33	40	47	8	21	29	36	43	50
50	57	23	32	40	46	53	61	8	18	26	35	42	50	8	21	31	38	45	53
65	76	24	33	41	48	56	65	8	19	27	36	44	52	8	22	32	40	47	56
80	89	25	34	42	50	58	67	9	20	28	37	45	54	9	23	33	41	49	58
100	108	26	36	43	52	60	69	9	20	29	39	47	56	9	23	34	43	51	60
125	133	27	37	46	54	63	72	9	21	30	40	49	58	9	50	35	44	53	62
150	159	27	38	47	55	64	74	9	21	30	41	50	60	9	50	36	45	54	64
200	219	28	40	49	58	68	78	10	22	31	43	52	63	10	50	37	47	57	67
250	273	29	40	51	60	70	81	10	22	32	44	54	65	10	50	38	49	59	70
300	325	29	40	51	61	72	83	10	22	33	44	55	66	10	50	38	49	59	71
350	377	30	41	52	62	73	85	10	23	33	45	56	68	10	50	39	50	61	73
400	426	30	41	52	62	74	86	10	23	33	45	56	68	10	50	39	50	61	74
450	480	30	42	53	63	75	87	10	23	33	46	57	69	10	50	40	51	62	75
平壁		31	46	59	72	86	102	11	24	35	49	64	79	11	50	43	56	70	86
外表面温度（℃）		－4.2	－0.2	2.8	6.8	9.8	12.3	30.0	44.0	57.5	61.0	64.0	66.5	30.0	34.0	37.5	41.0	44.0	46.5

（3）表面抹光

保温层整体干燥后，保温层表面用彩色防水面料轻涂压光作为保护层。施工环境温度应在2℃以上。

三、质量标准

1. 管道材料品种、规格、技术性能指标与选用厚度等应符合设计和现行国家标准的规定。
2. 施工后保温层与管道（设备）紧密结合、无空隙、无接缝、无热桥。
3. 保温层应无变形、无开裂、无粉化、无起泡、无脱落、无返卤，绝热保温效果应达到规定年限。
4. 竣工后，保温层外表应光滑，且无明显凹凸不平现象。

第四节 质量验收

一、风管制作质量验收

1. 双面铝箔绝热板风管

（1）主控项目

风管的材料品种、规格、性能与厚度等应符合设计和现行国家产品标准的规定，表面不得出现返卤或严重泛霜。

检查数量：按材料与风管加工批数量抽查10%，不得少于5件。

检查方法：查验材料质量合格证明文件、性能检测报告，尺量、观察检查。

（2）一般项目

1）风管与配件的咬口缝应紧密，宽度应一致；折角应平直，圆弧应均匀；两端面平行。风管无明显扭曲与翘角，表面应平整，凹凸不大于10mm。

2）风管外径或外边长的允许偏差：当小于或等于300mm时，为2mm；当大于300mm时，为3mm。管口平面度的允许偏差为2mm，矩形风管两条对角线长度之差不应大于3mm；圆形法兰任意正交两直径之差不应大于2mm。

3）风管与法兰铆接应牢固，不应有脱铆和漏铆现象；翻边应平整，紧贴法兰，其宽度应一致，且不应小于6mm；咬缝与四角处不应有开裂与孔洞。

4）板材拼接宜采用专用的连接配件，连接后板面平面度的允许偏差为5mm。

5）风管的折角应平直，拼缝粘结应牢固、平整，风管的粘结材料宜为难燃材料。

6）风管采用法兰连接时，其连接应牢固，法兰平面度的允许偏差为2mm。

7）风管加固时，应根据系统工作压力及产品技术标准的规定执行。

检查数量：按风管总数抽查10%，法兰数抽查5%，不得少于5件。

检查方法：尺量、观察检查。

2. 防火风管

防火风管的本体、框架与固定材料、密封垫料必须为不燃材料，其耐火等级应符合设计的规定。

检查数量：按材料与风管加工数量抽查10%，不得少于5件。

检查方法：查验材料质量合格证明文件、性能检测报告，观察检查与点燃试验。

3. 复合材料风管

（1）主控项目

复合材料风管的覆面材料必须为不燃材料，内部的绝热材料应为不燃或难燃B1级，且对人体无害的材料。

检查数量：按材料与风管加工批数量抽查10%，不得少于5件。

检查方法：查验材料质量合格证明文件、性能检测报告，观察检查与点燃试验。

（2）一般项目

1）风管的外径或外边长尺寸允许偏差为3mm，圆形风管的任意正交两直径之差不应大于5mm，矩形风管的两角线之差不应大于5mm。

检查数量：按风管总数抽查10%，不得少于5件。

检查方法：尺量、观察检查。

2）风管的表面应光洁、无裂纹、无明显泛霜和分层现象。

检查数量：按风管总数抽查10%，不得少于5件。

检查方法：尺量、观察检查。

3）风管两端平行，无明显扭曲，外径或外边长的允许偏差为2mm；表面平整，圆弧均匀，凹凸不应大于5mm。

检查数量：按风管总数抽查10%，不得少于5件。

检查方法：尺量、观察检查。

4) 板材拼接宜采用专用的连接构件，连接后板面平面度的允许偏差为 5mm。

检查数量：按风管总数抽查 10%，不得少于 5 件。

检查方法：尺量、观察检查。

4. 复合材料风管采用法兰连接

(1) 主控项目

复合材料风管采用法兰连接时，法兰与风管板材的连接应可靠，其绝热层不得外露，严禁采用降低板材强度和绝热性能的连接方法。

检查数量：按加工批数量抽查 5%，不得少于 5 件。

检查方法：尺量、观察检查。

(2) 一般项目

1) 法兰与风管轴线成直角，管口平面度的允许偏差为 3mm，螺孔的排列应均匀，至管壁的距离应一致，允许偏差为 2mm。

检查数量：按风管总数抽查 10%，法兰数抽查 5%，不得少于 5 件。

检查方法：尺量、观察检查。

2) 风管采用法兰连接时，其连接应牢固，法兰平面度的允许偏差为 2mm。

检查数量：按法兰数抽查 5%，不得少于 5 件。

检查方法：尺量、观察检查。

5. 风管弯管制作

(1) 主控项目

矩形风管弯管制作，一般应采用曲率半径为一个平面边长的内外同心弧形弯管。当采用其他形式的弯管，平面边长大于 500mm 时，必须设置弯管导流片。

检查数量：其他形式的弯管抽查 20%，不得少于 2 件。

检查方法：观察检查。

(2) 一般项目

圆形弯管的曲率半径和最少分节数量应符合规定，弯曲角及三通、四通支管与总管夹角制作偏差不应大于 3°。

检查数量：按风管数量抽查 20%，不得少于 5 件。

检查方法：查验测试记录，尺量、观察检查。

6. 净化空调系统风管

(1) 主控项目

1) 矩形风管边长小于或等于 900mm 时，底面板不应有拼接缝；大于 900mm 时不应有横向拼接缝。

2) 风管所用的螺栓、螺母、垫圈和铆钉均应采用与管材性能相匹配、不会产生电化学腐蚀的材料，或采取镀锌或其他防腐措施，并不得采用抽芯铆钉。

3) 不应在风管内设加固框及加固筋，风管无法兰连接不得使用 S 形插条、直角形插条及立联合角形插条等形式。

4) 空气洁净度等级为 1～5 级的净化空调系统风管不得采用摁扣式咬口。风管的内衬材料以及使用清洗剂时，不得对人体产生危害。

检查数量：按风管总数抽查20%，不得少于5件。
检查方法：查验材料质量合格证明文件和观察检查，白绸布擦拭检查。

(2) 一般项目

1) 施工现场应保持清洁，存放时应避免积尘和受潮。风管的咬口缝、折边和铆接等处有损坏时，应做维修或防腐处理。

2) 当系统洁净度等级为1～5级时，风管法兰铆钉孔的间距不应大于65mm。

3) 静压箱本体、箱内固定高效过滤器的框架及固定件应做镀锌、镀镍等防腐处理。

4) 制作完成的风管，应进行第二次清洗，经检查达到清洁要求后应及时封口。

检查数量：按风管数量抽查20%，法兰数抽查10%，不得少于5件。
检查方法：观察检查，查阅风管清洗记录，用白绸布擦拭。

7. 铝箔玻璃纤维板风管

(1) 风管与配件的咬口缝应紧密，宽度应一致；折角应平直，圆弧应均匀；两端面平行。风管无明显扭曲与翘角，表面应平整，凹凸不大于10mm。

(2) 风管外径或外边长的允许偏差：当小于或等于300mm时，为2mm；当大于300mm时，为3mm。管口平面度的允许偏差为2mm，矩形风管两条对角线长度之差不应大于3mm；圆形法兰任意正交两直径之差不应大于2mm。

(3) 风管与法兰铆接应牢固，不应有脱铆和漏铆现象；翻边应平整，紧贴法兰，其宽度应一致，且不应小于6mm；咬缝与四角处不应有开裂与孔洞。

(4) 玻璃纤维板应干燥、平整；板外表面的铝箔隔气保护层与内层玻璃纤维材料粘合牢固；内表面应有防纤维脱落的保护层，并应对人体无危害。

(5) 当风管连接采用插入接口形式时，接缝处的粘结应严密、牢固，外表面铝箔胶带密封的每一边粘贴宽度不应小于25mm，并应有辅助的连接固定措施。

当风管的连接采用法兰形式时，法兰与风管的连接应牢固，并应能防止板材纤维逸出和热桥。

(6) 风管表面应平整，两端面平行，无明显凹穴、变形、起泡，铝箔无破损等。

(7) 风管加固，应根据系统工作压力及产品技术标准的规定执行。

检查数量：按风管总数抽查10%，不得少于5件。
检查方法：尺量、观察检查。

二、聚氨酯泡沫保温管道安装质量检验与验收

1. 主控项目

(1) 直埋、敷设在地沟内供热管道的水压试验结果必须符合设计要求，如设计无规定时，试验为工作压力的1.5倍，但不小于0.6MPa。

检验方法：在试验压力下10min内压降不大于0.05MPa，然后降至工作压力下检查，不渗不漏。

(2) 供热管网竣工后或交付使用前必须对管道进行冲洗。
检验方法：冲洗检查，以水色不浑浊为合格或检查冲洗记录。

(3) 各类补偿器的型号、规格、材质及波纹管补偿器的波纹节数、抗振型非抗振型以及安装位置均必须符合设计要求。并按设计或计算的热伸长量值进行预拉伸。

检验方法：对照设计图纸尺量检查和检验预拉伸记录。

(4) 管道固定支架、锚固墩的位置和构造必须符合设计要求。且支架、锚固墩本身、支架锚固墩与管道间均必须固定牢靠、稳定、无松动。

检验方法：对照设计图纸观察、尺量和手扳检查。

(5) 平衡阀、减压阀的型号、规格，调压板的材质、孔径和孔位、调压后的压力和温度均必须符合设计要求。

检验方法：检查安装和调试记录。

(6) 室外供热管网在正式交付使用前必须做热运行调试。达到各环路压力平衡、无热失调和运行稳定为合格。

检验方法：观察和检查各采暖入口处供水温度、压力表及检查热运行调试记录。

2. 一般项目

(1) 管道坡度应符合设计要求。

检查数量：按管网直线管段长度每 100m 抽查 3 段，不足 100m 不少于 2 段，但总检查数不少于 10 段。

检查方法：用水准仪（水平尺）拉线和尺量检查。

(2) 预制保温管现场焊接口的保温，应在管道施焊完毕及强度试验后进行。现场发泡与原保温层和保护层接槎良好。

检查数量：不少于 10 个焊接口。

检验方法：观察检查。

(3) 钢管的法兰连接，其对接应平行、紧密，与管子中心线垂直，衬垫材质符合规定，螺杆露出与螺母一致，且螺母在同侧。

检查数量：不少于 10 个接口。

检验方法：观察检查。

(4) 焊接钢管对口施焊前，应将两管的纵向焊缝错开，错开的环向间距：管径 $DN \leqslant 75mm$，不得小于 50mm；管径 $DN > 100mm$，不得小于 100mm。且两管的纵向焊缝应放在管道受力弯矩最小、易于检修、管道上半圆中心垂直线向左或向右 45°处。

检查数量：不少于 10 个接口。

检验方法：观察和尺量检查。

(5) 用于热水直埋无补偿供热管道的预热伸长及三通加固法应符合设计要求。

检查数量：管道预热伸长全数检查，三通加固不少于 5 个。

检验方法：预热伸长检查施工方案，三通加固对照设计图纸检查。

(6) 各类调节阀门的型号、规格应符合设计要求，且位置、进、出口方向正确，启闭灵活，朝向合理，连接牢固。

检查数量：按不同规格、型号各抽查 10%，但不少于 5 个。

检验方法：观察和手扳检查。

(7) 管道标高

检查数量：检查管道的起点、终点、分支点和变向点间的直管段，各抽查 10%，但不少于 10 处。

检验方法：用水准仪（水平尺）、直尺拉线和尺量检查。

(8) 水平管道纵、横方向弯曲

检查数量：按管网长度每 100m 抽查 3 段，不足 100m 不少于 2 段。但总检查数不少于 10 段。

检验方法：用水准仪（水平尺）、直尺拉线和尺量检查。

(9) 暗敷设在地下沟槽内及架空敷设的管道以及金属支架除锈和防腐，防腐前应除掉管道及支架表面的污垢和锈斑。所用涂料的品种和涂刷遍数均应符合设计要求，且附着良好，无脱皮、起泡、流淌和漏涂等缺陷。

检查数量：管道和支架各不少于 10 点（处）。

检验方法：观察检查。

第十二章 太阳能建筑应用技术

太阳的热能量巨大，我国早在古代就开始采取各种方式简单利用太阳能。太阳能与常规能源相比，不仅能够再生，而且取之不尽、无污染，是遍布全球的自然能源。

太阳能在建筑上具有很大节能利用的潜力，世界各国通常把太阳能的利用作为建筑节能的有效手段。利用太阳能可以减少采暖、空调和照明所使用的常规矿物能耗，在减少二氧化碳排放量、保护环境的同时，能够达到现代生活要求，供给人类舒适生活的条件。利用太阳能一直是人类现实而远大的目标，如今利用太阳能量的转化技术，已能够发电、提供生活用热水、采暖、照明、空调等。

第一节 太阳能集热系统

一、太阳能集热系统的形式、特点与适用范围

太阳能集热系统的形式、特点与适用范围如表 12-1 所示。

表 12-1 太阳能集热系统的形式、特点与适用范围

序号	系统形式	系统特点	适用范围
1	强制循环间接系统	太阳能集热器加热传热工质，通过热交换器加热供给使用端的系统；利用水泵使传热工质循环加热；易保证系统水质和防冻；管线布置灵活；系统复杂，造价高	适用于规模较大的热水供应和空调采暖系统，对供热质量、建筑物外观、水质、防冻要求严格的场合
2	强制循环直接系统	利用水泵使水在太阳能集热器中直接循环加热供给使用端的系统；要求自来水水质较高；集热系统效率较高，系统较复杂，造价较高	适用于规模较大的热水供应系统，初期投资低，对建筑物的外观要求严格的场合
3	直流式系统	水在集热器中不经过循环直接加热；系统简单，造价较低；维护管理方便；要求自来水水质较高；对储热水箱位置有限制，建筑立面较难处理；无法通过系统运行控制实现防冻	适用于规模较小的热水供应系统，自来水水质较好，对热水质量和建筑物外观要求不太高的场合
4	自然循环系统	依靠液体温度差引起的密度差导致的热虹吸作用循环；维护管理方便；开式系统，水质不易保证；储热水箱位置须高于集热器系统，建筑立面较难处理；无法通过系统运行控制防冻和过热保护	适用紧凑式太阳能热水器和系统供应规模较小的热水供应系统，对建筑物外观要求不高的场合

二、太阳能集热器的分类及特点

太阳能集热器的分类及特点如表 12-2 所示。

表 12-2　太阳能集热器的分类及特点

序号	分类名称	热性能指标	机械性能指标	耐压性能指标	特点
1	平板型太阳能集热器	采光面积的瞬时效率截距应不低于 0.68；总热损系数应不大于 6.0W/(m^2·K)	空晒应无变形、无开裂或其他损坏；闷晒应无渗漏及明显变形；内热冲击应无泄漏、无变形、无破裂或其他损坏；外热冲击应无明显变形及其他损坏；集热器进水后，对热性能不产生严重障碍；通过刚度、强度检验后应无损坏及变形	传热工质无泄漏，非承压式最小工作压力 0.06MPa，承压式最小工作压力 0.6MPa	承压高，抗机械冲击好，中低温工况下效率高，热损大，造价适中，易与建筑结合
2	全玻璃真空管型太阳能集热器	无反射板的全玻璃真空管型太阳能集热器的瞬时效率截距应不低于 0.60；有反射板的应不低于 0.50；总热损系数应不大于 2.5W/(m^2·K)	全玻璃真空管型太阳能集热器真空管应符合《全玻璃真空太阳能集热管》(GB/T 17049—2005) 的要求；集热器空晒后无开裂、破损和显著变形；刚度强度方面应无损坏和明显变形	传热工质无泄漏，非承压式最小工作压力 0.06MPa，承压式最小工作压力 0.6MPa	热媒在真空管中直接加热，非承压，集热效率高，造价低，热损小，不易与建筑结合
3	玻璃—金属真空管型太阳能集热器	无反射板的真空管型太阳能集热器采光面积的瞬时效率截距应不低于 0.60；有反射板的应不低于 0.50；总热损系数应不大于 2.5W/(m^2·K)	玻璃—金属真空管型太阳能集热器空晒应无开裂、破损和显著变形；通过刚度强度检验后应无损坏和明显变形	传热工质无泄漏，非承压式最小工作压力 0.06MPa，承压式最小工作压力 0.6MPa	热媒在金属管道内加热，承压高，耐腐蚀，集热效率较高，造价高，热损小
4	热管式真空管型太阳能集热器	无反射板的真空管型太阳能集热器采光面积的瞬时效率截距应不低于 0.60；有反射板的应不低于 0.50；总热损系数应不大于 2.5W/(m^2·K)	热管式真空管应符合《玻璃—金属封接式热管真空太阳能集热管》(GB/T 19775—2005) 的要求；集热器空晒应无开裂、破损和显著变形；通过刚度强度检验后应无损坏和明显变形	传热工质无泄漏，非承压式最小工作压力 0.06MPa，承压式最小工作压力 0.6MPa	热媒在金属管道内加热，承压高，耐腐蚀，集热效率较高，造价高，热损小

说明：按太阳能集热管的排列方式划分，真空管集热器可以分为竖排和横排两种结构形式。

三、太阳能集热器施工、调试和管理

（一）太阳能集热系统施工

本节介绍适用于 130℃ 以下的太阳能集热器施工，不含空气太阳能集热系统和聚焦型太阳能集热系统安装内容。

1. 太阳能集热器安装

（1）太阳能集热系统在平屋面上安装

应将集热器安装在集热器基础上。集热器基础施工时，要保证基础的强度，基础收头、阴阳角要按照建筑防水要求做增强处理。

（2）太阳能集热器通过预埋件固定

1）受力预埋件的锚筋不宜少于4根，其直径不宜小于8mm、大于25mm。受剪预埋件的直锚筋采用2根，预埋件的锚筋应位于构件的外层主筋内侧。

2）受力预埋件的锚板宜采用Q235级钢板，锚板厚度宜大于锚筋直径的0.6倍，受拉和受弯预埋件的锚板厚度宜大于$b/8$（b为锚筋间距），对受拉和受弯预埋件，其锚筋的间距和锚板构件边缘的距离，均不应小于3倍配筋直径或45mm。

3）受拉直锚筋和弯折锚筋的锚固长度应不小于受拉钢筋锚固长度，且不应小于3倍配筋直径；受剪和受压直锚筋的锚固长度不应小于15倍配筋直径；弯折锚筋与钢板间的夹角，一般不小于15°，且不大于45°。

4）为防止扰动周围混凝土，破坏防水层，预埋件端至墙外表面厚度不得小于250mm，如达不到250mm应局部加厚。

（3）太阳能集热器在镶嵌屋面安装

在屋面下沉处应增铺一层附加层，再采用防水涂膜做增强层，防水涂膜在屋面与下沉的转角处不得做空铺处理。

（4）太阳能集热器在架空屋面安装

集热器在架空屋面安装应将集热器固定在预埋或预留在屋面的建筑构件上。

2. 管道穿屋面做法

管道穿屋面做法可参照国家标准图集《太阳能热水器选用与安装》06J908—6实施。

3. 太阳能集热器组装

（1）集热器与集热器之间的连接应按照厂家规定的连接方法连接，连接应密封可靠，无泄漏，无扭曲变形，便于拆卸和更换，集热器之间的连接可采用橡胶柔性接头、退火的紫铜管或波纹管。

（2）集热器连接完毕，应进行检漏试验，检漏试验应遵循《民用建筑太阳能热水系统应用技术规范》（GB 50364—2005）的相关规定。集热器之间连接管的保温应在检漏合格后进行。

4. 太阳能集热器支架

（1）所有钢结构支架的材料，如角钢、方管、槽钢等，放置时，在不影响其承载力的情况下，应选择利于排水的方式放置，当由于结构或其他原因，造成不易排水时，应采取合理的排水防水措施，确保排水通畅。

（2）应根据现场条件，对支架采取合理的防风措施，并与建筑物牢靠固定。

（3）钢结构支架焊接完毕，应按照国家有关标准规范做防腐处理。

（4）集热器支架在混凝土基础上安装时，应先按图纸和集热器实物，对土建施工的基础进行核对。

（5）安装集热器支架时，丝扣应高出螺母1～1.5扣的高度。集热器混凝土基础表面要平整，各立柱支腿基础标高应在同一水平标高上，高度允差±20mm，分角中心距误差±2mm。

5. 安装详图

太阳能集热器的安装详图如图12-1至图12-9所示。

(二) 太阳能采热系统的调试

系统调试时，应选择与设计相近的负荷和天气条件进行。调试时应配置辐射表、液体（0～100℃和50～150℃）温度计、流量计等仪器。先进行单机调试，确保水泵、电磁（动）阀、温度计、压力表、水位计、流量计等工作正常。联合调试应先使各支路水量平衡，再调试辅助热源与太阳能集热系统加热能力的匹配。系统联合调试后应能正常运行72小时以上方为合格。

(三) 太阳能集热系统的运行管理

太阳能集热系统的运行管理，应根据组成太阳能集热系统各个部件的不同功能制订维修计划，按照计划进行日常的运行管理。

1. 初次运行的检查与准备

首先检查系统安装是否符合设计图纸和相关验收标准、规范的要求。运行前先冲洗储水箱、集热器及系统管路内部；然后向系统内充填传热工质，全玻璃真空管型热水系统应在无阳光照射的条件下充填传热工质，防止管道破裂。

2. 集热系统日常运行管理

(1) 集热器运行管理要避免集热器空晒运行，尤其是对于真空管集热器。同时也要避免集热工质不流动而引起闷晒。

(2) 应在日常的工作中经常监视集热系统的温度变化，发现异常应采取相应的措施，如在集热器上加盖遮挡物，排除故障后移去，尽量避免运行中的集热系统发生空晒和闷晒现象。

(3) 对于排空和排回的系统，要保证集热器中不能有存水弯，防止管道等部件冻裂。

(4) 平板集热器要保持透明盖板的清洁，经常清除积灰，保证有最高的透明度。保护透明盖板不受损坏。保证平板集热器吸热板的吸收涂层没有脱落。保证集热器外壳的良好密封性，不让雨水进入集热器内，以避免破坏吸热涂层，降低保温层的隔热性能和影响透明盖板的透过率。

(5) 真空管集热器条件允许时，应定期地清扫或者冲洗集热器表面的灰尘；可半年至一年擦洗一次真空管，擦洗时先用肥皂水或洗衣粉水擦洗真空管，然后用清水冲刷真空管表面及反光板即可。南方多雨地区可不必专门清洗。

(6) 正常运转时，真空管集热器玻璃管的温度与环境温度相近。若出现管壁温度升高，则可能真空管的真空已破坏，此时停止系统工作，换上一根新管即可。

(7) 采用全玻璃或热管真空管集热器时，冻结一般发生在系统管道和阀门部位，故要重视防冻问题，特别是在严寒地区。

(8) 集热器运行期间不能有硬物冲击，多冰雹的地区更要注意天气的变化和天气预报，及时加以保护。真空管内水温较高，容易形成水垢，需要定期除垢。

四、集热系统故障及防治措施

集热系统产生故障及防治措施如表12-3所示。

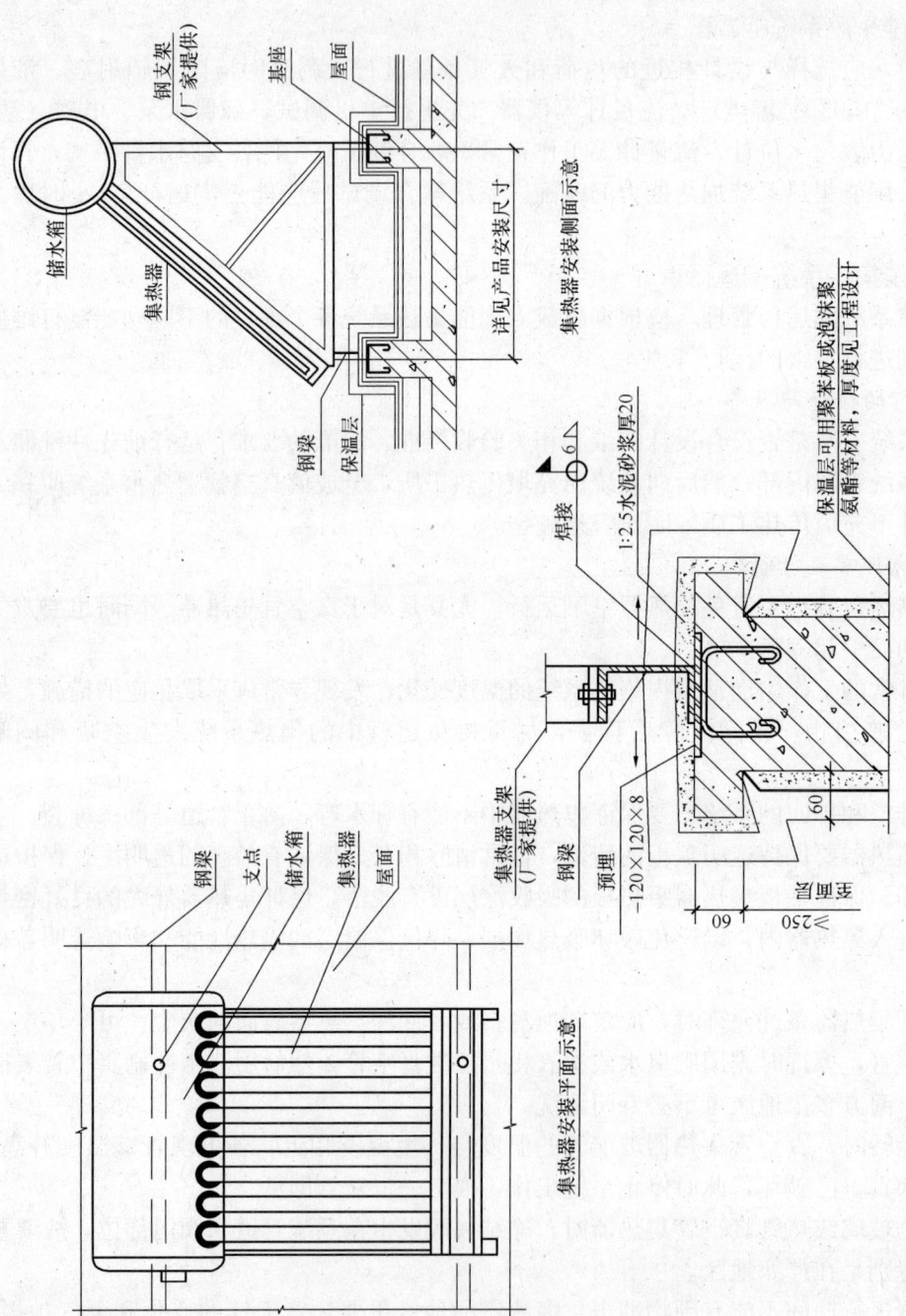

图 12-1 平屋面紧凑式家用太阳能集热器安装详图

说明：1.预留支座做法按构造配筋。
2.屋面具体做法详见个体工程设计。
3.钢梁尺寸由结构设计人员根据热水器荷载确定。

说明：1.预留支座按构造配筋。
2.屋面具体做法详见个体工程设计。
3.钢梁尺寸由结构设计人员根据热水器荷载确定。

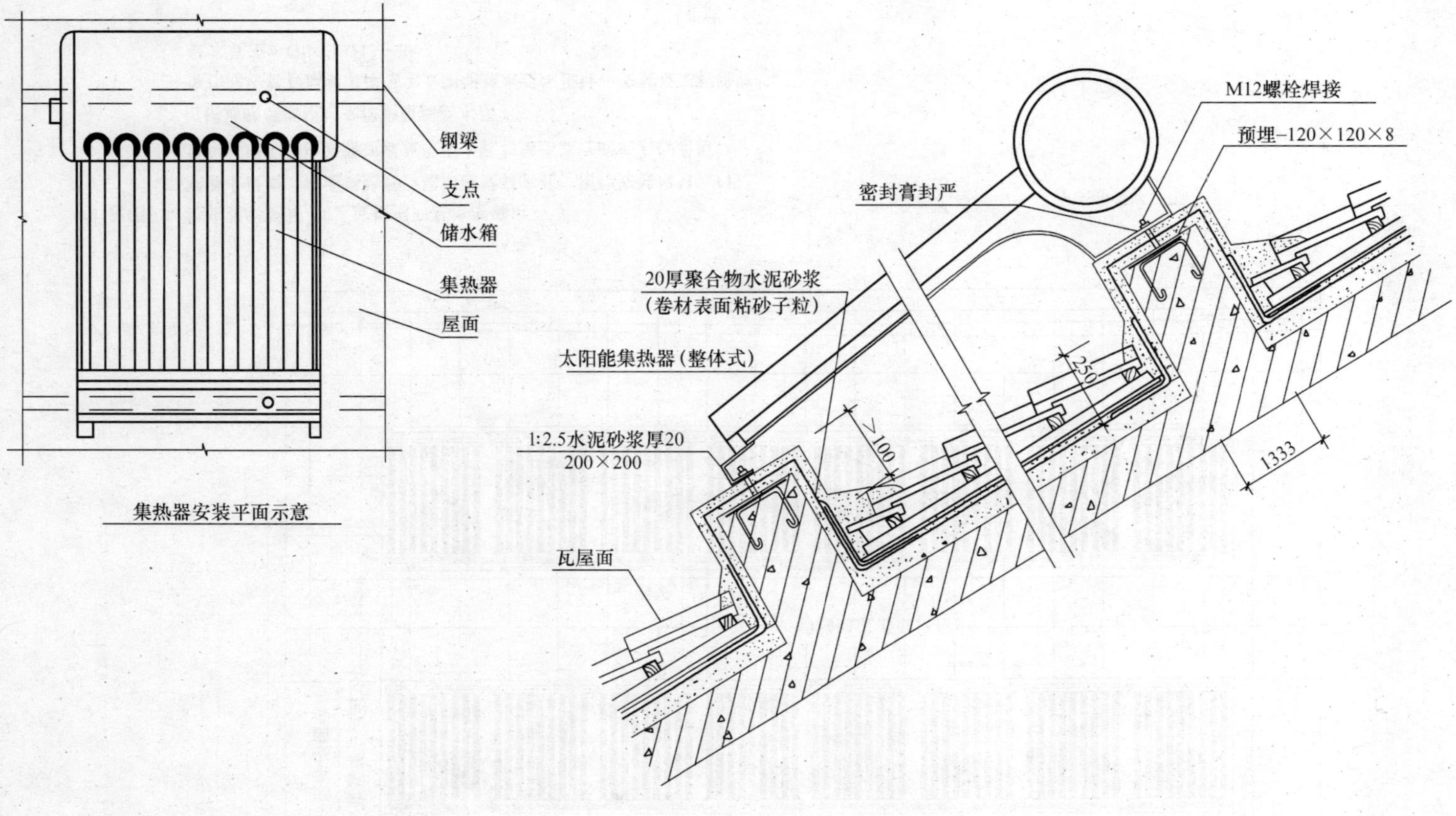

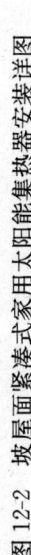

图 12-2　坡屋面紧凑式家用太阳能集热器安装详图

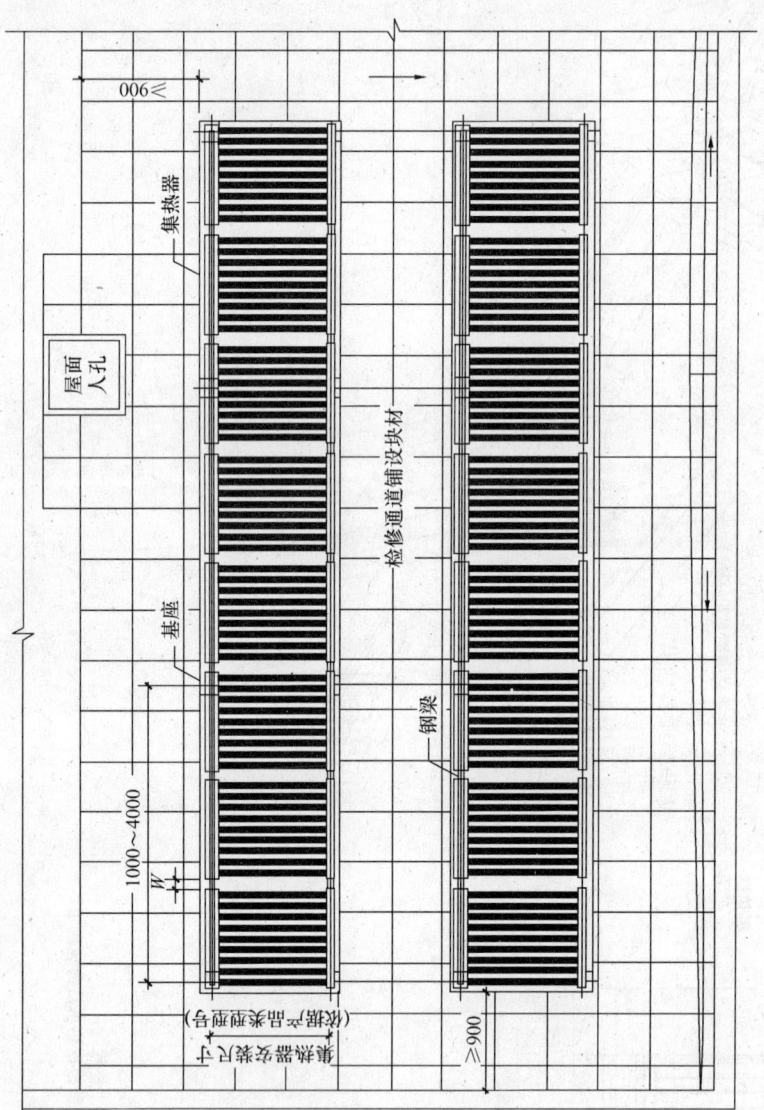

图 12-3 平屋面太阳能集热器安装详图

说明：1. 集热器间距 $W=90$，或根据产品类型确定。
2. 屋面上设置太阳能集热器，屋顶应设有人孔，用作安装检修入口。集热器周围和检修通道以及屋面人孔与集热器之间的人行通道，可铺地砖等面层用来保护屋面防水层。
3. 集热器安装其他要求详见《太阳能热水系统设计、安装及工程验收技术规范》GB/T18713—2002。

第十二章 太阳能建筑应用技术

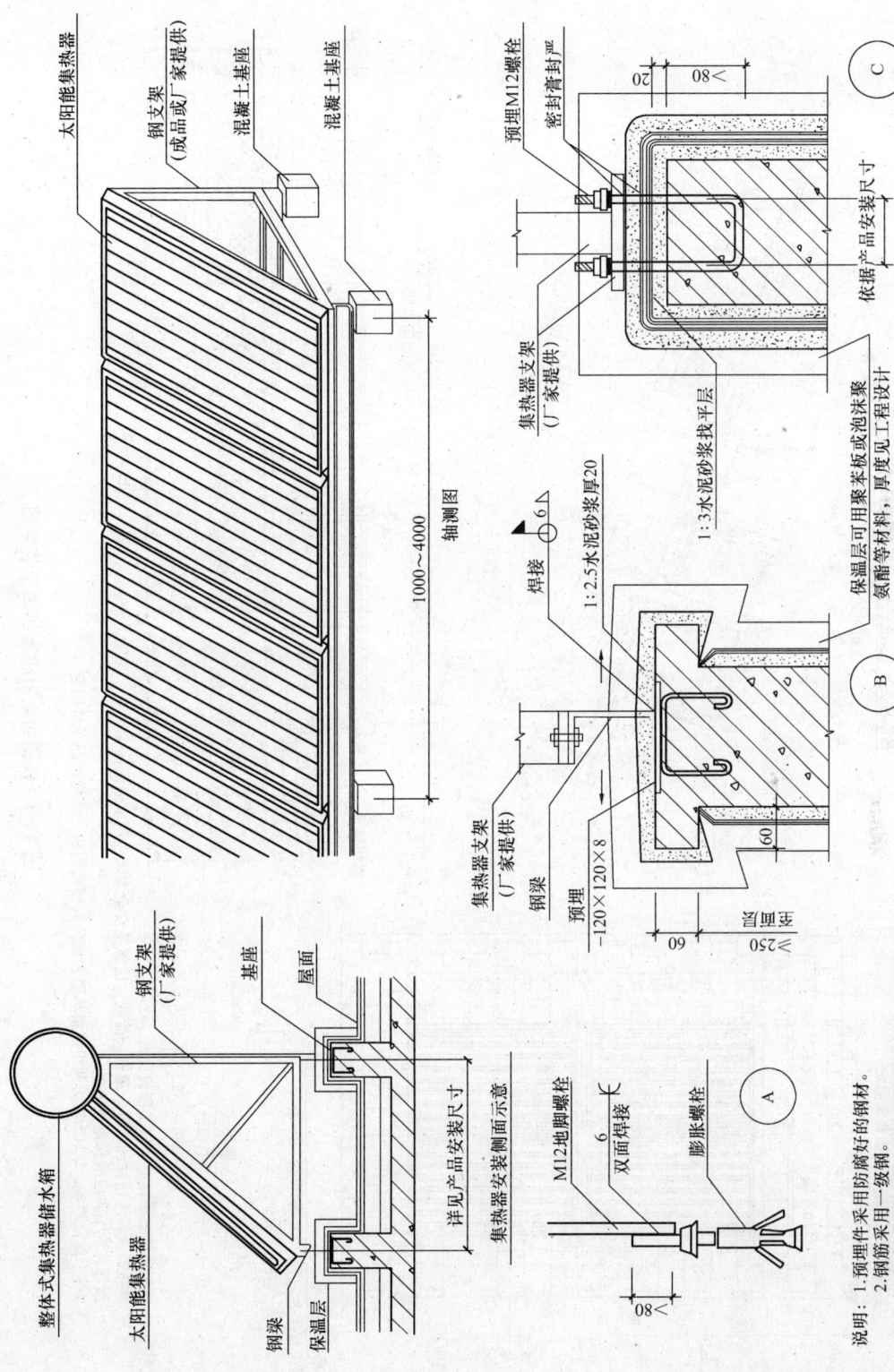

图 12-4 平屋面太阳能集热器安装详图

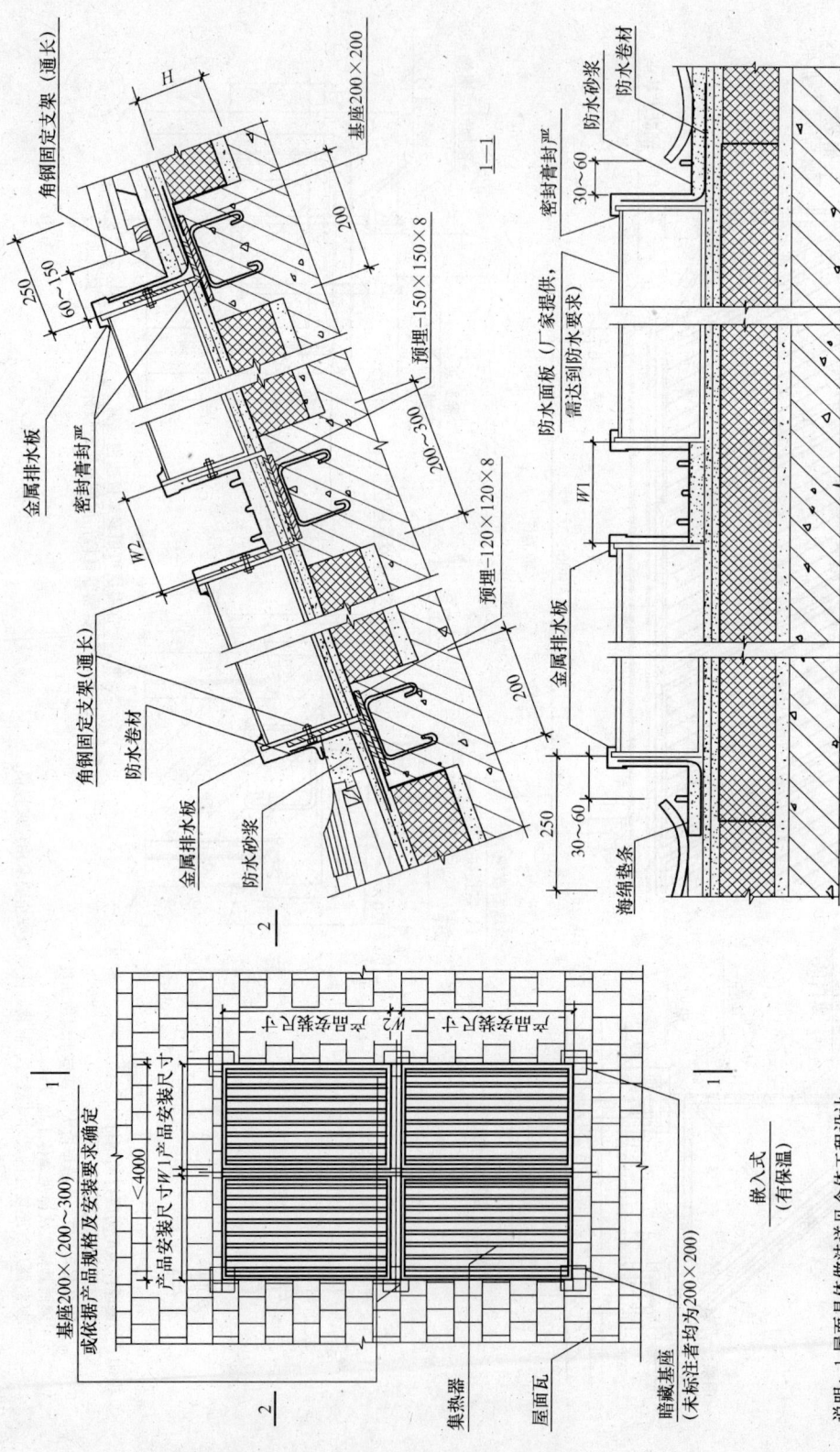

图 12-5 坡屋面太阳能集热器安装详图

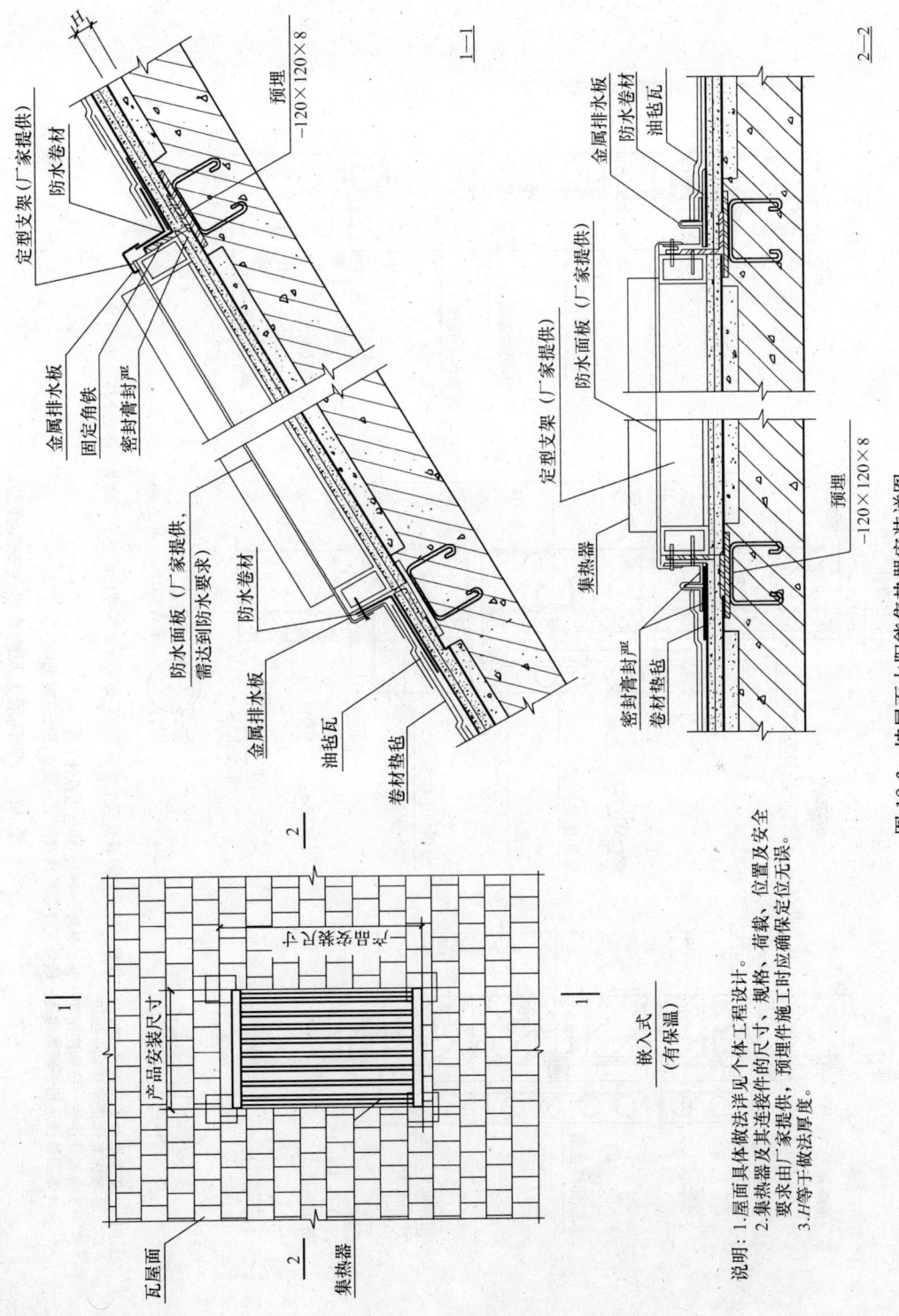

图 12-6 坡屋面太阳能集热器安装详图

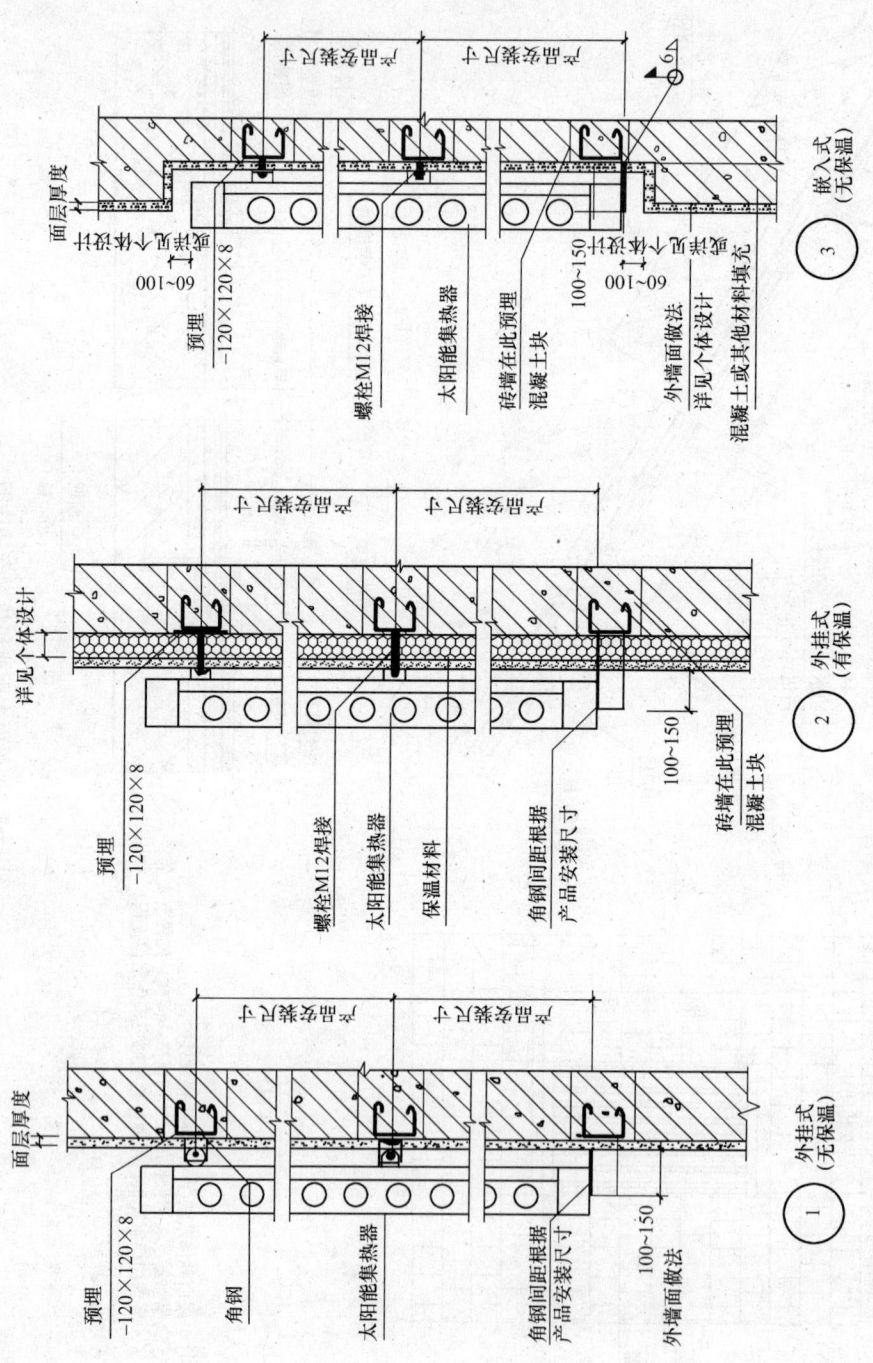

图 12-7 窗间墙太阳能集热器安装详图

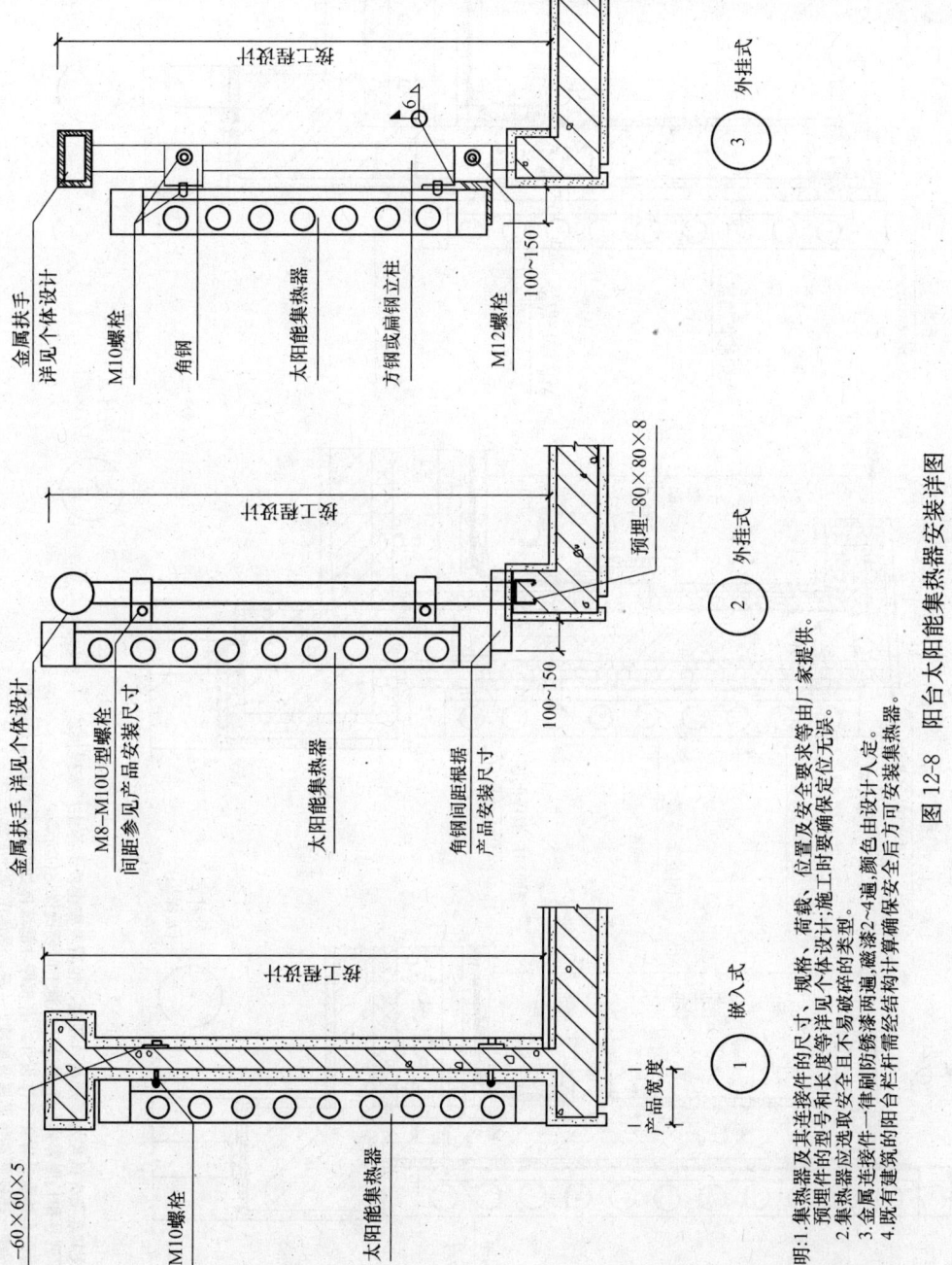

图 12-8　阳台太阳能集热器安装详图

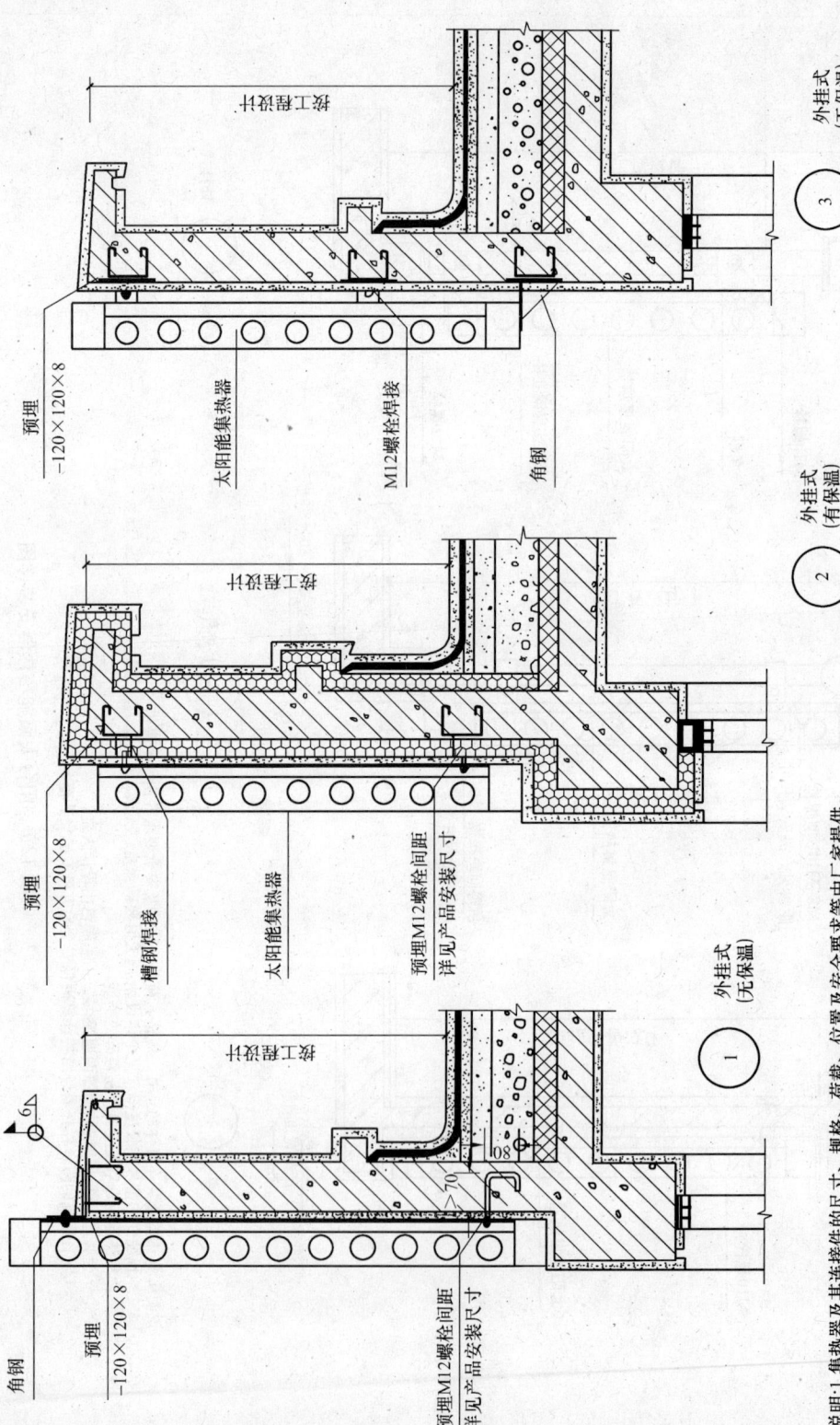

图 12-9 女儿墙太阳能集热器安装详图

表 12-3　故障及防治措施

故　　障	可 能 原 因	防 治 措 施
直流式定温放水或变流量放水系统中，储水箱中水量达不到设计值，水温却偏高	水压不足或系统阻力大，使进入水箱中的水流量减少，导致水箱中的水温较高，水量大大减小	应确保供水水压，并设法降低系统压力
直流式定温放水太阳能热水装置中，若干排集热器间为串联连接，而各排集热器之间为并联连接，当电磁阀突然接通电源阀门全开时，各排集热器的某一固定位置上的集热器开焊而漏水，将好的集热器换上后，此现象仍然会产生	阀门突然全开，自来水突然将集热器中的热水顶出，当遇到连接管道拐弯或突然缩小而使阻力剧增时，水流不能畅通而流量突然变小，产生水锤效应，将焊缝顶开而漏水	可在容易发生水锤的地方适当增大管径或者增加防止水锤的装置
强制循环由于靠水泵来控制系统的水循环，系统的故障很少，当出现故障时，系统停止运转	控制器失灵或水泵有问题，导致系统不能工作	要经常对控制器和水泵进行检查和维护
平板集热器透明盖板温度很高，而储水箱中的热水很少	通常是由水循环不畅引起的，最大的可能是管路气阻	将通气阀打开，排出气体，即可恢复系统的正常循环
发现集热器空晒和闷晒	密封胶圈老化失效	为防止炸管，不得立即上水，应停止运行一天，待夜间或第二天清晨上水运行。全玻璃真空管型集热管密封胶圈更换应在清晨、傍晚或阴雨天进行

第二节　家用太阳能热水器

家用太阳能热水器节能技术是目前应用最多、技术最成熟的太阳能利用系统，该系统已实现了商品化、系列化。

一、太阳能热水器的构成

太阳能热水器一般由集热器、储热装置、循环管路和辅助装置组成。

1. 集热器

集热器是热水器的关键部件，它的主要作用是吸收太阳辐射并向载热工质传递热量，即用来将太阳能源转换为热能以加热液体的设备。按集热器收集太阳辐射的透光面积和吸收太阳辐射的吸收面积比例的不同，可划分为平板型集热器和真空型集热器（真空管太阳能集热器、热管真空管太阳能集热器、U形管真空管太阳能集热器、全玻璃真空管集热器、热管真空集热器等）。平板集热器结构简单，安装方便，成本低而被普遍采用。如果将吸热体与透明盖之间的空气夹层中的空气抽出，形成真空后，可以减少空气对流的热损失，提高集热效率，这种真空管集热器保温性能优于平板型太阳能集热器。

2. 储热装置

储热装置的作用是储存热水并减少向周围散发热量。储热效果取决于保温材料性能好坏和保温层厚度，也取决于装置本身的结构及固定连接方式。

3. 循环管路

循环管路的作用是连通集热器和储热装置，使其形成一个完整的循环加热系统。循环管路设计施工是否正确，会影响整个热水器系统的正确运行。当管路走向或连接方式不正确时，会导致热水器水温偏低。

4. 辅助装置

辅助装置包括无日照时的辅助热源装置、水位显示装置、温度显示装置、循环水以及自动或手动装置等，辅助装置使整个热水系统正常工作并通过仪表加以显示。

二、太阳能热水器的选择与安装

（一）太阳能热水器的设计

1. 热水器形式的选择

根据用户需要选择热水器，如集热器面积小于 $50m^2$ 的小型系统，适用于理发馆、餐厅，且宜选用自然循环式系统，该类系统无须管理，不用热水时，系统仍可正常运行。家用太阳能热水器，宜采用闷晒式或整体自然循环系统；根据所处地区温度，按太阳能热水器说明书中技术参数选择热水器。

2. 集热器面积的选择

热水器日产水量与集热器面积的比值，通常取 $100L/(m^2·d)$。根据热水用量确定集热器面积。例如，淋浴用热水（40℃），规定每人每次为 35～40L。

3. 系统的保温

在太阳能热水系统中，循环管道和水箱的保温很重要，尤其在寒冷地区的冬季，因保温质量不好而易出现管冻坏事故。

管道的保温要考虑所用保温材料的性能、保温层的厚度、周围的环境等因素。

同时，考虑室外用水管路应选择最短。

（二）太阳能热水器的安装

1. 集热器的设置

在太阳能集热器的设置处，必须不受任何建筑物或树木等的遮挡，并尽可能选择避风处或采取防风措施。集热器基层（房屋面）的结合要足够牢固，防止大风刮倒。

2. 集热器朝向倾角

集热器朝向以正南为准。若全年使用，安装的倾角应和当地纬度相等；若夏季使用，其倾角为当地纬度减 10 度。

3. 集热器的前后距离

多排集热器前后布置时，对全年使用的集热器，其前后距离可按集热器安装高度的 3 倍考虑；若以夏季为主兼顾春秋使用，可按集热器安装高度的 0.85 倍考虑。

4. 安装顺序

安装时应按说明书及各零件上标贴符号进行，不得接反。

一般安装顺序为，支架装配牢固、水箱置在支架上调整固定、将防尘圈套在玻璃上、向管内注水、然后将真空管插入水箱热管孔,底端与尾座相连接,安上进出水管自动进水装置和电加热辅助装置后,即可上水使用,也可单管上下水方式使用。

5. 安装高度

根据热水器安装高度不同,分为顶水式和落水式。热水器安装在房屋阳台上,只能采用顶水式进行安装。这种安装方法要特别注意在热水器管道的最高位置必须安装通气管(图12-10)。如果热水器安装在房顶上,一般采用落水式(图12-11),这种方法比较安全,但在溢流管道的最高处也应装上通气管。

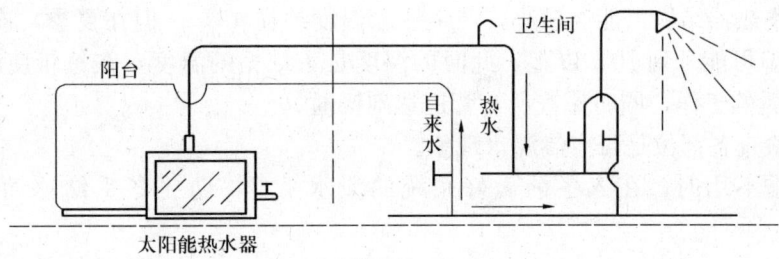

图 12-10 热水器顶水式安装

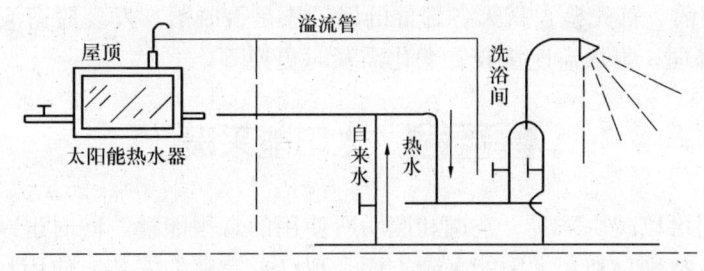

图 12-11 热水器落水式安装

三、太阳能热水器的使用与维护

(一)太阳能热水器的使用

(1)安装结束后,第一次注水必须在早晨或晚上,否则因空管内高温,突然进入冷水而使真空管产生破裂。

(2)热水器在使用期间内,必须上满水,防止空晒热水器。当在夏季热水器空晒时,内部温度有时可高达 70~80℃,严重影响热水器真空管的使用寿命。

(3)热水器在使用前,应检查热水器的最上部是否装有溢流管以及与大气相通的通气管。溢流管的作用是一旦水满立即有水溢出,以告诉操作者停止上水。通气管的作用是防止溢流管万一堵塞,在上水时,由于通气管的减压而不会把热水器胀坏。当用水时,还可以防止因溢流管不通而抽瘪热水器。

(4)热水器经过一天的太阳辐射后,其内部有水温分层现象,即底部水温低,顶部水温高。开始使用水温偏低,使用后期水温较高。

(5)当采用自然循环热水器时,在日照好而热水器不热,主要是循环水没有进行正常循环,可能有三种原因:第一种原因是上下循环管接错,无法循环;第二种原因是水箱的上循环管位置高于水位,造成无法循环;第三种原因是循环管道有反坡或倾斜度,造成管内气堵，循环不正常。

（6）当阴天洗浴水温不够时，可用电加热装置加热，装有电加热装置的热水器系统必须有漏电保护器，并在断电时使用热水。

（二）太阳能热水器的维护

（1）在正常使用热水器期间，要定期清除透明盖板即集热器玻璃上的灰尘、垢物，以免影响盖板的透光率，降低集热器的热性能。如用自来水清洗，应在早晨或晚间气温降低后进行，防止热胀冷缩把玻璃激碎。

（2）平板集热器结垢可能性较小，产生热水温度约在45℃。但在夏季，连续两天运行，热水器内部水温可能升到70℃以上，此时的温度是水结垢的温度，在每年使用结束时一定要进行排除污垢的工作，同时检查所有管道达到畅通。

（3）经常检查各部位是否有渗漏水现象。

（4）在冬季不用时，在入冬前做好系统的泄水工作，防止冬季结冰而胀坏集热器、管道。

（5）电磁阀、水泵等电气部件，防止潮湿和水气，应设法保护隔绝。当系统不用时应切断电源，将电气部件放在干燥地方保存，以备来年使用。

（6）每年使用前，首先检查露天各部件的保护漆是否脱落，发现脱落应及时涂刷。保温材料有损坏及时修理。集热器连接胶管老化需及时更换等。

第三节　太阳能采暖

太阳能的利用可以减少采暖、空调和照明所使用的常规能耗，同时也减轻因电力生产所造成的环境负荷，特别是利用太阳能采暖方面，现已形完整的安装、使用和维护体系。

目前，建筑上利用太阳能采暖可分为两大类，即主动式采暖系统和被动式采暖系统。

一、主动式采暖系统

主动式太阳能采暖技术起点高，注重太阳能集热技术与其他采暖技术的结合，现在已有成熟的太阳能与地源热泵综合系统应用技术，就是主动式采暖系统的一种类型。

主动式太阳能采暖系统是由太阳能集热器、管道、散热器、风机或泵以及储热装置等组成的强制循环太阳能采暖系统。太阳能集热器将产生的热水（或热空气）储存在储热水箱（或蓄热装置）中，水泵（或风机）使水箱（或蓄热装置）中的热水（或热空气）通过散热器向室内供热，使室内温度保持在一定的范围内。这种系统控制、调节比较方便、灵活，但第一次投资较大，技术复杂，维修管理工作量大，而且仍然要耗费一定数量的常规能源，用这种系统单纯采暖的较少。

在采用太阳能主动式采暖系统中，降低系统温度以提高集热器效率是提高整个系统效率的关键。如在地板辐射采暖中应用，它可以使热水产生很好的采暖效果，当太阳辐射较强时，增加地板的蓄热，当气温降低时由地板释放出热量，使室内保持适宜的温度，提高室内热环境的舒适度。

当太阳能提供的热量不足时，利用热泵从蓄热水中箱中甚至从太阳能集热器中进一步提取热量和提升温度，以满足采暖要求。然而如果整个系统的热源都来自太阳能集热器，则采用热泵不可能有效地增加系统获取的总热量。采用独立的空气源热泵或其他形式的热泵作为太阳能采暖热水的辅助热源，在太阳能热水温度过低时补充加热，将比这种从太阳能集热器中提取热量的热泵具有更高的能量利用率。这里根据相关资料以太阳能地板采暖在北京地区的实际应用做适当介绍。

(一) 太阳能地板供暖系统构成

利用太阳能给冬季室内地板供暖，是利用太阳能热水器技术系统和低温地面辐射供暖（热水）系统技术的结合。通过太阳能转换的低温热水加热地面盘管来实现地板供暖。

在太阳能地板供暖的系统中主要由太阳能集热器、储热水箱、控制器、循环泵、辅助热源、温度计、系统管路、地暖盘管等组成。

1. 太阳能集热器

在需要室内地板供热的冬季，恰恰是太阳光照相对最差的季节，直接影响太阳能的转化率，这就要求在集热系统中的集热器，必须在低温条件下能够有高倍的太阳能转化率，即在低温、光照弱的情况下，能够提供一定温度的热水，这是太阳能地板供暖首要条件之一。

目前市场上有多种类型的全年四季可使用的真空集热器，不同类型的产品各有优缺点，如真空管集热器在－25℃的低温条件下，仍可产生热水使用，冬季利用太阳能的效率高，但存在炸管泄漏问题；热管集热器可在－50℃条件下使用，但热管冷凝端（加热端）表面积仅是真空管的1%，易结水垢；U形真空管太阳能集热器是在真空管的内壁插入了一根U形的铜管，在传递热量同时可封闭带压循环而不易泄漏，但U形铜管必须有防冻介质的条件下使用。综合集热器在冬季使用寿命、成本等各方面因素，选择全玻璃真空管太阳能集热器比较合适。

2. 储热水箱

是用来储存太阳能集热器产生的热水设备，应具有良好外保温层。

3. 控制器

是用来控制太阳能热水系统自动运行的控制装置。

4. 系统管路

是用来连接太阳能集热器和储热水箱的管路。

5. 辅助热源

根据太阳能的不稳定因素，为了保证太阳能地板采暖系统能全天发挥采暖功能，在储热水箱中安装电加热管，是采用低谷电来补偿能量的一种辅助措施。安装方式是采用自动化运行。

(二) 太阳能地板供暖系统的工作原理

太阳能地板供暖系统的工作原理如图12-12所示。

当$T_1-T_2>10℃$时，控制器就启动循环泵P1，水进入太阳能集热器加热，并将太阳能集热器的热水压入热水箱，储热水箱上部温度高，下部温度低，下部冷水再进入太阳能集热器，这样就构成一个循环系统；当$T_1-T_2<5℃$时，循环泵P1停止工作；当房间温度$T_3<18℃$时，控制器就启动循环泵P2进行采暖循环。控制器随时检测储热水箱温度，只要$T_2<30\sim40℃$，电加热管就自动工作。当$T_2>40\sim50℃$时，电加热管停止工作。

(三) 综合分析

该类供暖系统无污染，无噪声，无废物排放，保护生态环境。节能效益按当地日照时

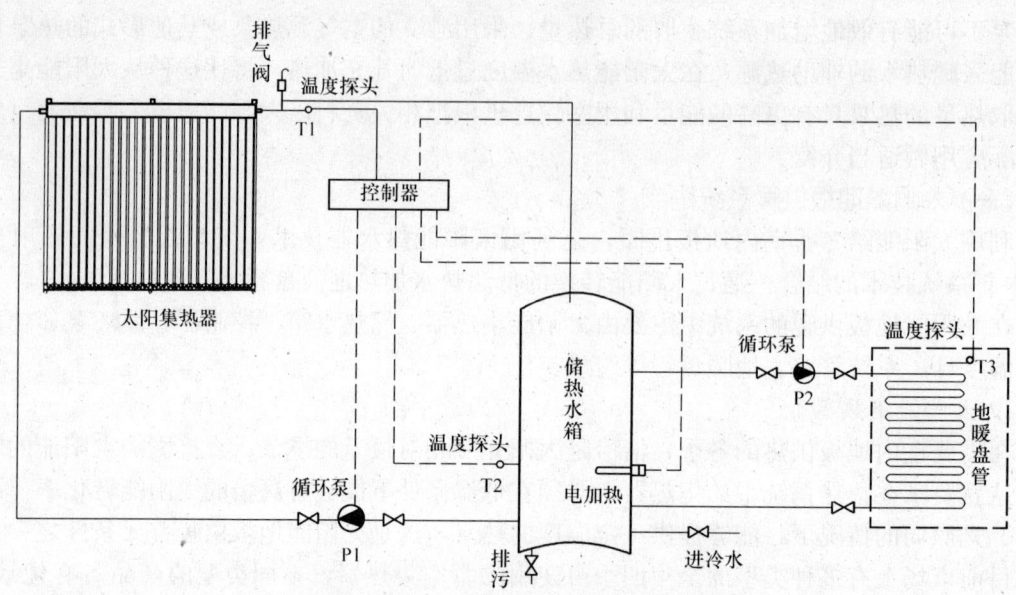

图 12-12 太阳能地板供暖系统的工作原理

间、电价按户计算,每个采暖期可节省一定费用,因初期投资高些,在过渡季节和夏季利用太阳能集热系统提供生活热水,可提高全年太阳能系统的利用率。

二、被动式采暖系统

被动式太阳能采暖是根据太阳高度角,利用冬季低夏季高的自然特征,通过合理设置,依靠建筑物结构自身来完成集热、储热和释热功能的采暖系统,不需要管道、水泵等机械设备。被动式建筑采暖系统结构技术简单,不耗费(或较少)常规能源,造价不高,节能效果显著,单位建筑面积每年可节约近 20kg 标准煤/m^2,目前已成为世界各国推广的太阳能采暖主流技术。但被动式采暖系统也存在蓄热能力较差、夜晚和冬季供热品质较低、夏季被动冷却降温效果较差等缺点。

一般按照被动式太阳能采暖方式可分为两种,即间接得热式(如特郎伯集热墙、水墙、附加阳光间)和直接得热式,直接得热式比间接得热式系统更简单。被动式采暖技术获得成功应用的基本条件是:建筑外围护结构应有很好的保温,南向设有足够大的集热表面,室内布置尽可能多的储热体,主要采暖房间紧靠热表和储热体布置,次要的、非采暖房间围在它们的北面和东西两侧。

(一)直接得热式采暖

直接得热式采暖特别适合农村使用,在冬季利用直接得热方式时,可让太阳从南向窗射入房间内部,用楼板层、墙及家具设施等作为吸热和储热体。当室温低于这些储热体表面温度时,这些物体就会像低温辐射器那样向室内空间供暖。为了减少热损失,夜间需用保温窗帘将窗户覆盖。

(二)间接得热式采暖

1. 间接得热式的特朗伯集热墙(简称集热墙)

集热墙是在墙的向阳外表面涂以深色的选择性涂层,加强热量的吸收并减少辐射散热,使墙体成为集热和储热器。

在离外表面 100mm 左右处装上玻璃或透明塑料薄片,白天有太阳时,主要靠空气间层被加热的空气通过墙顶与底部通风孔向室内对流供暖。夜间则主要靠墙体本身的储热向室内供暖,这时要关闭特朗伯墙的通风孔,玻璃和墙之间设置保温窗帘,墙体向室内辐射热量并与室内空气对流换热。

储热墙通常为混凝土或实心砖墙,这些重质墙体热容量大、热惰性大,因此储热多、放热慢,温度波动延迟时间较长,有利于减缓夜间室内温度下降。储热墙厚度因用途而异,混凝土墙厚度宜在 300～500mm 间选择。

2. 太阳墙

太阳墙技术在国外已广泛应用十多年,经不断研究和改进已十分成熟。太阳墙系统其突出优点在于造价低廉,无须维护,且能营造低能耗高舒适度的居住环境。

太阳墙可广泛使用于住宅、厂房、学校、办公楼等不同用途的节能建筑上。

太阳墙系统核心组件是太阳墙板,太阳墙板是在钢板或铝板表面镀上一层热转换效率达 80% 的高科技涂层,并经特殊设计和加工处理制成,能最大限度地将太阳能转换成热能。太阳墙板组成太阳墙系的外壳,其类似于硬的有通透性的薄膜。它的表面有许多大约 1mm 直径的小孔,允许外面空气通过它的表面。

太阳墙板有多种色彩选择,易于融入建筑整体风格。住宅使用可有多种形式安装,如窗式墙面型、简易墙面型、嵌入墙间型和彩色屋顶型等,在使用时,室外新鲜空气经太阳墙系统加热后,由鼓风机泵入室内,置换室内污浊空气,起到供暖和换气的双重功效,它提供一定的除尘功能,从而减少空气过滤设备的维护费用。墙面型和屋顶型太阳墙示意见图 12-13 和图 12-14。

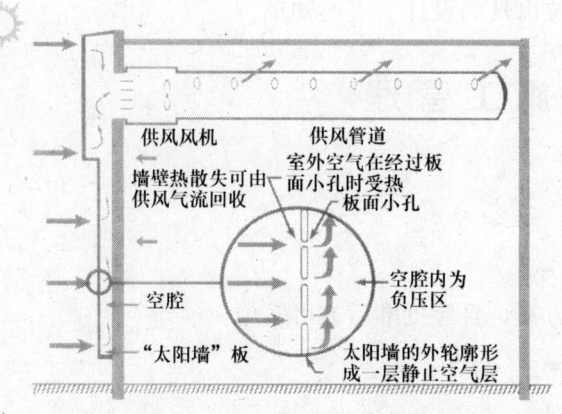

图 12-13 墙面型太阳墙示意图

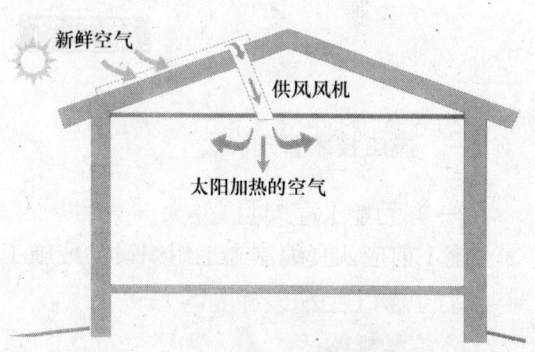

图 12-14 屋顶型太阳墙示意图

第十三章 节能工程项目管理

第一节 设计管理

为使节能工程项目的设计，符合现行国家节能技术政策，确保节能工程质量，特要求如下：

1. 节能设计必须贯彻国家现行有关节能方针政策，以便于节约能源、节约资源、保护环境、安全生产、改善生活与劳动条件，尽最大努力利用可再生资源，保证产品质量和提高劳动生产率提供必要条件，提高设计质量。

2. 设计节能工程系统所用的设备、构件及材料等，应根据国家和建设地区现有生产能力和材料供应状况等择优选用，尽量就地取材，其类型符合国家提倡和发展方向，质量要求必须符合现行国家有关技术标准的要求。同一工程中，设备的系列和规格型号、材料种类应尽量统一。

3. 设计设备、构件和材料的施工（安装）工艺，在综合各方面因素后，应符合现行国家所规定节能率的要求。

4. 施工图设计完成后，必须按照建筑工程施工图设计文件管理规定，经审查合后，方可交付施工单位使用。修改设计应有设计单位出具的设计变更通知单。

第二节 施工管理

一、施工技术管理

（一）节能工程项目
施工前应认真编制施工组织设计或施工方案，且经批准后方可实施。

（二）施工组织设计内容
1. 工程概况；
2. 工程项目综合进度计划；
3. 重要实物量、劳动力计划；
4. 主要施工方法和技术措施，成品保护措施；
5. 安全消防技术措施；
6. 计划各项经济技术指标；
7. 明确建设、设计、施工三方面的协作配合关系；
8. 总分包的工作范围。

(三) 技术管理

技术管理是企业管理的重要组成部分，技术管理水平的高低影响企业综合管理水平。也是确保节能工程项目质量、进度和安全的必要途径。其内容包括：

1. 图纸审核

在开工之前，审核图纸、熟悉图纸，其目的是弄清楚设计意图、工程特点、材料要求等，以便从图中发现问题或疑问。

2. 图纸会审

在技术人员自审的基础上，由技术部门（包括技术领导、施工工长、预算员、检查员）将在施工中出现不可预见的问题、施工矛盾或图纸中设计的内容不齐全、不符合国家现行相关标准和规范要求等进行汇总，并组织有关人员讨论提出的问题，对能实施的项目提出意见或建议交领导进行综合性考虑。

在会审图纸的基础上，将会审的建议和设计需要解决的问题，由设计、建设（或监理）、施工单位的有关人员参加，确实修改的方案，由三方办理一次性洽商。对问题较复杂，改动较大的问题应请设计人员另行出图并按规定程序审批后方可使用。对影响施工造价的应纳入施工预算。

参加会审的设计、建设、监理、施工单位负责人必须在图纸会审记录上签字并盖公章。

3. 设计交底

在设计交底内容中包括施工要点、节点构造等特殊部位的施工要求及使用新工艺施工特点等内容，在施工前做详细掌握。接受交底各方代表签字。

4. 施工交底

分项施工前应由施工工长组织并向参与施工的班组交底。这是企业基层实施技术质量指标的一项重要措施，也是施工工长一项十分重要的任务。

交底的方法步骤是：根据工程进度，按单位工程、分部工程、分项工程细致交底。每次交底既要交技术、质量，又要交安全注意事项。

5. 设计变更通知单

在工程中因某种特殊情况而发生变更设计时，为了保证设计变更的完整性，又便于查找，在工程交工时应详细填写设计变更通知单汇总目录和设计变更通知单。

设计变更通知单是经过设计、监理、建设单位审查同意后，发给施工和有关单位的重要文件，是竣工图编制的依据之一，是建设、施工双方结算的依据，其文字记录应清楚，时间应准确，责任人签署意见应简单明确。

6. 洽商管理

建设单位、监理单位、施工单位在工程施工过程中提出合理化建议，或由于条件、材料等诸多因素仍有可能再次变化，需对施工图进行修改时，由于专业的特殊性，一般专业洽商可由施工工长与设计、建设单位办理，应填写工程洽商记录，通知设计单位对施工图按程序进行修改。

涉及施工技术、工程造价、施工进度等方面问题时，提出方和设计单位应与其他相关各方协商取得一致意见后，可用工程洽商记录（技术核定联系单）的形式经各方签字后存档。但要注意洽商的严肃性。坚持做到：有变必洽，随变随洽。并应将洽商结果及时反映到竣工图上，洽商记录应编订成册，做好编号以备存档。

7. 施工现场质量管理检查记录

施工现场质量管理检查记录应由施工单位填写，总监理工程师（建设单位项目负责人）进行检查，并做出结论。

检查内容包括：

（1）现场质量管理制度：自检、交接检、专检制度，月底评比制度，质量与经济挂钩制度。

（2）质量责任制：岗位责任制、施工技术质量安全交底制、挂牌制度。

（3）主要专业工程操作上岗证书核查制度。

（4）分包方资质与分包单位管理制度：审查分包资质及相应管理制度。

（5）施工图审查情况：施工图审查批次号、图纸会审记录及设计交底记录。

（6）施工组织设计、施工方案及审批：编制与审批程序和内容是否与施工相符。

（7）施工技术标准：施工图所包含各专业施工技术标准。

（8）工程质量检查检验制度：原材料检验制度、施工各阶段检验制度、工程抽检项目检验计划等。

8. 施工日志

工长在施工中的记录日志是对工作不足的分析和成功经验的总结，也是处理事务的备忘录和存档资料，施工日志应包括如下内容：

（1）日期、气候温度；

（2）当日、本人、班组的工作内容；

（3）各班组操作人员的变动情况；

（4）停工、待料或材料代用技术核定情况；

（5）施工质量发现的问题，实际处理的情况；

（6）检查技术、安全存在的问题与改正措施；

（7）施工会议的重要记事，技术交底、安全交底的情况；

（8）质量返工事故；

（9）安全事故等。

二、工程质量验收记录管理

工程质量应贯穿反映节能工程施工的全过程，它包括隐蔽工程验收和最终整体工程验收。按工程项目不同而验收过程不等，工程应分步分别验收，首先涉及隐蔽工程质量，然后是整体工程验收。整体工程的施工和验收必须在隐蔽工程验收合格的基础上才能进行，在施工绝对不可忽视隐蔽工程验收。

如：在隔热屋面施工中，防水工程施工质量按最终工程质量验收，但在隔热屋面工程中，它不是最终结束工程，而按隐蔽工程进行验收，在其验收合格基础上再做隔热层施工；在低热地面辐射供暖工程中，首先对绝热层、铺设盘管等施工质量验收，在绝热层、盘管、伸缩缝等验收合格后，再做面层施工；在建筑外墙保温工程中，首先对保温层施工质量进行验收合格后，再做保护层或饰面层施工等。

隐蔽工程和最终工程质量验收应对合格过程和不合格处理过程做详细记录，是工程项目验收的重要依据，必须认真填写，以便在施工过程中和施工完后，对出现的施工质量问题做出准确的判断和处理。

施工现场质量管理检查记录由施工单位按表内内容，由总监理工程师（建设单位项目负责人）进行检查，并做出检查结论。

检验批质量验收记录由施工项目专业质量检负责人填写，由监理工程师（建设单位项目专业技术负责人）组织专业质量检查员等进行验收。

分部（子分部）工程质量验收记录，由总监理工程师（建设单位项目专业负责人）组织施工项目经理和有关勘察、设计单位项目负责人进行验收。

如其中：图纸会审记录按表13-1格式填写；
　　　　设计交底记录按表13-2格式填写；
　　　　设计变更通知单汇总目录按表13-3格式填写；
　　　　设计变更通知单按表13-4格式填写；
　　　　工程洽商记录（技术核定联系单）按表13-5格式填写；
　　　　施工现场质量管理检查记录按表13-6格式填写，还有工程检验批质量验收记录等。

表 13-1　图纸会审记录

工程名称			
建设单位		设计单位	
施工单位		监理单位	
图纸名称及图号	主要内容		结论意见
建设单位签章 项目负责人： 　　　　　　　年　月　日		设计单位签章 项目负责人： 　　　　　　　年　月　日	
施工单位签章 项目负责人： 　　　　　　　年　月　日		监理单位签章 总监理工程师： 　　　　　　　年　月　日	

表 13-2 设计交底记录

工程名称		建设单位	
设计单位：			
施工单位：	监理单位：		
交底内容：			
建设单位签章 项目负责人： 　　　　年　月　日		设计单位签章 项目负责人： 　　　　年　月　日	
建设单位签章 项目负责人： 　　　　年　月　日		监理单位签章 总监理工程师： 　　　　年　月　日	

表 13-3　设计变更通知单汇总目录

工程名称					
通知单编号	通知单日期及所在图页号	概括内容	发送人	接受人	实施情况
审核人签字：			资料整理人签字：		

表 13-4 设计变更通知单

工程名称		变更单编号	
建设单位		施工单位	
设计单位		相关图号	

变更内容及简图：
设计人：
年 月 日

设计单位意见：	建设单位签章：
签字（公章） 年 月 日	签字（公章） 年 月 日

施工图审批机构意见：
签字（公章）　　　　　　　　　　　　　　　　　　　　　　　　年 月 日

表 13-5　工程洽商记录（技术核定联系单）

工程名称		提出单位	
问题性质			

联系（核定）事项：

　　　　　　　　　　　审核人：　　　填写人：　　　（公章）：　　　年　月　日

建设单位意见：	设计单位意见：	施工单位意见：	监理单位意见：
签字（公章）： 　　年　月　日	签字（公章）： 　　年　月　日	签字（公章）： 　　年　月　日	签字（公章）： 　　年　月　日

表 13-6　施工现场质量管理检查记录

工程名称		施工许可证（开工报告）	
建设单位		项目负责人	
设计单位		项目负责人	
监理单位		总监理工程师	
施工单位		项目经理	
		项目技术负责人	

序号	项目	内容
1	现场质量管理制度	
2	质量管理责任制	
3	主要专业工程操作上岗证书	
4	分包方资质与分包单位管理制度	
5	施工图纸审核情况	
6	地质勘察资料	
7	施工组织设计、施工方案及审批	
8	施工技术标准	
9	工程质量检验制度	
10	现场材料、设备存放管理	
11		

检查结论：

总监理工程师
（建设单位项目负责人）：　　　　　　　　　　　　　　　　　　　　年　月　日

第三节 材料与设备管理

一、节能设备管理

1. 进入施工现场的设备包装应完好,表面无划痕及外力冲击破损。
2. 主要器具和设备,必须有完整的安装使用说明书。
3. 在运输、保管和施工过程中,应采取有效措施防止损坏或腐蚀。

二、节能材料管理

所有进入施工现场的施工材料均应按国家现行有关标准检验合格,有关强制性性能要求由国家认可的检测机构进行检测,并出具有效证明文件或检测报告。进场时应做检查验收,并经监理工程师核查确认,不合格产品严禁使用。

(一)外保温系统主要组成材料复检项目

材料复检项目如表13-7所示。

表13-7 外保温系统主要组成材料复检项目

组成材料		复检项目
EPS板		密度,抗拉强度,尺寸稳定性。用于无网现浇系统时,加验界面砂浆喷刷质量
胶粉EPS颗粒		湿密度,干密度,压缩性能
EPS钢丝网架板		EPS板密度,EPS钢丝网架板外观质量
胶粘剂、抹面胶浆、抗裂砂浆、界面砂浆		干燥状态和浸水48h拉伸粘结强度
玻纤网		耐碱拉伸断裂强度,耐碱拉伸断裂强度保留率
腹丝		镀锌层厚度
聚氨酯硬泡	浇注	表观密度,压缩强度,阻燃性
	喷涂	表观密度,导热系数,吸水率,抗拉强度,粘结强度,尺寸稳定性,阻燃性

注:1. 胶粘剂、抹面胶浆、抗裂砂浆、界面砂浆制样后养护7d进行拉伸粘结强度检验。发生争议时,以养护28d为准。
2. 玻纤网按JGJ 144—2004附录A第A.12.3条检验。发生争议时,以第A.12.2条方法为准。

(二)防水材料现场抽样复验项目

用于种植屋面、蓄水屋面、架空屋面或地热辐射供暖卫生间防潮层的防水材料,现场抽样复验项目如表13-8所示。

表 13-8　防水材料现场抽样复验项目

序号	材料名称	现场抽样数量	外观质量检验	物理性能检验
1	防水透气膜	大于1000卷抽5卷,每500~1000卷抽4卷,100~499卷抽3卷,100卷以下抽2卷,进行规格尺寸和外观质量检验。在外观质量检验合格的卷材中,任选一卷做物理性能检验	孔洞、硌伤、裂纹、裂口、缺边	防风性,不透水性,纵向和横向拉伸强度,断裂强度,厚度,质量
2	高聚物改性沥青防水卷材		孔洞、缺边、裂口、边缘不整齐、胎体露白、未浸透、撒布材料粒度、颜色、每卷卷材的接头	最大拉力时延伸率,耐热度,低温柔度,不透水性
3	合成高分子防水卷材		折痕、杂质、胶块、凹痕、每卷卷材的接头	断裂拉伸强度,扯断伸长率,低温弯拐,不透水性
4	高聚物改性沥青防水涂料	每10t为一批,不足10t按一批抽样	包装完好无损,且标明涂料名称、生产日期、生产厂名、产品有效期;无沉淀、凝胶、分层	固含量,耐热度,柔性,不透水性,延伸性
5	合成高分子防水涂料		包装完好无损,且标明涂料名称、生产日期、生产厂名、产品有效期	固体含量,拉伸强度,断裂延伸率,柔性,不透水性
6	胎体增强材料	每3000m²为一批,不足3000m²按一批抽样	均匀,无团块,平整,无褶皱	拉力,延伸率
7	改性石油沥青密封材料	每2t为一批,不足2t按一批抽样	黑色均匀膏状,无结块和未浸透的填料	耐热度,低温柔性,拉伸粘结性,施工度
8	合成高分子密封材料	每1t为一批,不足1t按一批抽样	均匀膏状物,无结皮、凝胶或不易分散的固体状物	拉伸粘结性,柔性

（三）地面辐射供暖

采暖工程所使用的主要材料、成品、半成品、配件、器具和设备必须具有中文质量合格证明文件,规格、型号及性能检测报告应符合现行国家技术标准或设计要求。所有材料进场时应由专人对品种、规格、外观等进行验收。

第四节　安全技术管理

建筑工程的性质非常复杂,它涉及多个工种技术作业,甚至有时是交叉作业,但建筑工程的安全制度也非常健全。我们常讲要把安全放在一切工作的首位,但在建筑工程中大小事故仍然不断发生,特别出现伤亡事故时,给国家、集体和家庭都带来经济和精神损失,作为节能工程的每位建设者必须高度重视安全。

一、安全管理

（一）安全责任

1. 施工单位的安全责任

（1）施工单位主要负责依法对本单位的安全生产工作全面负责。施工单位应当建立健全安全生产责任制度和安全生产教育培训制度，对所承担的建筑工程进行定期和专项安全检查，并做好安全检查记录。

（2）施工单位应设安全生产管理机构，配备专职安全生产管理人员。

（3）施工单位应在施工现场出入口通道处、临时用电设施、脚手架、孔洞口等易出现安全事故的部位，设置明显的安全警示标志。

（4）施工单位应当根据建设工程的特点、范围，对施工现场易发生事故的部位、环节进行监控，制定施工现场可行的安全事故应急救援预案。

（5）施工单位发生事故，应按国家有关伤亡事故报告和调查处理的决定，及时、如实地向负责安全生产监督管理的部门、建设行政主管部门或者其他有关部门报告。

（6）发生生产安全事故后，施工单位应当采取措施防止事故扩大，保护事故现场。

2. 总承包单位的责任

（1）实行施工总承包的建设工程，由总承包单位对施工现场的安全生产负总责。

（2）总承包单位依法将建设工程分包给其他单位的，分包合同中应当明确各自的安全生产的权力、义务。总承包单位和分包单位对分包工程的安全生产承担连带责任。

（3）建设工程实行总承包的，如发生事故，由总承包单位负责上报事故。

（4）分包单位应当服从总承包单位的安全生产管理，分包单位不服从管理导致生产安全事故的，由分包单位承担主要责任。

（二）项目经理部人员安全职责

1. 项目经理安全职责

项目经理应当由取得相应执业资格的人员担任，对建设工程项目的安全施工负责，包括：

（1）认真贯彻安全生产方针、政策、法规和各项规章制度，制定和执行安全生产管理办法，严格执行安全考核指标和安全生产奖惩办法，确保安全生产措施费用的有效使用，严格执行安全技术措施审批和施工安全技术措施交底制度。

（2）建设工程施工前，施工单位负责项目管理的技术人员，应当对有关安全施工的技术要求向施工作业班组、作业人员做出详细说明，并由双方签字确认。施工中定期组织安全生产检查和分析，针对可能产生的安全隐患制定相应的预防措施。

（3）当施工过程中发生安全事故时，项目经理必须及时、如实按安全事故处理的有关规定和程序及时上报和处理，并制定防止同类事故再次发生的措施。

2. 安全员的安全职责

（1）对安全生产进行现场监督检查。发现安全事故隐患，应当及时向项目负责人和安全生产管理机构报告，对违章指挥、违章操作的，应当立即制止。

（2）落实安全设施的设置。

(3) 对施工全过程的安全进行监督，纠正违章作业，配合有关部门排除安全隐患，组织安全教育和全员安全活动，监督检查劳保用品质量和正确使用。

3. 作业队长职责

(1) 向本工种作业人员进行安全技术措施交底，严格执行本工种安全技术操作规程，拒绝违章指挥。

(2) 组织实施安全技术措施。

(3) 作业前应对本次作业所使用的机具、设备、防护用具、设施及作业环境进行安全检查，消除安全隐患，检查安全标牌是否按规定设置，标识方法和内容是否正确完整。

(4) 组织班组开展安全活动，对作业人员进行安全操作规程培训，提高作业人员的安全意识，召开上岗前安全生产会。

(5) 每周应进行安全讲评。当发生重大或恶性工伤事故时，应保护现场，立即上报并参与事故调查处理。

4. 作业人员安全职责

(1) 认真学习并严格执行安全技术操作规程，自觉遵守安全生产规章制度，执行安全技术交底和有关安全生产的规定，不违章作业。服从安全监督人员的指导，积极参加安全活动，爱护安全设施。

(2) 作业人员有权对施工现场的作业条件、作业程序和作业方式中存在的安全问题提出批评、检举和控告，有权对不安全作业提出意见。有权拒绝违章指挥和强令冒险作业，在施工中发生危及人身安全紧急情况时，作业人员有权立即停止作业或者在采取必要的应急措施后撤离危险区域。

(3) 作业人员应当遵守安全施工的强制性标准、规章制度和操作规程，正确使用安全防护用具、机械设备等。

(4) 作业人员进入新的施工现场前，应当接受安全生产教育培训。未经教育培训或培训不合格的人员，不得上岗作业。垂直运输机械作业人员、安装拆卸工、登高架设等特种作业人员，必须按照有关规定经过专门的安全作业培训，并取得特种作业操作资格证书后，方可上岗作业。

(5) 作业人员应努力学习安全技术，提高自我保护意识和自我保护能力。

(三) 电、气焊施工安全管理及场地安全检查

1. 焊接施工安全管理

(1) 焊接操作人员属特种工种人员，须经主管部门培训、考核合格，掌握操作技能和有关安全知识，应持证上岗作业，无证不准上岗作业。

(2) 电焊作业人员必须戴绝缘手套、穿绝缘鞋和白色工作服，使用护目镜和面罩，高空危险处作业，须挂安全带。施焊前检查焊把及线路是否绝缘良好，焊接完毕要拉闸断电，后收电焊把线。

(3) 焊接作业时须配置灭火器材，应有专人监护。作业完毕，要留有充分的时间观察，确认无引火点后，方可离去。

(4) 焊工在狭窄、潮湿等处施焊时，应设监护人员。监护人熟悉焊接操作规程和应急抢救方法。

(5) 夜间工作或在黑暗处施焊应有足够的照明。

(6) 施工现场电焊、气割及气焊作业须执行"用火证制度",做到用火有措施,灭火有准备。

2. 焊接场地的安全检查

(1) 焊接场地检查的必要性

由于焊接场地不符合安全要求造成火灾、触电等事故时有发生,必须防患于未然,必须对焊接场地进行检查。

(2) 焊接场地检查的内容

检查焊接场地是否保持必要的通道。检查所有气焊胶管、焊接电缆线是否互相缠绕,气瓶用后是否已移出工作场地。检查焊接作业面积是否够,工作场地要有良好的自然采光或局部照明,通风良好。检查焊接切割场地周围内各类可燃易燃物品是否清除干净。对焊接、切割场地检查要做到仔细观察环境,认真加强防护。

二、安全与文明施工措施

(一) 现场安全措施

1. 新工人安全生产教育

新工人入场前必须进行安全生产教育,在操作中应经常进行安全技术教育,使新工人尽快掌握安全操作要求。

2. 进入施工现场

节能工程施工基本都是户外高空作业,施工现场应有安全网,进入施工现场必须戴好安全帽,登高空作业必须系安全带,并且必须使用合格的安全帽、安全带和架设可靠的安全网。

(1) 安全帽

使用安全帽的质量应符合安全技术要求,耐冲击、耐穿透、耐低温。

(2) 安全带

使用安全带的长度不超过2m,佩穿防滑鞋。安全带应高挂低用,防止摆动和碰撞,安全带上安全绳的挂钩应挂在牢固地方,不得挂在带有剪断性的物体上。在使用前对安全带质量认真检查,安全带上的各种部件不得任意拆掉,发现安全带中有破损或发现异味时严禁再用。

(3) 安全网

建筑安全网的形式及其作用可分为平网和立网两种。平网安装平面平行于水平面,主要用来承接人和物的坠落;立网安装平面垂直于水平面,主要用来阻止人和物的坠落。不得使用超期变质筋绳和安全网,安装的安全网确实达到安全性。

3. 安全标志

施工现场应设有关安全生产内容的标志牌。

4. 登高作业

(1) 在工作过程中应设有专人监护,同时警视闲人勿接近或进入施工现场。

(2) 应用脚手架时,严格检查其质量,发现断裂严禁凑合使用,所搭设的脚手架必须稳定牢固、合理,防止倾斜、踏空。施工中的作业人员不准从各种脚手架上爬上爬下,专业人员安装、拆卸时必须严格按相关规定进行操作。

应使用符合安全的梯子，梯脚需有防滑措施，上、下端均应放置平牢，人字梯应有挂钩。不准两人共同一梯作业。

5. 消防、防毒

安全防火、防毒制度上墙，作业人应掌握灭火、防毒知识，掌握消防器材使用方法。消防器材安置在固定位置，干粉灭火器不得超过储存期。

6. 吊装材料

无论使用垂直式或其他任何方式运送材料时，必须上下配合，严禁野蛮、超载运送。作业人员禁止乘坐吊运模板、吊笼等非乘人的垂直运输设备上下。

(二) 现场文明施工措施

1. 现场管理

(1) 工地现场设置大门和连续、密闭的临时围护设施，应牢固、安全、整齐。

(2) 严格按照相关文件规定的尺寸和规格制作各类工程标志牌，如：施工总平面图、工程概况牌、文明施工管理牌、组织网络牌、安全记录牌、防火须知牌等。其中，工程概况牌设置在工地大门入口处，标明项目名称、规模、开竣工日期、施工许可证号、建设单位、设计单位、施工单位、监理单位和联系电话等。

(3) 场内道路平整、坚实、畅通，有完善排水系统，材料整齐摆放在固定位置。

(4) 施工区和生活、办公区有明确划分；责任区分片包干，岗位责任制健全，各项管理制度上墙，施工区内废料和垃圾及时清理。

2. 临时用电

(1) 施工区、生活区、办公区的配电线路架设和照明设备、灯具的安装、使用应符合规范要求；特殊施工部位的内外线路按规范要求采取特殊安全防护措施。

(2) 机电设备的设置必须符合有关安全规定，配电箱和开关箱选型、配置合理，各种手持式电动工具、移动式小型机械等配电系统和施工机具，必须采用可靠的接零或接地保护，配电箱和开关箱设两极漏电保护。电动机具电源线压接牢固，绝缘完好，无乱拉、扯、砸现象。所有机具使用前应检查，确认性能良好，不准"带病"使用。

3. 操作机械

操作机械设备时，严禁戴手套，并应将袖口扎紧。女同志应带工作帽。严禁在开机时检修机具设备。

使用砂轮锯，压力要均匀，人站在砂轮片旋转方向侧面，不得随意在机具上放东西。砂轮锯必须有防护罩。周围不得存放可燃物品。

4. 焊接、消防

在焊接操作时采取接火措施，焊接盛过易燃、可燃液体的容器或设备以前，应先用热水、蒸汽或含有5%苛性钠溶液彻底刷洗干净，经检验确无危险后，方可操作。油漆未干的物品不能进行焊接。

对电、气焊防火办法是清、接、浇、看、检、严的防火措施。所谓"清"就是清理焊接场所周围及下部的易燃物；"接"就是接住火花；"浇"就是不能移动的可燃构件用水浇湿；"看"就是设看火人员监视；"检"就是焊前、焊后对焊点周围进行检查；"严"就是严格执行防火规章制度。

乙炔发生器或气瓶、氧气与焊接地点及各种明火间距不得小于10m。点燃的焊、割炬严禁乱放。焊条头应放在非燃的容器内，不得乱扔。

完成泡沫施工的成品，严禁直接进行焊接管道施工或接触其他任何火种，所有焊接作业应在保温层施工前完成。当必须在保温层完成之后进行焊接时，应有一定隔离区，且必备消防器材，派专人严格监护。

5. 材料管理

工地材料、设备、库房等按平面图规定地点、位置设置；材料、设备分规格存放整齐，有标识，管理制度、资料齐全并有台账。

料场、库房整齐，易燃物、防冻、防潮、避高温物品单独存放，并设有防火器材。

6. 环境保护

施工期间所产生的生活废水、废料按规定集中存放、回收、清运处理或排放，随时做到活完脚下清。始终保持现场内部或工作面的干净整洁，无垃圾和污物，环境卫生好。

对于有些易产生灰尘的材料要制定切实可靠的措施，如水泥、细砂等的保管和使用等，需要遮盖，对现场施工产生泡沫碎块、碎渣、碎沫应装袋，防止到处飘落。

施工期间尽量减少噪声，按当地规定时间内工作，防止影响居民休息。

第五节 施工监理

建设监理是指政府建设监理和社会建设监理。社会监理单位与业主之间的关系是平等主体之间的关系。在工程项目上是委托与被委托、授权与被授权的关系。业主委托社会监理单位的内容和授予的权力是通过双方平等协商并以监理合同的形式予以确立。监理依据是：国家和地方的法令、法规、有关监理规定；国家有关规程、规范、质量评定标准，地方有关规定、工艺标准、有关图集；设计图纸；施工招标文件；业主与施工单位签订的合同。

监理要制定本专业监理实施细则，并向施工单位交底。对施工单位讲明监理依据、验收范围、验收程序、验收标准以及有关要求。

一、质量控制

（一）施工前的质量控制

1. 熟悉图纸，审查图纸中存在问题，各专业图要综合在一起会审，组织好设计交底。
2. 熟悉国家有关规程、规范、质量评定标准，地方有关规定、工艺标准，有关图集。
3. 审查施工单位资质、编制的工程施工方案。

（二）施工过程中的质量控制

1. 施工单位对原材料、成品、半成品、设备进行检验并向监理报批。审查其材质证明单、出厂合格证和技术说明书。
2. 随时检查工程管理人员的管理水平和工人的操作水平以及施工质量。发现问题及时通知施工单位，进行更正。

不合格的产品不能进行安装，上一道工序未经验收或验收不合格的不得进行下一道工序施工。对不合格的项目下达监理通知书，要求施工单位限期改正。

二、进度控制、投资控制

(一) 进度控制

1. 监理工程师的中心任务是在工程项目实施过程中对进度进行有效的控制，使其达到合同规定的工期、质量及造价目标。工程项目实施过程向监理报送施工总进度计划和施工年、季、月计划并控制其执行。

2. 进度控制的主要方法是规划、控制和协调。规划就是定项目总进度目标和分进度目标；控制就是在项目进展全过程中，进行计划进度与实际进度比较，发现偏离，及时采取措施纠正；协调就是协调参加施工单位之间的进度关系。

3. 进度控制的措施包括组织措施、技术措施、合同措施、经济措施等。组织措施是进度有人负责；技术措施是保证和加快施工进度；合同措施是利用分包合同进行协调；经济措施是保证资金到位或工期奖惩办法。

(二) 投资控制

施工阶段是在施工合同签订以后的投资控制，控制的依据是合同。它规定了工程价款总额，调整工程造价的条件，支付价款的条件，支付工程价款的时间和方式。每月由监理工程师根据实际进度，经过检验计量认可后支付工程款。

三、合同管理、组织协调

(一) 合同管理

建设项目监理的合同管理贯穿于合同的签订、履行、变更或终止等活动的全过程，目的是保证合同得到全面认真履行。

(二) 组织协调

定期或不定期召开监理例会，协调业主、施工、设计各方关系。并做好会议纪要，定时、定人将问题给予合理解决，排除施工、设计、订货等当中存在的问题，达到顺利施工目的。

监理人员在日常工作中做好监理日记。

附 录

建筑材料热物理性能

序号	材料名称	干密度 ρ_0 (kg/m³)	计算参数			
			导热系数 λ [W/(m·K)]	蓄热系数 S（周期24h）[W/(m²·K)]	比热容 c [kJ/(kg·K)]	蒸汽渗透系数 μ [g/(m·h·Pa)]
1	混凝土					
1.1	普通混凝土					
	钢筋混凝土	2500	1.74	17.20	0.92	0.0000158*
	碎石、卵石混凝土	2300	1.51	15.36	0.92	0.0000173*
		2100	1.28	13.57	0.92	0.0000173*
1.2	轻集料混凝土					
	膨胀矿渣珠混凝土	2000	0.77	10.49	0.96	
		1800	0.63	9.05	0.96	
		1600	0.53	7.87	0.96	
	自燃煤矸石、炉渣混凝土	1700	1.00	11.68	1.05	0.0000548*
		1500	0.76	9.54	1.05	0.0000900
		1300	0.56	7.63	1.05	0.0001050
	粉煤灰陶粒混凝土	1700	0.95	11.40	1.05	0.0000188
		1500	0.70	9.16	1.05	0.0000975
		1300	0.57	7.78	1.05	0.0001050
		1100	0.44	6.30	1.05	0.0001350
	黏土陶粒混凝土	1600	0.84	10.36	1.05	0.0000315*
		1400	0.70	8.93	1.05	0.0000390*
		1200	0.53	7.25	1.05	0.0000405*
	页岩渣、石灰、水泥混凝土，页岩陶粒混凝土	1300	0.52	7.39	0.98	0.0000855*
		1500	0.77	9.65	1.05	0.0000315*
		1300	0.63	8.16	1.05	0.0000390*
		1100	0.50	6.70	1.05	0.0000435*
	火山灰渣、砂、水泥混凝土	1700	0.57	6.30	0.57	0.0000395*
	浮石混凝土	1500	0.67	9.09	1.05	0.0000188*
		1300	0.53	7.54	1.05	0.0000353*
		1100	0.42	6.13	1.05	
1.3	轻混凝土					
	加气混凝土、泡沫混凝土	700	0.22	3.59	1.05	0.0000998*
		500	0.19	2.81	1.05	0.0001110*
2	砂浆和砌体					
2.1	砂浆					

续表

序号	材料名称	干密度 ρ_0 (kg/m³)	计算参数			
			导热系数 λ [W/(m·K)]	蓄热系数 S (周期24h) [W/(m²·K)]	比热容 c [kJ/(kg·K)]	蒸汽渗透系数 μ [g/(m·h·Pa)]
	水泥砂浆	1800	0.93	11.37	1.05	
	石灰水泥砂浆	1700	0.87	10.75	1.05	0.0000210*
	石灰砂浆	1600	0.81	10.07	1.05	0.0000975*
	石灰石膏砂浆	1500	0.76	9.44	1.05	0.0000443*
	保温砂浆	800	0.29	4.44	1.05	
2.2	砌体					
	重砂浆砌筑黏土砖砌体	1800	0.81	10.63	1.05	0.0001050*
	轻砂浆砌筑黏土砖砌体	1700	0.76	9.96	1.05	0.0001200*
	灰砂砖砌体	1900	1.10	12.72	1.05	0.0001050*
	硅酸盐砌体	1800	0.87	11.11	1.05	0.0001050*
	炉渣砖砌体	1700	0.81	10.43	1.05	0.0001050*
	重砂浆砌筑黏土空心砖砌体	1400	0.58	7.92	1.05	0.0000158*
3	热绝缘材料					
3.1	纤维材料					
	矿棉、岩棉、玻璃棉板	80以下	0.050	0.59	1.22	
		80~200	0.045	0.75	1.22	0.0004880
	矿棉、岩棉、玻璃棉毡	70以下	0.050	0.58	1.34	0.0004880
		70~200	0.045	0.77	1.34	0.0004880
	矿棉、岩棉、玻璃棉松散料、麻刀	70以下	0.050	0.46	0.84	
		70~120	0.045	0.51	0.84	
		150	0.070	1.34	2.0	
3.2	膨胀珍珠岩、蛭石制品					
	水泥膨胀珍珠岩	800	0.26	4.37	1.17	0.0000420*
		600	0.21	3.44	1.17	0.0000900*
		400	0.16	2.49	1.17	0.0001910*
	沥青、乳化沥青膨胀珍珠岩	400	0.12	2.28	1.55	0.0000293*
		300	0.093	1.77	1.55	0.0000675*
	水泥膨胀蛭石	350	0.14	1.99	1.05	
3.3	泡沫材料及多孔聚合物					
	聚乙烯泡沫塑料	100	0.047	0.70	1.38	0.0000160
	聚苯乙烯泡沫塑料	30	0.042	0.36	1.38	
	聚氨酯硬泡沫塑料	30	0.033	0.36	1.38	0.0000234
	聚氯乙烯硬泡沫塑料	130	0.048	0.79	1.38	0.0000225
	钙塑	120	0.049	0.83	1.59	
	泡沫玻璃	140	0.058	0.70	0.84	
	泡沫石灰	300	0.116	1.70	1.05	
	岩化泡沫石灰	400	0.14	2.33	1.05	
	泡沫石膏	500	0.19	2.78	1.05	0.0000375

附　录

续表

序号	材料名称	干密度 ρ_0 (kg/m³)	计算参数			
			导热系数 λ [W/(m·K)]	蓄热系数 S (周期24h) [W/(m²·K)]	比热容 c [kJ/(kg·K)]	蒸汽渗透系数 μ [g/(m·h·Pa)]
4	木材与板材					
4.1	木材					
	橡木、枫树（热流方向垂直木纹）	700	0.17	4.90	2.51	0.0000562
	橡木、枫树（热流方向顺木纹）	700	0.35	6.93	2.51	0.0003000
	松木、云杉（热流方向垂直木纹）	500	0.14	3.85	2.51	0.0000345
	松木、云杉（热流方向顺木纹）	500	0.29	5.55	2.51	0.0001680
4.2	建筑板材					
	胶合板	600	0.17	4.57	2.51	0.0000225
	软木板	300	0.093	1.95	1.89	0.0000225*
		150	0.058	1.09	1.89	0.0000285*
	纤维板	1000	0.34	8.13	2.51	0.0001200*
		600	0.23	5.28	2.51	0.0001130*
	石棉水泥板	1800	0.52	8.52	1.05	0.0000135*
	石棉水泥隔热板	500	0.16	2.58	1.05	0.0003900
	石膏板	1050	0.33	5.28	1.05	0.0000790*
	水泥刨花板	1000	0.34	7.27	2.01	0.0000240*
		700	0.19	4.56	1.68	0.0001050
	稻草板	300	0.13	2.33	1.68	0.0003000
	木屑板	200	0.065	1.54	2.10	0.0002630
5	松散材料					
5.1	无机材料					
	锅炉渣	1000	0.29	4.40	0.92	0.0001930
	粉煤灰	1000	0.23	3.93	0.92	0.0002030
	高炉炉渣	900	0.26	3.92	0.92	0.0002030
	浮石、凝灰岩	600	0.23	3.05	0.92	
	膨胀蛭石	300	0.14	1.79	1.05	
	膨胀蛭石	200	0.10	1.24	1.05	
	硅藻土	200	0.076	1.00	0.92	
	膨胀珍珠岩	120	0.07	0.84	1.17	
	膨胀珍珠岩	80	0.058	0.63	1.17	
5.2	有机材料					
	木屑	250	0.093	1.84	2.01	0.0002630
	稻壳	120	0.06	1.02	2.01	
	干草	100	0.047	0.83	2.01	
6	其他材料					
6.1	土壤					
	夯实黏土	2000	1.16	12.99	1.01	
		1800	0.93	11.03	1.01	

续表

序号	材料名称	干密度 ρ_0 (kg/m³)	计算参数			
			导热系数 λ [W/(m·K)]	蓄热系数 S (周期 24h) [W/(m²·K)]	比热容 c [kJ/(kg·K)]	蒸汽渗透系数 μ [g/(m·h·Pa)]
	加草黏土	1600	0.76	9.37	1.01	
		1400	0.58	7.69	1.01	
	轻质黏土	1200	0.47	6.36	1.01	
	建筑用砂	1600	0.58	8.26	1.01	
6.2	石材					
	花岗岩、玄武岩	2800	3.49	25.49	0.92	0.0000113
	大理石	2800	2.91	23.27	0.92	0.0000113
	砾石、石灰岩	2400	2.04	18.03	0.92	0.0000375
	石灰石	2000	1.16	12.56	0.92	0.0000600
6.3	卷材、沥青材料					
	沥青油毡、油毡纸	600	0.17	3.33	1.47	
	沥青混凝土	2100	1.05	16.39	1.68	
		1400	0.27	6.73	1.68	0.0000075
	石油沥青	1050	0.17	4.71	1.68	0.0000075
6.4	玻璃					
	平板玻璃	2500	0.76	10.69	0.84	
	玻璃钢	1800	0.52	9.25	1.26	
6.5	金属					
	紫铜	8500	407	324	0.42	
	青铜	8000	64	118	0.38	
	建筑钢材	7850	58.2	126	0.48	
	铝	2700	203	191	0.92	
	铸铁	7250	49.9	112	0.48	

注：①围护结构在正确设计和正常使用条件下，材料的热物理性能计算参数应按本表直接采用；

②表中比热容 c 的单位为法定单位，但在实际计算中比热容 c 的单位应取 W·h/(kg·K)，因此，表中数值应乘以换算系数 0.2778；

③表中带 * 号者为测定值。

主 要 参 考 文 献

[1] 付祥钊主编. 夏热冬冷地区建筑节能技术. [M]. 北京：中国建筑工业出版社，2002.
[2] 中华人民共和国国家标准. 屋面工程技术规范. GB 50345—2004.
[3] 朱盈豹编著. 保温材料在建筑墙体节能中应用[M]. 北京：中国建材工业出版社，2003.
[4] 韩喜林编著. 新型建筑绝热保温材料应用·设计·施工[M]. 北京：中国建材工业出版社，2005.
[5] 中国建筑标准设计研究所编. 全国民用建筑工程设计技术措施. 北京：中国计划出版社，2003.
[6] 中国建筑工程总公司. 屋面工程施工工艺标准[M]. 北京：中国建筑工业出版社，2003.
[7] 中华人民共和国行业标准. 地面辐射供暖技术规程. JGJ 142—2004[M]. 北京：中国建筑工业出版社.
[8] 卜一德编. 地板采暖与分户热计量技术[M]. 北京：中国建筑工业出版社，2003.
[9] 中华人民共和国行业标准. 夏热冬冷地区居住建筑节能设计标准. JGJ 134—2001.
[10] 中华人民共和国国家标准. 采暖通风与空气调节设计规范. GB 50019—2003.
[11] 上海地方标准. 193 彩色防水保温系统技术规程. DBJ/CT 022—2004.
[12] 建设部聚氨酯建筑节能应用推广工作组. 聚氨酯硬泡外墙外保温工程技术导则[M]. 北京：中国建筑工业出版社，2006.
[13] 河北省工程建设标准. 烧结非黏土多孔砖夹心墙砌体结构技术规程. DB 13(J)49—2005.
[14] 李玲等. 门窗工程安全·操作·技术[M]. 北京：中国建材工业出版社，2007.
[15] 韩喜林编著. 防水工程安全·操作·技术[M]. 北京：中国建材工业出版社，2007.
[16] 中华人民共和国行业标准. 外墙外保温工程技术规程. JGJ 144—2004.
[17] 中国建筑标准设计研究院. 防水透气膜建筑构造 07CJ09，2007.
[18] 辽宁省地方标准. EPS板外墙外保温技术规程. DB21/T 1271—2003.
[19] 清华大学建筑节能研究中心著. 中国建筑节能年度发展研究报告[M]. 北京：中国建筑工业出版社，2007.
[20] 辽宁省地方标准. 硬质聚氨酯泡沫塑料外保温工程技术规程. DB21/T 1463—2006.
[21] 四川省夏热冬冷地区居住建筑节能设计标准. DB51/T 5027—2002.
[22] 平玉柱，刘美丽编著. 砌筑工程安全·操作·技术[M]. 北京：中国建材工业出版社，2006.
[23] 中国建筑标准设计研究院. 太阳能集热系统设计与安装 06K503. 北京：中国计划出版社，2006.
[24] 黑龙江省地方标准. TS 20 外墙外保温建筑节能构造. DBJT 07—138—02，2003.
[25] 黑龙江省地方标准. TS 膜硬质聚氨酯外保温墙体建筑节能构造. DBJT 07—177—06，2006.
[26] 中国建筑标准设计研究院. 热水集中采暖分户热计量系统施工安装 04K502，2004.
[27] 辽宁省地方标准. 建筑工程施工质量验收实施细则 DB 21/1234—2003.